2025 | 全国勘察设计注册工程师
执业资格考试用书

Zhuce Yantu Gongchengshi Zhiye Zige Kaoshi
Zhuanye Kaoshi Linian Zhenti Xiangjie

注册岩土工程师执业资格考试
专业考试历年真题详解

（案例分析）

李自伟　李　跃／主编

耿楠楠　赵继承　赵心涛　孙宝雷　龙　翔／副主编

人民交通出版社
北京

内 容 提 要

本书根据人力资源和社会保障部、住房和城乡建设部颁布的注册土木工程师（岩土）专业考试大纲，由多位通过注册土木工程师（岩土）专业考试、熟悉命题规则、具有丰富备考经验的一线资深工程师共同编写而成。本书收录了2009—2024年（2015年停考）案例分析真题，试题均采用现行规范进行详细解答（对部分陈旧试题进行了改编），全书按照试题、解析答案分开排版，便于考生自测。

本书适合参加注册土木工程师（岩土）专业考试的考生复习使用，同时也可作为岩土工程技术人员、高等院校师生的参考书。

图书在版编目（CIP）数据

2025注册岩土工程师执业资格考试专业考试历年真题详解. 案例分析 / 李自伟, 李跃主编. — 北京：人民交通出版社股份有限公司, 2025. 3. — ISBN 978-7-114-19941-7

Ⅰ. TU4-44

中国国家版本馆 CIP 数据核字第 20242N29E5 号

书　　名：**2025注册岩土工程师执业资格考试专业考试历年真题详解（案例分析）**
著 作 者：李自伟　李　跃
责任编辑：李　坤
责任印制：刘高彤
出版发行：人民交通出版社
地　　址：（100011）北京市朝阳区安定门外外馆斜街3号
网　　址：http://www.ccpcl.com.cn
销售电话：（010）85285857
总 经 销：人民交通出版社发行部
经　　销：各地新华书店
印　　刷：北京科印技术咨询服务有限公司数码印刷分部
开　　本：889×1194　1/16
印　　张：35.875
字　　数：810千
版　　次：2025年3月　第1版
印　　次：2025年3月　第1次印刷
书　　号：ISBN 978-7-114-19941-7
定　　价：138.00元（含两册）
（有印刷、装订质量问题的图书，由本社负责调换）

前言

2002 年 4 月，人事部、建设部下发了《注册土木工程师（岩土）执业资格制度暂行规定》《注册土木工程师（岩土）执业资格考试实施办法》和《注册土木工程师（岩土）执业资格考核认定办法》（人发〔2002〕35 号），决定在我国施行注册土木工程师（岩土）执业资格制度，并于同年 9 月举行了首次全国注册土木工程师（岩土）执业资格考试。

该考试分为基础考试和专业考试两部分。参加基础考试合格并按规定完成职业实践年限者，方能报名参加专业考试。

专业考试分为"专业知识考试"和"专业案例考试"两部分。

"专业知识考试"上、下午试卷均由 40 道单选题和 30 道多选题构成，单选题每题 1 分，多选题每题 2 分，试卷满分为 200 分，均为客观题，在答题卡上作答。专业知识试卷由 11 个专业（科目）的试题构成，它们分别是：岩土工程勘察；岩土工程设计基本原则；浅基础；深基础；地基处理；土工结构与边坡防护；基坑工程与地下工程；特殊条件下的岩土工程；地震工程；岩土工程检测与监测；工程经济与管理。

"专业案例考试"上、下午试卷均由 25 道单选题构成（2018 年之前由 30 道单选题构成，考生从上、下午试卷的 30 道试题中任选其中 25 道题作答），每题 2 分，试卷满分为 100 分，采取主、客观相结合的考试方法，即要求考生在填涂答题卡的同时，在答题纸上写出计算过程。专业案例试卷由 9 个专业（科目）的试题构成，它们分别是：岩土工程勘察；浅基础；深基础；地基处理；土工结构与边坡防护；基坑工程与地下工程；特殊条件下的岩土工程；地震工程；岩土工程检测与监测。

专业考试分两天进行，第一天为专业知识考试，第二天为专业案例考试，专业知识和专业案例的考试时间均为 6 小时，上、下午各 3 小时。具体时间安排是：

第一天　08:00～11:00　专业知识考试（上）

　　　　14:00～17:00　专业知识考试（下）

第二天　08:00～11:00　专业案例考试（上）

　　　　14:00～17:00　专业案例考试（下）

注册土木工程师（岩土）专业考试为非滚动管理考试，且为开卷考试，考试时允许考生携带正规出版社出版的各种专业规范和参考书进入考场。

截至 2024 年底，注册土木工程师（岩土）执业资格考试共举行了 22 次（2015 年停考一次，2022 年考试和 2022 年补考算一次），考生人数逐年增加。纵观这二十多年，大体而言，该考试经历了四个阶段，即：2002—2003 年，初期探索，题型及难度与目前的考试没有可比性；2004—2011 年，题型和风格基本固定，以方鸿琪、张苏民两位大师以及高大钊、李广信两位教授为代表的老一辈命题专家，比较注重理论基础，偏"学院派"；2012—2017 年，建设综合勘察研究设计院有限公司总工程师武威担任命题组组长，出题风格明显转变，更加注重基本理论与工程实践的结合，更具"综合性"，是典型的"实践派"；2018 年起，北京市勘察设计研究院有限公司副总工程师杨素春担任命题组组长，命题风格改为"三从一大"——从难、从严、从实际出发，计算量加大；案例考题也由此前的 30 题选做 25 题变为了 25 道必答题。相较于注册土木工程师的其他专业考试，岩土工程师考试更为复杂多变，其考查广度与深度也极具张力，复习时需投入更多的时间和精力。

为了帮助考生抓住考试重点，提高复习效率，顺利通过考试，人民交通出版社特邀请行业专家、对历年真题有潜心研究的注册岩土工程师们，在搜集、甄别、整理历年真题的基础上编写了本套图书（含专业知识和案例分析）。书中对每一道题都进行了十分详细的解析，并力争做到准确清晰。**另外，由于规范的更新，为了提高本套图书的使用价值，在保证每套试题完整性的基础上，本书所有真题均采用现行规范进行解答。**

为了更好地模拟演练，本书真题均按照年份顺序编排，答案附于每套真题之后。建议使用时严格按照考试时间解答，超过时间，应停止作答。给自己模拟一个考场环境，对于应考十分重要。真题永远是最好的复习资料，其中的经典题目，建议读者反复练习，举一反三。此外，也有必要提醒考生，一本好的辅导教材固然有助于备考，但自己扎实的理论基础更为重要。任何时候，都不应本末倒置。建议考生在使用本书前，应经过充分而系统的土力学和基础工程课程的学习。

本书自 2015 年 4 月首次出版以来，受到众多考生的青睐，在考生中产生了较大的影响。考生在使用本书过程中，积极与编者交流探讨，对本书的修订再版提供了很多有益的建议。编者根据多年考试辅导经验，结合读者建议，对图书进行了修订完善。

2025 版图书具有以下特点：

（1）增加了 2024 年考试真题，并给出详细的解答。

（2）随书赠送电子题库（一年有效期），含 2004～2024 年真题及解析，可微信扫描封面红色二维码领取，登录微信公众号"注考大师"在线学习。

（3）对 2024 版图书进行全面校勘，改正了书中的解答错误、文字错误和印刷错误。

（4）采用近两年实施的新规范对相关考题重新进行解答，指导性更强。

（5）配备电子题库和视频讲解。考生扫描封面和书中的二维码，即可观看学习。

本书由李自伟、李跃主编，耿楠楠、赵继承、孙宝雷、吴连杰、崔振华、龙翔、余敦猛、董倩、徐桀共同参与编写。

因时间有限，书中疏漏之处在所难免，欢迎各位考生提出宝贵建议，以便再版时进一步完善。

最后，祝各位考生顺利通过考试！

编　者

2025 年 2 月

目录

（专业知识·试题）

2009 年案例分析试题（上午卷）

1. 某水利工程需填方，要求填土干重度为 $\gamma_d = 17.8 \text{kN/m}^3$，需填方量为 40 万 m^3。对某料场的勘察结果为：其土粒相对密度（比重）$G_s = 2.7$，含水量 $w = 15.2\%$，孔隙比 $e = 0.823$，问该料场储量至少要达到下列哪个选项（以万 m^3 计）才能满足要求？ （ ）

（A）48 （B）72 （C）96 （D）144

2. 某场地地下水位如图所示，已知黏土层饱和重度 $\gamma_{sat} = 19.2 \text{kN/m}^3$，砂层中承压水头 $h_w = 15\text{m}$（由砂层顶面起算），$h_1 = 4\text{m}$，$h_2 = 8\text{m}$，砂层顶面处的有效应力及黏土中的单位渗流力最接近下列哪个选项？ （ ）

题 2 图

（A）43.6kPa，3.75kN/m³ （B）88.2kPa，7.6kN/m³

（C）150kPa，10.1kN/m³ （D）193.6kPa，15.5kN/m³

3. 对饱和软黏土进行开口钢环式十字板剪切试验，十字板常数为 129.41m^{-2}，钢环系数为 0.00386kN/0.01mm。某一试验点的测试钢环读数记录如下表所示。该试验点处土的灵敏度最接近下列哪个选项？ （ ）

题 3 表

原状土读数（0.01mm）	2.5	7.6	12.6	17.8	23.0	27.6	31.2	32.5	35.4	36.5	34.0	30.8	30.0
重塑土读数（0.01mm）	1.0	3.6	6.2	8.7	11.2	13.5	14.5	14.8	14.6	13.8	13.2	13.0	—
轴杆读数（0.01mm）	0.2	0.8	1.3	1.8	2.3	2.6	2.8	2.6	2.5	2.5	2.5	—	—

（A）2.5 （B）2.8 （C）3.3 （D）3.8

4. 用内径为 79.8mm、高 20mm 的环刀切取未扰动饱和黏性土试样，相对密度 $G_s = 2.70$，含水量 $w = 40.3\%$，湿土质量 184g。现作侧限压缩试验，在压力 100kPa 和 200kPa 作用下，试样总压缩量分别为 $S_1 = 1.4\text{mm}$ 和 $S = 2.0\text{mm}$，其压缩系数 a_{1-2}（MPa^{-1}）最接近下列哪个选项？ （ ）

（A）0.40 （B）0.50 （C）0.60 （D）0.70

5. 箱涵的外部尺寸为宽 6m，高 8m，四周壁厚均为 0.4m，顶面距原地面 1.0m，抗浮设计地下水位埋深 1.0m，混凝土重度为 25kN/m³，地基土及填土的重度均为 18kN/m³。若要满足抗浮安全系数 1.05 的要求，地面以上覆土的最小厚度应接近下列哪个选项？ （ ）

题 5 图

（A）1.2m （B）1.4m （C）1.6m （D）1.8m

6. 如图所示的条形基础宽度 $b = 2m$，$b_1 = 0.88m$，$h_0 = 260mm$，$p_{j\max} = 217kPa$，$p_{j\min} = 133kPa$。按 $A_s = \dfrac{M}{0.9 f_y h_0}$ 计算每延米基础的受力钢筋截面面积最接近下列哪个选项？（钢筋抗拉强度设计值 $f_y = 300MPa$） （ ）

题 6 图

（A）1030mm²/m （B）1130mm²/m （C）1230mm²/m （D）1330mm²/m

7. 某建筑物筏形基础，宽度 15m，埋深 10m，基底压力 400kPa。地基土层见下表。按照《建筑地基基础设计规范》（GB 50007—2011）的规定，该建筑地基的压缩模量当量值最接近下列哪个选项？ （ ）

题 7 表

序号	岩土名称	层底埋深（m）	压缩模量（MPa）	基底至该层底的平均附加应力系数 $\bar{\alpha}$（基础中心点）
1	粉质黏土	10	12.0	—
2	粉土	20	15.0	0.8974
3	粉土	30	20.0	0.7281
4	基岩	—	—	—

（A）15.0MPa （B）16.6MPa （C）17.5MPa （D）20.0MPa

8. 建筑物长度 50m，宽度 10m，比较筏板基础和 1.5m 的条形基础两种方案。已分别求得筏板基础和条形基础中轴线上变形计算深度范围内（为简化计算，假定两种基础的变形计算深度相同）的附加应力随深度分布的曲线（近似为折线），如图所示。已知持力层的压缩模量 $E_s = 4$MPa，下卧层的压缩模量 $E_s = 2$MPa。估算由于这两层土的压缩变形引起的筏板基础沉降 s_f 与条形基础沉降 s_t 之比最接近下列哪个选项？ （ ）

题 8 图

（A）1.23 　　　（B）1.44 　　　（C）1.65 　　　（D）1.86

9. 均匀土层上有一直径为 10m 的油罐，其基底平均压力为 100kPa。已知油罐中心轴线上，在油罐基础底面以下 10m 处的附加应力系数为 0.285。通过沉降观测得到油罐中心的底板沉降为 200mm，深度 10m 处的深层沉降为 40mm，则 10m 范围内土层用近似方法估算的反算压缩模量最接近下列哪个选项？ （ ）

（A）2.5MPa 　　　（B）4.0MPa 　　　（C）3.5MPa 　　　（D）5.0MPa

10. 条形基础宽度 3m，基础埋深 2.0m，基础底面作用有偏心荷载，偏心距 0.6m。已知深度修正后的地基承载力特征值为 200kPa，传至基础底面的最大允许总竖向压力最接近下列哪个选项？

（ ）

（A）200kN/m 　　　（B）270kN/m 　　　（C）324kN/m 　　　（D）600kN/m

11. 某工程采用泥浆护壁钻孔灌注桩，桩径 1200mm，桩端进入中等风化岩 1.0m，中等风化岩岩体较完整，饱和单轴抗压强度标准值为 41.5MPa，桩顶以下土层参数依次列表如下。按《建筑桩基技术规范》（JGJ 94—2008），估算单桩极限承载力最接近下列哪个选项的数值？（取桩嵌岩段侧阻和端阻综合系数 $\zeta_r = 0.76$） （ ）

题 11 表

岩土层编号	岩土层名称	桩顶以下岩土层厚度（m）	q_{sik}（kPa）	q_{pk}（kPa）
①	黏土	13.70	32	—
②	粉质黏土	2.30	40	—

岩土层编号	岩土层名称	桩顶以下岩土层厚度（m）	q_{sik}（kPa）	q_{pk}（kPa）
③	粗砂	2.00	75	—
④	强风化岩	8.85	180	2500
⑤	中等风化岩	8.00	—	—

（A）32200kN　　　（B）36800kN　　　（C）40800kN　　　（D）44200kN

12. 某地下车库作用有 141MN 浮力，基础及上部结构和土重为 108MN。拟设置直径 600mm、长 10m 的抗拔桩，桩身重度为 25kN/m³。水的重度取 10kN/m³。基础底面以下 10m 内为粉质黏土，其桩侧极限摩阻力为 36kPa，车库结构侧面与土的摩擦力忽略不计。按《建筑桩基技术规范》（JGJ 94—2008），按群桩呈非整体破坏，估算需设置抗拔桩的数量至少应大于下列哪个选项？（取粉质黏土抗拔系数 $\lambda = 0.70$）　　　　（　　）

（A）83 根　　　（B）89 根　　　（C）108 根　　　（D）118 根

13. 某柱下桩基采用等边三桩独立承台，承台等厚三向均匀配筋。在荷载效应基本组合下，作用于承台顶面的轴心竖向力为 2100kN，承台及其上土重标准值为 300kN。按《建筑桩基技术规范》（JGJ 94—2008）计算，该承台正截面最大弯矩最接近下列哪个选项的数值？　　　　（　　）

题 13 图（尺寸单位：mm）

（A）531kN·m　　　（B）670kN·m　　　（C）743kN·m　　　（D）814kN·m

14. 某高层住宅筏形基础，基底埋深 7m，基底以上土的天然重度为 20kN/m³，天然地基承载力特征值为 180kPa。采用水泥粉煤灰碎石（CFG）桩复合地基，现场试验测得单桩承载力特征值为 600kN。正方形布桩，桩径 400mm，桩间距为 1.5m×1.5m，桩间土承载力发挥系数 β 取 0.95，单桩承载力发挥系数取 0.9，试问该建筑物的基底压力不应超过下列哪个选项的数值？　　　　（　　）

（A）428kPa　　　（B）530kPa　　　（C）558kPa　　　（D）641kPa

15. 灰土挤密桩复合地基，桩径 400mm，等边三角形布桩，中心距为 1.0m，桩间土在地基处理前的平均干密度为 1.38t/m³。根据《建筑地基处理技术规范》（JGJ 79—2012），在正常施工条件下，挤密深度内桩间土的平均干密度预计可以达到下列哪个选项的数值？　　　　（　　）

（A）1.48t/m³　　　（B）1.54t/m³　　　（C）1.61t/m³　　　（D）1.68t/m³

16. 某工程采用旋喷桩复合地基，桩长 10m，桩直径 600mm，桩身 28d 强度为 3MPa，单桩承载力发挥系数为 0.85，基底以下相关地层埋深及桩侧阻力特征值、桩端阻力特征值如图。单桩竖向承载力特征值与下列哪个选项的数值最接近？　　　　　　　　　　（　　）

- 0.0m（基底）
  - $q_{si}=17kPa$
- 3.0m
  - $q_{si}=20kPa$
- 8.0m
  - $q_{si}=25kPa$
  - $q_p=500kPa$

题 16 图

（A）250kN　　　　（B）280kN　　　　（C）378kN　　　　（D）520kN

17. 有一码头的挡土墙，墙高 5m，墙背垂直、光滑；墙后为冲填的松砂（孔隙比 $e=0.9$）。填土表面水平，地下水位与填土表面齐平。已知砂的饱和重度 $\gamma=18.7kN/m^3$，内摩擦角 $\varphi=30°$。当发生强烈地震时，饱和松砂完全液化，如不计地震惯性力，液化时每延长米墙后的总水平压力最接近下列哪个选项？　　　　　　　　　　　　　　　　　　　　　　　　　　　　　　（　　）

（A）78kN　　　　（B）161kN　　　　（C）203kN　　　　（D）234kN

18. 有一码头的挡土墙，墙高 5m，墙背垂直、光滑，墙后为冲填的松砂。填土表面水平，地下水位与墙顶齐平。已知砂的孔隙比 $e=0.9$，饱和重度 $\gamma_{sat}=18.7kN/m^3$，内摩擦角 $\varphi=30°$。强震使饱和松砂完全液化，震后松砂沉积变密实，孔隙比变为 $e=0.65$，内摩擦角变为 $\varphi=35°$。震后墙后水位不变。试问墙后每延长米上的主动土压力和水压力之总和最接近下列哪个选项的数值？　　　　（　　）

（A）68kN　　　　（B）120kN　　　　（C）150kN　　　　（D）160kN

19. 用简单圆弧条分法作黏土边坡稳定分析时，滑弧的半径 $R=30m$，第 i 土条的宽度为 2m，过滑弧的中心点切线、渗流水面和土条顶部与水平线的夹角均为 30°。土条的水下高度为 7m，水上高度为 3m。已知黏土在水上、下的天然重度均为 $\gamma=20kN/m^3$，黏聚力 $c=22kPa$，内摩擦角 $\varphi=25°$，试问计算得出该土条的抗滑力矩最接近下列哪个选项的数值？　　　　　　　（　　）

土条 i

$R=30m$

3m

2m

7m

30°

题 19 图

  （A）3000kN·m （B）4110kN·m （C）4680kN·m （D）6360kN·m

  20. 某填方高度为 8m 的公路路基垂直通过一作废的混凝土预制场，在地面标高原建有 30 个钢筋混凝土地梁，梁下有 53m 深的灌注桩，为了避免路面的不均匀沉降，在地梁上铺设聚苯乙烯（泡沫）板块（EPS）。路基填土重度为 18.4kN/m³，据计算，地基土在 8m 填方的荷载下，沉降量为 15cm，忽略地梁本身的沉降，已知 EPS 的平均压缩模量为 $E_s = 500$kPa，为消除地基不均匀沉降，在地梁上铺设聚苯乙烯（泡沫）厚度应最接近下列哪个选项的数值？ （ ）

  （A）150mm （B）350mm （C）550mm （D）750mm

  21. 某基坑的地基土层分布如图所示，地下水位在地表以下 0.5m。其中第①、②层的天然重度 $\gamma = 19$kN/m³，第③层淤泥质土的天然重度为 17.1kN/m³，三轴固结不排水强度指标为：$c_{cu} = 17.8$kPa，$\varphi_{cu} = 13.2°$，如在第③层上部取土样，在其有效自重压力下固结（固结时各向等压的主应力 $\sigma_3 = 68$kPa）以后进行不固结不排水三轴试验（UU），试问其 c_u 值最接近下列哪个选项的数值？ （ ）

题 21 图

  （A）18kPa （B）29kPa （C）42kPa （D）77kPa

  22. 均匀砂土地基基坑，地下水位与地面齐平，开挖深 12m，采用坑内排水，渗流流网如图所示。如相邻等势线之间的水头损失 Δh 都相等，试问基底处的最大平均水力梯度最接近下面哪个选项的数值？ （ ）

题 22 图

  （A）0.44 （B）0.55 （C）0.80 （D）1.00

23. 如图所示基坑，基坑深度 5m，插入深度 5m，地层为砂土，地层参数为：$\gamma = 20kN/m^3$，$c = 0$，$\varphi = 30°$。地下水位埋深 6m，排桩支护形式，桩长 10m，根据《建筑基坑支护技术规程》（JGJ 120—2012），作用在每延米支护体系上的主动土压力合力最接近下列哪个选项的数值？　　　（　　）

题 23 图

（A）210kN　　　　　（B）280kN　　　　　（C）387kN　　　　　（D）330kN

24. 陇西地区某湿陷性黄土场地的地层情况为：0～12.5m 为湿陷性黄土，12.5m 以下为非湿陷性土。探井资料如下表。假设场地地层水平均匀，地面标高与建筑物 ±0.00 标高相同，基础埋深 1.5m。根据《湿陷性黄土地区建筑标准》（GB 50025—2018）规定，试判定该湿陷性黄土地基的湿陷等级应为下列哪个选项？　　　（　　）

题 24 表

取样深度（m）	δ_s	δ_{zs}	取样深度（m）	δ_s	δ_{zs}
1.0	0.076	0.011	8.0	0.037	0.022
2.0	0.070	0.013	9.0	0.011	0.010
3.0	0.065	0.016	10.0	0.016	0.025
4.0	0.055	0.017	11.0	0.018	0.027
5.0	0.050	0.018	12.0	0.014	0.016
6.0	0.045	0.019	13.0	0.006	0.010
7.0	0.043	0.020	14.0	0.002	0.005

（A）Ⅰ级（轻微）　　　　　　　　　　（B）Ⅱ级（中等）

（C）Ⅲ级（严重）　　　　　　　　　　（D）Ⅳ级（很严重）

25. 某季节性冻土地基实测冻土层厚度为 2.0m。冻前原地面标高为 186.128m，冻后实测地面标高为 186.288m。试问该土层的平均冻胀率最接近下列哪个选项的数值？（注：平均冻胀率为地表冻胀量与设计冻深的比值）　　　（　　）

（A）7.1%　　　　　（B）8.0%　　　　　（C）8.7%　　　　　（D）9.5%

26. 某一滑动面为折线的均质滑坡，其计算参数如表所示。取滑坡推力安全系数为 1.05。试问滑坡③条块的剩余下滑力最接近下列哪个选项的数值？　　　（　　）

题 26 表

滑块编号	下滑力（kN/m）	抗滑力（kN/m）	传递系数
①	3600	1100	0.76
②	8700	7000	0.90
③	1500	2600	—

（A）2140kN/m   （B）2730kN/m   （C）3220kN/m   （D）3790kN/m

27. 某混凝土水工重力坝场地的设计地震烈度为 8 度，在初步设计的建基面标高以下深度 15m 范围内分布的地层和剪切波速列见下表。下列等效剪切波速 v_s 和标准设计反应谱最大值的代表值 β_{max} 的不同组合中，哪个选项的取值是正确的？ （ ）

题 27 表

层序	地层名称	层底深度（m）	剪切波速 v_s（m/s）
①	中砂	6	235
②	圆砾	9	336
③	卵石	12	495
④	基岩	> 15	720

（A）$v_s = 325$m/s，$\beta_{max} = 2.50$ （B）$v_s = 325$m/s，$\beta_{max} = 2.00$

（C）$v_s = 296$m/s，$\beta_{max} = 2.50$ （D）$v_s = 296$m/s，$\beta_{max} = 2.00$

28. 在地震烈度为 8 度的场地修建采用天然地基的住宅楼，设计时需要对埋藏于非液化土层之下的厚层砂土进行液化判别。下列哪个选项的组合条件可初步判别为不考虑液化影响？ （ ）

（A）上覆非液化土层厚 5m，地下水位深度 3m，基础埋深 2.0m

（B）上覆非液化土层厚 5m，地下水位深度 5m，基础埋深 1.0m

（C）上覆非液化土层厚 7m，地下水位深度 3m，基础埋深 1.5m

（D）上覆非液化土层厚 7m，地下水位深度 5m，基础埋深 1.5m

29. 某水利工程位于 8 度地震区，抗震设计按近震考虑。勘察时地下水位在当时地面以下的深度为 2.0m，标准贯入点在当时地面以下的深度为 6.0m。实测砂土（黏粒含量 $\rho_c < 3\%$）的标准贯入锤击数为 20 击。工程正常运行后下列四种情况中哪个选项在地震液化复判中应将该砂土判为液化土？

（ ）

（A）场地普遍填方 3.0m   （B）场地普遍挖方 3.0m

（C）地下水位普遍上升 3.0m   （D）地下水位普遍下降 3.0m

30. 某场地钻孔灌注桩桩身平均波速值为 3555.6m/s，其中某根桩低应变反射波动力测试曲线如下图所示，对应图中时间 t_1、t_2 和 t_3 的数值分别为 60.0ms、66.0ms 和 73.5ms，试问在混凝土强度变化不大的情况下，该桩桩长最接近下列哪个选项的数值？   （　　）

题 30 图

　（A）10.7m　　　　　（B）21.3m　　　　　（C）24.0m　　　　　（D）48.0m

2009 年案例分析试题（下午卷）

1. 某工程水质分析试验成果见下表（mg/L）。试问其总矿化度最接近下列哪个选项的数值？
（　　）

题 1 表

Na$^+$	K$^+$	Ca^{2+}	Mg^{2+}	NH$_4^+$	Cl$^-$	SO$_4^{2-}$	HCO$_3^-$	游离 CO$_2$	侵蚀性 CO$_2$
51.39	28.78	75.43	20.23	10.80	83.47	27.19	366.00	22.75	1.48

（A）480mg/L　　　　（B）585mg/L　　　　（C）660mg/L　　　　（D）690mg/L

2. 某常水头渗透试验装置如图所示，土样I的渗透系数 $k_1 = 0.2$cm/s，土样II的渗透系数 $k_2 = 0.1$cm/s，土样横截面积 $A = 200$cm^2。如果保持图中水位恒定，则该试验的流量 Q 应保持为下列哪个选项？
（　　）

题 2 图

（A）10.0cm^3/s　　（B）11.1cm^3/s　　（C）13.3cm^3/s　　（D）15.0cm^3/s

3. 取直径为 50mm、长度为 70mm 的标准岩石试件，进行径向点荷载强度试验，测得破坏时的极限荷载为 4000N，破坏瞬间加荷点未发生贯入现象。试分析判断该岩石的坚硬程度属于下列哪个选项？
（　　）

（A）软岩　　　　　（B）较软岩　　　　　（C）较坚硬岩　　　　（D）坚硬岩

4. 某湿陷性黄土试样取样深度为 8.0m，此深度以上土的天然含水量为 19.8%，天然密度为 1.57g/cm^3，土粒相对密度（比重）为 2.70。在测定该土样的自重湿陷系数时施加的最大压力最接近下列哪个选项的数值？（其中水的密度 ρ_w 取 1g/cm^3，重力加速度 g 取 10m/s^2）
（　　）

（A）105kPa　　　　　（B）126kPa　　　　　（C）140kPa　　　　　（D）216kPa

5. 筏板基础宽度 10m，埋置深度 5m，地基土为厚层均质粉土层，地下水位在地面下 20m 处。在基底标高上用深层平板载荷试验得到的地基承载力特征值 $f_{ak} = 200kPa$，地基土的重度为 19kN/m³（查表可得地基承载力修正系数为：$\eta_b = 0.3$，$\eta_d = 1.5$），试问筏板基础基底均布压力为下列何项数值时刚好满足地基承载力的设计要求？　　　　　　　　　　　　　　　　　（　　）

（A）345kPa　　　　　（B）284kPa　　　　　（C）217kPa　　　　　（D）167kPa

6. 某柱下独立基础底面尺寸为 3m × 4m，传至基础底面的平均压力为 300kPa，基础埋深 3.0m，地下水位埋深 4m，地基土的天然重度为 20kN/m³，压缩模量 E_{s1} 为 15MPa，软弱下卧层顶埋深 6m，压缩模量 E_{s2} 为 5MPa。试问在验算下卧层强度时，软弱下卧层层顶处附加应力与自重压力之和最接近下列哪个选项的数值？　　　　　　　　　　　　　　（　　）

（A）199kPa　　　　　（B）179kPa　　　　　（C）159kPa　　　　　（D）79kPa

7. 某场地建筑地基岩石为花岗岩，块状结构。勘察时取试样 6 组，试验测得饱和单轴抗压强度的平均值为 29.1MPa，变异系数为 0.022。按照《建筑地基基础设计规范》（GB 50007—2011）的有关规定，该建筑地基的承载力特征值最大取值最接近下列哪个选项的数值？　　　　　　（　　）

（A）21.1MPa　　　　　（B）28.6MPa　　　　　（C）14.3MPa　　　　　（D）10.0MPa

8. 某场地三个浅层平板载荷试验。试验数据见下表。试问按照《建筑地基基础设计规范》（GB 50007—2011）确定的该土层的地基承载力特征值最接近下列哪个选项的数值？　　（　　）

题 8 表

试验点号	1	2	3
比例界限对应的荷载值（kPa）	160	165	173
极限荷载（kPa）	300	340	330

（A）170kPa　　　　　（B）165kPa　　　　　（C）160kPa　　　　　（D）150kPa

9. 某 25 万人口的城市，市区内某四层框架结构建筑物，有采暖，采用方形基础，基底平均压力为 130kPa。地面下 5m 范围内的黏性土为弱冻胀土。该地区的标准冻深为 2.2m。试问在考虑冻胀性情况下，按照《建筑地基基础设计规范》（GB 50007—2011），该建筑基础的最小埋深最接近下列哪个选项？　　　　　　　　　　　　　　　　　　　　　　　　　　　　　　　　（　　）

（A）0.8m　　　　　（B）1.0m　　　　　（C）1.2m　　　　　（D）1.4m

10. 某稳定边坡，坡角 β 为 30°。矩形基础垂直于坡顶边缘线的底面边长 b 为 2.8m，基础埋置深度 d 为 3m。试问按照《建筑地基基础设计规范》（GB 50007—2011），基础底面外边缘线至坡顶的水平距离 a 应大于下列哪个选项的数值？　　　　　　　　　　　　　（　　）

题 10 图

（A）1.8m   （B）2.5m   （C）3.2m   （D）4.6m

11. 某公路桥梁钻孔灌注桩为摩擦桩，桩径 1.0m，桩长 35m。土层分布及桩侧摩阻力标准值q_{ik}、桩端处的承载力特征值f_{a0}如图所示。桩端以上各土层的加权平均重度$\gamma_2 = 20kN/m^3$，桩端处土的容许承载力随深度的修正系数$k_2 = 5.0$。根据《公路桥涵地基与基础设计规范》（JTG 3363—2019）计算，试问单桩轴向受压承载力特征值最接近下列哪个选项的数值？（取修正系数$\lambda = 0.8$，清底系数$m_0 = 0.8$）

（   ）

单桩

一般冲刷线

粉土 $q_{1k}=40kPa$ 2m

局部冲刷线   1m

中砂 $q_{2k}=60kPa$ 15m

粗砂 $q_{3k}=100kPa$ 15m

深厚碎石层   2m

$q_{4k}=160kPa$

$f_{a0}=1000kPa$

题 11 图

（A）5500kN   （B）5780kN   （C）5940kN   （D）6280kN

12. 某桩下单桩独立基础采用混凝土灌注桩，桩径 800mm，桩长 30m。在荷载效应准永久组合作用下，作用在桩顶的附加荷载$Q = 6000kN$。桩身混凝土弹性模量$E_c = 3.15 \times 10^4 N/mm^2$。在该桩桩端以下的附加应力（假定按分段线性分布）及土层压缩模量如图所示，不考虑承台分担荷载作用。根据《建筑桩基技术规范》（JGJ 94—2008）计算，该单桩基础最终沉降量最接近下列哪个选项的数值？（取沉降计算经验系数$\psi = 1.0$，桩身压缩系数$\xi_e = 0.6$）

（   ）

题 12 图

　　（A）55mm　　　　　　（B）60mm　　　　　　（C）67mm　　　　　　（D）72mm

　　13. 某柱下六桩独立柱基，承台埋深 3.0m，承台面积取 2.4m×4.0m，采用直径 0.4m 的灌注桩，桩长 12m，距径比 $s_a/d=4$，桩顶以下土层参数如表所示。根据《建筑桩基技术规范》（JGJ 94—2008），考虑承台效应（取承台效应系数 $\eta_c=0.14$），试确定考虑地震作用时的复合基桩竖向承载力特征值与单桩承载力特征值之比最接近下列哪个选项的数值？（取地基抗震承载力调整系数 $\xi_a=1.5$）

（　　　　）

题 13 表

层序	土名	层底埋深（m）	q_{sik}（kPa）	q_{pk}（kPa）
①	填土	3.0	—	—
②	粉质黏土	13.0	25	（地基承载力特征值 $f_{ak}=300$kPa）
③	粉砂	17.0	100	6000
④	粉土	25.0	45	800

　　（A）1.05　　　　　　（B）1.11　　　　　　（C）1.16　　　　　　（D）1.20

　　14. 某松散砂土地基，拟采用直径 400mm 的振冲桩进行加固。如果取处理后桩间土承载力特征值 $f_{sk}=90$kPa，桩土应力比取 3.0，采用等边三角形布桩。要使加固后地基承载力特征值达到 120kPa，根据《建筑地基处理技术规范》（JGJ 79—2012），振冲砂石桩的间距（m）应为下列哪个选项的数值？

（　　　　）

　　（A）0.85　　　　　　（B）0.93　　　　　　（C）1.00　　　　　　（D）1.10

　　15. 某建筑场地地层如图所示，拟采用水泥粉煤灰碎石桩（CFG 桩）进行加固。已知基础埋深为 2.0m，CFG 桩长 14.0m，桩径 500mm，桩身强度 $f_{cu}=20$MPa，桩间土承载力发挥系数取 0.9，单桩承载力发挥系数取 0.85。按《建筑地基处理技术规范》（JGJ 79—2012）计算，如果复合地基承载力特征值要达到

180kPa，则 CFG 桩面积置换率 m 应取下列哪个选项的数值？　　　　　　　　（　　）

题 15 图

（A）10%　　　　　　（B）12%　　　　　　（C）14%　　　　　　（D）18%

16. 某场地地层如图所示。拟采用水泥搅拌桩进行加固。已知基础埋深为 2.0m，搅拌桩桩径 600mm，桩长 14.0m，桩身抗压强度 $f_{cu} = 0.9$MPa，单桩承载力发挥系数 $\lambda = 1.0$，桩间土承载力发挥系数 $\beta = 0.35$，桩端端阻力发挥系数 $\alpha_p = 0.4$，桩身强度折减系数 $\eta = 0.25$，搅拌桩中心距为 1.0m，等边三角形布置。试问搅拌桩复合地基承载力特征值取下列哪个选项的数值合适？　　　　　　（　　）

（A）85kPa　　　　　（B）90kPa　　　　　（C）100kPa　　　　　（D）110kPa

题 16 图

17. 采用砂石桩法处理松散的细砂。已知处理前细砂的孔隙比 $e_0 = 0.95$，砂石桩桩径 500mm。如果要求砂石桩挤密后的孔隙比 e_1 达到 0.60，按《建筑地基处理技术规范》（JGJ 79—2012）计算（考虑振动下沉密实作用修正系数 $\xi = 1.1$），采用等边三角形布置时，砂石桩间距采取以下哪个选项的数值比较合适？　　　　　　（　　）

（A）1.0　　　　　（B）1.2　　　　　（C）1.4　　　　　（D）1.6

18. 有一分离式墙面的加筋土挡土墙（墙面只起装饰与保护作用，不直接固定筋材），墙高 5m，其剖面如图所示。整体式钢筋混凝土墙面与包裹式加筋墙体的平均距离为 10cm，其间充填孔隙率 $n = 0.4$ 的砂土。由于排水设施失效，10cm 间隙充满了水，此时作用于每延米墙面上的总水压力最接近下列哪个选项的数值？　　　　　　（　　）

题 18 图

（A）125kN （B）5kN （C）2.5kN （D）50kN

19. 小型均质土坝的蓄水高度为 16m，流网如图所示。流网中水头梯度等势线间隔数均分为 $m = 22$（从下游算起的等势线编号如图所示）。土坝中 G 点处于第 20 条等势线上，其位置在地面以上 11.5m。试问 G 的孔隙水压力最接近下列哪个选项的数值？ （ ）

题 19 图

（A）30kPa （B）45kPa （C）115kPa （D）145kPa

20. 山区重力式挡土墙自重 200kN/m，经计算，墙背主动压力水平分为 $E_x = 200kN/m$，竖向分力 $E_y = 80kN/m$，挡土墙基底倾角 15°，基底摩擦系数 0.65，问该墙的抗滑移稳定安全系数最接近下列哪个选项的数值？（不计墙前土压力） （ ）

题 20 图

（A）0.9 （B）1.3 （C）1.7 （D）2.2

21. 图示挡土墙，墙高 $H = 6m$。墙后砂土厚度 $h = 1.6m$，已知砂土的重度为 17.5kN/m³，内摩擦角为 30°，黏聚力为零。墙后黏性土的重度为 18.5kN/m³，内摩擦角为 18°，黏聚力为 10kPa。按朗肯主动土压理论，试问作用于每延米墙背的总主动土压力 E_a 最接近下列哪个选项的数值？ （ ）

题 21 图

（A）82kN   （B）92kN   （C）102kN   （D）112kN

22. 在饱和软黏土中基坑开挖采用地下连续墙支护，已知软土的十字板剪切试验的抗剪强度 $\tau = 34kPa$；基坑开挖深度 16.3m，墙底插入坑底以下的深度 17.3m，设有两道水平支撑，第一道支撑位于地面标高，第二道水平支撑距坑底 3.5m，每延米支撑的轴向力均为 2970kN。沿着图示的以墙顶为圆心，以墙长为半径的圆弧整体滑动，若每延米的滑动力矩为 154230kN·m，则其安全系数最接近下面哪个选项的数值？   （ ）

题 22 图

（A）1.3   （B）1.0   （C）0.9   （D）0.6

23. 某场地地层情况如下图所示，场地第②层中承压水头在地面下 6.0m。现需在该场地进行沉井施工，沉井直径 20m，深 13.0m（深度自地面算起）。拟采用设计单井出水量为 50m³/h 的完整井沿沉井外侧均匀布置，降水影响半径为 160m，将承压水水位降低至沉井底面下 1.0m。试问合理的降水井数量最接近下列哪个选项的数值？   （ ）

题 23 图

（A）4　　　　　　　　　　　　　　（B）6

（C）8　　　　　　　　　　　　　　（D）12

24. 某采空区场地倾向主断面上每隔 20m 间距顺序排列 A、B、C 三点，地表移动前测量的标高相同。地表移动后垂直移动分量，B 点较 A 点多 42mm，较 C 点少 30mm；水平移动分量，B 点较 A 点少 30mm，较 C 点多 20mm。试根据《岩土工程勘察规范》（GB 50021—2001）（2009 年版）判定该场地的适宜性为下列哪个选项所述？　　　　　　　　　　　　　　（　　）

（A）不宜建筑的场地　　　　　　　（B）相对稳定的场地

（C）作为建筑场地时，应评价其适宜性　（D）无法判定

25. 土层剖面及计算参数如下图所示。由于大面积抽取地下水，地下水位深度自抽水前的距地面 10m，以 2m/年的速率逐年下降。忽略卵石层及以下岩土层的沉降，问 10 年后地面沉降总量最接近下列哪个选项的数值？　　　　　　　　　　　　　　（　　）

题 25 图

（A）415mm　　　　（B）544mm　　　　（C）670mm　　　　（D）810mm

26. 某一薄层状裂隙发育的石灰岩出露场地，在距地面 17m 深处以下有一溶洞，洞高 $H_0 = 2.0\text{m}$。若按溶洞顶板坍塌自行填塞法对此溶洞的影响进行估算，地面下不受溶洞坍塌影响的岩层安全厚度最接近下列哪个选项的数值？（石灰岩松散系数 k 取 1.2）　　　　　　　　　　　（　　）

（A）5m　　　　（B）7m　　　　（C）10m　　　　（D）12m

27. 某饱和软黏土边坡已出现明显变形迹象（可以认为在 $\varphi_u = 0$ 的整体圆弧法计算中，其稳定系数 $K_1 = 1.0$）。假设有关参数如下：下滑部分 W_1 的截面面积为 30.2m^2，力臂 $d_1 = 3.2\text{m}$，滑体平均重度为 17kN/m^3。为确保边坡安全，在坡脚进行了反正，反压体 W_3 的截面面积为 9.0m^2，力臂 $d_3 = 3.0$，重度为 20kN/m^3。在其他参数都不变的情况下，反压后边坡的稳定系数 K_2 最接近下列哪一选项？

（　　）

题 27 图

（A）1.15　　　　　（B）1.26　　　　　（C）1.33　　　　　（D）1.59

28. 某建筑场地抗震设防烈度为 8 度，设计地震分组为第一组。场地土层及其剪切波速见下表。已知结构自振周期为 0.40s，阻尼比为 0.05。按 50 年超越概率 63% 考虑。建筑结构的地震影响系数应取下列哪个选项的数值？　　　　　　　　　　　　　　　　　　　　　　　　　（　　）

题 28 表

层序	土层名称	层底深度（m）	剪切波速 v_{si}（m/s）
①	填土	5.0	120
②	淤泥	10.0	90
③	粉土	16.0	180
④	卵石	20.0	460
⑤	基岩	—	800

（A）0.14　　　　　（B）0.15　　　　　（C）0.16　　　　　（D）0.17

29. 下图所示为某工程场地钻孔剪切波速测试的结果。据此计算确定场地土层的等效剪切波速和该场地的类别。试问下列哪个选项的组合是正确的？　　　　　　　　　　　　（　　）

题 29 图

（A）173m/s，I类 （B）261m/s，II类
（C）192m/s，III类 （D）290m/s，IV类

30. 某灌注桩，桩径1.5m，桩长43m，桩顶下25.2m处扩颈2.5m，桩端扩顶直径2.5m，土层分布依次为填土、粉质黏土、粉土、粉质黏土、粉砂和粉质黏土，对该桩进行竖向静载荷试验，单桩极限承载力Q_{uk} = 22000kN，其中端阻力占17%，之后又进行抗拔试验，上拔荷载和上拔量关系曲线（v-δ）如图所示，试确定抗拔系数。 （ ）

题30图

（A）0.68 （B）0.72 （C）0.74 （D）0.80

2010 年案例分析试题（上午卷）

1. 某压水试验地面进水管的压力表读数 $p_P = 0.90\text{MPa}$，压力表中心高于孔口 0.5m，压入流量 $Q = 80\text{L/min}$，试验段长度 $L = 5.1\text{m}$，钻杆及接头的压力总损失为 0.04MPa，钻孔为斜孔，其倾角 $\alpha = 60°$，地下水位位于试验段之上，自孔口至地下水位沿钻孔的实际长度 $H = 24.8\text{m}$，试问试验段地层的透水率（Lu）最接近下列何项数值？　　　　　　　　　　　　　　　　　　（　　）

(A) 14.0 　　　　　　　　　　　　　　　　(B) 14.5
(C) 15.6 　　　　　　　　　　　　　　　　(D) 16.1

2. 某公路工程，承载比（CBR）三次平行试验成果如下表。三次平行试验土的干密度满足规范要求，则据表中资料确定的 CBR 值应为下列何项数值？　　　　　　　　　　　　（　　）

题 2 表

贯入量（0.01mm）		100	150	200	250	300	400	500	750
荷载强度（kPa）	试件 1	164	224	273	308	338	393	442	496
	试件 2	136	182	236	280	307	362	410	460
	试件 3	183	245	313	357	384	449	493	532

(A) 4.0% 　　　　　　　　　　　　　　　　(B) 4.2%
(C) 4.4% 　　　　　　　　　　　　　　　　(D) 4.5%

3. 某工程测得中等风化岩体压缩波波速 $V_{pm} = 3185\text{m/s}$，剪切波波速 $V_s = 1603\text{m/s}$，相应岩块的压缩波波速 $V_{pr} = 5067\text{m/s}$，剪切波波速 $V_s = 2438\text{m/s}$；岩石质量密度 $\rho = 2.64\text{g/cm}^3$，饱和单轴抗压强度 $R_c = 40\text{MPa}$。则该岩体基本质量指标 BQ 为下列何项数值？　　　　　　　（　　）

(A) 255 　　　　　　　　　　　　　　　　(B) 310
(C) 491 　　　　　　　　　　　　　　　　(D) 714

4. 已知某地区淤泥土标准固结试验 $e\text{-}\lg p$ 曲线上直线段起点在 50～100kPa 之间，该地区某淤泥土样测得 100～200kPa 压力段压缩系数 a_{1-2} 为 1.66MPa^{-1}，试问其压缩指数 C_c 值最接近下列何项数值？

（　　）

(A) 0.40 　　　　　　　　　　　　　　　　(B) 0.45
(C) 0.50 　　　　　　　　　　　　　　　　(D) 0.55

5. 如图所示（图中单位为 mm），某建筑采用柱下独立方形基础，基础底面尺寸为 2.4m × 2.4m，柱截面尺寸为 0.4m × 0.4m。基础顶面中心处作用的柱轴竖向力为 $F = 700\text{kN}$，力矩 $M = 0$，根据《建筑地基基础设计规范》（GB 50007—2011），试问基础的柱边截面处的弯矩设计值最接近下列何项数值？

（　　）

题 5 图（尺寸单位：mm）

（A）105kN·m   （B）145kN·m   （C）185kN·m   （D）225kN·m

6. 某毛石基础如图所示，荷载效应标准组合时基础底面处的平均压力值为 110kPa，基础中砂浆强度等级为 M5，根据《建筑地基基础设计规范》（GB 50007—2011）设计，试问基础高度 H_0 至少应取下列何项数值？   （   ）

题 6 图

（A）0.5m   （B）0.75m   （C）1.0m   （D）1.5m

7. 某条形基础，上部结构传至基础顶面的竖向荷载 $F_k = 320$kN/m，基础宽度 $b = 4$m，基础埋置深度 $d = 2$m，基础底面以上土层的天然重度 $\gamma = 18$kN/m³，基础及其上土的平均重度为 20kN/m³，基础底面至软弱下卧层顶面距离 $z = 2$m，已知扩散角 $\theta = 25°$。试问，扩散到软弱下卧层顶面处的附加压力最接近下列何项数值？   （   ）

（A）35kPa   （B）45kPa   （C）57kPa   （D）66kPa

8. 某建筑方形基础，作用于基础底面的竖向力 9200kN，基础底面尺寸为 6m×6m，基础埋深 2.5m，基础底面上下土层为均质粉质黏土，重度为 19kN/m³，综合 e-p 关系试验数据见下表，基础中心

点的附加应力系数 α 见下图，已知沉降计算经验系数为 0.4，将粉质黏土按一层计算，问该基础中心点的最终沉降量最接近下列哪个选项？ （　　）

题 8 表

压力 p_i（kPa）	0	50	100	200	300	400
孔隙比 e	0.544	0.534	0.526	0.512	0.508	0.506

题 8 图

（A）10mm　　　　（B）23mm　　　　（C）35mm　　　　（D）57mm

9. 某建筑物基础承受轴向压力，其矩形基础剖面及土层的指标如图所示，基础底面尺寸为 1.5m×2.5m。根据《建筑地基基础设计规范》（GB 50007—2011）由土的抗剪强度指标确定的地基承载力特征值 f_a，应与下列何项数值最为接近？ （　　）

题 9 图

（A）138kPa　　　　（B）143kPa　　　　（C）148kPa　　　　（D）153kPa

10. 某构筑物其基础底面尺寸为 3m×4m，埋深为 3m，基础及其上土的平均重度为 20kN/m³，构筑物传至基础顶面的偏心荷载 F_k = 1200kN，距基底中心 1.2m，水平荷载 H_k = 200kN，作用位置如图所示。试问，基础底面边缘的最大压力值 p_{kmax}，与下列何项数值最为接近？ （　　）

题 10 图

（A）265kPa （B）341kPa （C）415kPa （D）454kPa

11. 某灌注桩直径 800mm，桩身露出地面的长度为 10m，桩入土长度为 20m，桩端嵌入较完整的坚硬岩石，桩的水平变形系数 α 为 0.520（1/m），桩顶铰接，桩顶以下 5m 范围内箍筋间距为 200mm，该桩轴心受压，桩顶轴向压力设计值为 6800kN。成桩工艺系数 ψ_c 取 0.8，按《建筑桩基技术规范》（JGJ 94—2008），试问桩身混凝土轴心抗压强度设计值应不小于下列何项数值？ （ ）

（A）15MPa （B）17MPa （C）19MPa （D）21MPa

12. 群桩基础中的某灌注桩基桩，桩身直径 700mm，入土深度 25m，配筋率为 0.60%，桩身抗弯刚度 EI 为 $2.83 \times 10^5 kN \cdot m^2$，桩侧土水平抗力系数的比例系数 m 为 2.5MN/m⁴，桩顶为铰接，按《建筑桩基技术规范》（JGJ 94—2008），试问当桩顶水平荷载为 50kN 时，其水平位移值最接近下列何项数值？
（ ）

（A）6mm （B）9mm （C）12mm （D）15mm

13. 某软土地基上多层建筑，采用减沉复合疏桩基础，筏板平面尺寸为 35m×10m，承台底设置钢筋混凝土预制桩共计 102 根，桩截面尺寸为 200mm×200mm，间距 2m，桩长 15m，正三角形布置，地层分布及土层参数如图所示，试问按《建筑桩基技术规范》（JGJ 94—2008）计算的基础中心点由桩土相互作用产生的沉降 s_{sp}，其值与下列何项数值最为接近？ （ ）

题 13 图

注：图中尺寸以 mm 计。

（A）6.4mm （B）8.4mm （C）11.9mm （D）15.8mm

14. 为确定水泥土搅拌桩复合地基承载力，进行多桩复合地基静载试验，桩径500mm，正三角形布置，桩中心距1.20m。试问进行三桩复合地基载荷试验的圆形承压板直径，应取下列何项数值？ （ ）

（A）2.00m （B）2.20m （C）2.40m （D）2.65m

15. 某软土地基拟采用堆载预压法进行加固，已知淤泥的水平向排水固结系数$c_h = 3.5 \times 10^{-4} cm^2/s$，塑料排水板宽度为100mm，厚度为4mm，间距为1.0m，等边三角形布置，预压荷载一次施加，如果不计竖向排水固结和排水板的井阻及涂抹的影响，按《建筑地基处理技术规范》（JGJ 79—2012）计算，试问当淤泥固结度达到90%时，所需的预压时间与下列何项最为接近？ （ ）

（A）5个月 （B）7个月 （C）8个月 （D）10个月

16. 对于某新近堆积的自重湿陷性黄土地基，拟采用灰土挤密桩对柱下独立基础的地基进行加固。已知基础为1.0m×1.0m的方形，该层黄土平均含水量为10%，最优含水量为18%，平均干密度为1.50t/m³。根据《建筑地基处理技术规范》（JGJ 79—2012），为达到最好加固效果，拟对该基础5.0m深度范围内的黄土进行增湿，试问最少加水量取下列何项数值合适？ （ ）

（A）0.65t （B）2.6t （C）3.8t （D）5.8t

17. 岩质边坡由泥质粉砂岩与泥岩互层组成为不透水边坡，边坡后部有一充满水的竖直拉裂带，如图所示。静水压力p_w为1125kN/m，可能滑动的层面上部岩体重量W为22000kN/m，层面摩擦角φ为22°，黏聚力c为20kPa，试问其安全系数最接近下列何项数值？ （ ）

题17图

（A）$K = 1.09$ （B）$K = 1.17$ （C）$K = 1.27$ （D）$K = 1.37$

18. 水电站的地下厂房围岩为白云质灰岩，饱和单轴抗压强度为50MPa，围岩岩体完整性系数$K_v = 0.50$。结构面宽度3mm，充填物为岩屑，裂隙面平直光滑，结构面延伸长度7m。岩壁渗水。围岩的最大主应力为8MPa。根据《水利水电工程地质勘察规范》（GB 50487—2008）（2022年版），该厂房围岩的工程地质类别应为下列何项所述？ （ ）

（A）I类 （B）II类 （C）III类 （D）IV类

19. 有一部分浸水的砂土坡，坡率为1:1.5，坡高4m，水位在2m处；水上、水下的砂土的内摩擦角均为$\varphi = 38°$；水上砂土重度$\gamma = 18kN/m^3$，水下砂土饱和重度$\gamma_{sat} = 20kN/m^3$。用传递系数法计算沿图示的折线滑动面滑动的安全系数最接近下列何项数值？（已知 $W_2 = 1000kN$，$P_1 = 560kN$，$\alpha_1 = 38.7°$，$\alpha_2 = 15.0°$，P_1 为第一块传递到第二块上的推力，W_2 为第二块已扣除浮力的自重） （   ）

题 19 图

（A）1.17 （B）1.04 （C）1.21 （D）1.52

20. 图示重力式挡土墙和墙后岩石陡坡之间填砂土，墙高 6m，墙背倾角 60°，岩石陡坡倾角 60°，砂土 $\gamma = 17kN/m^3$，$\varphi = 30°$；砂土与墙背及岩坡间的摩擦角均为 15°，根据《建筑边坡工程技术规范》（GB 50330—2013）计算挡土墙上的主动土压力合力 E_a 与下列何项数值最为接近？ （   ）

题 20 图

（A）275kN/m （B）250kN/m （C）187kN/m （D）83kN/m

21. 某基坑侧壁安全等级为三级，垂直开挖，采用复合土钉墙支护，设一排预应力锚索，自由段长度为 5.0m。已知锚索水平拉力设计值 250kN，水平倾角 20°，锚孔直径为 150mm，土层与砂浆锚固体的极限摩阻力标准值 $q_{sik} = 46kPa$，锚杆轴向受拉抗力分项系数取 1.25。试问锚索的设计长度至少应取下列何项数值时才能满足要求？ （   ）

（A）16.0m （B）18.0m （C）21.0m （D）24.0m

22. 一个饱和软黏土中的重力式水泥土挡土墙如图所示，土的不排水抗剪强度 $c_u = 30kPa$，基坑深度 5m，墙的埋深 4m，滑动圆心在墙顶内侧 O 点，滑动圆弧半径 $R = 10m$。沿着图示的圆弧滑动面滑动，试问每米宽度上的整体稳定抗滑力矩最接近下列何项数值？ （   ）

题 22 图

（A）1570kN·m/m （B）4710kN·m/m （C）7850kN·m/m （D）9420kN·m/m

23. 拟在砂卵石地基中开挖 10m 深的基坑，地下水与地面齐平，坑底为基岩。拟用旋喷法形成厚度 2m 的截水墙，在墙内放坡开挖基坑，坡度为 1：1.5。截水墙外侧砂卵石的饱和重度为 19kN/m³，截水墙内侧砂卵石重度为 17kN/m³，内摩擦角 $\varphi = 35°$（水上下相同），截水墙水泥土重度为 $\gamma = 20kN/m³$，墙底及砂卵石土坑滑体与基岩的摩擦系数 $\mu = 0.4$。试问该挡土体的抗滑稳定安全系数最接近下列何项数值？（ ）

题 23 图

（A）1.00　　　　（B）1.08　　　　（C）1.32　　　　（D）1.55

24. 有一个岩石边坡，要求垂直开挖，采用预应力锚索加固，如图所示。已知岩体的一个最不利结构面为顺坡方向，与水平方向夹角 55°。锚索与水平方向夹角 20°，要求锚索自由段伸入该潜在滑动面的长度不小于 1m。试问在 10m 高处的该锚索的自由段总长度至少应达到下列何项数值？（ ）

题 24 图

（A）5.0m　　　　（B）7.0m　　　　（C）8.0m　　　　（D）10.0m

25. 一悬崖上突出一矩形截面的完整岩体，如图所示，长 L 为 8m，厚（高）h 为 6m，重度 γ 为 22kN/m³，允许抗拉强度 $[\sigma_t]$ 为 1.5MPa，试问该岩体拉裂崩塌的稳定系数最接近下列何项数值？（ ）

（A）2.2　　　　（B）1.8　　　　（C）1.4　　　　（D）1.1

26. 一无黏性土均质斜坡，处于饱和状态，地下水平行坡面渗流，土体饱和重度 γ_{sat} 为 20kN/m³，$c = 0$，$\varphi = 30°$，假设滑动面为直线形，试问该斜坡稳定的临界坡角最接近下列何项数值？（ ）

题 25 图

（A）14°   （B）16°   （C）22°   （D）30°

27. 某场地抗震设防烈度为 8 度，场地类别为Ⅱ类，设计地震分组为第一组，建筑物 A 和建筑物 B 的结构基本自振周期分别为：$T_A = 0.2s$ 和 $T_B = 0.4s$，阻尼比均为 $\zeta = 0.05$。根据《建筑抗震设计规范》（GB 50011—2010），如果建筑物 A 和 B 的相应于结构基本自振周期的水平地震影响系数分别以 α_A 和 α_B 表示，试问两者的比值（α_A/α_B）最接近下列何项数值？   （   ）

（A）0.83   （B）1.23   （C）1.13   （D）2.13

28. 某建筑场地抗震设防烈度为 7 度，设计地震分组为第一组，设计基本地震加速度为 0.10g，场地类别Ⅲ类，拟建 10 层钢筋混凝土框架结构住宅。结构等效总重力荷载为 137062kN，结构基本自振周期为 0.9s（已考虑周期折减系数），阻尼比为 0.05。试问当采用底部剪力法时，基础顶面处的结构总水平地震作用标准值与下列何项数值最为接近？   （   ）

（A）5875kN   （B）6375kN   （C）6910kN   （D）7500kN

29. 在存在液化土层的地基中的低承台群桩基础，若打桩前该液化土层的标准贯入锤击数为 10 击，打入式预制桩的面积置换率为 3.3%，按照《建筑抗震设计规范》（GB 50011—2010）计算，试问打桩后桩间土的标准贯入试验锤击数最接近下列何项数值？   （   ）

（A）10 击   （B）18 击   （C）13 击   （D）30 击

30. 某 PHC 管桩，桩径 500mm，壁厚 125mm，桩长 30m，桩身混凝土弹性模量为 36×10^6kPa（视为常量），桩底用钢板封口，对其进行单桩静载试验并进行桩身内力测试。根据实测资料，在极限荷载作用下，桩端阻力为 1835kPa，桩侧阻力如下图所示。试问该 PHC 管桩在极限荷载条件下，桩顶面下 10m 处的桩身应变最接近下列何项数值？   （   ）

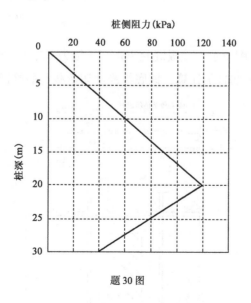

题 30 图

（A）4.16×10^{-4} （B）4.29×10^{-4} （C）5.55×10^{-4} （D）5.72×10^{-4}

2010年案例分析试题（下午卷）

1. 某工程采用灌砂法测定表层土的干密度，注满试坑用标准砂质量5625g。标准砂密度1.55g/cm³。试坑采取的土试样质量6898g，含水量17.8%，该土层的干密度数值接近下列哪个选项？　（　　）

（A）1.60g/cm³　　　（B）1.65g/cm³　　　（C）1.70g/cm³　　　（D）1.75g/cm³

2. 已知一砂土层中某点应力达到极限平衡时，过该点的最大剪应力平面上的法向应力和剪应力分别为264kPa和132kPa。问关于该点处的大主应力σ_1、小主应力σ_3以及该砂土内摩擦角φ的值，下列哪个选项是正确的？　（　　）

（A）$\sigma_1 = 396kPa$，$\sigma_3 = 132kPa$，$\varphi = 28°$　　　（B）$\sigma_1 = 264kPa$，$\sigma_3 = 132kPa$，$\varphi = 30°$

（C）$\sigma_1 = 396kPa$，$\sigma_3 = 132kPa$，$\varphi = 30°$　　　（D）$\sigma_1 = 396kPa$，$\sigma_3 = 264kPa$，$\varphi = 36°$

3. 某工地需进行夯实填土。经试验得知，所用土料的天然含水量为5%，最优含水量为15%。为使填土在最优含水量状态下夯实，1000kg原土料中应加入下列哪个选项的水量？　（　　）

（A）95kg　　　（B）100kg　　　（C）115kg　　　（D）145kg

4. 在某建筑地基中存在一细粒土层，该层土的天然含水量为24.0%。经液、塑限联合测定法试验求得：对应圆锥下沉深度2mm、10mm、17mm时的含水量分别为16.0%、27.0%、34.0%。请分析判断，根据《岩土工程勘察规范》（GB 50021—2001）（2009年版）对本层土的定名和状态描述，下列哪一选项是正确的？　（　　）

（A）粉土，湿　　　　　　　　　　　（B）粉质黏土，可塑

（C）粉质黏土，软塑　　　　　　　　（D）黏土，可塑

5. 某筏基底板梁板布置如图所示，筏板混凝土强度等级为C35（$f_t = 1.57N/mm^2$），根据《建筑地基基础设计规范》（GB 50007—2011）计算，该底板受冲切承载力最接近下列何项数值？　（　　）

题5图（尺寸单位：mm）

（A）5.60×10^3kN （B）11.25×10^3kN

（C）16.08×10^3kN （D）19.70×10^3kN

6. 某老建筑物采用条形基础，宽度 2.0m，埋深 2.5m，拟增层改造，探明基底以下 2.0m 深处下卧淤泥质粉土，$f_{ak} = 90$kPa，$E_s = 3$MPa。如图所示，已知上层土的重度为 18kN/m³，基础及其上土的平均重度为 20kN/m³。地基承载力特征值 $f_{ak} = 160$kPa，无地下水，试问，基础顶面所允许的最大竖向力 F_k 与下列何项数值最为接近？ （ ）

题 6 图

（A）180kN/m （B）300kN/m

（C）320kN/m （D）340kN/m

7. 条形基础宽度为 3.6m，基础自重和基础上的土重为 $G_k = 100$kN/m，上部结构传至基础顶面的竖向力值为 $F_k = 200$kN/m。$F_k + G_k$ 合力的偏心距为 0.4m，修正后的地基承载力特征值至少要达到下列哪个选项的数值时才能满足承载力验算要求？ （ ）

（A）68kPa （B）83kPa

（C）116kPa （D）139kPa

8. 作用于高层建筑基础底面的总的竖向力 $F_k + G_k = 120$MN，基础底面积 30m × 10m，荷载重心与基础底面形心在短边方向的偏心距为 1.0m，试问修正后的地基承载力特征值 f_a 至少应不小于下列何项数值才能符合地基承载力验算的要求？ （ ）

（A）250kPa （B）350kPa

（C）460kPa （D）540kPa

9. 有一工业塔，刚性连接设置在宽度 $b = 6$m，长度 $l = 10$m。埋置深度 $d = 3$m 的矩形基础板上，包括基础自重在内的总重为 $N_k = 20$MN，作用于塔身上部的水平合力 $H_k = 1.5$MN，基础侧面抗力不计。为保证基底不出现零压力区，试问水平合力作用点与基底距离 h 最大值应与下列何项数值最为接近？

（ ）

题 9 图（尺寸单位：mm）

（A）15.2m （B）19.3m （C）21.5m （D）24.0m

10. 建筑物埋深 10m，基底附加压力为 300kPa，基底以下压缩层范围内各土层的压缩模量、回弹模量及建筑物中心点附加压力系数 α 分布见下图，地面以下所有土的重度均为 20kN/m³，无地下水，沉降修正系数为 $\psi_s = 0.8$，回弹沉降修正系数 $\psi_c = 1.0$，回弹变形的计算深度为 11m。试问该建筑物中心点的总沉降量最接近下列何项数值？　　　　　　　　　　　　　　　　　　　　（　　）

题 10 图（尺寸单位：mm）

（A）142mm （B）161mm （C）327mm （D）373mm

11. 柱下桩基承台，承台混凝土轴心抗拉强度设计值 $f_t = 1.71$MPa，试按《建筑桩基技术规范》（JGJ 94—2008），计算承台柱边 A_1-A_1 斜截面的受剪承载力，其值与下列何项数值最为接近？（图中尺寸单位为 mm）　　　　　　　　　　　　　　　　　　　　　　　　　　　　　　　　（　　）

题 11 图（尺寸单位：mm）

（A）1.00MN   （B）1.21MN   （C）1.53MN   （D）2.04MN

12. 某泥浆护壁灌注桩桩径 800mm，桩长 24m，采用桩端桩侧联合后注浆，桩侧注浆断面位于桩顶下 12m，桩周土性及后注浆桩侧阻力与桩端阻力增强系数如图所示。按《建筑桩基技术规范》（JGJ 94—2008），估算的单桩极限承载力最接近下列何项数值？   （   ）

题 12 图

（A）5620kN   （B）6460kN   （C）7420kN   （D）7700kN

13. 铁路桥梁采用钢筋混凝土沉井基础，沉井壁厚 0.4m，高度 12m，排水挖土下沉施工完成后，沉井顶和河床面平齐，假定井壁四周摩擦力分布为倒三角，施工中沉井井壁截面的最大拉应力与下列何项数值最为接近？（注：井壁重度为 25kN/m³）   （   ）

题 13 图

（A）0   （B）75kPa   （C）150kPa   （D）300kPa

14. 某松散砂土地基，砂土初始孔隙比 $e_0 = 0.850$，最大孔隙比 $e_{max} = 0.900$，最小孔隙比 $e_{min} = 0.550$；采用不加填料振冲挤密处理，处理深度 8.00m，振密处理后地面平均下沉 0.80m，此时处理范围内砂土的相对密实度 D_r 最接近下列哪一项？   （   ）

（A）0.76   （B）0.72   （C）0.66   （D）0.62

15. 某黄土场地，地面以下 8m 为自重湿陷性黄土，其下为非湿陷性黄土层。建筑物采用筏板基础，底面积为 18m×45m，基础埋深 3.00m。采用灰土挤密桩法消除自重湿陷性黄土的湿陷性，灰土桩直径 ϕ400mm，桩间距 1.00m，等边三角形布置。根据《建筑地基处理技术规范》（JGJ 79—2012）规定，处理该场地的灰土桩数量（根），最少应为下列哪项？   （   ）

（A）936   （B）1245   （C）1328   （D）1592

16. 某填海造地工程对软土地基拟采用堆载预压法进行加固，已知海水深 1.0m，下卧淤泥层厚度

10.0m，天然密度 $\rho = 1.5\text{g/cm}^3$，室内固结试验测得各级压力下的孔隙比如表所示。如果淤泥上覆填土的附加压力 p_0 取 125kPa，按《建筑地基处理技术规范》（JGJ 79—2012）计算该淤泥的最终沉降量，取经验修正系数为 1.2，将 10m 厚的淤泥层按一层计算，则最终沉降量最接近以下哪个数值？（　　）

各级压力下的孔隙比　　　　　　　　　　　　题 16 表

p（kPa）	0	12.5	25.0	50.0	100.0	200.0	300.0
e	2.325	2.215	2.102	1.926	1.710	1.475	1.325

（A）1.46m　　　　　（B）1.82m　　　　　（C）1.96　　　　　（D）2.64

17. 拟对厚度为 10.0m 的淤泥层进行预压法加固。已知淤泥面上铺设 1.0m 厚中粗砂垫层，再上覆厚 2.0m 压实填土，地下水位与砂层顶面齐平。淤泥三轴固结不排水试验得到的黏聚力 $c_{cu} = 10.0\text{kPa}$，内摩擦角 $\varphi_{cu} = 9.5°$，淤泥面处的天然抗剪强度 $\tau_0 = 12.3\text{kPa}$，中粗砂重度为 20kN/m³，填土重度为 18kN/m³，按《建筑地基处理技术规范》（JGJ 79—2012）计算，如果要使淤泥面处抗剪强度值提高 50%，则要求该处的固结度至少达到以下哪个选项？（　　）

（A）60%　　　　　（B）70%　　　　　（C）80%　　　　　（D）90%

18. 某重力式挡土墙如图所示。墙重为 767kN/m，墙后填砂土，$\gamma = 17\text{kN/m}^3$，$c = 0$，$\varphi = 32°$；墙底与地基间的摩擦系数 $\mu = 0.5$；墙背与砂土间的摩擦角 $\delta = 16°$，用库仑土压力理论计算此墙的抗滑稳定安全系数最接近下面哪个选项？（　　）

题 18 图

（A）1.23　　　　　（B）1.83　　　　　（C）1.68　　　　　（D）1.60

19. 设计一个坡高 15m 的填方土坡，用圆弧条分法计算得到的最小安全系数为 0.89，对应的滑动力矩为 36000kN·m/m，圆弧半径为 37.5m；为此需要对土坡进行加筋处理，如图所示。如果要求的安全系数为 1.3，按照《土工合成材料应用技术规范》（GB/T 50290—2014）计算，1 延米填方需要的筋材总加筋力最接近下面哪个选项？（　　）

题 19 图

（A）1400kN/m　　　　（B）1000kN/m　　　　（C）454kN/m　　　　（D）400kN/m

20. 图示的挡土墙，墙背竖直光滑，墙后填土水平，上层填 3m 厚的中砂，重度为 18kN/m³，内摩擦角 28°；下层填 5m 厚的粗砂，重度为 19kN/m³，内摩擦角 32°。试问 5m 粗砂层作用在挡墙上的总主动压力最接近下列哪个选项？　　　　　　　　　　（　　）

题 20 图

（A）172kN/m　　　　（B）168kN/m　　　　（C）162kN/m　　　　（D）156kN/m

21. 在软土地基上快速填筑了一路堤，建成后 70d 观测的平均沉降为 120mm；140d 观测的平均沉降为 160mm。已知如果固结度 $U_t \geqslant 60\%$，可按照太沙基的一维固结理论公式 $U = 1 - 0.81e^{-\alpha t}$ 预测其后期沉降量和最终沉降量，试问此路堤最终沉降量 s 最接近下面哪一个选项？　　　　（　　）

（A）180mm　　　　（B）200mm　　　　（C）220mm　　　　（D）240mm

22. 某洞段围岩，由厚层砂岩组成。围岩总评分 T 为 80。岩石的饱和单轴抗压强度 R_b 为 55MPa，围岩的最大主应力 σ_m 为 9MPa。岩体的纵波速度为 3000m/s，岩石的纵波速度为 4000m/s。按照《水利水电工程地质勘察规范》（GB 50487—2008）（2022 年版），该洞段围岩的类别是下列哪一选项？　　　　　　　　　　　　　　　　　　　　　　　　　（　　）

（A）I 类围岩　　　　（B）II 类围岩　　　　（C）III 类围岩　　　　（D）IV 类围岩

23. 某基坑深 6.0m，采用悬臂排桩支护，排桩嵌固深度为 6.0m，地面无超载，重要性系数 $\gamma_0 = 1.0$。场地内无地下水，土层为砾砂层，$\gamma = 20$kN/m³，$c = 0$kPa，$\varphi = 30°$，厚 15.0m。按照《建筑基坑支护技术规程》（JGJ 120—2012），问悬臂排桩抗倾覆稳定系数 K_s 最接近以下哪个数值？　　　（　　）

（A）1.10　　　　（B）1.20　　　　（C）1.30　　　　（D）1.40

24. 某单层湿陷性黄土场地，黄土的厚度为 10m，该层黄土的自重湿陷量计算值 $\Delta_{zs} = 300$mm。在该场地上拟建建筑物拟采用钻孔灌注桩基础，桩长 45m，桩径 1000mm，桩端土的承载力特征值为 1200kPa，黄土以下的桩周土的摩擦力特征值为 25kPa，根据《湿陷性黄土地区建筑标准》（GB 50025—2018）估算该单桩竖向承载力特征值最接近下列哪一选项？　　　　　　　　　　　　　　（　　）

（A）4474.5kN   （B）3689.5kN   （C）3061.5kN   （D）3218.5kN

25. 根据勘察资料和变形监测结果,某滑坡体处于极限平衡状态,且可分为 2 个条块（如下图所示）,每个滑块的重力、滑动面长度和倾角分别为: $G_1 = 500$kN/m, $L_1 = 12$m, $\beta_1 = 30°$; $G_2 = 800$kN/m, $L_2 = 10$m, $\beta_2 = 10°$。现假设各滑动面的内摩擦角标准值 φ 均为 10°,滑体稳定系数 $K = 1.0$,如采用传递系数法进行反分析求滑动面的黏聚力标准值 c,其值最接近下列哪一选项?   （   ）

题 25 图

（A）7.4kPa   （B）8.6kPa   （C）10.5kPa   （D）14.5kPa

26. 某膨胀土地区的多年平均蒸发力和降水量值详见下表。请根据《膨胀土地区建筑技术规范》（GB 50112—2013）确定该地区大气影响急剧层深度最接近下列哪个选项的数值?   （   ）

题 26 表

项目	月份											
	1月	2月	3月	4月	5月	6月	7月	8月	9月	10月	11月	12月
蒸发力（mm）	14.2	20.6	43.6	60.3	94.1	114.8	121.5	118.1	57.4	39.0	17.6	11.9
降水量（mm）	7.5	10.7	32.2	68.1	86.6	110.2	158.0	141.7	146.9	80.3	38.0	9.3

（A）4.0m   （B）3.0m   （C）1.8m   （D）1.4m

27. 某非自重湿陷性黄土试样含水量 $w = 15.6\%$,土粒相对密度（比重）$D_r = 2.70$,质量密度 $\rho = 1.60$g/cm³,液限 $w_L = 30.0\%$,塑限 $w_P = 17.9\%$,桩基设计时需要根据饱和状态下的液性指数查取设计参数,该试样饱和度达 85% 时的液性指数最接近下列哪一选项?   （   ）

（A）0.85   （B）0.92   （C）0.99   （D）1.06

28. 某拟建工程建成后正常蓄水深度 3.0m。该地区抗震设防烈度为 7 度,只考虑近震影响。因地层松散,设计采用挤密法进行地基处理,处理后保持地面标高不变。勘察时地下水位埋深 3m,地下 5m 深度处粉细砂的标准贯入试验实测击数为 5,取扰动样室内测定黏粒含量 <3%。按照《水利水电工程地质勘察规范》（GB 50487—2008）（2022 年版）,问处理后该处标准贯入试验实测击数至少达到下列哪个选项时,才能消除地震液化影响?   （   ）

（A）5 击   （B）13 击   （C）19 击   （D）30 击

29. 已知某建筑场地抗震设防烈度为 8 度,设计基本地震加速度为 0.30g。设计地震分组为第一组。

场地覆盖层厚度为 20m，等效剪切波速为 240m/s，结构自振周期为 0.40s，阻尼比为 0.40。在计算水平地震作用时，相应于多遇地震的水平地震影响系数值最接近下列哪个选项？　　　（　　）

（A）0.24　　　　　　（B）0.22　　　　　　（C）0.14　　　　　　（D）0.12

30. 某建筑地基处理采用 3∶7 灰土垫层换填，该 3∶7 灰土击实试验结果见下表。采用环刀法对刚施工完毕的第一层灰土进行施工质量检验，测得试样的湿密度为 1.78g/cm³，含水量为 19.3%，其压实系数最接近下列哪个选项？　　　（　　）

题 30 表

湿密度（g/cm³）	1.59	1.76	1.85	1.79	1.63
含水量（%）	17.0	19.0	21.0	23.0	25.0

（A）0.94　　　　　　（B）0.95　　　　　　（C）0.97　　　　　　（D）0.99

2011 年案例分析试题（上午卷）

1. 某建筑基槽宽 5m，长 20m，开挖深度为 6m，基底以下为粉质黏土。在基槽底面中间进行平板载荷试验，采用直径为 800mm 的圆形承压板。载荷试验结果显示，在 $p\text{-}s$ 曲线线性段对应 100kPa 压力的沉降量为 6mm。试计算，基底土层的变形模量 E_0 值最接近下列哪个选项？　　　　　　（　　）

（A）6.3MPa　　　　　（B）9.0MPa　　　　　（C）12.3MPa　　　　　（D）14.1MPa

2. 取网状构造冻土试样 500g，待冻土样完全融化后，加水调成均匀的糊状，糊状土质量为 560g，经试验测得糊状土的含水量为 60%，问冻土试样的含水量最接近下列哪个选项？　　　　　（　　）

（A）43%　　　　　（B）48%　　　　　（C）54%　　　　　（D）60%

3. 取某土试样 2000g，进行颗粒分析试验，测得各级筛上质量见下表。筛底质量为 560g。已知土样中的粗颗粒以棱角形为主，细颗粒为黏土。问下列哪一选项对该土样的定名最准确？　　　（　　）

题 3 表

孔径（mm）	20	10	5	2.0	1.0	0.5	0.25	0.075
筛上质量（g）	0	100	600	400	100	50	40	150

（A）角砾　　　　　　　　　　　　　　（B）砾砂

（C）含黏土角砾　　　　　　　　　　　（D）角砾混黏土

4. 下图为一工程地质剖面图，图中虚线为潜水水位线。已知 $h_1 = 15\text{m}$，$h_2 = 10\text{m}$，$M = 5\text{m}$，$l = 50\text{m}$，第①层土渗透系数 $k_1 = 5\text{m/d}$，第②层土渗透系数 $k_2 = 50\text{m/d}$，其下为不透水层。问通过 1、2 断面之间的单宽（每米）平均水平渗流流量最接近下列哪个选项的数值？　　　　　　　　　　　　（　　）

题 4 图

（A）6.25m³/d　　　　　　　　　　　　（B）15.25m³/d

（C）25.00m³/d　　　　　　　　　　　（D）31.25m³/d

5. 在地面作用矩形均布荷载 $p = 400\text{kPa}$，承载面积为 4m×4m。试求承载面积中心 O 点下 4m 深处的附加应力与角点 C 下 8m 深处的附加应力比值最接近下列何值？（矩形均布荷载中心点下竖向附加应力系数 α_0 可由下表查得）　　　　　　　　　　　　　　　　　（　　）

题5表

z/b	l/b	
	1.0	2.0
0.0	1.000	1.000
0.5	0.701	0.800
1.0	0.336	0.481

题5图

（A）1/2　　　　　（B）1　　　　　（C）2　　　　　（D）4

6. 如图所示柱基础底面尺寸为 1.8m×1.2m，作用在基础底面的偏心荷载$F_k+G_k=300$kN，偏心距$e=0.2$m，基础底面应力分布最接近下列哪项？　　　　　　（　　）

题6图

7. 如图所示矩形基础，地基土的天然重度$\gamma=18$kN/m³，饱和重度$\gamma_{sat}=20$kN/m³，基础及基础上土重度$\gamma_G=20$kN/m³，$\eta_b=0$，$\eta_d=1.0$，估算该基础底面积最接近下列何值？　　　　（　　）

题 7 图

（A）3.2m² 　　　（B）3.6m² 　　　（C）4.2m² 　　　（D）4.6m²

8. 如图所示，某建筑采用柱下独立方形基础，拟采用 C20 钢筋混凝土材料，基础分二阶，底面尺寸 2.4m×2.4m，柱截面尺寸为 0.4m×0.4m。基础顶面作用竖向力 700kN，力矩 87.5kN·m，问柱边的冲切力最接近下列哪个选项？　　　　　　　　　　　　　　　　　　　　　（　　）

题 8 图（尺寸单位：mm）

（A）95kN 　　　（B）110kN 　　　（C）140kN 　　　（D）160kN

9. 某梁板式筏基底板区格如图所示，筏板混凝土强度等级为 C35（$f_t = 1.57\text{N/mm}^2$），根据《建筑地基基础设计规范》（GB 50007—2011）计算，该区格底板斜截面受剪承载力最接近下列何值？　　　　　　　　　　　　　　　　　　　　　　　　　　　　　　　　　　　　（　　）

题 9 图

（A）5.6 × 10³kN   （B）6.65 × 10³kN

（C）16.08 × 10³kN   （D）119.70 × 10³kN

10. 桩基承台如图所示，已知柱轴力 $F = 12000$kN，力矩 $M = 1500$kN·m，水平力 $H = 600$kN（F、M 和 H 均对应荷载效应基本组合），承台及其上填土的平均重度为 20kN/m³。试按《建筑桩基技术规范》（JGJ 94—2008）计算图示虚线截面处的弯矩设计值最接近下列哪一数值？   （   ）

题 10 图（尺寸单位：mm）

（A）4800kN·m   （B）5300kN·m

（C）5600kN·m   （D）5900kN·m

11. 钻孔灌注桩单桩基础，桩长 24m，桩身直径 $d = 600$mm，桩顶以下 30m 范围内均为粉质黏土，在荷载效应准永久组合作用下，桩顶的附加荷载为 1200kN，桩身混凝土的弹性模量为 3.0×10^4MPa，根据《建筑桩基技术规范》（JGJ 94—2008），计算桩身压缩变形最接近下列哪一项？   （   ）

（A）2.0mm   （B）2.5mm   （C）3.0mm   （D）3.5mm

12. 某抗拔基桩桩顶拔力为 800kN，地基土为单一的黏土，桩侧土的抗压极限侧阻力标准值为 50kPa，抗拔系数取为 0.8，桩身直径为 0.5m，桩顶位于地下水位以下，桩身混凝土重度为 25kN/m³，按《建筑桩基技术规范》（JGJ 94—2008）计算，群桩基础呈非整体破坏情况下，基桩桩长至少不小于下列哪一选项？   （   ）

（A）15m   （B）18m   （C）21m   （D）24m

13. 某端承桩单桩基础桩直径 $d = 600$mm，桩端嵌入基岩，桩顶以下 10m 为欠固结的淤泥质土，该土有效重度为 8.0kN/m³，桩侧土的抗压极限侧阻力标准值为 20kPa，负摩阻力系数 $\xi_n = 0.25$，按《建筑桩基技术规范》（JGJ 94—2008）计算，桩侧负摩阻力引起的下拉荷载最接近下列哪一项？（　　）

题 13 图

（A）150kN　　　　　（B）190kN　　　　　（C）250kN　　　　　（D）300kN

14. 某建筑场地地层分布及参数（均为特征值）如图所示，拟采用水泥土搅拌桩复合地基。已知基础埋深 2.0m，搅拌桩长 8.0m，桩径 $d = 600$mm，等边三角形布置。经室内配比试验，水泥加固土试块强度为 1.2MPa，桩身强度折减系数 $\eta = 0.25$，桩间土承载力发挥系数 $\beta = 0.4$，按《建筑地基处理技术规范》（JGJ 79—2012）计算，要求复合地基承载力特征值达到 100kPa，则搅拌桩间距值取下列哪项？（　　）

题 14 图

（A）0.9m　　　　　（B）1.0m　　　　　（C）1.3m　　　　　（D）1.5m

15. 某工程，地表淤泥层厚 12.0m，淤泥层重度为 16kN/m³。已知淤泥的压缩试验数据如表所示，地下水位与地面齐平。采用堆载预压法加固，先铺设厚 1.0m 砂垫层，砂垫层重度为 20kN/m³，堆载土层厚 2.0m，重度为 18kN/m³。沉降经验系数 ξ 取 1.1，假定地基沉降过程中附加应力不发生变化，按《建筑地基处理技术规范》（JGJ 79—2012）估算淤泥层的压缩量最接近下列哪一选项？（　　）

题 15 表

压力 p（kPa）	12.5	25.0	50.0	100.0	200.0	300.0
孔隙比 e	2.108	2.005	1.786	1.496	1.326	1.179

（A）1.2m   （B）1.4m   （C）1.7m   （D）2.2m

16. 某独立基础底面尺寸为 2.0m×4.0m，埋深 2.0m，相应荷载效应标准组合时，基础底面处平均压力 $p_k = 150$kPa；软土地基承载力特征值 $f_{ak} = 70$kPa，天然重度 $\gamma = 18.0$kN/m³，地下水位埋深 1.0m；采用水泥土搅拌桩处理，桩径 500mm，桩长 10.0m；桩间土承载力发挥系数 $\beta = 0.4$；经试桩，单桩承载力特征值 $R_a = 110$kN，则基础下布桩量为多少根？   （   ）

（A）6   （B）8   （C）10   （D）12

17. 砂土地基，天然孔隙比 $e_0 = 0.892$，最大孔隙比 $e_{max} = 0.988$，最小孔隙比 $e_{min} = 0.742$，该地基拟采用振冲碎石桩加固，按等边三角形布桩，碎石桩直径为 0.50m，挤密后要求砂土相对密度 $D_{r1} = 0.886$，问满足要求的碎石桩桩距（修正系数 ξ 取 1.0）最接近下列哪一选项？   （   ）

（A）1.4m   （B）1.6m   （C）1.8m   （D）2.0m

18. 某很长的岩质边坡的断面形状如图，岩体受一组走向与边坡平行的节理面所控制，节理面的内摩擦角 35°，黏聚力为 70kPa，岩体重度为 23kN/m³。请验算边坡沿节理面的抗滑稳定系数最接近下列哪个选项？   （   ）

题 18 图

（A）0.8   （B）1.0   （C）1.2   （D）1.3

19. 一个坡角为 28°的均质土坡，由于降雨，土坡中地下水发生平行于坡面方向的渗流，利用圆弧条分法进行稳定分析时，其中第 i 条块高度为 6m，作用在该条块底面上的孔隙水压力最接近下面哪一数值？   （   ）

题 19 图

（A）60kPa　　　　（B）53kPa　　　　（C）47kPa　　　　（D）30kPa

20. 重力式挡土墙墙高 8m，墙背垂直光滑，填土与墙顶平，填土为砂土，$\gamma = 20kN/m^3$，内摩擦角 $\varphi = 36°$。该挡土墙建在岩石边坡前，岩石边坡坡脚与水平方向夹角$\theta = 70°$，岩石与砂填土间摩擦角为 18°。计算作用于挡土墙上的主动土压力最接近下列哪一选项？　　　　（　　）

题 20 图

（A）166kN/m　　　（B）298kN/m　　　（C）157kN/m　　　（D）213kN/m

21. 采用土钉加固一破碎岩质边坡，其中某根土钉有效锚固长度L为 4m，该土钉计算承受拉力E为 188kN，锚孔直径d为 108mm，锚孔孔壁和砂浆间的极限抗剪强度τ为 0.25MPa，钉材与砂浆间极限黏结力τ_g为 2MPa，钉材直径d_b为 32mm，该土钉抗拔安全系数最接近下列哪个数值？　　　　（　　）

（A）$K = 0.55$　　（B）$K = 1.80$　　（C）$K = 2.37$　　（D）$K = 4.28$

22. 在饱和软黏土地基中开挖条形基坑，采用 8m 长的板桩支护。地下水位已降至板桩底部，坑边地面无荷载。地基土重度$\gamma = 19kN/m^3$。通过十字板现场测试得地基土的抗剪强度为 30kPa。按《建筑地基基础设计规范》（GB 50007—2011）规定，为满足基坑抗隆起稳定性要求，此基坑最大开挖深度不能超过下列哪一选项？　　　　（　　）

题 22 图

（A）1.2m　　　　（B）3.3m　　　　（C）6.1m　　　　（D）8.5m

23. 基坑锚杆拉拔试验时，已知锚杆水平拉力$T = 400kN$，锚杆倾角$\alpha = 15°$，锚固体直径$D = 150mm$，锚杆总长度为 18m，自由段长度为 6m。在其他因素都已考虑的情况下，锚杆锚固体与土层的平均摩阻力最接近下列哪一个数值？　　　　（　　）

（A）49kPa　　　　（B）73kPa　　　　（C）82kPa　　　　（D）90kPa

24. 某推移式均质堆积土滑坡，堆积土的内摩擦角 $\varphi = 40°$，该滑坡后缘滑裂面与水平面的夹角最可能是下列哪一选项？　　　　　　　　　　　　　　　　　　　　　　（　　）

（A）40°　　　　　（B）60°　　　　　（C）65°　　　　　（D）70°

25. 斜坡上有一矩形截面的岩体，被一走向平行坡面、垂直层面的张裂隙切割到层面（如图），岩体重度 $\gamma = 24kN/m^3$，层面倾角 $\alpha = 20°$，岩体的重心铅垂延长线距 O 点 $d = 0.44m$，在暴雨充水至张裂隙顶面时，该岩体倾倒稳定系数 K 最接近下列哪一选项？（不考虑岩体两侧及底面阻力和扬压力）

　　　　　　　　　　　　　　　　　　　　　　　　　　　　　　　　（　　）

题 25 图

（A）0.78　　　　　（B）0.83　　　　　（C）0.93　　　　　（D）1.20

26. 如图，边坡岩体由砂岩夹薄层页岩组成，边坡岩体可能沿软弱的页岩层面发生滑动。已知页岩层面抗剪强度参数 $c = 15kPa$，$\varphi = 20°$，砂岩重度 $\gamma = 25kN/m^3$。设计要求抗滑安全系数为 1.35，问每米宽度滑面上至少需增加多少法向压力才能满足设计要求？　　　　　　　　　　　　（　　）

题 26 图

（A）2180kN　　　（B）1970kN　　　（C）1880kN　　　（D）1730kN

27. 某黄土试样的室内双线法压缩试验数据如下表，其中一个试样保持在天然湿度下分级加荷至 200kPa，下沉稳定后浸水饱和；另一个试样在浸水饱和状态下分级加荷至 200kPa。按此表计算黄土湿陷起始压力最接近下列哪个选项的数据？　　　　　　　　　　　　　　（　　）

题 27 表

压力 p（kPa）	0	50	100	150	200	200（浸水饱和）
天然湿度下试样高度 h_p（mm）	20.00	19.79	19.53	19.25	19.00	18.60
浸水饱和状态下试样高度 h'_p（mm）	20.00	19.58	19.26	18.92	18.60	—

（A）75kPa （B）100kPa （C）125kPa （D）150kPa

28. 某场地的钻孔资料和剪切波速测试结果见下表，按《建筑抗震设计规范》（GB 50011—2010）确定的场地覆盖层厚度和计算得出的土层等效剪切波速 v_{se} 与下列哪个选项最为接近？ （ ）

题 28 表

土层序号	土层名称	层底深度（m）	剪切波速（m/s）
①	粉质黏土	2.5	160
②	粉细砂	7.0	200
③-1	残积土	10.5	260
③-2	孤石	12.0	700
③-3	残积土	15.0	420
④	强风化基岩	20.0	550
⑤	中风化基岩		

（A）10.5m，200m/s （B）13.5m，225m/s

（C）15.0m，235m/s （D）15.0m，250m/s

29. 某 8 层建筑物高 25m，筏板基础宽 12m，长 50m，地基土为中密细砂层。已知按地震作用效应标准组合传至基础底面的总竖向力（包括基础自重和基础上的土重）为 100MN。基底零压力区达到规范规定的最大限度时，该地基土经深宽修正后的地基土承载力特征值 f_a 至少不能小于下列哪个选项的数值，才能满足《建筑抗震设计规范》（GB 50011—2010）关于天然地基基础抗震验算的要求？ （ ）

（A）128kPa （B）167kPa （C）251kPa （D）392kPa

30. 某灌注桩，桩径 1.2m，桩长 60m，采用声波透射法检测桩身完整性，两根钢制声测管中心间距为 0.9m，管外径为 50mm，壁厚 2mm，声波探头外径 28mm。水位以下某一截面平测实测声时为 0.206ms，试计算该截面处桩身混凝土的声速最接近下列哪一选项？（注：声波探头位于测管中心；声波在钢材中的传播速度为 5420m/s，在水中的传播速度为 1480m/s；仪器系端延迟时间为 0s） （ ）

（A）4200m/s （B）4400m/s （C）4600m/s （D）4800m/s

2011 年案例分析试题（下午卷）

1. 某砂土试样高度 $H = 30$cm，初始孔隙比 $e_0 = 0.803$，相对密度 $G_s = 2.71$，进行渗透试验（见图）。渗透水力梯度达到流土的临界水力梯度时，总水头差 Δh 应为下列哪个选项？（   ）

题 1 图

（A）13.7cm   （B）19.4cm   （C）28.5cm   （D）37.6cm

2. 用内径 8.0cm，高 2.0cm 的环刀切取饱和原状土试样，湿土质量 $m_1 = 183$g，进行固结试验后，湿土的质量 $m_2 = 171.0$g，烘干后土的质量 $m_3 = 131.4$g，土的相对密度 $G_s = 2.70$，则经压缩后，土孔隙比变化量 Δe 最接近下列哪个选项？（   ）

（A）0.137   （B）0.250   （C）0.354   （D）0.503

3. 某土层颗粒级配曲线见图，试用《水利水电工程地质勘察规范》（GB 50487—2008）（2022 年版），判断其渗透变形最有可能是下列哪一选项？（   ）

题 3 图

（A）流土   （B）管涌   （C）接触冲刷   （D）接触流失

4. 某新建铁路隧道埋深较大，其围岩的勘察资料如下：①岩石饱和单轴抗压强度$R_c = 55$MPa，岩体纵波波速 5400m/s，岩石纵波波速 6200m/s。②围岩中地下水水量较大。③围岩的应力状态为极高应力。试问其围岩的级别为下列哪个选项？　　　　　　　　　　　　　　　　（　　）

（A）I 级　　　　　　　　　　　　　　　（B）II 级

（C）III 级　　　　　　　　　　　　　　　（D）IV 级

5. 甲建筑已沉降稳定，其东侧新建乙建筑，开挖基坑时，采取降水措施，使甲建筑东侧潜水地下水位由 -5.0m 下降至 -10.0m，基底以下地层参数及地下水位见图。估算甲建筑东侧由降水引起的沉降量接近下列何值？　　　　　　　　　　　　　　　　　　　　　　　　　（　　）

题 5 图（尺寸单位：mm）

（A）38mm　　　　　　　　　　　　　　（B）41mm

（C）63mm　　　　　　　　　　　　　　（D）76mm

6. 从基础底面算起的风力发电塔高 30m，圆形平板基础直径 $d = 6$m，侧向风压的合力为 15kN，合力作用点位于基础底面以上 10m 处，当基础底面的平均压力为 150kPa 时，基础边缘的最大与最小压力之比最接近下列何值？（圆形板的抵抗矩 $W = \pi d^3/32$）　　　　　　　　　（　　）

（A）1.10　　　　　　　　　　　　　　　（B）1.15

（C）1.20　　　　　　　　　　　　　　　（D）1.25

7. 某条形基础宽度 2m，埋深 1m，地下水埋深 0.5m。承重墙位于基础中轴，宽度 0.37m，作用于基础顶面荷载 235kN/m，基础材料采用钢筋混凝土。问验算基础底板配筋时的弯矩最接近下列哪个选项？　　　　　　　　　　　　　　　　　　　　　　　　　　　　　　　　　　（　　）

（A）35kN·m　　　　　　　　　　　　　（B）40kN·m

（C）55kN·m　　　　　　　　　　　　　（D）60kN·m

8. 既有基础平面尺寸 4m×4m，埋深 2m，底面压力 150kPa，如图，新建基础紧贴既有基础修建，基础平面尺寸 4m×2m，埋深 2m，底面压力 100kPa，已知基础下地基土为均质粉土，重度 $\gamma = 20$kN/m³，压缩模量 $E_s = 10$MPa，层底埋深 8m，下卧基岩，问新建基础的荷载引起的既有基础中心点的沉降量最接近下列哪个选项？（沉降修正系数取 1.0）　　　　　　　　　　　　　　　　　　　（　　）

题 8 图

（A）1.8mm （B）3.0mm （C）3.3mm （D）4.5mm

9. 某独立基础平面尺寸 5m × 3m，埋深 2.0m，基础底面压力标准组合值 150kPa。场地地下水位埋深 2m，地层及岩土参数见表，问软弱下卧层②的层顶附加应力与自重应力之和最接近下列哪个选项？

（　　）

题 9 表

层号	层底埋深（m）	天然重度（kN/m³）	承载力特征值 f_{ak}（kPa）	压缩模量（MPa）
①	4.0	18	180	9
②	8.0	18	80	3

（A）105kPa （B）125kPa （C）140kPa （D）150kPa

10. 某混凝土预制桩，桩径 $d = 0.5m$，桩长 18m，地基土性质与单桥静力触探资料如图，按《建筑桩基技术规范》（JGJ 94—2008）计算，单桩竖向极限承载力标准值最接近下列哪个选项？（桩端阻力修正系数 α 取为 0.8）

（　　）

题 10 图

（A）900kN （B）1020kN （C）1920kN （D）2230kN

11. 某柱下桩基础如图，采用 5 根相同的基桩，桩径 $d = 800mm$，地震作用效应和荷载效应标准组合下，柱作用在承台顶面处的竖向力 $F_k = 10000kN$，弯矩设计值 $M_{yk} = 480kN \cdot m$，承台与土自重标准值 $G_k = 500kN$，根据《建筑桩基技术规范》（JGJ 94—2008），基桩竖向承载力特征值至少要达到下列何值，该柱下桩基才能满足承载力要求？

（　　）

题 11 图（尺寸单位：mm）

（A）1460kN　　　　（B）1680kN　　　　（C）2100kN　　　　（D）2180kN

12. 某构筑物柱下桩基础采用 16 根钢筋混凝土预制桩，直径 $d = 0.5m$，桩长 20m，承台埋深 5m，其平面布置、剖面、地层如图。荷载效应标准组合下，作用于承台顶面的竖向荷载 $F_k = 27000kN$，承台及其上土重 $G_k = 1000kN$，桩端以上各土层的 $q_{sik} = 60kPa$，软弱层顶面以上土的平均重度 $\gamma_m = 18kN/m^3$，按《建筑桩基技术规范》（JGJ 94—2008）验算，软弱下卧层承载力特征值至少应接近下列何值才能满足要求？（取 $\eta_d = 1.0$，$\theta = 15°$）　　　　（　　　）

题 12 图

（A）66kPa （B）84kPa

（C）175kPa （D）204kPa

13. 某黄土地基采用碱液法处理，其土体天然孔隙比为 1.1，灌注孔成孔深度 4.8m，注液管底部距地表 1.4m，若单孔碱液灌注量 V 为 960L 时，按《建筑地基处理技术规范》（JGJ 79—2012），计算其加固土层的厚度最接近下列哪个选项？ （ ）

（A）4.8m （B）3.8m

（C）3.4m （D）2.9m

14. 某饱和淤泥质土层厚 6.00m，固结系数 $C_v = 1.9 \times 10^{-2} cm^2/s$，在大面积堆载作用下，淤泥质土层发生固结沉降，其竖向平均固结度与时间因数关系见下表。当平均固结度 $\overline{U}_z$ 达 75%时，所需要预压的时间最接近下列哪个选项？ （ ）

题 14 表

竖向平均固结度 $\overline{U}_z$（%）	25	50	75	90
时间因数 T_v	0.050	0.196	0.450	0.850

（A）60d （B）100d

（C）140d （D）180d

15. 某软土场地，淤泥质土承载力特征值 $f_a = 75kPa$；初步设计采用水泥土搅拌桩复合地基加固，等边三角形布桩，桩间距 1.2m，桩径 500mm，桩长 10.0m，桩间土承载力发挥系数 β 取 0.4，设计要求加固后复合地基承载力特征值达到 160kPa；经载荷试验，复合地基承载力特征值 $f_{spk} = 145kPa$，若其他设计条件不变，调整桩间距，下列哪个选项满足设计要求的最适宜桩距？ （ ）

（A）0.90m （B）1.00m

（C）1.10m （D）1.20m

16. 某大型油罐群位于滨海均质正常固结软土地基上，采用大面积堆载预压法加固，预压荷载 140kPa，处理前测得土层的十字板剪切强度为 18kPa，由三轴固结不排水剪测得土的内摩擦角 $\varphi_{cu} = 16°$。堆载预压至 90d 时，某点土层固结度为 68%，计算此时该点土体由固结作用增加的强度最接近下列哪一选项？ （ ）

（A）45kPa （B）40kPa

（C）27kPa （D）25kPa

17. 现需设计一无黏性土的简单边坡，已知边坡高度为 10m，土的内摩擦角 $\varphi = 45°$，黏聚力 $c = 0$，当边坡坡角 β 最接近下列哪个选项时，其稳定安全系数 $F_s = 1.3$？ （ ）

（A）45° （B）41.4°

（C）37.6° （D）22.8°

18. 纵向很长的土坡剖面上取一条块如图，土坡坡角为 30°，砂土与黏土的重度都是 18kN/m³ 砂土

$c_1 = 0$，$\varphi_1 = 35°$，黏土$c_2 = 30kPa$，$\varphi_2 = 20°$，黏土与岩石界面的$c_3 = 25kPa$，$\varphi_3 = 15°$，假设滑动面都平行于坡面，请计算论证最小安全系数的滑动面位置将相应于下列哪个选项？ （ ）

题 18 图

（A）砂土层中部 （B）砂土与黏土界面，在砂土一侧
（C）砂土与黏土界面，在黏土一侧 （D）黏土与岩石界面上

19. 重力式挡土墙断面如图，墙基底倾角为 6°，墙背面与竖直方向夹角 20°。用库仑土压力理论计算得到每延米的总主动压力为$E_a = 200kN/m$，墙体每延米自重 300kN/m，墙底与地基土间摩擦系数为 0.33，墙背面与填土间摩擦角 15°。计算该重力式挡土墙的抗滑稳定安全系数最接近下列哪个选项？ （ ）

题 19 图

（A）0.50 （B）0.66
（C）1.10 （D）1.20

20. 一个采用地下连续墙支护的基坑土层分布如图，砂土与黏土天然重度均为 20kN/m³，砂层厚 10m，黏土隔水层厚 1m，在黏土隔水层以下砾石层中有承压水，承压水头 8m。没有采用降水措施，为了保证抗突涌的渗透稳定安全系数不小于 1.1，该基坑的最大开挖深度H不能超过下列哪一选项？ （ ）

题 20 图

（A）2.2m   （B）5.6m   （C）6.6m   （D）7.0m

21. 有一均匀黏性土地基，要求开挖深度 15m 的基坑，采用桩锚支护。已知该黏性土的重度 $\gamma = 19kN/m^3$，黏聚力 $c = 15kPa$，内摩擦角 $\varphi = 26°$。坑外地面均布荷载为 48kPa，按《建筑边坡工程技术规范》（GB 50330—2013）规定计算等值梁的弯矩零点与坑底面的距离最接近下列哪一个数值？（   ）

（A）2.3m   （B）1.5m   （C）1.3m   （D）0.4m

22. 某电站引水隧洞，围岩为流纹斑岩，其各项评分见表，实测岩体纵波波速平均值为 3320m/s，岩块的纵波波速为 4176m/s。岩石饱和单轴抗压强度 $R_b = 55.8MPa$，围岩最大主应力 $\sigma_m = 11.5MPa$，试按《水利水电工程地质勘察规范》（GB 50487—2008）（2022 年版）的要求进行的围岩分类是下列哪一选项？（   ）

题 22 表

项目	岩石强度	岩体完整程度	结构面状态	地下水状态	主要结构
评分	20 分	28 分	24 分	−3 分	−2 分

（A）I 类   （B）II 类   （C）III 类   （D）IV 类

23. 某基坑开挖深度 10m，地面以下 2m 为人工填土，填土以下 18m 厚为中、细砂，含水层平均渗透系数 $k = 1.0m/d$；砂层以下为黏土层，地下水位在地表以下 2m。已知基坑的等效半径 $r_0 = 10m$，降水影响半径 $R = 76m$，要求地下水位降到基坑底面以下 0.5m，井点深为 20m，基坑远离边界，不考虑周边水体的影响。问该基坑降水的涌水量最接近下列哪个数值？（   ）

（A）342m³/d   （B）380m³/d   （C）425m³/d   （D）453m³/d

24. 某城市位于长江一级阶地以上，基岩面以上地层具有明显的二元结构，上部 0～30m 为黏性土，孔隙比 $e_0 = 0.7$，压缩系数 $\alpha_v = 0.35MPa^{-1}$，平均竖向固结系数 $C_v = 4.5 \times 10^{-3}cm^2/s$；30m 以下为砂砾层。目前该市地下水位位于地表下 2.0m，由于大量抽汲地下水引起的水位年平均降幅为 5m。假设不考虑

30m 以下地层的压缩量，问该市抽水一年后引起的地表最终沉降量最接近下列哪个选项？　　　（　　）

（A）26mm　　　　　（B）84mm　　　　　（C）237mm　　　　　（D）263mm

25. 某季节性冻土地基冻土层冻后的实测厚度为 2.0m，冻前原地面标高为 195.426m，冻后实测地面标高为 195.586m，按《铁路工程特殊岩土勘察规程》（TB 10038—2022）确定该土层平均冻胀率最接近下列哪个选项？　　　（　　）

（A）7.1%　　　　　（B）8.0%　　　　　（C）8.7%　　　　　（D）9.2%

26. 某单层住宅楼位于一平坦场地，基础埋置深度 $d = 1$m，各土层厚度及膨胀率、收缩系数列于表。已知地表下 1m 处土的天然含水量和塑限含水量分别为 $\omega_1 = 22\%$，$\omega_P = 17\%$，按此场地的大气影响深度取胀缩变形计算深度 $z_n = 3.6$m。试问根据《膨胀土地区建筑技术规范》（GB 50112—2013）计算地基土的胀缩变形量最接近下列哪个选项？　　　（　　）

题 26 表

层号	分层深度 z_i（m）	分层厚度 h_i（mm）	各分层发生的含水量变化均值 $\Delta\omega_i$	膨胀率 δ_{epi}	收缩系数 λ_{si}
1	1.64	640	0.0285	0.0015	0.28
2	2.28	640	0.0272	0.0240	0.48
3	2.92	640	0.0179	0.0250	0.31
4	3.60	680	0.0128	0.0260	0.37

（A）16mm　　　　　（B）30mm　　　　　（C）49mm　　　　　（D）60mm

27. 某建筑拟采用天然地基，基础埋置深度 1.5m。地基土由厚度为 d_u 的上覆非液化土层和下伏的饱和砂土组成。地震烈度 8 度，近期内年最高地下水位深度为 d_w。按《建筑抗震设计规范》（GB 50011—2010）对饱和砂土进行液化初步判别后，下列哪个选项还需要进一步进行液化判别？　　　（　　）

（A）$d_u = 7.0$m；$d_w = 6.0$m　　　　　　　（B）$d_u = 7.5$m；$d_w = 3.5$m
（C）$d_u = 9.0$m；$d_w = 5.0$m　　　　　　　（D）$d_u = 3.0$m；$d_w = 7.5$m

28. 如图，位于地震区的非浸水公路挡土墙，墙高 5m，墙后填料的内摩擦角 $\varphi = 36°$，墙背摩擦角 $\delta = \varphi/2$，填料重度 $\gamma = 19$kN/m³，抗震设防烈度为 9 度，无地下水。试问作用在该墙上的地震主动土压力 E_a 与下列哪个选项最接近？　　　（　　）

提示：库仑主动土压力系数基本公式 $K_a = \dfrac{\cos^2\varphi}{\cos\delta\left(1 + \sqrt{\dfrac{\sin(\varphi+\delta)\cdot\sin\varphi}{\cos\delta}}\right)^2}$

题 28 图

（A）180kN/m　　　　（B）150kN/m　　　　（C）120kN/m　　　　（D）70kN/m

29. 某场地设防烈度为 8 度，设计地震分组为第一组，地层资料见表，问按《建筑抗震设计规范》（GB 50011—2010）确定的特征周期最接近下列哪个选项？　　　　　　　（　　）

题 29 表

土名	层底埋深（m）	土层厚度（m）	土层剪切波速（m/s）
粉细砂	9	9	170
粉质黏土	37	28	130
中砂	47	10	230
粉质黏土	58	11	200
中砂	66	8	350
砾石	84	18	550
强风化岩	94	10	600

（A）0.20s　　　　（B）0.35s　　　　（C）0.45s　　　　（D）0.55s

30. 某住宅楼钢筋混凝土灌注桩，桩径为 0.8m，桩长为 30m，桩身应力波传播速度为 3800m/s。对该桩进行高应变应力测试后得到如下图所示的曲线和数据，其中 $R_x = 3MN$。判定该桩桩身完整性类别为下列哪一选项？　　　　　　　（　　）

题 30 图

（A）Ⅰ类　　　　（B）Ⅱ类　　　　（C）Ⅲ类　　　　（D）Ⅳ类

2012 年案例分析试题（上午卷）

1. 在某建筑场地的岩石地基上进行了 3 组岩基载荷试验，试验结果见下表。根据试验结果确定的岩石地基承载力特征值最接近下列哪一选项？并说明确定过程。　　　　　　（　　）

题 1 表

试验编号	比例界限对应的荷载值（kPa）	极限荷载值（kPa）
1	640	1920
2	510	1580
3	560	1440

（A）480kPa　　　　（B）510kPa　　　　（C）570kPa　　　　（D）820kPa

2. 某洞室轴线走向为南北向，其中某工程段岩体实测弹性纵波速度为 3800m/s，主要软弱结构面的产状为：倾向 NE68°，倾角 59°；岩石单轴饱和抗压强度 $R_c = 72MPa$，岩块弹性纵波速度为 4500m/s；垂直洞室轴线方向的最大初始应力为 12MPa；洞室地下水呈淋雨状出水，水量为 8L/（min·m）。该工程岩体的质量等级为下列哪个选项？　　　　　　（　　）

（A）I 级　　　　（B）II 级　　　　（C）III 级　　　　（D）IV 级

3. 某工程进行现场水文地质试验，已知潜水含水层底板埋深为 9.0m，设置潜水完整井，井径 $D = 200mm$，实测地下水位埋深 1.0m，抽水至水位埋深 7.0m 后让水位自由恢复，不同恢复时间实测得到的地下水位如下。则估算的地层渗透系数最接近以下哪个数值？　　　　　　（　　）

题 3 表

测读时间（min）	1.0	5.0	10.0	30.0	60.0
水位埋深（cm）	603.0	412.0	332.0	190.0	118.5

（A）1.3×10^{-3}cm/s　　　　　　　　（B）1.8×10^{-4}cm/s

（C）4.0×10^{-4}cm/s　　　　　　　　（D）5.2×10^{-4}cm/s

4. 某高层建筑拟采用天然地基，基础埋深 10m，基底附加压力为 280kPa，基础中心点下附加应力系数见附表。被勘探明地下水位埋深 3m，地基土为中、低压缩性的粉土和粉质黏土，平均天然重度为 $\gamma = 19kN/m^3$，孔隙比为 $e = 0.7$，土粒相对密度 $G_s = 2.70$。问详细勘察时，钻孔深度至少达到下列哪个选项的数值才能满足变形计算的要求？（水的重度取 10kN/m³）　　　　　　（　　）

题 4 表

基础中心点下深度z（m）	8	12	16	20	24	28	32	36	40
附加应力系数α_i	0.80	0.61	0.45	0.33	0.26	0.20	0.16	0.13	0.11

（A）24m   （B）28m

（C）34m   （D）40m

5. 图示柱下钢筋混凝土独立基础，底面尺寸为 2.5m×2.0m，基础埋深为 2m，上部结构传至基础顶面的竖向荷载 F 为 700kN，基础及其上土的平均重度为 20kN/m³，作用于基础底面的力矩 M 为 260kN·m，距基底 1m 处作用水平荷载 H 为 190kN。该基础底面的最大压力与下列哪个数值最接近？ （ ）

题 5 图（尺寸单位：mm）

（A）400kPa   （B）396kPa

（C）213kPa   （D）180kPa

6. 大面积料场场区地层分布及参数如图所示。②层黏土的压缩试验结果见下表，地表堆载 120kPa，则在此荷载作用下，黏土层的压缩量与下列哪个数值最接近？ （ ）

题 6 表

p（kPa）	0	20	40	60	80	100	120	140	160	180
e	0.900	0.865	0.840	0.825	0.810	0.800	0.791	0.783	0.776	0.771

题 6 图

（A）46mm   （B）35mm

（C）28mm   （D）23mm

7. 多层建筑物，条形基础，基础宽度 1.0m，埋深 2.0m。拟增层改造，荷载增加后，相应于荷载效应标准组合时，上部结构传至基础顶面的竖向力为 160kN/m，采用加深、加宽基础方式托换，基础加深 2.0m，基底持力层土质为粉砂，考虑深宽修正后持力层地基承载力特征值为 200kPa，无地下水，基础及其上土的平均重度取 22kN/m³。荷载增加后设计选择的合理的基础宽度为下列哪个选项？ （ ）

题 7 图（尺寸单位：mm）

（A）1.4m　　　　　　　　　　　　　　（B）1.5m

（C）1.6m　　　　　　　　　　　　　　（D）1.7m

8. 某高层住宅楼与裙楼的地下结构相互连接，均采用筏板基础，基底埋深为室外地面下 10.0m。主楼住宅楼基底平均压力 $p_{k1} = 260\text{kPa}$，裙楼基底平均压力 $p_{k2} = 90\text{kPa}$，土的重度为 18kN/m³，地下水位埋深 8.0m，住宅楼与裙楼长度方向均为 50m，其余指标如图所示。试计算修正后住宅楼地基承载力特征值最接近下列哪个选项？　　　　（　　）

题 8 图

（A）299kPa　　　　　　　　　　　　　（B）307kPa

（C）319kPa　　　　　　　　　　　　　（D）410kPa

9. 某高层建筑采用梁板式筏形基础，柱网尺寸为 8.7m × 8.7m，柱横截面为 1450mm × 1450mm，柱下为交叉基础梁，梁宽为 450mm，荷载效应基本组合下地基净反力为 400kPa，设梁板式筏基的底板厚度为 1000mm，双排钢筋，钢筋合力点至板截面近边的距离取 70mm，按《建筑地基基础设计规范》（GB 50007—2011）计算距基础梁边缘 h_0（板的有效高度）处底板斜截面所承受剪力设计值最接近下列何值？　　　　（　　）

题9图（尺寸单位：mm）

（A）4100kN   （B）5500kN   （C）6200kN   （D）6500kN

10. 某甲类建筑物拟采用干作业钻孔灌注桩基础，桩径 0.80m，桩长 50.0m；拟建场地土层如图所示，其中土层②、③层均为湿陷性黄土状粉土，该两层土自重湿陷量$\Delta_{zs} = 440$mm，④层粉质黏土无湿陷性。桩基设计参数见下表，请问根据《建筑桩基技术规范》（JGJ 94—2008）和《湿陷性黄土地区建筑标准》（GB 50025—2018）规定，单桩所能承受的竖向力N_k最大值最接近下列哪项数值？（注：黄土状粉土的中性点深度比取$l_n/l_0 = 0.5$）   （   ）

题10表

地层编号	地层名称	天然重度γ（kN/m³）	干作业钻孔灌注桩	
			桩的极限侧阻力标准值q_{ik}（kPa）	桩的极限端阻力标准值q_{pk}（kPa）
②	黄土状粉土	18.7	31	
③	黄土状粉土	19.2	42	
④	粉质黏土	19.2	100	2200

（A）2110kN   （B）2486kN   （C）2864kN   （D）3642kN

题10图

11. 某地下箱形构筑物，基础长 50m，宽 40m，顶面高程 −3m，底面高程为 −11m，构筑物自重（含上覆土重）总计 1.2×10^5kN，其下设置 100 根 ϕ600 抗浮灌注桩，桩轴向配筋抗拉强度设计值为 300N/mm²，抗浮设防水位为 −2m，假定不考虑构筑物上的侧摩阻力，按《建筑桩基技术规范》（JGJ 94—2008）计算，桩顶截面配筋率至少是下列哪一个选项？（分项系数取 1.35，不考虑裂缝验算，抗浮稳定安全系数取 1.0）　　　　　（　　）

（A）0.40%　　　　　（B）0.50%　　　　　（C）0.65%　　　　　（D）0.96%

12. 某公路跨河桥梁采用钻孔灌注桩（摩擦桩），桩径 1.2m，桩端入土深度 50m，桩端持力层为密实粗砂，桩周及桩端地基土的参数见下表，桩基位于水位以下，无冲刷，假定清底系数为 0.8，桩端以上土层的加权平均浮重度为 9.0kN/m³，按《公路桥涵地基与基础设计规范》（JTG 3363—2019）计算，施工阶段单桩轴向抗压承载力特征值最接近下列哪一个选项？　　　　　（　　）

题 12 表

土层	土层厚度（m）	侧摩阻力标准值 q_{ik}（kPa）	承载力特征值 f_{a0}（kPa）
①黏土	35	40	
②粉土	10	60	
③粗砂	20	120	500

（A）6000kPa　　　　　（B）7000kPa　　　　　（C）8000kPa　　　　　（D）9000kPa

13. 某钻孔灌注桩群桩基础，桩径为 0.8m，单桩水平承载力特征值为 $R_{ha} = 100$kN（位移控制），沿水平荷载方向布桩排数 $n_1 = 3$，垂直水平荷载方向每排桩数 $n_2 = 4$，距径比 $s_a/d = 4$，承台位于松散填土中，埋深 0.5m，桩的换算深度 $\alpha h = 3.0$m，考虑地震作用，按《建筑桩基技术规范》（JGJ 94—2008）计算群桩中复合基桩水平承载力特征值最接近下列哪个选项？　　　　　（　　）

（A）134kN　　　　　（B）154kN　　　　　（C）157kN　　　　　（D）177kN

14. 某厚度 6m 的饱和软土层，采用大面积堆载预压处理，堆载压力 $p_0 = 100$kPa，在某时刻测得超孔隙水压力沿深度分布曲线如图所示，土层的 $E_s = 2.5$MPa、$k = 5.0 \times 10^{-8}$cm/s，试求此时刻饱和软土的压缩量最接近下列哪个数值？（总压缩量计算经验系数取 1.0）　　　　　（　　）

题 14 图（尺寸单位：mm）

（A）92mm （B）118mm （C）148mm （D）240mm

15. 某场地地基为淤泥质粉质黏土，天然地基承载力特征值为 60kPa。拟采用水泥土搅拌桩复合地基加固，桩长 15.0m，桩径 600mm，桩周侧阻力特征值 $q_s = 10$kPa，端阻力特征值 $q_p = 40$kPa，桩身强度折减系数 η 取 0.2，桩端端阻力发挥系数 α_p 取 0.4，水泥加固土试块 90d 龄期立方体抗压强度平均值为 $f_{cu} = 1.8$MPa，桩间土承载力发挥系数 β 取 0.4，单桩承载力发挥系数 λ 取 1.0。试问要使复合地基承载力特征值达到 160kPa，用等边三角形布桩时，计算桩间距最接近下列哪个选项的数值？ （ ）

（A）0.5m （B）0.9m （C）1.2m （D）1.6m

16. 某软土地基拟采用堆载预压法进行加固，已知在工作荷载作用下软土地基的最终固结沉降量为 248cm，在某一超载预压荷载作用下软土的最终固结沉降量为 260cm。如果要求该软土地基在工作荷载作用下工后沉降量小于 15cm，问在该超载预压荷载作用下软土地基的平均固结度应达到以下哪个选项？ （ ）

（A）80% （B）85% （C）90% （D）95%

17. 某地基软黏土层厚 10m，其下为砂层，土的固结系数为 $c_h = c_v = 1.8 \times 10^{-3}$cm²/s，采用塑料排水板固结排水，排水板宽 $b = 100$mm，厚度 $\delta = 4$mm，塑料排水板正方形排列，间距 $l = 1.2$m，深度打至砂层顶，在大面积瞬时预压荷载 120kPa 作用下，按《建筑地基处理技术规范》（JGJ 79—2012）计算，预压 60d 时地基达到的固结度最接近下列哪个值？（为简化计算，不计竖向固结度，不考虑涂抹和井阻影响） （ ）

（A）65% （B）73% （C）83% （D）91%

18. 图示的岩石边坡坡高 12m，坡面 AB 坡率为 1∶0.5，坡顶 BC 水平，岩体重度 $\gamma = 23$kN/m³。已查出坡体内软弱夹层形成的滑面 AC 的倾角为 $\beta = 42°$，测得滑面材料饱水时的内摩擦角 $\varphi = 18°$。问边坡的滑动安全系数为 1.0 时，滑动的黏结力最接近下列哪个选项的数值？ （ ）

题 18 图

（A）21kPa （B）16kPa （C）25kPa （D）12kPa

19. 有一重力式挡土墙，墙背垂直光滑，填土面水平，地表荷载 $q = 49.4$kPa，无地下水，拟使用两种墙后填土，一种是黏土 $c_1 = 20$kPa、$\varphi_1 = 12°$、$\gamma_1 = 19$kN/m³，另一种是砂土 $c_2 = 0$、$\varphi_2 = 30°$、$\gamma_2 = 21$kN/m³。问当采用黏土填料和砂土填料的墙背总主动土压力两者基本相等时，墙高 H 最接近下列哪个选项？ （ ）

（A）4.0m　　　　（B）6.0m　　　　（C）8.0m　　　　（D）10.0m

20. 某加筋土挡墙高 7m，加筋土的重度 $\gamma = 19.5 kN/m^3$、内摩擦角 $\varphi = 30°$，筋材与填土的摩擦系数 $f = 0.35$，筋材宽度 $B = 10cm$，设计要求筋材的抗拔力为 $T = 35kN$。按《土工合成材料应用技术规范》（GB/T 50290—2014）的相关要求，距墙顶面下 3.5m 处加筋筋材的有效长度最接近下列哪个选项？　　　　（　　）

（A）5.5m　　　　（B）7.5m　　　　（C）9.5m　　　　（D）11.5m

21. 某建筑浆砌石挡土墙重度 22kN/m³，墙高 6m，底宽 2.5m，顶宽 1m，墙后填料重度 19kN/m³，黏聚力 20kPa，内摩擦角 15°，忽略墙背与填土的摩阻力，地表均布荷载 25kPa。问该挡土墙的抗倾覆稳定安全系数最接近下列哪个选项？　　　　（　　）

题 21 图（尺寸单位：m）

（A）1.5　　　　（B）1.8　　　　（C）2.0　　　　（D）2.2

22. 某公路Ⅳ级围岩中的单线隧道，拟采用钻爆法开挖施工。其标准断面衬砌顶距地面距离为 13m，隧道开挖宽度为 6.4m，衬砌结构高度为 6.5m，围岩重度为 24kN/m³，计算摩擦角为 50°。试问根据《公路隧道设计规范　第一册　土建工程》（JTG 3370.1—2018）计算，该隧道水平围岩压力最小值最接近下列哪项数值（单位：kPa）？　　　　（　　）

（A）14.8　　　　（B）41.4　　　　（C）46.8　　　　（D）98.5

23. 在一均质土层中开挖基坑，基坑深度 15m，支护结构安全等级为二级，采用桩锚支护形式，一桩一锚，桩径 800mm，间距 1m，土层的黏聚力 $c = 15kPa$，内摩擦角 $\varphi = 20°$，重度 $\gamma = 20kN/m^3$，第一道锚杆位于地面下 4.0m，锚杆体直径 150mm，倾角 15°，弹性支点水平反力 $F_h = 200kN$，土层与锚杆杆体极限摩阻力标准值为 50kPa。根据《建筑基坑支护技术规程》（JGJ 120—2012），该层锚杆设计长度最接近下列选项中的哪一项？（假设潜在滑动面通过基坑坡脚处）　　　　（　　）

（A）18.0m　　　　（B）21.0m　　　　（C）22.5m　　　　（D）24.0m

24. 如图所示的顺层岩质边坡，已知每延米滑体作用在桩上的剩余下滑力为 900kN，桩间距为 6m，悬臂段长 9m，锚固段 8m，剩余下滑力在桩上的分布按矩形分布，试问抗滑桩锚固段顶端截面上的弯矩是下列哪个选项？　　　　（　　）

题 24 图

（A）28900kN·m　　　　　　　　　　　　（B）24300kN·m

（C）32100kN·m　　　　　　　　　　　　（D）19800kN·m

25. 有一 6m 高的均匀土质边坡，$\gamma = 17.5kN/m^3$，根据最危险滑动圆弧计算得到的抗滑力矩为 3580kN·m，滑动力矩为 3705kN·m。为提高边坡的稳定性提出图示两种卸荷方案，卸荷土方量相同而卸荷部位不同，试计算卸荷前、卸荷方案 1、卸荷方案 2 的边坡稳定系数（分别为 K_0、K_1、K_2），判断三者关系为下列哪一选项？（假设卸荷后抗滑力矩不变）　　　　　　　　（　　　）

卸荷方案1　　　　　　　　　　　　　卸荷方案2

题 25 图

（A）$K_0 = K_1 = K_2$　　　　　　　　　　　（B）$K_0 < K_1 = K_2$

（C）$K_0 < K_1 < K_2$　　　　　　　　　　　（D）$K_0 < K_2 < K_1$

26. 某地面沉降区，据观测其累计沉降量为 120cm，预估后期沉降量为 50cm。今在其上建设某工程，场地长 200m，宽 100m，设计要求沉降稳定后地面标高与沉降发生前的地面标高相比高出 0.8m（填土沉降忽略不计），回填要求的压实度不小于 0.94，已知料场中土料天然含水量为 29.6%，重度为 19.6kN/m³，土粒相对密度为 2.71，最大干密度为 1.69g/cm³，最优含水量为 20.5%，则场地回填所需土料的体积最接近下列哪个数值？　　　　　　　　　　　　　　　　　　（　　　）

（A）21000m³　　　　（B）42000m³　　　　（C）52000m³　　　　（D）67000m³

27. 某二级公路抗震重要程度为一般工程的路肩挡土墙，位于抗震设防烈度 8 度区，水平向设计基本地震动峰值加速度为 0.20g，设计墙高 8m，墙后填土为无黏性土，土的重度为 18kN/m³，内摩擦角为 33°，问在进行抗震设计时，作用于墙背每延米长度上的地震主动土压力为下列何值？　（　　　）

（A）105kN/m　　　　（B）186kN/m　　　　（C）236kN/m　　　　（D）286kN/m

28. 某水利工程场地勘察，在进行标准贯入试验时，标准贯入点在当时地面以下的深度为 5m，地下水位在当时地面以下的深度为 2m。工程正常运用时，场地已在原地面上覆盖了 3m 厚的填土，地下水位较原水位上升了 4m。已知场地地震设防烈度为 8 度，比相应的震中烈度小 2 度。现需对该场地粉砂（黏粒含量 $\rho_c = 6\%$）进行地震液化复判。按照《水利水电工程地质勘察规范》（GB 50487—2008）（2022 年版），当时实测的标准贯入锤击数至少要不小于下列哪个选项的数值时，才可将该粉砂复判为不液化土？ （　）

（A）14　　　　　（B）13　　　　　（C）12　　　　　（D）11

29. 某Ⅲ类场地上的建筑结构，设计基本地震加速度 $0.30g$，设计地震分组第一组，按《建筑抗震设计规范》（GB 50011—2010）规定，当有必要进行罕遇地震作用下的变形验算时，算得的水平地震影响系数与下列哪个选项的数值最为接近？（已知结构自振周期 $T = 0.75s$，阻尼比 $\zeta = 0.075$）（　）

（A）0.55　　　　　（B）0.62　　　　　（C）0.74　　　　　（D）0.83

30. 某住宅楼采用灰土挤密桩法处理湿陷性黄土地基，桩径为 0.4m，桩长为 6.0m，桩中心距为 0.9m，呈正三角形布桩。通过击实试验，桩间土在最优含水量 $w_{op} = 17.0\%$ 时的湿密度 $\rho = 2.00g/cm^3$。检测时在 A、B、C 三处分别测得的干密度 ρ_d（g/cm^3）见下表，请问桩间土的平均挤密系数 η_c 为下列哪一选项？ （　）

题 30 图

题 30 表

取样深度（m）	取样位置		
	A	B	C
0.5	1.52	1.58	1.63
1.5	1.54	1.60	1.67
2.5	1.55	1.57	1.65
3.5	1.51	1.58	1.66
4.5	1.53	1.59	1.64
5.5	1.52	1.57	1.62

（A）0.894　　　　　（B）0.910　　　　　（C）0.927　　　　　（D）0.944

2012 年案例分析试题（下午卷）

1. 某工程场地进行十字板剪切试验，测定的 8m 以内土层的不排水抗剪强度如下表。其中软土层的十字板剪切强度与深度呈线性相关（相关系数 $r = 0.98$），最能代表试验深度范围内软土不排水抗剪强度标准值的是下列哪个选项？ （   ）

题 1 表

试验深度 H（m）	1.0	2.0	3.0	4.0	5.0	6.0	7.0	8.0
不排水抗剪强度 c_u（kPa）	38.6	35.3	7.0	9.6	12.3	14.4	16.7	19.0

（A）9.5kPa   （B）12.5kPa   （C）13.9kPa   （D）17.5kPa

2. 某勘察场地地下水为潜水，布置 k_1、k_2、k_3 三个水位观测孔，同时观测稳定水位埋深分别为 2.70m、3.10m、2.30m，观测孔坐标和高程数据如下表所示。地下水流向正确的选项是哪一个？（选项中流向角度是指由正北方向顺时针旋转的角度） （   ）

题 2 表

观测孔号	坐标		孔口高程（m）
	X（m）	Y（m）	
k_1	25818.00	29705.00	12.70
k_2	25818.00	29755.00	15.60
k_3	25868.00	29705.00	9.80

（A）45°   （B）135°   （C）225°   （D）315°

3. 某场地位于水面以下，表层 10m 为粉质黏土，土的天然含水量为 31.3%，天然重度为 17.8kN/m³，天然孔隙比为 0.98，土粒相对密度为 2.74，在地表下 8m 深度取土样测得先期固结压力为 76kPa，该深度处土的超固结比接近下列哪一选项？ （   ）

（A）0.9   （B）1.1   （C）1.3   （D）1.5

4. 某铁路工程中，提示地层如下：①粉细砂层，厚度 4m；②软黏土层，未揭穿；地下水位埋深为 2m。粉细砂层的土料相对密度 $G_s = 2.65$，水上部分的天然重度 $\gamma = 19.0\text{kN/m}^3$，含水量 $w = 15\%$，整个粉细砂层密实程度一致；软黏土层的不排水抗剪强度 $C_u = 20\text{kPa}$。问软黏土层顶面的容许承载力为下列何值？（取安全系数 $m' = 1.5$） （   ）

（A）69kPa   （B）98kPa   （C）127kPa   （D）147kPa

5. 天然地基上的桥梁基础，底面尺寸为 2m×5m，基础埋置深度、地层分布及相关参数见图示。地基承载力特征值为 200kPa，根据《公路桥涵地基与基础设计规范》（JTG 3363—2019），计算修正后

的地基承载力特征值最接近下列哪个选项？　　　　　　　　　　　　　　　　　　（　　）

题 5 图（尺寸单位：mm）

　　（A）200kPa　　　　　　（B）220kPa　　　　　　（C）238kPa　　　　　　（D）356kPa

　　6. 某高层建筑筏板基础，平面尺寸 20m×40m，埋深 8m，基底压力的准永久组合值为 607kPa，地面以下 25m 范围内为山前冲洪积粉土、粉质黏土，平均重度 19kN/m³，其下为密实卵石，基底下 20m 深度内的压缩模量当量值为 18MPa。实测筏板基础中心点最终沉降量为 80mm，问由该工程实测资料推出的沉降经验系数最接近下列哪个选项？　　　　　　　　　　　　　　　　　　（　　）

　　（A）0.15　　　　　　（B）0.20　　　　　　（C）0.66　　　　　　（D）0.80

　　7. 某地下车库采用筏板基础，基础宽 35m，长 50m，地下车库自重作用于基底的平均压力 p_k = 70kPa，埋深 10.0m，地面下 15m 范围内土的重度为 18kN/m³（回填前后相同），抗浮设计地下水位埋深 1.0m。若要满足抗浮安全系数 1.05 的要求，需用钢渣替换地下车库顶面一定厚度的覆土，计算钢渣的最小厚度接近下列哪个选项？　　　　　　　　　　　　　　　　　　（　　）

题 7 图

　　（A）0.22m　　　　　　（B）0.33m　　　　　　（C）0.38m　　　　　　（D）0.70m

　　8. 某建筑物采用条形基础，基础宽度 2.0m，埋深 3.0m，基底平均压力为 180kPa，地下水位埋深 1.0m，其他指标如图所示，问软弱下卧层修正后地基承载力特征值最小为下列何值时，才能满足规范要求？　　　　　　　　　　　　　　　　　　（　　）

题 8 图

（A）134kPa （B）145kPa （C）154kPa （D）162kPa

9. 如图示，某建筑采用条形基础，基础埋深 2m，基础宽度 5m。作用于每延米基础底面的竖向力为 F，力矩 M 为 300kN·m/m，基础下地基反力无零应力区。地基土为粉土，地下水位埋深 1.0m，水位以上土的重度为 18kN/m³，水位以下土的饱和重度为 20kN/m³，黏聚力为 25kPa，内摩擦角为 20°。问该基础作用于每延米基础底面的竖向力 F 最大值接近下列哪个选项？ （ ）

题 9 图

（A）253kN/m （B）1157kN/m （C）1265kN/m （D）1518kN/m

10. 某正方形承台下布端承型灌注桩 9 根，桩身直径为 700mm，纵、横桩间距均为 2.5m，地下水位埋深为 0m，桩端持力层为卵石，桩周土 0～5m 为均匀的新填土，以下为正常固结土层，假定填土重度为 18.5kN/m³，桩侧极限负摩阻力标准值为 30kPa，按《建筑桩基技术规范》（JGJ 94—2008）考虑群桩效应时，计算基桩下拉荷载最接近下列哪个选项？ （ ）

（A）180kN （B）230kN （C）280kN （D）330kN

11. 假设某工程中上部结构传至承台顶面处相应于荷载效应标准组合下的竖向力 $F_k = 10000$kN、弯矩 $M_k = 500$kN·m、水平力 $H_k = 100$kN，设计承台尺寸为 1.6m×2.6m，厚度为 1.0m，承台及其上土平均重度为 20kN/m³，桩数为 5 根。根据《建筑桩基技术规范》（JGJ 94—2008），单桩竖向极限承载力标准值最小应为下列何值？ （ ）

题 11 图（尺寸单位：mm）

（A）1690kN （B）2030kN （C）4060kN （D）4800kN

12. 某多层住宅框架结构，采用独立基础，荷载效应准永久值组合下作用于承台底的总附加荷载 $F_k =$ 360kN，基础埋深 1m，方形承台，边长为 2m，土层分布如图。为减少基础沉降，基础下疏布 4 根摩擦桩，钢筋混凝土预制方桩 0.2m×0.2m，桩长 10m，单桩承载力特征值 $R_a = 80$kN，地下水水位在地面上 0.5m，根据《建筑桩基技术规范》（JGJ 94—2008），计算由承台底地基土附加压力作用下产生的承台中点沉降量为下列何值？（沉降计算深度取承台底面下 3.0m） （ ）

题 12 图（尺寸单位：mm）

（A）14.8mm （B）20.9mm （C）39.7mm （D）53.9mm

13. 某建筑松散砂土地基，处理前现场测得砂土孔隙比 $e = 0.78$，砂土最大、最小孔隙比分别为 0.91 和 0.58，采用砂石桩法处理地基，要求挤密后砂土地基相对密实度达到 0.85，若桩径 0.8m，等边三角形布置，试问砂石桩的间距为下列何项数值？（取修正系数 $\xi = 1.2$） （ ）

（A）2.90m （B）3.14m （C）3.62m （D）4.15m

14. 拟对非自重湿陷性黄土地基采用灰土挤密桩加固处理，处理面积为 22m×36m，采用正三角形满堂布桩，桩距 1.0m，桩长 6.0m，加固前地基土平均干密度 $\rho_d = 1.4t/m^3$，平均含水量 $w = 10\%$，最优含水量 $w_{op} = 16.5\%$。为了优化地基土挤密效果，成孔前拟在三角形布桩形心处挖孔预渗水增湿，损耗系数为 $k = 1.1$，试问完成该场地增湿施工需加水量接近下列哪个选项数值？ （ ）

（A）289t （B）318t （C）410t （D）476t

15. 某场地用振冲法复合地基加固，填料为砂土，桩径 0.8m，正方形布桩，桩距 2.0m，现场平板载荷试验测定复合地基承载力特征值为 200kPa，桩间土承载力特征值为 150kPa，试问，估算的桩土应力比与下列何项数值最为接近？ （ ）

（A）2.67 （B）3.08 （C）3.30 （D）3.67

16. 某堆载预压法工程，典型地质剖面如图所示，填土层重度为 18kN/m³，砂垫层重度为 20kN/m³，淤泥层重度为 16kN/m³，$e_0 = 2.15$，$c_v = c_h = 3.5 \times 10^{-4}cm^2/s$。如果塑料排水板断面尺寸为 100mm×4mm，间距为 1.0m×1.0m，正方形布置，长 14.0m，堆载一次施加，问预压 8 个月后，软土平均固结度 $\overline{U}$ 最接近以下哪个选项？ （ ）

题 16 图

（A）85% （B）91% （C）93% （D）96%

17. 如图所示，挡墙背直立、光滑，墙后的填料为中砂和粗砂，厚度分别为 $h_1 = 3m$ 和 $h_2 = 5m$，重度和内摩擦角见图示，土体表面受到均匀满布荷载 $q = 30kPa$ 的作用，试问荷载 q 在挡墙上产生的主动土压力接近下列哪个选项？ （ ）

题 17 图

（A）49kN/m　　　　（B）59kN/m　　　　（C）69kN/m　　　　（D）79kN/m

18. 某建筑旁有一稳定的岩石山坡，坡角 60°，依山拟建挡土墙，墙高 6m，墙背倾角 75°，墙后填料采用砂土，重度 20kN/m³，内摩擦角 28°，土与墙背间的摩擦角为 15°，土与山坡间的摩擦角为 12°，墙后填土高度 5.5m。问挡土墙墙背主动土压力最接近下列哪个选项？　　　　（　　）

题 18 图

（A）160kN/m　　　　（B）190kN/m　　　　（C）220kN/m　　　　（D）260kN/m

19. 如图所示，挡墙墙背直立、光滑，填土表面水平。填土为中砂，重度 $\gamma = 18$kN/m³，饱和重度 $\gamma_{sat} = 20$kN/m³，内摩擦角 $\varphi = 32°$。地下水位距离墙顶 3m。作用在墙上的总的水土压力（主动）接近下列哪个选项？　　　　（　　）

题 19 图

（A）180kN/m　　　　（B）230kN/m　　　　（C）270kN/m　　　　（D）310kN/m

20. 如图所示，某场地的填筑体的支挡结构采用加筋土挡墙。复合土工带拉筋间的水平间距与垂直间距分别为 0.8m 和 0.4m，土工带宽 10cm。填料重度 18kN/m³，综合内摩擦角 32°。拉筋与填料间的摩擦系数为 0.26，拉筋拉力峰值附加系数为 2.0。根据《铁路路基支挡结构设计规范》（TB 10025—2019），按照内部稳定性验算，问深度 6m 处的最短拉筋长度接近下列哪一选项？　　　　（　　）

题 20 图

（A）3.5m （B）4.2m

（C）5.0m （D）5.8m

21. 某基坑开挖深度为 8.0m，其基坑形状及场地土层如下图所示，基坑周边无重要构筑物及管线。粉细砂层渗透系数为 1.5×10^{-2}cm/s，在水位观测孔中测得该层地下水水位埋深为 0.5m。为确保基坑开挖过程中不致发生突涌，拟采用完整井降水措施（降水井管井过滤器半径设计为 0.15m，过滤器长度与含水层厚度一致），将地下水水位降至基坑开挖面以下 0.5m，试问，根据《建筑基坑支护技术规程》（JGJ 120—2012）估算本基坑降水时至少需要布置的降水井数量（口）为下列何项？　　　（　　）

题 21 图

（A）2 （B）3

（C）4 （D）5

22. 锚杆自由段长度为 6m，锚固段长度为 10m，主筋为两根直径 25mm 的 HRB400 钢筋，钢筋弹性模量为 2.0×10^5N/mm²。根据《建筑基坑支护技术规程》（JGJ 120—2012）计算，锚杆验收最大加载至 300kN 时，其最大弹性变形值应不小于下列哪个数值？　　　（　　）

（A）0.45cm （B）0.73cm

（C）1.68cm （D）2.37cm

23. 一地下结构置于无地下水的均质砂土中，砂土的 $\gamma = 20$kN/m³、$c = 0$、$\varphi = 30°$，上覆砂土厚度 $H = 20$m，地下结构宽 $2a = 8$m、高 $h = 5$m。假定从洞室的底角起形成一与结构侧壁成（$45° - \varphi/2$）的滑移面，并延伸到地面（如图），取 $ABCD$ 为下滑体。作用在地下结构顶板上的竖向压力最接近下列哪个选项？　　　（　　）

题 23 图

（A）65kPa （B）200kPa （C）290kPa （D）400kPa

24.图示的顺层岩质边坡内有一软弱夹层 *AFHB*，层面 *CD* 与软弱夹层平行，在沿 *CD* 顺层清方后，设计了两个开挖方案，方案1：开挖坡面 *AEFB*，坡面 *AE* 的坡率为 1：0.5；方案2：开挖坡面 *AGHB*，坡面 *AG* 的坡率为 1：0.75。比较两个方案中坡体 *AGH* 和 *AEF* 在软弱夹层上的滑移安全系数，下列哪个选项的说法是正确的？（要求解答过程） （ ）

（A）二者的安全系数相同 （B）方案2坡体的安全系数小于方案1
（C）方案2坡体的安全系数大于方案1 （D）难以判断

题 24 图

25.某滨海盐渍土地区需修建一级公路，料场土料为细粒氯盐渍土或亚氯盐渍土，对料场深度 2.5m 以内采取土样进行含盐量测定，结果见下表。根据《公路工程地质勘察规范》（JTG C20—2011），判断料场盐渍土作为路基填料的可用性为下列哪项？ （ ）

题 25 表

取样深度（m）	0～0.05	0.05～0.25	0.25～0.5	0.5～0.75	0.75～1.0	1.0～1.5	1.5～2.0	2.0～2.5
含盐量（%）	6.2	4.1	3.1	2.7	2.1	1.7	0.8	1.1

注：离子含量以100g干土内的含盐量计。

（A）0～0.80m 可用 （B）0.80～1.50m 可用
（C）1.50m 以下可用 （D）不可用

26.陡崖上悬出截面为矩形的危岩体（如图示），长 $L = 7m$，高 $h = 5m$，重度 $\gamma = 24kN/m^3$，抗拉强度 $[\sigma_t] = 0.9MPa$，*A* 点处有一竖向裂隙，问：危岩处于沿 *ABC* 截面的拉裂式破坏极限状态时，*A* 点处的张拉裂隙深度 *a* 最接近下列哪一个数值？ （ ）

题 26 图

（A）0.3m　　　　　（B）0.6m　　　　　（C）1.0m　　　　　（D）1.5m

27. 建筑物位于小窑采空区，小窑巷道采煤，煤巷宽 2m，顶板至地面 27m，顶板岩体重度 22kN/m³，内摩擦角 34°，建筑物横跨煤巷，基础埋深 2m，基底附加压力 250kPa，问：按顶板临界深度法近似评价地基稳定性为下列哪一选项？　　　　　　　　　　　　　　　　　　　（　　）

（A）地基稳定　　　　（B）地基稳定性差　　　（C）地基不稳定　　　（D）地基极限平衡

28. 8 度地区地下水位埋深 4m，某钻孔桩桩顶位于地面以下 1.5m，桩顶嵌入承台底面 0.5m，桩直径 0.8m，桩长 20.5m，地层资料见下表，桩全部承受地震作用，问按照《建筑抗震设计规范》（GB 50011—2010）的规定，单桩竖向抗震承载力特征值最接近下列哪个选项？　　　　　　　　　　　（　　）

题 28 表

土层名称	层底埋深（m）	土层厚度（m）	标准贯入锤数 N	临界标准贯入锤击数 N_{cr}	极限侧阻力标准值（kPa）	极限端阻力标准值（kPa）
粉质黏土①	5.0	5	—	—	30	—
粉土②	15.0	10	7	10	20	—
密实中砂③	30.0	15	—	—	50	4000

（A）1680kN　　　　（B）2100kN　　　　（C）3110kN　　　　（D）3610kN

29. 某场地设计基本地震加速度为 0.15g，设计地震分组为第一组，地下水位深度 2.0m，地层分布和标准贯入点深度及锤击数见下表。按照《建筑抗震设计规范》（GB 50011—2010）进行液化判别得出的液化指数和液化等级最接近下列哪个选项？　　　　　　　　　　　　　　　　　（　　）

题 29 表

土层序号		土层名称	层底深度（m）	标贯深度 d_s（m）	标贯击数 N_i
①		填土	2.0		
②	②₁	粉土（黏粒含量为6%）	8.0	4.0	5
	②₂			6.0	6
③	③₁	粉细砂	15.0	9.0	12
	③₂			12.0	18
④		中粗砂	20.0	16.0	24
⑤		卵石			

（A）12.0、中等　　　　（B）15.0、中等　　　　（C）16.5、中等　　　　（D）20.0、严重

30. 某建筑工程基础采用灌注桩，桩径 ϕ600mm，桩长 25m，低应变检测结果表明这 6 根基桩均为 I 类桩。对 6 根基桩进行单桩竖向抗压静载试验的成果见下表，该工程的单桩竖向抗压承载力特征值最接近下列哪一选项？　　　　　　　　　　　　　　　　　　　　　　　　　　（　　　）

题 30 表

试桩编号	1	2	3	4	5	6
Q_u（kN）	2880	2580	2940	3060	3530	3360

（A）1290kN　　　　（B）1480kN　　　　（C）1530kN　　　　（D）1680kN

2013 年案例分析试题（上午卷）

1. 某多层框架建筑位于河流阶地上，采用独立基础，基础埋深 2.0mm，基础平面尺寸 2.5m×3.0m，基础下影响深度范围内地基土均为粉砂，在基底标高进行平板载荷试验，采用 0.3m×0.3m 的方形载荷板，各级试验载荷下的沉降数据见下表。问实际基础下的基床系数最接近下列哪一项？　　　　（　　）

题 1 表

荷载 p（kPa）	40	80	120	160	200	240	280	320
沉降量 s（mm）	0.9	1.8	2.7	3.6	4.5	5.6	6.9	9.2

（A）13938kN/m³　　　　　　　　　　　（B）27484kN/m³

（C）44444kN/m³　　　　　　　　　　　（D）89640kN/m³

2. 某场地冲积砂层内需测定地下水的流向和流速，呈等边三角形布置 3 个钻孔，如图所示，钻孔孔距为 60.0m，测得 A、B、C 三孔的地下水位标高分别为 28.0m、24.0m、24.0m，地层的渗透系数为 $1.8×10^{-3}$cm/s，则地下水的流速接近下列哪一项？　　　　（　　）

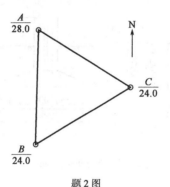

题 2 图

（A）$1.20×10^{-4}$cm/s　　　　　　　　　（B）$1.40×10^{-4}$cm/s

（C）$1.60×10^{-4}$cm/s　　　　　　　　　（D）$1.80×10^{-4}$cm/s

3. 某正常固结饱和黏性土试样进行不固结不排水试验得：$\varphi_u = 0$，$c_u = 25$kPa；对同样的土进行固结不排水试验，得到有效抗剪强度指标：$c' = 0$，$\varphi' = 30°$。问该试样在固结不排水条件下剪切破坏时的有效大主应力和有效小主应力为下列哪一项？　　　　（　　）

（A）$\sigma_1' = 50$kPa，$\sigma_3' = 20$kPa　　　　　（B）$\sigma_1' = 50$kPa，$\sigma_3' = 25$kPa

（C）$\sigma_1' = 75$kPa，$\sigma_3' = 20$kPa　　　　　（D）$\sigma_1' = 75$kPa，$\sigma_3' = 25$kPa

4. 某港口工程拟利用港池航道疏浚土进行冲填造陆，冲填区需填方量为 10000m³，疏浚土的天然含水量为 31.0%、天然重度为 18.9kN/m³，冲填施工完成后冲填土的含水量为 62.6%，重度为 16.4kN/m³，不考虑沉降和土颗粒流失，使用的疏浚土方量接近下列哪一选项？　　　　（　　）

（A）5000m³　　　　（B）6000m³　　　　（C）7000m³　　　　（D）8000m³

5. 某建筑基础为柱下独立基础，基础平面尺寸为 5m×5m，基础埋深 2m，室外地面以下土层参数见下表，假定变形计算深度为卵石层顶面。问计算基础中点沉降时，沉降计算深度范围内的压缩模量当量值最接近下列哪个选项？ （　　）

题 5 表

土层名称	土层层底埋深（m）	重度（kN/m³）	压缩模量 E_s（MPa）
粉质黏土	2.0	19	10
粉土	5.0	18	12
细砂	8.0	18	18
密实卵石	15.0	18	90

（A）12.6MPa （B）13.4MPa （C）15.0MPa （D）18.0MPa

6. 如图所示双柱基础，相应于作用的标准组合时，Z_1 的柱底轴力 1680kN，Z_2 的柱底轴力 4800kN，假设基础底面压力线性分布，问基础底面边缘 A 的压力值最接近下列哪个选项的数值？（基础及其上土平均重度取 20kN/m³） （　　）

题 6 图（尺寸单位：mm）

（A）286kPa （B）314kPa （C）330kPa （D）346kPa

7. 某墙下钢筋混凝土条形基础如图所示，墙体及基础的混凝土强度等级均为 C30，基础受力钢筋的抗拉强度设计值 f_y 为 300N/mm²，保护层厚度 50mm，该条形基础承受轴心荷载，假定地基反力线性分布，相应于作用的基本组合时基础底面地基净反力设计值为 200kPa。问：按照《建筑地基基础设计规范》（GB 50007—2011），满足该规范规定且经济合理的受力主筋面积为下列哪个选项？ （　　）

题 7 图（尺寸单位：mm）

（A）1263mm²/m　　　（B）1425mm²/m　　　（C）1695mm²/m　　　（D）1520mm²/m

8. 如图所示某钢筋混凝土地下构筑物，结构物、基础底板及上覆土体的自重传至基底的压力值为 70kN/m²，现拟通过向下加厚结构物基础底板厚度的方法增加其抗浮稳定性及减小底板内力。忽略结构物四周土体约束对抗浮的有利作用，按照《建筑地基基础设计规范》（GB 50007—2011），筏板厚度增加量最接近下列哪个选项的数值？（混凝土的重度取 25kN/m³）　　　　　　（　　）

题 8 图（尺寸单位：mm）

（A）0.25m　　　　（B）0.40m　　　　（C）0.55m　　　　（D）0.70m

9. 某多层建筑，设计拟选用条形基础，天然地基，基础宽度 2.0m，地层参数见下表，地下水位埋深 10m，原设计基础埋深 2m 时，恰好满足承载力要求。因设计变更，预估基底压力将增加 50kN/m，保持基础宽度不变，根据《建筑地基基础设计规范》（GB 50007—2011），估算变更后满足承载力要求的基础埋深最接近下列哪个选项？　　　　　　　　　　　　　　　　　　（　　）

题 9 表

层号	层底埋深（m）	天然重度（kN/m³）	土的类别
①	2.0	18	填土
②	10.0	18	粉土（黏粒含量为 8%）

（A）2.3m　　　　（B）2.5m　　　　（C）2.7m　　　　（D）3.4m

10. 柱下桩基如图所示，若要求承台长边斜截面的受剪承载力不小于 11MN，按《建筑桩基技术规范》（JGJ 94—2008）计算，承台混凝土轴心抗拉强度设计值 f_t 最小应为下列何值？　（　　）

题 10 图（尺寸单位：mm）

（A）1.96MPa　　　（B）2.10MPa　　　（C）2.21MPa　　　（D）2.80MPa

11. 某承受水平力的灌注桩，直径为 800mm，保护层厚 50mm，配筋率为 0.65%，桩长 30m，桩的水平变形系数为 0.360（1/m），桩身抗弯刚度为 $6.75 \times 10^{11} kN \cdot mm^2$，桩顶固接且容许水平位移为 4mm，按《建筑桩基技术规范》（JGJ 94—2008）估算，由水平位移控制的单桩水平承载力特征值最接近以下哪个选项？ （ ）

（A）50kN （B）100kN （C）150kN （D）200kN

12. 某多层住宅框架结构，采用独立基础，荷载效应准永久值组合下作用于承台底的总附加荷载 $F_k = 360kN$，基础埋深 1m，方形承台，边长为 2m，土层分布如图所示。为减少基础沉降，基础下疏布 4 根摩擦桩，钢筋混凝土预制方桩 $0.2m \times 0.2m$，桩长 10m，根据《建筑桩基技术规范》（JGJ 94—2008），计算桩土相互作用产生的基础中心点沉降量 s_{sp} 最接近下列何值？ （ ）

题 12 图（尺寸单位：mm）

（A）15mm （B）20mm （C）40mm （D）54mm

13. 拟对某淤泥土地基采用预压法加固，已知淤泥的固结系数 $C_h = C_v = 2.0 \times 10^{-3} cm^2/s$，淤泥层厚度为 20.0m，在淤泥层中打设塑料排水板，长度打穿淤泥层，预压荷载 $p = 100kPa$，分两级等速加载，如图所示。按照《建筑地基处理技术规范》（JGJ 79—2012）公式计算，如果已知固结度计算参数 $\alpha = 0.8$，$\beta = 0.025$，问地基固结度达到 90% 时预压时间为以下哪个选项？ （ ）

题 13 图

（A）110d（B）125d（C）150d（D）180d

14. 如图所示，拟对某淤泥质软土地基采用树根桩进行加固，直径为 300mm，间距为 900mm，正三角形布置，桩长为 7.0m，采用二次注浆工艺，根据《建筑地基处理技术规范》（JGJ 79—2012），计算单桩承载力特征值最大值接近以下哪个选项？（不考虑桩端端阻力）（　　）

题 14 图（尺寸单位：m）

（A）113kN（B）127kN（C）158kN（D）178kN

15. 某建筑场地浅层有 6.0m 厚淤泥，设计拟采用喷浆的水泥搅拌桩法进行加固，桩径取 600mm，室内配比试验得出了不同水泥掺入量时水泥土 90d 龄期抗压强度值，如图所示。如果单桩承载力由桩身强度控制且要求达到 70kN，桩身强度折减系数取 0.25，问水泥掺入量至少应选择以下哪个选项？（　　）

题 15 图

（A）15%（B）20%（C）25%（D）30%

16. 已知独立柱基采用水泥搅拌桩复合地基，如图所示，承台尺寸为 2.0m×4.0m，布置 8 根桩，桩直径φ600mm，桩长 7.0m，如果桩身抗压强度取 1.0MPa，桩身强度折减系数 0.25，桩间土和桩端土承载力发挥系数均为 0.4，不考虑深度修正，充分发挥复合地基承载力，则基础承台底最大荷载（荷载效应标准组合）最接近以下哪个选项？（　　）

题 16 图（尺寸单位：m）

（A）475kN　　　　（B）655kN　　　　（C）710kN　　　　（D）950kN

17. 二级土质边坡采用永久锚杆支护，锚杆倾角为 15°，锚杆锚固段钻孔直径为 0.15m，土体与锚固体极限黏结强度标准值为 60kPa，锚杆水平间距为 2m，排距为 2.2m，其主动土压力标准值的水平分量 e_{ahk} 为 18kPa。按照《建筑边坡工程技术规范》（GB 50330—2013）计算，以锚固体与地层间锚固破坏为控制条件，其锚固段长度宜为下列哪个选项？　　　　　　　　　　　（　　）

（A）1.0m　　　　　（B）5.0m　　　　　（C）7.0m　　　　　（D）10.0m

18. 某带卸荷台的挡土墙，如图所示，$H_1 = 2.5m$，$H_2 = 3m$，$L = 0.8m$，墙后填土的重度 $\gamma = 18kN/m^3$，$c = 0$，$\varphi = 20°$。按朗肯土压力理论计算，挡土墙墙后 BC 段上作用的主动土压力合力最接近下列哪个选项？　　　　　　　　　　　　　　（　　）

题 18 图

（A）93kN　　　　　（B）106kN　　　　　（C）121kN　　　　　（D）134kN

19. 如图所示某碾压土石坝的地基为双层结构，表层土④的渗透系数 k_1 小于下层土⑤的渗透系数 k_2，表层土④厚度为 4m，饱和重度为 $19kN/m^3$，孔隙率为 0.45；土石坝下游坡脚处表层土④的顶面水头为 2.5m，该处底板水头为 5m，安全系数为 2.0，按《碾压式土石坝设计规范》（NB/T 10872—2021）计算下游坡脚排水盖重层②的厚度不小于下列哪个选项？（盖重层②饱和重度取 $19kN/m^3$）　　　　　　　　　　　　　　　　　　（　　）

题 19 图

（A）0m　　　　　（B）0.75m　　　　　（C）1.55m　　　　　（D）2.65m

20. 某高填方路堤公路选线时发现某段路堤附近有一溶洞，如图所示，溶洞顶板岩层厚度为 2.5m，岩层上覆土厚度为 3.0m，顶板岩体内摩擦角为 40°，对一级公路安全系数取为 1.25，根据《公路路基设计规范》（JTG D30—2015），该路堤坡脚与溶洞间的最小安全距离 L 不小于下列哪个选项？（覆盖土层稳定坡率为 1：0.7）　　　　　　　　　　　　　　　　　　　　　（　　）

题 20 图

（A）4.0m （B）5.0m （C）6.0m （D）9.1m

21. 两车道公路隧道采用复合式衬砌，埋深 12m，开挖高度和宽度分别为 6m 和 5m。围岩重度为 22kN/m³，岩石单轴饱和抗压强度为 35MPa，岩体和岩石的弹性纵波速度分别为 2.8km/s 和 4.2km/s。试问施筑初期支护时拱部和边墙喷射混凝土厚度范围宜选用下列哪个选项？　　　　　（　　）

（A）5～8cm （B）8～12cm （C）12～20cm （D）20～30cm

22. 某基坑开挖深度为 6m，地层为均质一般黏性土，其重度 $\gamma = 18.0\text{kN/m}^3$，黏聚力 $c = 20\text{kPa}$，内摩擦角 $\varphi = 10°$。距离基坑边缘 3m 至 5m 处，坐落一条形构筑物，其基底宽度为 2m，埋深为 2m，基底压力为 140kPa，假设附加荷载按 45°应力双向扩散，基底以上土与基础平均重度为 18kN/m³，如图所示，试问自然地面下 10m 处支护结构外侧的主动土压力强度标准值最接近下列哪个选项？　　　　　　（　　）

题 22 图（尺寸单位：mm）

（A）93kPa （B）112kPa （C）118kPa （D）192kPa

23. 某二级基坑，开挖深度 $H = 5.5\text{m}$，拟采用水泥土墙支护结构，其嵌固深度 $l_d = 6.5\text{m}$，水泥土墙体的重度为 19kN/m³，墙体两侧主动土压力与被动土压力强度标准值分布如图所示（单位：kPa）。按照《建筑基坑支护技术规程》（JGJ 120—2012），计算该重力式水泥土墙满足倾覆稳定性要求的宽度，其值最接近下列哪个选项？　　　　　（　　）

题 23 图（尺寸单位：mm）

(A) 4.2m (B) 4.5m

(C) 5.0m (D) 5.5m

24. 西南地区某沟谷中曾遭受过稀性泥石流灾害，铁路勘察时通过调查，该泥石流中固体物质相对密度为 2.6，泥石流流体重度为 13.8kN/m³，泥石流发生时沟谷过水断面宽为 140m、面积为 560m²，泥石流流面纵坡为 4.0%，粗糙系数为 4.9，试计算该泥石流的流速最接近下列哪一选项？（可按公式 $V_m = \frac{m_m}{\alpha} R_m^{2/3} 1^{1/2}$ 进行计算）   （   ）

(A) 1.20m/s (B) 1.52m/s

(C) 1.83m/s (D) 2.45m/s

25. 根据勘察资料某滑坡体分别为 2 个块段，如图所示，每个块段的重力、滑面长度、滑面倾角及滑面抗剪强度标准值分别为：$G_1 = 700$kN/m，$L_1 = 12$m，$\beta_1 = 30°$，$\varphi_1 = 12°$，$c_1 = 10$kPa；$G_2 = 820$kN/m，$L_2 = 10$m，$\beta_2 = 10°$，$\varphi_2 = 10°$，$c_2 = 12$kPa，试采用传递系数法计算滑坡稳定安全系数 F_s 最接近下列哪一选项？   （   ）

题 25 图

(A) 0.94 (B) 1.00

(C) 1.07 (D) 1.15

26. 岩坡顶部有一高 5m 倒梯形危岩，下底宽 2m，如图所示，其后裂缝与水平向夹角为 60°，由于降雨使裂缝中充满了水。如果岩石重度为 23kN/m³，在不考虑两侧阻力及底面所受水压力的情况下，该危岩的抗倾覆安全系数最接近下面哪一选项？   （   ）

题 26 图

（A）1.5　　　　　　（B）1.7　　　　　　（C）3.0　　　　　　（D）3.5

27. 有四个黄土场地，经试验其上部土层的工程特性指标代表值分别见下表。根据《湿陷性黄土地区建筑标准》（GB 50025—2018）判定，下列哪一个黄土场地分布有新近堆积黄土？　　（　　）

题 27 表

土性指标	e	a_{50-150}（MPa^{-1}）	γ（kN/m^3）	ω（%）
场地一	1.120	0.62	14.3	17.6
场地二	1.090	0.62	14.3	12.0
场地三	1.051	0.51	15.2	15.5
场地四	1.120	0.51	15.2	17.6

（A）场地一　　　　（B）场地二　　　　（C）场地三　　　　（D）场地四

28. 某临近岩质边坡的建筑场地，所处地区抗震设防烈度为 8 度，设计基本地震加速度为 0.30g，设计地震分组为第一组。岩石剪切波速及有关尺寸如图所示。建筑采用框架结构，抗震设防分类属丙类建筑，结构自振周期 $T = 0.40$s，阻尼比 $\xi = 0.05$。按《建筑抗震设计规范》（GB 50011—2010）进行多遇地震作用下的截面抗震验算时，相应于结构自振周期的水平地震影响系数值最接近下列哪项？　　（　　）

题 28 图

（A）0.13　　　　　　（B）0.16　　　　　　（C）0.18　　　　　　（D）0.22

29. 某建筑场地设计基本地震加速度 0.30g，设计地震分组为第二组，基础埋深小于 2m。某钻孔揭示地层结构如图所示：勘察期间地下水位埋深 5.5m，近期内年最高水位埋深 4.0m；在地面下 3.0m 和 5.0m 处实测标准贯入试验锤击数均为 3 击，经初步判别认为需对细砂土进一步进行液化判别。若标准贯入锤击数不随土的含水量变化而变化，试按《建筑抗震设计规范》（GB 50011—2010）计算该钻孔的

液化指数最接近下列哪项数值（只需判别 15m 深度范围以内的液化）？　　　　　　　　（　　）

题 29 图

（A）3.9　　　　　　　（B）8.2　　　　　　　（C）16.4　　　　　　　（D）31.5

30. 某工程采用钻孔灌注桩基础，桩径 800mm，桩长 40m，桩身混凝土强度为 C30。钢筋笼上埋设钢弦式应力计量测桩身内力。已知地层深度 3～14m 范围内为淤泥质黏土。建筑物结构封顶后进行大面积堆土造景，测得深度 3m、14m 处钢筋应力分别为 30000kPa 和 37500kPa，问此时淤泥质黏土层平均侧摩擦力最接近下列哪个选项？（钢筋弹性模量 $E_s = 2.0 \times 10^5 \text{N/mm}^2$，桩身材料弹性模量 $E = 3.0 \times 10^4 \text{N/mm}^2$）　　　　　　　　　　　（　　）

（A）25.0kPa　　　　　（B）20.5kPa　　　　　（C）−20.5kPa　　　　　（D）−25.0kPa

2013 年案例分析试题（下午卷）

1. 某工程勘察场地地下水位埋藏较深，基础埋深范围为砂土，取砂土样进行腐蚀性测试，其中一个土样的测试结果见下表，按Ⅱ类环境、无干湿交替考虑，此土样对基础混凝土结构腐蚀性正确的选项是哪一个？ （　　）

题 1 表

腐蚀介质	SO_4^{2-}	Mg^{2+}	NH_4^+	OH^-	总矿化度	pH 值
含量（mg/kg）	4551	3183	16	42	20152	6.85

（A）微腐蚀　　　　　　　　　　　　　　（B）弱腐蚀

（C）中等腐蚀　　　　　　　　　　　　　（D）强腐蚀

2. 在某花岗岩岩体中进行钻孔压水试验，钻孔孔径为 110mm，地下水位以下试段长度为 5.0m。资料整理显示，该压水试验 P-Q 曲线为 A（层流）型，第三（最大）压力阶段试段压力为 1.0MPa，压入流量为 7.5L/min。问该岩体的渗透系数最接近下列哪个选项？ （　　）

（A）1.4×10^{-5}cm/s　　　　　　　　　（B）1.8×10^{-5}cm/s

（C）2.2×10^{-5}cm/s　　　　　　　　　（D）2.6×10^{-5}cm/s

3. 某粉质黏土土样中混有粒径大于 5mm 的颗粒，占总质量的 20%，对其进行轻型击实试验，干密度 ρ_d 和含水量 w 数据见下表，该土样的最大干密度最接近的选项是哪个？（注：粒径大于 5mm 的土颗粒的饱和面干相对密度取值 2.60） （　　）

题 3 表

ω（%）	16.9	18.9	20.0	21.1	23.1
ρ_d（g/cm³）	1.62	1.66	1.67	1.66	1.62

（A）1.61g/cm³　　　　　　　　　　　　　（B）1.67g/cm³

（C）1.74g/cm³　　　　　　　　　　　　　（D）1.80g/cm³

4. 某岩石地基进行了 8 个试样的饱和单轴抗压强度试验，试验值分别为：15MPa、13MPa、17MPa、13MPa、15MPa、12MPa、14MPa、15MPa。问该岩基的岩石饱和单轴抗压强度标准值最接近下列何值？ （　　）

（A）12.3MPa　　　　　　　　　　　　　（B）13.2MPa

（C）14.3MPa　　　　　　　　　　　　　（D）15.3MPa

5. 某正常固结的饱和黏性土层，厚度 4m，饱和重度为 20kN/m³，黏土的压缩试验结果见下表。采用在该黏性土层上直接大面积堆载的方式对该层土进行处理，经堆载处理后土层的厚度为 3.9m，估算的堆载量最接近下列哪个数值？ （　　）

p（kPa）	0	20	40	60	80	100	120	140
e	0.900	0.865	0.840	0.825	0.810	0.800	0.794	0.783

（A）60kPa　　　　　（B）80kPa　　　　　（C）100kPa　　　　　（D）120kPa

6. 柱下独立基础面积尺寸 $2m \times 3m$，持力层为粉质黏土，重度 $\gamma = 18.5kN/m^3$，$c_k = 20kPa$，$\varphi_k = 16°$，基础埋深位于天然地面以下 1.2m。上部结构施工结束后进行大面积回填土，回填土厚度 1.0m，重度 $\gamma = 17.5kN/m^3$。地下水位位于基底平面处。作用的标准组合下传至基础顶面（与回填土顶面齐平）的柱荷载 $F_k = 650kN$，$M_k = 70kN \cdot m$，按《建筑地基基础设计规范》（GB 50007—2011）计算，基底边缘最大压力 p_{max} 与持力层地基承载力特征值 f_a 的比值 K 最接近以下何值？　　　　（　　）

题 6 图

（A）0.85　　　　　（B）1.0　　　　　（C）1.1　　　　　（D）1.2

7. 如图所示甲、乙二相邻基础，其埋深和基底平面尺寸均相同，埋深 $d = 1.0m$，底面尺寸均为 $2m \times 4m$，地基土为黏土，压缩模量 $E_s = 3.2MPa$。作用的准永久组合下基础底面处的附加压力分别为 $p_{0甲} = 120kPa$，$p_{0乙} = 60kPa$，沉降计算经验系数取 $\psi_s = 1.0$，根据《建筑地基基础设计规范》（GB 50007—2011）计算，甲基础荷载引起的乙基础中点的附加沉降量最接近下列何值？　　　　（　　）

题 7 图

（A）1.6mm　　　　　（B）3.2mm　　　　　（C）4.8mm　　　　　（D）40.8mm

8. 已知柱下独立基础底面尺寸 $2.0m \times 3.5m$，相应于作用效应标准组合时传至基础顶面 ± 0.00 处的竖向力和力矩为 $F_k = 800kN$，$M_k = 50kN \cdot m$，基础高度 1.0m，埋深 1.5m，如图所示。根据《建筑地基基础设计规范》（GB 50007—2011）方法验算柱与基础交接处的截面受剪承载力时，其剪力设计值最接近以下何值？　　　　（　　）

题 8 图

(A) 200kN　　　　　　　　　　　　　　　　(B) 350kN

(C) 480kN　　　　　　　　　　　　　　　　(D) 500kN

9. 某建筑位于岩石地基上，对该岩石地基的测试结果为：岩石饱和抗压强度的标准值为 75MPa，岩块弹性纵波速度为 5100m/s，岩体的弹性纵波速度为 4500m/s。问该岩石地基的承载力特征值为下列何值？　　　　　　　　　　　　　　　　　　　　　　（　　　）

(A) 1.50×10^4kPa　　　　　　　　　　　(B) 2.25×10^4kPa

(C) 3.75×10^4kPa　　　　　　　　　　　(D) 7.50×10^4kPa

10. 某公路桥梁河床表层分布有 8m 厚的卵石，其下为微风化花岗岩，节理不发育，饱和单轴抗压强度标准值为 25MPa，考虑河床岩层有冲刷，设计采用嵌岩桩基础，桩直径为 1.0m，计算得到桩在基岩顶面处的弯矩设计值为 1000kN·m，问桩嵌入基岩的有效深度最小为下列何值？　　（　　　）

(A) 0.69m　　　　　　　　　　　　　　　　(B) 0.78m

(C) 0.98m　　　　　　　　　　　　　　　　(D) 1.10m

11. 某减沉复合疏桩基础，荷载效应标准组合下，作用于承台顶面的竖向力为 1200kN，承台及其上土的自重标准值为 400kN，承台底地基承载力特征值为 80kPa，承台面积控制系数为 0.60，承台下均匀布置 3 根摩擦型桩，基桩承台效应系数为 0.40，按《建筑桩基技术规范》（JGJ 94—2008）计算，单桩竖向承载力特征值最接近下列哪一个选项？　　　　　　　　　　　　　　　　　　（　　　）

(A) 350kN　　　　　　　　　　　　　　　　(B) 375kN

(C) 390kN　　　　　　　　　　　　　　　　(D) 405kN

12. 某框架柱采用 6 桩独立基础，如图所示，桩基承台埋深 2.0m，承台面积 3.0m × 4.0m，采用边长 0.2m 钢筋混凝土预制实心方桩，桩长 12m。承台顶部标准组合下的轴心竖向力为 F_k，桩身混凝土强度等级为 C25，抗压强度设计值 f_c = 11.9MPa，箍筋间距 150mm，根据《建筑桩基技术规范》（JGJ 94—2008），若按桩身承载力验算，该桩基础能够承受的最大竖向力 F_k 最接近下列何值？（承台与其上土的重度取 20kN/m³，上部结构荷载效应基本组合按标准组合的 1.35 倍取用）　　　　　　　　（　　　）

题 12 图

（A）1320kN   （B）1630kN   （C）1950kN   （D）2270kN

13. 某承台埋深 1.5m，承台下为钢筋混凝土预制方桩，断面 0.3m×0.3m，有效桩长 12m，地层分布如图所示，地下水位于地面下 1m。在粉细砂和中粗砂层进行了标准贯入试验，结果如图所示。根据《建筑桩基技术规范》（JGJ 94—2008），计算单桩极限承载力最接近下列何值？ （　　）

题 13 图（尺寸单位：mm）

（A）589kN   （B）789kN   （C）1129kN   （D）1329kN

14. 某建筑地基采用 CFG 桩进行地基处理，桩径 400mm，正方形布置，桩距 1.5m，CFG 桩施工完成后，进行了 CFG 桩单桩静载试验和桩间土静载试验，试验得到：CFG 桩单桩承载力特征值为 600kN，桩间土承载力特征值为 150kPa。该地区的工程经验为：单桩承载力的发挥系数取 0.9，桩间土承载力的发挥系数取 0.9。问该复合地基的荷载等于复合地基承载力特征值时，桩土应力比最接近下列哪个选项的数值？ （　　）

（A）28   （B）32   （C）36   （D）40

15. 某场地湿陷性黄土厚度为 10～13m，平均干密度为 1.24g/cm³，设计拟采用灰土挤密桩法进行处理，要求处理后桩间土最大干密度达到 1.60g/cm³。挤密桩正三角形布置，桩长为 13m，预钻孔直径为 300mm，挤密填料孔直径为 600mm。问满足设计要求的灰土桩的最大间距应取下列哪个值？（桩间土平均挤密系数取 0.93） （　　）

（A）1.2m （B）1.3m （C）1.4m （D）1.5m

16.某框架柱采用独立基础、素混凝土桩复合地基，基础尺寸、布桩如图所示。桩径为500mm，桩长为12m。现场静载试验得到单桩承载力特征值为500kN，浅层平板载荷试验得到桩间土承载力特征值为100kPa。充分发挥该复合地基的承载力时，依据《建筑地基处理技术规范》（JGJ 79—2012），《建筑地基基础设计规范》（GB 50007—2011）计算，该柱的柱底轴力（荷载效应标准组合）最接近下列哪个选项的数值？（根据地区经验桩间土承载力发挥系数 β 取 0.9，单桩承载力发挥系数 λ 取 0.9，地基土的重度取 18kN/m³，基础及其上土的平均重度取 20kN/m³）　　　　（　　）

题 16 图（尺寸单位：mm）

（A）7108N （B）6358kN （C）5835kN （D）5778kN

17.某厚度 6m 饱和软土，现场十字板抗剪强度为 20kPa，三轴固结不排水试验 $c_{cu} = 13$kPa，$\varphi_{cu} = 12°$，$E_s = 2.5$MPa。现采用大面积堆载预压处理，堆载压力 $p_0 = 100$kPa，经过一段时间后软土层沉降 150mm，问该时刻饱和软土的抗剪强度最接近下列何值？　　　　（　　）

（A）13kPa （B）21kPa （C）33kPa （D）41kPa

18.某砂土边坡，高 4.5m，如图所示，原为钢筋混凝土扶壁式挡土结构，建成后其变形过大。再采取水平预应力锚索（锚索水平间距为 2m）进行加固，砂土的 $\gamma = 21$kN/m³，$c = 0$，$\varphi = 20°$。按朗肯土压力理论，锚索的预拉锁定值达到下列哪个选项时，砂土将发生被动破坏？　　　　（　　）

题 18 图（尺寸单位：mm）

（A）210kN （B）280kN （C）435kN （D）870kN

19.某建筑岩质边坡如图所示，已知软弱结构面黏聚力 $c_s = 20$kPa，内摩擦角 $\varphi_s = 35°$，与水平面夹角 $\theta = 45°$，滑裂体自重 $G = 2000$kN/m，问作用于支护结构上每延米的主动岩石压力合力标准值最接近以下哪个选项？　　　　（　　）

题 19 图

（A）212kN/m   （B）252kN/m   （C）275kN/m   （D）326kN/m

20. 一种粗砂的粒径大于 0.5mm 颗粒的质量超过总质量的 50%，细粒含量小于 5%，级配曲线如图所示。这种粗粒土按照铁路路基填料分组应属于下列哪组填料？　　　　　　（　　）

题 20 图

（A）A 组填料   　　　　　（B）B3 组填料
（C）C3 组填料   　　　　　（D）D 组填料

21. 下图所示河堤由黏性土填筑而成，河道内侧正常水深 3.0m，河底为粗砂层，河堤下卧两层粉质黏土层，其下为与河底相通的粗砂层，其中粉质黏土层①的饱和重度为 19.5kN/m³，渗透系数为 2.1×10^{-5}cm/s；粉质黏土层②的饱和重度为 19.8kN/m³，渗透系数为 3.5×10^{-5}cm/s，试问河内水位上涨深度 H 的最小值接近下列哪个选项时，粉质黏土层①将发生渗流破坏？　　（　　）

题 21 图

（A）4.46m   （B）5.83m   （C）6.40m   （D）7.83m

22. 某拟建场地远离地表水体，地层情况见下表，地下水埋深 6m，拟开挖一长 100m，宽 80m 的基坑，开挖深度 12m。施工中在基坑周边布置井深 22m 的管井进行降水，降水维持期间基坑内地下水水力坡度为 1/15，在维持基坑中心地下水位位于基底下 0.5m 的情况下，按照《建筑基坑支护技术规程》（JGJ 120—2012）的有关规定，计算的基坑涌水量最接近下列哪一个值？　　　　　　　（　　）

题 22 表

深度	地层	渗透系数（m/d）
0～5	黏质粉土	0.2
5～30	细砂	5
30～35	黏土	—

（A）2528m³/d　　　　　（B）3527m³/d　　　　　（C）2277m³/d　　　　　（D）2786m³/d

23. 某基坑的土层分布情况如图所示，黏土层厚 2m，砂土层厚 15m，地下水埋深为地下 20m，砂土与黏土的天然重度均按 20kN/m³ 计算，基坑深度为 6m，拟采用悬臂桩支护形式，支护桩桩径 800mm，桩长 11m，间距 1400mm，根据《建筑基坑支护技术规程》（JGJ 120—2012），支护桩外侧主动土压力合力最接近下列哪一项？　　　　　　　　　　　　　　　（　　）

题 23 图

（A）248kN/m　　　　　（B）267kN/m　　　　　（C）316kN/m　　　　　（D）375kN/m

24. 某季节性冻土层为黏土层，测得地表冻胀前标高为 160.670m，土层冻前天然含水量为 30%，塑限为 22%，液限为 45%，其粒径小于 0.005mm 的颗粒含量小于 60%，当最大冻深出现时，场地最大冻土层厚度为 2.8m，地下水位埋深为 3.5m，地面标高为 160.850m，按《建筑地基基础设计规范》（GB 50007—2011），该土层的冻胀类别为下列哪个选项？　　　　　　　　　　　　　（　　）

（A）弱冻胀

（B）冻胀

（C）强冻胀

（D）特强冻胀

25. 某红黏土的天然含水量 51%，塑限 35%，液限 55%，该红黏土的状态及复浸水特征类别为下列哪个选项？　　　　　　　　　　　　　　　　　　　　　　　　　　　　（　　）

（A）软塑，Ⅰ类

（B）可塑，Ⅰ类

（C）软塑，Ⅱ类

（D）可塑，Ⅱ类

26. 膨胀土地基上的独立基础尺寸 2m×2m×2m，埋深为 2m，柱上荷载为 300kN，在地面以下 4m

内为膨胀土，4m 以下为非膨胀土，膨胀土的重度 $\gamma = 18kN/m^3$，室内试验求得的膨胀率 δ_{ep}（%）与压力 P（kPa）的关系见下表，建筑物建成后其基底中心点下，土在平均自重压力与平均附加压力之和作用下的膨胀率 δ_{ep} 最接近下列哪个选项？（基础的重度按 $20kN/m^3$ 考虑）　　　　　（　　）

题 26 表

膨胀率 δ_{ep}（%）	垂直压力 P（kPa）
10	5
6.0	60
4.0	90
2.0	120

（A）5.3%　　　　　（B）5.2%　　　　　（C）3.4%　　　　　（D）2.9%

27. 抗震设防烈度为 8 度地区的某高速公路特大桥，结构阻尼比为 0.05，结构自振周期（T）为 0.45s；场地类型为Ⅱ类，特征周期（T_g）为 0.35s；水平向设计基本地震动峰值加速度为 $0.30g$，进行 E_2 地震作用下的抗震设计时，按《公路工程抗震规范》（JTG B02—2013）确定竖向设计加速度反应谱最接近下列哪项数值？　　　　　（　　）

（A）$0.30g$　　　　　（B）$0.45g$　　　　　（C）$0.89g$　　　　　（D）$1.15g$

28. 某水工建筑物场地地层 2m 以内为黏土，2~20m 为粉砂，地下水位埋深 1.5m，场地地震动峰值加速度 $0.2g$。钻孔内深度 3m、8m、12m 处实测土层剪切波速分别为 180m/s、220m/s、260m/s，请用计算说明地震液化初判结果最合理的是下列哪一项？　　　　　（　　）

（A）3m 处可能液化，8m、12m 处不液化
（B）8m 处可能液化，3m、12m 处不液化
（C）12m 处可能液化，3m、8m 处不液化
（D）3m、8m、12m 处均可能液化

29. 某建筑场地设计基本地震加速度 $0.2g$，设计地震分组为第二组，土层柱状分布及实测剪切波速见下表，问该场地的特征周期最接近下列哪个选项的数值？　　　　　（　　）

题 29 表

层序	岩土名称	层厚 d_i（m）	层底深度（m）	实测剪切波速 v_{si}（m/s）
1	填土	3.0	3.0	140
2	淤泥质粉质黏土	5.0	8.0	100
3	粉质黏土	8.0	16.0	160
4	卵石	15.0	31.0	480
5	基岩	—	—	>500

（A）0.30s　　　　（B）0.40s　　　　（C）0.45s　　　　（D）0.55s

30. 某工程采用灌注桩基础，灌注桩桩径为 800mm，桩长 30m，设计要求单桩竖向抗压承载力特征值为 3000kN，已知桩间土的地基承载力特征值为 200kPa，按照《建筑基桩检测技术规范》（JGJ 106—2014）采用压重平台反力装置对工程桩进行单桩竖向抗压承载力检测时，若压重平台的支座只能设置在桩间土上，则支座底面积不宜小于以下哪个选项？　　　　　　　　　　（　　　）

（A）20m²　　　　（B）24m²　　　　（C）30m²　　　　（D）36m²

2014 年案例分析试题（上午卷）

1. 某饱和黏性土样，测定土粒相对密度为 2.70，含水量为 31.2%，湿密度为 1.85g/cm³，环刀切取高 20mm 的试样，进行侧限压缩试验，在压力 100kPa 和 200kPa 作用下，试样总压缩量分别为 $S_1 = 1.4mm$ 和 $S_2 = 1.8mm$，问其体积压缩系数 m_{v1-2}（MPa⁻¹）最接近下列哪个选项？ （ ）

（A）0.30 （B）0.25 （C）0.20 （D）0.15

2. 在地面下 7m 处进行扁铲侧胀试验，地下水位埋深 1.0m，试验前率定时膨胀至 0.05mm 及 1.10mm 的气压实测值分别为 10kPa 和 80kPa，试验时膜片膨胀至 0.05mm、1.10mm 和回到 0.05mm 的压力值分别为 100kPa、260Pa 和 90kPa，调零前压力表初始读数 8kPa，请计算该试验点的侧胀孔压指数为下列哪项？ （ ）

（A）0.16 （B）0.48 （C）0.65 （D）0.83

3. 某公路隧道走向 80°，其围岩产状 50°∠30°，欲作沿隧道走向的工程地质剖面（垂直比例与水平比例比值为 2），问在剖面图上地层倾角取值最接近下列哪一项？ （ ）

（A）27° （B）30° （C）38° （D）45°

4. 某水运工程，基岩为页岩，试验测得其风化岩体压缩波速度为 2.5km/s，风化岩块压缩波速度为 3.2km/s，新鲜岩体压缩波速度为 3.6km/s。根据《水运工程岩土勘察规范》（JTS 133—2013）判断，该基岩的风化程度（按波速比评价）和完整程度分类为下列哪个选项？ （ ）

（A）中等风化、较破碎 （B）中等风化、较完整
（C）强风化、较完整 （D）强风化、较破碎

5. 柱下独立基础及地基土层如图所示，基础底面尺寸为 3.0m × 3.6m，持力层压力扩散角 $\theta = 23°$，地下水位埋深 1.2m。按照软弱下卧层承载力的设计要求，基础可承受的竖向作用力 F_k 最大值与下列哪个选项最接近？（基础和基础上土的平均重度取 20kN/m³） （ ）

题 5 图

（A）1180kN （B）1440kN （C）1890kN （D）2090kN

6. 柱下方形基础采用 C15 素混凝土建造，柱脚截面尺寸为 0.6m×0.6m，基础高度 $H = 0.7$m，基础埋深 $d = 1.5$m，场地地基土为均质黏土，重度 $\gamma = 19.0$kN/m³，孔隙比 $e = 0.9$，地基承载力特征值 $f_{ak} = 180$kPa，地下水位埋藏很深。基础顶面的竖向力为 580kN，根据《建筑地基基础设计规范》（GB 50007—2011）的设计要求，满足设计要求的最小基础宽度为哪个选项？（基础和基础上土的平均重度取 20kN/m³） （ ）

（A）1.8m （B）1.9m （C）2.0m （D）2.1m

7. 某拟建建筑物采用墙下条形基础，建筑物外墙厚 0.4m，作用于基础顶面的竖向力为 300kN/m，力矩为 100kN·m/m，由于场地限制，力矩作用方向一侧的基础外边缘到外墙皮的距离为 2m，保证基底压力均布时，估算基础宽度最接近下列哪个选项？ （ ）

题 7 图

（A）1.98m （B）2.52m （C）3.74m （D）4.45m

8. 某高层建筑，平面、立面轮廓如图。相应于作用标准组合时，地上建筑物平均荷载为 15kPa/层，地下建筑物平均荷载（含基础）为 40kPa/层。假定基底压力线性分布，问基础底面右边缘的压力值最接近下列哪个选项的数值？ （ ）

题 8 图

（A）319kPa （B）668kPa （C）692kPa （D）882kPa

9. 条形基础埋深 3.0m，相应于作用的标准组合时，上部结构传至基础顶面的竖向力 $F_k = 200$kN/m，为偏心荷载。修正后的地基承载力特征值为 200kPa，基础及其上土的平均重度为 20kN/m³。按地基承载力计算条形基础宽度时，使基础底面边缘处的最小压力恰好为零，且无零应力区，问基础宽度的最小值接近下列何值？　　　　　　　　　　　　　　　　　　　　　　　　　　　　　　（　　　）

（A）1.5m　　　　　　（B）2.3m　　　　　　（C）3.4m　　　　　　（D）4.1m

10. 某桩基础采用钻孔灌注桩，桩径 0.6m，桩长 10.0m。承台底面尺寸及布桩如图所示，承台顶面荷载效应标准组合下的竖向力 $F_k = 6300$kN。土层条件及桩基计算参数如表、图所示。根据《建筑桩基技术规范》（JGJ 94—2008）计算，作用于软弱下卧层④层顶面的附加应力 σ_z 最接近下列何值？（承台及其上覆土的重度取 20kN/m³）　　　　　　　　　　　　　　　　　　　　　（　　　）

题 10 表

层序	土名	天然重度γ（kN/m³）	极限侧阻力标准值 q_{sik}（kPa）	极限端阻力标准值 q_{pk}（kPa）	压缩模量 E_s（MPa）
①	黏土	18.0	35		
②	粉土	17.5	55	2100	10
③	粉砂	18.0	60	3000	16
④	淤泥质黏土	18.5	30		3.2

题 10 图

（A）8.5kPa　　　　　（B）18kPa　　　　　（C）30kPa　　　　　（D）40kPa

11. 某钻孔灌注桩单桩基础，桩径 1.2m，桩长 16m，土层条件如图所示，地下水位在桩顶平面处。若桩顶平面处作用大面积堆载 $p = 50$kPa，根据《建筑桩基技术规范》（JGJ 94—2008）计算，桩侧负摩阻力引起的下拉荷载 Q_g^n 最接近下列何值？（忽略密实粉砂层的压缩量）　　　　　　　　　（　　　）

题 11 图

（A）240kN （B）680kN （C）910kN （D）1220kN

12. 某桩基工程，采用 PHC600 管桩，有效桩长 28m，送桩 2m，桩端闭塞，桩端选择密实粉细砂作持力层，桩侧土层分布见下表，根据单桥探头静力触探资料，桩端全截面以上 8 倍桩径范围内的比贯入阻力平均值为 4.8MPa，桩端全截面以下 4 倍桩径范围内的比贯入阻力平均值为 10.0MPa，桩端阻力修正系数 $\alpha=0.8$，根据《建筑桩基技术规范》（JGJ 94—2008），计算单桩极限承载力标准值最接近下列何值？ （ ）

题 12 表

序号	土名	层底埋深（m）	静力触探p_s（MPa）	q_{sik}（kPa）
1	填土	6.0	0.7	15
2	淤泥质黏土	10.0	0.56	28
3	淤泥质粉质黏土	20.0	0.70	35
4	粉质黏土	28.0	1.10	52.5
5	粉细砂	35.0	10.0	100

（A）3820kN （B）3920kN （C）4300kN （D）4410kN

13. 某铁路桥梁采用钻孔灌注桩基础，地层条件和基桩入土深度如图所示，成孔桩径和设计桩径均为 1.0m，桩底支承力折减系数 m_0 取 0.7。如果不考虑冲刷及地下水的影响，根据《铁路桥涵地基和基础设计规范》（TB 10093—2017），计算基桩的容许承载力最接近下列何值？ （ ）

题 13 图

（A）1700kN （B）1800kN （C）1900kN （D）2000kN

14. 某承受轴心荷载的钢筋混凝土条形基础，采用素混凝土桩复合地基，基础宽度、布桩如图所示。桩径 400mm，桩长 15m，现场静载试验得出的单桩承载力特征值 400kN，桩间土承载力特征值 150kPa。充分发挥该复合地基的承载力时，根据《建筑地基处理技术规范》（JGJ 79—2012）计算，该条基顶面的竖向荷载（荷载效应标准组合）最接近下列哪个选项的数值？（土的重度取 18kN/m³，基础和上覆土平均重度 20kN/m³，单桩承载力发挥系数取 0.9，桩间土承载力发挥系数取 1.0） （ ）

题 14 图（尺寸单位：mm）

（A）700kN/m　　　（B）755kN/m　　　（C）790kN/m　　　（D）850kN/m

15. 某场地湿陷性黄土厚度 6m，天然含水量 15%，天然重度 14.5kN/m³。设计拟采用灰土挤密桩法进行处理，要求处理后桩间土平均干密度达到 1.5g/cm³。挤密桩等边三角形布置，桩孔直径 400mm，问满足设计要求的灰土桩的最大间距应取下列哪个值？（忽略处理后地面标高的变化，桩间土平均挤密系数不小于 0.93）　　　　　　　　　　　　　　　　　　　　　　　　　　　　（　　）

（A）0.70m　　　（B）0.80m　　　（C）0.95m　　　（D）1.20m

16. 某松散粉细砂场地，地基处理前承载力特征值 100kPa，现采用砂石桩满堂处理，桩径 400mm，桩位如图。处理后桩间土的承载力提高了 20%，桩土应力比为 3。问：按照《建筑地基处理技术规范》（JGJ 79—2012）估算的该砂石桩复合地基的承载力特征值接近下列哪个选项的数值？　　　（　　）

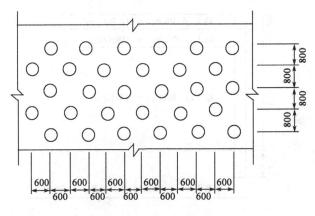

题 16 图（尺寸单位：mm）

（A）135kPa　　　（B）150kPa　　　（C）170kPa　　　（D）185kPa

17. 某住宅楼基底以下地层主要为：①中砂～砾砂，厚度为 8.0m，承载力特征值 200kPa，桩侧阻力特征值为 25kPa；②含砂粉质黏土，厚度 16.0m，承载力特征值为 250kPa，桩侧阻力特征值为 30kPa，其下卧为微风化大理岩。拟采用 CFG 桩＋水泥土搅拌桩复合地基，承台尺寸 3.0m×3.0m；CFG 桩桩径φ450mm，桩长为 20m，单桩抗压承载力特征值为 850kN；水泥土搅拌桩桩径φ600mm，桩长为 10m，桩身强度为 2.0MPa，桩身强度折减系数 $\eta = 0.25$，桩端阻力发挥系数 $\alpha_p = 0.5$。根据《建筑地基处理技术规范》（JGJ 79—2012），该承台可承受的最大上部荷载（标准组合）最接近以下哪个选项？（单桩承

载力发挥系数取 $\lambda_1 = \lambda_2 = 1.0$，桩间土承载力发挥系数 $\beta = 0.9$，复合地基承载力不考虑深度修正）

(   )

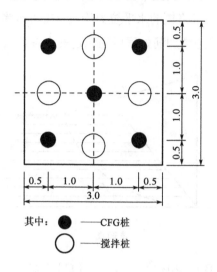

题 17 图（尺寸单位：m）

（A）4400kN　　　　（B）5200kN　　　　（C）6080kN　　　　（D）7760kN

18. 某土坝的坝体为黏性土，坝壳为砂土，其有效孔隙率 $n = 40\%$，原水位（▽1）时流网如下图所示，根据《碾压式土石坝设计规范》（NB/T 10872—2021），当库水位骤降至 B 点以下时，坝内 A 点的孔隙水压力最接近以下哪个选项？（D 点到原水位线的垂直距离为 3.0m）

(   )

题 18 图（尺寸单位：m）

1-原水位；2-剧降后水位；3-坝壳（砂土）；4-坝体（黏性土）；5-滑裂面；6-水位降落前的流网

（A）300kPa　　　　（B）330kPa　　　　（C）370kPa　　　　（D）400kPa

19. 某直立的黏性土边坡，采用排桩支护，坡高 6m，无地下水，土层参数为 $c = 10$kPa，$\varphi = 20°$，重度为 18kN/m³，地面均布荷载为 $q = 20$kPa，在 3m 处设置一排锚杆，根据《建筑边坡工程技术规范》（GB 50330—2013）相关要求，按等值梁法计算排桩反弯点到坡脚的距离最接近下列哪个选项？

(   )

（A）0.5m　　　　（B）0.65m　　　　（C）0.72m　　　　（D）0.92m

20. 如图所示，某填土边坡，高 12m，设计验算时采用圆弧条分法分析，其最小安全系数为 0.88，对应每延米的抗滑力矩为 22000kN·m，圆弧半径 25.0m，不能满足该边坡稳定要求，拟采用加筋处理，等间距布置 10 层土工格栅，每层土工格栅的水平拉力均按 45kN/m 考虑，按照《土工合成材料应用技术规范》（GB/T 50290—2014），该边坡加筋处理后的稳定安全系数最接近下列哪个选项？　　（　　）

题 20 图

（A）1.15　　　　　　（B）1.20　　　　　　（C）1.25　　　　　　（D）1.30

21. 图示路堑岩石边坡坡顶 BC 水平，已测得滑面 AC 的倾角 $\beta = 30°$，滑面内摩擦角 $\varphi = 18°$，黏聚力 $c = 10$kPa，滑体岩石重度 $\gamma = 22$kN/m³。原设计开挖坡面 BE 的坡率为 1：1，滑面出露点 A 距坡顶 $H = 10$m。为了增加公路路面宽度，将坡率改为 1：0.5。试问坡率改变后边坡沿滑面 DC 的抗滑安全系数 K_2 与原设计沿滑面 AC 的抗滑安全系数 K_1 之间的正确关系是下列哪个选项？　　（　　）

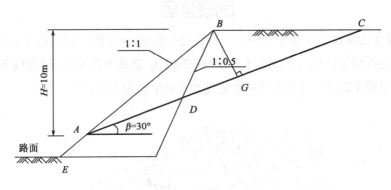

题 21 图

（A）$K_1 = 0.8K_2$ 　　　　　　　　　　（B）$K_1 = 1.0K_2$

（C）$K_1 = 1.2K_2$ 　　　　　　　　　　（D）$K_1 = 1.5K_2$

22. 某水利建筑物洞室由厚层砂岩组成，其岩石的饱和单轴抗压强度 R_b 为 30MPa，围岩的最大主应力 σ_m 为 9MPa。岩体的纵波速度为 2800m/s，岩石的纵波速度为 3500m/s。结构面状态评分为 25，地下水评分为 −2，主要结构面产状评分 −5。根据《水利水电工程地质勘察规范》（GB 50487—2008）（2022 年版），该洞室围岩的类别是下列哪一选项？　　（　　）

（A）Ⅰ类围岩　　　　　　　　　　　　（B）Ⅱ类围岩

（C）Ⅲ类围岩　　　　　　　　　　　　（D）Ⅳ类围岩

23. 某软土基坑，开挖深度 $H = 5.5$m，地面超载 $q_0 = 20$kPa，地层为均质含砂淤泥质粉质黏土，土的

重度 $\gamma = 18\text{kN/m}^3$，黏聚力 $c = 8\text{kPa}$，内摩擦角 $\varphi = 15°$，不考虑地下水的作用，拟采用水泥土墙支护结构，其嵌固深度 $l_d = 6.5\text{m}$，挡墙宽度 $B = 4.5\text{m}$，水泥土墙体的重度为 19kN/m^3。按照《建筑基坑支护技术规程》（JGJ 120—2012）计算该重力式水泥土墙抗滑移安全系数，其值最接近下列哪个选项？
（　　）

题 23 图

（A）1.0　　　　　（B）1.2　　　　　（C）1.4　　　　　（D）1.6

24.某岩石边坡代表性剖面如下图，边坡倾向 270°，一裂隙面刚好从坡脚出露，裂隙面产状为 270°∠30°，坡体后缘一垂直张裂缝正好贯通至裂隙面。由于暴雨，使垂直张裂缝和裂隙面瞬间充满水，边坡处于极限平衡状态（即滑坡稳定系数 $K_s = 1.0$）。经测算，裂隙面长度 $L = 30\text{m}$，后缘张裂缝深度 $d = 10\text{m}$，每延米潜在滑体自重 $G = 6450\text{kN}$，裂隙面的黏聚力 $c = 65\text{kPa}$，试计算裂隙面的内摩擦角最接近下列哪个数值？（坡脚裂隙面有泉水渗出，不考虑动水压力，水的重度取 10kN/m^3）
（　　）

题 24 图

（A）13°　　　　　（B）17°　　　　　（C）18°　　　　　（D）24°

25.如图所示某山区拟建一座尾矿堆积坝，堆积坝采用尾矿细砂分层压实而成，尾矿的内摩擦角为 36°，设计坝体下游坡面坡度 $\alpha = 25°$。随着库内水位逐渐上升，坝下游坡面下部会有水顺坡渗出，尾矿细砂的饱和重度为 22kN/m^3，水下内摩擦角 33°。试问坝体下游坡面渗水前后的稳定系数最接近下列哪个选项？
（　　）

题 25 图

（A）1.56，0.76 　　　　　　　　　　（B）1.56，1.39
（C）1.39，1.12 　　　　　　　　　　（D）1.12，0.76

26. 某民用建筑场地为花岗岩残积土场地，场地勘察资料表明，土的天然含水量为 18%，其中细粒土（粒径小于 0.5m）的质量百分含量为 70%，细粒土的液限为 30%，塑限为 18%，该花岗岩残积土的液性指数最接近下列哪个选项？　　　　　　　　　　　　　　　　　（　）

（A）0 　　　　（B）0.23 　　　　（C）0.47 　　　　（D）0.64

27. 某乙类建筑位于建筑设防烈度 8 度地区，设计基本地震加速度值为 0.20g，设计地震分组为第一组，钻孔揭露的土层分布及实测的标贯锤击数如下表所示，近期内年最高地下水埋深 6.5m。拟建建筑基础埋深 1.5m，根据钻孔资料下列哪个选项的说法是正确的？　　　　　　　　　　（　）

题 27 表

层序	岩土名称和性状	层厚（m）	标贯试验深度（m）	实测标贯锤击数
1	粉质黏土	2	—	—
2	黏土	4	—	—
3	粉砂	3.5	8	10
4	细砂	15	13	23
			16	25

（A）可不考虑液化影响 　　　　　　（B）轻微液化
（C）中等液化 　　　　　　　　　　（D）严重液化

28. 某建筑场地位于建筑设防烈度 8 度地区，设计基本地震加速度值为 0.20g，设计地震分组为第一组。根据勘察资料，地面下 13m 范围内为淤泥和淤泥质土，其下为波速大于 500m/s 的卵石，若拟建建筑的结构自振周期为 3s，建筑结构的阻尼比为 0.05，则计算罕遇地震作用时，建筑结构的水平地震影响系数最接近下列选项中的哪一个？　　　　　　　　　　　　　　　　（　）

（A）0.023 　　　（B）0.034 　　　（C）0.147 　　　（D）0.194

29. 某场地地层结构如图所示。采用单孔法进行剪切波速测试，激振板长 2m，宽 0.3m，其内侧边缘距孔口 2m，触发传感器位于激振板中心；将三分量检波器放入钻孔内地面下 2m 深度时，实测波形图上显示剪切波初至时间为 29.4ms。已知土层②～④和基岩的剪切波速如图所示，试按《建筑抗震设计规范》（GB 50011—2010）计算土层的等效剪切波速，其值最接近下列哪项数值？　　　　　　（　）

题 29 图

（A）109m/s   （B）131m/s   （C）142m/s   （D）154m/s

30. 某工程采用 CFG 桩复合地基，设计选用 CFG 桩桩径 500mm，按等边三角形布桩，面积置换率为 6.25%，设计要求复合地基承载力特征值 $f_{spk}=300$kPa，请问单桩复合地基载荷试验最大加载压力不应小于下列哪项？   （   ）

（A）2261kN   （B）1884kN   （C）1131kN   （D）942kN

2014 年案例分析试题（下午卷）

1. 某小型土石坝坝基土的颗粒分析成果见下表，该土属级配连续的土，孔隙率为 0.33，土粒相对密度为 2.66，根据区分粒径确定的细颗粒含量为 32%。试根据《水利水电工程地质勘察规范》（GB 50487—2008）（2022 年版）确定坝基渗透变形类型及估算最大允许水力比降值为哪一选项？（安全系数取 1.5）　　（　　）

题 1 表

土粒直径（mm）	0.025	0.038	0.07	0.31	0.40	0.70
小于某粒径的土质量百分比（%）	5	10	20	60	70	100

（A）流土型、0.74

（B）管涌型、0.58

（C）过渡型、0.58

（D）过渡型、0.39

2. 某天然岩块质量为 134.00g，在 105～110℃温度下烘干 24h 后，质量为 128.00kg。然后对岩块进行蜡封，蜡封后试样的质量为 135.00g，蜡封试样沉入水中的质量为 80.00g。试计算该岩块的干密度最接近下列哪个选项？（注：水的密度取 $1.0g/cm^3$，蜡的密度取 $0.85g/cm^3$）　　（　　）

（A）$2.33g/cm^3$

（B）$2.52g/cm^3$

（C）$2.74g/cm^3$

（D）$2.87g/cm^3$

3. 在某碎石土地层中进行超重型圆锥动力触探试验，在 8m 深度处测得贯入 10cm 的 $N_{120}=25$ 击，已知圆锥探头及杆件系统的质量为 150kg，请采用荷兰公式计算该深度处的动贯入阻力最接近下列何值？　　（　　）

（A）3.0MPa

（B）9.0MPa

（C）21.0MPa

（D）30.0MPa

4. 某大型水电站地基位于花岗岩上，其饱和单轴抗压强度为 50MPa，岩体弹性纵波波速 4200m/s，岩块弹性纵波波速 4800m/s，岩石质量指标 RQD = 80%。地基岩体结构面平直且闭合，不发育，勘探时未见地下水。根据《水利水电工程地质勘察规范》（GB 50487—2008）（2022 年版），该坝基岩体的工程地质类别为下列哪个选项？　　（　　）

（A）Ⅰ

（B）Ⅱ

（C）Ⅲ

（D）Ⅳ

5. 某既有建筑基础为条形基础，基础宽度 $b=3.0m$，埋深 $d=2.0m$，剖面如图所示。由于房屋改建，拟增加一层，导致基础底面压力 p 由原来的 65kPa 增加至 85kPa，沉降计算经验系数 $\psi_s=1.0$。计算由于房屋改建使淤泥质黏土层产生的附加压缩量最接近以下何值？　　（　　）

题 5 图

（A）9.0mm （B）10.0mm （C）20.0mm （D）35.0mm

6. 柱下独立方形基础底面尺寸 2.0m×2.0m，高 0.5m，有效高度 0.45m，混凝土强度等级为 C20（轴心抗拉强度设计值 $f_t = 1.1$ MPa），柱截面尺寸为 0.4m×0.4m。基础顶面作用竖向力 F，偏心距 0.12m。根据《建筑地基基础设计规范》（GB 50007—2011），满足柱与基础交接处受冲切承载力的验算要求时，基础顶面可承受的最大竖向力 F（相应于作用的基本组合设计值）最接近下列哪个选项？　　　　（　　）

题 6 图

（A）980kN （B）1080kN （C）1280kN （D）1480kN

7. 某房屋，条形基础，天然地基。基础持力层为中密粉砂，承载力特征值 150kPa。基础宽度 3m，埋深 2m，地下水埋深 8m。该基础承受轴心荷载，地基承载力刚好满足要求。现拟对该房屋进行加层改造，相应于作用的标准组合时基础顶面轴心荷载增加 240kN/m。若采用增加基础宽度的方法满足地基承载力的要求。问：根据《建筑地基基础设计规范》（GB 50007—2011），基础宽度的最小增加量最接近下列哪个选项的数值？（基础及基础上下土体的平均重度取 20kN/m³）　　　　（　　）

（A）0.63m （B）0.7m （C）1.0m （D）1.2m

8. 某墙下钢筋混凝土筏形基础，厚度 1.2m，混凝土强度等级为 C30，受力钢筋拟采用 HRB400 钢筋，主筋保护层厚度 40mm。已知该筏板的弯矩图（相应于作用的基本组合时的弯矩设计值）如图所示。问：按照《建筑地基基础设计规范》（GB 50007—2011），满足该规范规定且经济合理的筏板顶部受力主筋配置为下列哪个选项？（注：C30 混凝土抗压强度设计值为 14.3N/mm²，HRB400 钢筋抗拉强度设计值为 360N/mm²）　　　　（　　）

题 8 图（尺寸单位：mm）

题 8 表

公称直径（mm）	不同根数钢筋的公称截面面积（mm²）								
	1	2	3	4	5	6	7	8	9
6	28.3	57	85	113	142	170	198	226	255
8	50.3	101	151	201	252	302	352	402	453
10	78.5	157	236	314	393	471	550	628	707
12	113.1	226	339	452	565	678	791	904	1017
14	153.9	308	461	615	769	923	1077	1231	1385
16	201.1	402	603	804	1005	1206	1407	1608	1809
18	254.5	509	763	1017	1272	1527	1781	2036	2290
20	314.2	628	942	1256	1570	1884	2199	2513	2827
22	380.1	760	1140	1520	1900	2281	2661	3041	3421
25	490.9	982	1473	1964	2454	2945	3436	3927	4418
28	615.8	1232	1847	2463	3079	2695	4310	4926	5542
32	804.2	1609	2413	3217	4021	4826	5630	6434	7238
36	1017.9	2036	3054	4072	5089	6107	7125	8143	9161
40	1256.6	2513	3770	5027	6283	7540	8796	10053	11310
50	1964	3928	5892	7856	9820	11784	13748	15712	17676

（A）Φ18@200　　　　　　　　　（B）Φ20@200

（C）Φ22@200　　　　　　　　　（D）Φ28@200

9. 公路桥涵基础建于多年压实未经破坏的旧桥基础下，基础平面尺寸为 2m×3m，修正后地基承载力特征值 f_a 为 160kPa，基底双向偏心受压，承受的竖向力作用位置为图中 o 点，根据《公路桥涵地基与基础设计规范》（JTG 3363—2019），按基底最大压应力验算时，能承受的最大竖向力最接近下列哪个选项的数值？　　　　　　　　　　　　　　　　　　　　　　　　（　　）

题 9 图

（A）460kN　　　　　（B）500kN　　　　　（C）550kN　　　　　（D）600kN

10. 某钢筋混凝土预制方桩，边长 400mm，混凝土强度等级 C40，主筋为 HRB335，12ϕ18，桩顶以下 2m 范围内箍筋间距 100mm，考虑纵向主筋抗压承载力，根据《建筑桩基技术规范》（JGJ 94—2008），桩身轴心受压时正截面受压承载力设计值最接近下列何值？（C40 混凝土 f_c = 19.1N/mm^2，HRB335 钢筋 f'_y = 300N/mm^2）　　　　　　　　　　　　　　　　　　　　　　　（　　）

（A）3960kN　　　　　（B）3420kN　　　　　（C）3050kN　　　　　（D）2600kN

11. 某位于季节性冻土地基上的轻型建筑采用短桩基础，场地标准冻深为 2.5m。地面以下 20m 深度内为粉土，土中含盐量不大于 0.5%，属冻胀土。抗压极限侧阻力标准值为 30kPa，桩型为直径 0.6m 的钻孔灌注桩，表面粗糙。当群桩呈非整体破坏时，根据《建筑桩基技术规范》（JGJ 94—2008），自地面算起，满足抗冻拔稳定要求的最短桩长最接近下列何值？（N_G = 180kN，桩身重度取 25kN/m^3，抗拔系数取 0.5，切向冻胀力及相关系数取规范表中相应的最小值）　　　　　　　　　　　　　　（　　）

（A）4.7m　　　　　（B）6.0m　　　　　（C）7.2m　　　　　（D）8.3m

12. 某公路桥梁采用振动沉入预制桩，桩身截面尺寸为 400mm×400mm，地层条件和桩入土深度如图所示。桩基可能承受拉力，根据《公路桥涵地基与基础设计规范》（JTG 3363—2019）验算，桩基受拉承载力特征值最接近下列何值？　　　　　　　　　　　　　　　　　　　　　　　（　　）

题 12 图

（A）98kN　　　　　（B）138kN　　　　　（C）188kN　　　　　（D）228kN

13. 某大面积软土场地，表层淤泥顶面绝对标高为 3m，厚度为 15m，压缩模量为 1.2MPa。其下为黏性土，地下水为潜水，稳定水位绝对标高为 1.5m。现拟对其进行真空和堆载联合预压处理，淤泥表面铺 1m 厚砂垫层（重度为 18kN/m³），真空预压加载 80kPa，真空膜上修筑水池储水，水深 2m。问：当淤泥质层的固结度达到 80% 时，其固结沉降量最接近下列哪个值？（沉降经验系数取 1.1）（　　）

(A) 1.00m 　　　　(B) 1.10m 　　　　(C) 1.20m 　　　　(D) 1.30m

14. 拟对某淤泥质土地基采用预压法加固，已知淤泥的固结系数 $C_h = C_v = 2.0 \times 10^{-3} cm^2/s$，$k_h = 1.2 \times 10^{-7} cm/s$，淤泥层厚度为 10m，在淤泥层中打设袋装砂井，砂井直径 $d_w = 70mm$，间距 1.5m，等边三角形排列，砂料渗透系数 $k_w = 2 \times 10^{-2} cm/s$，长度打穿淤泥层，涂抹区的渗透系数 $k_s = 0.3 \times 10^{-7} cm/s$。如果取涂抹区直径为砂井直径的 2.0 倍，按照《建筑地基处理技术规范》(JGJ 79—2012) 有关规定，问在瞬时加载条件下，考虑涂抹和井阻影响时，地基径向固结度达到 90% 时，预压时间最接近下列哪个选项？（　　）

(A) 120 天 　　　(B) 150 天 　　　(C) 180 天 　　　(D) 200 天

15. 某公路路堤位于软土地区，路基中心高度为 3.5m，路基填料重度为 20kN/m³，填土速率约为 0.04m/d。路线地表下 0~2.0m 为硬塑黏土，2.0~8.0m 为流塑状态软土，软土不排水抗剪强度为 18kPa，路基地基采用常规预压方法处理，用分层总和法计算的地基主固结沉降量为 20cm。如公路通车时软土固结度达到 70%，根据《公路路基设计规范》(JTG D30—2015)，则此时的地基沉降量最接近下列哪个选项？（　　）

(A) 14cm 　　　　(B) 17cm 　　　　(C) 19cm 　　　　(D) 20cm

16. 某住宅楼一独立承台，作用于基底的附加压力 $P_0 = 600kPa$，基底以下地层主要为：①中砂～砾砂，厚度为 8.0m，承载力特征值为 200kPa，压缩模量为 10.0MPa；②含砂粉质黏土，厚度 16.0m，压缩模量 8.0MPa，下卧为微风化大理岩。拟采用 CFG 桩 + 水泥土搅拌桩复合地基，承台尺寸 3.0 × 3.0m，布桩如图所示，CFG 桩桩径 $\phi450mm$，桩长为 20m，设计单桩竖向抗压承载力特征值 $R_a = 700kN$；水泥土搅拌桩直径为 $\phi600mm$，桩长为 10m，设计单桩竖向受压承载力特征值 $R_a = 300kN$，假定复合地基的沉降计算地区经验系数 $\psi_s = 0.4$。根据《建筑地基处理技术规范》(JGJ 79—2012)，问该独立承台复合地基在中砂～砾砂层中的沉降量最接近下列哪个选项？（单桩承载力发挥系数：CFG 桩 $\lambda_1 = 0.8$，水泥土搅拌桩 $\lambda_2 = 1.0$；桩间土承载力发挥系数 $\beta = 1.0$）（　　）

其中：●——CFG桩
　　　○——搅拌桩

题 16 图（尺寸单位：m）

（A）68.0mm　　　（B）45.0mm　　　（C）34.0mm　　　（D）23.0mm

17. 图示某铁路边坡高 8.0m，岩体节理发育，重度 22kN/m³，主动土压力系数为 0.36。采用土钉墙支护，墙面坡率 1∶0.4，墙背摩擦角 25°。土钉成孔直径 90mm，其方向垂直于墙面，水平和垂直间距为 1.5m。浆体与孔壁间黏结强度设计值为 200kPa，采用《铁路路基支挡结构设计规范》（TB 10025—2019），计算距墙顶 4.5m 处 6m 长土钉 AB 的抗拔安全系数最接近下列哪个选项？　　（　　）

题 17 图

（A）1.1　　　（B）1.4　　　（C）1.7　　　（D）2.0

18. 某砂土边坡，高 6m，砂土的 $\gamma = 20$kN/m³、$c = 0$、$\varphi = 30°$。采用钢筋混凝土扶壁式挡土结构，此时该挡墙的抗倾覆安全系数为 1.70。工程建成后需在坡顶堆载 $q = 40$kPa，拟采用预应力锚索进行加固，锚索的水平间距 2.0m，下倾角 15°，土压力按朗肯理论计算，根据《建筑边坡工程技术规范》（GB 50330—2013），如果要保证坡顶堆载后扶壁式挡土结构的抗倾覆安全系数不小于 1.60，问锚索的轴向拉力标准值应最接近下列哪个选项？　　（　　）

题 18 图（尺寸单位：mm）

（A）136kN　　　（B）272kN　　　（C）345kN　　　（D）367kN

19. 某浆砌块石挡墙墙高 6.0m，墙背直立，顶宽 1.0m，底宽 2.6m，墙体重度 $\gamma = 24$kN/m³ 墙后主要采用砾砂回填，填土体平均重度 $\gamma = 20$kN/m³，假定填砂与挡墙的摩擦角 $\delta = 0°$，地面均布荷载取 15kN/m²，根据《建筑边坡工程技术规范》（GB 50330—2013），问墙后填砂层的综合内摩擦角 φ 至少应达到以下哪个选项时，该挡墙才能满足规范要求的抗倾覆稳定性？　　（　　）

（A）23.5°　　　　（B）32.5°　　　　（C）37.5°　　　　（D）39.5°

20. 某I级公路路基，拟采用土工格栅加筋土挡墙的支挡结构，高 10m，土工格栅拉筋的上下层间距为 1.0m，拉筋与填料间的黏聚力为 5kPa，拉筋与填料之间的内摩擦角为 15°，重度为 21kN/m³。经计算，6m 深度处的水平土压应力为 75kPa，根据《公路路基设计规范》（JTG D30—2015），深度 6m 处的拉筋水平包裹长度最小应为下列哪个选项？　　　　（　　）

（A）1.0m　　　　（B）1.5m　　　　（C）2.0m　　　　（D）2.5m

21. 某安全等级为一级的建筑基坑，采用桩锚支护形式。支护桩桩径 800mm，间距 1400mm。锚杆间距 1400mm，倾角 15°。采用平面杆系结构弹性支点法进行分析计算，得到支护桩计算宽度内的弹性支点水平反力为 420kN。若锚杆施工时采用抗拉设计值为 180kN 的钢绞线，则每根锚杆至少需要配置几根这样的钢绞线？　　　　（　　）

（A）2 根　　　　（B）3 根　　　　（C）4 根　　　　（D）5 根

22. 图示的某铁路隧道的端墙洞门墙高 8.5m，最危险破裂面与竖直面的夹角 $\omega = 38°$，墙背面倾角 $\alpha = 10°$，仰坡倾角 $\varepsilon = 34°$，墙背距仰坡坡脚 $a = 2.0m$。墙后土体重度 $\gamma = 22kN/m³$，内摩擦角 $\varphi = 40°$，取洞门墙体计算条宽度为 1m，作用在墙体上的土压力是下列哪个选项？　　　　（　　）

题 22 图

（A）135kN　　　　（B）119kN　　　　（C）148kN　　　　（D）175kN

23. 紧靠某长 200m 大型地下结构中部的位置新开挖一个深 9m 的基坑，基坑长 20m，宽 10m。新开挖基坑采用地下连续墙支护，在长边的中部设支撑一层，支撑一端支于已有地下结构中板位置，支撑截面为高 0.8m，宽 0.6m，平面位置如图虚线所示，采用 C30 钢筋混凝土，设其弹性模量 $E = 30GPa$，采用弹性支点法计算连续墙的受力，取单位米宽度做计算单元，支撑的支点刚度系数最接近下列哪个选项？　　　　（　　）

题 23 图

（A）72MN/m （B）144MN/m （C）288MN/m （D）360MN/m

24. 有一倾倒式危岩体，高 6.5m，宽 3.2m（见下图，可视为均质刚性长方体），危岩体的密度为 2.6g/cm³。在考虑暴雨使后缘张裂隙充满水和水平地震加速度值为 0.20g的条件下，危岩体的抗倾覆稳定系数为下列哪个选项？（重力加速度取 10m/s²）　　　　　　（　　）

题 24 图

（A）1.90 （B）1.76 （C）1.07 （D）0.18

25. 某铁路需通过饱和软黏土地段，软黏土的厚度为 14.5m，路基土重度$\gamma = 17.5$kN/m³，不固结不排水抗剪强度为$\varphi = 0°$，$c_u = 13.6$kPa。若土堤和路基土为同一种软黏土，选线时采用泰勒（Taylor）稳定数图解法估算的土堤临界高度最接近下列哪一个选项？　　　　　　（　　）

（A）3.6m （B）4.3m （C）4.6m （D）4.5m

26. 某公路路堑，存在一折线形均质滑坡，计算参数如表所示，若滑坡推力安全系数为1.20。第一块滑体剩余下滑力传递到第二块滑体的传递系数为 0.85，在第三块滑体后设置重力式挡墙，按《公路路基设计规范》（JTG D30—2015）计算作用在该挡墙上的每延米的作用力最接近下列哪个选项？

（　　）

题 26 表

滑块编号	下滑力（kN/m）	抗滑力（kN/m）	滑面倾角
①	5000	2100	35°
②	6500	5100	26°
③	2800	3500	26°

（A）3900kN （B）4970kN （C）5870kN （D）6010kN

27. 某三层建筑物位于膨胀土场地，基础为浅基础，埋深 1.2m，基础的尺寸为 2.0m × 2.0m，湿度系数$\psi_w = 0.6$，地表下 1m 处的天然含水量$w = 26.4\%$，塑限含水量$w_p = 20.5\%$，各深度处膨胀土的工程特性指标如表所示。该地基的分级变形量最接近下列哪个选项？　　　　　（　　）

各深度处膨胀土的工程特性指标

题 27 表

土层深度	土性	重度γ（kN/m³）	膨胀率δ_{ep}（%）	收缩系数λ_i
0～2.5m	膨胀土	18.0	1.5	0.12

续上表

土层深度	土性	重度 γ（kN/m³）	膨胀率 δ_{ep}（%）	收缩系数 λ_i
2.5~3.5m	膨胀土	17.8	1.3	0.11
3.5m 以下	泥灰岩	—	—	—

（A）30mm   （B）34mm   （C）38mm   （D）80mm

28. 某公路桥梁采用摩擦桩基础，场地地层如下：①0~3m 为可塑状粉质黏土，②3~14m 为稍密至中密状粉砂，其实测标贯击数 $N_1 = 8$ 击。地下水位埋深为 2.0m。桩基穿过②层后进入下部持力层。根据《公路工程抗震规范》（JTG B02—2013），计算②层粉砂桩长范围内桩侧摩阻力液化影响平均折减系数最接近下列哪一项？（假设②层土经修正的液化判别标贯击数临界值 $N_{cr} = 9.5$ 击） （ ）

（A）1.00   （B）0.83   （C）0.79   （D）0.67

29. 某场地设计基本地震加速度为 $0.15g$，设计地震分组为第一组，其地层如下：①层黏土，可塑，层厚 8m，②层粉砂，层厚 4m，稍密状，在其埋深 9.0m 处标贯击数为 7 击，场地地下水位埋深 2.0m。拟采用正方形布置，截面为 300mm×300mm 预制桩进行液化处理，根据《建筑抗震设计规范》（GB 50011—2010），问其桩距至少不少于下列哪一选项时才能达到不液化？ （ ）

（A）800mm   （B）1000mm   （C）1200mm   （D）1400mm

30. 某桩基工程设计要求单桩竖向抗压承载力特征值为 7000kN，静载试验利用邻近 4 根工程桩作为锚桩，锚桩主筋直径 25mm，钢筋抗拉强度设计值为 360N/mm²。根据《建筑基桩检测技术规范》（JGJ 106—2014），试计算每根锚桩提供上拔力所需的主筋根数至少为几根？ （ ）

（A）18   （B）20   （C）22   （D）24

2016 年案例分析试题（上午卷）

1. 在均匀砂土地层进行自钻式旁压试验，某试验点深度为 7.0m，地下水位埋深为 1.0m，测得原位水平应力 $\sigma_h = 93.6$kPa；地下水位以上砂土的相对密度 $d_s = 2.65$，含水量 $w = 15\%$，天然重度 $\gamma = 19.0$kN/m³，请计算试验点处的侧压力系数 K_0 最接近下列哪个选项？（水的重度 $\gamma_w = 10$kN/m³）

（　　）

（A）0.37　　　　　　（B）0.42　　　　　　（C）0.55　　　　　　（D）0.59

2. 某风化岩石用点荷载试验求得的点荷载强度指数 $I_{s(50)} = 1.28$MPa，其新鲜岩石的单轴饱和抗压强度 $f_r = 42.8$MPa。试根据给定条件判定该岩石的风化程度为下列哪一项？　　（　　）

（A）未风化　　　　　（B）微风化　　　　　（C）中等风化　　　　（D）强风化

3. 某建筑场地进行浅层平板载荷试验，方形承压板，面积 0.5m²，加载至 375kPa 时，承压板周围土体明显侧向挤出，实测数据如下表。根据该试验分析确定的土层承载力特征值是哪一选项？（　　）

题 3 表

p（kPa）	25	50	75	100	125	150	175	200	225	250	275	300	325	350	375
s（mm）	0.80	1.60	2.41	3.20	4.00	4.80	5.60	6.40	7.85	9.80	12.1	16.4	21.5	26.6	43.5

（A）175kPa　　　　　（B）188kPa　　　　　（C）200kPa　　　　　（D）225kPa

4. 某污染土场地，土层中检测出的重金属及含量见表（1），土中重金属含量的标准值按表（2）取值。根据《岩土工程勘察规范》（GB 50021—2001）（2009 年版），按内梅罗污染指数评价，该场地的污染等级符合下列哪个选项？

（　　）

题 4 表（1）

重金属名称	Pb	Cd	Cu	Zn	As	Hg
含量（mg/kg）	47.56	0.54	20.51	93.56	21.95	0.23

题 4 表（2）

重金属名称	Pb	Cd	Cu	Zn	As	Hg
含量（mg/kg）	250	0.3	50	200	30	0.3

（A）II 级，尚清洁　　　　　　　　　　（B）III 级，轻度污染
（C）IV 级，中度污染　　　　　　　　　（D）V 级，重度污染

5. 某高度 60m 的结构物，采用方形基础，基础边长 15m，埋深 3m。作用在基础底面中心的竖向力为 24000kN。结构物上作用的水平荷载呈梯形分布，顶部荷载分布值为 50kN/m，地表处荷载分布为 20kN/m，如图所示。求基础底面边缘的最大压力最接近下列哪个选项的数值？（不考虑土压力的作用）

（　　）

题 5 图

（A）219kPa （B）237kPa （C）246kPa （D）252kPa

6. 某建筑采用条形基础，其中条形基础 A 的底面宽度为 2.6m，其他参数及场地工程地质条件如图所示。按《建筑地基基础设计规范》（GB 50007—2011），根据土的抗剪强度指标确定基础 A 地基持力层承载力特征值，其值最接近以下哪个选项？ （ ）

题 6 图

（A）69kPa （B）98kPa （C）161kPa （D）220kPa

7. 某铁路桥墩台基础，所受的外力如图所示，其中 $P_1 = 140$kN，$P_2 = 120$kN，$F_1 = 190$kN，$T_1 = 30$kN，$T_2 = 45$kN。基础自重 $W = 150$kN，基底为砂类土，根据《铁路桥涵地基和基础设计规范》（TB 10093—2017），该墩台基础的滑动稳定系数最接近下列哪个选项的数值？ （ ）

题 7 图

（A）1.25 （B）1.30 （C）1.35 （D）1.40

8. 柱基 A 宽度 $b = 2$m，柱宽度为 0.4m，柱基内、外侧回填土及地面堆载的纵向长度均为 20m。柱基内、外侧回填土厚度分别为 2.0m、1.5m，回填土的重度为 18kN/m³，内侧地面堆载为 30kPa，回填土及堆载范围如图所示。根据《建筑地基基础设计规范》（GB 50007—2011），计算回填土及地面堆载作用下柱基 A 内侧边缘中点的地基附加沉降量时，其等效均布地面荷载最接近下列哪个选项的数值？（　　）

题 8 图

1-地面堆载；2-回填土

（A）40kPa　　　　　　（B）45kPa　　　　　　（C）50kPa　　　　　　（D）55kPa

9. 某钢筋混凝土墙下条形基础，宽度 $b = 2.8$m，高度 $h = 0.35$m，埋深 $d = 1.0$m，墙厚 370mm。上部结构传来的荷载：标准组合为 $F_1 = 288.0$kN/m，$M_1 = 16.5$kN·m/m；基本组合为 $F_2 = 360.0$kN/m，$M_2 = 20.6$kN·m/m；准永久组合为 $F_3 = 250.4$kN/m，$M_3 = 14.3$kN·m/m。按《建筑地基基础设计规范》（GB 50007—2011）规定计算基础底板配筋时，基础验算截面弯矩设计值最接近下列哪个选项？（基础及其上土的平均重度为 20kN/m³）（　　）

（A）72kN·m/m　　　　　　　　　　　　（B）83kN·m/m

（C）103kN·m/m　　　　　　　　　　　（D）116kN·m/m

10. 某打入式钢管桩，外径为 900mm。如果按桩身局部压屈控制，根据《建筑桩基技术规范》（JGJ 94—2008），所需钢管桩的最小壁厚接近下列哪个选项？（钢管桩所用钢材的弹性模量 $E = 2.1 \times 10^5$N/mm²，抗压强度设计值 $f_y' = 350$N/mm²）（　　）

（A）3mm　　　　　　（B）4mm　　　　　　（C）8mm　　　　　　（D）10mm

11. 某公路桥梁基础采用摩擦钻孔灌注桩，设计桩径为 1.5m，勘察报告揭露的地层条件，岩土参数和基桩的入土情况如图所示。根据《公路桥涵地基与基础设计规范》（JTG 3363—2019），在施工阶段时的单桩轴向受压承载力特征值最接近下列哪个选项？（不考虑冲刷影响：清底系数 $m_0 = 1.0$，修正系数 λ 取 0.85：深度修正系数 $k_1 = 4.0$，$k_2 = 6.0$，水的重度取 10kN/m³）（　　）

题 11 图

（A）9500kN （B）10600kN （C）11900kN （D）13700kN

12. 某工程勘察报告揭示的地层条件以及桩的极限侧阻力和极限端阻力标准值如图所示，拟采用干作业钻孔灌注桩基础，桩设计直径为1.0m，设计桩顶位于地面下1.0m，桩端进入粉细砂层2.0m。采用单一桩端后注浆，根据《建筑桩基技术规范》（JGJ 94—2008），计算单桩竖向极限承载力标准值最接近下列哪个选项？（桩侧阻力和桩端阻力的后注浆增强系数均取规范表中的低值） （ ）

题12图

（A）4400kN （B）4800kN （C）5100kN （D）5500kN

13. 某均匀布置的群桩基础，尺寸及土层条件见示意图。已知相应于作用准永久组合时，作用在承台底面的竖向力为668000kN，当按《建筑地基基础设计规范》（GB 50007—2011）考虑土层应力扩散，按实体深基础方法估算桩基最终沉降量时，桩基沉降计算的平均附加应力最接近下列哪个选项？（地下水位在地面以下1m） （ ）

题13图

（A）185kPa （B）215kPa （C）245kPa （D）300kPa

14. 某场地为细砂层，孔隙比为0.9，地基处理采用沉管砂石桩，桩径0.5m，桩位如图所示（尺寸单位：mm），假设处理后地基土的密度均匀，场地标高不变，问处理后细砂的孔隙比最接近下列哪个选项？ （ ）

题14图（尺寸单位：mm）

（A）0.667　　　　　　（B）0.673　　　　　　（C）0.710　　　　　　（D）0.714

15. 某搅拌桩复合地基，搅拌桩桩长 10m，桩径 0.6m，桩距 1.5m，正方形布置。搅拌桩湿法施工，从桩顶标高处向下的土层参数见下表。按照《建筑地基处理技术规范》（JGJ 79—2012）估算，复合地基承载力特征值最接近下列哪个选项？（桩间土承载力发挥系数取 0.8，单桩承载力发挥系数取 1.0）　　　　（　　　）

题15表

编号	厚度 （m）	承载力特征值 f_{ak}（kPa）	侧阻力特征值 （kPa）	桩端端阻力发挥 系数	水泥土 90d 龄期立方体抗压强度 f_{cu}（MPa）
①	3	100	15	0.4	1.5
②	15	150	30	0.6	2.0

（A）117kPa　　　　　（B）126kPa　　　　　（C）133kPa　　　　　（D）150kPa

16. 某湿陷性黄土场地，天然状态下，地基土的含水量为 15%，重度为 15.4kN/m³。地基处理采用灰土挤密法，桩径 400mm，桩距 1.0m，采用正方形布置。忽略挤密处理后地面标高的变化，问处理后桩间土的平均干密度最接近下列哪个选项？（重力加速度 g 取 10m/s²）　　　　　　　　（　　　）

（A）1.50g/cm³　　　（B）1.53g/cm³　　　（C）1.56g/cm³　　　（D）1.58g/cm³

17. 某工程软土地基采用堆载预压加固（单级瞬时加载），实测不同时刻 t 及竣工时（$t = 150d$）地基沉降量 s 如下表所示。假定荷载维持不变。按固结理论，竣工后 200d 时的工后沉降最接近下列哪个选项？

（　　　）

题17表

时刻 t（d）	50	100	150（竣工）
沉降 s（mm）	100	200	250

（A）25mm　　　　　　（B）47mm　　　　　　（C）275mm　　　　　　（D）297mm

18. 某悬臂式挡土墙高 6.0m，墙后填砂土，并填成水平面。其 $\gamma = 20$kN/m³，$c = 0$，$\varphi = 30°$，墙踵下缘与墙顶内缘的连线与垂直线的夹角 $\alpha = 40°$，墙与土的摩擦角 $\delta = 10°$。假定第一滑动面与水平面夹角 $\beta = 45°$，第二滑动面与垂直面的夹角 $\alpha_{cr} = 30°$，问滑动土体 BCD 作用于第二滑动面的土压力合力最

接近以下哪个选项？ （　　）

题 18 图

（A）150kN/m　　　　（B）180kN/m　　　　（C）210kN/m　　　　（D）260kN/m

19. 海港码头高 5.0m 的挡土墙如图所示。墙后填土为冲填的饱和砂土，其饱和重度为 18kN/m³，$c=0$，$\varphi=30°$，墙土间摩擦角$\delta=15°$，地震时冲填砂土发生了完全液化，不计地震惯性力，问在砂土完全液化时作用于墙后的水平总压力最接近下面哪个选项？ （　　）

题 19 图

（A）33kN/m　　　　（B）75kN/m　　　　（C）158kN/m　　　　（D）225kN/m

20. 一无限长砂土坡，坡面与水平面夹角为α，土的饱和重度$\gamma_{sat}=21$kN/m³，$c=0$，$\varphi=30°$，地下水沿土坡表面渗流，当要求砂土坡稳定系数K_s为 1.2 时，α角最接近下列哪个选项？ （　　）

（A）14.0°　　　　（B）16.5°　　　　（C）25.5°　　　　（D）30.0°

21. 如图所示，某河流梯级挡水坝，上游水深 1m，AB高度为 4.5m，坝后河床为砂土，其$\gamma_{sat}=21$kN/m³，$c'=0$，$\varphi'=30°$，砂土中有自上而下的稳定渗流，A到B的水力坡降i为 0.1，按朗肯土压力理论，估算作用在该挡土坝背面AB段的总水平压力最接近下列哪个选项？ （　　）

题 21 图

（A）70kN/m　　　　（B）75kN/m　　　　（C）176kN/m　　　　（D）183kN/m

22. 在岩体破碎、节理裂隙发育的砂岩岩体内修建的两车道公路隧道，拟采用复合式衬砌。岩石饱和单轴抗压强度为30MPa。岩体和岩石的弹性纵波速度分别为2400m/s和3500m/s，按工程类比法进行设计。试问满足《公路隧道设计规范　第一册　土建工程》（JTG 3370.1—2018）要求时，最合理的复合式衬砌设计数据是下列哪个选项？　　　　　　　　　　　　　　　　（　　）

（A）拱部和边墙喷射混凝土厚度8cm；拱、墙二次衬砌混凝土厚30cm
（B）拱部和边墙喷射混凝土厚度10cm；拱、墙二次衬砌混凝土厚35cm
（C）拱部和边墙喷射混凝土厚度15cm；拱、墙二次衬砌混凝土厚35cm
（D）拱部和边墙喷射混凝土厚度20cm；拱、墙二次衬砌混凝土厚45cm

23. 某基坑开挖深度为10m，坡顶均布荷载$q_0 = 20$kPa，坑外地下水位于地表下6m，采用桩撑支护结构、侧壁落底式止水帷幕和坑内深井降水。支护桩为$\phi 800$钻孔灌注桩，其长度为15m。场地地层结构和土性指标如图所示。假设坑内降水前后，坑外地下水位和土层的c、φ值均没有变化。根据《建筑基坑支护技术规程》（JGJ 120—2012），计算降水后作用在支护桩上的主动侧总侧压力，该值最接近下列哪个选项（kN/m）？　　　　　　　　　　　　　　　　　　　（　　）

题23图

（A）1105　　　　（B）821　　　　（C）700　　　　（D）405

24. 某水库有一土质岩坡，主剖面各分场面积如下图所示，潜在滑动面为土岩交界面。土的重度和抗剪强度参数如下：$\gamma_{天然} = 19$kN/m³，$\gamma_{饱和} = 19.5$kN/m³，$c_{水上} = 10$kPa，$\varphi_{水上} = 19°$，$c_{水下} = 7$kPa，$\varphi_{水下} = 16°$，按《岩土工程勘察规范》（GB 50021—2001）（2009年版）计算，该岸坡沿潜在滑动面计算的稳定系数最接近下列哪一个选项？（水的重度取10kN/m³）　　　　　（　　）

题24图

（A）1.09　　　　　（B）1.04　　　　　（C）0.98　　　　　（D）0.95

25. 某泥石流沟调查时，制成代表性泥石流流体，测得样品总体积 $0.5m^3$，总质量 730kg。痕迹调查测绘见堆积有泥球，在一弯道处两岸泥位高差为 2m，弯道外侧曲率半径为 35m，泥面宽度为 15m。按《铁路工程不良地质勘察规程》（TB 10027—2012），泥石流流体性质及弯道处泥石流流速为下列哪个选项？（重力加速度 g 取 $10m/s^2$）　　　　　（　　　）

（A）稀性泥流，6.8m/s　　　　　　　　（B）稀性泥流，6.1m/s

（C）黏性泥石流，6.8m/s　　　　　　　（D）黏性泥石流，6.1m/s

26. 某高速公路通过一膨胀土地段，该路段膨胀土的自由膨胀率试验成果如下表（假设可仅按自由膨胀率对膨胀土进行分级）。按设计方案，开挖后将形成高度约 8m 的永久路堑膨胀土边坡，拟采用坡率法处理，问：按《公路路基设计规范》（JTG D30—2015），下列哪个选项的坡率是合理的？（　　　）

题 26 表

试样编号	干土质量（g）	量筒编号	不同时间（h）体积读数（mL）					
			2	4	6	8	10	12
SY1	9.83	1	18.2	18.6	19.0	19.2	19.3	19.3
	9.87	2	18.4	18.8	19.1	19.3	19.4	19.4

注：量筒容积为 50mL，量土杯容积为 10mL。

（A）1:1.50　　　　　（B）1:1.75　　　　　（C）1:2.25　　　　　（D）1:2.75

27. 某建筑场地勘察资料见下表，按照《建筑抗震设计规范》（GB 50011—2010）的规定，土层的等效剪切波速最接近下列哪个选项？　　　　　（　　　）

题 27 表

土层名称	层底埋深（m）	剪切波速（m/s）
粉质黏土①	2.5	180
粉土②	4.5	220
玄武岩③	5.5	2500
细中砂④	20	290
基岩⑤	—	>500

（A）250m/s　　　　　（B）260m/s　　　　　（C）270m/s　　　　　（D）280m/s

28. 某建筑场地抗震设防烈度为 8 度，设计基本地震加速度为 $0.30g$，设计地震分组为第一组。场地土层及其剪切波速见下表。建筑结构的自振周期 $T = 0.30s$，阻尼比为 0.05。请问特征周期 T_g 和建筑结构的水平地震影响系数 α 最接近下列哪一选项？（按多遇地震作用考虑）（　　　）

题 28 表

层序	土层名称	层底埋深（m）	剪切波速v_{si}（m/s）
①	填土	2.0	130
②	淤泥质黏土	10.0	100
③	粉砂	14.0	170
④	卵石	18.0	450
⑤	基岩	—	800

（A）$T_g = 0.35s$　$\alpha = 0.16$　　　　　（B）$T_g = 0.45s$　$\alpha = 0.24$

（C）$T_g = 0.35s$　$\alpha = 0.24$　　　　　（D）$T_g = 0.45s$　$\alpha = 0.16$

29.某高速公路单跨跨径为 140m 的桥梁，其阻尼比为 0.04，场地水平向设计基本地震动峰值加速度为 0.20g，设计地震分组为第一组，场地类别为Ⅲ类。根据《公路工程抗震规范》（JTG B02—2013），试计算在 E1 地震作用下的水平设计加速度反应谱最大值S_{max}最接近下列哪个选项？　　　　　（　　）

（A）0.16g　　　　　（B）0.24g　　　　　（C）0.29g　　　　　（D）0.32g

30.某高强混凝土管桩，外径为 500mm，壁厚为 125mm，桩身混凝土强度等级为 C80，弹性模量为 3.8×10^4MPa，进行高应变动力检测，在桩顶下 1.0m 处两侧安装应变式力传感器，锤重 40kN，锤落高 1.2m，某次锤击，由传感器测得的峰值应变为 350$\mu\varepsilon$，则作用在桩顶处的峰值锤击力最接近下列哪个选项？　　　　　（　　）

（A）1755kN　　　　　（B）1955kN　　　　　（C）2155kN　　　　　（D）2355kN

2016 年案例分析试题（下午卷）

1. 在某场地采用对称四极剖面法进行电阻率测试，四个电极的布置如图所示，两个供电电极 A、B 之间的距离为 20m，两个测量电极 M、N 之间的距离为 6m。在一次测试中，供电回路的电流强度为 240mA，测量电极间的电位差为 360mV。请根据本次测试的视电阻率值，按《岩土工程勘察规范》（GB 50021—2001）（2009 年版），判断场地土对钢结构的腐蚀性等级属于下列哪个选项？　　　　（　　）

题 1 图

（A）微　　　　　　　（B）弱　　　　　　　（C）中　　　　　　　（D）强

2. 取黏土试样测得：质量密度 $\rho = 1.80\text{g/cm}^3$，土粒相对密度 $G_s = 2.70$，含水量 $w = 30\%$。拟使用该黏土制造相对密度为 1.2 的泥浆，问制造 1m³ 泥浆所需的黏土质量为下列哪个选项？　　（　　）

（A）0.41t　　　　　　（B）0.67t　　　　　　（C）0.75t　　　　　　（D）0.90t

3. 某饱和黏性土试样，在水温 15℃的条件下进行变水头渗透试验，四次试验实测渗透系数如表所示，问该土样在标准温度下的渗透系数为下列哪个选项？　　　　　　　　　　　（　　）

题 3 表

试验次数	渗透系数（cm/s）	试验次数	渗透系数（cm/s）
第一次	3.79×10^{-5}	第三次	1.47×10^{-5}
第二次	1.55×10^{-5}	第四次	1.71×10^{-5}

（A）$1.58 \times 10^{-5}\text{cm/s}$　　　　　　（B）$1.79 \times 10^{-5}\text{cm/s}$

（C）$2.13 \times 10^{-5}\text{cm/s}$　　　　　　（D）$2.42 \times 10^{-5}\text{cm/s}$

4. 某洞室轴线走向为南北向，岩体实测弹性波速度为 3800m/s，主要软弱结构面产状为：倾向 NE68°，倾角 59°；岩石单轴饱和抗压强度 $R_c = 72\text{MPa}$，岩块弹性波速度为 4500m/s，垂直洞室轴线方向的最大初始应力为 12MPa；洞室地下水成淋雨状出水，水量为 8L/min·m，根据《工程岩体分级标准》（GB/T 50218—2014），则该工程岩体的级别可确定为下列哪个选项？　　　　（　　）

（A）I 级　　　　　　　（B）II 级　　　　　　　（C）III 级　　　　　　　（D）IV 级

5. 某场地两层地下水，第一层为潜水，水位埋深 3m，第二层为承压水，测管水位埋深 2m。该场地上的某基坑工程，地下水控制采用截水和坑内降水，降水后承压水水位降低了 8m，潜水水位无变化，土层参数如图所示，试计算由承压水水位降低引起③细砂层的变形量最接近下列哪个选项？

（　　）

题 5 图（尺寸单位：mm）

（A）33mm （B）40mm （C）81mm （D）121mm

6. 某铁路桥墩台为圆形，半径为 2.0m，基础埋深 4.5m，地下水位埋深 1.5m，不受水流冲刷，地面以下相关地层及参数见下表。根据《铁路桥涵地基和基础设计规范》（TB 10093—2017），该墩台基础的地基容许承载力最接近下列哪个选项的数值？ （ ）

题 6 表

地层编号	地层岩性	层底深度（m）	天然重度（kN/m³）	饱和重度（kN/m³）
①	粉质黏土	3.0	18	20
②	稍松砂砾	7.0	19	20
③	黏质粉土	20.0	19	20

（A）270kPa （B）280kPa （C）300kPa （D）340kPa

7. 某建筑场地天然地面下的地质参数如表所示，无地下水。拟建建筑基础埋深 2.0m，筏板基础，平面尺寸 20m×60m，采用天然地基，根据《建筑地基基础设计规范》（GB 50007—2011），满足下卧层②层强度要求的情况下，相应于作用的标准组合时，该建筑基础底面处的平均压力最大值接近下列哪个选项？ （ ）

题 7 表

序号	名称	层底深度（m）	重度（kN/m³）	地基承载力特征值（kPa）	压缩模量（MPa）
①	粉质黏土	12	19	280	21
②	粉土，黏粒含量为12%	15	18	100	7

（A）330kPa （B）360kPa （C）470kPa （D）600kPa

8. 某高层建筑为梁板式基础，底板区格为矩形双向板，柱网尺寸为 8.7m×8.7m，梁宽为 450mm，荷载基本组合地基净反力设计值为 540kPa，底板混凝土轴心抗拉强度设计值为 1570kPa，按《建筑地基基础设计规范》（GB 50007—2011），验算底板受冲切所需的有效厚度最接近下列哪个选项？ （ ）

题 8 图

（A）0.825m   （B）0.747m   （C）0.658m   （D）0.558m

9. 某建筑采用筏板基础，基坑开挖深度 10m，平面尺寸为 20m×100m，自然地面以下土层为粉质黏土，厚度 20m，再下为基岩，土层参数见下表，无地下水。根据《建筑地基基础设计规范》（GB 50007—2011），估算基坑中心点的开挖回弹量最接近下列哪个选项？（回弹量计算经验系数取 1.0）

（　　）

题 9 表

土层	层底深度（m）	重度（kN/m³）	回弹模量（MPa）				
			$E_{0-0.025}$	$E_{0.025-0.05}$	$E_{0.05-0.1}$	$E_{0.1-0.2}$	$E_{0.2-0.3}$
粉质黏土	20	20	12	14	20	240	300
基岩	—	22	—				

（A）5.2mm   （B）7.0mm   （C）8.7mm   （D）9.4mm

10. 某四桩承台基础，准永久组合作用在每根基桩桩顶的附加荷载为 1000kN，沉降计算深度范围内分为两计算土层，土层参数如图所示，各基桩对承台中心计算轴线的应力影响系数相同，各土层 1/2 厚度处的应力影响系数见图示，不考虑承台底地基土分担荷载及桩身压缩。根据《建筑桩基技术规范》（JGJ 94—2008），应用明德林解计算桩基沉降量最接近下列哪个选项？（取各基桩总端阻力与桩顶荷载之比 $\alpha = 0.2$，沉降经验系数 $\psi_p = 0.8$）

（　　）

题 10 图

（A）15mm　　　　（B）20mm　　　　（C）60mm　　　　（D）75mm

11. 某基桩采用混凝土预制实心方桩，桩长 16m，边长 0.45m，土层分布及极限侧阻力标准值、极限端阻力标准值如图所示，按《建筑桩基技术规范》（JGJ 94—2008）确定的单桩竖向极限承载力标准值最接近下列哪个选项？（不考虑沉桩挤土效应对液化影响）　　　　　（　　）

题 11 图

（A）780kN　　　　（B）1430kN　　　　（C）1560kN　　　　（D）1830kN

12. 竖向受压高承台桩基础，采用钻孔灌注桩，设计桩径 1.2m，桩身露出地面的自由长度 l_0 为 3.2m，入土长度 h 为 15.4m，桩的换算埋深 $\alpha h < 4.0$，桩身混凝土强度等级为 C30，桩顶 6m 范围内的箍筋间距为 150mm，桩与承台连接按铰接考虑，土层条件及桩基计算参数如图所示。按照《建筑桩基技术规范》（JGJ 94—2008）计算基桩的桩身正截面受压承载力设计值最接近下列哪个选项？（成桩工艺系数 $\psi_c = 0.75$，C30 混凝土轴心抗压强度设计值 $f_c = 14.3\text{N/mm}^2$，纵向主筋截面积 $A'_s = 5024\text{mm}^2$，抗压强度设计值 $f'_y = 210\text{N/mm}^2$）　　　　　（　　）

题 12 图

（A）9820kN　　　　（B）12100kN　　　　（C）16160kN　　　　（D）10580kN

13. 已知某场地地层条件及孔隙比 e 随压力变化拟合函数如下表，②层以下为不可压缩层，地下水位在地面处，在该场地上进行大面积填土，当堆土荷载为 30kPa 时，估算填土荷载产生的沉降最接近下列哪个选项？（沉降经验系数 ξ 按 1.0，变形计算深度至应力比为 0.1 处）　　　　　（　　）

题 13 表

土层名称	层底埋深（m）	饱和重度 γ（kN/m³）	e-$\lg p$ 关系式
①粉砂	10	20.0	$e = 1 - 0.05\lg p$
②淤泥粉质黏土	40	18.0	$e = 1.6 - 0.2\lg p$

（A）50mm　　　　（B）200mm　　　　（C）230mm　　　　（D）300mm

14. 某筏板基础采用双轴水泥土搅拌桩复合地基，已知上部结构荷载标准值 $F=140\text{kPa}$，基础埋深 1.5m，地下水位在基底以下，原持力层承载力特征值 $f_{ak}=60\text{kPa}$，双轴搅拌桩面积 $A=0.71\text{m}^2$，桩间不搭接，湿法施工，根据地基承载力计算单桩承载力特征值（双轴）$R_a=240\text{kN}$，水泥土单轴抗压强度平均值 $f_{cu}=1.0\text{MPa}$，问下列搅拌桩平面图中，为满足承载力要求，最经济合理的是哪个选项？（桩间土承载力发挥系数 $\beta=1.0$，单桩承载力发挥系数 $\lambda=1.0$，基础及以上土的平均重度 $\gamma=20\text{kN/m}^3$，基底以上土体重度平均值 $\gamma_m=18\text{kN/m}^3$，图中尺寸单位为 mm）　　（　　）

15. 某松散砂石地基，拟采用碎石桩和 CFG 桩联合加固，已知柱下独立承台平面尺寸为 $2.0\text{m}\times3.0\text{m}$，共布设 6 根 CFG 桩和 9 根碎石桩（见图）。其中 CFG 桩直径为 400mm，单桩竖向承载力特征值 $R_a=600\text{kN}$；碎石桩直径为 300mm，与砂土的桩土应力比取 2.0；砂土天然状态地基承载力特征 $f_{ak}=100\text{kPa}$，加固后砂土地基承载力 $f_{ak}=120\text{kPa}$。如果 CFG 桩单桩承载力发挥系数 $\lambda_1=0.9$，桩间土承载力发挥系数 $\beta=1.0$，问该复合地基压缩模量提高系数最接近下列哪个选项？　　（　　）

题 15 图（尺寸单位：mm）

（A）5.0　　　　（B）5.6　　　　（C）6.0　　　　（D）6.6

16. 某直径 600mm 的水泥土搅拌桩桩长 12m，水泥掺量（重量）为 15%，水灰比（重量比）为 0.55，假定土的重度 $\gamma=18\text{kN/m}^3$，水泥相对密度为 3.0，请问完成一根桩施工需要配制的水泥浆体积最接近下列哪个选项？（$g=10\text{m/s}^2$）　　（　　）

（A）0.63　　　　（B）0.81　　　　（C）1.15　　　　（D）1.50

17. 如图所示某折线形均质滑坡，第一块的剩余下滑力为1150kN/m，传递系数为0.8，第二块的下滑力为6000kN/m，抗滑力为6600kN/m。现拟挖除第三块滑块，在第二块末端采用抗滑桩方案，抗滑桩的间距为4m，悬臂段高度为8m。如果取边坡稳定安全系数$F_{st}=1.35$，剩余下滑力在桩上的分布按矩形分布，按《建筑边坡工程技术规范》（GB 50330—2013）计算作用在抗滑桩上相对于嵌固段顶部A点的力矩最接近下列哪个选项？ （   ）

题17图

（A）10595kN·m （B）10968kN·m （C）42377kN·m （D）43872kN·m

18. 图示既有挡土墙的原设计为墙背直立、光滑，墙后的填料为中砂和粗砂，厚度分别为$h_1=3m$和$h_2=5m$，中砂的重度和内摩擦角分别为$\gamma_1=18kN/m^3$和$\varphi_1=30°$，粗砂为$\gamma_2=19kN/m^3$和$\varphi_2=36°$。墙体自重$G=350kN/m$，重心距墙趾作用距$b=2.15m$，此时挡墙的抗倾覆稳定系数$K_0=1.71$。建成后又需要在地面增加均匀满布荷载$q=20kPa$，试问增加q后挡墙的抗倾覆稳定系数的减少值最接近下列哪个选项？ （   ）

题18图

（A）1.0 （B）0.8 （C）0.5 （D）0.4

19. 图示的铁路挡土墙高$H=6m$，墙体自重450kN/m。墙后填土表面水平，作用有均布荷载$q=20kPa$，墙背与填料间的摩擦角$\delta=20°$，倾角$\alpha=10°$。填料中砂的重度$\gamma=18kN/m^3$，主动压力系数$K_a=0.377$，墙底与地基间的摩擦系数$f=0.36$。试问，该挡土墙沿墙底的抗滑安全系数最接近下列哪个选项？（不考虑水的影响） （   ）

题19图

（A）0.91 （B）1.12 （C）1.33 （D）1.51

20. 图示的岩石边坡，开挖后发现坡体内有软弱夹层形成的滑面AC，倾角$\beta = 42°$，滑面的内摩擦角$\varphi = 18°$。滑体ABC处于临界稳定状态，其自重为450kN/m。若要使边坡的稳定安全系数达到1.5，每延米所加锚索的拉力P最接近下列哪个选项？（锚索下倾角为$\alpha = 15°$）　　　（　　）

题20图

（A）155kN/m （B）185kN/m （C）220kN/m （D）250kN/m

21. 某开挖深度为6m的深基坑，坡顶均布荷载$q_0 = 20$kPa，考虑到其边坡土体一旦产生过大变形，对周边环境产生的影响将是严重的，故拟采用直径800mm的钻孔灌注桩加预应力锚索支护结构，场地地层主要由两层土组成，未见地下水，主要物理力学性质指标如图所示。试问根据《建筑基坑支护技术规程》（JGJ 120—2012）和Prandtl极限平衡理论公式计算，满足坑底抗隆起稳定性验算的支护桩嵌固深度至少为下列哪个选项的数值？　　　（　　）

题21图

（A）6.8m （B）7.2m （C）7.9m （D）8.7m

22. 如图所示，某安全等级为一级的深基坑工程采用桩撑支护结构，侧壁落底式止水帷幕和坑内深井降水。支护桩为$\phi800$钻孔灌注桩，其长度为15m，支撑为一道$\phi609×16$的钢管，支撑平面水平间距为6m，采用坑内降水后，坑外地下水位位于地表下7m，坑内地下水位位于基坑底面处，假定地下水位上、下粗砂层的c、φ值不变，计算得到作用于支护桩上主动侧的总压力值为900kN/m，根据《建筑基坑支护技术规程》（JGJ 120—2012），若采用静力平衡法计算单根支撑轴力设计值，该值最接近下列哪个数值？　　　（　　）

题22图

（A）1800kN　　　　（B）2400kN　　　　（C）3000kN　　　　（D）3300kN

23. 某基坑开挖深度为 6m，土层依次为人工填土、黏土和含砾粗砂，如图所示。人工填土层，$\gamma_1 = 17kN/m^3$，$c_1 = 15kPa$，$\varphi_1 = 10°$；黏土层，$\gamma_2 = 18kN/m^3$，$c_2 = 20kPa$，$\varphi_2 = 12°$。含砾粗砂层顶面距基坑底的距离为4m，砂层中承压水水头高度为9m，设计采用排桩支护结构和坑内深井降水。在开挖至基坑底部时，由于土方开挖运输作业不当，造成坑内降水井被破坏、失效。为保证基坑抗突涌稳定性、防止基坑底发生流土，拟紧急向基坑内注水。请问根据《建筑基坑支护技术规程》（JGJ 120—2012），基坑内注水深度至少应最接近下列哪个选项的数值？　　　　（　　）

题23图

（A）1.8m　　　　（B）2.0m　　　　（C）2.3m　　　　（D）2.7m

24. 某多年冻土层为黏性土，冻结土层厚度为 2.5m，地下水埋深为 3.2m，地表标高为 194.75m，已测得地表冻胀前标高为 194.62m，土层冻前天然含水量 $w = 27\%$，塑限 $w_p = 23\%$，液限 $w_L = 46\%$，根据《铁路工程特殊岩土勘察规程》（TB 10038—2022），该土层的冻胀类别为下列哪个选项？　　　　（　　）

（A）不冻胀　　　　（B）弱冻胀　　　　（C）冻胀　　　　（D）强冻胀

25. 某膨胀土场地拟建 3 层住宅，基础埋深为 1.8m，地表下 1.0m 处地基土的天然含水量为 28.9%，塑限含水量为 22.4%，土层的收缩系数为 0.2，土的湿度系数为 0.7，地表下 15m 深处为基岩层，无热源影响。计算地基变形量最接近下列哪个选项？　　　　（　　）

（A）10mm　　　　（B）15mm　　　　（C）20mm　　　　（D）25mm

26. 关中地区黄土场地内 6 层砖混住宅楼室内地坪标高为 0.00m，基础埋深为 −2.0m，勘察时某探井土样室内试验结果如表所示，探井井口标高为 −0.5m，按照《湿陷性黄土地区建筑标准》（GB 50025—2018），对该建筑物进行地基处理时最小处理厚度为下列哪一选项？　　　　（　　）

题26表

编号	取样深度（m）	e	γ（kN/m³）	δ_s	δ_{zs}	P_{sh}（kPa）
1	1.0	0.941	16.2	0.018	0.002	65
2	2.0	1.032	15.4	0.068	0.003	47
3	3.0	1.006	15.2	0.042	0.002	73
4	4.0	0.952	15.9	0.014	0.005	85
5	5.0	0.969	15.7	0.062	0.020	90

编号	取样深度（m）	e	γ（kN/m³）	δ_s	δ_{zs}	P_{sh}（kPa）
6	6.0	0.954	16.1	0.026	0.013	110
7	7.0	0.864	17.1	0.017	0.014	138
8	8.0	0.914	16.9	0.012	0.007	150
9	9.0	0.939	16.8	0.019	0.018	165
10	10.0	0.853	17.1	0.029	0.015	182
11	11.0	0.860	17.1	0.016	0.005	198
12	12.0	0.817	17.7	0.014	0.014	—

注：12m 以下为非湿陷性土层。

（A）2.0m   （B）3.0m   （C）4.0m   （D）5.0m

27. 某场地中有一土洞，洞穴顶埋深为 12.0m，洞穴高度为 3m，土体应力扩散角为 25°，当拟建建筑物基础埋深为 2.0m 时，若不让建筑物扩散到洞体上，基础外边缘距该洞边的水平距离最小值接近下列哪个选项？ （ ）

（A）4.7m   （B）5.6m   （C）6.1m   （D）7.0m

28. 某场地抗震设防烈度为 9 度，设计基本地震加速度为 0.40g，设计地震分组为第三组，覆盖层厚度为 9m。建筑结构自振周期 $T = 2.45$s，阻尼比 $\zeta = 0.05$。根据《建筑抗震设计规范》（GB 50011—2010），计算罕遇地震作用时建筑结构的水平地震影响系数值最接近下列哪个选项？ （ ）

（A）0.074   （B）0.265   （C）0.305   （D）0.335

29. 某建筑场地抗震设防烈度为 7 度，设计基本地震加速度为 0.15g，设计地震分组为第三组，拟建建筑基础埋深 2m。某钻孔揭示的地层结构，以及间隔 2m（为方便计算所做的假设）测试得到的实测标准贯入锤击数（N）如图所示。已知 20m 深度范围内地基土均为全新世冲积地层，粉土、粉砂和粉质黏土层的黏粒含量（ρ_c）分别为 13%、11% 和 22%，近期内年最高地下水位埋深 1.0m。试按《建筑抗震设计规范》（GB 50011—2010）计算该钻孔的液化指数最接近下列哪个选项？ （ ）

题 29 图

（A）7.0 （B）13.2 （C）18.7 （D）22.5

30. 某建筑工程进行岩石地基荷载试验,共试验 3 点。其中 1 号试验点 p-s 曲线的比例界限为 1.5MPa, 极限荷载值为 4.2MPa; 2 号试验点 p-s 曲线的比例界限为 1.2MPa, 极限荷载为 3.0MPa; 3 号试验点 p-s 曲线的比例界限值为 2.7MPa, 极限荷载为 5.4MPa; 根据《建筑地基基础设计规范》(GB 50007—2011), 本场地岩石地基承载力特征值为哪个选项? （   ）

（A）1.0MPa （B）1.4MPa （C）1.8MPa （D）2.1MPa

2017 年案例分析试题（上午卷）

1. 对某工程场地中的碎石土进行重型圆锥动力触探试验，测得重型圆锥动力触探击数为 25 击/10cm，试验钻杆长度为 15m，在试验完成时地面以上的钻杆余尺为 1.8m，则确定该碎石土的密实度为下列哪个选项？（注：重型圆锥动力触探头长度不计） （　　）

（A）松散　　　　　（B）稍密　　　　　（C）中密　　　　　（D）密实

2. 某城市轨道工程的地基土为粉土，取样后测得土粒相对密度为 2.71，含水量为 35%，密度为 $\rho = 1.75\text{g/cm}^3$，在粉土地基上进行平板载荷试验，圆形承压板的面积为 0.25m²，在各级荷载作用下测得承压板的沉降量如下表所示。请按《城市轨道交通岩土工程勘察规范》（GB 50307—2012）确定粉土层的地基承载力为下列哪个选项？ （　　）

题 2 表

加载 p（kPa）	20	40	60	80	100	120	140	160	180	200	220	240	260	280
沉降量 s（mm）	1.33	2.75	4.16	5.58	7.05	8.39	9.93	11.42	12.71	14.18	15.53	17.02	18.45	20.65

（A）121kPa　　　　　（B）140kPa　　　　　（C）158kPa　　　　　（D）260kPa

3. 取某粉质黏土试样进行三轴固结不排水压缩试验，施加周围压力为 200kPa，测得初始孔隙水压力为 196kPa，待土试样固结稳定后再施加轴向压力直至试样破坏，测得土样破坏时的轴向压力为 600kPa，孔隙水压力为 90kPa，试样破坏时孔隙水压力系数为下列哪个选项？ （　　）

（A）0.17　　　　　（B）0.23　　　　　（C）0.30　　　　　（D）0.50

4. 某公路隧道走向 80°，其围岩产状 50°∠30°，现需绘制沿隧道走向的地质剖面（水平与垂直比例尺一致），问剖面图上地层视倾角取值最接近下列哪个选项？ （　　）

（A）11.2°　　　　　（B）16.1°　　　　　（C）26.6°　　　　　（D）30°

5. 墙下条形基础，作用于基础底面中心的竖向力为每延米 300kN，弯矩为每延米 150kN·m，拟控制基底反力作用有效宽度不小于基础宽度的 0.8 倍，满足此要求的基础宽度最小值最接近下列哪个选项？ （　　）

（A）1.85m　　　　　（B）2.15m　　　　　（C）2.55m　　　　　（D）3.05m

6. 在地下水位很深的场地上，均质厚层细砂地基的平板载荷试验结果如下表所示，正方形压板边长为 $b = 0.7$m，土的重度 $\gamma = 19\text{kN/m}^3$，细砂的承载力修正系数 $\eta_b = 2.0$，$\eta_d = 3.0$。在进行边长 2.5m、埋置深度 $d = 1.5$m 的方形柱基础设计时，根据载荷试验结果按 $s/b = 0.015$ 确定且按《建筑地基基础设计规范》（GB 50007—2011）的要求进行修正的地基承载力特征值最接近下列何值？ （　　）

题6表

p（kPa）	25	50	75	100	125	150	175	200	250	300
s（mm）	2.17	4.20	6.44	8.61	10.57	14.07	17.50	21.07	31.64	49.91

（A）150kPa　　　　（B）180kPa　　　　（C）200kPa　　　　（D）220kPa

7. 条形基础宽 2m，基础埋深 1.5m，地下水位在地面下 1.5m，地面下土层厚度及有关的试验指标见下表，相应于荷载效应标准组合时，基底处平均压力为 160kPa，按《建筑地基基础设计规范》（GB 50007—2011）对软弱下卧层②进行验算，其结果符合下列哪个选项？　　　　　（　　　）

题7表

序号	土的类别	土层厚度（m）	天然重度（kN/m³）	饱和重度（kN/m³）	压缩模量（MPa）	地基承载力特征值 f_{ak}（kPa）
①	粉砂	3	20	20	12	160
②	黏粒含量大于10%的粉土	5	17	17	3	70

（A）软弱下卧层顶面处附加压力为 78kPa，软弱下卧层承载力满足要求

（B）软弱下卧层顶面处附加压力为 78kPa，软弱下卧层承载力不满足要求

（C）软弱下卧层顶面处附加压力为 87kPa，软弱下卧层承载力满足要求

（D）软弱下卧层顶面处附加压力为 87kPa，软弱下卧层承载力不满足要求

8. 某承受轴心荷载的柱下独立基础如图所示（图中尺寸单位为 mm），混凝土强度等级为 C30。问：根据《建筑地基基础设计规范》（GB 50007—2011），该基础可承受的最大冲切力设计值最接近下列哪项数值？（C30 混凝土轴心抗拉强度设计值为 1.43N/mm²，基础主筋的保护层厚度为 50mm）（　　　）

题 8 图（尺寸单位：mm）

（A）1000kN　　　　（B）2000kN　　　　（C）3000kN　　　　（D）4000kN

9. 某筏板基础，平面尺寸为 12m×20m，其地质资料如图所示，地下水位在地面处。相应于作用效应准永久组合时基础底面的竖向合力 F = 18000kN，力矩 M = 8200kN·m，基底压力按线性分布计算。按照《建筑地基基础设计规范》（GB 50007—2011）规定的方法，计算筏板基础长边两端 A 点与 B 点

之间的沉降差值（沉降计算经验系数 $\psi_s = 1.0$），其值最接近以下哪个数值？　　　　（　　）

题 9 图

（A）10mm　　　　　（B）14mm　　　　　（C）20mm　　　　　（D）41mm

10. 某构筑物基础拟采用摩擦型钻孔灌注桩承受竖向荷载和水平荷载，设计桩长 10.0m，桩径 800mm，当考虑桩基承受水平荷载时，下列桩身配筋长度符合《建筑桩基技术规范》（JGJ 94—2008）的最小值的是哪个选项？（不考虑承台锚固筋长度及地震作用与负摩阻力，桩、土的相关参数：$EI = 4.0 \times 10^5 kN \cdot m^2$，$m = 10MN/m^4$）　　　　（　　）

（A）10.0m　　　　　（B）9.0m　　　　　（C）8.0m　　　　　（D）7.0m

11. 某多层建筑采用条形基础，宽度 1m，其地质条件如图所示，基础底面埋深为地面下 2m，地基承载力特征值为 120kPa，可以满足承载力要求，拟采用减沉复合疏桩基础减小基础沉降，桩基设计采用桩径为 600mm 的钻孔灌注桩，桩端进入第②层土 2m，如果桩沿条形基础的中心线单排均匀布置，根据《建筑桩基技术规范》（JGJ 94—2008），下列桩间距选项中哪一个最适宜？（传至条形基础顶面的荷载 $F_k = 120kN/m$，基础底面以上土和承台的重度取 $20kN/m^3$，承台面积控制系数 $\xi = 0.6$，承台效应系数 $\eta_c = 0.6$）　　　　（　　）

题 11 图

（A）4.2m　　　　　（B）3.6m　　　　　（C）3.0m　　　　　（D）2.4m

12. 某建筑桩基，作用于承台顶面的荷载效应标准组合偏心竖向力为 5000kN，承台及其上土自重的标准值为 500kN，桩的平面布置和偏心竖向力作用点位置见图示。问承台下基桩最大竖向力最接近下列哪个选项？（不考虑地下水的影响，图中尺寸单位为 mm）　　　　（　　）

题12图（尺寸单位：mm）

（A）1270kN （B）1820kN （C）2010kN （D）2210kN

13. 某柱下阶梯式承台如图所示，方桩截面为 0.3m×0.3m，承台混凝土强度等级为 C40（f_c = 19.1MPa，f_t = 1.71MPa）。根据《建筑桩基技术规范》（JGJ 94—2008），计算所得变阶处斜截面 A_1-A_1 的抗剪承载力设计值最接近下列哪个选项？ （ ）

题13图（尺寸单位：mm）

（A）1500kN （B）1640kN （C）1730kN （D）3500kN

14. 某高填土路基，填土高度 5.0m，上部等效附加荷载按 30kPa 考虑，无水平附加荷载，采用满铺水平复合土工织物按 1m 厚度等间距分层加固，已知填土重度 γ = 18kN/m³，侧压力系数 K_a = 0.6，不考虑土工布自重，地下水位在填土以下，综合强度折减系数 3.0。按《土工合成材料应用技术规范》（GB/T 50290—2014）选用的土工织物极限抗拉强度及铺设合理组合方式最接近下列哪个选项？ （ ）

（A）上面 2m 单层 80kN/m，下面 3m 双层 80kN/m

（B）上面 3m 单层 100kN/m，下面 2m 双层 100kN/m

（C）上面 2m 单层 120kN/m，下面 3m 双层 120kN/m

（D）上面 3m 单层 120kN/m，下面 2m 双层 120kN/m

15. 某高层建筑采用 CFG 桩复合地基加固，桩长 12m，复合地基承载力特征值 $f_{spk} = 500kPa$，已知基础尺寸为 48m×12m，基础埋深 $d = 3m$，基底附加压力 $p_0 = 450kPa$，地质条件如下表所示。请问按《建筑地基处理技术规范》（JGJ 79—2012）估算板底地基中心点最终沉降最接近以下哪个选项？（算至①层底）
（　　）

题 15 表

层序	土层名称	层底埋深（m）	压缩模量 E_s（MPa）	承载力特征值 f_{ak}（kPa）
①	粉质黏土	27	12	200

（A）65mm 　　　　（B）80mm 　　　　（C）90mm 　　　　（D）275mm

16. 某工程要求地基处理后的承载力特征值达到 200kPa，初步设计采用振冲碎石桩复合地基，桩径取 0.8m，桩长取 10m，正三角形布桩，桩间距 1.8m，经现场试验测得单桩承载力特征值为 200kN，复合地基承载力特征值为 170kPa，未能达到设计要求。若其他条件不变，只通过调整桩间距使复合地基承载力满足设计要求，请估算合适的桩间距最接近下列哪个选项？
（　　）

（A）1.0m 　　　　（B）1.2m 　　　　（C）1.4m 　　　　（D）1.6m

17. 有一个大型设备基础，基础尺寸为 15m×12m，地基土为软塑状态的黏性土，承载力特征值为 80kPa，拟采用水泥土搅拌桩复合地基，以桩身强度控制单桩承载力，单桩承载力发挥系数取 1.0，桩间土承载力发挥系数取 0.5。按照配比试验结果，桩身材料立方体抗压强度平均值为 2.0MPa，桩身强度折减系数取 0.25，采用桩径 $d = 0.5m$，设计要求复合地基承载力特征值达到 180kPa，请估算理论布桩数最接近下列哪个选项？（只考虑基础范围内布桩）
（　　）

（A）180 根 　　　　（B）280 根 　　　　（C）380 根 　　　　（D）480 根

18. 如图所示填土采用重力式挡墙防护，挡墙基础处于风化岩层中，墙高 6.0m，墙体自重 260kN/m，墙背倾角 15°，填料以建筑弃土为主，重度 17kN/m³，对墙背的摩擦角为 7°，土压力 186kN/m，墙底倾角 10°，墙底摩擦系数 0.6。为了使墙体抗滑移安全系数 K 不小于 1.3，挡土墙后地面附加荷载 q 的最大值接近下列哪个选项？
（　　）

题 18 图

（A）10kPa （B）20kPa （C）30kPa （D）40kPa

19. 图示的某硬质岩质边坡结构面 BFD 的倾角 $\beta = 30°$，内摩擦角 $\varphi = 15°$，黏聚力 $c = 16\text{kPa}$。原设计开挖坡面 ABC 的坡率为 $1:1$，块体 BCD 沿 BFD 的抗滑安全系数 $K_1 = 1.2$。为了增加公路路面宽度，将坡面改到 EC，坡率变为 $1:0.5$，块体 CFD 自重 $W = 520\text{kN/m}$。如果要求沿结构面 FD 的抗滑安全系数 $K = 2.0$，需增加的锚索拉力 P 最接近下列哪个选项？（锚索下倾角 $\lambda = 20°$） （ ）

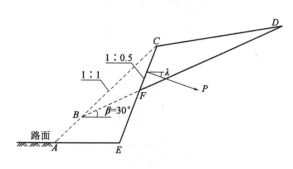

题 19 图

（A）145kN/m （B）245kN/m （C）345kN/m （D）445kN/m

20. 某一滑坡体体积为 12000m^3，重度为 $\gamma = 20\text{kN/m}^3$，滑面倾角为 $35°$，内摩擦角 $\varphi = 30°$，黏聚力 $c = 0$，综合水平地震系数 $\alpha_w = 0.1$ 时，按《建筑边坡工程技术规范》（GB 50330—2013）计算该滑坡体在地震作用时的稳定安全系数最接近下列哪个选项？ （ ）

（A）0.52 （B）0.67 （C）0.82 （D）0.97

21. 如图所示，挡墙背直立、光滑、填土表面水平，墙高 $H = 6\text{m}$，填土为中砂，天然重度 $\gamma = 18\text{kN/m}^3$，饱和重度 $\gamma_{sat} = 20\text{kN/m}^3$，水上水下内摩擦角均为 $\varphi = 32°$，黏聚力 $c = 0$。挡土墙建成后如果地下水位上升到 4.0m，作用在挡墙上的压力与无水位时相比，增加的压力最接近下列哪个选项？ （ ）

题 21 图

（A）10kN/m （B）60kN/m （C）80kN/m （D）100kN/m

22. 在饱和软黏土中开挖条形基坑，采用 11m 长的悬臂钢板桩支护，桩顶与地面齐平。已知软土的饱和重度 $\gamma = 17.8\text{kN/m}^3$，土的十字板剪切试验的抗剪强度 $\tau = 40\text{kPa}$，地面超载为 10kPa。按照《建筑地基基础设计规范》（GB 50007—2011），为满足钢板桩入土深度底部土体抗隆起稳定性要求，此基坑最大开挖深度最接近下列哪一个选项？ （ ）

（A）3.0m （B）4.0m （C）4.5m （D）5.0m

23. 如下图所示的傍山铁路单线隧道，岩体属V级围岩，地面坡率 1：2.5，埋深 16m，隧道跨度 $B = 7m$，隧道围岩计算摩擦角 $\varphi_c = 45°$，重度 $\gamma = 20kN/m^3$。隧道顶板土柱两侧内摩擦角 $\theta = 30°$。试问作用在隧道上方的垂直压力 q 值宜选用下列哪个选项？ （ ）

题 23 图

（A）150kPa （B）170kPa （C）190kPa （D）220kPa

24. 某湿陷性砂土上的厂房采用独立基础，基础尺寸为 $2m \times 1.5m$，埋深 2.0m，在地上采用面积为 $0.25m^2$ 的方形承压板进行浸水载荷试验，试验结果如下表。按照《岩土工程勘察规范》（GB 50021—2001）（2009 年版），该地基的湿陷等级为下列哪个选项？ （ ）

题 24 表

试验代表深度（m）	岩土类型	附加湿陷量
0～2	砂土	8.5
2～4	砂土	7.8
4～6	砂土	5.2
6～8	砂土	1.2
8～10	砂土	0.9
>10	基岩	—

（A）I （B）II （C）III （D）IV

25. 某季节性冻土层为黏性土，冻前地面标高为 250.235m，$\omega_p = 21\%$，$\omega_L = 45\%$，冬季冻结后地面标高为 250.396m，冻土层底面处标高为 248.181m。根据《建筑地基基础设计规范》（GB 50007—2011），该季节性冻土层的冻胀等级和类别为下列哪个选项？ （ ）

（A）II级，弱冻胀 （B）III级，冻胀
（C）IV级，强冻胀 （D）V级，特强冻胀

26. 拟开挖一高度为 8m 的临时性土质边坡，如下图所示。由于基岩面较陡，边坡开挖后土体易沿基岩面滑动，破坏后果严重。根据《建筑边坡工程技术规范》（GB 50330—2013）稳定性计算结果见下表，当按该规范的要求治理时，边坡剩余下滑力最接近下列哪一选项？ （ ）

题 26 图

题 26 表

条块编号	滑面倾角（°）	下滑力（kN/m）	抗滑力（kN/m）	传递系数	稳定系数F_s
①	39.0	40.44	16.99	0.920	
②	30.0	242.62	95.68	0.940	0.45
③	23.0	277.45	138.35	—	

（A）336kN/m　　　（B）338kN/m　　　（C）346kN/m　　　（D）362kN/m

27. 某公路工程场地地面下的黏土层厚 4m，其下为细砂，层厚 12m，再下为密实的卵石层，整个细砂层在 8 度地震条件下将产生液化。已知细砂层的液化抵抗系数$C_e = 0.7$，若采用桩基础，桩身穿过整个细砂层范围，进入其下的卵石层中。根据《公路工程抗震规范》（JTG B02—2013），试求桩长范围内细砂层的桩侧阻力折减系数最接近下列哪个选项？　　　　（　　）

（A）$\frac{1}{4}$　　　　（B）$\frac{1}{3}$　　　　（C）$\frac{1}{2}$　　　　（D）$\frac{2}{3}$

28. 某 8 层民用建筑，高度 30m，宽 10m，场地抗震设防烈度为 7 度，拟采用天然地基，基础底面上下均为硬塑黏性土，重度为 19kN/m³，孔隙比$e = 0.80$，地基承载力特征值$f_{ak} = 150$kPa。条形基础底面宽度$b = 2.5$m，基础埋置深度$d = 5.5$m。按地震作用效应标准组合进行抗震验算时，在容许最大偏心情况下，基础底面处所能承受的最大竖向荷载最接近下列哪个选项的数值？　　　（　　）

（A）250kN/m　　　（B）390kN/m　　　（C）470kN/m　　　（D）500kN/m

29. 某建筑场地抗震设防烈度为 8 度，设计基本地震加速度 0.2g，设计地震分组为第二组，地下水位于地表下 3m，某钻孔揭示的地层及标贯资料如表所示。经初判，场地饱和砂土可能液化，试计算该钻孔的液化指数最接近下列哪个选项？（为简化计算，表中试验点数及深度为假设）　　（　　）

题 29 表

土层序号	土名	土层厚度（m）	标贯试验深度（m）	标贯击数	黏粒含量（%）
①	黏土	1			
②	粉土	10	6	6	14
			8	7	
③	粉砂	5	12	18	3
			14	24	
④	细砂	6	17	25	2
			19	25	
⑤	黏土	3			

（A）0 （B）1.6 （C）13.7 （D）19

30. 某工程采用深层平板载荷试验确定地基承载力，共进行了 S_1、S_2 和 S_3 三个试验点，各试验点数据如下表，请按照《建筑地基基础设计规范》（GB 50007—2011）判定该层地基承载力特征值最接近下列何值？（取 $\frac{s}{d} = 0.015$ 所对应的荷载作为承载力特征值）　　（　　）

题 30 表

荷载（kPa）	S_1	S_2	S_3
	累计沉降量（mm）	累计沉降量（mm）	累计沉降量（mm）
1320	2.31	3.24	1.61
1980	6.44	7.47	6.09
2640	10.98	13.06	11.12
3300	15.77	21.49	17.02
3960	20.68	31.19	23.69
4620	26.66	42.39	34.83
5280	34.26	56.02	50.36
5940	43.01	79.26	67.38
6600	52.21	104.56	84.93

（A）2570kPa （B）2670kPa （C）2770kPa （D）2870kPa

2017 年案例分析试题（下午卷）

1. 室内定水头渗透试验，试样高度 40mm，直径 75mm，测得试验时的水头损失为 46mm，渗水量为每 24 小时 3520cm³，问该试样土的渗透系数最接近下列哪个选项？（　　）

（A）1.2×10^{-4}cm/s
（B）3.0×10^{-4}cm/s
（C）6.2×10^{-4}cm/s
（D）8.0×10^{-4}cm/s

2. 取土试样进行压缩试验，测得土样初始孔隙比 0.85，加载至自重压力时孔隙比为 0.80。根据《岩土工程勘察规范》（GB 50021—2001）（2009 年版）相关说明，用体积应变评价该土样的扰动程度为下列哪个选项？（　　）

（A）几乎未扰动
（B）少量扰动
（C）中等扰动
（D）很大扰动

3. 某抽水试验，场地内深度 10.0～18.0m 范围内为均质、各向同性等厚、分布面积很大的砂层，其上下均为黏土层，抽水孔孔深 20.0m，孔径为 200mm，滤水管设置于深度 10.0～18.0m 段。另在距抽水孔中心 10.0m 处设置观测孔，原始稳定地下水位埋深为 1.0m，以水量为 1.6L/s 长时间抽水后，测得抽水孔内稳定水位埋深为 7.0m，观测孔水位埋深为 2.8m，则含水层的渗透系数 k 最接近以下哪个选项？（　　）

（A）1.4m/d
（B）1.8m/d
（C）2.6m/d
（D）3.0m/d

4. 某公路工程采用电阻应变式十字板剪切试验估算软土路基临界高度，测得未扰动土剪损时最大微应变值 $R_y = 300\mu\varepsilon$，传感器的率定系数 $\xi = 1.585 \times 10^{-4}$kN/$\mu\varepsilon$，十字板常数 $K = 545.97$m^{-2}，取峰值强度的 0.7 倍作为修正后现场不排水抗剪强度，据此估算的修正后软土的不排水抗剪强度最接近下列选项？（　　）

（A）12.4kPa
（B）15.0kPa
（C）18.2kPa
（D）26.0kPa

5. 均匀深厚地基上，宽度为 2m 的条形基础，埋深 1m，受轴向荷载作用。经验算地基承载力不满足设计要求，基底平均压力比地基承载力特征值大了 20kPa；已知地下水位在地面下 8m，地基承载力的深度修正系数为 1.60，水位以上土的平均重度为 19kN/m³，基础及台阶上土的平均重度为 20kN/m³。如采用加深基础埋置深度的方法以提高地基承载力，将埋置深度至少增大到下列哪个选项时才能满足设计要求？（　　）

（A）2.0m
（B）2.5m
（C）3.0m
（D）3.5m

6. 某饱和软黏土地基上的条形基础，基础宽度 3m，埋深 2m，在荷载 F、M 共同作用下，该地基发生滑动破坏，已知圆弧滑动面如图（图中尺寸单位为 mm）所示，软黏土饱和重度 16kN/m³，滑动面上土的抗剪强度指标：$c = 20$kPa，$\varphi = 0$。上部结构传至基础顶面中心的竖向力 $F = 360$kN/m，基础及基础以上土体的平均重度为 20kN/m³，求地基发生滑动破坏时作用于基础上的力矩 M 的最小值最接近下列

何值？ （ ）

题 6 图（尺寸单位：mm）

（A）45kN·m/m   （B）118kN·m/m

（C）237kN·m/m   （D）285kN·m/m

7. 某 3m×4m 矩形独立基础如图（图中尺寸单位为 mm）所示，基础埋深 2.5m，无地下水。已知上部结构传递至基础顶面中心的力为 $F = 2500$kN，力矩为 $M = 300$kN·m。假设基础底面压力线性分布，求基础底面边缘的最大压力最接近下列何值？（基础及其上土体的平均重度为 20kN/m³） （ ）

题 7 图（尺寸单位：mm）

（A）407kPa   （B）427kPa   （C）465kPa   （D）506kPa

8. 某矩形基础，底面尺寸 2.5m×4.0m，基底附加压力 $p_0 = 200$kPa，基础中心点下地基附加应力曲线如图所示。问：基底中心点下深度 1.0～4.5m 范围内附加应力曲线与坐标轴围成的面积 A（图中阴影部分）最接近下列何值？（图中尺寸单位为 mm） （ ）

题8图（尺寸单位：mm）

（A）274kN/m   （B）308kN/m

（C）368kN/m   （D）506kN/m

9. 位于均质黏性土地基上的钢筋混凝土条形基础，基础宽度为2.4m，上部结构传至基础顶面相应于荷载效应标准组合时的竖向力为300kN/m，该力偏心距为0.1m，黏性土地基天然重度18.0kN/m³，孔隙比0.83，液性指数0.76，地下水位埋藏很深。由载荷试验确定的地基承载力特征值$f_{ak}=130$kPa，基础及基础上覆土的加权平均重度取20.0kN/m³。根据《建筑地基基础设计规范》（GB 50007—2011）验算，经济合理的基础埋深最接近下列哪个选项的数值？   （   ）

（A）1.1m   （B）1.2m   （C）1.8m   （D）1.9m

10. 某工程地质条件如图所示，拟采用敞口PHC管桩，承台底面位于自然地面下1.5m，桩端进入中粗砂持力层4m，桩外径600mm，壁厚110mm。根据《建筑桩基技术规范》（JGJ 94—2008），由土层参数估算得到单桩竖向极限承载力标准值最接近下列哪个选项？   （   ）

题10图

（A）3656kN   （B）3474kN   （C）3205kN   （D）2749kN

11. 某工程采用低承台打入预制实心方桩，桩的截面尺寸为500mm×500mm，有效桩长18m。桩为正方形布置，距离为1.5m×1.5m，地质条件及各层土的极限侧阻力、极限端阻力以及桩的入土深度、布桩方式如图所示。根据《建筑桩基技术规范》（JGJ 94—2008）和《建筑抗震设计规范》（GB 50011—2010），在轴心竖向力作用下，进行桩基抗震验算时所取用的单桩竖向抗震承载力特征值最接近下列哪个选项？（地下水位于地表下1m）   （   ）

题 11 图

（A）1830kN   （B）1520kN   （C）1440kN   （D）1220kN

12. 某地下结构采用钻孔灌注桩作抗浮桩，桩径 0.6m，桩长 15.0m，承台平面尺寸 27.6m×37.2m，纵横向按等间距布桩，桩中心距 2.4m，边桩中心距承台边缘 0.6m，桩数为 12×16 =192 根，土层分布及桩侧土的极限侧摩阻力标准值如图所示。粉砂抗拔系数取 0.7，细砂抗拔系数取 0.6，群桩基础所包围体积内的桩土平均重度取 18.8kN/m³，水的重度取 10kN/m³。根据《建筑桩基技术规范》（JGJ 94—2008）计算，当群桩呈整体破坏时，按荷载效应标准组合计算基桩能承受的最大上拔力接近下列何值？（   ）

题 12 图

（A）145kN   （B）820kN   （C）850kN   （D）1600kN

13. 某深厚软黏土地基，采用堆载预压法处理，塑料排水带宽度 100mm，厚度 5mm，平面布置如图所示。按照《建筑地基处理技术规范》（JGJ 79—2012），求塑料排水带竖井的井径比 n 最接近下列何值？（图中尺寸单位为 mm）   （   ）

题 13 图（尺寸单位：mm）

（A）13.5　　　　　　（B）14.3　　　　　　（C）15.2　　　　　　（D）16.1

14. 在某建筑地基上，对天然地基、复合地基进行静载试验，试验得出的天然地基承载力特征值为 150kPa，复合地基的承载力特征值为 400kPa。单桩复合地基试验承压板为边长 1.5m 的正方形，刚性桩直径 0.4m，试验加载至 400kPa 时测得刚性桩桩顶处轴力为 550kN。问桩间土承载力发挥系数最接近下列何值？　　　　　　（　　）

（A）0.8　　　　　　（B）0.95　　　　　　（C）1.1　　　　　　（D）1.25

15. 某砂土场地，试验得砂土的最大、最小孔隙比为 0.92、0.60。地基处理前，砂土的天然重度为 15.8kN/m³，天然含水量为 12%，土粒相对密度为 2.68。该场地经振冲挤密法（不加填料）处理后，场地地面下沉量为 0.7m，振冲挤密法有效加固深度 6.0m（从处理前地面算起），求挤密处理后砂土的相对密实度最接近下列何值？（忽略侧向变形）　　　　　　（　　）

（A）0.76　　　　　　（B）0.72　　　　　　（C）0.66　　　　　　（D）0.62

16. 碱液法加固地基，拟加固土层的天然孔隙比为 0.82，灌注孔成孔深度 6m，注液管底部在孔口以下 4m，碱液充填系数取 0.64，试验测得加固地基半径为 0.5m，则按《建筑地基处理技术规范》（JGJ 79—2012）估算单孔碱液灌注量最接近下列哪个选项？　　　　　　（　　）

（A）0.32m³　　　　　　（B）0.37m³　　　　　　（C）0.62m³　　　　　　（D）1.10m³

17. 在黏土的简单圆弧条分法计算边坡稳定中，滑弧的半径为 30m，第 i 土条的宽度为 2m，过滑弧底中心的切线，渗流水面和土条顶部与水平方向所成夹角都是 30°，土条水下高度为 7m，水上高度为 3m，黏土的天然重度和饱和重度 $\gamma = 20kN/m³$。问计算的第 i 土条滑动力矩最接近下列哪个选项？　　　　　　（　　）

题 17 图

（A）4800kN·m/m　　（B）5800kN·m/m　　（C）6800kN·m/m　　（D）7800kN·m/m

18. 某重力式挡土墙，墙高 6m，墙背竖直光滑，墙后填土为松砂，填土表面水平，地下水与填土表面齐平。已知松砂的孔隙比 $e_1 = 0.9$，饱和重度 $\gamma_1 = 18.5kN/m³$，内摩擦角 $\varphi_1 = 30°$。挡土墙背后饱和松砂采用不加填料振冲法加固，加固后松砂振冲变密实，孔隙比 $e_2 = 0.6$，内摩擦角 $\varphi_2 = 35°$。加固后墙后水位标高假设不变，按朗肯土压力理论，则加固前后墙后每延米上的主动土压力变化值最接近下列哪个

选项？　　　　　　　　　　　　　　　　　　　　　　　　　　　　　　　　　（　　　）

　　（A）0　　　　　　　（B）6kN/m　　　　　（C）16kN/m　　　　　（D）36kN/m

19. 某浆砌石挡墙，墙高 6.0m，顶宽 1.0m，底宽 2.6m，重度 $\gamma = 24kN/m^3$，假设墙背直立、光滑，墙后采用砾砂回填，墙顶面以下土体平均重度 $\gamma = 19kN/m^3$，综合内摩擦角 $\varphi = 35°$，假定地面的附加荷载为 $q = 15kPa$，该挡墙的抗倾覆稳定系数最接近以下哪个选项？　　　　　　　（　　　）

　　（A）1.45　　　　　　（B）1.55　　　　　（C）1.65　　　　　（D）1.75

20. 图示临水库岩质边坡内有一控制节理面，其水位与水库的水位齐平，假设节理面水上和水下的内摩擦角 $\varphi = 30°$，黏聚力 $c = 130kPa$，岩体重度 $\gamma = 20kN/m^3$，坡顶标高为 40.0m，坡脚标高为 0.0m，水库水位从 30.0m 剧降至 10.0m 时，节理面的水位保持原水位。按《建筑边坡工程技术规范》（GB 50330—2013）相关要求，该边坡沿节理面的抗滑移稳定安全系数下降值最接近下列哪个选项？　　　　　　　　　　　　　　　　　　　　　　　　　　　　　　　　　　（　　　）

题 20 图

　　（A）0.45　　　　　　（B）0.60　　　　　（C）0.75　　　　　（D）0.90

21. 某地下工程穿越一座山体，已测得该地段代表性的岩体和岩石的弹性纵波速分别为 3000m/s 和 3500m/s，岩石饱和单轴抗压强度实测值为 35MPa，岩体中仅有点滴状出水，出水量为 20L/（min·10m），主要结构面走向与洞轴线夹角为 62°，倾角 78°，初始应力为 5MPa。根据《工程岩体分级标准》（GB/T 50218—2014），该项工程岩体质量等级应为下列哪种？　　　　　　　　　　　　（　　　）

　　（A）Ⅱ　　　　　　　（B）Ⅲ　　　　　　　（C）Ⅳ　　　　　　　（D）Ⅴ

22. 已知某建筑基坑工程采用 $\phi700mm$ 双轴水泥土搅拌桩（桩间搭接 200mm）重力挡土墙支护，其结构尺寸及土层条件如图所示（尺寸单位为 m），请问下列哪个断面格栅形式最经济、合理？　　　　　　　　　　　　　　　　　　　　　　　　　　　　　　　　（　　　）

题 22 图（尺寸单位：m）

23. 某长 32m、宽 16m 的矩形基坑，开挖深度 6.0m，地表下为粉土层，总厚度 9.5m，下卧隔水层，地下水位潜水，埋深 0.5m，拟采用开放式深井降水，潜水含水层渗透系数 0.2m/d，影响半径 30m，潜水完整井单井设计流量 40m³/d。试问，若要满足坑内地下水在坑底不少于 0.5m，下列完整降水井数量哪个选项最为经济、合理，并画出井位平面布置示意图？（ ）

（A）一口　　　　　（B）两口　　　　　（C）三口　　　　　（D）四口

24. 某厂房场地初勘揭露覆盖土层为厚度 13m 的黏性土，测试得出所含易溶盐为石盐（NaCl）和无水芒硝（Na₂SO₄），测试结果见下表。当厂房基础埋深按 1.5m 考虑时，试判断盐渍土类型和溶陷等级为下列哪个选项？（ ）

题 24 表

取样深度（m）	盐分摩尔浓度（mmol/100g）		溶陷系数 δ_{rx}（%）	含盐量（%）
	c（Cl⁻）	c（SO₄²⁻）		
0～1	35	80	0.040	13.408
1～2	30	65	0.035	10.985
2～3	15	45	0.030	7.268
3～4	5	20	0.025	3.133
4～5	3	5	0.020	0.886
5～7	1	2	0.015	0.343
7～9	0.5	1.5	0.008	0.242
9～11	0.5	1	0.006	0.171
11～13	0.5	1	0.005	0.171

（A）强盐渍土　Ⅰ级弱溶陷　　　　　　　　　（B）强盐渍土　Ⅱ级中溶陷

（C）超盐渍土　Ⅰ级弱溶陷　　　　　　　　　（D）超盐渍土　Ⅱ级中溶陷

25. 东北某地区多年冻土地基为粉土层，取冻土试样后测得土粒相对密度为 2.70，天然密度为 1.9g/cm³，冻土总含水量为 43.8%，土样溶化后测得密度为 2.0g/cm³，含水量为 25.0%。根据《岩土工程勘察规范》（GB 50021—2001）（2009 年版），该多年冻土的类型为下列哪个选项？　　　　（　　）

　　（A）少冰冻土　　　　（B）多冰冻土　　　　（C）富冰冻土　　　　（D）饱冰冻土

26. 某膨胀土地基上建一栋三层房屋，采用桩基础，桩顶位于大气影响急剧层内，桩径 500mm，桩端阻力特征值为 500kPa，桩侧阻力特征值为 35kPa，抗拔系数为 0.70，桩顶竖向力为 150kN，经试验测得大气影响急剧层内桩侧土的最大胀拔力标准值为 195kN。按胀缩变形计算考虑，桩端进入大气影响急剧层深度以下的长度应不小于下列哪个选项？　　　　（　　）

　　（A）0.94m　　　　（B）1.17m　　　　（C）1.50m　　　　（D）2.00m

27. 某均匀黏性土中开挖一路堑，存在如图所示的圆弧滑动面，其半径为 14m，滑动面长度 28m，通过圆弧滑动面圆心 O 的垂线将滑体分为两部分，坡里部分的土重 $W_1 = 1450$kN/m，土体重心至圆心垂线距 $d_1 = 4.5$m；坡外部分土重 $W_2 = 350$kN/m，土体重心至圆心垂线距 $d_2 = 2.5$m。问：在滑带土的内摩擦角 $\varphi \approx 0$ 情况下，该路堑极限平衡状态下的滑带土不排水抗剪强度 c_u 最接近下列哪个选项？　　　　（　　）

题 27 图

　　（A）12.5kPa　　　　（B）14.4kPa　　　　（C）15.8kPa　　　　（D）17.2kPa

28. 某建筑场地，地面下为中密中砂，其天然重度为 18kN/m³，地基承载力特征值为 200kPa，地下水位埋深 1.0m，若独立基础尺寸为 3m×2m，埋深 2m，需进行天然地基基础抗震验算，请验算天然地基抗震承载力最接近下列哪一个选项？　　　　（　　）

　　（A）260kPa　　　　（B）286kPa　　　　（C）372kPa　　　　（D）414kPa

29. 某高速公路桥梁，单孔跨径 150m，基岩场地，区划图上的特征周期 $T_g = 0.35$s，结构自振周期 $T = 0.30$s，结构的阻尼比 $\xi = 0.05$，水平向设计基本地震动峰值加速度 $A_h = 0.30g$。进行 E1 地震作用下的抗震设计时，按《公路工程抗震规范》（JTG B02—2013）确定该桥梁水平向和竖向设计加速度反应谱是下列哪个选项？　　　　（　　）

　　（A）0.218g，0.131g　　　　　　　　（B）0.253g，0.152g

　　（C）0.304g，0.182g　　　　　　　　（D）0.355g，0.213g

30. 对某建筑场地钻孔灌注桩进行单桩水平静载试验，桩径 800mm，桩身抗弯刚度 $EI =$ 600000kN·m²，桩顶自由且水平力作用于地面处。根据 H-t-Y_0（水平力-时间-作用点位移）曲线判定，水平临界荷载为 150kN，相应水平位移为 3.5mm。根据《建筑基桩检测技术规范》（JGJ 106—2014）的规定，计算对应水平临界荷载的地基土水平抗力系数的比例系数 m 最接近下列哪个选项？（桩顶水平位移系数 ν_y 为 2.441）　　　　　　　　　　　（　　）

（A）15.0MN/m⁴　　　　（B）21.3MN/m⁴　　　　（C）30.5MN/m⁴　　　　（D）40.8MN/m⁴

2018 年案例分析试题（上午卷）

1. 湿润平原区圆砾地层中修建钢筋混凝土挡墙，墙后地下水位埋深 0.5m，无干湿交替作用，地下水试样测试结果见下表，按《岩土工程勘察规范》（GB 50021—2001）（2009 年版）要求判定地下水对混凝土结构的腐蚀性为下列哪项？并说明依据。　　　　　　　　　　　　　（　　）

题 1 表

分析项目		$\rho_B^{Z\pm}$（mg/L）	C（$1/ZB^{Z\pm}$）（mmol/L）	X（$1/ZB^{Z\pm}$）（%）
阳离子	$K^+ + Na^+$	97.87	4.255	32.53
	Ca^{2+}	102.5	5.115	39.10
	Mg^{2+}	45.12	3.711	28.37
	NH_4^+	0.00	0.00	0.00
合计		245.49	13.081	100
阴离子	Cl^-	108.79	3.069	23.46
	SO_4^{2-}	210.75	4.388	33.54
	HCO_3^-	343.18	5.624	43.00
	CO_3^{2-}	0.00	—	0.00
	OH^-	0.00	0.00	0.00
合计		662.72	13.081	100.00

分析项目	C（$1/ZB^{Z\pm}$）（mmol/L）	分析项目	$\rho_B^{Z\pm}$（mg/L）	
总硬度	441.70	游离 CO_2	4.79	pH 值：6.3
暂时硬度	281.46	侵蚀性 CO_2	4.15	
永久硬度	160.24	固形物（矿化度）	736.62	

（A）微腐蚀　　　　（B）弱腐蚀　　　　（C）中腐蚀　　　　（D）强腐蚀

2. 在近似水平的测面上沿正北方向布置 6m 长测线测定结构面的分布情况，沿测线方向共发育了 3 组结构面和 2 条非成组节理，测量结果见下表。按《工程岩体分级标准》（GB/T 50218—2014）要求判定该处岩体的完整性为下列哪个选项？并说明依据。（假定没有平行于测面的结构面分布）
　　　　　　　　　　　　　　　　　　　　　　　　　　　　　　（　　）

题 2 表

编号	产状（倾向/倾角）	实测间距（m）/条数	延伸长度（m）	结构面特征
1	0°/30°	0.4～0.6/12	>5	平直，泥质胶结
2	30°/45°	0.7～0.9/8	>5	平直，无充填
3	315°/60°	0.3～0.5/15	>5	平直，无充填
4	120°/76°		>3	钙质胶结
5	165°/64°		3	张开度小于 1mm，粗糙

（A）较完整 　　　（B）较破碎 　　　（C）破碎 　　　（D）极破碎

3. 采用收缩皿法对某黏土样进行缩限含水量的平行试验，测得试样的含水量为 33.2%，湿土样体积为 60cm³，将试样晾干后，经烘箱烘至恒量，冷却后测得干试样的质量为 100g，然后将其蜡封，称得质量为 105g，蜡封试样完全置入水中称得质量为 58g，试计算该土样的缩限含水量最接近下列哪项？（水的密度为 1.0g/cm³，蜡的密度为 0.82g/cm³） 　　　　　　　　（　　）

（A）14.1% 　　　（B）18.7% 　　　（C）25.5% 　　　（D）29.6%

4. 对某岩石进行单轴抗压强度试验，试件直径均为 72mm，高度均为 95mm，测得其在饱和状态下岩石单轴抗压强度分别为 62.7MPa、56.5MPa、67.4MPa，在干燥状态下标准试件单轴抗压强度平均值为 82.1MPa，试按《工程岩体试验方法标准》（GB/T 50266—2013）求该岩石的软化系数与下列哪项最接近？ 　　　　　　　　（　　）

（A）0.69 　　　（B）0.71 　　　（C）0.74 　　　（D）0.76

5. 某独立基础底面尺寸 2.5m × 3.5m，埋深 2.0m，场地地下水埋深 1.2m，场区土层分布及主要物理力学指标如下表所示，水的重度 $\gamma_w = 9.8 kN/m^3$。按《建筑地基基础设计规范》（GB 50007—2011）计算持力层地基承载力特征值，其值最接近以下哪个选项？ 　　　　　　　　（　　）

题 5 表

层序	土名	层底深度（m）	天然重度 γ（kN/m³）	γ_{sat}（kN/m³）	黏聚力 c_k（kPa）	内摩擦角 φ_k（°）
①	素填土	1.00	17.5			
②	粉砂	4.60	18.5	20	0	29°
③	粉质黏土	6.50	18.8	20	20	18°

（A）191kPa 　　　（B）196kPa 　　　（C）205kPa 　　　（D）225kPa

6. 桥梁墩台基础底面尺寸为 5m × 6m，埋深 5.2m。地面以下均为一般黏性土，按不透水考虑，天然含水量 $w = 24.7\%$，天然重度 $\gamma = 19.0 kN/m^3$，土粒相对密度 $G = 2.72$，液性指数 $I_L = 0.6$，饱和重度为 19.44kN/m³，平均常水位在地面上 0.3m，一般冲刷线深度 0.7m，水的重度 $\gamma_w = 9.8 kN/m^3$。按《公路桥涵地基与基础设计规范》（JTG 3363—2019）确定修正后的地基承载力特征值 f_a，其值最接近以下哪个选项？ 　　　　　　　　（　　）

（A）275kPa 　　　（B）285kPa 　　　（C）294kPa 　　　（D）303kPa

7. 矩形基础底面尺寸 3.0m × 3.6m，基础埋深 2.0m，相应于作用的准永久组合时上部荷载传至地面处的竖向力 $N_k = 1080 kN$，地基土层分布如图所示，无地下水，基础及其上覆土重度取 20kN/m³。沉降计算深度为密实砂层顶面，沉降计算经验系数 $\psi_s = 1.2$。按照《建筑地基基础设计规范》（GB 50007—2011）规定计算基础的最大沉降量，其值最接近以下哪个选项？ 　　　　　　　　（　　）

题 7 图

（A）21mm （B）70mm （C）85mm （D）120mm

8. 某毛石混凝土条形基础顶面的墙体宽度 0.72m，毛石混凝土强度等级 C15，基底埋深为 1.5m，无地下水，上部结构传至地面处的竖向压力标准组合 $F = 200kN/m$，地基持力层为粉土，其天然重度 $\gamma = 17.5kN/m^3$，经深宽修正后的地基承载力特征值 $f_a = 155.0kPa$。基础及其上覆土重度取 20kN/m³。按《建筑地基基础设计规范》（GB 50007—2011）规定确定此基础高度，满足设计要求的最小高度值最接近以下何值？　　　　　　　　　　　　　　　　　　　　　　　　　　　　　　　　（　　）

（A）0.35m （B）0.44m （C）0.55m （D）0.70m

9. 如图所示柱下独立承台桩基础，桩径 0.6m，桩长 15m，承台效应系数 $\eta_c = 0.10$。按照《建筑桩基技术规范》（JGJ 94—2008）规定，地震作用下，考虑承台效应的复合基桩竖向承载力特征值最接近下列哪个选项？（图中尺寸单位：m）　　　　　　　　　　　　　　　　　　　（　　）

题 9 图

（A）800kN　　　　　（B）860kN　　　　　（C）1130kN　　　　　（D）1600kN

10. 某灌注桩基础，桩径 1.0m，桩入土深度 $h = 16$m，配筋率 0.75%，混凝土强度等级为 C30，桩身抗弯刚度 $EI = 1.2036 \times 10^3 \text{MN} \cdot \text{m}^2$。桩侧土水平抗力系数的比例系数 $m = 25 \text{MN/m}^4$。桩顶按固接考虑，桩顶水平位移允许值为 6mm。按照《建筑桩基技术规范》（JGJ 94—2008）估算单桩水平承载力特征值，其值最接近以下何值？　　　　　　　　　　　　　　　　　　　　　　　（　　）

（A）220kN　　　　　（B）310kN　　　　　（C）560kN　　　　　（D）800kN

11. 某公路桥拟采用钻孔灌注桩基础，桩径 1.0m，桩长 26m，桩顶以下的地层情况如图所示，施工控制桩端沉渣厚度不超过 45mm，按照《公路桥涵地基与基础设计规范》（JTG 3363—2019），估算单桩轴向受压承载力特征值最接近下列哪个选项？　　　　　　　　　　　　　　（　　）

题 11 图

（A）9357kN　　　　　（B）12390kN　　　　　（C）15160kN　　　　　（D）15800kN

12. 某场地浅层湿陷性土厚度 6.0m，平均干密度 1.25t/m³，下部为非湿陷性土层。采用沉管法灰土挤密桩处理该地基，灰土桩直径 0.4m，等边三角形布桩，桩距 0.8m，桩端达湿陷性土层底。施工完成后场地地面平均上升 0.2m。求地基处理后桩间土的平均干密度最接近下列何值？　　　　　　　　　　　　　　　　　　　　　　　　　　　　　　　　　　　　（　　）

（A）1.56t/m³　　　　　（B）1.61t/m³　　　　　（C）1.68t/m³　　　　　（D）1.73t/m³

13. 某储油罐采用刚性桩复合地基，基础为直径 20m 的圆形，埋深 2m，准永久组合时基底附加压力为 200kPa。基础下天然土层的承载力特征值 100kPa，复合地基承载力特征值 300kPa，刚性桩桩长 18m。地面以下土层参数、沉降计算经验系数见下表。不考虑褥垫层厚度及压缩量，按照《建筑地基处理技术规范》（JGJ 79—2012）及《建筑地基基础设计规范》（GB 50007—2011）规定，该基础中心点的沉降计算值最接近下列何值（变形计算深度取至②层底）？　　　　　　　　　　　　　　（　　）

题 13 表（1）

土层序号	土层层底埋深（m）	土层压缩模量（MPa）
①	17	4
②	26	8
③	32	30

题 13 表（2）

$\overline{E}_s$（MPa）	4.0	7.0	15.0	20.0	35.0
ψ_s	1.0	0.7	0.4	0.25	0.2

（A）100mm （B）115mm （C）125mm （D）140mm

14. 某建筑场地上部分布有 12m 厚的饱和软黏土，其下为中粗砂层，拟采用砂井预压固结法加固地基，设计砂井直径$d_w = 400mm$，井距 2.4m，正三角形布置，砂井穿透软黏土层。若饱和软黏土的竖向固结系数$c_v = 0.01m^2/d$，水平固结系数c_h为c_v的 2 倍，预压荷载一次施加，加载后 20 天，竖向固结度与径向固结度之比最接近下列哪个选项？（不考虑涂抹和井阻影响） （ ）

（A）0.20 （B）0.30 （C）0.42 （D）0.56

15. 某建筑边坡坡高 10.0m，开挖设计坡面与水平面夹角 50°，坡顶水平，无超载（如图所示），坡体黏性土重度 19kN/m³，内摩擦角 12°，黏聚力 20kPa，坡体无地下水，按照《建筑边坡工程技术规范》（GB 50330—2013），边坡破坏时的平面破裂角θ最接近哪个选项？ （ ）

题 15 图

（A）30° （B）33° （C）36° （D）39°

16. 图示岩质边坡的潜在滑面AC的内摩擦角$\varphi = 18°$，黏聚力$c = 20kPa$，倾角$\beta = 30°$，坡面出露点A距坡顶$H_2 = 13m$。潜在滑体ABC沿AC的抗滑安全系数$K_2 = 1.1$。坡体内的软弱结构面DE与AC平行，其出露点D距坡顶$H_1 = 8m$。试问对块体DBE进行挖降清方后，潜在滑体$ADEC$沿AC面的抗滑安全系数最接近下列哪个选项？ （ ）

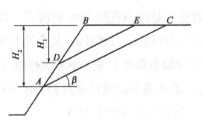

题 16 图

（A）1.0　　　　（B）1.2　　　　（C）1.4　　　　（D）2.0

17. 如图所示，某边坡坡高 8m，坡角 $\alpha=80°$，其安全等级为一级。边坡局部存在一不稳定岩石块体，块体重 439kN，控制该不稳定岩石块体的外倾软弱结构面面积 9.3m²，倾角 $\theta_1=40°$，其 $c=10$kPa，摩擦系数 $f=0.20$。拟采用永久性锚杆加固该不稳定岩石块体，锚杆倾角 15°，按照《建筑边坡工程技术规范》（GB 50330—2013），所需锚杆总轴向拉力最少为下列哪个选项？　　（　　）

题 17 图

（A）300kN　　　　　　　　　　　（B）330kN

（C）365kN　　　　　　　　　　　（D）400kN

18. 已知某建筑基坑开挖深度 8m，采用板式结构结合一道内支撑围护，均一土层参数按 $\gamma=18$kN/m³，$c=30$kPa，$\varphi=15°$，$m=5$MN/m⁴考虑，不考虑地下水及地面超载作用，实测支撑架设前（开挖 1m）及开挖到坑底后围护结构侧向变形如图所示，按弹性支点法计算围护结构在两工况（开挖至 1m 及开挖到底）间地面下 10m 处围护结构分布土反力增量绝对值最接近下列哪个选项？（假定按位移计算的嵌固段土反力标准值小于其被动土压力标准值）　　（　　）

题 18 图

（A）69kPa　　　　　　　　　　　（B）113kPa

（C）201kPa　　　　　　　　　　（D）1163kPa

19. 图示的单线铁路明洞，外墙高 $H=9.5$m，墙背直立。拱部填土坡率 1∶5，重度 $\gamma_1=18$kN/m³，内墙高 $h=6.2$m，墙背光滑，墙后填土重度 $\gamma_2=20$kN/m³，内摩擦角 40°。试问填土作用在内墙背上的总土压力 E_a 最接近下列哪个选项？　　（　　）

题 19 图

（A）175kN/m （B）220kN/m （C）265kN/m （D）310kN/m

20. 某拟建二级公路下方存在一煤矿采空区，A、B、C依次为采空区主轴断面上的三个点（如图所示），其中$AB = 15m$，$BC = 20m$，采空区移动前三点在同一高程上，地表移动后A、B、C的垂直移动量分别为 23mm、75.5mm 和 131.5mm，水平移动量分别为 162mm、97mm、15mm，根据《公路路基设计规范》（JTG D30—2015），试判断该场地作为公路路基建设场地的适宜性为下列哪个选项？并说明判断过程。 （ ）

题 20 图

（A）不宜作为公路路基建设场地

（B）满足公路路基建设场地要求

（C）采取处治措施后可作为公路路基建设场地

（D）无法判断

21. 某建筑场地地下水位位于地面下 3.2m，经多年开采地下水后，地下水位下降了 22.6m，测得地面沉降量为 550mm。该场地土层分布如下：0～7.8m 为粉质黏土层，7.8～18.9m 为粉土层，18.9～39.6m 为粉砂层，以下为基岩。试计算粉砂层的变形模量平均值最接近下列哪个选项？（注：已知$\gamma_w = 10.0kN/m^3$，粉质黏土和粉土层的沉降量合计为 220.8mm，沉降引起的地层厚度变化可忽略不计） （ ）

（A）8.7MPa （B）10.0MPa （C）13.5MPa （D）53.1MPa

22. 某膨胀土地区，统计近 10 年平均蒸发力和降水量值如下表所示，根据《膨胀土地区建筑技术规范》（GB 50112—2013），该地区的大气影响急剧层深度最接近下列哪个选项？ （ ）

题 22 表

项目	月份											
	3 月	4 月	5 月	6 月	7 月	8 月	9 月	10 月	11 月	12 月	次年 1 月	次年 2 月
月平均气温（℃）	10	12	15	20	31	30	28	15	5	1	−1	5
蒸发力（mm）	45.6	65.2	101.5	115.3	123.5	120.2	68.6	47.5	25.2	18.9	20.8	30.9
降水量（mm）	34.5	55.3	89.4	120.6	145.8	132.1	130.5	115.2	33.5	7.2	8.4	10.8

（A）2.25m （B）1.80m （C）1.55m （D）1.35m

23. 某场地钻探及波速测试得到的结果见下表。试按照《建筑抗震设计规范》（GB 50011—2010）（2016 年版）计算确定场地类别为下列哪一项？ （　　）

题 23 表

层号	岩性	层顶埋深（m）	平均剪切波速 V_s（m/s）
1	淤泥质粉质黏土	0	110
2	砾砂	9.0	180
3	粉质黏土	10.5	120
4	含黏性土碎石	14.5	415
5	强风化流纹岩	22.0	800

（A）I_1 （B）II （C）III （D）IV

24. 某场地类别为IV类，查《中国地震动参数区划图》（GB 18306—2015），在II类场地条件下的基本地震动峰值加速度为 0.10g，问该场地在罕遇地震时地震动峰值加速度最接近以下哪个选项？（　　）

（A）0.08g （B）0.12g （C）0.25g （D）0.40g

25. 某钻孔灌注桩，桩长 20m，用低应变法进行桩身完整性检测时，发现速度时域曲线上有三个峰值，第一、第三峰值对应的时间刻度分别为 0.2ms 和 10.3ms，初步分析认为该桩存在缺陷。在速度幅频曲线上，发现正常频差为 100Hz，缺陷引起的相邻谐振峰间频差为 180Hz，试计算缺陷位置最接近下列哪个选项？ （　　）

（A）7.1m （B）10.8m （C）11.0m （D）12.5m

2018 年案例分析试题（下午卷）

1. 在某地层中进行钻孔压水试验，钻孔直径为 0.10m，试验段长度为 5.0m，位于地下水位以下，测得该地层的 P-Q 曲线如图所示，试计算该地层的渗透系数与下列哪项接近？（注：1m 水柱压力为 9.8kPa） （ ）

题 1 图

（A）0.052m/d （B）0.069m/d （C）0.073m/d （D）0.086m/d

2. 某边坡高度为 55m，坡面倾角为 65°，倾向为 NE59°，测得岩体的纵波波速为 3500m/s，相应岩块的纵波波速为 5000m/s，岩石的饱和单轴抗压强度 R_c = 45MPa，岩层结构面的倾角为 69°，倾向为 NE75°，边坡结构面类型与延伸性修正系数为 0.7，地下水影响系数为 0.5，按《工程岩体分级标准》（GB/T 50218—2014）用计算岩体基本质量指标确定该边坡岩体的质量等级为下列哪项？ （ ）

（A）V （B）IV （C）III （D）II

3. 某岩石地基载荷试验结果见下表，请按《建筑地基基础设计规范》（GB 50007—2011）的要求确定地基承载力特征值最接近下列哪一项？ （ ）

题 3 表

试验编号	比例界限值（kPa）	极限荷载值（kPa）
1	1200	4000
2	1400	4800
3	1280	3750

（A）1200kPa （B）1280kPa （C）1330kPa （D）1400kPa

4. 某拟建公路隧道工程穿越碎屑岩地层，平面上位于地表及地下分水岭以南 1.6km、长约 4.3km、埋深约 240m、年平均降水量 1245mm，试按大气降水入渗法估算大气降水引起的拟建隧道日平均涌水量接近下列哪个值？（该地层降水影响半径按 R = 1780m，大气降水入渗系数 λ = 0.10 计算，汇水面积近似取水平投影面积且不计隧道两端入渗范围） （ ）

题 4 图

（A）4600m³/d　　　　（B）4960m³/d　　　　（C）5220m³/d　　　　（D）5450m³/d

5. 作用于某厂房柱对称轴平面的荷载（相应于作用的标准组合）如图所示。$F_1 = 880kN$，$M_1 = 50kN \cdot m$；$F_2 = 450kN$，$M_2 = 120kN \cdot m$，忽略柱子自重。该柱子基础拟采用正方形，基底埋深 1.5m，基础及其上土的平均重度为 20kN/m³，持力层经修正后的地基承载力特征值 f_a 为 300kPa，地下水位在基底以下。若要求相应于作用的标准组合时基础底面不出现零应力区，且地基承载力满足要求，则基础边长的最小值接近下列何值？　　　　　　　　　　　　　　　　　　（　　）

题 5 图

（A）3.2m　　　　　（B）3.5m　　　　　（C）3.8m　　　　　（D）4.4m

6. 圆形基础上作用于地面处的竖向力 $N_k = 1200kN$，基础直径 3m，基础埋深 2.5m，地下水位埋深 4.5m，基底以下的土层依次为：厚度 4m 的可塑黏性土、厚度 5m 的淤泥质黏土。基底以上土层的天然重度为 17kN/m³，基础及其上土的平均重度为 20kN/m³。已知可塑黏性土的地基压力扩散线与垂直线的夹角为 23°，则淤泥质黏土层顶面处的附加压力最接近下列何值？　　　　　　　　　（　　）

（A）20kPa　　　　　（B）39kPa　　　　　（C）63kPa　　　　　（D）88kPa

7. 如下图所示，某边坡其坡角为 35°，坡高为 6.0m，地下水位埋藏较深，坡体为均质黏性土层，重度为 20kN/m³，地基承载力特征值 f_{ak} 为 160kPa，综合考虑持力层承载力修正系数 $\eta_b = 0.3$、$\eta_d = 1.6$。坡顶矩形基础底面尺寸为 2.5m × 2.0m，基础底面外边缘与坡肩水平距离为 3.5m，上部结构传至基础的荷载情况如下图所示（基础及其上土的平均重度按 20kN/m³ 考虑）。按照《建筑地基基础设计规范》（GB 50007—2011）规定，该矩形基础最小埋深接近下列哪个选项？ （　　）

题 7 图

（A）2.0m　　　　　（B）2.5m　　　　　（C）3.0m　　　　　（D）3.5m

8. 某基坑开挖深度 3m，平面尺寸为 20m×24m，自然地面以下地层为粉质黏土，重度为 20kN/m³，无地下水，粉质黏土层各压力段的回弹模量见下表（MPa）。按《建筑地基基础设计规范》（GB 50007—2011），基坑中心点下 7m 位置的回弹模量最接近下列哪个选项？ （　　）

题 8 表

$E_{0-0.025}$	$E_{0.025-0.05}$	$E_{0.05-0.1}$	$E_{0.1-0.15}$	$E_{0.15-0.2}$	$E_{0.2-0.3}$
12	14	20	200	240	300

（A）20MPa　　　　　（B）200MPa　　　　　（C）240MPa　　　　　（D）300MPa

9. 某建筑采用灌注桩基础，桩径 0.8m，承台底埋深 4.0m，地下水位埋深 1.5m，拟建场地地层条件见下表，按照《建筑桩基技术规范》（JGJ 94—2008）规定，如需单桩竖向承载力特征值达到 2300kN，考虑液化效应时，估算最短桩长与下列哪个选项最为接近？ （　　）

题 9 表

地层	层底埋深（m）	N/N_{cr}	桩的极限侧阻力标准值（kPa）	桩的极限端阻力标准值（kPa）
黏土	1.0		30	
粉土	4.0	0.6	30	
细砂	12.0	0.8	40	
中粗砂	20.0	1.5	80	1800
卵石	35.0		150	3000

（A）16m　　　　　（B）20m　　　　　（C）23m　　　　　（D）26m

10. 某建筑场地地层条件为：地表以下 10m 内为黏性土，10m 以下为深厚均质砂层。场地内进行了三组相同施工工艺试桩，试桩结果见下表。根据试桩结果估算，在其他条件均相同时，直径 800mm、长度 16m 桩的单桩竖向承载力特征值最接近下列哪个选项？（假定同一土层内，极限侧阻力标准值及端阻力标准值不变） （　　）

组别	桩径（mm）	桩长（m）	桩顶埋深（m）	试桩数量（根）	单桩极限承载力标准值（kN）
第一组	600	15	5	5	2402
第二组	600	20	5	3	3156
第三组	800	20	5	3	4396

（A）1790kN （B）3060kN （C）3280kN （D）3590kN

11. 某建筑采用夯实水泥土桩进行地基处理，条形基础及桩平面布置见下图。根据试桩结果，复合地基承载力特征值为 180kPa，桩间土承载力特征值为 130kPa，桩间土承载力发挥系数取 0.9。现设计要求地基处理后复合承载力特征值达到 200kPa，假定其他参数均不变，若仅调整基础纵向桩间距 s 值，试算最经济的桩间距最接近下列哪个选项？　　　　（　　）

题 11 图（尺寸单位：mm）

（A）1.1m （B）1.2m （C）1.3m （D）1.4m

12. 某工程采用直径 800mm 碎石桩和直径 400mm CFG 桩多桩型复合地基处理，碎石桩置换率 0.087，桩土应力比为 5.0，处理后桩间土承载力特征值为 120kPa，桩间土承载力发挥系数为 0.95，CFG 桩置换率 0.023，CFG 桩单桩承载力特征值 $R_a = 275$kN，单桩承载力发挥系数 0.90，处理后复合地基承载力特征值最接近下面哪个选项？　　　　（　　）

（A）168kPa （B）196kPa （C）237kPa （D）286kPa

13. 某双轴搅拌桩截面积为 0.71m²，桩长 10m，桩顶标高在地面下 5m，桩机在地面施工，施工工艺为：预搅下沉→提升喷浆→搅拌下沉→提升喷浆→复搅下沉→复搅提升。喷浆时提钻速度 0.5m/min，其他情况速度均为 1m/min，不考虑其他因素所需时间，单日 24h 连续施工能完成水泥土搅拌桩最大方量最接近下列哪个选项？　　　　（　　）

（A）95m³ （B）110m³ （C）120m³ （D）145m³

14. 如图所示，位于不透水地基上重力式挡墙，高 6m，墙背垂直光滑，墙后填土水平，墙后地下水位与墙顶面齐平，填土自上而下分别为 3m 厚细砂和 3m 厚卵石，细砂饱和重度 $\gamma_{sat1} = 19$kN/m³，黏聚力 $c_1' = 0$kPa，内摩擦角 $\varphi_1' = 25°$，卵石饱和重度 $\gamma_{sat2} = 21$kN/m³，黏聚力 $c_2' = 0$kPa，内摩擦角 $\varphi_2' = 30°$，地震时细砂完全液化，在不考虑地震惯性力和地震沉陷的情况下，根据《建筑边坡工程技

术规范》（GB 50330—2013）相关要求，计算地震液化时作用在墙背的总水平力最接近下列哪个选项？ （　　）

题 14 图

（A）290kN/m　　　　　（B）320kN/m　　　　　（C）350kN/m　　　　　（D）380kN/m

15. 如图所示，某铁路河堤挡土墙，墙背光滑垂直，墙身透水，墙后填料为中砂，墙底为节理很发育的岩石地基。中砂天然和饱和重度分别为 $\gamma = 19\text{kN/m}^3$ 和 $\gamma_{sat} = 20\text{kN/m}^3$。墙底宽 $B = 3\text{m}$，与地基的摩擦系数为 $f = 0.5$。墙高 $H = 6\text{m}$，墙体重 330kN/m，墙面倾角 $\alpha = 15°$，土体主动土压力系数 $K_a = 0.32$。试问当河水位 $h = 4\text{m}$ 时，墙体抗滑安全系数最接近下列哪个选项？（不考虑主动土压力增大系数，不计墙前的被动土压力） （　　）

题 15 图

（A）1.21　　　　　（B）1.34　　　　　（C）1.91　　　　　（D）2.03

16. 如图所示，某建筑旁有一稳定的岩质山坡，坡面 AE 的倾角 $\theta = 50°$。依山建的挡土墙墙高 $H = 5.5\text{m}$，墙背面 AB 与填土间的摩擦角 10°，倾角 $\alpha = 75°$。墙后砂土填料重度 20kN/m³，内摩擦角 30°，墙体自重 340kN/m。为确保挡墙抗滑安全系数不小于 1.3，根据《建筑边坡工程技术规范》（GB 50330—2013），在水平填土面上施加的均布荷载 q 最大值接近下列哪个选项？（墙底 AD 与地基间的摩擦系数取 0.6，无地下水） （　　）

提示：《建筑边坡工程技术规范》（GB 50330—2013）部分版本公式（6.2.3-2）有印刷错误，请按下列公式计算：

$$K_a = \frac{\sin(\alpha + \beta)}{\sin^2\alpha \sin^2(\alpha + \beta - \varphi - \delta)}\{k_q[\sin(\alpha + \beta)\sin(\alpha - \delta) + \sin(\varphi + \delta)\sin(\varphi - \beta)] +$$
$$2\eta\sin\alpha\cos\varphi\cos(\alpha + \beta - \varphi - \delta) - 2[(k_q\sin(\alpha + \beta)\sin(\varphi - \beta) + \eta\sin\alpha\cos\varphi)$$
$$(k_q\sin(\alpha - \delta)\sin(\varphi + \delta) + \eta\sin\alpha\cos\varphi)]^{1/2}\}$$

题 16 图

（A）30kPa　　　　　（B）34kPa　　　　　（C）38kPa　　　　　（D）42kPa

17. 某安全等级为二级的深基坑，开挖深度为 8.0m，均质砂土地层，重度 $\gamma = 19\text{kN/m}^3$，黏聚力 $c = 0$，内摩擦角 $\varphi = 30°$，无地下水影响（如图所示）。拟采用桩—锚杆支护结构，支护桩直径为 800mm，锚杆设置深度为地表下 2.0m，水平倾斜角为 15°，锚固体直径 $D = 150\text{mm}$，锚杆总长度为 18m。已知按《建筑基坑支护技术规程》（JGJ 120—2012）规定所做的锚杆承载力抗拔试验得到的锚杆极限抗拔承载力标准值为 300kN，不考虑其他因素影响，计算该基坑锚杆锚固体与土层的平均极限黏结强度标准值，最接近下列哪个选项？　　　　　　　　　　　　　　（　　）

题 17 图

（A）52.2kPa　　　　　（B）46.2kPa　　　　　（C）39.6kPa　　　　　（D）35.4kPa

18. 某基坑长 96m，宽 96m，开挖深度为 12m，地面以下 2m 为人工填土，填土以下为 22m 厚的中细砂，含水层的平均渗透系数为 10m/d，砂层以下为黏土层。地下水位在地表以下 6.0m，施工时拟在基坑外周边距基坑边 2.0m 处布置井深 18m 的管井降水（全滤管不考虑沉砂管的影响），降水维持期间基坑内地下水力坡度为 1/30，管井过滤器半径为 0.15m，要求将地下水位降至基坑开挖面以下 0.5m。根据《建筑基坑支护技术规程》（JGJ 120—2012），估算基坑降水至少需要布置多少口降水井？（　　）

（A）6　　　　　（B）8　　　　　（C）9　　　　　（D）10

19. 某土样质量为 134.0g，对土样进行蜡封，蜡封后试样的质量为 140.0g，蜡封试样沉入水中后的质量为 60.0g，已知土样烘干后质量为 100g，试样含盐量为 3.5%，该土样的最大干密度为 1.5g/cm³，根据《盐渍土地区建筑技术规范》（GB/T 50942—2014），其溶陷系数最接近下列哪个选项？（注：水的密度取 1.0g/cm³，蜡的密度取 0.82g/cm³，K_G 取 0.85）　　　　　　　　　　　（　　）

（A）0.08　　　　　（B）0.10　　　　　（C）0.14　　　　　（D）0.17

20. 某季节性弱冻胀土地区建筑采用条形基础，无采暖要求，该地区多年实测资料表明，最大冻深出现时冻土层厚度和地表冻胀量分别为 3.2m 和 120mm，而基底所受永久作用的荷载标准组合值为 130kPa，若基底允许有一定厚度的冻土层，满足《建筑地基基础设计规范》（GB 50007—2011）相关要求的基础最小埋深最接近下列哪个选项？ （　　）

（A）0.6m 　　　　（B）0.8m 　　　　（C）1.0m 　　　　（D）1.2m

21. 某滑坡体可分为两块，且处于极限平衡状态（如下图所示），每个滑块的重力、滑动面长度和倾角分别为：$G_1 = 600kN/m$，$L_1 = 12m$，$\beta_1 = 35°$；$G_2 = 800kN/m$，$L_2 = 10m$，$\beta_2 = 20°$。现假设各滑动面的强度参数一致，其中内摩擦角 $\varphi = 15°$，滑体稳定系数 $K = 1.0$，按《建筑地基基础设计规范》（GB 50007—2011），采用传递系数法进行反分析求得滑动面的黏聚力 c 最接近下列哪一选项？ （　　）

题 21 图

（A）7.2kPa 　　　　（B）10.0kPa 　　　　（C）12.7kPa 　　　　（D）15.5kPa

22. 某黄土试样进行室内双线法压缩试验，一个试样在天然湿度下压缩至 200kPa，压力稳定后浸水饱和，另一个试样在浸水饱和状态下加荷至 200kPa，试验数据如表所示，黄土的湿陷起始压力及湿陷程度最接近下列哪个选项？ （　　）

题 22 表

P（kPa）	25	50	75	100	150	200	200 浸水
h_p（mm）	19.950	19.890	19.745	19.650	19.421	19.220	17.50
h_{wp}（mm）	19.805	19.457	18.956	18.390	17.555	17.025	

（A）$p_{sh} = 42kPa$；湿陷性强烈 　　　　（B）$p_{sh} = 108kPa$；湿陷性强烈

（C）$p_{sh} = 132kPa$；湿陷性中等 　　　　（D）$p_{sh} = 156kPa$；湿陷性轻微

23. 某建筑场地抗震设防烈度为 8 度，设计基本地震加速度值 $0.20g$，设计地震分组第一组，场地地下水位埋深 6.0m，地层资料见下表，按照《建筑抗震设计规范》（GB 50011—2010）（2016 年版）用标准贯入试验进行进一步液化判别，该场地液化等级为下列哪个选项？ （　　）

题 23 表

序号	名称	层底埋深（m）	标准贯入试验点深度（m）	标贯试验锤击数实测值 N（击）	黏粒含量
①	粉砂	5.0	3.0	5	5
			4.5	6	5
②	粉质黏土	10.0	7.0	8	20
			9.0	9	20

续上表

序号	名称	层底埋深（m）	标准贯入试验点深度（m）	标贯试验锤击数实测值 N（击）	黏粒含量
③	饱和粉土	15.0	12.0	9	8
			13.0	8	8
④	粉质黏土	20.0	18.0	9	25
⑤	饱和细砂	25.0	22.0	13	5
			24.0	12	5

（A）轻微 　　　（B）一般 　　　（C）中等 　　　（D）严重

24. 某建筑场地抗震设防烈度为 8 度，不利地段，场地类别Ⅲ类，验算罕遇地震作用，设计地震分组第一组，建筑物 A 和 B 的自振周期分别为 0.3s 和 0.7s，阻尼比均为 0.05，按照《建筑抗震设计规范》（GB 50011—2010）（2016 年版），问建筑物 A 的地震影响系数 α_A 与建筑物 B 的地震影响系数 α_B 之比 α_A/α_B 最接近下列哪个选项？ 　　　（　　　）

（A）1.00 　　　（B）1.35 　　　（C）1.45 　　　（D）2.33

25. 某地基采用强夯法处理填土，夯后填土层厚 3.5m，采用多道瞬态面波法检测处理效果，已知实测夯后填土层面波波速如下表所示，动泊松比均取 0.3，则根据《建筑地基检测技术规范》（JGJ 340—2015），估算处理后填土层等效剪切波速最接近下列哪个选项？ 　　　（　　　）

题 25 表

深度（m）	0～1	1～2	2～3.5
面波波速（m/s）	120	90	60

（A）80m/s 　　　（B）85m/s 　　　（C）190m/s 　　　（D）208m/s

1. 灌砂法检测压实填土的质量。已知标准砂的密度为 1.5g/cm³，试验时，试坑中挖出的填土质量为 1.75kg，其含水量为 17.4%，试坑填满标准砂的质量为 1.20kg，试验室击实试验测得压实填土的最大干密度为 1.96g/cm³，试按《土工试验方法标准》（GB/T 50123—2019）计算填土的压实系数最接近下列哪个值？ （   ）

（A）0.87   （B）0.90   （C）0.95   （D）0.97

2. 下图为某含水层的颗粒分析曲线，若对该层进行抽水，根据《供水水文地质勘察规范》（GB 50027—2001）的要求，对填砾过滤器的滤料规格 D_{50} 取哪项最适合？ （   ）

题 2 图

（A）0.2mm   （B）2.0mm   （C）8.0mm   （D）20.0mm

3. 某建筑场地位于岩溶区域，共布置钻孔 8 个，钻孔间距均为 15m，场地平整，钻孔回次深度和揭示岩芯（基岩岩性均为灰岩）完整性、溶洞、溶隙、裂隙等见下表，试根据《建筑地基基础设计规范》（GB 50007—2011）的要求，按线岩溶率判断场地岩溶发育等级为哪一选项？ （   ）

题 3 表

深度（m）	ZK1	ZK2	ZK3	ZK4	ZK5	ZK6	ZK7	ZK8
0.0～2.0	素填土	素填土	素填土	素填土	红黏土	红黏土	素填土	素填土
2.0～4.0	红黏土	素填土	长柱状基岩	风化裂隙发育	长柱状基岩	长柱状基岩	素填土	素填土
4.0～6.0	长柱状基岩	风化裂隙发育	长柱状基岩	长柱状基岩	掉钻	长柱状基岩	长柱状基岩	风化裂隙发育
6.0～8.0	长柱状基岩	长柱状基岩	掉钻	长柱状基岩	黏性土	长柱状基岩	溶蚀裂隙发育	长柱状基岩
8.0～10.0	掉钻	长柱状基岩	溶蚀裂隙发育	长柱状基岩	黏性土	长柱状基岩	长柱状基岩	长柱状基岩
10.0～12.0	长柱状基岩	长柱状基岩	长柱状基岩	长柱状基岩	长柱状基岩	长柱状基岩	长柱状基岩	长柱状基岩

续上表

深度（m）	ZK1	ZK2	ZK3	ZK4	ZK5	ZK6	ZK7	ZK8
12.0～14.0	长柱状基岩		长柱状基岩		长柱状基岩			
14.0～16.0	长柱状基岩		长柱状基岩		长柱状基岩			

（A）强发育　　　　（B）中等发育　　　　（C）微发育　　　　（D）不发育

4. 某跨江大桥为悬索桥，主跨约 800m，大桥两端采用重力式锚碇提供水平抗力，为测得锚碇基底摩擦系数，进行了现场直剪试验，试验结果见下表。根据试验结果计算出的该锚碇基底峰值摩擦系数最接近下列哪个值？　　　　　　　　　　　　　　　　　　　　　　　　（　　）

各试件在不同正应力下接触面水平剪切应力（单位：MPa）　　　　题 4 表

试件	试件 1	试件 2	试件 3	试件 4	试件 5
正应力 σ（MPa）	0.34	0.68	1.02	1.36	1.70
剪应力 τ（峰值 MPa）	0.62	0.71	0.94	1.26	1.64

（A）0.64　　　　（B）0.68　　　　（C）0.72　　　　（D）0.76

5. 某矩形基础，荷载作用下基础中心点下不同深度处的附加应力系数见题 5 表（1），基底以下土层参数见题 5 表（2）。基底附加压力为 200kPa，地基变形计算深度取 5m，沉降计算经验系数见题 5 表（3）。按照《建筑地基基础设计规范》（GB 50007—2011），该基础中心点的最终沉降量最接近下列何值？

（　　）

基础中心点下的附加应力系数　　　　题 5 表（1）

计算点至基底的垂直距离（m）	1.0	2.0	3.0	4.0	5.0
附加应力系数	0.674	0.32	0.171	0.103	0.069

基底以下土层参数　　　　题 5 表（2）

名称	厚度（m）	压缩模量（MPa）
①黏性土	3	6
②细砂	10	15

沉降计算经验系数　　　　题 5 表（3）

变形计算深度范围内压缩模量的当量值（MPa）	2.5	4.0	7.0	15.0	20.0
沉降计算经验系数	1.4	1.3	1.0	0.4	0.2

（A）40mm　　　　（B）50mm　　　　（C）60mm　　　　（D）70mm

6. 某柱下钢筋混凝土条形基础，基础宽度 2.5m。该基础按弹性地基梁计算，基础的沉降曲线概化图如下。地基的基床系数为 20MN/m³。计算该基础下地基反力的合力，最接近下列何值？　　（　　）

题 6 图（尺寸单位：mm）

（A）3100kN   （B）4950kN   （C）6000kN   （D）7750kN

7. 某建筑物基础底面尺寸为 1.5m×2.5m，基础剖面及土层指标如图所示，按《建筑地基基础设计规范》（GB 50007—2011）计算，如果地下水位从埋深 1.0m 处下降至基础底面处，则由土的抗剪强度指标确定的基底地基承载力特征值增加值最接近下列哪个选项？（水的重度取 10kN/m³）（   ）

题 7 图

（A）7kPa   （B）20kPa   （C）32kPa   （D）54kPa

8. 大面积级配砂石压实填土厚度 8m，现场测得平均最大干密度 1800kg/m³，根据现场静载试验确定该土层的地基承载力特征值为 $f_{ak}=200$kPa，条形基础埋深 2.0m，相应于作用标准组合时，基础顶面轴心荷载 $F_k=370$kN/m。根据《建筑地基基础设计规范》（GB 50007—2011）计算，最适宜的基础宽度接近下列何值？（填土的天然重度 19kN/m³，无地下水，基础及其上土的平均重度取 20kN/m³）

（   ）

（A）1.7m   （B）2.0m   （C）2.4m   （D）2.5m

9. 某铁路桥梁位于多年少冰冻土区，自地面起土层均为不融沉多年冻土，土层的月平均最高温度为 −1.0℃，多年冻土天然上限埋深 1.0m，下限埋深 30m。桥梁拟采用钻孔灌注桩基础，设计桩径 800mm，桩顶位于现地面下 5.0m，有效桩长 8.0m（如图所示）。根据《铁路桥涵地基和基础设计规范》（TB 10093—2017），按岩土阻力计算单桩轴向受压容许承载力最接近下列哪个选项？（不融沉冻土与桩侧表面的冻结强度按多年冻土与混凝土基础表面的冻结强度 S_m 降低 10% 考虑，冻结力修正系数取 1.3，桩底支承力折减系数取 0.5）

（   ）

题 9 图

　　（A）2000kN　　　　　（B）1800kN　　　　　（C）1640kN　　　　　（D）1340kN

　　10.某既有建筑物为钻孔灌注桩基础,桩身混凝土强度等级 C40(轴心抗压强度设计值取 19.1MPa),桩身直径 800mm,桩身螺旋箍筋均匀配筋,间距 150mm,桩身完整。既有建筑在荷载效应标准组合下,作用于承台顶面的轴心竖向力为 20000kN。现拟进行增层改造,岩土参数如图所示,根据《建筑桩基技术规范》(JGJ 94—2008),原桩基础在荷载效应标准组合下,允许作用于承台顶面的轴心竖向力最大增加值最接近下列哪个选项?（不考虑偏心、地震和承台效应,既有建筑桩基承载力随时间的变化,无地下水,增层后荷载效应基本组合下,基桩桩顶轴向压力设计值为荷载效应标准组合下的 1.35 倍,承台及承台底部以上土的重度为 20kN/m³;桩的成桩工艺系数取 0.9,桩嵌岩段侧阻与端阻综合系数取 0.7 ）　　（　　）

题 10 图（尺寸单位：mm）

　　（A）4940kN　　　　　（B）8140kN　　　　　（C）13900kN　　　　　（D）16280kN

　　11.某建筑采用桩筏基础,满堂均匀布桩,桩径 800mm,桩间距 2500mm,基底埋深 5m,桩端位于深厚中粗砂层中，荷载效应准永久组合下基底压力为 400kPa，桩筏尺寸为 32m×16m，地下水位埋深 5m，桩长 20m，地层条件及相关参数如图所示（图中尺寸单位为 mm）。按照《建筑桩基技术规范》（JGJ 94—2008），自地面起算的桩筏基础中心点沉降计算深度最小值接近下列哪个选项？ （　　）

题 11 图（尺寸单位：mm）

（A）22m　　　　　　（B）27m　　　　　　（C）47m　　　　　　（D）52m

12. 某非自重湿陷性黄土场地上的甲类建筑物采用整片筏板基础，基础长度 30m、宽度 12.5m，基础埋深为 4.5m，湿陷性黄土下限深度为 13.5m。拟在整体开挖后采用挤密桩复合地基，桩径 $d = 0.40$m，等边三角形布桩，地基处理前地基土平均干密度 $\rho_d = 1.35$g/cm³，最大干密度 $\rho_{dmax} = 1.73$g/cm³。要求挤密桩处理后桩间土平均挤密系数不小于 0.93，最少理论布桩数最接近下列哪个选项？ （　　）

（A）480 根　　　　　（B）720 根　　　　　（C）1100 根　　　　　（D）1460 根

13. 某建筑物基础埋深 6m，荷载标准组合的基底均布压力为 400kPa，地基处理采用预制混凝土方桩复合地基，方桩边长 400mm，正三角形布桩，有效桩长 10m，场地自地表向下的土层参数见下表，地下水位很深，按照《建筑地基处理技术规范》（JGJ 79—2012）估算，地基承载力满足要求时的最大桩距应取下列何值？（忽略褥垫层厚度，桩间土承载力发挥系数 β 取 1，单桩承载力发挥系数 λ 取 0.8，桩端阻力发挥系数 α_p 取 1） （　　）

题 13 表

层号	名称	厚度（m）	重度（kN/m³）	承载力特征值 f_{ak}（kPa）	桩侧阻力特征值 q_{sa}（kPa）	桩端阻力特征值 q_{pa}（kPa）
①	粉土	4	18.5	130	30	800
②	粉质黏土	10	17	100	25	500
③	细砂	8	21	200	40	1600

（A）1.6m　　　　　　（B）1.7m　　　　　　（C）1.9m　　　　　　（D）2.5m

14. 某建筑场地长 60m，宽 60m，采用水泥土搅拌桩进行地基处理后覆土 1m（含垫层）并承受地面均布荷载 p，地层条件如图所示，不考虑沉降问题时，按承载力控制确定可承受的最大地面荷载 p 最接近下列哪个选项？（ $\beta = 0.25$，$\lambda = 1.0$，搅拌桩单桩承载力特征值 $R_a = 150$kN，不考虑桩身范围内应力扩散，处理前后土体重度保持不变） （　　）

题 14 图

（A）25kPa   （B）45kPa   （C）65kPa   （D）90kPa

15. 如图所示，某河堤挡土墙，墙背光滑垂直，墙身不透水，墙后和墙底均为砾砂层，砾砂的天然与饱和重度分别为 $\gamma = 19\,\text{kN/m}^3$ 和 $\gamma_{sat} = 20\,\text{kN/m}^3$，内摩擦角为 30°，墙底宽 $B = 3\text{m}$，墙高 $H = 6\text{m}$，挡土墙基底埋深 $D = 1\text{m}$，当河水位由 $h_1 = 5\text{m}$ 降至 $h_2 = 2\text{m}$ 后，墙后地下水位保持不变且在砾砂中产生稳定渗流时，则作用在墙背上的水平力变化值最接近下列哪个选项？（假定水头沿渗流路径均匀降落，不考虑主动土压力增大系数）   （ ）

题 15 图

（A）减少 70kN/m   （B）减少 28kN/m
（C）增加 42kN/m   （D）增加 45kN/m

16. 某加筋土挡土墙墙高 10m，墙后加筋土的重度为 $19.7\,\text{kN/m}^3$，内摩擦角 $\varphi = 30°$，筋材为土工格栅，其与填土的摩擦角 $\delta = 18°$，拉筋宽度 $a = 10\text{cm}$，设计要求拉筋的抗拔力 $S_{ft} = 28.5\text{kN}$。假设加筋土挡土墙墙顶无荷载，按照《铁路路基支挡结构设计规范》（TB 10025—2019）的相关要求，距墙顶面下 7m 处土工格栅的拉筋长度最接近下列哪个选项？   （ ）

（A）4.0m   （B）5.0m   （C）6.0m   （D）7.0m

17. 某 10m 高的永久性岩质边坡，安全等级为二级，坡顶水平，坡体岩石为砂质泥岩，岩体重度为

23.5kN/m³，坡体内存在两组结构面 J1 和 J2，边坡赤平面投影图如下所示，坡面及结构面参数见下表。按照《建筑边坡工程技术规范》（GB 50330—2013）的相关要求，在一般工况下，通过边坡稳定性评价确定的该岩质边坡的稳定性状态为下列哪个选项？　　　　　　　　　　　　　　（　　）

题 17 图

题 17 表

名称	产状	内摩擦角 φ	黏聚力 c（kPa）
J1	120°∠32°	20°	20.5
J2	300°∠40°	18°	17.0
边坡坡面	120°∠67°	—	—

　　（A）稳定　　　　　　（B）基本稳定　　　　　（C）欠稳定　　　　　（D）不稳定

18. 某铁路 V 级围岩中的单洞隧道，地表水平，拟采用矿山法开挖施工，其标准断面衬砌顶距地面距离为 8.0m，考虑超挖影响时的隧道最大开挖宽度为 7.5m，高度为 6.0m，围岩重度为 24kN/m³，计算摩擦角为 40°，假设垂直和侧向压力按均布考虑，试问根据《铁路隧道设计规范》（TB 10003—2016），计算该隧道围岩水平压力值最接近下列哪个选项？　　　　　　　　　　　　　　　　　（　　）

　　（A）648kN/m　　　（B）344kN/m　　　（C）253kN/m　　　（D）192kN/m

19. 某饱和砂层开挖 5m 深基坑，采用水泥土重力式挡墙支护，土层条件及挡墙尺寸如图所示，挡墙重度按 20kN/m³，设计时需考虑周边地面活荷载 $q = 30$kPa，按照《建筑基坑支护技术规程》（JGJ 120—2012），当进行挡墙抗滑稳定性验算时，请在下列选项中选择最不利状况计算条件，并计算挡墙抗滑移安全系数 K_{s1} 值。（不考虑渗流的影响）　　　　　　　　　　　　（　　）

题 19 图　基坑剖面示意图

$K_{s1}=1.33$

（A）

$K_{s1}=1.23$

（B）

$K_{s1}=1.30$

（C）

$K_{s1}=3.42$

（D）

20. 某溶洞在平面上的形状近似为矩形，长 5m、宽 4m，顶板岩体厚 5m，重度为 23kN/m³，岩体计算抗剪强度为 0.2MPa，顶板岩体上覆土层厚度为 5.0m，重度为 18kN/m³，为防止在地面荷载作用下该溶洞可能沿洞壁发生剪切破坏，溶洞平面范围内允许的最大地面荷载最接近下列哪个选项？（地下水位埋深 12.0m，不计上覆土层的抗剪力）　　　　　　　　　　　　　　　　　　　　　　（　　）

（A）13900kN　　　　（B）15700kN　　　　（C）16200kN　　　　（D）18000kN

21. 在某膨胀土场地修建多层厂房，地形坡度$\beta = 10°$，独立基础外边缘至坡肩的水平距离$l_p = 6m$，如图所示。该地区 30 年蒸发力和降水量月平均值见下表。按《膨胀土地区建筑技术规范》（GB 50112—2013），以基础埋深为主要防治措施时，该独立基础埋置深度应不小于下列哪个选项？　　（　　）

题 21 图

某地区 30 年蒸发力和降水量月平均值统计表（月平均气温大于 0℃）　　　题 21 表

月份	1	2	3	4	5	6	7	8	9	10	11	12
蒸发力（mm）	32.5	31.2	47.7	61.6	91.5	106.7	138.4	133.5	106.9	78.5	42.9	33.5
降雨量（mm）	55.6	76.1	134	279.7	318.4	315.8	224.2	166.9	65.2	97.3	83.2	56.6

  （A）3.3m   （B）2.5m   （C）1.5m   （D）1.0m

22. 陕北某县新建一座影剧院，基础埋深为 2.0m，经计算湿陷性黄土场地自重湿陷量为 320.5mm，不同深度土样的湿陷系数 δ_{si} 见下表（勘探试验深度已穿透湿陷性土层），试问该建筑物与已有水池的最小防护距离为下列哪个选项？　　　　　　　　　　　　　　　　　　（　　）

题 22 表

试验深度（m）	δ_{si}	试验深度（m）	δ_{si}
1.0	0.109	8.0	0.042
2.0	0.112	9.0	0.025
3.0	0.093	10.0	0.014
4.0	0.087	11.0	0.039
5.0	0.051	12.0	0.030
6.0	0.012	13.0	0.014
7.0	0.055	14.0	0.011

  （A）4m   （B）5m   （C）6m   （D）8m

23. 某土石坝场地，根据《中国地震动参数区划图》（GB 18306—2015），II 类场地基本地震动峰值加速度 0.15g，基本地震动加速度反应谱特征周期 0.40s，土石坝建基面以下的地层及剪切波速见下表。根据《水电工程水工建筑物抗震设计规范》（NB 35047—2015），该土石坝的基本自振周期为 1.8s 时，标准设计反应谱 β 最接近下列哪个选项？　　　　　　　　　　　　　　　　（　　）

题 23 表

层序	岩土名称	层底深度（m）	剪切波速（m/s）
1	粉质黏土	1.5	220
2	粉土	3.2	270
3	黏土	4.8	310
4	花岗岩	>4.8	680

  （A）0.50   （B）0.55   （C）0.60   （D）0.65

24. 某高层建筑采用钢筋混凝土桩基础，桩径 0.4m，桩长 12m，桩身配筋率大于 0.65%，桩周土层为黏性土，桩端持力层为粗砂，水平抗力系数的比例系数为 25MN/m⁴，试估算单桩抗震水平承载力特征值最接近下列哪个选项？（假设桩顶自由，$EI = 32MN \cdot m^2$，桩顶允许水平位移取 10mm）（　　）

（A）85kN （B）105kN （C）110kN （D）117kN

25. 某建筑工程对 10m 深度处砂土进行了深层平板载荷试验，试验曲线如图所示，已知承压板直径为 800mm，该砂层变形模量最接近下列哪个选项？ （ ）

题 25 图

（A）5MPa （B）8MPa （C）18MPa （D）23MPa

2019 年案例分析试题（下午卷）

1. 某 Q_3 冲积黏土的含水量为 30%，密度为 1.9g/cm³，土颗粒相对密度为 2.70，在侧限压缩试验下，测得压缩系数 $a_{1-2} = 0.23$MPa⁻¹，同时测得该黏土的液限为 40.5%，塑限为 23.0%。按《铁路工程地质勘察规范》（TB 10012—2019）确定黏土的地基极限承载力值 p_u 最接近下列哪个选项？　　　　（　　）

（A）240kPa　　　　　（B）446kPa　　　　　（C）484kPa　　　　　（D）730kPa

2. 现场检验敞口自由活塞薄壁取土器，测得取土器规格如图所示。根据检定数据，该取土器的鉴定结果符合下列哪个选项？（请给出计算过程）　　　　（　　）

题 2 图

（A）取土器的内间隙比、面积比都符合要求
（B）取土器的内间隙比、面积比都不符合要求
（C）取土器的内间隙比符合要求，面积比不符合要求
（D）取土器的内间隙比不符合要求，面积比符合要求

3. 某河流发育三级阶地，其剖面示意图如图所示。三级阶地均为砂层，各自颗粒组成不同，含水层之间界线未知。Ⅲ级阶地上有两个相距 50m 的钻孔，测得孔内潜水水位高度分别为 20m、15m，含水砂层①的渗透系数 $k = 20$m/d。假定沿河方向各阶地长度、厚度稳定；地下水除稳定的侧向径流外，无其他源汇项，含水层接触处未见地下水出露。拟在Ⅰ级阶地上修建工程，如需估算流入含水层③的地下水单宽流量，则下列哪个选项是正确的？　　　　（　　）

题 3 图

（A）不能估算，最少需要布置 4 个钻孔，确定含水层①与②、②与③界线和含水层②、③的渗透系数

（B）不能估算，最少需要布置 3 个钻孔，确定含水层②与③界线和含水层②、③的渗透系数

（C）可以估算流入含水层③的地下水单宽流量，估算值为 35m³/d

（D）可以估算流入含水层③的地下水单宽流量，估算值为 30m³/d

4. 某平原区地下水源地（开采目的层为第 3 层）土层情况见下表，已知第 3 层砾砂中承压水初始水头埋深 4.0m，开采至一定时期后下降且稳定至埋深 32.0m；第 1 层砂中潜水位埋深一直稳定在 4.0m，试预测抽水引发的第 2 层最终沉降量最接近下列哪个选项？（水的重度 10kN/m³）　　　（　　）

题 4 表

层号	土名	层顶埋深（m）	重度 γ（kN/m³）	孔隙比 e_0	压缩系数 a（MPa⁻¹）
1	砂	0	19.0	0.8	
2	粉质黏土	10.0	18.0	0.85	0.30
3	砾砂	40.0	20.0	0.7	
4	基岩	50.0			

（A）680mm　　　（B）770mm　　　（C）860mm　　　（D）930mm

5. 某软土层厚度 4m，在其上用一般预压法修筑高度为 5m 的路堤，路堤填料重度 18kN/m³，以 18mm/d 的平均速率分期加载填料，按照《公路路基设计规范》（JTG D30—2015），采用分层总和法计算的软土层主固结沉降为 30cm，则采用沉降系数法估算软土层的总沉降最接近下列何值？　（　　）

（A）30.7cm　　　（B）32.4cm　　　（C）34.2cm　　　（D）41.6cm

6. 某条形基础埋深 2m，地下水埋深 4m，相应于作用标准组合时，上部结构传至基础顶面的轴心荷载为 480kN/m，土层分布及参数如图所示，软弱下卧层顶面埋深 6m，地基承载力特征值为 85kPa，地基压力扩散角为 23°，根据《建筑地基基础设计规范》（GB 50007—2011），满足软弱下卧层承载力要求的最小基础宽度最接近下列哪个选项？（基础及其上土的平均重度取 20kN/m³，水的重度 $\gamma_w = 10$kN/m³）　　　　　　（　　）

$\gamma = \gamma_{sat} = 18.0$kN/m³

地下水位

淤泥质土 $f_{ak} = 85$kPa

题 6 图

（A）2.0m　　　（B）3.0m　　　（C）4.0m　　　（D）5.0m

7. 如图所示条形基础，受轴向荷载作用，埋深 $d = 1.0$m，原基础按设计荷载计算确定的宽度为 $b = 2.0$m，基底持力层经深度修正后的地基承载力特征值 $f_a = 100$kPa。因新增设备，在基础上新增竖向荷载 $F_{k1} = 80$kN/m。拟通过加大基础宽度来满足地基承载力设计要求，且要求加宽后的基础仍符合轴心受荷条件，求新增荷载作用一侧基础宽度的增加量 b_1 值，其最小值最接近下列哪个选项？（基础及其上土的平均重度取 20kN/m³）　　　　　　　　　　（　　）

题 7 图

（A）0.25m　　　　　（B）0.5m　　　　　（C）0.75m　　　　　（D）1.0m

8. 某柱下独立圆形基础底面直径 3.0m，柱截面直径 0.6m。按照《建筑地基基础设计规范》（GB 50007—2011）规定计算，柱与基础交接处基础的受冲切承载力设计值为 2885kN，按冲切控制的最大柱底轴力设计值 F 接近下列哪个选项？　　　　　　　　（　　）

题 8 图

（A）2380kN　　　　　（B）2880kN　　　　　（C）5750kN　　　　　（D）7780kN

9. 某建筑场地设计基本地震加速度为 $0.2g$，设计地震分组为第一组，采用直径 800mm 的钻孔灌注桩基础，承台底面埋深 3.0m，承台底面以下桩长 25.0m，场地地层资料见下表，地下水位埋深 4.0m。按照《建筑抗震设计规范》（GB 50011—2010）（2016 年版）的规定，地震作用按水平地震影响系数最大值的 10% 采用时，单桩竖向抗震承载力特征值最接近下列哪个选项？　　　（　　）

题 9 表

土层名称	层底埋深（m）	实测标准贯入锤击数 N	临界标准贯入锤击数 N_{cr}	极限侧阻力标准值（kPa）	极限端阻力标准值（kPa）
①粉质黏土	5			35	
②粉土	8	9	13	40	
③密实中砂	50	—	—	70	2500

（A）2380kN　　　　　（B）2650kN　　　　　（C）2980kN　　　　　（D）3320kN

10. 如图所示轴向受压高承台灌注桩基础，桩径 800mm，桩长 24m，桩身露出地面的自由长度 $l_0 = 3.80$m，桩的水平变形系数 $\alpha = 0.403$m^{-1}，地层参数如图所示，桩与承台连接按铰接考虑。未考虑压屈影响的基桩桩身正截面受压承载力计算值为 6800kN。按照《建筑桩基技术规范》（JGJ 94—2008），考虑压屈影响的基桩正截面受压承载力计算值最接近下列哪个选项？［淤泥层液化折减系数 ψ_l 取 0.3，桩露出地面 l_0 和桩的入土长度 h 分别调整为 $l_0' = l_0 + (1 - \psi_l)d_l$，$h' = h - (1 - \psi_l)d_l$，$d_l$ 为软弱土层厚度］（　　　）

题 10 图

（A）3400kN　　　　　（B）4590kN　　　　　（C）6220kN　　　　　（D）6800kN

11. 某地基采用注浆法加固，地基土的土粒相对密度为 2.7，天然含水量为 12%，天然重度为 15kN/m³。注浆采用水泥浆，水灰比（质量比）为 1.5，水泥相对密度为 2.8。若要求平均孔隙充填率（浆液体积与原土体孔隙体积之比）为 30%，求每立方米土体平均水泥用量最接近下列何值？（重力加速度 g 取 10m/s²）（　　　）

（A）82kg　　　　　（B）95kg　　　　　（C）100kg　　　　　（D）110kg

12. 某场地采用挤密法石灰桩加固，石灰桩直径 300mm，桩间距 1m，正方形布桩，地基土天然重度 $\gamma = 16.8$kN/m³，孔隙比 $e_0 = 1.40$，含水量 $w = 50\%$。石灰桩吸水后体积膨胀率 1.3（按均匀侧胀考虑），地基土失水并挤密后重度 $\gamma = 17.2$kN/m³，承载力与含水量经验关系式 $f_{ak} = 110 - 100w$（单位为 kPa），处理后地面标高未变化。假定桩土应力比为 4，求处理后复合地基承载力特征值最接近下列哪个选项？（重力加速度 g 取 10m/s²）（　　　）

（A）70kPa　　　　　（B）80kPa　　　　　（C）90kPa　　　　　（D）100kPa

13. 某换填垫层采用无纺土工织物作为反滤材料，已知其下土层渗透系数 $k = 1 \times 10^{-4}$cm/s，颗分曲线如图所示，水位长期保持在地面附近，则根据《土工合成材料应用技术规范》（GB/T 50290—2014）及土工织物材料参数表（下表）确定合理的产品是下列哪个选项？（　　　）

题 13 图

题 13 表

产品	规格（g/m²）	厚度（mm）	握持强度（kN）	断裂伸长率ε（%）	穿刺强度（kN）	撕裂强度（kN）	等效孔径（O_{95}）（mm）	垂直渗透系数（cm/s）
产品一	300	1.6	10.0	60	1.8	0.28	0.07	1.0
产品二	250	2.2	12.5	60	2.6	0.35	0.20	2.0
产品三	300	2.2	15.0	40	1.0	0.42	0.20	1.0
产品四	300	2.2	17.5	40	3.0	0.49	0.20	2.0

（A）产品一　　　　　（B）产品二　　　　　（C）产品三　　　　　（D）产品四

14. 一重力式毛石挡墙高 3m，其后填土顶面水平，无地下水，粗糙墙背与其后填土的摩擦角近似等于土的内摩擦角，其他参数如图所示。设挡墙与其下地基土的摩擦系数为 0.5，那么该挡墙的抗水平滑移稳定性系数最接近下列哪个选项？　　　　　　　　　　　　　　（　　）

题 14 图

（A）2.5　　　　　（B）2.6　　　　　（C）2.7　　　　　（D）2.8

15. 如图所示，一倾斜角度 15° 的岩基粗糙面上由等厚黏质粉土构成的长坡，土岩界面的有效抗剪强度指标内摩擦角为 20°，黏聚力为 5kPa，土的饱和重度 20kN/m³，该斜坡可看成无限长，图中 $H = 1.5$m，土层内有与坡面平行的渗流，则该长坡沿土岩界面的稳定性系数最接近下列哪个选项？　　　　　（　　）

题 15 图

（A）0.68　　　　　（B）1.35　　　　　（C）2.10　　　　　（D）2.50

16. 某建筑边坡采用悬臂式桩板挡墙支护，滑动面至坡顶面距离 $h_1 = 4$m，滑动面以下桩长 $h_2 = 6$m，滑动面以上土体的重度为 $\gamma_1 = 18$kN/m³，滑动面以下土体的重度为 $\gamma_2 = 19$kN/m³，滑动面以下土体的内摩擦角 $\varphi = 35°$，滑动方向地面坡度 $i = 6°$，试计算滑动面以下 6m 深度处的地基横向承载力特征值 f_H 最接近下列哪个选项？　　　　　　　　　　　　　　　　　　（　　）

（A）300kPa　　　　　（B）320kPa　　　　　（C）340kPa　　　　　（D）370kPa

17. 两车道公路隧道埋深 15m，开挖高度和宽度分别为 10m 和 12m。围岩重度为 22kN/m³，岩石单轴饱和抗压强度为 30MPa，岩体和岩石的弹性纵波速度分别为 2400m/s 和 3500m/s。洞口处的仰坡设计开挖高度为 15m，根据《公路隧道设计规范 第一册 土建工程》（JTG 3370.1—2018）相关要求，当采用复合式衬砌时，预留变形量不宜小于下列哪个选项的数值？ （ ）

（A）37mm （B）45mm （C）50mm （D）63mm

18. 某地下泵房长 33m，宽 8m，筏板基础，基底埋深 9m，基底压力 65kPa，结构顶部与地面齐平，基底与地基土的摩擦系数为 0.25。欲在其一侧加建同长度，宽 4m，基底埋深 9m 的地下泵房，拟建场地地层为均质粉土，$\gamma = 18kN/m^3$，$c = 15kPa$，$\varphi = 20°$。加建部位基坑拟采用放坡开挖。假定地下泵房周边侧壁光滑，无地下水影响，为保证基坑开挖后现有地下泵房的抗滑移稳定系数不小于 1.2，其另一侧影响范围内应至少卸去土的深度最接近下列哪个选项？ （ ）

题 18 图

（A）7.3m （B）5.0m （C）4.0m （D）1.7m

19. 如图所示，某岩坡坡顶有一高 7.5m 的倾倒式危岩体，其后缘裂缝直立，充满水且有充分补给，地震峰值加速度值为 0.20g，岩体重度为 22kN/m³，若采用非预应力锚索加固，锚索横向间距 4m，作用在危岩体 1/2 高度处，倾角 30°，则按《建筑边坡工程技术规范》（GB 50330—2013），为满足地震工况，抗倾覆安全系数为 1.6，单根锚索所需轴向拉力最接近下列哪个选项？（不考虑岩体两侧阻力及危岩体底部所受水压力，水的重度 $\gamma_w = 10kN/m^3$） （ ）

题 19 图

（A）50kN （B）300kN （C）325kN （D）355kN

20. 拟开挖一个高度为 12m 的临时性土质边坡，边坡地层如图所示。边坡开挖后土体易沿岩土界面滑动，破坏后果很严重。已知岩土界面抗剪强度指标 $c = 20kPa$，$\varphi = 10°$，边坡稳定性计算结果见下表。按《建筑边坡工程技术规范》（GB 50330—2013）的规定，边坡剩余下滑力最接近下列哪一选项？ （ ）

题 20 图

题 20 表

条块编号	滑面倾角 θ（°）	下滑力 T（kN/m）	抗滑力 R（kN/m）
①	30	398.39	396.47
②	20	887.03	729.73

（A）344kN/m　　　　（B）360kN/m　　　　（C）382kN/m　　　　（D）476kN/m

21. 在盐渍土地基上拟建一多层建筑，基础埋深为 1.5m，拟建场地代表性勘探孔揭露深度内地层共分为 5 个单元层，各层土的土样室内溶陷系数试验结果见下表（试样原始高度 20mm），该建筑溶陷性盐渍土地基总溶陷量最接近下列哪个选项？（勘探孔 9.8m 以下为非盐渍土层）　　　　（　　）

题 21 表

单元层	层底深度（m）	压力 P 作用下变形稳定后土样高度（mm）	压力 P 作用下浸水溶陷变形稳定后土样高度（mm）
1	2.3	18.8	18.5
2	3.9	18.2	17.8
3	5.1	18.4	18.2
4	7.6	18.7	18.6
5	9.8	18.9	17.7

（A）176mm　　　　（B）188mm　　　　（C）210mm　　　　（D）849mm

22. 某拟建铁路选线需跨一条高频黏性泥石流沟。调查发现，在流通区弯道的沟坡上存在泥痕，其中断面③北岸的曲率半径为 10m，泥面宽度为 6m，沟壁泥位高度南北侧分别为 6m、4m（泥位高度指泥痕距沟底的垂直高度，重力加速度 $g = 10m/s^2$，假定泥石流固体物质颗粒相对密度 2.7，水的重度 $10kN/m^3$）。依据《铁路工程不良地质勘察规程》（TB 10027—2012），断面③处近似泥石流流速最接近下列哪个选项？　　　　（　　）

题 22 图

（A）4.8m/s　　　　（B）5.8m/s　　　　（C）6.6m/s　　　　（D）7.3m/s

23. 某民用建筑的结构自振周期为 0.42s，阻尼比取 0.05，场地位于甘肃省天水市麦积区，建设场地类别均为Ⅱ类，在多遇地震作用下其水平地震影响系数为下列哪个选项？ （ ）

（A）0.15 （B）0.16 （C）0.23 （D）0.24

24. 运用振动三轴仪测试土的动模量，试样原始直径 39.1mm，原始高度 81.6mm，在 200kPa 围压下等向固结后的试样高度为 80.0mm，随后轴向施加 100kPa 动应力，得到动应力—动变形滞回曲线如图所示，若土的泊松比为 0.35，试问试验条件下土试样的动剪切模量最接近下列哪个选项？ （ ）

题 24 图

（A）25MPa （B）50MPa （C）62MPa （D）74MPa

25. 某自重湿陷性黄土场地的建筑工程，灌注桩桩径为 1.0m，桩长 37m，桩顶出露地面 1.0m，自重湿陷性土层厚度为 18m。从地面处开始每 2m 设置一个桩身应变量测断面，将电阻应变计粘贴在主筋上。在 3000kN 荷载作用下，进行单桩竖向浸水载荷试验，实测应变值见下表，则此时该桩在桩顶下 9～11m 处的桩侧平均摩阻力值最接近下列哪个选项？（假定桩身变形均为弹性变形，桩身直径、弹性模量为定值） （ ）

题 25 表

从桩顶起算深度（m）	1	3	5	7	9	11	13
应变 ε（×10⁻⁵）	12.439	12.691	13.01	13.504	13.751	14.273	14.631
从桩顶起算深度（m）	17	21	25	29	33	37	
应变 ε（×10⁻⁵）	14.089	11.495	9.504	6.312	3.112	0.966	

（A）15kPa （B）20kPa （C）−15kPa （D）−20kPa

2020 年案例分析试题（上午卷）

1. 某场地有一正方形土坑，边长 20m，坑深 5.0m，坑壁直立。现从周边取土进行回填，共取土 2150m³，其土性为粉质黏土，天然含水量 $w = 15\%$，土粒相对密度 $G_s = 2.7$，天然重度 $\gamma = 19.0\text{kN/m}^3$，所取土方刚好将土坑均匀压实填满。问坑内压实填土的干密度最接近下列哪个选项？（$\gamma_w = 10\text{kN/m}^3$）
（　　）

（A）15.4kN/m³　　　　（B）16.5kN/m³　　　　（C）17.8kN/m³　　　　（D）18.6kN/m³

2. 某工程采用开口钢环式十字板剪切试验估算软黏土的抗剪强度。已知十字板钢环系数为 0.0014kN/0.01mm，转盘直径为 0.6m，十字板头直径为 0.1m，高度为 0.2m；测得土体剪损时量表最大读数 $R_y = 220$（0.01mm），轴杆与土摩擦时量表最大读数 $R_g = 20$（0.01mm），室内试验测得土的塑性指数 $I_P = 40$，液性指数 $I_L = 0.8$。按《岩土工程勘察规范》（GB 50021—2001）（2009 年版）中的 Daccal 法估算修正后的土体抗剪强度 c_u 最接近下列哪个选项？
（　　）

（A）41kPa　　　　（B）30kPa　　　　（C）23kPa　　　　（D）20kPa

3. 某场地岩层近于水平，地质填图时发现地表出露岩层有突变现象，可能存在一断层，于是布置两个钻孔予以查明。已知 ZK1、ZK2 孔距 5.67m，其连线与岩性突变界线走向垂直，各钻孔的孔口高程、分层及埋深、孔深等信息如图所示。ZK1、ZK2 分别在孔深 14.20m、7.50m 处揭露断层带（厚度可忽略），对该断层说法正确的是下列哪个选项？
（　　）

题 3 图

（A）正断层，垂直断距 7.28m　　　　　　（B）逆断层，垂直断距 7.28m
（C）正断层，水平断距 1.84m　　　　　　（D）逆断层，水平断距 1.84m

4. 某河流相沉积地层剖面及地下水位等信息如图所示，①层细砂渗透系数 $k_1 = 10\text{m/d}$，②层粗砂厚度为 5m，之下为不透水层。若两孔之间中点断面的潜水层单宽总流量 $q = 30.6\text{m}^3/\text{d}$，试计算②层土的渗透系数最接近下列何值？
（　　）

题 4 图

（A）12.5m/d　　　（B）19.7m/d　　　（C）29.5m/d　　　（D）40.2m/d

5. 厚度为 4m 的黏土层上瞬时大面积均匀加载 100kPa，若干时间后，测得土层中 A、B 点处的孔隙水压力分别为 72kPa、115kPa，估算该黏土层此时的平均固结度最接近下列何值？　　　（　　）

题 5 图

（A）41%　　　（B）48%　　　（C）55%　　　（D）61%

6. 公路桥涵的桥墩承受的荷载为永久作用标准值组合，桥墩下地基土为卵石层，作用于基底的竖向合力 N 作用点及数值如图所示，根据《公路桥涵地基与基础设计规范》（JTG 3363—2019），基础长边宽度 b 不应小于下列何值？　　　（　　）

题 6 图

（A）3m　　　（B）4m　　　（C）5m　　　（D）6m

7. 柱下单独基础底面尺寸为 2.5m×3.0m，埋深 2.0m，相应于荷载效应标准组合时作用于基础底面的竖向合力 $F = 870$kN。地基土条件如图所示，为满足《建筑地基基础设计规范》（GB 50007—2011）的要求，软弱下卧层顶面修正后地基承载力特征值最小应为下列何值？　　　（　　）

题 7 图

（A）60kPa （B）80kPa （C）100kPa （D）120kPa

8. 图示车间的柱基础，底面宽度 $b = 2.6m$，长度 $l = 5.2m$，在图示所有荷载（$F = 1800kN$，$P = 220kN$，$Q = 180kN$，$M = 950kN \cdot m$）作用下，基底偏心距最接近下列何值？（基础及其上土的平均重度 $\gamma = 20kN/m^3$）　　　　　　　　　　　　　　　　　　　　　　（　　）

题 8 图

（A）0.52m （B）0.60m （C）0.65m （D）0.70m

9. 某建筑场地地表以下 10m 范围内为新近松散填土，其重度为 18kN/m³，填土以下为基岩，无地下水。拟建建筑物采用桩筏基础，筏板底埋深 5m，按间距为 3m×3m 的正方形布桩，桩径 800mm，桩端入岩，填土的正摩阻力标准值为 20kPa，填土层负摩阻力系数取 0.35。根据《建筑桩基技术规范》（JGJ 94—2008），考虑群桩效应时，筏板中心点处基桩下拉荷载最接近下列哪个选项？　　　　　　　　　　　　　　　　　　　　　　　　　　　　　　　　（　　）

（A）200kN （B）500kN （C）590kN （D）660kN

10. 杆塔桩基础布置和受力如图所示，承台底面尺寸为 3.2m×4.0m，埋深 2.0m，无地下水。已知上部结构传至基础顶面中心的力为 $F_k = 400kN$，力矩为 $M_k = 1800kN \cdot m$。根据《建筑桩基技术规范》（JGJ 94—2008）计算，基桩承受的最大上拔力最接近下列何值？（基础及其上土的平均重度为 20kN/m³）　　　　　　　　　　　　　　　　　　　　　　（　　）

题 10 图

（A）80kN　　　　　（B）180kN　　　　　（C）250kN　　　　　（D）420kN

11. 某高层建筑，拟采用钻孔灌注桩桩筏基础，筏板底埋深为地面下 5.0m。地层条件见表（1）。设计桩径 0.8m，经计算桩端需进入碎石土层 1.0m。由永久作用控制的基本组合条件下，桩基轴心受压。根据《建筑地基基础设计规范》（GB 50007—2011）设计，基桩竖向抗压承载力不受桩身强度控制及满足规范要求的桩身混凝土强度等级最低为下列哪个选项？［工作条件系数取 0.6，混凝土轴心抗压强度设计值见表（2）］　　　　　　　　　　　　　　　　　　　　　　（　　）

题 11 表（1）

层号	土体名称	层底埋深（m）	q_{sa}（kPa）	q_{pa}（kPa）
①	粉土	10.0	15	
②	中细砂	18.0	25	
③	中粗砂	20.0	70	
④	碎石土	>30.0	75	1500

题 11 表（2）

混凝土强度等级	C15	C20	C25	C30	C35
轴心抗压强度设计值（MPa）	7.2	9.6	11.9	14.3	16.7

（A）C20　　　　　（B）C25　　　　　（C）C30　　　　　（D）C35

12. 某大面积场地，原状地层从上到下依次为：①层细砂，厚度 1.0m，重度 18kN/m³；②层饱和淤泥质土，厚度 10m，重度 16kN/m³；③层中砂，厚度 8m，重度 19.5kN/m³。场地采用堆载预压进行处理，场地表面的均布堆载为 100kPa。②层饱和淤泥质土的孔隙比为 1.2，压缩系数为 0.6MPa⁻¹，渗透系数为 0.1m/年。问堆载 9 个月后，②层土的压缩量最接近下列何值？　　　　　　　（　　）

（A）162mm　　　　　（B）195mm　　　　　（C）230mm　　　　　（D）258mm

13. 某场地为细砂地基，天然孔隙比 $e_0 = 0.95$，最大孔隙比 $e_{max} = 1.10$，最小孔隙比 $e_{min} = 0.60$。拟采用沉管砂石桩处理，等边三角形布桩，桩长 10m，沉管外径 600mm，桩距 1.75m。要求砂石桩挤密处理后细砂孔隙比不大于 0.75 且相对密实度不小于 0.80，根据《建筑地基处理技术规范》（JGJ 79—2012），则每根砂石桩体积最接近下列哪个选项？（不考虑振动下沉密实作用，处理前后场地高程不变） （ ）

（A）2.5m³ （B）2.8m³ （C）3.1m³ （D）3.4m³

14. 某场地采用 ϕ500 单轴水泥土搅拌桩加固，设计水泥掺量为 15%，水泥浆液水灰比为 0.5，已知土体重度为 17kN/m³，施工灰浆泵排量为 10L/min，两次等量喷浆施工，则搅拌桩施工时应控制喷浆提升速率最大值最接近下列哪个选项？（水泥相对密度取 3.0，重力加速度取 10m/s²） （ ）

（A）2.0m/min （B）1.0m/min （C）0.5m/min （D）0.25m/min

15. 某柔性加筋土挡墙如图所示，高度 8m，筋材采用土工格栅满铺，筋材竖向间距 0.8m，材料的实测极限抗拉强度 $T = 145kN/m$，每层筋材总长度均为 7.5m，包裹长度为 1.5m，墙面采用挂网喷射混凝土防护，填料采用砂土，$\gamma = 20kN/m^3$，$c = 0$，$\varphi = 30°$，筋材的综合强度折减系数取 3.0，筋材与填料间的摩擦系数取 0.25。因场地条件限制，需在挡墙顶进行堆载，根据《土工合成材料应用技术规范》（GB/T 50290—2014），为满足加筋挡墙内部稳定性要求，则堆载最大值最接近下列哪个选项？ （ ）

题 15 图

（A）10kPa （B）15kPa （C）20kPa （D）25kPa

16. 如图所示，某边坡坡面倾角 $\beta = 65°$，坡顶面倾角 $\theta = 25°$，土的重度 $\gamma = 19kN/m^3$。假设滑动面倾角 $\alpha = 40°$，其参数 $c = 15kPa$，$\varphi = 25°$，滑动面长度 $L = 65m$，图中 $h = 10m$，试计算边坡的稳定安全系数最接近下列哪个选项？ （ ）

题 16 图

（A）0.72 （B）0.88 （C）0.98 （D）1.08

17. 某填方边坡高 8m，拟采用重力式挡土墙进行支挡，墙背垂直、光滑，墙底水平，墙后填土水平，内摩擦角 $\varphi_e = 30°$，黏聚力 $c = 0$，重度为 20kN/m³；地基土为黏性土，与墙底间的摩擦系数为 0.4。已知墙顶宽 2.5m，墙体重度为 24kN/m³。按《建筑边坡工程技术规范》（GB 50330—2013）相关要求，计算满足抗滑稳定性所需要的挡墙面最陡坡率最接近下列哪个选项？（不考虑主动土压力增大系数）（   ）

题 17 图

（A）1：0.25 　　　（B）1：0.28 　　　（C）1：0.30 　　　（D）1：0.32

18. 某建筑基坑深 10.5m，安全等级为二级，地层条件如图所示，地下水埋深超过 20m，上部 2.5m 填土采用退台放坡，放坡坡度为 45°，下部采用桩撑支护，详见下图。则按《建筑基坑支护技术规程》（JGJ 120—2012），计算填土在桩顶下 4m 位置的支护结构上产生的主动土压力强度标准值最接近下列哪个选项？　　　　　　　　　　　　　　　　　　　　　　　　　（   ）

题 18 图

（A）0kPa 　　　（B）5.5kPa 　　　（C）8.0kPa 　　　（D）10.2kPa

19. 某基坑深 6m，拟采用桩撑支护，桩径 600mm，桩长 9m，间距 1.2m，桩间摆喷与支护桩共同形成厚 600mm 的悬挂止水帷幕。场地地表往下 6m 为粉砂层，再下为细砂层，两砂层的渗透系数以及细砂层的强度指标与重度见下图。坑内外水位如图所示，考虑渗流作用时，单根支护桩被动侧的水压力与被动土压力计算值之和最接近下列哪个选项？（水的重度取 10kN/m³）　　　（   ）

题 19 图

（A）147kN   （B）165kN   （C）176kN   （D）206kN

20. 关中地区湿陷性黄土场地上某拟建多层建筑，基础埋深为天然地面下 1.5m，控制性勘探点深度 23m，自地面下 1m 起每米采取土样进行湿陷性试验，经计算自重湿陷量 $\Delta_{zs}=355mm$，不同深度处的湿陷系数如图所示。根据《湿陷性黄土地区建筑标准》（GB 50025—2018）规定计算的基础底面下 0～5m 湿陷量（Δ_s）为 301.5mm，5～10m 湿陷量（Δ_s）为 111.4mm，10～20m 湿陷量（Δ_s）为 260.82mm，20～21m 湿陷量（Δ_s）为 9.18mm。根据规范要求，采取消除该建筑地基部分湿陷量措施，则基底下最小处理厚度为下列哪个选项？   （   ）

题 20 图

（A）7m   （B）9m   （C）10m   （D）12.5m

21. 某三层楼位于膨胀土地基上，大气影响深度和浸水影响深度均为 4.6m，基础埋深为 1.6m，土的重度均为 17kN/m³，经试验测得土的膨胀率与垂直压力的关系如下表所示。荷载准永久组合时基底中心点下的附加应力分布如下图所示。试按《膨胀土地区建筑技术规范》（GB 50112—2013），计算该基础中心点下地基土的膨胀变形量最接近下列哪个选项？　　　　　　　　　　　　（　　）

题 21 图（尺寸单位：mm）

膨胀率与垂直压力关系表

题 21 表

试验点	垂直压力p（kPa）	膨胀率δ_{cp}（%）	试验点	垂直压力p（kPa）	膨胀率δ_{cp}（%）
1	8	10	4	110	4
2	60	8	5	130	2
3	90	6			

（A）87mm　　　　　　（B）93mm　　　　　　（C）145mm　　　　　　（D）155mm

22. 某铁路工程通过盐渍土场地，地下水位埋深 2m。地面下 2m 深度内采取土样进行易溶盐含量测定，结果见下表。0～1m 深度土中离子含量：CO_3^{2-}含量 6.88mmol/kg，HCO_3^-含量 0.18mmol/kg，Cl^-含量 25.77mmol/kg，SO_4^{2-}含量 20.74mmol/kg。1～2m 深度内土中离子含量：CO_3^{2-}含量 0，HCO_3^-含量 0.30mmol/kg，Cl^-含量 5.1mmol/kg，SO_4^{2-}含量 12.34mmol/kg。按照《铁路工程特殊岩土勘察规程》（TB 10038—2022）判定，该工程盐渍土的盐渍化程度分级为下列哪个选项？　　　　　　（　　）

题 22 表

取样深度（m）	0～0.05	0.05～0.25	0.25～0.5	0.5～0.75	0.75～1.0	1.0～1.5	1.5～2.0
易溶盐含量（%）	10.21	4.02	2.11	2.03	2.02	0.29	0.25

（A）弱盐渍土　　　　（B）中盐渍土　　　　（C）强盐渍土　　　　（D）超盐渍土

23. 某重要厂房采用天然地基，独立基础，基础埋深 1.5m，按照《建筑抗震设计规范》（GB 50011—2010）（2016 年版）规定，场地抗震设防烈度为 8 度，设计基本地震加速度为 0.20g，设计地震分组为第一组，历史最高地下水位埋深 3.0m，地层资料见下表，试确定该钻孔液化指数最接近下列哪个选项？（注：黏粒含量采用六偏磷酸钠做分散剂测定）　　　　　　　　　　　　　　　（　　）

题 23 表

土层编号	土名	层底深度（m）	标贯点深度（m）	实测标贯击数（击）	黏粒含量（%）
①	粉质黏土	1.5	—	—	—
②	粉砂	9.0	5.0	9	5
			7.0	10	5

土层编号	土名	层底深度（m）	标贯点深度（m）	实测标贯击数（击）	黏粒含量（%）
③	粉土	12.0	10.0	10	14
			11.0	12	14
④	粉质黏土	18.0	17.0	15	22
⑤	粉土	22.0	19.0	12	15
			21.0	15	16

（A）1.66 　　　（B）13.56 　　　（C）14.16 　　　（D）16.89

24.某水利水电工程位于 8 度地震区，地震动峰值加速度为 $0.30g$。地基土为液化砂土，厚 8.0m，经试验得到砂土 $e_{max} = 0.950$，$e_{min} = 0.580$，初始孔隙比 $e_0 = 0.851$。拟采用不加填料振冲法对地基进行大范围处理，要求处理后地基不液化，根据《水利水电工程地质勘察规范》（GB 50487—2008）（2022 年版），处理后砂土地基地表最小下沉量最接近下列哪个选项？　　　（　　）

（A）0.57m 　　　（B）0.65m 　　　（C）0.74m 　　　（D）0.85m

25.某建筑土质边坡采用锚杆进行支护，对锚杆进行了一组三根多循环加卸载试验，各锚杆最后一个循环加载过程试验结果如下表所示。试根据《建筑边坡工程技术规范》（GB 50330—2013）确定该工程锚杆的极限承载力标准值最接近下列哪个选项？　　　（　　）

题 25 表

序号	试验荷载（kN）	锚头位移（mm）		
		第一根	第二根	第三根
1	0	0.00	0.00	0.00
2	40	9.88	10.40	11.28
3	120	26.27	22.06	21.25
4	200	47.50	38.22	30.94
5	280	62.97	62.18	49.26
6	360	82.16	88.12	67.37
7	400	92.06	174.50	82.11

（A）280kN 　　　（B）360kN 　　　（C）387kN 　　　（D）400kN

2020 年案例分析试题（下午卷）

1. 某钻孔揭露地层如图所示，在孔深 7.5m 处进行螺旋载荷板试验。板直径为 160mm，当荷载为 5kN 时，载荷板沉降量为 2.3mm。试计算该深度处土层的一维压缩模量最接近下列哪个选项？（无因次沉降系数 S_c 为 0.62，$\gamma_w = 10kN/m^3$） （　　）

题 1 图

（A）5MPa　　　　　（B）10MPa　　　　　（C）16MPa　　　　　（D）18MPa

2. 某场地内花岗岩球状风化体发育，分布无规律。某钻孔揭露的地层信息见下表。试计算该钻孔花岗岩球状风化体的总厚度为下列哪个选项？ （　　）

题 2 表

地层深度（m）	岩性	地层深度（m）	岩性	地层深度（m）	岩性
0～4	淤泥	25～28	全风化花岗岩	41～45	微风化花岗岩
4～7	微风化花岗岩	28～30	中风化花岗岩	45～47	强风化花岗岩（块状）
7～10	淤泥质土	30～32	全风化花岗岩	47～48	中风化花岗岩
10～20	粉质黏土	32～36	强风化花岗岩	48～53	微风化花岗岩
20～23	全风化粉砂岩	36～39	微风化花岗岩		
23～25	中风化粉砂岩	39～41	强风化花岗岩		

（A）7m　　　　　（B）9m　　　　　（C）11m　　　　　（D）14m

3. 某水电工程的地下洞室，轴线走向 NE40°，跨度 10m，进洞后 20～120m 段，围岩为巨厚层石英砂岩，岩层产状 NE50°/SE∠20°，层面紧密起伏粗糙，其他结构面不发育。测得岩石和岩体弹性波纵波速度分别为 4000m/s、3500m/s，岩石饱和单轴抗压强度为 101MPa。洞内有地下水渗出，测得该段范围内总出水量约 200L/min；洞室所在地段，区域最大主应力为 22MPa。根据《水利水电工程地质勘察规范》（GB 50487—2008）（2022 年版），该段洞室围岩详细分类和岩爆分级应为下列哪个选项？并说明理由。 （　　）

（A）围岩 I 类，岩爆 I 级　　　　　　　　　（B）围岩 II 类、岩爆 II 级

（C）围岩 III 类、岩爆 I 级　　　　　　　　（D）围岩 III 类、岩爆 II 级

4. 某场地拟采用弃土和花岗岩残积土按体积比 3∶1 均匀混合后作为填料。已知弃土天然重度为

20kN/m³，大于 5mm 土粒质量占比为 35%，2～5mm 为 30%，小于 0.075mm 为 20%，颗粒多呈亚圆形；残积土天然重度为 18kN/m³，大于 2mm 土粒质量占比为 20%，小于 0.075mm 为 65%。混合后土的细粒部分用液塑限联合测定仪测得圆锥入土深度与含水量关系曲线，如图所示。按《岩土工程勘察规范》（GB 50021—2001）（2009 年版）的定名原则，混合后土的定名应为以下哪种土？（请给出计算过程）　　　　　　　　　　　　　　　　　　　　　　　　（　　　）

题 4 图

（A）含黏土圆砾　　　　　　　　　　　（B）含圆砾粉质黏土

（C）含粉质黏土圆砾　　　　　　　　　（D）含圆砾黏土

5. 某大面积地下建筑工程，基坑开挖前基底平面处地基土的自重应力为 400kPa，由土的固结试验获得基底下地基土的回弹再压缩参数，并确定其再压缩比率与再加荷比关系曲线，如图所示。已知基坑开挖完成后基底中心点的地基回弹变形量为 50mm，工程建成后的基底压力为 100kPa，按照《建筑地基基础设计规范》（GB 50007—2011）计算工程建成后基底中心点的地基沉降变形量，其值最接近下列哪个选项？　　　　　　　　　　　　　　　　　　　　　　　　　　　　　（　　　）

题 5 图

（A）12mm　　　　　　（B）15mm　　　　　　（C）30mm　　　　　　（D）45mm

6. 某地下结构抗浮采用预应力锚杆，基础的钢筋混凝土抗水板厚度为 300m，混凝土强度等级为 C35，其上设置的抗浮预应力锚杆拉力设计值为 320kN。锚杆与抗水板的连接如图所示。图中锚垫板为正方形钢板，为满足《建筑地基基础设计规范》（GB 50007—2011）的要求，该钢板的边长至少为下列何值？（C35 混凝土抗压强度设计值为 16.7MPa，抗拉强度设计值为 1.57MPa，抗水板钢筋的混凝土保护层厚度为 50mm，钢板厚度满足要求）   （   ）

题 6 图

　（A）100mm　　　　（B）150mm　　　　（C）200mm　　　　（D）250mm

7. 某轻钢结构广告牌，结构自重忽略不计。作用在该结构上的最大力矩为 200kN·m，该构筑物拟采用正方形的钢筋混凝土独立基础，基础高度 1.6m，基础埋深 1.6m。基底持力层土深宽修正后的地基承载力特征值为 60kPa。若不允许基础的基底出现零应力区，且地基承载力满足规范要求，根据《建筑地基基础设计规范》（GB 50007—2011），基础边长的最小值应取下列何值？（钢筋混凝土重度为 25kN/m³）   （   ）

题 7 图

　（A）2.7m　　　　　（B）3.0m　　　　　（C）3.2m　　　　　（D）3.4m

8. 某变形已稳定的既有建筑，矩形基础底面尺寸为 4m×6m，基础埋深 2.0m，原建筑作用于基础底面的竖向合力为 3100kN（含基础及其上土重），因增层改造增加荷载 1950kN。地基土分布如图所示，粉质黏土层综合 e-p 试验数据见下表，地下水位埋藏很深。已知沉降计算经验系数为 0.6，不计密实砂层的压缩量，按照《建筑地基基础设计规范》（GB 50007—2011）规定计算，因建筑改造，该基础中心点增加的沉降量最接近下列哪个选项？   （   ）

题 8 图

题 8 表

压力 p（kPa）	0	50	100	200	300	400	600
孔隙比 e	0.768	0.751	0.740	0.725	0.710	0.705	0.689

（A）16mm   （B）25mm   （C）50mm   （D）65mm

9. 某建筑地基土为细中砂，饱和重度为 20kN/m³，采用 38m×20m 的筏板基础，为满足抗浮要求，按间距 1.2m×1.2m 满堂布置直径 400mm、长 10m 的抗拔桩，桩身混凝土重度为 25kN/m³，桩侧土的抗压极限侧阻力标准值为 60kPa，抗拔系数 $\lambda = 0.6$，根据《建筑桩基技术规范》（JGJ 94—2008），验算群桩基础抗浮呈整体破坏时，基桩所承受的最大上拔力 N_k 最接近下列哪个选项？（　　）

（A）180kN   （B）220kN   （C）320kN   （D）350kN

10. 某厂房基础，采用柱下独立等边三桩承台基础，桩径 0.8m，地层及勘察揭露如图所示。计算得到通过承台形心至各边边缘正交截面范围内板带的弯矩设计值为 1500kN·m，根据《建筑桩基技术规范》（JGJ 94—2008），满足受力和规范要求的最小桩长不宜小于下列哪个选项？（取荷载效应基本组合为标准组合的 1.35 倍；不考虑承台及其上土重等其他荷载效应）（　　）

题 10 图

（A）14.0m   （B）15.0m   （C）15.5m   （D）16.5m

11. 某换填垫层地基上建造条形基础和圆形独立基础，平面布置如图所示。基础埋深均为 1.5m，地下水位很深，基底以上土层的天然重度为 17kN/m³，基底下换填垫层厚度为 2.2m，重度为 20kN/m³，条形基础荷载（作用于基础底面处）500kN/m，圆形基础荷载（作用于基础底面处）1400kN。换填垫层的压力扩散角为 30°时，换填垫层底面处的自重压力和附加压力之和的最大值最接近下列哪个选项？（ ）

独立基础
直径3m

条形基础

2.5m 2.0m

题 11 图

（A）120kPa （B）155kPa （C）190kPa （D）205kPa

12. 某建筑物采用水泥土搅拌桩处理地基，场地地面以下各土层的厚度、承载力和压缩模量见下表。基础埋深为地面下 2m，桩长 6m。搅拌桩施工完成后进行了复合地基载荷试验，测得复合地基承载力 $f_{spk}=220kPa$。基础底面以下压缩层范围内的地基附加应力系数如图所示。计算压缩层的压缩模量当量值最接近下列哪个选项？（忽略褥垫层厚度）（ ）

题 12 表

层序	层厚（m）	天然地基承载力特征值f_{ak}（kPa）	天然地基压缩模量E_s（MPa）
①	4	110	10
②	2	100	8
③	6	200	20

（桩顶以下深度）

Z(m)

题 12 图

（A）17MPa （B）19MPa （C）21MPa （D）24MPa

13. 某堆场地层为深厚黏土，承载力特征值 $f_{ak}=90kPa$。拟采用碎石桩和 CFG 桩多桩型复合地基进行处理，要求处理后地基承载力 $f_{spk} \geqslant 300kPa$。其中碎石桩桩径 800mm，桩土应力比 2，CFG 桩桩径 450mm，单桩承载力特征值为 850kN。若按正方形均匀布桩，如图所示，则合适的 S 最接近下面哪个选项？［按《建筑地基处理技术规范》（JGJ 79—2012）计算，单桩承载力发挥系数 $\lambda_1 = \lambda_2 = 1.0$，桩间土承载力发挥系数为 0.9，复合地基承载力不考虑深度修正，处理后桩间土承载力提高 30%］（ ）

○ 代表碎石桩
● 代表CFG桩

题 13 图

（A）1.0m　　　　（B）1.3m　　　　（C）1.5m　　　　（D）1.8m

14. 如图所示某重力式挡墙，墙背为折线形。墙后填土为无黏性土，地面倾角 20°，填土内摩擦角 30°，重度可近似取 20kN/m³，墙背摩擦角为 0°。水位在墙底之下，每延米墙重约 650kN，墙底与地基的摩擦系数约为 0.45，墙背AB段主动土压力系数为 0.44，BC段主动土压力系数为 0.313，用延长墙背法计算该挡墙每延长米所受土压力时，该挡墙的抗滑移稳定系数最接近下列哪个选项？（不考虑主动土压力增大系数）　　　　　　　　　　　　（　　）

$\varphi = 30°$
$c = 0$
$\gamma = 20kN/m^3$

题 14 图

（A）1.04　　　　（B）1.26　　　　（C）1.32　　　　（D）1.52

15. 某边坡工程，地层中存在稳定渗流，其测压管测试结果、土层分布如图所示，土层参数如下：层①天然重度$\gamma_1 = 17kN/m^3$；层②天然重度$\gamma_2 = 16kN/m^3$，饱和重度$\gamma_{2sat} = 19kN/m^3$；层③饱和重度$\gamma_{3sat} = 20kN/m^3$，渗透系数$k_3 = 5 \times 10^{-5}m/s$；层④饱和重度$\gamma_{4sat} = 20kN/m^3$，渗透系数$k_4 = 1 \times 10^{-4}m/s$；层③顶上部存在 1m 的饱和毛细水。试计算图中③层层底D点处土的竖向有效应力最接近下列哪个选项？（$\gamma_w = 10kN/m^3$）　　　　　　　（　　）

题 15 图

（A）76kPa　　　　（B）105kPa　　　　（C）108kPa　　　　（D）120kPa

16. 某均匀无黏性土边坡高 6m，无地下水，采用悬臂式桩板墙支护，支护桩嵌固到土中 12m。已知土体重度 $\gamma = 20kN/m^3$，黏聚力 $c = 0$，内摩擦角 $\varphi = 25°$。假定支护桩被动区嵌固反力、主动区主动土压力均采用朗肯土压力理论进行计算，且土反力、主动土压力计算宽度均取为 $b = 2.5m$。试计算该桩板墙桩身最大弯矩最接近下列哪个选项？ （ ）

题 16 图

（A）1375kN·m   （B）2075kN·m   （C）2250kN·m   （D）2565kN·m

17. 某地下三层基坑采用地连墙结合三道支撑明挖法施工，立柱桩孔施工后以碎石回填。基坑围护剖面如图所示，支撑在下层楼板（或底板）换撑后逐道拆除。按照《建筑基坑支护技术规程》（JGJ 120—2012），根据各工况条件复核各道支撑立柱的最大受压计算长度最接近下列哪个选项？ （ ）

题 17 图

（A）第一道 6.1m，第二道 6.5m，第三道 2.45m

（B）第一道 11.3m，第二道 9.8m，第三道 3.3m

（C）第一道 8.6m，第二道 9.0m，第三道 5.95m

（D）第一道 11.3m，第二道 9.8m，第三道 5.95m

18. 某铁路单线浅埋隧道，围岩等级Ⅳ级，地面坡度为 1:2，坑道跨度 5.5m，坑道结构高度 9.25m，隧道外侧拱肩至地面的垂直距离 7.0m，围岩重度 22.5kN/m³，计算摩擦角 48°，顶板土柱两侧摩擦角为 0.8 倍计算摩擦角。根据《铁路隧道设计规范》（TB 10003—2016），隧道内侧在荷载作用下的水平侧压力合力最接近下列哪个选项？ （ ）

题 18 图

（A）320kN/m （B）448kN/m （C）557kN/m （D）646kN/m

19. 某高速公路永久路堑膨胀土边坡高度为 5.5m，该路段膨胀土的自由膨胀率试验结果见下表，拟采用坡率法设计，试按《膨胀土地区建筑技术规范》（GB 50112—2013）和《公路路基设计规范》（JTG D30—2015）确定合理的碎落台宽度为下列哪个选项？ （ ）

自由膨胀率试验记录表　　　　题 19 表

试样编号	干土质量（g）	量筒编号	不同时间体积读数（mL）					
			2h	4h	6h	8h	10h	12h
SY1	8.84	1	18.2	18.6	19.0	19.2	19.3	19.3
	8.96	2	18.0	18.3	18.7	19.0	19.1	19.1
SY2	8.82	3	18.1	18.5	18.9	19.1	19.2	19.2
	8.83	4	18.3	18.7	19.0	19.3	19.4	19.4

注：量筒容积为 50mL，量土杯容积为 10mL。

（A）1.0m （B）1.5m （C）2.0m （D）2.5m

20. 云南某黏性泥石流沟，流域面积 10km²，其中形成区面积 7.0km²、堆积区面积大于 2.6km²，形成区内固体物质平均天然（重量）含水量 15%，流域内沟道顺直、无堵塞（堵塞系数取 1.0）。泥石流重度 19kN/m³，固体物质重度 25kN/m³，所在地区 50 年一遇小时降雨量 100mm。在全流域汇流条件下，采用雨洪修正法估算泥石流峰值流量，所得结果最接近下列哪一项？（注：水的重度取 10kN/m³，假定小时暴雨强度不衰减，最大洪峰流量计算公式：$Q_w = 0.278 \times$ 降雨量 $\times$ 集水面积 $\times$ 径流系数 K，K 取 0.25） （ ）

（A）35m³/s （B）48m³/s （C）121m³/s （D）173m³/s

21. 拟开挖形成 *A-B-C* 段岩质边坡，如图所示，边坡直立，高度 *BF* = 5m。J1 为滑动面，产状 135°∠30°，滑面泥化，抗剪强度参数 *c* = 12kPa，*φ* = 10°；J1 与 *AB* 边坡交于 *D* 点，*DB* = 12.25m，*FD* 与水平面交角

22.2°；J1 与*BC*边坡交于*E*点，*BE* = 12.25m，*FE*与水平面交角 22.2°。拟在边坡顶部施加集中荷载*N*，*N* = 200kN，问*A-B-C*段边坡施加集中荷载*N*后的稳定系数最接近下列哪一项？（岩体重度24kN/m³，不计水压力作用，三棱锥体积为$V = \frac{1}{3} \times$ 底面积 × 高）　　　　　（　　）

题 21 图

（A）0.75　　　　（B）0.87　　　　（C）0.95　　　　（D）1.08

22. 某景区自然形成悬挑岩石景观平台，由巨厚层状水平岩层组成，如图所示，岩质坚硬且未见裂隙发育，岩体抗压强度 60MPa，抗拉强度 1.22MPa，重度 25kN/m³，悬挑部分宽度*B* = 4m，长度*L* = 4m，厚度*h* = 3m。为了确保安全，需控制游客数量，问当安全系数为 3.0 时，该悬挑景观平台上最多可以容纳多少人？（游客自重按 800N/人计，人员集中靠近于栏杆观景）（　　）

题 22 图

（A）4　　　　　（B）8　　　　　（C）12　　　　　（D）16

23. 已知某场地处于不同场地类别的分界线附近，设计地震分组为第一组，典型钻孔资料和剪切波速测试结果详见下表，试根据《建筑抗震设计规范》（GB 50011—2010）（2016 年版）用插值方法确定场地特征周期T_g最接近下列哪个选项？（　　）

题 23 表

层序	岩土名称	层底深度（m）	平均剪切波速V_s（m/s）
1	基岩	2.0	135
2	新近沉积粉质黏土	5.0	170
3	粉细砂	10.0	220
4	中粗砂	21.0	340
5	粉质黏土	29.0	260

续上表

层序	岩土名称	层底深度（m）	平均剪切波速V_s（m/s）
6	粗砂	46.0	380
7	卵石	53.0	560
8	基岩	—	800

  （A）0.25s   （B）0.35s   （C）0.39s   （D）0.45s

24. 某建筑场地覆盖层厚度为 8.0m，设计基本地震加速度为 0.30g，设计地震分组为第二组，若拟建建筑物自振周期为 0.55s，阻尼比为 0.45，按照《建筑抗震设计规范》（GB 50011—2010）（2016 年版），试计算罕遇地震作用时水平地震影响系数为下列哪个选项？   （ ）

  （A）0.11   （B）0.47   （C）0.52   （D）0.57

25. 某建筑工程，地基土为黏性土，其地基承载力特征值f_{ak} = 110kPa，拟采用 CFG 桩复合地基提高地基强度，桩间距取 1.4m，按正三角形布桩，设计要求复合地基承载力特征值为 260kPa。为了给设计提供依据，采用双支墩压重平台进行单桩复合地基载荷试验，支墩置于原地基土上，根据《建筑地基检测技术规范》（JGJ 340—2015），试确定单个支墩底面积最小值接近下列哪个选项？（假设支墩及反力装置刚度均满足要求）   （ ）

  （A）2.7m^2 （B）3.3m^2 （C）4.1m^2 （D）5.4m^2

2021 年案例分析试题（上午卷）

1. 某拟建场地内存在废弃人防洞室，长、宽、高分别为 200m、2m、3m，顶板距地表 1.5m；洞顶土层天然重度 17kN/m³，天然含水量 15%，最大干重度 17.5kN/m³。开工前采取措施使该段人防洞室依照断面形状完全垂直塌落后，再填平并压实至原地表高度，不足部分从附近场地同一土层取土，要求塌落土及回填土压实系数 ≥ 0.96。依据上述信息，估算所需外部取土的最少方量，最接近下列哪个选项？（不考虑人防洞室结构体积）　　　　　　　　　　　　　　　　　（　　）

（A）1220m³　　　　　（B）1356m³　　　　　（C）1446m³　　　　　（D）1532m³

2. 某水利排水基槽试验，槽底为砂土，地下水由下往上流动，水头差 70cm，渗流长度 50cm，砂土颗粒相对密度 $G_s = 2.65$，孔隙比 $e = 0.42$，饱和重度 $\gamma_{sat} = 21.6$kN/m³，不均匀系数 $C_u = 4$。根据《水利水电工程地质勘察规范》（GB 50487—2008）（2022 年版），对砂土渗透破坏的判断，下列哪个选项说法最合理？　　　　　　　　　　　　　　　　　　　　　　（　　）

（A）会发生管涌　　　　　　　　　　　　（B）会发生流土
（C）会发生接触冲刷　　　　　　　　　　（D）不会发生渗透变形

3. 某隧道呈南北走向，勘察时在隧道两侧各布置 1 个钻孔，隧道位置及断面、钻孔深度、孔口高程及揭露的地层见下图。场地基岩为泥岩、砂岩，岩层产状 270°∠45°，层面属软弱结构面，其他构造不发育，场地属低地应力区（可不进行初始应力状态修正）。经抽水试验，孔内地下水位无法恢复。室内试验和现场测试所得结果见下表。依据《工程岩体分级标准》（GB/T 50218—2014），隧道围岩分级为下列哪个选项？　　　　　　　　　　　　　　　　　　　　　　　　　　（　　）

题 3 图（尺寸单位：m）

题 3 表

岩性	岩石单轴抗压强度（MPa）		岩体完整性系数	压水试验流量（L/min·m）
	天然	饱和		
砂岩	62	55	0.75	11.5
泥岩	21	15	0.72	4.5

（A）Ⅱ级　　　　　（B）Ⅲ级　　　　　（C）Ⅳ级　　　　　（D）Ⅴ级

4. 对某二级公路路堤填土进行分层检测，测得上路堤填土密度 1.95g/cm³，含水量 18.1%；下路堤填土密度 1.87g/cm³，含水量 18.6%。路堤填料击实试验结果见下图，对公路上、下路堤的填土压实度进行评价，下列哪个选项正确？　　　　　　　　　　　　（　　）

题 4 图

（A）上、下路堤压实度均不满足规范要求

（B）上、下路堤压实度均满足规范要求

（C）上路堤压实度满足规范要求、下路堤压实度不满足规范要求

（D）上路堤压实度不满足规范要求、下路堤压实度满足规范要求

5. 如图所示，某多年冻土区铁路桥墩建于河中，冬季时冰面高 1.0m，地基土为密实中砂土，最大季节冻深线埋深 1.5m，地基土冻胀时对混凝土基础的单位切向冻胀力τ为 120kPa，多年冻土上限埋深 2.5m。基础顶面埋深 0.5m，底面埋深 3.0m。按《铁路桥涵地基和基础设计规范》（TB 10093—2017）计算作用于基础和墩身的切向冻胀力最接近下列哪个选项？（桥墩及基础均为钢筋混凝土材质）　　　　　　　　　　　　　　　　　　　　　　　　　　　　　　（　　）

题 5 图（尺寸单位：m）

（A）1820kN　　　　（B）2365kN　　　　（C）2685kN　　　　（D）3010kN

6. 某建筑场地20m深度范围内地基土参数如表所示，20m以下为厚层密实卵石，地下潜水位位于地表；场地设计基本地震加速度值0.30g，设计地震分组为第一组，场地类别为Ⅱ类。拟建建筑高60m，拟采用天然地基，筏板基础，底面尺寸35m×15m，荷载标准组合下基底压力为450kPa。若地基变形能满足要求，按《建筑地基基础设计规范》（GB 50007—2011），该建筑基础最小埋置深度为下列哪个选项？（水的重度取10kN/m³）　　　　　　　　（　　）

题6表

地层层号	层底深度（m）	饱和重度（kN/m³）	颗粒组成（%）					标准贯入试验锤击数N（击）	承载力特征值f_ak（kPa）
			>1.0	1.0~0.5	0.5~0.25	0.25~0.075	<0.075		
①	4.0	20.3	0	4.1	32.1	24.0	39.8	20	160
②	20.0	20.3	7.0	5.0	42.5	32.6	12.9	23	180

注：表中"颗粒组成"项下百分比的含义为此范围内的颗粒质量与总质量的比值。

（A）3.5m　　　　　（B）4.0m　　　　　（C）4.5m　　　　　（D）7.5m

7. 某建筑室内柱基础A为承受轴心竖向荷载的矩形基础，基础底面尺寸为3.2m×2.4m，勘察揭露的场地工程地质条件和土层参数如图所示，勘探孔深度15m。按《建筑地基基础设计规范》（GB 50007—2011），根据土的抗剪强度指标确定的地基承载力特征值最接近下列哪个选项？　　（　　）

题7图（尺寸单位：m）

（A）73kPa　　　　　（B）86kPa　　　　　（C）94kPa　　　　　（D）303kPa

8. 圆形柱截面直径0.5m，柱下方形基础底面边长2.5m，高度0.6m，如图所示。基础混凝土强度等级C25，轴心抗拉强度设计值$f_t = 1.27$MPa。基底下设厚度100mm的C15素混凝土垫层，基础钢筋保护层厚度取40mm。按照《建筑地基基础设计规范》（GB 50007—2011）规定的柱与基础交接处受冲切承载力的验算要求，柱下基础顶面可承受的最大竖向力设计值F最接近下列哪个选项？　　（　　）

题8图（尺寸单位：m）

（A）990kN　　　　　（B）1660kN　　　　　（C）2370kN　　　　　（D）3640kN

9. 某预制混凝土实心方桩基础，高桩承台，方桩边长为 500mm，桩身露出地面的长度为 6m，桩入土长度为 20m，桩端持力层为粉砂层，桩的水平变形系数 α 为 0.483（1/m），桩顶铰接，桩顶以下 3m 范围内箍筋间距为 150mm，纵向主筋截面面积 $A'_s = 2826mm^2$，主筋抗压强度设计值 $f'_y = 360N/mm^2$。桩身混凝土强度等级为 C30，轴心抗压强度设计值 $f_c = 14.3N/mm^2$。按照《建筑桩基技术规范》（JGJ 94—2008）规定的轴心受压桩正截面受压承载力验算要求，该基桩能承受的最大桩顶轴向压力设计值最接近下列哪个选项？（不考虑桩侧土性对桩出露地面和入土长度的影响）　　　（　　）

（A）1820kN　　　　（B）2270kN　　　　（C）3040kN　　　　（D）3190kN

10. 某独立承台 PHC 管桩基础，管桩外径 800mm，壁厚 110mm，桩端敞口，承台底面以下桩长 22.0m，桩的布置及土层分布情况如图所示，地表水与地下水联系紧密。桩身混凝土重度为 24.0kN/m³，群桩基础所包围体积内的桩土平均重度取 18.8kN/m³（忽略自由段桩身自重），水的重度取 10kN/m³。按《建筑桩基技术规范》（JGJ 94—2008）验算，荷载标准组合下基桩可承受的最大上拔力最接近下列哪个选项？（不考虑桩端土塞效应，不受桩身强度控制）　　　（　　）

题 10 图（尺寸单位：m）

（A）660kN　　　　（B）1270kN　　　　（C）1900kN　　　　（D）2900kN

11. 某建筑采用桩筏基础，筏板尺寸为 41m×17m，正方形满堂布桩，桩径 600mm，桩间距 3m，桩长 20m，基底埋深 5m，荷载效应标准组合下传至筏板顶面的平均荷载为 400kPa，地下水位埋深 5m，地层条件及相关参数如图所示，满足《建筑桩基技术规范》（JGJ 94—2008）相关规定所需的最小软弱下卧层承载力特征值（经深度修正后的值）最接近下列哪个选项？　　　（　　）

题 11 图（尺寸单位：mm）

（A）190kPa （B）215kPa （C）270kPa （D）485kPa

12.某填土地基,平均干密度为 1.3t/m³。现采用注浆法加固,平均每立方米土体中注入水泥浆 0.2m³,水泥浆水灰比 0.8（质量比）,假定水泥在土体中发生水化反应需水量为水泥重量的 24%,加固后该地基土的平均干密度最接近下列哪个选项？（水泥相对密度取 3.0,水的重度取 10kN/m³,加固前后地面标高无变化）　　　　　　　　　　　　　　　　　　　　（　　）

（A）1.44t/m³ （B）1.48t/m³ （C）1.52t/m³ （D）1.56t/m³

13.某粉土场地,加固处理前其孔隙比为 0.95,地基承载力特征值为 130kPa。现采用柱锤冲扩桩复合地基,桩径为 500mm,桩距为 1.2m,等边三角形布桩。假设处理后桩间土层地基承载力特征值 f_{sk} 与孔隙比 e 的经验关系为 $f_{sk} = 715 - 600\sqrt{e}$（单位：kPa）,且加固处理前后场地标高无变化,若桩土应力比取 2,按照《建筑地基处理技术规范》（JGJ 79—2012）估算,该复合地基承载力特征值最接近下列哪个选项？　　　　　　　　　　　　　　　　　　　　（　　）

（A）150kPa （B）200kPa （C）240kPa （D）270kPa

14.陕西关中地区某场地拟建一丙类建筑,建筑长 20m,宽 16m,高度 8m。采用独立基础,基础尺寸 2.5m × 2.5m,基础埋深 1.5m,柱网间距 10m × 8m,详见图 a）。勘察自地面向下每 1m 采取土样进行室内试验,场地地层和湿陷系数分布见图 b）。黄土场地具有自重湿陷性,地基湿陷量 $\Delta s = 425.8$mm,地基湿陷等级为II级（中等）。问按《湿陷性黄土地区建筑标准》（GB 50025—2018）,采用换填灰土垫层法处理地基时,灰土垫层最小方量最接近下列哪个选项？（假定基坑直立开挖）　（　　）

题 14 图（尺寸单位：m）

（A）1141m³ （B）1490m³ （C）1644m³ （D）1789m³

15.一边坡重力式挡墙,墙背竖直,高 5.8m,墙后为黏性土且地面水平,现为饱和状态（墙后水位在墙后地面）,重度 $\gamma_{sat} = 20$kN/m³,其不固结不排水强度 $c_u = c_0 + c_{inc} \cdot z$,其中 $c_0 = 15$kPa,$c_{inc} = 0.5$kPa/m,z 为计算点至墙后地面的垂直距离。假设可忽略墙背摩擦,挡土墙因墙后土水压力作用而失稳破坏时每延米挡墙墙背所受土水压力合力最接近下列哪个选项？（按水土合算分析）（　　）

（A）90kN/m　　　　　（B）170kN/m　　　　　（C）290kN/m　　　　　（D）380kN/m

16. 某混凝土溢流坝段上下游水位、地层分布以及透水层内渗流流网如图所示。透水层厚 18m，渗透系数为 2×10^{-6}m/s，坝底埋深 2m、宽 20m。据此曲边正方形流网，坝基中最大水力梯度、图中点 6 的水压以及上游向下游的流量最接近下列哪个选项？　　　　　　　　　　　　（　　）

题 16 图

（A）0.25，35kPa，0.346m³/(m·d)　　　　　　（B）0.25，215kPa，0.346m³/(m·d)

（C）0.25，215kPa，3.6m³/(m·d)　　　　　　（D）0.10，215kPa，0.175m³/(m·d)

17. 如图所示，某硬质岩临时性边坡坡高 30m，坡率 1：0.25，坡顶水平，岩体边坡稳定性受结构面控制，结构面特征为分离、平直很光滑、结构面张开 2mm、无充填、未浸水，岩体重度为 22kN/m³，根据《建筑边坡工程技术规范》（GB 50330—2013），估算该边坡沿结构面的抗滑稳定系数最接近下列哪个选项？　　　　　　　　　　　　　　　　　　　　　　　　　　　　　　　　　　　（　　）

题 17 图（尺寸单位：m）

（A）0.90　　　　　（B）1.00　　　　　（C）1.50　　　　　（D）1.75

18. 某建筑基坑平面为 34m×34m 的正方形，坑底以下为 4m 厚黏土，其天然重度为 19kN/m³，再下为厚 20m 的承压含水层，其渗透系数为 20m/d，承压水水头高出坑底 6.5m，拟在基坑周围距坑边 2m 处布设 12 口非完整降水井抽水减压，井管过滤器进水部分长度为 6m。为满足基坑坑底抗突涌稳定要求，按《建筑基坑支护技术规程》（JGJ 120—2012）的规定，平均每口井的最小单井设计流量最接近下列哪个选项？　　　　（　　）

（A）180m³/d　　　　　（B）240m³/d　　　　　（C）330m³/d　　　　　（D）430m³/d

19. 某厚砂土场地中基坑开挖深度 $h = 6$m，砂土的重度 $\gamma = 20$kN/m³，黏聚力 $c = 0$，摩擦角 $\varphi = 30°$，采用双排桩支护，桩径 0.6m，桩间距 0.8m，排间中心间距 2m，桩长 12m，支护结构顶与地表齐平，则按《建筑基坑支护技术规程》（JGJ 120—2012）确定该支护结构抗倾覆稳定系数最接近下列哪个选项？（桩、连系梁及桩间土平均重度 $\gamma = 21$kN/m³，不考虑地下水作用及地面超载）　　　　　　　　　　　　　　　　　（　　）

（A）1.12 （B）1.38 （C）1.47 （D）1.57

20. 某山区道路上方存在危岩落石，拟在斜坡上设置拦石网拦截落石（如图所示）。落石 W 撞击 a 点后的水平速度 $V_x = 12m/s$，竖向速度 $V_y = 2m/s$。下列哪个选项拦石网可首先将落石拦截？（不考虑落石弹跳和空气阻力，重力加速度 g 取 $10m/s^2$） （ ）

题 20 图（尺寸单位：m）

（A）拦石网 1 （B）拦石网 2 （C）拦石网 3 （D）拦石网 4

21. 某既有建筑物基础正下方发现一处小窑采空区，采空区断面呈矩形，断面尺寸见下图，洞顶距地表 27m，已知：采空区上覆岩体破碎，重度 $25kN/m^3$，等效内摩擦角为 46°，无地下水；建筑物宽度 12m，基础埋深 4m，基底单位压力 200kPa。按照《工程地质手册》（第五版）推荐方法，评估该建筑物地基稳定性为下列哪个选项？ （ ）

题 21 图（尺寸单位：m）

（A）不稳定 （B）稳定性差，顶板临界埋深＞20m
（C）稳定性差、顶板临界埋深＜20m （D）稳定

22. 在某硫酸盐渍土建筑场地进行现场试验，该场地盐胀深度为 2.0m，试验前（10 月底）测得场地地面试验点的平均高程为 587.139m，经过 5 个月（11 月至次年 3 月）测得试验点平均高程为 587.193m，根据现场试验结果确定盐渍土的盐胀性分类和地基的盐胀等级为下列哪个选项？（该场地盐胀现象发生在冬季，其他季节忽略） （ ）

（A）弱盐胀性、I级 （B）中盐胀性、I级

（C）中盐胀性、II级 （D）强盐胀性、II级

23.某场地设计基本地震加速度为 0.20g，地震分组为第一组，覆盖层厚度为 45m，20m 深度等效剪切波速为 235m/s。场地内某建筑物设计使用年限为 50 年，自振周期为 0.50s，阻尼比为 0.05，距离发震断裂约 3km。按《建筑抗震设计规范》（GB 50011—2010）（2016 年版）进行抗震性能化设计时，计算设防地震作用下的水平地震影响系数最接近下列哪个选项？ （ ）

（A）0.12 （B）0.17 （C）0.33 （D）0.49

24.某建筑工程场地进行了波速测试，场地地层分布特征及波速测试结果见下表，试按《建筑抗震设计规范》（GB 50011—2010）（2016 年版）计算场地等效剪切波速并判断场地类别最接近下列哪个选项？ （ ）

题 24 表

层号	地层名称	层顶深度（m）	剪切波速（m/s）
1	填土	0	110
2	淤泥质粉质黏土	3.5	130
3	粉土	5.0	150
4	含卵石粉质黏土	10.5	160
5	残积土	13.0	220
6	流纹岩	14.5	1200
7	残积土	16.0	220
8	强风化基岩	18.0	530
9	中风化基岩	22.0	—

（A）152m/s，II类 （B）148m/s，II类

（C）152m/s，III类 （D）148m/s，III类

25.某混凝土灌注桩进行了高应变测试，得到的测试曲线如下图所示。由图得到 t_1、t_2、t_3、t_4 的数据分别为 6.2ms、7.5ms、18.3ms、19.4ms。已知混凝土的质量密度为 2.40t/m³，桩长 25m，桩径 0.8m，传感器距离桩顶 1.0m。试求该桩桩身截面力学阻抗（Z）最接近下列哪个选项？ （ ）

题 25 图

（A）4780kN·s/m （B）4860kN·s/m （C）4980kN·s/m （D）5065kN·s/m

2021年案例分析试题（下午卷）

1. 某场地岩体较完整、渗透性弱，地下水位埋深10m，钻孔压水试验数据见下表，试验段深度范围为15.0～20.0m，试验曲线见下图。已知压力表距地表高度0.5m，管路压力损失0.05MPa，钻孔直径150mm。估算岩体渗透系数最接近下列哪一项？（1m水柱压力取10kPa）（　　）

题1图

题1表

压力表读数P（MPa）	0	0.1	0.3	0.5	0.3	0.1
流量Q（L/min）	0	10	12	12.7	12	10

（A）9.4×10^{-3}m/d

（B）9.4×10^{-2}m/d

（C）12.4×10^{-2}m/d

（D）19.2×10^{-2}m/d

2. 某土样进行颗粒分析，试样风干质量共2000g，分析结果见下表，已知试样粗颗粒以亚圆形为主，细颗粒成分为黏土，根据《岩土工程勘察规范》（GB 50021—2001）（2009年版），该土样确切定名为下列哪个选项？并说明理由。（　　）

题2表

孔径（mm）	20	10	5	2	1	0.5	0.25	0.1	0.075
筛上质量（g）	0	160	580	480	20	5	30	60	120

（A）圆砾

（B）角砾

（C）含黏土圆砾

（D）含黏土角砾

3. 某场地位于山前地段，分布有较厚的冲洪积层，定性判断第二层为碎石土层。某孔重型动力触探试验修正后锤击数随深度变化曲线见下图。根据《岩土工程勘察规范》（GB 50021—2001）（2009年版），判断该碎石土层分层深度及密实程度最可能是下列哪个选项？（超前滞后量范围可取规范中的小值）（　　）

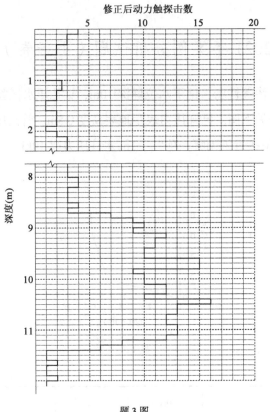

题 3 图

（A）8.7～11.5m，稍密　　　　　　　　　（B）8.7～11.5m，中密

（C）8.8～11.3m，稍密　　　　　　　　　（D）8.8～11.3m，中密

4. 某土样进行室内变水头渗透试验，环刀内径 61.8mm，高 40mm，变水头管内径 8mm，土样孔隙比 $e = 0.900$，共进行 6 次试验（见下表），每次历时均为 20min，根据《土工试验方法标准》（GB/T 50123—2019），该土样渗透系数最接近下列哪个选项？（不进行水温校正）　　　　　　（　　）

题 4 表

次数	初始水头 H_1（mm）	终止水头 H_2（mm）
1	1800	916
2	1700	1100
3	1600	525
4	1500	411
5	1200	383
6	1000	314

（A）5.38×10^{-5}cm/s　　　　　　　　（B）6.54×10^{-5}cm/s

（C）7.98×10^{-5}cm/s　　　　　　　　（D）8.63×10^{-5}cm/s

5. 某建筑物采用天然基础，拟选用方形基础，承受中心荷载，基础平面尺寸 4m×4m，土层条件如图所示，场地无地下水，基础埋深 1.0m，地基承载力正好满足要求。后期因主体设计方案调整，基础轴向荷载标准值将增加 240kN，根据《建筑地基基础设计规范》（GB 50007—2011），在基础平面尺寸

不变的条件下，承载力满足要求的基础埋深最小值为下列哪个选项？（基础及以上覆土平均重度取 20kN/m³ ） （ ）

题 5 图（尺寸单位：m）

（A）2.0m （B）2.6m （C）3.0m （D）3.2m

6. 某墙下钢筋混凝土条形基础，拟采用加大截面高度的方法加固，原基础截面高度为 300mm，再叠合 300mm，如图所示。加固后，基础新增均布的基底净反力 120kPa，在此新增净反力作用下基础叠合面上的最大剪应力最接近下列哪个选项？ （ ）

题 6 图（尺寸单位：mm）

（A）0 （B）120kN/m² （C）240kN/m² （D）360kN/m²

7. 位于砂土地基上的平面为圆形的钢筋混凝土地下结构，基础筏板自外墙挑出 1.5m，结构顶板上覆土 2m，基坑侧壁与地下结构外墙之间填土，如图所示。已知地下结构自重为 11000kN，填土、覆土的饱和重度均为 19kN/m³，忽略基坑侧壁与填土之间的摩擦力，当地下水位在地表时，该地下结构的抗浮稳定性最接近下列哪个选项？ （ ）

题 7 图（尺寸单位：m）

（A）0.8　　　　　（B）1.0　　　　　（C）1.1　　　　　（D）1.2

8. 某建筑基坑开挖深度 6m，平面尺寸为 20m×80m，场地无地下水，地基土的分布及参数见下表。根据《建筑地基基础设计规范》（GB 50007—2011），按分层总和法计算基坑中心点的开挖回弹量，分层厚度为 2m，请计算坑底第 3 分层（坑底以下 4～6m）的回弹变形量，其值最接近下列哪个选项？（回弹量计算经验系数取 1）　　　　　　　　　　　　　　　　　　　　　　　　　　（　　）

题 8 表

土层	层底埋深（m）	重度（kN/m³）	回弹模量（MPa）				
			$E_{c0.025～0.05}$	$E_{c0.05～0.075}$	$E_{c0.075～0.1}$	$E_{c0.1～0.2}$	$E_{c0.2～0.3}$
黏土	6.0	17.5	7.5	10.0	17.0	75.0	130.0
粉质黏土	16.0	19.0	12.0	15.0	30.0	100.0	180.0

（A）1mm　　　　　（B）2mm　　　　　（C）7mm　　　　　（D）13mm

9. 某建筑位于 8 度设防区，勘察揭露的地层条件如图所示。拟采用钻孔灌注桩桩筏基础，筏板底埋深 2.0m。设计桩径为 800mm，要求单桩竖向抗压承载力特征值不低于 950kN，根据《建筑桩基技术规范》（JGJ 94—2008），合理的设计桩长是哪个？　　　　　　　　　　　　　　　　（　　）

埋深(m)

0	地面
4.0	①粉质黏土 q_{sk}=20kPa（非软弱土）
	②粉砂 q_{sk}=30kPa
	N=6击
	N_{cr}=10击
10.0	
	③中粗砂 q_{sk}=40kPa
	N=12击
	N_{cr}=14击
18.0	
	④密实中粗砂 q_{sk}=60kPa
	q_{pk}=1500kPa
23.5	
	软弱下卧层
30.0	

题 9 图

（A）16.0m　　　　　（B）17.5m　　　　　（C）18.5m　　　　　（D）19.5m

10. 某仓储库建于软弱地基上，拟大面积堆积物资，勘察揭露地层如图所示，地下水埋深 0.8m。仓储库为柱下独立承台多桩基础，桩顶位于地面下 0.8m，正方形布桩，桩径 0.8m，桩端进入较完整基岩 3.2m。根据《建筑桩基技术规范》（JGJ 94—2008），在荷载效应标准组合轴心竖向力作用下，基桩可承受的最大柱下竖向荷载最接近下列哪个选项？（淤泥质土层沉降量大于 20mm，软弱土的负摩阻力标准值按正摩阻力标准值取值进行设计，考虑群桩效应）　　　　　　　　　　　　　　　　　　　　　　　　　　（　　）

题10图（尺寸单位：m）

（A）1040kN　　　　（B）1260kN　　　　（C）1480kN　　　　（D）1700kN

11. 某建筑物采用矩形独立基础，作用在独立基础上荷载（包括基础及其上覆土重）标准值为1500kN。基础埋深、地层厚度和工程特性指标如图所示，拟采用湿法水泥土搅拌桩处理地基，正方形布桩，桩径600mm，桩长8m，面积置换率0.2826。桩身水泥土立方体抗压强度取2MPa，单桩承载力发挥系数取1.0，桩间土承载力发挥系数和桩端端阻力发挥系数均为0.5，场地无地下水，按《建筑地基处理技术规范》（JGJ 79—2012）初步设计时，矩形独立基础底面积最小值最接近下列哪个选项？

（　　）

题11图（尺寸单位：m）

（A）9m^2　　　　（B）8m^2　　　　（C）7m^2　　　　（D）5m^2

12. 某场地地层条件见下图，拟进行大面积地面堆载，荷载$P = 120$kPa。采用水泥粉煤灰碎石桩（CFG桩）处理地基，等边三角形布桩，桩径500mm，桩长10m。单桩承载力发挥系数和桩间土承载力发挥系数均为0.8，桩端端阻力发挥系数为1.0。要求处理后堆载地面最大沉降量不大于150mm，问按《建筑地基处理技术规范》（JGJ 79—2012）计算，CFG桩最大桩间距最接近下列哪个选项？（沉降计算经验系数$\psi_s = 1.0$，沉降计算至②层底） （ ）

①粉质黏土
$q_s=15$kPa
$f_{ak}=100$kPa
$E_s=5.5$MPa

②粉质黏土
$q_s=30$kPa
$f_{ak}=200$kPa
$E_s=20$MPa
$q_p=400$kPa

题12图（尺寸单位：m）

（A）1.2m （B）1.5m （C）1.8m （D）2.1m

13. 在一厚层正常固结软黏土地基上修建路堤，现场十字板确定的原地基天然抗剪强度为 10kPa，填筑前采用大面积堆载预压法加固路基，预压荷载 85kPa。6 个月后测得土层平均超静孔压为 30kPa，土体$\varphi_{cu} = 12°$，则按《建筑地基处理技术规范》（JGJ 79—2012）确定的此时地基平均抗剪强度最接近下列哪个选项？ （ ）

（A）10kPa （B）15kPa （C）20kPa （D）30kPa

14. 某岩质边坡安全等级为二级，岩石天然单轴抗压强度为 4.5MPa，岩体结构面发育。边坡采用永久性锚杆支护，单根锚杆受到的水平拉力标准值为 300kN；锚杆材料采用一根 PSB930、直径为 32mm 的预应力螺纹钢筋，锚固体直径为 150mm，锚杆倾角为 12°；锚固砂浆强度等级为 M30。根据《建筑边坡工程技术规范》（GB 50330—2013），初步设计时计算锚杆的最小锚固长度最接近下列哪个选项？ （ ）

（A）3m （B）4m （C）5m （D）6m

15. 某软基筑堤工程采用加筋桩网基础，如图所示，堤高 4.5m，坡角 25°，堤身填料重度$\gamma = 20$kN/m³，$\varphi_{em} = 30°$；软基厚 15m，$\gamma = 16$kN/m³，$c = 12$kPa。桩基采用预制管桩，为摩擦桩，桩径 0.6m，桩间距 1.8m，桩帽宽度 0.9m。筋材锚固长度 9.0m，筋材与堤土之间抗滑相互作用系数$C_i = 0.8$，筋材应变$\varepsilon = 6\%$。根据《土工合成材料应用技术规范》（GB/T 50290—2014）计算，在满足堤坡抗挤滑验算的前提下，堤顶面超载q最大值最接近下列哪个选项？ （ ）

超载q

填料
$\gamma =20$kN/m³

P_a $\varphi_{em}=30°$
T_{1s}

4.5

25°

1.8 1.8

题15图（尺寸单位：m）

（A）20kPa　　　　　（B）25kPa　　　　　（C）30kPa　　　　　（D）35kPa

16. 某临时建筑边坡，破坏后果严重，拟采用放坡处理，放坡后该边坡的基本情况及潜在滑动面如图所示，潜在滑面强度参数为$c=20$kPa，$\varphi=11°$，根据《建筑边坡工程技术规范》（GB 50330—2013）判定该临时边坡放坡后的稳定状态为下列哪个选项？　　　　（　　）

题16图

（A）不稳定　　　　（B）欠稳定　　　　（C）基本稳定　　　　（D）稳定

17. 某建筑基坑工程位于深厚黏性土层中，土的重度19kN/m³，$c=25$kPa，$\varphi=15°$，基坑深度15m，无地下水和地面荷载影响，拟采用桩锚支护，支护桩直径800mm，支护结构安全等级为一级。现场进行了锚杆基本试验，试验锚杆长度20m，全长未采取注浆体与周围土体的隔离措施，其极限抗拔承载力为600kN，假定锚杆注浆体与土的侧摩阻力沿杆长均匀分布，若在地面下5m处设置一道倾角为15°的锚杆，锚杆轴向拉力标准值为250kN，则该道锚杆的最小设计长度最接近下列哪个选项？（基坑内外土压力等值点深度位于基底下3.06m）　　　　（　　）

（A）19.5m　　　　（B）24.5m　　　　（C）26.0m　　　　（D）27.5m

18. 某公路Ⅳ级围岩中的单线隧道，拟采用矿山法开挖施工，其标准断面衬砌顶距地面距离为8m，隧道开挖宽度为6.4m，衬砌结构高度为6.5m，围岩重度为24kN/m³，计算摩擦角为50°，取顶板土柱两侧摩擦角$\theta=0.7\varphi_c$。根据《公路隧道设计规范　第一册　土建工程》（JTG 3370.1—2018）计算该隧道水平围岩压力最大值最接近下列哪一选项？　　　　（　　）

题18图

（A）640kN/m　　　（B）360kN/m　　　（C）330kN/m　　　（D）175kN/m

19. 关中地区某高速公路路堤工程通过湿陷性黄土场地，路堤高度为3.0m。场地地面下8.5m深度内为湿陷性黄土，8.5m 以下为非湿陷性黄土，探井不同深度处的湿陷系数和自重湿陷系数见下表。场区浸湿可能性小。根据《公路工程地质勘察规范》（JTG C20—2011）和《公路路基设计规范》（JTG D30—2015），初勘阶段预估该路堤工程地基处理最小处理厚度为下列哪个选项？（注：自重湿陷系数和湿陷系数小于 0.015 的土层不累计计算）　　　　　　　　　　　　　　　　　　（　　）

题 19 表

取样深度（m）	1	2	3	4	5	6	7	8	9	10
δ_s	0.065	0.050	0.048	0.040	0.011	0.030	0.023	0.018	0.011	0.009
δ_{zs}	0.016	0.019	0.017	0.016	0.010	0.018	0.016	0.015	0.010	0.005

（A）1.2m　　　　　　（B）1.5m　　　　　　（C）2.0m　　　　　　（D）3.0m

20. 某膨胀土场地拟建单层建筑物，填方前场地勘察数据见下表，地区大气影响深度为 5.0m，勘察结束后场地采用第 1 层土（天然含水量 36%，塑限含水量 35%）整体填方 1.0m 厚，场地有蒸发可能，建筑基础埋深为填方地面下 1.0m，根据《膨胀土地区建筑技术规范》（GB 50112—2013），填方后该建筑地基胀缩变形量最接近下列哪个选项？　　　　　　　　　　　　　　　　　　（　　）

题 20 表

层　　号	层底深度 （自填方前地面算起）z_i（m）	含水量变化均值 Δw_i	膨胀率 δ_{epi}	收缩系数 λ_{si}
1	1.7	0.119	−0.01	0.46
2	2.4	0.084	0.0035	0.51
3	3.2	0.056	0.010	0.57
4	4.1	0.021	0.008	0.48
5	5.0	0.050	−0.003	0.49

（A）100mm　　　　（B）121mm　　　　（C）135mm　　　　（D）150mm

21. 某铁路工程通过冻土地区，勘察采取冻土试样进行室内试验，测得液限 $w_L = 35\%$，塑限 $w_p = 11\%$，总含水量 $w_A = 20\%$。该地区属于多年冻土地温基本稳定带，问多年冻土地基的极限承载力最接近下列哪个选项？（注：基础底面的月平均最高土温取多年冻土年平均地温值的上限）　　（　　）

（A）640kPa　　　　（B）800kPa　　　　（C）900kPa　　　　（D）1000kPa

22. 某沟谷发生一次黏性泥石流，勘察测得泥石流沟出口断面呈 "U" 形，两岸泥痕过水断面面积 500m²、宽度 100m，泥石流历时 15min，沟床纵坡坡降 $I_m = 4.0\%$，该泥石流中固体物质密度为 2.6g/cm³，泥石流流体密度为 1.7g/cm³，按《工程地质手册》（第五版）推荐公式估算该次泥石流冲出的固体物质总量最接近下列哪个选项？［泥石流断面平均流速 $v_m = KH_m^{2/3}I_m^{1/5}$（m/s），$H_m$ 为泥石流断面平均泥深（m），K 取 5］　　　　　　　　　　　　　　　　　　（　　）

（A）40 万 m³　　　　（B）90 万 m³　　　　（C）115 万 m³　　　　（D）345 万 m³

23.某建筑场地抗震设防烈度 8 度，设计基本地震加速度 0.20g，设计地震分组为第二组。钻孔揭露地层及原位测试数据如下表所示，历史最高地下水位埋深为 3.1m。已知拟建砌体房屋基础埋深为 3.0m，根据《建筑抗震设计规范》（GB 50011—2010）（2016 年版）计算该钻孔的液化指数最接近下列哪个选项？（　　）

题 23 表

层序	土类	地质年代	层底深度（m）	黏粒含量（%）	标贯试验深度（m）	实测锤击数（击）
1	黏土	Q₄	3.5			
2	粉质黏土	Q₄	8.0			
3	粉土	Q₄	10.0	12.8	9.0	8
4	淤泥	Q₄	13.0			
5	粉土	Q₄	17.0	14.0	14.0	18
				16.0	16.0	21
6	粉质黏土	Q₄	23.0			

（A）1.56 　　　　（B）2.26 　　　　（C）3.19 　　　　（D）3.81

24.某水电工程重力坝位于Ⅲ类场地上，查《中国地震动参数区划图》（GB 18306—2015），Ⅱ类场地基本地震动加速度反应谱特征周期分区值为 0.40s，该重力坝的结构基本自振周期为 1.50s，抗震设防类别为乙类。试计算该重力坝的标准设计反应谱β值最接近下列哪个选项？（　　）

（A）0.8 　　　　（B）0.9 　　　　（C）1.0 　　　　（D）1.1

25.某建筑物地基土以黏性土、粉土为主，采用独立基础，各基础下布置 4 根水泥粉煤灰碎石桩。验收检测阶段现场进行了 3 组单桩复合地基静载荷试验，方形承压板面积为 5m²，试验结果见下表。试根据《建筑地基处理技术规范》（JGJ 79—2012）确定该复合地基的承载力特征值最接近下列哪个选项？（　　）

题 25 表

压力（kPa）	沉降（mm）		
	S1	S2	S3
100	6.02	4.01	7.52
150	9.54	7.22	10.50
200	13.44	10.80	14.22
250	17.82	14.42	18.60
300	22.68	18.92	23.60
350	28.01	23.70	29.32

续上表

压力（kPa）	沉降（mm）		
	S1	S2	S3
400	33.90	29.02	35.60
450	40.35	34.90	42.54
500	47.33	41.40	50.02
550	55.06	48.60	58.02
600	63.51	56.24	67.22

（A）300kPa   （B）290kPa   （C）278kPa   （D）264kPa

2022 年案例分析试题（上午卷）

1. 某场地钻孔设计孔深 50m，采用 XY-1 型钻机施工，钻探班报表中记录终孔深度 50.80m。为校正孔深偏差，实测钻具长度见下表，则终孔时孔深偏差最接近哪一选项？　　　（　　）

题 1 表

名称/编号	岩芯管及钻头	机上钻杆	钻杆 1	钻杆 2	钻杆 3	钻杆 4	钻杆 5	钻杆 6
实测长度（cm）	240	480	424	411	413	419	414	409
名称/编号	钻杆 7	钻杆 8	钻杆 9	钻杆 10	钻杆 11	机高	机上钻杆余尺	
实测长度（cm）	424	408	423	418	420	110	130	

（A）17cm　　　　　　（B）37cm　　　　　　（C）63cm　　　　　　（D）80cm

2. 某高层建筑拟采用箱形基础，基础埋深 6.0m，箱形基础底面长 30.0m，宽 20.0m。基底以上及以下土层均为密实砾砂，其饱和重度为 22.0kN/m³，天然重度为 20.0kN/m³，内摩擦角标准值 30°，地下水位位于地面下 1.0m。按《高层建筑岩土工程勘察标准》（JGJ/T 72—2017）估算地基持力层的承载力特征值，安全系数取 3.0，估算值最接近下列哪个选项？　　　（　　）

（A）670kPa　　　　　　（B）750kPa　　　　　　（C）790kPa　　　　　　（D）870kPa

3. 某场地地下水位埋深大于 40m，地面下 12.0m 深度范围内为①层粉土，重度为 17.8kN/m³；地面下 12.0～21.0m 为②层粉质黏土，重度为 19.2kN/m³。深度 16.5m 处土样的室内固结试验数据如下表所示，拟建建筑物在该深度处引起的附加应力为 300kPa。地基沉降计算时，该土样压缩模量 E_s 的合理取值最接近下列哪个选项？　　　（　　）

题 3 表

压力 p（kPa）	0	100	200	300	400	500	600	700	800
孔隙比 e	0.877	0.829	0.807	0.791	0.778	0.767	0.758	0.750	0.743

（A）8.5MPa　　　　　　（B）9.5MPa　　　　　　（C）13.0MPa　　　　　　（D）17.0MPa

4. 某建筑地基勘察，钻孔揭露的基岩特征如下：褐红色，岩芯破碎，多呈薄片状；岩石为变质岩类，表面可见丝绢光泽，主要矿物成分为绢云母、绿泥石，粒度较细，遇水易软化、泥化，有膨胀性，工程性质差。测试结果：岩体纵波波速 848m/s，岩块纵波波速 1357m/s，岩石饱和单轴抗压强度 10.84MPa。根据上述描述，该岩石定名和岩体基本质量等级为下列哪个选项？并给出理由。（　　）

（A）千枚岩，Ⅳ级　　　　　　　　　　　　（B）片麻岩，Ⅳ级
（C）千枚岩，Ⅴ级　　　　　　　　　　　　（D）片麻岩，Ⅴ级

5. 圆形基础底面直径 10m，均布基底附加压力 $p_0 = 80$kPa，土层参数如下图所示。沉降观测获得图中四个测点 1、2、3、4 的沉降量分别为 130mm、70mm、40mm、10mm。根据《建筑地基基础设计规范》（GB 50007—2011）的地基变形计算方法，求土层①～土层③土体压缩模量的当量值 $\overline{E}_s$ 最接近下列哪个选项？　　　（　　）

题 5 图

（A）3.0MPa　　　　（B）4.8MPa　　　　（C）5.2MPa　　　　（D）7.5MPa

6. 边长为 5m 的正方形基础，承受的竖向力的合力为 P（含基础自重），如下图所示。如果基础底面的基底压力分布区域的面积为 $22.5m^2$，则合力 P 作用点与基础形心的距离 e 最接近下面哪个选项？（　　）

题 6 图

（A）0.8m　　　　（B）0.9m　　　　（C）1.0m　　　　（D）1.1m

7. 某基岩上的公路桥涵墩台，基础平面为圆形。在某一种工况荷载组合下，作用于墩台上的力如下图所示。图中 $P_1 = 1500kN$，$P_2 = 1000kN$，$P_3 = 50kN$，$D = 3.0m$，$a_1 = 0.4m$，$a_2 = 0.3m$，$a_3 = 12m$。计算在以上荷载作用下基础底面的最大压应力最接近下列哪个选项（假定基底压力线性分布）（　　）

题 7 图

（A）480kPa　　　　（B）540kPa　　　　（C）630kPa　　　　（D）720kPa

8. 某平面为圆形的钢筋混凝土地下储气罐结构，直径 100m，筏板基础，板厚 0.5m，地基为深厚砂层，场地地下水位接近地表，基底以下的土层参数见下表。该工程基础抗浮拟采用锚杆，锚杆满堂均匀布置，荷载标准组合下所需的锚杆的抗浮力为 100kN/m²。锚杆的综合单价：A150 为 200 元/m，A200 为 270 元/m。下列方案中，承载力满足要求，且单位基础面积锚杆工程综合造价最低的是哪个选项？（锚杆极限抗拔承载力标准值计算参照《建筑基坑支护技术规程》（JGJ 120—2012），锚杆抗拔安全系数 K_t 取 2.0)　　　　　　　　（　　）

题8表

土层编号	名称	厚度（m）	重度（kN/m³）	锚固体与土体的极限黏结强度标准值（kPa）
②	中砂	8	21	90
③	粉砂	10	21	60

（A）A150，入土长度 7.0m，正三角形布置，间距 1.3m

（B）A200，入土长度 8.0m，正方形布置，间距 1.5m

（C）A200，入土长度 10.5m，正方形布置，间距 1.6m

（D）A150，入土长度 12.0m，正三角形布置，间距 1.6m

9. 某公路桥梁采用群桩基础，桩基布置如下图所示。设计桩径为 1.0m，桩间距为 3.0m，承台边缘与边桩（角桩）外侧的距离按规范最小要求设计。根据勘察报告统计的承台底面以上土的重度为 19.0kN/m³，桩穿过土层的平均内摩擦角为 26°。当桩基础作为整体基础计算轴心受压时，桩端平面处的平均压应力最接近下列哪个选项？（承台底面至桩端平面处包括桩的重力在内的土的重度为 22.0kN/m³，地下水位在桩端平面以下）　　　（　　）

题9图（尺寸单位：mm）

（A）800kPa　　　　（B）820kPa　　　　（C）840kPa　　　　（D）870kPa

10. 某高层建筑拟采用预制桩桩筏基础，勘察报告揭示的地层条件及每层土的旁压试验极限压力值如下图所示。筏板底面埋深为自然地面下 5.0m，预制桩为方形桩，截面尺寸为 0.5m×0.5m，桩端进入⑤层中粗砂 1.0m。根据《高层建筑岩土工程勘察标准》（JGJ/T 72—2017），估算该预制桩单桩竖向抗压承载力特征值最接近下列哪个选项？ （ ）

题 10 图

（A）2600kN　　　　（B）2200kN　　　　（C）1300kN　　　　（D）1100kN

11. 某工业厂房柱基础采用一柱一桩方案，承台底面埋深 1.5m，设计桩径 800mm，桩长 15m。场地地质条件如下图所示，地面下 10m 内为淤泥质土，其下为厚层的砾石层。投入使用后地面将均布堆放重物，荷载为 80kPa。按照《建筑桩基技术规范》（JGJ 94—2008）的相关规定，计算的基桩竖向承载力特征值最接近下列哪个选项？ （ ）

（注：图中尺寸单位均为mm）

题 11 图

（A）1330kN　　　　（B）1970kN　　　　（C）2000kN　　　　（D）2240kN

12. 某劲芯搅拌桩复合地基，搅拌桩桩长 10m，桩径 0.6m，桩距 2.0m，正方形布置；搅拌桩内插 C40 混凝土预制方桩（200mm×200mm），桩顶高程同搅拌桩，桩长为 9m。搅拌桩采用湿法施工，从搅拌桩桩顶高程处向下的土层参数见下表。根据《建筑地基处理技术规范》（JGJ 79—2012）估算，复合地基承载力特征值最接近下列哪个选项？（桩身强度满足要求；劲芯搅拌桩单桩承载力发挥系数取 1.0，桩间土承载力发挥系数取 0.8） （ ）

题 12 表

土层编号	厚度（m）	承载力特征值 f_{ak}（kPa）	桩侧阻力特征值（kPa）	桩端端阻力发挥系数	水泥土 90d 龄期抗压强度 f_{cu}（MPa）
①	4	85	15	0.4	1.5
②	14	160	30	0.6	2.0

（A）90kPa （B）120kPa （C）150kPa （D）180kPa

13. 某建筑场地，地面下 13m 深度内为松散细砂层，天然孔隙比 0.95，具有液化特征，地基液化等级为严重级。细砂层以下为密实的卵石层，地下水位埋深 1m。拟建建筑物采用筏板基础，基础平面尺寸 15.2m×15.2m，基础埋深 1m，抗震设防类别为乙类。为提高地基承载力并消除地基液化，拟采用振冲沉管砂石桩处理地基，砂石桩桩径 600mm，等边三角形布桩。要求处理后细砂平均孔隙比不大于 0.65，最少布桩数量最接近下列哪个选项？（振动下沉密实修正系数取 1.1） （ ）

（A）105 根 （B）290 根 （C）340 根 （D）400 根

14. 某场地地面下 15m 深度范围内为同一层土，干密度 1.36g/cm³，土粒相对密度 2.71，最优含水量 16.5%，最大干密度 1.80g/cm³。拟对地面下 3m 深度范围内地基土进行处理。处理前对地基土进行增湿试验，测得增湿前后地基土含水量见下表，据此计算增湿试验每平方米范围内的实际加水量最接近下列哪个选项？（不考虑蒸发影响） （ ）

题 14 表

深度（m）	1.0	2.0	3.0	4.0	5.0	6.0	7.0	8.0
天然含水量 w（%）	8.4	6.6	6.8	6.4	7.1	7.8	5.9	8.0
增湿后含水量 w（%）	19.8	18.6	19.5	13.0	12.5	7.9	5.8	8.0

（A）0.3m³ （B）0.4m³ （C）0.5m³ （D）0.7m³

15. 某安全等级为一级的永久性岩质边坡，坡体稳定性受外倾裂隙及垂直裂隙控制，裂隙切割的块体单位宽度自重 4400kN/m，无其他附加荷载。假设外倾裂隙闭合且不透水，倾角 20°，长度 21m，内摩擦角 15°；垂直裂隙呈张开状，垂直深度 9m，雨季裂隙充满水时边坡块体稳定系数为 1.08。拟采用斜孔排水降低边坡水位。为使边坡块体稳定系数能满足《建筑边坡工程技术规范》（GB 50330—2013）要求，垂直裂隙水位最小的降低深度最接近下列哪个选项？（注：$\gamma_w = 10kN/m^3$，不考虑地震工况） （ ）

题 15 图

（A）2.4m   （B）4.2m   （C）6.6m   （D）8.2m

16. 下图所示某铁路经过地区滑坡体，为保证滑坡体稳定，在滑块2下方设置抗滑桩，桩径1.5m，桩距3m，滑动面以上桩长8m。已知滑动土体重度18kN/m³，黏聚力12kPa，内摩擦角18°，抗滑桩受桩前滑坡体水平抗力 1177kN/m，桩后主动土压力 180kN/m，桩后土体下滑参数见下表，安全系数取1.20。按《铁路路基支挡结构设计规范》（TB 10025—2019）估算单根抗滑桩应提供的支挡力最接近下列哪个选项？   （   ）

题16图

题16表

滑块编号	自重G（kN/m）	滑面长度（m）	滑面摩擦角（°）	滑面黏聚力（kPa）
滑块1	3500	50	10	6
滑块2	1800	18	12	8

（A）555kN   （B）885kN   （C）1115kN   （D）1355kN

17. 某填土边坡，坡高 5.4m，设计时采用瑞典圆弧法计算得到其最小安全系数为 0.8，圆弧半径为15m，单位宽度土体的抗滑力矩为8000kN·m。拟采用土工格栅加筋增强其稳定性，若土工格栅提供的总单宽水平拉力为 380kN/m。根据《土工合成材料应用技术规范》（GB/T 50290—2014），假定加筋后稳定验算滑弧不变，加筋后最小安全系数最接近下列哪个选项？   （   ）

题17图

（A）1.10   （B）1.15   （C）1.30   （D）1.35

18. 某建筑场地地面下 8m 深度范围内为黏性土层，地面下 8~18m 为砂层，以下为黏性土层。勘察时钻孔中测得地下水稳定水位埋深 4m，基坑平面尺寸为 50m×30m，开挖深度 10m，采用管井降水将基坑内地下水位控制在基坑底以下 0.5m，降水井深度 19m，沿基坑四周布置在基坑开挖线外 1m 的位置，已知两层黏性土的渗透系数均为 0.02m/d，砂层的渗透系数为 15m/d，降水影响半径为 300m，估算的基坑涌水量最接近下列哪个选项？ （ ）

（A）1780m³/d   （B）2210m³/d   （C）2320m³/d   （D）2450m³/d

19.某铁路隧道，跨度为 10m，拱顶埋深为 8m，位于地形较平缓的地区，围岩为较破碎的极硬岩，围岩级别质量指标BQ = 400，岩体重度为 23kN/m³，拱顶以上岩体的内摩擦角为 35°，围岩计算摩擦角为 50°，不考虑地下水出水状态、初始地应力状态和主要结构面产状状态等因素，则该隧道拱顶所受的垂直压力最接近下列哪个选项？ （ ）

（A）62kPa   （B）95kPa   （C）145kPa   （D）60kPa

20.某岩质顺向坡的层面外倾，如下图所示。坡脚开挖后，坡体表面出现了裂缝，判定边坡处于欠稳定状态。已知滑面为层面，层面摩擦角 12°，内聚力 25kPa。滑面长度$L = 15$m，倾角$\beta = 32°$，单位宽度滑块自重$G = 1000$kN。拟采用反压措施进行应急处置，要求反压后整体稳定安全系数不小于 1.2。按《建筑边坡工程技术规范》（GB 50330—2013）的隐式解法计算，单位宽度坡脚的反压体最少土方量为下列哪个选项？（无地下水，坡脚地面水平，反压体与地面的摩擦系数μ取 0.30，反压体重度21kN/m³，反压体几何尺寸满足工程措施要求） （ ）

题 20 图

（A）8.0m³/m   （B）9.0m³/m   （C）9.5m³/m   （D）10.0m³/m

21.某膨胀土地基上拟建三层建筑物，采用独立基础，建筑功能要求东西两侧独立基础埋深分别为 1.5m 与 3.5m。地基土的收缩系数为 0.22，土的湿度系数 0.6，无地下水。地表以下 1.0m 处土天然含水量 26.7%，塑限 18.5%。根据《膨胀土地区建筑技术规范》（GB 50112—2013），建筑物东西两侧基础最大变形差最接近下列哪个选项？（不考虑建筑荷载引起的沉降变形） （ ）

（A）17mm   （B）23mm   （C）28mm   （D）36mm

22.某场地多年前测得的土体十字板不排水抗剪强度标准值为 18.4kPa，之后在其附近修建一化工厂。近期对场地进行 8 组十字板剪切试验，测得土体不排水抗剪强度分别为 14.3kPa、16.7kPa、18.9kPa、16.3kPa、21.5kPa、18.6kPa、12.4kPa、13.2kPa。根据《岩土工程勘察规范》（GB 50021—2001）（2009 年版）和《土工试验方法标准》（GB/T 50123—2019），判断化工厂污染对该场地土工程特性的影响程度属于下列哪个选项？ （ ）

（A）无影响   （B）轻微   （C）中等   （D）大

23. 某水工建筑物基础埋深 2.5m，场地钻探揭露地层分布特征及波速测试结果见下表。按照《水电工程水工建筑物抗震设计规范》（NB 35047—2015）计算的土层等效剪切波速最接近下列哪个选项？ （ ）

题 23 表

土层序号	土层名称	层底深度（m）	剪切波速（m/s）
1	填土	2.0	120
2	粉质黏土	6.0	145
3	粉细砂	10.5	160
4	残积土	13.0	420
5	花岗岩孤石	14.5	900
6	残积土	16.0	420
7	基岩	—	> 500

（A）145m/s （B）153m/s （C）187m/s （D）206m/s

24. 某破碎花岗岩场地设计基本地震加速度为 0.30g，设计地震分组为第一组，建筑物结构自振周期为 1.80s，阻尼比为 0.05。按《建筑抗震设计规范》（GB 50011—2010）（2016 年版），计算 50 年超越概率为 2% 地震作用时，水平地震影响系数最接近下列哪个选项？ （ ）

（A）0.206 （B）0.239 （C）0.269 （D）0.275

25. 某混凝土灌注桩采用钻芯法检测桩身混凝土强度，已知桩长 9.5m，设钻芯孔 2 个，各采取了 2 组芯样，芯样抗压试验结果如下表所示。若本地区混凝土芯样抗压强度折算系数为 0.9，则折算后该桩的桩身混凝土抗压强度最接近下列哪个选项？ （ ）

题 25 表

钻孔编号	试验编号	取样深度（m）	芯样试件抗压强度（MPa）
1	T1	1.6	40.5
			39.3
			39.6
	T2	8.2	40.3
			42.6
			41.8
2	T3	1.6	44.3
			45.0
			43.7

钻孔编号	试验编号	取样深度（m）	芯样试件抗压强度（MPa）
2	T4	8.8	45.2
			44.7
			45.8

（A）37.4MPa　　　（B）38.5MPa　　　（C）41.6MPa　　　（D）46.2MPa

2022 年案例分析试题（下午卷）

1. 在每年汛期偶尔发生山洪的山区钻探作业，如果措施不当，可能会造成 3 人以上死亡的重大灾难。经评估，发生以上事故的可能性为"很小"，根据《岩土工程勘察安全标准》（GB/T 50585—2019），判断勘察作业山洪危险源的危险等级为下列哪个选项？并给出理由。　　　　　　　（　　）

（A）轻微级　　　　　　（B）一般级　　　　　　（C）较大级　　　　　　（D）重大级

2. 拟在某河段建造水闸，水闸上下游水位及河床下地层如下图所示。勘察揭露①层为密实中细砂，层厚 3m，渗透系数为 1.15×10^{-3} cm/s；②层为密实含砾中粗砂，层厚 4m，渗透系数为 2.3×10^{-3} cm/s；③层为密实卵砾石，层厚 5m，渗透系数为 1.15×10^{-2} cm/s。估算水闸下游剖面 A 处每日单宽渗漏量最接近下列哪个选项？　　　　　　　　　　　　　　　　　　　　　　　　　　　　　（　　）

8m　　　　　　　　　　　　　　　　　　　　　A
　　　　　　　　　　　闸底板　　　　　　　　　　2m
　　　　　　　　　　　①
　　　　　　　　　　　②
　　　　　　　　　　　③
　　　　　　　　不透水层
　　　　　　　　10m

题 2 图

（A）17.0m³/d　　　　（B）31.0m³/d　　　　（C）36.4m³/d　　　　（D）48.2m³/d

3. 对直径 30mm、高度 42mm 的某岩石饱和试样进行径向点载荷试验，测得岩石破坏时极限荷载 1300N，锥端发生贯入破坏，试件破坏瞬间加荷点间距 26mm，试按《工程岩体试验方法标准》（GB/T 50266—2013）、《工程岩体分级标准》（GB/T 50218—2014）判定，该岩石的坚硬程度是下列哪个选项？并说明理由。（修正系数取 0.45）　　　　　　　　　　　　　　　　　　　　　　　　（　　）

（A）坚硬岩　　　　　（B）较坚硬岩　　　　　（C）较软岩　　　　　（D）软岩

4. 某场地位于城区，上部被填土覆盖，下部岩层层序正常。矩形基坑开挖后揭露的两侧地质剖面如下图所示，则岩层产状最接近不列哪个选项？并说明理由。　　　　　　　　（　　）

题 4 图

（A）40°∠33.5°　　　　（B）80°∠35°　　　　（C）120°∠33.5°　　　　（D）130°∠35°

5. 某承受轴心荷载的条形基础，基础底面宽 1.2m，基础埋深 1.5m（从室外地面标高起算），勘察时地下水位较深。场地地面下 10.0m 深度范围内均为粉砂，主要物理力学指标如下表所示。该砂土内摩擦角随含水量变化规律如下图所示。根据土的抗剪强度指标按《建筑地基基础设计规范》（GB 50007—2011）计算地下水上升至室外地面（地基土干密度不变）时持力层地基承载力特征值最接近哪个选项？（　　　）

（A）230kPa　　　　（B）180kPa　　　　（C）120kPa　　　　（D）90kPa

题 5 表

层序	土名	层底深度（m）	含水量 w（%）	干密度 ρ_d（g/cm³）	颗粒相对密度 d_s	黏聚力标准值 c_k（kPa）	内摩擦角标准值 φ_k（°）
①	粉砂	10.0	6.5	1.63	2.68	0	32.0

题 5 图

6. 位于同一地基上的两个基础，基础下地基的自重应力二者相同，地基压缩层厚度二者相同，附加应力曲线与竖向坐标轴围成的面积二者相同。压缩层内地基土的自重应力、附加应力、压缩试验的 e-p 曲线如下图所示。判断两个基础总沉降量的关系为下列哪个选项？并说明理由。　　　　　　（　　）

题 6 图

（A）基础（一）大于基础（二）　　　　（B）基础（一）等于基础（二）

（C）基础（一）小于基础（二）　　　　（D）不能确定

7. 某建筑采用天然地基筏形基础方案，基础尺寸为 40m×20m，基础埋深 10m。在建筑荷载（含基础荷载）、地下水浮力共同作用下，准永久组合的基底压力为 360kPa。地基土及地下水情况如下图所示。建成若干年后场地及其周边大面积开采地下水，最终地下水位降至基岩层并长期稳定。建筑荷载、降水引起的沉降计算经验系数均取 0.4，根据《建筑地基基础设计规范》（GB 50007—2011）计算在基底附加压力和降水作用下，基础中心最终变形量接近下列哪个选项？（不考虑刚性下卧层对沉降计算的影响，不考虑地基土失水对压缩性的影响）　　　　　　（　　）

题 7 图

（A）180mm　　　　（B）200mm　　　　（C）220mm　　　　（D）240mm

8. 某深厚饱和黏性土地基，颗粒相对密度 2.72，饱和度 100%，密度 2.0g/cm³。在该地基上进行灌注桩施工时拟采用泥浆护壁成孔，泥浆为原土自造浆，要求泥浆密度 1.2g/cm³。则平均每立方米原土形成的泥浆量最接近下列哪个选项？　　　　　　（　　）

（A）3m³　　　　（B）4m³　　　　（C）5m³　　　　（D）6m³

9. 某建筑柱下独立桩基如下图所示，承台混凝土强度等级为 C50，若要求承台长边斜截面的受剪承载力不小于 10MN，按《建筑桩基技术规范》（JGJ 94—2008）计算，承台截面最小有效高度最接近下列哪个选项？（C50 混凝土的轴心抗拉强度设计值 $f_t = 1.89\text{MPa}$）　　　　　　（　　）

题 9 图（尺寸单位：mm）

（A）1000mm   （B）1100mm   （C）1200mm   （D）1300mm

10. 某建筑拟采用干作业钻孔灌注桩基础，施工清底干净，设计桩径 1.0m；桩端持力层为较完整岩，其干燥状态单轴抗压强度标准值为 20MPa，软化系数为 0.75。根据《建筑桩基技术规范》（JGJ 94—2008），当桩端嵌入岩层 2.0m 时，其嵌岩段总极限阻力标准值最接近下列哪个选项？ （　　）

（A）13890kN   （B）16670kN   （C）22230kN   （D）29680kN

11. 某场地采用大面积堆载预压法处理地基，假设荷载一次瞬时施加，地基土为饱和粉质黏土，厚度 10m，天然重度为 16.8kN/m³，压缩模量为 5.0MPa，下部地层为基岩，水位在粉质黏土顶面。堆载预压前先在地面铺设 1m 厚的砂垫层，地层情况如下图所示。前期试验堆载时，测得第 10 天、第 40 天粉质黏土层中点处孔隙水压力分别为 110kPa、80kPa。现要求堆载 50 天时，粉质黏土层顶面沉降量不小于 230mm，砂垫层顶面的最小堆载压力最接近下列哪个选项？（沉降计算经验系数取 1.0，假定孔隙水压力沿深度呈直线分布，忽略粉质黏土自重固结沉降） （　　）

题 11 图

（A）200kPa   （B）155kPa   （C）140kPa   （D）90kPa

12. 某工程场地表层为①层填土，厚度 5.5m，天然重度 17kN/m³；①层填土以下为②层黏性土，厚度 5.0m。拟建工程采用圆环形基础，基础埋深 2.5m，圆环形基础外径 4.0m，内径 2.0m。采用换填垫层法处理填土地基，垫层厚度 3.0m。上部结构传至基础顶面的竖向力 1200kN，基础及其上土的平均重度为 20kN/m³。已知换填垫层的地基压力扩散线与垂直线的夹角为 23°。根据《建筑地基处理技术规范》（JGJ 79—2012），基底附加压力扩散到②层黏性土层顶面处的压力最接近下列哪个选项？（假定地基压力均匀分布）   （   ）

（A）18kPa   （B）38kPa

（C）58kPa   （D）98kPa

13. 某湿陷性黄土场地，湿陷性黄土层厚度 10m，干密度 1.31g/cm³，颗粒相对密度 2.72，液限为 28%，采用灰土挤密桩和 PHC 桩进行满堂地基处理。采用等边三角形布桩，间距如下图所示。灰土桩直径 400mm，桩长 11m，静压成孔。PHC 桩外径 400mm，壁厚 95mm，桩长 15m，静压成桩（桩端闭口），单桩竖向承载力特征值为 950kN。已知桩间土承载力特征值与 w_L/e（液限与孔隙比之比）的关系如下表所示。灰土桩复合地基桩土应力比为 2.5，PHC 桩单桩承载力发挥系数为 0.8，灰土桩复合地基承载力发挥系数为 1.0，假定地基处理前后地面标高不变。根据《建筑地基处理技术规范》（JGJ 79—2012）计算复合地基承载力特征值最接近下列哪个选项？   （   ）

●PHC桩   ○灰土挤密桩

题 13 图

题 13 表

w_L/e（%）	25	30	35	40	45
f_{sk}（kPa）	145	160	175	190	210

（A）390kPa   （B）440kPa

（C）490kPa   （D）540kPa

14. 某滑弧为某土质边坡最危险滑弧，各土条的有关数据如下图所示，图中各条斜线上、下的数字分别为作用在该滑面上的法向分力 N 和切向分力 T 的数值（单位：kN/m），l_i 为每段滑弧的长度。根据《铁路路基设计规范》（TB 10001—2016），该边坡稳定系数最接近下列哪个选项？   （   ）

题 14 图

（A）1.15　　　　　　（B）1.19　　　　　　（C）1.22　　　　　　（D）1.25

15. 某挡土墙高 5.5m，墙背垂直光滑，墙后填土水平，无地下水，距离墙背 1.5m 以外填土上作用有宽度为 b 的均布荷载 20kPa，填土重度 20kN/m³，内摩擦角 24°，黏聚力 12kPa。按《建筑边坡工程技术规范》（GB 50330—2013），计算 b 至少为多宽时挡土墙墙背的主动土压力达到最大，其最大主动土压力 E_a 最接近下列哪个选项？　　　　　　　　　　（　　）

（A）$b = 2.1m$，$E_a = 83kN/m$　　　　　　（B）$b = 2.1m$，$E_a = 87kN/m$

（C）$b = 3.6m$，$E_a = 83kN/m$　　　　　　（D）$b = 3.6m$，$E_a = 87kN/m$

16. 某土质边坡，土的天然重度 19kN/m³，饱和重度 20kN/m³，水上水下黏聚力均为 15kPa，内摩擦角均为 25°，假定坡体内渗流方向与水平面夹角为 10°。4 号土条宽度为 2m；水上水下高度均为 5m，土条上均布竖向荷载 15kPa。按瑞典条分法估算如下图所示滑弧条件下 4 号土条滑动面的稳定性系数最接近下列哪个选项？　　　　　　　　　　（　　）

题 16 图

（A）0.86　　　　　　（B）0.91　　　　　　（C）0.97　　　　　　（D）1.02

17. 某基坑开挖深度 8.0m，地面下 18.0m 深度内土层均为粉砂，水位位于地表下 9.0m。地面均布附加荷载 20kPa，采用桩锚支护结构，如下图所示；支护桩直径 700mm，间距 0.9m，桩长 15m；锚杆角度 15°，水平间距 1.8m，锚头位于地表下 2m，锚杆预加轴向拉力值 300kN，锚杆单锚轴向刚度系数为 15MN/m。基坑开挖到底时，锚头处锚杆轴向位移比锁定时增加 6mm。地表处 A 点土压力强度为 6.66kPa，坑底处 B 点土压力强度为 57.33kPa，根据《建筑基坑支护技术规程》（JGJ 120—2012），开挖到底时，坑底开挖面处灌注桩弯矩标准值最接近下列哪个选项？　　　　　　（　　）

题17图（尺寸单位：mm）

（A）376kN·m   （B）452kN·m   （C）492kN·m   （D）1582kN·m

18. 某基坑开挖深度 5.0m，地面下 16m 深度内土层均为淤泥质黏土。采用重力式水泥土墙支护结构，坑底以上水泥土墙体宽度 B_1 为 3.2m，坑底以下水泥土墙体宽度 B_2 为 4.2m，水泥土墙体嵌固深度 6.0m，水泥土墙体的重度为 19kN/m³（地下水位位于水泥土墙墙底以下）。墙体两侧主动土压力与被动土压力强度标准值分布如下图所示。根据《建筑基坑支护技术规程》（JGJ 120—2012），该重力式水泥土墙抗倾覆稳定系数最接近下列哪个选项？ （　　）

题18图

（A）1.32   （B）1.42   （C）1.49   （D）1.54

19. 某湿陷性黄土场地，拟建建筑基础宽度 4m，基础埋深 5.5m，该场地黄土的工程特性指标如下：颗粒相对密度 2.70，含水量 18%，天然密度 1.65g/cm³，压缩系数 $a_{50\sim150} = 0.82\text{MPa}^{-1}$。地基承载力特征值 $f_{ak} = 110\text{kPa}$。深宽修正后的黄土地基承载力特征值最接近下列哪个选项？ （　　）

（A）176kPa   （B）183kPa   （C）193kPa   （D）196kPa

20. 某膨胀土平坦场地上拟建二层建筑，采用独立基础，基础底面尺寸为 2m×2m，基础埋深 1.5m，基础下设置 0.3m 厚碎石垫层。地表下 1m 深度处土的天然含水量为 14.7%，塑限为 22.0%，该深度土在自然条件下可能达到的最小含水量为 13.2%，地面有覆盖且无蒸发可能，建筑使用期间经常有水浸湿地基。膨胀土的湿度系数 0.6，地层工程性质指标见下表。按《膨胀土地区建筑技术规范》（GB 50112—2013）规定，该建筑物周边设散水作为辅助防治措施，散水最小宽度为下列哪个选项？ （　　）

题20表

层号	层底深度	重度γ（kN/m³）	膨胀率δ_{epi}	收缩系数λ_i
1	3.5	18.0	0.035	0.30
2	6.0	18.5	0.025	0.25

（A）1.0m

（B）1.2m

（C）1.5m

（D）2.0m

21. 某一级公路通过盐渍土场地，拟采取附近料场 2m 深度内的细粒黏质氯盐渍土作为路堤填料。料场 2m 深度内含盐量测定结果见下表，根据《公路路基设计规范》（JTG D30—2015）规定，不设隔断层时，路堤高出地面最小高度为下列哪个选项？　　　　　　　　　（　　）

题21表

取样深度（m）	0～0.05	0.05～0.25	0.25～0.5	0.5～0.75	0.75～1.0	1.0～1.5	1.5～2.0
含盐量（%）	1.6	1.3	1.0	0.8	0.6	0.4	0.3

（A）1.0m

（B）1.3m

（C）1.5m

（D）2.0m

22. 某花岗岩风化残积土的基本物理性质和颗粒组成列于下表。表中w_p、w_L采用粒径小于 0.5mm 的土体测试，粒径大于 0.5mm 的颗粒吸着水含水量为 5%。该残积土的状态为下列哪个选项？　（　　）

题22表

天然重度γ（kN/m³）	颗粒相对密度	天然含水量w（%）	塑限w_p（%）	液限w_L（%）	孔隙比e	颗粒组成（mm）					
						>2	2～0.5	0.5～0.05	0.05～0.075	0.075～0.005	<0.005
20.5	2.75	25	30	45	0.645	15%	20%	10%	10%	25%	20%

（A）坚硬

（B）硬塑

（C）可塑

（D）软塑

23. 某高层建筑采用箱形基础，并作为地下室使用。基础底面尺寸为 30m × 40m，埋深 6m。地基土全部为中密～密实的细砂，重度为 19kN/m³，地下水位很深，地基承载力特征值$f_{ak} = 280$kPa。在进行天然地基基础抗震验算时，地基抗震承载力最接近下列哪个选项？　　　　　　（　　）

（A）360kPa

（B）500kPa

（C）710kPa

（D）920kPa

24. 某建筑场地抗震设防烈度为 7 度，设计基本地震加速度为 0.15g，地震分组为第二组，地下水位埋深为 1.4m，场地地质剖面如下图所示。拟建建筑为住宅楼，地上 18 层，地下 1 层，筏板基础，基础尺寸为 80m × 20m，拟采用打入式预制桩方案，正方形布置，桩径 0.5m，桩间距为 1.8m。按桩承受全部地震作用考虑进行桩基抗震验算时，根据《建筑抗震设计规范》（GB 50011—2010）（2016 年版）确定的粉砂④层液化影响折减系数为下列哪个选项？　　　　　　　　　　（　　）

题 24 图

（A）0　　　　　　（B）1/3　　　　　　（C）2/3　　　　　　（D）1

25. 某灌注桩桩径 1.0m，桩长 20m，柱身范围土层为黏性土，未见地下水，对该桩按《建筑基桩检测技术规范》（JGJ 106—2014）分别进行了单桩竖向抗压静载试验和竖向抗拔静载试验（两次试验间隔时间满足要求）。单桩竖向抗压静载试验结果如下表所示，抗拔试验结果（δ-lg$t$ 曲线）如下图所示。根据本场地同等条件下单桩竖向抗压静载试验统计数据，桩端阻力约占单桩抗压承载力的 15%。桩身重度取 25kN/m³，试计算该桩的抗拔系数最接近下列哪个选项？　　　　（　　）

单桩抗拔试验结果

题 25 图

单桩竖向抗压静载结果　　　　　　　　　　　　　题 25 表

每级荷载 Q（kN）	每级累计沉降 s（mm）	每级荷载 Q（kN）	每级累计沉降 s（mm）
1000	5.75	3500	31.51
1500	9.03	4000	40.05
2000	12.69	4500	49.96
2500	18.27	5000	88.12
3000	24.30		

（A）0.64　　　　　　（B）0.68　　　　　　（C）0.76　　　　　　（D）0.88

2022年补考案例分析试题（上午卷）

1. 对四个黏性土样进行饱和固结不排水三轴剪切试验，采用反压力饱和法饱和试样。试验结果见下表。符合《土工试验方法标准》（GB/T 50123—2019）要求的试验数量是以下哪个选项？　　（　　）

题1表

试样编号	反压力饱和		
	上一级围压（kPa）	最终围压（kPa）	孔隙水压力增量Δu（kPa）
①	50	80	28.5
②	50	80	29.7
③	80	110	27.6
④	80	110	29.8

（A）1个　　　　　　（B）2个　　　　　　（C）3个　　　　　　（D）4个

2. 某主要项目位于山前冲洪积平原，初步设计拟采用的基础长度4m，宽度4m，埋深2m，无相邻荷载影响，地下水位较深，基础范围内实施了3个钻孔，揭露地层见下表。根据《建筑地基基础设计规范》（GB 50007—2011）及《高层建筑岩土工程勘察标准》（JGJ/T 72—2017），估算该基础范围内地基压缩模量当量的比值$\bar{E}_{smax}/\bar{E}_{smin}$，并判断地基的均匀性是以下哪个选项？　　（　　）

题2表

孔号	地层编号	岩性	厚度（m）	重度（kN/m³）	E_s（MPa）
1	①	黏土	8	19.0	8
	④	卵石	>5	21.0	85
2	①	黏土	1.5	19.0	8
	②	细砂	6.3	19.5	15
	④	卵石	>5	21.0	85
3	①	黏土	2	19.0	8
	②	细砂	4	19.5	15
	③	砾砂	2	20.0	25
	④	卵石	>5	21.0	85

（A）1.99，均匀地基　　　　　　　　　（B）2.29，不均匀地基
（C）1.99，不均匀地基　　　　　　　　（D）2.29，均匀地基

3. 某基坑地层为厚层松散粉细砂，孔隙比为0.92，土粒相对密度为2.65，基坑开挖深度8.0m，坑外地下水埋深1.5m。隔水帷幕施工后坑内外地下水渗流场流网如图所示，流线上a、b两点间距1.0m。若安全系数按1.5考虑，估算ab段的水力梯度，并判断a处渗透破坏安全性是否满足工程要求，下列哪个选项是正确的？　　（　　）

题 3 图

（A）0.54，满足工程要求　　　　　　　　（B）0.54，不满足工程要求

（C）0.59，满足工程要求　　　　　　　　（D）0.59，不满足工程要求

4. 下图为某地质平面图的一部分，图中虚线为地形等高线，阴影部分为一倾斜岩层的露头，I—I′剖面方向和岩层的走向正交，I—I′剖面上岩层露头线 AB 刚好交于两等高线，线段 AB 在水平面上的投影长度为 100m，岩层倾角 $\alpha = 60°$。I—I′剖面处该岩层真厚度最接近下列哪个选项？　　　　　　　（　　）

题 4 图

（A）50.1m　　　　　　（B）61.5m　　　　　　（C）93.3m　　　　　　（D）111.8m

5. 某柱下钢筋混凝土条形基础，基础底面宽度 2.5m。该基础按弹性地基梁计算，在柱子竖向荷载作用下基础的沉降曲线概化图如图所示。地基的基床系数为 24mN/m³。按照倒梁法计算柱子 1 的竖向荷载最接近下列哪个选项？　　　　　　　（　　）

题 5 图（尺寸单位：mm）

（A）1860kN （B）2790kN （C）3720kN （D）4650kN

6. 某挡土墙简化受力模型如图所示，受墙体自重G和主动土压力E_a两个力作用，挡土墙基础底面与水平面的夹角$\alpha = 11.3°$，计算挡土墙基础底面边缘最大压力值p_{max}（垂直于基础底面）最接近下列哪个选项？ （ ）

题6图（尺寸单位：mm）

（A）130kPa （B）180kPa （C）240kPa （D）300kPa

7. 天然地基上的桥梁基础，底面尺寸为 2.0m×4.0m，基础埋深 3.0m，传至基础顶面的竖向力为1520kN，力矩为 400kN·m（频遇组合）。地层结构、土性指标如图所示，地下水位位于②层顶面。①层土承载力满足要求，②层土为软土层，需进行软弱下卧层承载力验算。按《公路桥涵地基与基础设计规范》（JTG 3363—2019）计算，作用于②层顶面的压应力最接近下列哪个选项？（基础及其上土的平均重度取 20kN/m³） （ ）

题7图

　　（A）156kPa　　　　　（B）165kPa　　　　　（C）175kPa　　　　　（D）189kPa

8. 某大面积深厚压实填土场地，无地下水，填土为粉土，压实系数 0.97，黏粒含量 12%，天然重度 19kN/m³。本场地中条形基础埋深 2.2m（如图所示），该深度处现场深层平板载荷试验确定的地基承载力特征值为 220kPa。荷载标准组合时条形基础顶面上作用轴心荷载 $F_k = 422.4$kN/m。基础设计宽度为根据《建筑地基基础设计规范》（GB 50007—2011）计算的最小基础宽度。后因需要，在距离基础外边缘 0.5m 处增加了竖向荷载 $P = 150$kN/m（标准组合），这种情况下基础合力偏心距最接近下列哪个选项？（基础及其上土的平均重度为 20kN/m³）　　　　　　（　　）

题 8 图

　　（A）0.10m　　　　　（B）0.16m　　　　　（C）0.21m　　　　　（D）0.26m

9. 某建筑场地地层条件见下表，拟采用外径为 800mm 的半敞口钢管桩基础，承台底面埋深 5m，承台底面以下桩长 12m，桩端设置井字形隔板，计算单桩竖向承载力特征值最接近下列哪个选项？　　　　　　（　　）

题 9 表

地层	层底埋深	桩的极限侧摩阻力标准值（kPa）	桩的极限端阻力标准值（kPa）
①黏土	14	50	—
②细砂	25	65	4000

　　（A）1410kN　　　　　（B）1610kN　　　　　（C）2820kN　　　　　（D）3220kN

10. 某地下车库筏形基础底面为矩形，长 120m，宽 50m。地下车库荷载标准组合下的基桩所承受的总上拔力为 41000kN，拟设置直径 600mm 的抗拔桩 147 根，桩身重度为 25kN/m³，水的重度取 10kN/m³，基础底面以下 15m 内为粉质黏土，其桩侧极限摩阻力为 36kPa，车库结构侧面与土的摩擦力忽略不计。根据《建筑桩基技术规范》（JGJ 94—2008），满足群桩呈非整体破坏验算要求的抗拔桩的最短桩长为下列哪个选项？（取粉质黏土抗拔系数 $\lambda = 0.70$，假定每根基桩所受的上拔力相等）　　　　　　（　　）

　　（A）8.0m　　　　　（B）10.0m　　　　　（C）12.0m　　　　　（D）14.0m

11. 某高速公路大桥采用钻孔灌注桩基础，桩径为 1.2m。自然地面 15m 以下为深厚密实的卵石层，其地基承载力特征值 f_{a0} 为 1200kPa。如果桩端置于该卵石层，设计要求修正后的桩端土的承载力特征值达到 2750kPa。根据《公路桥涵地基与基础设计规范》（JTG 3363—2019），在不考虑冲刷影响时，从自然地面起估算的桩端最小埋置深度最接近下列哪个选项？（清底系数 m_0 取 1.0，修正系数 λ 取 0.85，桩端以上各土层加权平均重度取 22.0kN/m³，地下水水位位于自然地面）　　　　　　（　　）

（A）17.0m　　　　　（B）20.0m　　　　　（C）30.0m　　　　　（D）37.0m

12. 某场地地面以下松散砂土厚度为 10m，砂土初始孔隙比 $e_0 = 0.850$，最大孔隙比 $e_{max} = 0.910$，最小孔隙比 $e_{min} = 0.550$，采用不加填料的振冲挤密法对松散砂土进行处理，处理后砂土的相对密度 $D_r = 0.675$。振冲挤密处理后地面沉降最接近下列哪个选项？　　　　　　（　　）

（A）90cm　　　　　（B）95cm　　　　　（C）100cm　　　　　（D）105cm

13. 某饱和土场地，地质条件如图所示，采用降水法对场地进行初步处理，井间距按 10m × 10m 正方形布置，井深 12.0m 且全长为滤管。降水使地下水位整体快速下降 6m，取井阻系数 $F = 6$。问降水 60d 时最大地面沉降最接近下列哪个选项？（沉降计算经验系数取 1.0）　　　　　　（　　）

题 13 图

（A）20mm　　　　　（B）40mm　　　　　（C）60mm　　　　　（D）70mm

14. 关中地区某湿陷性黄土场地上拟建跨度为 24.0m 的机加工车间，基础埋深 1.0m，地面下不同深度黄土的湿陷性试验结果见下表。13m 以下地层无湿陷性，拟采用沉管挤密桩法处理地基，按《湿陷性黄土地区建筑标准》（GB 50025—2018）要求，在无地下水上升和侧向浸水的条件下，基底下挤密桩处理地基最小深度为下列哪个选项？　　　　　　（　　）

题 14 表

取样深度（m）	自重湿陷系数	湿陷系数
1.5	0.004	0.045
2.5	0.006	0.054
3.5	0.010	0.043
4.5	0.019	0.048

取样深度（m）	自重湿陷系数	湿陷系数
5.5	0.022	0.045
6.5	0.025	0.043
7.5	0.036	0.052
8.5	0.048	0.058
9.5	0.053	0.062
10.5	0.060	0.069
11.5	0.055	0.055
12.5	0.044	0.044

（A）6.0m　　　　（B）7.0m　　　　（C）8.0m　　　　（D）9.0m

15. 某挡土墙后土层分布和性质如图所示，潜水位位于砂土层底面，卵石中有承压水，承压水水头位于地面以下 5m，黏土的内摩擦角为 15°，黏聚力为 20kPa，砂土层的主动土压力系数为 0.30，估算黏土层作用于挡土墙上的侧向压力最接近下列哪个选项？（采用水土合算，不考虑主动土压力增大系数）
（　　）

题 15 图

（A）451.0kN/m　　　（B）466.0kN/m　　　（C）525.0kN/m　　　（D）576.0kN/m

16. 某滑坡采用一排预应力锚索加固治理，锚索水平间距 2.5m，已知作用在锚索范围内的下滑力为 200kN/m，锚索与滑动面相交处滑动面倾角为 25°，锚索与水平面的夹角为 18°，滑面综合摩擦角为 13°。锚索钻孔直径 0.15m，单根钢绞线直径 15.2mm，每孔锚索采用 6 束钢绞线，锚索与水泥砂浆间的黏结强度设计值为 2340kPa，锚孔壁与水泥砂浆间的黏结强度设计值为 800kPa，锚固段为枣核状。按《铁路路基支挡结构设计规范》（TB 10025—2019），折减系数 $\lambda = 0.5$，轴向拔出力安全系数取 2.0 时，锚索锚固段最小长度最接近下列哪个选项？
（　　）

（A）3m　　　　（B）4m　　　　（C）5m　　　　（D）6m

17. 某立交工程主线道路左侧岩质边坡高 15m，边坡坡面倾向为 187°，坡角为 70°，坡顶水平，且为拟建立交区域的 H 型匝道，匝道分布荷载按 30kPa 考虑。根据现场地质调查，该边坡区域岩层产状为 105°∠61°，主要发育三组裂隙，见下表。假定 3 条裂隙面界面抗剪强度参数均为：黏聚力 $c = 35$kPa，内摩擦角 $\varphi = 20°$；岩层层面抗剪强度参数：黏聚力 $c = 22$kPa，内摩擦角 $\varphi = 12°$；岩体重度 25kN/m³。试计算边坡形成后由单组结构面控制可能的最小稳定系数最接近下列哪个选项？ （   ）

题 17 表

裂隙编号	描述
J1	倾向 260°～280°，倾角 35°
J2	倾向 180°～200°，倾角 45°
J3	倾向 350°～20°，倾角 65°

（A）0.81　　　　（B）0.87　　　　（C）0.97　　　　（D）1.08

18. 在地下 400m 深度处掘进一个圆形巷道，其断面半径为 5m，岩体重度为 25kN/m³，单轴抗压强度 $\sigma_c = 10.2$MPa，侧压力系数 $\lambda = 1$，根据莫尔—库仑破坏准则判断该巷道无支护时围岩稳定状态为下列哪个选项？ （   ）

（A）稳定　　　（B）不稳定　　　（C）极限平衡状态　　　（D）不确定

19. 某建筑基坑开挖深度 5m，采用悬臂桩支护，桩径 700mm，桩间距 1.5m，嵌固深度 6m，拟建场地地层为砂土，重度 $\gamma = 20$kN/m³，黏聚力 $c = 0$，内摩擦角 $\varphi = 30°$，地下水位于地面下 7m，开挖到底后，支护桩基坑底部处的水平位移为 9mm，地面下 8m 处土体受压水平位移为 2.5mm，已知基坑内侧土的水平反力系数的比例系数 $m = 15$MN/m⁴。根据《建筑基坑支护技术规程》（JGJ 120—2012），计算地面下 8m 处的分布土反力最接近下列哪个选项？ （   ）

（A）110kPa　　　　（B）117kPa　　　　（C）126kPa　　　　（D）139kPa

20. 某膨胀土地区公路路堤高度 1.40m，路基基底为膨胀土，各土层厚度及参数列表如下。当地基按收缩变形考虑，收缩变形计算深度为 4.0m 时，根据《公路路基设计规范》（JTG D30—2015）规定，下列哪个选项的膨胀土地基处理方案最合理？ （   ）

题 20 表

取样深度（m）	分层土的初始厚度 z_i（m）	初始孔隙比 e_0	各分层土的含水量变化值 Δw_i	体积收缩系数 C_w
0.5	1.0	0.853	0.0542	0.54
1.5	1.0	0.846	0.0496	0.51
2.5	1.0	0.818	0.0528	0.49
3.5	1.0	0.825	0.0586	0.48

（A）可不处理
（B）非膨胀土换填，换填深度 0.3m
（C）掺入石灰改性处理，换填深度 0.5m
（D）掺入水泥改性处理，换填深度 1.0m

21. 拟建高速公路通过季节性冻土区，土层为粉细砂，厚度 5m。多年监测数据显示，多年平均冻结深度 3.4m，地表多年平均冻胀量 200mm，冻结期间地下水位距离地表 1.1m。测得粉细砂冻结前含水量 22%，冻结后含水量 18%，依照《公路工程地质勘察规范》（JTG C20—2011），判断路基冻胀等级为下列哪个选项？ （　　）

（A）Ⅱ级　　　　　　（B）Ⅲ级　　　　　　（C）Ⅳ级　　　　　　（D）V级

22. 某岩质边坡坡体被外倾结构面与垂直裂隙切割，裂隙为张开状态，如图所示。已知裂隙切割的块体单位宽度自重 4400kN/m，垂直裂隙深度 9m。连续暴雨时，裂隙和结构面均充满水，坡脚有地下水涌出，测得 A 点的水头压力为 30kPa。外倾结构面倾角 15°、长度 21m、内摩擦角 20°、黏聚力 35kPa。此状态下边坡的稳定系数 F_s 最接近下列哪个选项？ （注：水的重度取 10kN/m³，不考虑地震工况） （　　）

题 22 图

（A）0.88　　　　　　（B）1.00　　　　　　（C）1.17　　　　　　（D）1.24

23. 某建筑场地设计基本地震动加速度值为 0.30g，Ⅲ类场地，设计地震分组为第二组。抗震设防类别为丙类的建筑物位于土质斜坡顶部，距离斜坡边缘 20m，坡面投影宽度 25m，斜坡高度 10m。建筑物自振周期为 0.30s，阻尼比为 0.05。按照《建筑抗震设计规范》（GB 50011—2010）（2016 年版），计算该建筑物在罕遇地震作用下的水平地震影响系数最接近下列哪个选项？ （　　）

（A）1.08　　　　　　（B）1.20　　　　　　（C）1.32　　　　　　（D）1.44

24. 某公路场地抗震设防烈度为 7 度，经初判场地内某粉土层有可能液化，在该层内进行了标准贯入试验，贯入点深度为 11.0m 的实测锤击数为 9 击，根据《公路工程地质勘察规范》（JTG C20—2011），确定粉土层的桩基侧摩阻力折减系数为下列哪个选项？ （已知：标准贯入点总上覆压力为 205kPa，有效上覆压力为 115kPa，粉土层黏粒含量为 4.0%） （　　）

（A）0　　　　　　（B）1/3　　　　　　（C）2/3　　　　　　（D）1

25. 某建筑对水平位移敏感，采用钢筋混凝土预制桩基础，对某桩进行慢速维持荷载法的水平静载试验，每级荷载增量 20kN，设计桩顶标高处的水平力 H 与水平位移 Y_0 测试结果曲线如图所示，已知桩径 500mm，桩身抗弯刚度 $5×10^5$kN·m²，桩顶水平位移系数取 2.441。试计算该桩的单桩水平承载力特征值以及单桩水平极限承载力作用下的地基土水平抗力系数的比例系数，二者最接近下列哪个选项？ （　　）

题 25 图

（A）105kN，5700kN·m⁴   （B）105kN，4700kN·m⁴

（C）128kN，5700kN·m⁴   （D）128kN，4700kN·m⁴

2022 年补考案例分析试题（下午卷）

1. 某场地进行扁铲侧胀试验，测点深度 9m，地下水位埋深 2m；试验前率定膜片膨胀至 0.05mm、1.10mm 的气压实测值分别为 8kPa、65kPa。探头达到测试深度后，测定膜片膨胀至 0.05mm、1.10mm 和回到 0.05mm 的压力值分别为 220kPa、325kPa 和 75kPa，调零前的压力表初读数为 5kPa。土层的天然重度为 18kN/m³，饱和重度为 19kN/m³。假定不排水抗剪强度 c_u 与侧胀水平指数 K_D 有下列经验关系：$c_u = 0.22 \times (K_D/2)^{1.25} \times \sigma_{v0}$，则根据《岩土工程勘察规范》（GB 50021—2001）（2009 年版）估算的 c_u 最接近下列哪个选项？（注：σ_{v0} 为试验深度处的有效上覆土压力） （　）

（A）5kPa　　　　　　（B）9kPa　　　　　　（C）16kPa　　　　　　（D）20kPa

2. 某高层建筑物拟采用天然地基，筏板基础，基础长 20m，宽 20m，基础埋深 6m，基底附加压力 205kPa。地下水位埋深为 2m，地基土为巨厚的低压缩性粉质黏土，水位以上土的天然重度 $\gamma = 19.5$kN/m³，孔隙比 $e = 0.70$，土粒相对密度 $G_s = 2.70$，水的重度取 10kN/m³。根据《岩土工程勘察规范》（GB 50021—2001）（2009 年版），计算详细勘察的控制性钻孔深度至少应达到下列哪个选项？ （　）

（A）23m　　　　（B）26m　　　　（C）29m　　　　（D）32m

3. 某堤防工程段分布厚层土，层厚大于 20m，土粒相对密度 $G_s = 2.67$，孔隙比 $e = 0.70$，颗粒级配如图所示。根据《水利水电工程地质勘察规范》（GB 50487—2008）（2022 年版），判断可能的渗透变形类型及临界水力梯度，正确的是下列哪个选项？ （　）

题 3 图

（A）流土，0.50　　　（B）流土，0.98　　　（C）管涌，0.50　　　（D）管涌，0.98

4. 某边坡高 30m，坡面倾向为 345°，坡度为 40°，边坡岩性为凝灰岩，其饱和单轴抗压强度为 105MPa，岩石和岩体波速分别为 4500m/s 和 3800m/s。主要结构面走向东西，倾向北，倾角为 29°，贯通性较好，边坡面有线流状地下水溢出。根据《工程岩体分级标准》（GB/T 50218—2014），其岩体级别应为下列哪个选项？ （　）

（A）I级　　　　　　　（B）II级　　　　　　　（C）III级　　　　　　　（D）IV级

5. 砂土地基上拟建某长条形构筑物如图所示，筏板基础厚度1m，构筑物周围均为同一层砂土，地下水位埋深1.5m。原设计基底埋深8m，抗浮稳定安全系数为1.0，现要求安全系数提高到1.2，拟采用向下增加筏板厚度的方案。抗浮验算时，砂土的天然重度、饱和重度均取18kN/m³，钢筋混凝土的重度取23kN/m³。求筏板厚度增加量的最小值最接近下列哪个选项？（外挑筏板上的地基土作为抗浮压重，抗浮验算时不考虑土体的抗剪强度及基础侧壁摩阻力，水的重度取10kN/m³）　　　　　　（　　）

题5图（尺寸单位：mm）

（A）0.80m　　　　　（B）0.95m　　　　　（C）1.05m　　　　　（D）1.20m

6. 某建筑物采用筏板基础，尺寸为30m×150m，基坑开挖深度12m，荷载准永久组合时基底压力为216kPa。地层条件如图所示。地下水位埋深30m。②层土回弹模量为105MPa，压缩模量为15MPa，再压缩比率与再加荷比关系曲线如图所示。基础施工时基底回弹变形已全部完成，计算建筑荷载作用下基础中心点沉降量最接近下列哪个选项？（变形计算深度取12m，不考虑基底垫层及地基相对硬层的影响，回弹计算经验系数取1.0）　　　　　　（　　）

题6图

（A）24mm　　　　　（B）29mm　　　　　（C）34mm　　　　　（D）39mm

7. 季节性冻土地区的方形基础，基础边长3m，埋深2m，永久作用标准组合时上部结构传至基础顶面的竖向力为1140kN，基础及其上土体的天然重度为20kN/m³。基础位于黏土地基上，土体液限含水量52%，塑限含水量28%，冻前土体孔隙比1.024，饱和度85%，土粒相对密度2.72，冻结期间地下水位距冻结面最小距离2.5m，平均冻胀率2%。根据《建筑地基基础设计规范》（GB 50007—2011），在

不采暖情况下，基础底面下允许冻土层最大厚度最接近下列哪个选项？ （ ）

（A）0.65m （B）0.95m （C）2.00m （D）不做限制

8. 圆形油罐底面直径 15.0m，埋深 $d = 2.5m$，场地地层如图所示，地下水位位于黏土层顶面。储油后相应于作用准永久组合的基底压力为 120kPa。根据《建筑地基基础设计规范》（GB 50007—2011），计算储油后油罐底边缘处地基的最终沉降量，其值最接近下列哪个选项？（不考虑相对硬层的影响，不考虑基础刚度的影响） （ ）

填土
$\gamma = 17.1kN/m^3$

黏土
$\gamma_{sat} = 18.6kN/m^3$
$E_s = 7MPa$
$f_{ak} = 180kPa$

基岩(不可压缩)

题 8 图

（A）45mm （B）65mm （C）89mm （D）127mm

9. 某建筑基底埋深 8m，采用筏式承台减沉复合疏桩基础，筏板尺寸为 50m × 30m，桩径 400mm，桩长 16.5m，单桩承载力特征值 562kN，桩间距 3200mm，正方形布置，共布设 160 根桩，荷载效应准永久值组合下，作用于承台底的总附加荷载为 162500kN。地层条件及相关参数见下表，地下水位埋深 2m。根据《建筑桩基技术规范》（JGJ 94—2008）的相关规定，计算由承台底地基土附加压力作用产生的基础中点处的沉降量最接近下列哪个选项？（沉降计算深度按基底下 24m 计） （ ）

题 9 表

地层名称	层底埋深（m）	重度（kN/m³）	压缩模量（MPa）
填土	2	18	
淤泥质土	12	19	3
粉土	40	20	15

（A）110mm （B）130mm （C）145mm （D）190mm

10. 独立承台钻孔灌注桩单桩基础，桩径 0.8m，桩长 12m，桩顶埋深 2.0m，桩端持力层为密实砂层，地下水位在地面处，其余土层条件如图所示。若地下水位由地面处下降 5m，在桩周淤泥质黏土层产生负摩阻力，中性点深度比 l_n/l_0 取 0.75，按《建筑桩基技术规范》（JGJ 94—2008）规定计算桩侧负摩阻力引起的下拉荷载 Q_g^n 其值最接近下列哪个选项？ （ ）

题 10 图

　（A）305kN　　　　　（B）360kN　　　　　（C）380kN　　　　　（D）415kN

11. 某场地地面下 12m 为素填土。拟建建筑筏板基础埋深 2.0m，基础尺寸为 20m×30m。采用柱锤冲扩桩法处理基础底面下全部素填土，桩长 10m。桩体填料采用碎砖三合土（三合土重量比按生石灰：碎砖：黏性土 = 1∶2∶4），要求处理后复合地基承载力特征值 f_{spk} 不小于 150kPa，桩间土承载力特征值 f_{sk} 为 100kPa。根据《建筑地基处理技术规范》（JGJ 79—2012）估算理论布桩条件下生石灰量最接近下列哪个选项？（桩身压实后重度为 16.9kN/m³，不考虑材料损耗，桩土应力比取 3）　　　　　（　　）

　（A）360t　　　　　（B）400t　　　　　（C）625t　　　　　（D）725t

12. 某杂填土场地，先进行挤密处理再打设刚性桩。刚性桩是冲击成孔旋喷桩内插等长的钢管。其中旋喷桩直径 800mm，钢管直径 300mm，桩长 12m，布桩平面如图所示。从桩顶标高处向下的土层参数见下表。静载试验确定的单桩承载力特征值为 400kN。按照《建筑地基处理技术规范》（JGJ 79—2012）估算，该复合地基承载力特征值最接近下列哪个选项？（假定桩间土承载力发挥系数取 0.9，单桩承载力发挥系数取 0.8）　　　　　（　　）

题 12 表

编号	土性	厚度（m）	地基承载力特征值 f_{ak}（kPa）
①	杂填土	9	100（挤密后）
②	中砂	15	150

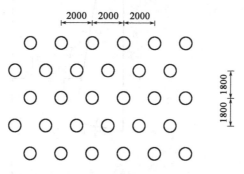

题 12 图（尺寸单位：mm）

　（A）155kPa　　　　　（B）165kPa　　　　　（C）175kPa　　　　　（D）185kPa

13. 某砂土场地天然孔隙比为 0.91，拟采用加填料振冲挤密法处理，要求处理后加固范围（含桩身）土的平均孔隙比不大于 0.60。已知填料孔隙比为 0.30，计算原地基单位体积（m³）填料量最接近下列哪个选项？（假设处理前后地表标高不变，填料与砂土的相对密度相同）　　　　　　（　　）

（A）0.13m³　　　　　（B）0.20m³　　　　　（C）0.25m³　　　　　（D）0.30m³

14. 某加筋土挡墙，墙顶背后填土水平，填土表面作用一均布条形荷载，如图所示，拉筋间的竖向与水平间距均为 0.4m，拉筋宽 0.1m，拉筋长度 6m。填料重度 19kN/m³，综合内摩擦角 30°，拉筋与填料间的摩擦系数为 0.28。已知作用在墙顶下 2m 处拉筋上的垂直压力为 81kPa，根据《铁路路基支挡结构设计规范》（TB 10025—2019），按照内部稳定性验算，墙顶下 2m 处拉筋的单筋抗拔稳定系数最接近下列哪个选项？　　　　　　（　　）

题 14 图

（A）2.0　　　　　（B）3.5　　　　　（C）4.7　　　　　（D）6.7

15. 某铁路直线段路基临近一河湾的冲刷岸，拟设置路堤墙护坡，路堤墙外侧面与竖直线的夹角 θ 为 10°，路堤墙露出河底以上 4m 高，如图所示。已知，该河岸处水深为 1.5m，河水流速为 2m/s，水流方向与挡墙走向夹角为 45°，墙趾处地层 0~5.5m 为粉砂，其中质量占 15% 以上部分的最大粒径为 2mm，以下为强风化粉砂岩。根据《铁路路基设计规范》（TB 10001—2016）的相关规定，该路堤墙的基底与水平线夹角 β 为 10°，则其基底最小埋深 h_1 最接近下列哪个选项？　　　　　　（　　）

题 15 图

（A）2.8m   （B）3.8m

（C）4.8m   （D）5.8m

16. 某挖方建筑边坡高 10m，滑动面过坡脚处，采用悬臂式桩板挡墙支护。抗滑桩桩长 20m，桩顶以上地面坡率为 1∶3，地层为全风化软质岩，重度为 22.0kN/m³，等效内摩擦角为 46°，内摩擦角为 30°。已知坡脚以下 3.5m 处横向压应力最大，$\sigma_{max} = 260$kPa，校核该处地基横向承载力，根据《建筑边坡工程技术规范》（GB 50330—2013）相关规定，下列哪个选项的说法是正确的？并说明理由。（   ）

（A）该处地基横向承载力特征值大于 σ_{max}

（B）该处地基横向承载力特征值小于 σ_{max}

（C）该处地基横向承载力特征值约等于 σ_{max}

（D）无法判断该处地基横向承载力特征值与 σ_{max} 的大小关系

17. 某建筑基坑深 5m，拟采用水泥土墙支护形式，拟建场地地质条件及水泥土墙尺寸如图所示，潜水水位位于地面下 1m。地下水位以上粉砂的重度 $\gamma = 18$kN/m³，饱和重度 $\gamma_{sat} = 19$kN/m³，$c = 0$kPa，内摩擦角 $\varphi = 25°$。淤泥质黏土的重度 $\gamma = 17$kN/m³，$c = 18$kPa，内摩擦角 $\varphi = 10°$。若粉砂层采用水土分算，淤泥质黏土层采用水土合算，不考虑地面超载，按照《建筑基坑支护技术规程》（JGJ 120—2012）的规定，作用于水泥土墙的主动土压力最接近下列哪个选项？（粉砂层水上、水下的 c、φ 值不变）

（   ）

题 17 图

（A）435kN/m   （B）480kN/m

（C）605kN/m   （D）650kN/m

18. 某深大基坑工程，开挖深度、支护结构形式及土层分布如图所示（图中尺寸和标高均以米为单位）。基坑底以下的承压水水头标高 −8.500m，为确保基坑施工的顺利进行，对承压水的处理措施下列哪个选项最合理？并给出理由。（   ）

（A）需设置减压降水井，并在第一道支撑施工完成后开启

（B）需设置减压降水井，并在第二道支撑施工完成后开启

（C）需设置减压降水井，并在第三道支撑施工完成后开启

（D）无需设置减压降水井

题 18 图（尺寸单位：m）

19. 成都地区某膨胀土场地拟建二层住宅楼，基础埋深为 1.0m，大气影响深度范围内地基土的平均收缩系数为 0.3，地表下 1m 处土的含水量为 30%，塑限为 25%。根据《膨胀土地区建筑技术规范》（GB 50112—2013），计算地基收缩变形量最接近下列哪个选项？（注：成都地区全年月平均气温均在零度以上）　　　　　　　　　　　　　　　　　　　　　　　　　　　　　　　（　　）

（A）21mm　　　　　　（B）25mm　　　　　　（C）30mm　　　　　　（D）35mm

20. 某铁路工程线路拟以旱桥方式跨越一条高频泥石流堆积扇。泥石流沟代表性弯道处凹岸曲率半径为 19.8m，凸岸曲率半径为 9.2m，某次泥石流后实测两岸泥位高差为 2.0m，经调查泥石流中固体物质所占体积比为 60%，固体物质的相对密度为 2.70。若某次泥石流历时 15min，泥石流堆积扇比降为 5%，按《铁路工程不良地质勘察规程》（TB 10027—2022），弯道处的泥石流流速及泥石流的最大淤积厚度最接近下列哪个选项？（注：过流断面面积取 32m²，重力加速度 $g = 10m/s^2$）　　　　　　　（　　）

（A）6.1m/s，0.6m　　　　　　　　　　　　　（B）5.2m/s，5.1m

（C）5.2m/s，0.3m　　　　　　　　　　　　　（D）6.1m/s，0.3m

21. 某建筑场地直立岩质永久边坡 BC，如图所示。AC 为外倾软弱结构面，倾角 20°，结构面内摩擦角 15°，黏聚力 18kPa。竖向裂隙呈张开状态并将坡体分割为①、②两个块体，各块体单宽自重 W 和长度如图所示。根据《建筑边坡工程技术规范》（GB 50330—2013），当边坡稳定安全系数取 1.35 时，采用传递系数法隐式解计算边坡的剩余下滑力最接近下列哪个选项？　　　　　　　　　　（　　）

题 21 图

（A）30kN/m　　　　　　（B）40kN/m　　　　　　（C）100kN/m　　　　　　（D）135kN/m

22. 某盐渍土建筑场地上拟建建筑物基础尺寸为 2m×3.2m，基础埋深 1.0m，基底平均压力 p_k = 270kPa。地面下盐渍土分布深度为 3m，盐渍土重度 γ = 17.5kN/m³。采取基础下盐渍土土样进行单线法压缩试验，测得不同压力下的溶陷系数，见下表。在实际压力作用下建筑物基础中心点下盐渍土地基浸水后总溶陷量最接近下列哪个选项？（假定盐渍土各向同性） （   ）

题 22 表

试验压力（kPa）	50	100	150	200	250
溶陷系数δ_{rx}	0.019	0.028	0.037	0.046	0.054

（A）70mm   （B）90mm   （C）100mm   （D）110mm

23. 某场地的钻孔资料如图所示，现场采用单孔法进行波速测试，振源位于 O 点，井下传感器位于 B 点，一次击振后，井下传感器检测到两次剪切波到达，到达时间分别为 0.0216s 及 0.0262s。已知素填土属软弱土，粉土层的剪切波速明显大于素填土层。根据《地基动力特性测试规范》（GB/T 50269—2015），分别确定素填土层及粉土层的剪切波速最接下列哪个选项？（取 α = 29°） （   ）

题 23 图

（A）128m/s，265m/s   （B）128m/s，304m/s
（C）155m/s，143m/s   （D）155m/s，182m/s

24. 某土石坝坝高 48m，抗震设防类别为乙类，采用拟静力法进行抗震稳定性验算。在条分法的滑块计算中，某条块的重心高度为 32m，重力标准值为 5000kN/m。根据勘察报告，该土石坝场地类别为 I_1 类，按照《中国地震动参数区划图》（GB 18306—2015）所在区域的地震动峰值加速度为 0.20g，抗震基本烈度为 8 度。作用在该条块重心处的水平向地震惯性力代表值最接近下列哪个选项？ （   ）

（A）300kN/m   （B）350kN/m   （C）415kN/m   （D）450kN/m

25. 某建筑物采用岩石锚杆基础，基岩为单一岩层，现场进行了 6 组锚杆抗拔试验。锚杆设计荷载为 400kN，试验结果见下表。该工程的锚杆抗拔承载力特征值最接近下列哪个选项？ （   ）

题 25 表

分级荷载（kN）	锚头位移（mm）					
	T_1	T_2	T_3	T_4	T_5	T_6
100	0.32	0.43	0.49	0.23	0.51	0.63

续上表

分级荷载 （kN）	锚头位移（mm）					
	T_1	T_2	T_3	T_4	T_5	T_6
200	0.61	0.77	0.70	0.55	0.92	1.11
300	0.91	1.28	1.05	0.85	1.35	1.65
400	1.21	1.87	1.44	1.20	1.76	2.24
500	1.56	2.42	1.79	1.52	2.11	2.85
600	1.93	2.95	2.12	1.89	2.59	3.42
700	2.32	3.62	2.51	2.24	3.01	3.99
800	2.77	锚杆钢筋被拔出	2.86	2.56	3.46	4.67
900	3.23	—	3.22	2.83	3.93	上拔力不能 保持稳定

（A）283kN （B）400kN （C）425kN （D）450kN

2023 年案例分析试题（上午卷）

1. 某河道上建有一挡水结构，河床为均质砂层，渗流场流网如图所示。已知：砂层厚 18.0m，挡水结构进入砂层内 9.0m，其上下游水位分别高出河床表面 9.0m、1.0m，渗流场中 a、b 两点分别位于河床表面以下 3.0m、9.0m。a、b 两点孔隙水压力是下列哪个选项？（注：水的重度取 10kN/m³）
（   ）

题 1 图

（A）a 点 20kN/m²，b 点 60kN/m²

（B）a 点 50kN/m²，b 点 150kN/m²

（C）a 点 150kN/m²，b 点 90kN/m²

（D）a 点 200kN/m²，b 点 240kN/m²

2. 甲乙两个土样的土工试验结果见下表。以下哪个选项中，甲土样的数值均比乙土样大？并说明理由。（注：水的重度取 10kN/m³）
（   ）

题 2 表

土样	含水量 w（%）	液限 w_L（%）	塑限 w_p（%）	颗粒相对密度 G_s	饱和度 S_r（%）
甲	25.8	33.9	20.5	2.71	92
乙	18.7	26.1	18.2	2.70	99

（A）黏粒含量、重度

（B）黏粒含量、孔隙率

（C）重度、干密度

（D）孔隙率、干密度

3. 某圆形试井底部直径 3.0m，深度 8.0m，在其底面中间采用慢速加载法进行平板载荷试验。圆形刚性承载板直径 800mm，试验地层为细砂，试验结果如图所示。根据《岩土工程勘察规范》（GB 50021—2001）（2009 年版），计算细砂的变形模量 E_0 值最接近下列哪个选项？
（   ）

题 3 图

（A）6.3MPa （B）7.1MPa （C）10.3MPa （D）11.4MPa

4. 某拟建防波堤体积为 160 万 m^3，其天然建筑土料勘察的初查结果为：含水量 20.5%，天然重度 18kN/m^3，最大干密度 1.72g/cm^3。关于初查阶段土料场的储量，满足规范要求的最小值为下列哪个选项？ （　　）

（A）370 万 m^3 （B）420 万 m^3 （C）560 万 m^3 （D）640 万 m^3

5. 某铁路桥墩明挖基础，尺寸为 2m×4m，埋深 4.0m，埋深范围内土的重度 20kN/m^3。持力层为粉土，$\gamma_{sat} = 19.3$kN/m^3，$e = 0.80$，$w = 30\%$，地下水位与地面齐平。桥墩基础承受主力加附加力作用（不含长钢轨纵向力），作用于基底中心的竖向力为 900kN，作用于基础长边方向弯矩为 520kN·m，如图所示。按《铁路桥涵地基和基础设计规范》（TB 10093—2017），验算偏心距 e、桥墩基底压应力，其结果是下列哪个选项？并说明理由。 （　　）

题 5 图

（A）偏心距 e、基底压应力均不满足规范要求

（B）偏心距 e、基底压应力均满足规范要求

（C）偏心距 e 满足规范要求，基底压应力不满足规范要求

（D）偏心距 e 不满足规范要求，基底压应力满足规范要求

6. 某建筑基础底面形状呈 L 形，基础埋深 2m，准永久组合时基底处的附加压力分别为 $P_{01} = 90$kPa，$P_{02} = 60$kPa，如图所示。地层从上至下依次为：①黏土，层厚 11m，$\gamma = 18.5$kN/m^3，$E_s = 4.8$MPa；②密实砂层，沉降计算深度至密实砂层顶面，沉降计算经验系数 $\psi_s = 0.91$。按照《建筑地基基础设计规范》（GB 50007—2011）的方法，求基础转角 A 处的地基沉降量，其值最接近以下哪个选项？（不考虑相对硬层的影响，不考虑基础刚度影响） （　　）

题 6 图

（A）60mm （B）90mm （C）120mm （D）150mm

7. 风机塔采用圆形平板基础，基础埋深 3m，塔高 24m（自地面起算），受侧向风压作用，忽略风机塔身竖向荷载，如图所示。基础及上覆土重度取 20kN/m^3，若要求基础边缘不出现零压力区，基础的最小直径最接近以下哪个选项？ （　　）

题 7 图

（A）2.0m （B）3.5m （C）4.6m （D）6.0m

8. 某预制钢筋混凝土柱与杯口基础连接，已知柱抗震等级四级、截面尺寸为 0.5m × 0.5m、混凝土强度等级 C40，柱内采用 HRB400 钢筋，主筋直径 28mm，保护层厚度 40mm。按照《建筑地基基础设计规范》（GB 50007—2011），计算杯口基础的总高度最小值最接近下列哪个选项？（不考虑吊装时的稳定性要求；柱钢筋受拉且强度充分发挥，钢筋锚固长度修正系数 ξ_a 取 1.10） （　　）

（A）710mm （B）750mm （C）810mm （D）850mm

9. 某铁路桥引桥采用打入预制桩基础，桩径 $d = 550$mm，桩长 $L = 26$m，静力触探试验测得桩侧及桩端各土层的平均侧阻力和平均端阻力及桩入土条件如图所示。根据《铁路桥涵地基和基础设计规范》

（TB 10093—2017）计算单桩轴向受压的容许承载力最接近下列哪个选项？（   ）

单桩

粉土

$\bar{f}_{s1}=50\text{kPa}$
$\bar{q}_{c1}=4000\text{kPa}$

26m

中粗砂

$\bar{f}_{s2}=60\text{kPa}$
$\bar{q}_{c2}=7000\text{kPa}$

题9图

（A）1300kN   （B）1500kN   （C）2600kN   （D）5600kN

10. 圆形承台下设 9 根桩基础，桩径 0.5m，有效桩长 15.0m。承台底面直径 5.3m，承台顶面荷载效应标准组合下的竖向力 $F_k = 7800\text{kN}$，土层条件及桩基布置如图所示，承台及上覆土重度按 20kN/m^3 计算。根据《建筑桩基技术规范》（JGJ 94—2008），计算作用于软弱下卧层顶面的附加应力 σ_z 最接近以下哪个选项？（   ）

题10图

（A）0kPa   （B）20kPa   （C）30kPa   （D）40kPa

11. 某混凝土灌注桩基础，受土压力为主的水平荷载控制。桩的直径 0.6m，入土长度 20m，桩身配筋率 0.50%，钢筋弹性模量 $E = 20 \times 10^4\text{MPa}$，桩身混凝土强度等级 C35，抗拉强度设计值 $f_t = 1.57\text{MPa}$，抗压弹性模量 $E_e = 3.15 \times 10^4\text{MPa}$，保护层厚度 50mm，桩的水平变形系数 $\alpha = 0.45\text{m}^{-1}$。根据《建筑桩基技术规范》（JGJ 94—2008）计算非地震作用下的单桩水平承载力特征值最接近下列哪个选项？（桩顶与承台连接按铰接考虑，不考虑桩顶竖向力作用）（   ）

（A）20kN　　　　　（B）30kN　　　　　（C）40kN　　　　　（D）50kN

12. 某淤泥地基打设排水板后采用堆载预压处理，堆载至 2020 年 7 月 16 日，某原地表测点的实测沉降值见下表。现用双曲线法预测后期沉降，使用线性函数回归的 $\frac{t-t_0}{s_t-s_0}$ 与 $(t-t_0)$ 关系曲线如图所示。计算 2020 年 12 月 31 日该位置处的固结度最接近下列哪个选项？（s_0 为 $t=t_0$ 时间对应的初期沉降量，s_t 为任意 t 时间对应的沉降量，t_0 为所选取初始沉降对应时间）　　　　（　　）

题 12 表

沉降观测日期	累计沉降量（mm）	$t-t_0$（d）	s_t-s_0（mm）	$(t-t_0)/(s_t-s_0)$（d/mm）
2020 年 7 月 16 日	512.6	0	0	—
2020 年 9 月 24 日	1336.9	70	824.3	0.0849
2020 年 10 月 3 日	1352.1	79	839.6	0.0941
2020 年 10 月 6 日	1359.3	82	846.8	0.0968
2020 年 10 月 9 日	1364.5	85	851.9	0.0998
2020 年 10 月 12 日	1368.1	88	855.5	0.1029
2020 年 10 月 15 日	1371.4	91	858.8	0.1060
2020 年 10 月 18 日	1374.4	94	861.8	0.1091
2020 年 10 月 24 日	1378.1	100	865.5	0.1155
2020 年 10 月 27 日	1380.1	103	867.5	0.1187
2020 年 10 月 30 日	1382.7	106	870.1	0.1218
2020 年 12 月 31 日	?	168	—	—

$y=0.001x+0.0127$
$R_2=0.9996$

题 12 图

（A）80%　　　　　（B）85%　　　　　（C）90%　　　　　（D）95%

13. 某场地粉质黏土层厚度 10m，饱和重度 20kN/m³，压缩模量 $E_s=5$MPa，下部为不透水基岩，地下水位与地表齐平。采用大面积堆载预压法处理地基，堆载压力 150kPa。堆载前在地面铺设 1m 厚的中粗砂，天然重度 $\gamma=20.0$kN/m³。堆载 85d 测得不同深度处的孔隙水压力分布曲线如图所示，若要求剩余沉降量不大于 30mm，则还需要继续预压的最短天数最接近下列哪个选项？（中粗砂和大面积堆载一次完成；沉降计算经验系数取 1.0；不考虑部分中粗砂沉入水中的影响）　　　　（　　）

题 13 图

（A）125d　　　　　（B）140d　　　　　（C）210d　　　　　（D）225d

14. 某建筑场地无地下水，地表下 2.0m 深度内为填土，重度 16.0kN/m³，以下为粉质黏土层。现将 2.0m 厚填土挖除后，采用大面积整体换填灰土垫层法处理，换填垫层厚度 1.0m，垫层天然重度 $\gamma = 16.5$kN/m³，在灰土垫层顶部采用 1.0m × 1.0m 的方形平板进行载荷试验，测得垫层承载力特征值（垫层承载力由下卧粉质黏土强度控制）为 330kPa。拟建建筑采用条形基础，基础宽度 1.5m，基底位于垫层顶，基础埋深 1.0m。按《建筑地基处理技术规范》（JGJ 79—2012），作用标准组合条件下满足承载力要求的条形基础底面平均压力最大值最接近下列哪个选项？（基础周边回填土重度与原填土重度一致）　　　　（　　）

（A）140kPa　　　　　（B）160kPa　　　　　（C）180kPa　　　　　（D）220kPa

15. 图示的挡土墙墙背垂直、光滑，墙后填土为砂土，挡土墙高度为 H，砂土的内摩擦角 $\varphi = 30°$，假如墙后土体滑离体自重为 G，理论分析主动土压力值最接近下列哪个选项？　　　　（　　）

题 15 图

（A）1.73G　　　　　（B）1.16G　　　　　（C）0.58G　　　　　（D）0.34G

16. 某建筑岩质边坡，开挖后发现坡体存在一个不稳定块体 ABC，如图所示。结构面 AC 长度 $L = 16$m，倾角 $\beta = 45°$，黏聚力 $c = 20$kPa，摩擦系数 $f = 0.36$，不稳定块每延米自重 $G = 900$kN/m，拟采用两排锚索对其进行局部加固，锚索水平间距为 3m，入射角 $\alpha = 20°$。根据《建筑边坡工程技术规范》（GB 50330—2013）相关规定，单根锚索所需轴向拉力最小值最接近下列哪个选项？（假设两排锚索的轴向拉力相同，锚索杆体抗拉安全系数取 2.2）　　　　（　　）

题 16 图

（A）315kN　　　　　（B）350kN　　　　　（C）385kN　　　　　（D）425kN

17. 某加筋土挡墙高 8m，墙顶无荷载，墙后加筋土的重度为 20kN/m³，综合内摩擦角为 30°；筋材采用刚性筋材，抗拉强度满足设计要求，筋材满铺，垂直间距 0.5m，筋材与填土间摩擦系数为 0.28。根据《土工合成材料应用技术规范》（GB/T 50290—2014），满足内部稳定性验算要求时，墙底面以上 1.5m 处单根加筋筋材的最小长度最接近下列哪个选项？　　　　　　　　（　　）

（A）2.6m　　　　　（B）3.1m　　　　　（C）6.4m　　　　　（D）6.9m

18. 某公路段隧道长 1600m，钻爆法施工，某断面衬砌结构顶部埋深 180m（深埋隧道），隧道宽度为 12m，围岩为Ⅳ级，重度 $\gamma = 22$kN/m³，岩体基本质量指标 BQ = 270。计算围岩级别修正后该断面衬砌结构所受到的垂直均布压力最接近下列哪个选项？（不考虑偏压和膨胀力等影响）　　　（　　）

（A）95kN/m²　　　　（B）135kN/m²　　　　（C）165kN/m²　　　　（D）205kN/m²

19. 某建筑场地地层为均质砂土，重度 $\gamma = 20$kN/m³，内摩擦角 $\varphi = 30°$，地下水位埋深 15m，基坑开挖深度 $h = 12$m，采用 $\phi1000@1200$ 灌注桩加内支撑支护形式。基坑开挖后，坑外新增一平行于基坑边的条形基础，基础埋深 3.0m，宽度为 2.0m，支护桩中心距条形基础中心线 4.5m，基底压力为 120kPa。则在新增附加荷载作用下，每根灌注桩上增加的土压力对基坑底面的力矩最接近下列哪个选项？

　　　　　　　　　　　　　　　　　　　　　　　　　　　　　　　　　　　　　（　　）

（A）80kN·m　　　　（B）96kN·m　　　　（C）115kN·m　　　　（D）192kN·m

20. 某湿陷性黄土场地，拟建建筑基础埋深 2.0m，基底压力 $p_k = 300$kPa，黄土天然含水量 $w = 19.0\%$，天然密度 $\rho = 1.50$g/cm³，土粒相对密度 $G_s = 2.70$。现场采取地面下 21m 深度处土样进行室内试验，确定该深度黄土湿陷系数的试验压力最接近下列哪个选项？（注：水的重度取 10kN/m³）　　（　　）

（A）200kPa　　　　（B）300kPa　　　　（C）340kPa　　　　（D）450kPa

21. 某场地层及岩土参数见下表，其中③中砂为承压含水层。场地开采地下水前，潜水水位和承压水水头均位于地面以下 2.0m；开采地下水后，潜水水位降至地面下 8.0m，承压水水头降至地面下 10.0m，粉质黏土层内为稳定渗流。估算因地下水开采引起的地表最终沉降量最接近下列哪个选项？（沉降计算修正系数取 1.0）　　　　　　　　　　　　　　　　　　　　　　　　　　　　（　　）

题 21 表

土层名称	厚度（m）	压缩模量（MPa）	水位以上土的重度（kN/m³）	水位以下土的重度（kN/m³）
①细砂	10	8.0	19.0	20.0
②粉质黏土	10	5.5	—	19.1
③中砂	20	10.0	—	20.5
④基岩	—	不可压缩	—	—

（A）240mm　　　　　（B）270mm　　　　　（C）300mm　　　　　（D）325mm

22. 某公路隧道穿越硬质岩地段可能发生岩爆，在隧道掌子面处取直径 50mm、长度 130mm 的圆柱体岩石试件进行单轴抗压强度试验,测得破坏荷载为 135kN。已知洞壁最大切向应力 $\sigma_{\theta max} = 62.5MPa$。根据《公路隧道设计规范　第一册　土建工程》（JTG 3370.1—2018）和《工程岩体试验方法标准》（GB/T 50266—2013）判定隧道岩爆等级为下列哪个选项？　　　　　　　　　　（　　）

（A）I级　　　　　　（B）II级　　　　　　（C）III级　　　　　　（D）IV级

23. 某建筑场地设计地震分组属第三组,钻孔地层资料及波速测试结果见下表。按《建筑抗震设计规范》（GB 50011—2010）（2016 年版）判断场地特征周期为下列哪个选项？（不考虑内插取值）（　　）

题 23 表

土层序号	土层名称	层顶深度（m）	剪切波速（m/s）
①	淤泥质粉质黏土	0.0	110
②	粉土	3.0	130
③	粉质黏土	7.5	140
④	粉土	13.0	190
⑤	卵石	16.0	480
⑥	强风化基岩	19.0	560
⑦	中风化基岩	22.0	—

（A）0.35s　　　　　　（B）0.45s　　　　　　（C）0.55s　　　　　　（D）0.65s

24. 某地区设计基本地震加速度为 $0.40g$,设计地震分组为第三组,场地覆盖层厚度 10m,建筑结构自振周期 2.35s,阻尼比 0.35。按《建筑抗震设计规范》（GB 50011—2010）（2016 年版）,计算罕遇地震作用下的水平地震影响系数最接近下列哪个选项？　　　　　　　　　（　　）

（A）0.16　　　　　　（B）0.20　　　　　　（C）0.23　　　　　　（D）0.25

25. 某混凝土灌注桩采用声波透射法检测桩身完整性,桩径 1.5m,桩长 50m,桩体埋置 3 根钢制声测管,测管外径 50mm,壁厚 2mm,相邻声测管中心距 1.0m,如图所示。BC 剖面采用斜测法检测,某一截面实测声时 0.225ms,发射和接收声波换能器连线与水平线夹角为 15°,换能器外径 26mm,测试时位于测管中心。已知仪器系统的延迟时间为 1.56μs,声波在钢材中的传播速度为 5480m/s,在水中的传播速度为 1470m/s,计算声波在该测面桩身混凝土中的传播速度最接近下列哪个选项？　　　（　　）

题 25 图

（A）4095m/s　　　　　　（B）4645m/s　　　　　　（C）4700m/s　　　　　　（D）4715m/s

2023 年案例分析试题（下午卷）

1. 某场地勘察钻孔揭露，潜水位和承压水头均位于地面以下 3.0m，孔深 30m 处取样测得土层前期固结压力 350kPa。钻孔数据和各土层重度见下表。关于孔深 30m 处土层的固结状态和超固结比 OCR，正确的是下列哪个选项？（注：水的重度取 10kN/m³）　　　　（　　）

题 1 表

层号	土层	层底深度（m）	重度（kN/m³）
1	中细砂	4.0	19.0*
			19.5
2	粉质黏土	6.0	18.9
3	黏土	9.0	18.8
4	淤泥质黏土	15.0	18.1
5	粉质黏土	21.0	18.7
6	淤泥	24.0	17.5
7	黏土	31.0	18.4
8	含砾中砂	>35.0	20.0

注：表中重度标注"*"的为天然重度，其余为饱和重度。

（A）欠固结，OCR = 0.63　　　　　　　（B）欠固结，OCR = 0.81

（C）超固结，OCR = 1.23　　　　　　　（D）超固结，OCR = 1.32

2. 某场地填土的比重（相对密度）和颗分试验数据见下表，轻型击实试验测得其最优含水量为 15%，对应的湿密度为 1.95g/m³。估算土体最大干密度对应的饱和重度最接近下列哪个选项？（注：水的重度取 10kN/m³）　　　　（　　）

题 2 表（1）

比重试验	粒径	>5mm	≤5mm
	比重	2.65	2.72

题 2 表（2）

颗分试验	粒组（mm）	20～10	10～5	5～0.075	0.075～0.005	<0.005
	质量百分比（%）	9	11	25	41	14

（A）19.3kN/m³　　　（B）20.7kN/m³　　　（C）21.5kN/m³　　　（D）22.2kN/m³

3. 某项目需要砂岩料石，拟划定一处 50m×50m 开采区，如图所示 abcd 区域。其中 c 点处有一个钻孔，孔口标高 232.0m，揭露的岩性分层情况见下表。已知区内为单斜地层，岩层倾向 270°，倾角 20°。若按直立开采考虑，开采底面标高为 205.0m 时，估算拟开采区砂岩储量最接近下列哪个选项？　　　　（　　）

题 3 表

分层深度（m）	岩性描述	分层深度（m）	岩性描述
0～3.0	强风化泥岩	6.8～20.8	中风化砂岩
3.0～6.8	中风化泥岩	20.8～30.0	中风化泥岩

题 3 图

（A）25100m³　　　（B）26300m³　　　（C）27700m³　　　（D）28750m³

4. 某水电工程地下洞室，轴向 NE20°，已知岩石饱和单轴抗压强度 R_c 为 54MPa，岩体纵波波速 3700m/s，岩块纵波波速 5100m/s。围岩最大主应力 σ_m 为 22MPa，岩体中发育 1 组结构面，结构面平均间距 8cm，结构面产状 130°∠30°，延伸长度一般大于 10m，宽度 0.4mm，起伏粗糙；岩壁上有流水，水量 10L/（min·m 洞长）。各项因素评分以插值法计算时，洞室围岩的详细分类是下列哪个选项？
（　　）

（A）I 类　　　（B）II 类　　　（C）III 类　　　（D）IV 类

5. 某地基土正常固结，重度为 18.5kN/m³，无地下水。在该地基上垂直开挖基坑，长 32m、宽 16m、深 10m。计算基坑开挖后，基坑中心位置坑底以下 8m 深度处的竖向应力最接近下列哪个选项？
（　　）

（A）148kPa　　　（B）185kPa　　　（C）234kPa　　　（D）289kPa

6. 某建筑场地无地下水，天然地基土物理力学指标见下表。按此设计条形基础，基础埋深 2.0m，基础宽度 1.5m，基础承受轴心荷载，地基承载力刚好满足规范要求。建成后现地基土自地表由上而下受水浸湿，饱和度达 90%，承载力特征值 f_{ak} 降为 110kPa，拟对基础进行对称加宽。根据《建筑地基基础设计规范》（GB 50007—2011）计算加宽后满足承载力要求的基础宽度最小值最接近下列哪个选项？（地基土浸湿但未形成稳定水位，基础及其上土的平均重度取 20kN/m³）
（　　）

题 6 表

w（%）	ρ_d（g/cm³）	G_s	w_L（%）	w_p（%）	f_{ak}（kPa）
13.4	1.47	2.70	29.5	18.0	210

（A）2.7m　　　（B）2.9m　　　（C）3.2m　　　（D）3.4m

7. 某地下室基础采用锚杆抗浮，锚固体直径 150mm，锚杆与筏板的连接如图所示，图中锚垫板为正方形钢板，边长 150mm。基础筏板厚度 550mm，混凝土强度等级 C35，作用于筏板底面的水浮力设计值为 200kPa。按筏板受冲切承载力计算，抗浮锚杆的拉力设计值的最大值最接近下列哪个选项？（C35

混凝土抗压强度设计值为 16.7MPa，抗拉强度设计值为 1.57MPa，冲切破坏锥体的有效高度取 430mm，锚垫板强度、刚度满足要求） （ ）

题 7 图

（A）1100kN （B）1200kN （C）1300kN （D）1450kN

8. 某矩形基础，中心点下的地基附加应力系数见表（1），基底以下土层参数见表（2）。基底附加压力为 200kPa，地基变形计算深度取 5m，本地区沉降计算经验系数见表（3）。按照《建筑地基基础设计规范》（GB 50007—2011）的计算方法，该基础中心点的最终沉降量最接近下列哪个选项？ （ ）

基础中心点下的地基附加应力系数 　　题 8 表（1）

计算点至基底的垂直距离（m）	0	1.0	2.0	3.0	4.0	5.0
附加应力系数	1.000	0.674	0.320	0.171	0.103	0.069

基底以下土层参数 　　题 8 表（2）

名称	厚度（m）	压缩模量（MPa）
①黏性土	3	6
②细砂	10	15

沉降计算经验系数 　　题 8 表（3）

变形计算深度范围内压缩模量的当量值（MPa）	5	10	15	20	25
沉降计算经验系数	1.5	1.0	0.7	0.5	0.3

（A）35mm （B）45mm （C）60mm （D）75mm

9. 某公路桥梁基础拟采用圆筒形钢筋混凝土沉井基础，沉井高度 $h = 16m$，外直径 $D = 18m$，内直径 $d = 15m$，沉井重度 $\gamma_G = 26kN/m^3$。地面以下 16m 范围内土性及井壁与土体间摩阻力标准值如图所示，地下水位位于地面以下 2m。沉井采用排水下沉至顶部与地面齐平，沉井内土体挖至刃脚以下，刃脚底面下被掏空，验算此时沉井的下沉系数最接近下列哪个选项？ （ ）

题 9 图

（A）1.10　　　　　（B）1.38　　　　　（C）1.58　　　　　（D）1.68

10. 某建筑柱下桩基础，拟采用钢筋混凝土灌注桩，桩顶标高为 −3.60m，地下水位标高为 −3.30m；设计桩长 16.5m，桩端进入持力层（中砂层）1.50m，土层参数如图所示。根据《建筑桩基技术规范》（JGJ 94—2008），比较 600mm 与 1000mm 两种设计桩径方案，计算其单桩每方桩身混凝土提供的承载力特征值的比值最接近下列哪个选项？　　　　　　　　　　　（　　）

题 10 图

（A）1.50　　　　　（B）1.58　　　　　（C）1.67　　　　　（D）1.77

11. 某场地采用夯实水泥土桩整片处理地基，正三角形布桩，桩径 0.6m，桩间距 1.2m，处理后桩间土承载力特征值为 150kPa。单桩承载力由桩身强度控制。基础埋深 6.0m，无地下水，基础底面以上土的重度为 18.4kN/m³。基底压力为 401kPa，深度修正后的承载力刚好满足设计要求。假定修正前后桩土应力比不变，要求桩体试块强度平均值按不小于桩顶压应力的 4 倍控制，计算确定的桩体试块强度平均值的最小值最接近下列哪个选项？（单桩承载力发挥系数λ和桩间土承载力发挥系数β均取 1.0）

（　　）

（A）2.7MPa　　　　（B）3.6MPa　　　　（C）4.4MPa　　　　（D）5.0MPa

12. 某湿陷性黄土场地建筑，条形基础下采用挤密法消除地基湿陷性，天然地基土干密度 1.38g/cm³，挤密桩平面呈正三角形分布，桩间距 1.2m，如图所示。两排边桩采用挤土成孔挤密法，成桩直径 0.4m。中间两排桩施工时，因故采用预钻孔夯扩挤密法，预钻孔直径 0.4m，成桩直径 0.5m。假定处理范围内（线m和线n之间）土体无侧向挤出和挤入，求两线之间桩间土的平均干密度最接近下列哪个选项？（地基处理前后地面标高不变）　　　　　　　　　　　　　　　　　　（　　）

题 12 图（尺寸单位：mm）

（A）1.50g/cm³ （B）1.56g/cm³ （C）1.61g/cm³ （D）1.67g/cm³

13. 某工程地基拟采用注浆法加固，注浆范围面积 5000m²，平均注浆深度 6m。地基土天然重度为 16kN/m³，土粒相对密度为 2.67，天然含水量为 15%。注浆液为水灰比 1.2 的水泥浆，平均孔隙填充率（浆液体积与土体孔隙体积之比）为 25%。若水泥碳排放因子取 750kgCO₂e/t，则该工程所用水泥的碳排放量最接近下列哪个选项？（重力加速度 g 取 10m/s²，水泥相对密度为 3.0）　　　　（　　）

（A）1250t CO₂e
（B）1500t CO₂e
（C）1750t CO₂e
（D）2000t CO₂e

14. 如图所示，墙背垂直光滑，墙身不透水，墙后填土及墙底均为粉土层。墙后粉土黏聚力 $c' = 10$kPa，内摩擦角 $\varphi' = 22°$（地下水位上、下土体的黏聚力及内摩擦角相同），天然重度 $\gamma = 19$kN/m³，饱和重度 $\gamma_{sat} = 20$kN/m³，渗透系数 $k_1 = 4 \times 10^{-4}$cm/s；墙底粉土渗透系数 $k_2 = 3 \times 10^{-4}$cm/s，墙趾有水渗出。根据《建筑边坡工程技术规范》（GB 50330—2013）计算作用在挡土墙墙背的总水平侧压力最接近下列哪个选项？（不考虑土压力增大系数）　　　　（　　）

题 14 图

（A）95kN/m （B）103kN/m （C）111kN/m （D）119kN/m

15. 某土质边坡安全等级为二级，永久性锚杆筋材采用一根 HRB400 热处理钢筋，钢筋直径 $d = 22$mm，锚固体直径 $D = 150$mm，锚杆倾角为 15°，自由段及锚固段长度均为 5m。按《建筑边坡工程技术规范》（GB 50330—2013），计算自由段无黏结的土层锚杆水平刚度系数最接近下列哪个选项？（注：注浆体弹性模量 $E_m = 3 \times 10^7$kN/m²，钢筋弹性模量 $E_s = 2 \times 10^8$kN/m²）　　　　（　　）

（A）13600kN/m （B）14180kN/m （C）14800kN/m （D）15100kN/m

16. 某段公路路肩发育折线式滑面的滑坡，滑坡体分 3 个条块，其重力及几何参数如图和表所示，已知滑面抗剪强度参数 $c = 10$kPa，$\varphi = 8°$。滑坡稳定安全系数取 1.15。根据《公路路基设计规范》（JTG D30—2015），该滑坡每延米剩余下滑力最接近下列哪个选项？　　　　（　　）

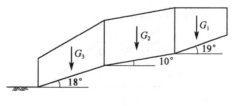

题 16 图

题 16 表

条块编号	条块重力G（kN/m）	条块滑动面长度L（m）	滑面与水平面夹角α（°）
1	500	8.03	19
2	900	10.15	10
3	700	10.79	18

（A）20kN/m　　　　（B）48kN/m　　　　（C）73kN/m　　　　（D）100kN/m

17. 某建筑基坑深 10m，地面下 20m 深度内为均质细砂层，地下水埋深超过 20m；采用桩锚支护体系，桩长 15m，桩顶与地面齐平，锚杆位于地面下 5m；基坑周边无地面超载，开挖至基底时，基底处支护桩向基坑内的水平位移较大，支护结构处于嵌固稳定临界状态。已知细砂层的黏聚力 $c = 0$，由此推算细砂层的内摩擦角最接近下列哪个选项？　　　　　　　　　　　　　　（　　）

（A）20°　　　　（B）24°　　　　（C）28°　　　　（D）32°

18. 某盾构铁路隧道剖面如图所示。地面下 3m 内为粉土，其下为粉质黏土，运营后因故需在侧面注浆，注浆引起的单侧水平向附加压应力如图所示。计算隧道高度范围内的最大水平压应力最接近下列哪个选项？（不考虑注浆对土体强度的影响）　　　　　　　　　　　　　　　　　　（　　）

题 18 图

（A）135kPa　　　　（B）190kPa　　　　（C）305kPa　　　　（D）355kPa

19. 某岩质边坡如图所示，岩面 EC 直立且稳定，平台 BC 宽 10m，拟在其上修建临时便道。边坡结构面 ADC 内摩擦角 $\varphi = 40°$，黏聚力 $c = 0$，块体 1 重量 $G_1 = 1050$kN/m，块体 2 重量 $G_2 = 1250$kN/m。按《岩土工程勘察规范》（GB 50021—2001）（2009 年版），当边坡稳定安全系数取 1.20 时，BC 平台上可以承受的均布荷载最接近下列哪个选项？　　　　　　　　　　　　　　　　（　　）

题 19 图

（A）40kPa   （B）75kPa   （C）115kPa   （D）180kPa

20. 某城市近郊修建一住宅楼，采用条形基础，不采暖，基底平均压力 130kPa，场地标准冻深 2m，地基土为粉土，冻前天然含水量 25%，地下水位距离冻结面大于 3m。根据《建筑地基基础设计规范》（GB 50007—2011），基础最小埋置深度最接近下列哪个选项？ （ ）

（A）0.5m   （B）0.7m   （C）0.9m   （D）1.1m

21. 某山区沟谷每年均发生泥石流灾害。依据视频及泥位监测信息，最近一次泥石流历时 $T = 1$h，通过典型断面的最大流量 $Q_m = 200\text{m}^3/\text{s}$。依据灾后调查访问，泥石流中固体物质与水的体积比为 1:2，固体物质相对密度为 2.60。估算该次泥石流固体冲出量，并据此依照《岩土工程勘察规范》（GB 50021—2001）（2009 年版）判定，该次泥石流的工程分类属下列哪个选项？（注：一次泥石流过程总量 $= 0.26 \times T \times Q_m$；水的重度取 10kN/m^3） （ ）

（A）I_1（严重）   （B）I_2（中等）   （C）I_3（轻微）   （D）II_1（严重）

22. 某场地地面下膨胀土厚度 7.0m，拟建三层建筑物，独立基础尺寸为 2m×2m，基础埋深 1.0m，基底平均压力 100kPa。勘察时测得地表下 1m 处的含水量 19.0%，塑限含水量 20.0%，天然重度 17.8kN/m³。地面有蒸发可能。测得膨胀土不同压力下的膨胀率曲线、线缩率与含水量关系曲线如图所示。膨胀土湿度系数 0.6。按《膨胀土地区建筑技术规范》（GB 50112—2013）规定，该建筑基础中心点下膨胀土地基变形量最接近下列哪个选项？（不考虑地基压缩变形，忽略含水量变化对重度的影响） （ ）

题 22 图

（A）50mm   （B）65mm   （C）90mm   （D）120mm

23. 某场地设计基本地震加速度为 0.15g，设计地震分组为第二组，钻孔揭露的土层分布及实测的标贯锤击数等见下表。近期内年最高地下水埋深 3.5m，拟建建筑基础埋深 2.0m，按照《建筑抗震设计规范》（GB 50011—2010）（2016 年版）对场地土层进行液化评价，其结果为下列哪个选项？ （ ）

题 23 表

土层序号	土层名称	层底深度（m）	标贯深度d_s（m）	实测标贯击数N	地质年代
①	粉质黏土	3.5	3.0	8	Q_4
②	粉土（黏粒含量为11%）	6.0	5.0	6	Q_4

续上表

土层序号	土层名称	层底深度（m）	标贯深度d_s（m）	实测标贯击数N	地质年代
③	淤泥质土	10.0	7.0	4	Q_4
			9.0	4	Q_4
④	粉细砂	15.0	11.0	13	Q_4
			13.0	15	Q_4
⑤	中粗砂	20.0	16.0	22	Q_3

（A）可不考虑液化影响   （B）轻微液化

（C）中等液化   （D）严重液化

24. 某高速公路大桥单跨跨径 130m，场地类别为Ⅲ类，桥梁结构的自振周期$T = 1.20$s，阻尼比为 0.25，根据桥梁地理位置查《中国地震动参数区划图》（GB 18306—2015），区划图上的反应谱特征周期为 0.40s，峰值加速度为 0.30g。根据《公路工程抗震规范》（JTG B02—2013），在E_2地震作用下的竖向设计加速度反应谱最接近下列哪个选项？   （   ）

（A）0.10g （B）0.12g （C）0.16g （D）0.31g

25. 某建筑基坑深 6m，支护结构安全等级为二级，采用桩锚支护体系，排桩间距 1.5m。在桩顶下 3m 处桩间设一层锚杆，锚杆水平间距 3m，设计锚杆锁定值为 100kN。对锚杆进行了基本试验，试验数据见下表。根据试验结果，当锚杆承载力充分发挥时，该工程中单根锚杆的弹性刚度系数最接近下列哪个选项？   （   ）

题 25 表

载荷Q（kN）	20	40	60	80	100	120	140	160	180	200	220
锚头位移s（mm）	2.24	4.46	6.52	8.82	10.85	13.62	16.26	19.52	22.46	26.86	杆体破坏

（A）1825kN/m   （B）3650kN/m   （C）5475kN/m   （D）7300kN/m

1. 某高层建筑基础底埋深 25.0m，地层条件如图所示，地下水水位埋深 7.0m。为获取⑤层粉土的回弹模量和回弹再压缩模量，在该层中点处取不扰动土样进行标准固结试验，土样加荷至P_{ca}后开始分级卸荷，卸荷压力为P_d。根据《高层建筑岩土工程勘察标准》，P_{ca}、P_d最接近下列哪个选项？（　　　）

自然地面 0.0m

①填土 地下水位以上重度 γ=18.0kN/m³
地下水位以下重度 γ=20.0kN/m³ 9.0m
②淤泥质粉土 γ=17.5kN/m³ 16.0m
③粉土 γ=19.0kN/m³ 20.0m
④粉砂 γ=19.5kN/m³ 28.0m
⑤粉土 γ=20.0kN/m³ 38.0m

题 1 图

（A）$P_{ca} = 360$kPa、$P_d = 282$kPa 　　　　（B）$P_{ca} = 458$kPa、$P_d = 360$kPa

（C）$P_{ca} = 458$kPa、$P_d = 282$kPa 　　　　（D）$P_{ca} = 617$kPa、$P_d = 458$kPa

2. 某场地在砾砂层中进行单孔抽水试验，砾砂层层顶埋深 8m，层底埋深 23m，其下为厚层黏土层。抽水前地下水水位埋深 9m，抽水孔深 26m，孔径 400mm，滤水管设置于深度 9~23m 段。抽水平均流量 140m³/h，抽水过程中Δh^2和t在半对数坐标上近似为直线关系（如图，Δh^2为含水层在抽水前和抽水试验时厚度h的平方差，t为抽水时间），部分试验数据见下表。按照《供水水文地质勘察规范》，估算含水层的渗透系数最接近下列哪个选项？（注：砾砂层给水度取 0.3）（　　　）

题 2 表

数据点编号	A	B	C	D	E	F
抽水时间	3	10	20	40	60	120
水位降深	1.0	1.4	1.8	2.1	2.5	2.6

题 2 图

（A）50m/d 　　　　（B）40m/d 　　　　（C）16m/d 　　　　（D）11m/d

3. 对某场地土进行孔压静力触探原位试验（CPTU），所用探头锥尖顶角 60°，探头直径 35.7mm，锥尖端面有效面积 7cm²，过滤器位置设于锥底后等直径圆柱面上，贯入速率 20mm/s。试验测得 7m 深

度处锥尖阻力 q_c 为 0.9MPa，探头摩阻比 f_s 为 4.2%，锥肩处孔压 u_2 为 450kPa。根据上述数据计算并按照下图初步判断该深度处土的类别为下列哪个选项？并说明理由。（注：地下水水位位于地表；土的饱和重度统一按 19kN/m³ 考虑）　　　　　（　　）

题 3 图

（A）黏土　　　　　（B）粉质黏土　　　　　（C）粉土　　　　　（D）砂土

4. 某地下线性工程采取降水措施，导致承压含水层中局部地下水处于无压状态（按潜水考虑）。沿垂直工程轴线方向（地下水流向）施工两钻孔，间距 300m，揭露含水层层面水平，厚度 50m，含水层底板埋深 100m，测得含水层渗透系数 28m/d。钻孔 1 内地下水水位埋深 30m，钻孔 2 内地下水水位埋深 60m，从钻孔 1 至钻孔 2 地下水流连续稳定。根据上述信息，估算两个钻孔之间含水层承压段的长度最接近下列哪个选项？　　　　　（　　）

题 4 图

（A）158m　　　　　（B）167m　　　　　（C）200m　　　　　（D）207m

5. 某饱和黏性土场地地面水平，地下水位位于地面处，土的饱和重度 19.5kN/m³，地面下 4m 处地基土先期固结压力为 100kPa，该处土体三轴固结不排水剪试验获得其抗剪强度包络线，相应强度指标在正常固结段 $c'_{cu} = 0$，$\varphi'_{cu} = 22°$；超固结段 $c'_{cu} = 10$kPa，$\varphi'_{cu} = 17°$。若地面下 4m 处某点竖向有效应力为 88kPa，根据以上参数按摩尔-库仑强度准则，当该点地基土的水平有效应力由 K_0 状态减小至 σ_x 时该点土体发生破坏，求 σ_x 最大值最接近下列哪个选项？　　　　　（　　）

（A）26kPa　　　　　（B）33kPa　　　　　（C）40kPa　　　　　（D）60kPa

6. 矩形筏板底面尺寸为 6.0m × 10.0m，基础埋深 2.5m。作用准永久组合时，基底平均压力为 80kPa，长边方向力矩为 5000kN·m。场地地层及水位情况如图所示。按照《建筑地基基础设计规范》，计算基底最大压力作用一侧基础边缘中点 A 处地基的沉降量，其值最接近以下哪个选项？（注：不考虑刚性下卧层及基础刚度的影响）　　　　　（　　）

题 6 图

（A）24mm （B）38mm （C）50mm （D）65mm

7. 如图所示，某钢筋混凝土变截面圆筒形构筑物，高度 60m，筒内径为 3m，上筒壁厚 0.2m，下筒壁厚 0.5m。其基础为钢筋混凝土方形筏板基础，边长 6.0m，厚度 1.5m，基础中心与构筑物圆心重合。该构筑物及基础因故向北发生整体倾斜 2%，计算此时作用于基底的总竖向力的偏心距最接近哪个选项？（注：钢筋混凝土重度取 25kN/m³，忽略基础以上土的重量和构筑物周围地基土的水平抗力） （　）

题 7 图

（A）0.3m （B）0.4m （C）0.5m （D）0.6m

8. 如图所示，某地下通道顶板埋深 2.5m，顶板上方覆土重度 19kN/m³，地下水水位埋深 1.5m。现有一根柱子要落到该地下通道的上方，柱子采用独立基础，基础尺寸为 2.5m×2.5m，基底下土厚 1.0m。要求增加柱子后，作用标准组合时通道顶板上任意位置压力增量不大于 20kPa，拟采用表层 1.5m 土体换填为重度 5kN/m³ 的泡沫混凝土的处理方案。作用标准组合时，柱上最大竖向力 F_k 最接近下列哪个选项？（注：基础及泡沫混凝土平均重度 10kN/m³；地基压力扩散角取 20°，假定扩散后的压力为均布） （　）

题 8 图

（A）290kN　　　　　（B）380kN　　　　　（C）470kN　　　　　（D）550kN

9. 某拟建建筑物基底埋深 6.0m，场地地表以下 20.0m 深度范围内为粉土，拟采用预制混凝土方桩基础，抗拔系数 $\lambda = 0.7$，液化指数 $\lambda_N = 0.7$；20.0～30.0m 为均质砂土，抗拔系数 $\lambda = 0.6$。试桩结果见下表。后由于设计方案变更，方桩截面边长改为 450mm，有效桩长为 17.0m。根据原试桩结果，按照《建筑桩基技术规范》估算方案变更后的单桩竖向抗压承载力特征值最接近下列哪个选项？（注：假定抗拔试验结果不考虑桩身重量贡献）　　　　　　　　　　　　　　　　　　　　　　　　　　（　　）

题 9 表

组别	预制方桩尺寸（mm）	桩顶埋深（m）	桩长（m）	单桩极限承载力标准值（kN）
第一组	400×400	1.0	24.0	抗拔：1450
第二组	400×400	1.0	22.0	抗拔：1300
第三组	400×400	1.0	22.0	抗压：2550

（A）615kN　　　　　（B）1230kN　　　　　（C）1520kN　　　　　（D）2200kN

10. 某液化天然气储罐拟采用钻孔灌注桩桩基础，桩径 1.2m，设计要求与单桩水平临界荷载 600kN 对应的桩顶水平位移为 6mm。拟对地基上部软弱土进行处理，根据《建筑桩基技术规范》，处理后地基土水平抗力系数的比例系数 m 至少应达到下列哪个选项时，才能满足设计对单桩水平承载力的要求？（注：桩身 $EI = 1.2 \times 10^3 \text{MN} \cdot \text{m}^2$，桩顶水平位移系数 ν_x 取 0.94；桩身配筋率小于 0.65%）　　　　　　（　　）

（A）8.7MN/m⁴　　　　　（B）11.0MN/m⁴　　　　　（C）14.5MN/m⁴　　　　　（D）17.0MN/m⁴

11. 某工程采用柱下钻孔灌注桩桩基础，原设计承台为等边三桩承台如图（1）所示，桩基施工完毕后检测发现其中一根为Ⅳ类桩，按废桩处理。补桩后将承台调整为等腰三桩承台如图（2）所示。柱底作用于承台顶面的竖向力标准值为 4500kN。补桩后的承台自重和上覆土重标准值合计为 260kN。问在荷载效应标准组合下补桩的竖向反力值最接近下列哪个选项？（注：假定承台上覆土重心、承台形心与三桩三角形形心重合，图中尺寸单位为 mm）　　　　　　　　　　　　　　　　　　　　　　　（　　）

图 1 原设计桩基承台　　　　图 2 补桩后桩基承台

题 11 图

（A）1070kN　　　　　（B）1190kN　　　　　（C）1590kN　　　　　（D）1840kN

12. 如图某淤泥场地，采用大面积粗砂堆载预压处理地基，通过埋设深标点，测得粗砂堆载完成后

180d、270d、360d 淤泥层顶面的高程分别为 1.300m、1.196m 和 1.154m。根据太沙基一维固结理论，计算堆载引起的淤泥层竖向最终变形量最接近下列哪个选项？（注：假定堆载瞬间完成）　　　（　　）

题 12 图

（A）1080mm （B）1160mm （C）1240mm （D）1320mm

13. 某湿陷性黄土场地，湿陷性黄土天然干密度 1.34g/cm³，最大干密度 1.70g/cm³，拟采用预钻孔夯扩挤密法满堂地基处理消除湿陷性，预钻孔直径 0.40m，夯扩成桩直径 0.55m，正三角形布桩，孔内填料为素土，土源为预钻孔成孔钻出土以及外来虚土，外来虚土干密度 1.10g/cm³，最大干密度 1.70g/cm³。要求处理后桩间土平均挤密系数不小于 0.93，桩身压实系数不小于 0.97，假定挤密后地面高程不变，计算处理每 1m³ 地基土需要外来虚土的最小体积最接近下列哪个选项？　　　（　　）

（A）0.16m³ （B）0.20m³ （C）0.24m³ （D）0.28m³

14. 某软弱地基拟采用大面积堆载预压法处理，预压荷载 100kPa。地基土从上到下为：①层淤泥，饱和，厚度 12m，重度 15kN/m³；②层黏土，厚度 12m，重度 18.33kN/m³；其下为不可压缩地层。地下水位位于①层顶面以下 2m。地基土的压缩试验数据见下表。根据《建筑地基处理技术规范》，地基的最终变形量最接近下列哪个选项？（注：变形经验系数取 1.2；为简化计算，两层土均按整层计算）

　　　（　　）

表 1　①层各级压力下的孔隙比　　　　　　　　　　　题 14 表

p（kPa）	0	25	50	100	200	300	400
e	2.440	2.325	2.206	2.021	1.795	1.548	1.287

表 2　②层各级压力下的孔隙比　　　　　　　　　　　题 14 表

p（kPa）	0	25	50	100	200	300	400
e	1.086	1.034	0.982	0.899	0.799	0.689	0.550

（A）1.5m （B）1.8m （C）2.1m （D）2.4m

15. 如图所示，某岩质边坡稳定性受外倾结构面控制，结构面长度 $L = 50$m，倾角 $\theta = 30°$，摩擦角 $\varphi = 25°$，后缘发育拉张裂隙深度 $d = 12$m，拉张裂隙前边坡单宽自重为 $G = 24000$kN/m。在暴雨工况下，后缘拉张裂隙充满水，坡脚有渗水，此时边坡处于极限平衡状态。根据《建筑边坡工程技术规范》，后缘拉张裂隙充水高度为一半时，边坡稳定性系数最接近下列哪个选项？（注：水的重度按 10kN/m³ 计算）

　　　（　　）

题 15 图

（A）1.05　　　　　（B）1.10　　　　　（C）1.18　　　　　（D）1.25

16. 图示某滑坡滑面抗剪强度参数 $c = 0$，$\varphi = 16.5°$，已知剩余下滑力为 600kN/m，拟在滑坡前缘布置 6 排预应力锚索进行治理，预应力钢绞线公称直径 15.2mm，公称截面面积 140mm^2，抗拉强度设计值 1320MPa，锚索与滑面相交处滑面倾角 22°，锚索自由段长度 20m、锚固段长度 8m，锚索在滑面产生的法向阻力折减系数取 0.5，锚索轴向抗拉安全系数取 1.5，锚索间距 4m×4m。根据《铁路路基支挡结构设计规范》，每孔锚索钢绞线束数最小值最接近下列哪个选项？　　　　（　　）

题 16 图

（A）3　　　　　（B）4　　　　　（C）5　　　　　（D）6

17. 如图所示，某永久边坡，边坡工程安全等级为二级，坡顶作用荷载 G_b，潜在滑面为圆弧形，其抗剪强度指标 $c = 30$kPa，$\varphi = 8°$，滑动圆弧半径为 90m，潜在滑体分为 A、B、C 三个滑块，假设每个滑块的自重和 G_b 作用线均过对应圆弧中点，详细参数如下表所示，根据《建筑边坡工程技术规范》，该边坡在一般工况下满足边坡稳定安全系数要求时，坡顶作用荷载 G_b 最大值最接近下列哪个选项？　（　　）

题 17 表

滑块名	滑块自重（kN/m）	圆弧角点号	θ_i（%）
A	500	1	−20
B	800	2	0
C	1000	3	20
—	—	4	55

题 17 图

（A）3500kN/m   （B）4600kN/m   （C）5400kN/m   （D）6000kN/m

18. 某安全等级为二级的建筑基坑，原设计开挖深度为 9.0m，采用悬臂桩支护，桩长 18.5m，桩顶与地面齐平。支护桩施工后，开挖深度变更为 10.0m。已知地层为均匀厚层砂土，$\gamma = 18kN/m^3$，$c = 0$，$\varphi = 30°$，无地下水。为了满足支护结构嵌固稳定性要求，若采用对基坑内侧嵌固段深度范围的土进行加固的措施，假定加固后土层性质均匀，土的内摩擦角不变，土的重度提高至 $20kN/m^3$，则加固后土的黏聚力 c 最小值最接近下列哪个选项？   （　　）

（A）2.0kPa   （B）9.0kPa   （C）12.0Pa   （D）14.5kPa

19. 某平面为圆形的地下构筑物，结构外径 60.0m，埋深 10.0m。场地周边环境简单，地层情况见下表，地下水水位埋深 5.0m。基坑设计拟采用土钉墙支护及管井降水，坡脚距离地下结构外墙 1.0m，土钉墙坡率为 1∶0.5。在基坑坡顶外 1.0m 处布置一圈管井，井深 20.0m，降水维持期间基坑中心地下水位于坑底以下 1.0m，假定基坑内地下水水力坡度为 1/14，若单井出水量为 150m³/d，根据《建筑基坑支护技术规程》计算的管井数量最接近下列哪个选项？   （　　）

题 19 表

层序	深度（m）	土名	渗透系数（m/d）
1	0～4	粉土	0.6
2	4～30	细砂	6.0
3	30～40	黏土	—

（A）14 口   （B）16 口   （C）18 口   （D）20 口

20. 某黄土场地位于黄土塬坡脚，坡积黄土（Q_4^2）厚度 15m，土质不均，结构松散，地下水位埋深 20.0m，拟建建筑基础埋深 2.0m，基础底面压力 310kPa。采取地面下 14m 深度黄土试样进行室内试验，测得黄土相对密度（比重）$d_s = 2.70$，天然含水量 $w = 18\%$，天然密度 $\rho = 1.55g/cm^3$，50～150kPa 压力下的压缩系数 $a = 0.80MPa^{-1}$，室内试验测定该深度土样湿陷系数时，试验压力最接近下列哪个选项？（注：试验浸水饱和度 S_r 取 85%，水密度 $\rho_w = 1.0g/cm^3$；上覆土自重压力自地面起算）   （　　）

（A）200kPa   （B）245kPa   （C）285kPa   （D）310kPa

21. 某工程邻近道路，工程建设需要开挖形成永久边坡，如图所示。边坡高度 8，道路的宽度 8m，道路边线至坡脚线水平距离 BD = 10m。已知软弱岩土界面 AC 的倾角 23°，界面的抗剪强度参数 $c = 10kPa$，$\varphi = 8°$，岩土界面上部土体重度 $20kN/m^3$，道路荷载 25kPa。边坡若采用坡率法，按《建筑边坡工程技术规范》，计算放坡后边坡稳定性系数最大值最接近下列哪个选项？（注：放坡和工程措施不能超过道路边线）   （　　）

题 21 图

（A）0.64 　　　　（B）0.68 　　　　（C）0.91 　　　　（D）1.07

22. 某花岗岩地区建筑场地，勘察现场采取 1500g 残积土试样，测得其天然含水量为 25%，筛分试验结果见下表。其中粒径小于 0.5mm 颗粒的液限为 43%、塑限为 26%；粒径大于 0.5mm 颗粒吸着水含水量为 5%。根据《岩土工程勘察规范》，计算细粒土的液性指数最接近下列哪个选项？　　　　（　　）

题 22 表

孔径（mm）	0.075	0.25	0.5	2	20	60
筛上质量（g）	220	480	110	120	75	55

（A）$I_L = -0.06$ 　　　（B）$I_L = 0.445$ 　　　（C）$I_L = 0.665$ 　　　（D）$I_L = 1.102$

23. 根据《中国地震动参数区划图》，某公路桥梁桩基场地设计基本地震动峰值加速度为 0.15g，反应谱特征周期为 0.45s，地下水位深度 7m，地层及标准贯入试验数据见下表。按照《公路工程抗震规范》计算场地液化指数最接近下列哪个选项？　　　　（　　）

题 23 表

土层名称	黏粒含量（%）	层底深度（m）	标贯试验深度（m）	标贯锤击数（击）
①填土		6.0		
②粉土	5.0	15.0	7.5	6
			10.5	13
			13.5	15
③粉砂	2.0	21.0	17.5	16
			19.5	19
④黏土		26.0	24.5	12

（A）3.0 　　　　（B）3.4 　　　　（C）4.3 　　　　（D）5.8

24. 某高层建筑结构自振周期 0.65s，阻尼比 0.05，多质点结构。场地位于抗震设防烈度 9 度区，设计地震分组为第三组，II 类场地。按照《建筑抗震设计规范》，在多遇地震作用下，计算采用底部剪力法的结构总水平地震作用标准值与总竖向地震作用标准值之比最接近下列哪个选项？　　　　（　　）

（A）0.7 　　　　（B）0.9 　　　　（C）1.3 　　　　（D）1.7

25. 某超高层建筑采用钻孔灌注桩基础，桩径为 900mm，桩长 42m，桩身材料弹性模量 3.65×10^4 MPa。3 根试桩的单桩竖向抗压静载荷试验结果如下表所示。根据《建筑基桩检测技术规范》，当考虑桩身弹性压缩时，试计算为设计提供依据的单桩竖向抗压极限承载力最接近下列哪个选项？（注：假定桩身轴力按倒三角形分布，忽略端阻影响）　　　　（　　）

题 25 表

Q（kN）	s（mm）		
	SZ1	SZ2	SZ3
2000	4.35	6.05	6.34
3000	6.98	9.32	8.96

续上表

Q（kN）	s（mm）		
	SZ1	SZ2	SZ3
4000	11.13	13.65	12.23
5000	15.65	18.69	16.28
6000	20.05	24.37	21.14
7000	24.32	31.63	26.89
8000	28.41	40.67	32.58
9000	33.52	49.52	38.56
10000	38.95	59.85	68.85

（A）9000kN （B）9160kN （C）9460kN （D）9790kN

2024 年案例分析试题（下午卷）

1. 某段铁路隧道拟采用全断面岩石掘进机（TBM）法施工，勘察采取代表性隧道围岩一组三块，制成直径 72mm、高 120mm 的试件进行饱和单轴抗压强度试验,测得试件的破坏荷载分别为 $P_1 = 611kN$，$P_2 = 607kN$，$P_3 = 627kN$；已知围岩岩体的纵波速度和岩块的纵波速度分别为 5500m/s、7200m/s，岩石磨蚀性指数（CAI 值）为 4.9，根据《铁路工程地质勘察规范》，隧道围岩掘进机工作条件等级为下列哪个选项？ （ ）

（A）I_B　　　　　（B）I_C　　　　　（C）II_B　　　　　（D）II_C

2. 某城市地铁勘察，现场进行钻孔注水试验确定均质粉砂层的透水性，试验段位于地下水位以下，钻孔套管下至孔底，仅孔底进水。套管直径为 0.25m，当试验水头稳定在 4m 时,测得注水量为 16L/min，该土层的透水性为下列哪个选项？（注：形状系数取 $5.5r$） （ ）

（A）微透水　　　　（B）弱透水　　　　（C）中等透水　　　　（D）强透水

3. 某场地基岩出露，沿正东方向布置 1 条 20m 测线，按 10°间隔统计的节理裂隙走向玫瑰花图如下。依据《工程岩体分级标准》，该场地岩体破碎程度为下列哪个选项？ （ ）

题 3 图

（A）完整　　　　（B）较完整　　　　（C）较破碎　　　　（D）破碎

4. 某拟建高层建筑场地内存在一废弃并作封闭处理的人防洞室，已知该洞室开凿于砂质泥岩层中，洞顶为砂岩与砂质泥岩的界面，洞室走向与岩层走向一致，岩层产状稳定，倾向 280°。场地内完成了 ZKA、ZKB 两个勘察钻孔，均未揭露出人防洞室，钻孔平面位置及地层信息如下图和下表所示。欲在已完成的两个钻孔正中间布设钻孔 ZKD，如该钻孔能揭露人防洞室，预测其钻进过程中可能发生掉钻时的孔深最接近下列哪个选项？ （ ）

题 4 表

钻孔号	孔口坐标（m）		孔口标高（m）	钻孔揭露地层岩性情况
	X	Y		
ZKA	20.0	70.0	45.1	0.0～4.2m 为素填土 4.2～20.5m 为砂岩层 20.5～25.0m 为砂质泥岩

续上表

钻孔号	孔口坐标（m）		孔口标高（m）	钻孔揭露地层岩性情况
	X	Y		
ZKB	69.2	61.3	44.2	0.0～3.3m 为素填土 3.3～6.2m 为砂岩层 6.2～21.0m 为砂质泥岩
ZKD	44.6	65.7	44.0	待勘察

题 4 图

 （A）10.5m   （B）12.7m   （C）14.4m   （D）16.6m

 5. 如图所示，某圆形基础，半径 $R = 1.0$m，埋深 1.5m，承受轴心竖向力 $F = 805$kN 和水平面内的力偶 M。基础及其上土平均重度取 20kN/m³，地下水位很深。基底压力均匀分布，基底与地基土的摩擦因数为 0.30。抗力计算仅考虑基底地基土对基础的摩擦力，则基础发生转动趋势时力偶 M 最接近下列哪个选项？ （ ）

题 5 图

 （A）90kN·m   （B）135kN·m   （C）180kN·m   （D）270kN·m

 6. 某堆石坝坝基表层土厚度 4.5m，土粒比重为 2.72，孔隙比 $e = 0.70$，渗透系数为 1.0×10^{-6}cm/s。坝基下层土渗透系数为 3.5×10^{-5}cm/s，表层土下游上下表面的水头差为 3.5m，若在下游设置水下排水盖重，排水盖重的饱和重度同坝基表层土，则满足《碾压式土石坝设计规范》要求的排水盖重厚度最小值最接近下列哪个选项？（注：安全系数 K 取 1.5） （ ）

 （A）0.7m   （B）1.2m   （C）1.8m   （D）2.3m

 7. 如图为某建筑场地地层结构，建筑采用筏板基础，基础尺寸 32m×16m，基底埋深 6m，荷载准永久组合时基础底面处的附加压力为 210kPa，试根据《建筑地基基础设计规范》，考虑相对硬层对附加应力分布的影响，沉降计算深度取至②层底，计算基础中心点地基最终变形量最接近下列哪个选项？

  （ ）

题 7 图

（A）130mm （B）150mm （C）175mm （D）205mm

8. 如图某墙下钢筋混凝土条形基础，宽度 3m、高度 0.5m、埋深 1.5m，混凝土墙厚 0.4m，无地下水，基础钢筋的保护层厚度 50mm。荷载标准组合下，作用于基础底面的竖向力 $F_k = 250kN$，基底压力均匀分布，基本组合由永久作用控制。按照《建筑地基基础设计规范》，满足规定且经济合理的条基底板受力钢筋量最接近下面哪个选项？（注：钢筋抗拉强度设计值 300N/mm³，基础及上覆土平均重度取 20kN/m³）　（　）

题 8 图

（A）515mm²/m （B）675mm²/m （C）750mm²/m （D）800mm²/m

9. 某建筑采用桩筏基础，基底埋深 5.0m，荷载效应标准组合下基底压力为 400kPa，筏板为圆形，直径 21.0m，桩长 20.0m，桩径 800mm，沿直径方向桩间距 2400mm，桩基平面布置如图，桩端持力层下存在软弱下卧层。地下水位埋深 5.0m，地层条件及相关参数见图，按照《建筑桩基技术规范》设计，软弱下卧层经深度修正后满足设计要求的地基承载力特征值最小值应为下列哪个选项？（注：假定桩端持力层压力扩散角 $\theta = 13°$；图中尺寸单位为 mm）　（　）

题 9 图

（A）425kPa　　　　（B）440kPa　　　　（C）465kPa　　　　（D）480kPa

10. 泥浆护壁钻孔灌注桩桩长 25.0m，桩径 1.2m，桩的初始极限侧阻力标准值、初始极限端阻力标准值与后注浆侧阻力、端阻力增强系数 β_{si}、β_p 值如图所示。按《建筑桩基技术规范》经验公式计算采用桩端后注浆的单桩极限承载力标准值最接近下列哪个选项？　　　　（　　）

题 10 图

（A）6110kN　　　　（B）6360kN　　　　（C）12720kN　　　　（D）14440kN

11. 某淤泥质黏性土地基上路堤采用 CFG 桩网结构设计，CFG 桩呈正方形布置，设计参数见下图。桩顶的桩帽尺寸 1.0m×1.0m×0.35m，桩帽间回填碎石并压实，帽顶铺设 0.5m 厚碎石垫层，碎石重度 19.5kN/m³，垫层内夹铺两层双向土工格栅。已知垫层上路堤高 6.0m，路堤土体重度 18.5kN/m³，上部超载 20kPa，根据《土工合成材料应用技术规范》，因土拱作用桩帽顶平均垂直应力最接近下面哪个选项？（注：图中尺寸单位为 m）　　　　（　　）

题 11 图

（A）320kPa　　　　（B）380kPa　　　　（C）400kPa　　　　（D）670kPa

12. 某湿陷性黄土场地，采用素土挤密桩处理，桩径 0.5m，桩间距 0.9m，正方形布桩，桩土应力比 $n = 2.6$，桩间土承载力特征值 $f_{sk} = 100$kPa。为检验处理效果，分别进行方形承压板单桩复合地基载荷试验和复合地基浸水载荷试验，其中浸水试验加载至 1 倍设计荷载时，浸水前后承压板沉降差为 14.5mm。根据《湿陷性黄土地区建筑标准》及《建筑地基处理技术规范》，确定单桩复合地基载荷试验的最大加载压力的最小值、判定处理后复合地基的湿陷性，下列哪个选项是正确的？　　　　（　　）

（A）250kN、不具有湿陷性　　　　　　　　（B）250kN、具有湿陷性
（C）225kN、不具有湿陷性　　　　　　　　（D）225kN、具有湿陷性

13. 某场地地层从上到下依次为：①细砂，厚度 1.0m，重度 18.0kN/m³；②饱和黏性土，厚度 10.0m，

重度 18.0kN/m³；③中砂，厚度 8.0m，重度 19.5kN/m³。场地拟采用大面积堆载预压进行处理，地表均布荷载为 100kPa。第②层饱和黏性土的初始孔隙比 1.2，压缩系数 0.6MPa⁻¹，渗透系数 3.17×10^{-7}cm/s，计算堆载 5 个月后该层的压缩量最接近下列哪个选项？（注：变形计算经验系数取 1.0，g 取 9.8m/s²）

（ ）

（A）55mm （B）205mm （C）225mm （D）275mm

14. 某重力式挡土墙如下图所示，墙高 6m，墙背垂直光滑，墙面倾角 15°，墙底地基不透水，墙身重度 24kN/m³，墙后填料天然重度 $\gamma = 18$kN/m³，饱和重度 $\gamma_{sat} = 20$kN/m³，内摩擦角 $\varphi = 30°$，黏聚力 $c = 0$，墙后地下水位埋深 $h = 2$m，按照《建筑边坡工程技术规范》，满足抗倾覆稳定性要求时，挡墙的最小顶宽 B 最接近下列哪个选项？（注：不考虑主动土压力增大系数） （ ）

题 14 图

（A）0.90m （B）1.15m （C）1.30m （D）1.50m

15. 如图所示，某铁路路堤采用桩基托梁重力式挡土墙护坡支挡，挡土墙采用 C25 混凝土（重度 23.5kN/m³）浇筑，墙背垂直光滑。墙后填土的黏聚力 $c = 10$kPa，内摩擦角 $\varphi = 26°$，天然重度 20kN/m³。墙底每跨托梁长度 13.0m、厚度 0.95m、宽度 2.7m，托梁下布置 2 根桩基，桩径 1.5m。根据《铁路路基支挡结构设计规范》，单桩桩顶水平力 Q_0 和桩顶弯矩 M_0 最接近下列哪个选项？（注：不考虑土压力增大系数、墙后填土对托梁的影响） （ ）

题 15 图

（A）$Q_0 = 295$kN，$M_0 = 24$kN·m
（B）$Q_0 = 295$kN，$M_0 = 533$kN·m
（C）$Q_0 = 590$kN，$M_0 = 48$kN·m
（D）$Q_0 = 860$kN，$M_0 = 1326$N·m

16. 某铁路采用肋柱式锚定板挡土墙支护，如图所示，墙高 6m，墙背垂直，填土的重度 $\gamma = 21$kN/m³，

$c = 0$，$\varphi = 30°$，填土与墙背的摩擦角 $\delta = 10°$，破裂棱体重量 317.2kN/m，破裂面与水平面的夹角为 50°，拉杆水平间距为 2m，垂直间距为 1m，结构位移要求严格，根据《铁路路基支挡结构设计规范》，计算 3m 深度处单根拉杆的轴向拉力最接近下列哪个选项？ （ ）

题 16 图

（A）23kN （B）33kN （C）45kN （D）65kN

17. 某双洞 4 车道公路隧道，开挖高度和宽度分别为 10m 和 12m，双洞净间距为 8m，拟采用复合式衬砌，隧道岩石饱和单轴抗压强度为 45MPa，岩体和岩石的弹性纵波速度分别为 3200m/s 和 4000m/s。根据《公路隧道设计规范 第一册 土建工程》相关规定，按工程类比法进行设计，下列选项中的复合式衬砌设计参数哪个最合理？（注：不考虑 BQ 修正） （ ）

（A）拱部和边墙喷射混凝土厚度 8cm；拱、墙二次衬砌混凝土厚 30cm
（B）拱部和边墙喷射混凝土厚度 14cm；拱、墙二次衬砌混凝土厚 30cm
（C）拱部和边墙喷射混凝土厚度 18cm；拱、墙二次衬砌混凝土厚 35cm
（D）拱部和边墙喷射混凝土厚度 20cm；拱、墙二次衬砌混凝土厚 40cm

18. 某基坑支护结构安全等级为一级，采用锚拉式排桩支护。锚杆成孔直径 150mm，水平间距为 1.5m。锚杆长度为 18m，其中自由段长度 6m，锚固段长度 12m，筋体为 $4\phi^s15.2$ 钢绞线，设计轴向拉力标准值为 400kN。钢绞线弹性模量取 200kN/mm^2，锚杆注浆体弹性模量取 20kN/mm^2。根据《建筑基坑支护技术规程》，锚杆的抗拔承载力检测值、验收试验加载至第四级时锚头位移估算值最接近下列哪个选项？ （ ）

（A）560kN、20mm （B）560kN、35mm
（C）520kN、20mm （D）520kN、35mm

19. 某公路路堤表面均布荷载为 10.5kPa、宽度 12.0m，路堤基底与原地面接触面的抗剪强度参数 $c = 12$kPa、$\varphi = 10°$，路堤划分为 4 个条块，拟在 G_3 条块前采用支护桩支挡，桩径 1.5m、桩间距 3.0m，各条块重力和几何参数如图表所示，根据《公路路基设计规范》，当稳定安全系数取 1.30 时，设计计算作用于单根桩的桩侧水平推力最接近下列哪个选项？（注：不考虑桩前 G_4 条块的抗力） （ ）

题 19 表

条块编号	条块重力（kN/m）	条块滑面长度（m）	滑面与水平面夹角（°）
1	$G_1 = 800$	11.1	16
2	$G_2 = 1400$	10.2	13
3	$G_3 = 1300$	8.7	19
4	$G_4 = 90$	13.5	10

题 19 图

（A）140kN （B）240kN （C）680kN （D）720kN

20. 某填土场地初步勘察结果揭示，表层填土为粉土，填土厚度 7.5m，其下为冲积而成的密实碎石土层。为查明填土的湿陷性，在不同深度采用面积为 $0.5m^2$ 的方形承压板进行浸水载荷试验，试验结果见下表，按照《岩土工程勘察规范》，该填土地基的湿陷等级为下列哪个选项？ （　　）

题 20 表

试验代表深度（m）	附加湿陷量（cm）	地层类别
0～1.5	8.52	填土
1.5～3.0	7.28	填土
3.0～4.5	5.36	填土
4.5～6.0	3.58	填土
6.0～7.5	1.43	填土
＞7.5	—	碎石土

（A）I 级 （B）II 级 （C）III 级 （D）IV 级

21. 采用联合测定法测定冻土试样干密度。已知冻土试样质量为 1100g，水面稳定且虹吸管不再出水时排液筒和水的总质量为 2950g，试样放入排液筒待水流停止后称得筒、水和试样总质量为 3480g，冻土融化后补加清水超过虹吸管顶，待虹吸管排水停止后称得筒、水和土颗粒总质量为 3570g。已知土粒比重为 2.70，该冻土试样的干密度最接近下列哪个选项？ （　　）

（A）$1.93g/cm^3$ （B）$1.86g/cm^3$ （C）$1.73g/cm^3$ （D）$1.68g/cm^3$

22. 某拟建公路线路通过采空区地段，需采取非开挖充填处治措施。采空区平面呈长条形，宽度 90m，线路走向与采空区走向、岩层走向垂直，线路跨采空区两侧上覆岩层厚度分别为 30m 和 35m，岩层走向方向上覆岩层移动角 58°；岩层上覆松散层厚度 10m，松散层移动角 45°。路基底面宽度 30，路基两侧围护带宽度均为 10m。按《公路路基设计规范》规定，计算采空区水平平面充填处理面积不应小于下列哪个选项？ （　　）

（A）$8000m^2$ （B）$9000m^2$ （C）$9670m^2$ （D）$9960m^2$

23. 某建筑场地地层结构如下表所示，采用单孔法测试各地层的剪切波速。已知激振板长 2m，宽 0.3m，其内侧边缘距离测试钻孔孔口 3m，触发传感器位于激振板中心。将三分量检波器置入钻孔内 10m

深度处，实测剪切波初至时间为 59s。根据《建筑抗震设计规范》，该钻孔处土层的等效剪切波速最接近下列哪个选项？ （ ）

题 23 表

地层号	地层名称	层厚（m）	剪切波速（m/s）
①	素填土	4.0	120
②	黏土	3.0	180
③	砾砂	3.0	350
④	中风化砂岩	—	＞550

（A）120m/s　　　　（B）140m/s　　　　（C）160m/s　　　　（D）180m/s

24. 某建筑场地覆盖层厚度 28m，上部土层为中软土，场地抗震设防烈度为 8 度，设计基本地震加速度为 0.20g，设计地震分组为第一组。结构阻尼比为 0.05，结构自振周期为 0.50s，按照 50 年超越概率为 2%考虑，建筑物的使用年限为 70 年。抗震性能化设计时，该建筑结构水平地震影响系数最接近下列哪个选项？ （ ）

（A）0.668　　　　（B）0.736 或 0.756　　　　（C）0.883　　　　（D）0.958

25. 某黄土场地，基底下采用 3.5m 厚的素土换填垫层方案，每层压实后的厚度 h 约为 200mm。素土的轻型击实试验结果见表 1。采用环刀法对碾压的第一层素土进行质量检测。分别在下图所示位置取环刀样测得的试样湿密度与含水量见表 2。按《湿陷性黄土地区建筑标准》，评价该检测点垫层的压实质量，检测结果正确的是下列哪个选项？（注：计算过程中小数点后保留 3 位） （ ）

表 1　轻型击实试验结果 　　　　　　　　　　　　　题 25 表

湿密度（g/cm³）	1.61	1.75	1.86	1.78	1.65
含水量（%）	17.0	19.0	21.0	23.0	25.0

表 2　试样湿密度与含水量的关系表 　　　　　　　　题 25 表

试验指标	取样位置		
	a	b	c
湿密度（g/cm³）	1.78	1.76	1.74
含水量（%）	19.2	19.3	19.1

题 25 图　第一层垫层取样位置示意图

（A）$\lambda_c = 0.97$，满足要求　　　　　　（B）$\lambda_c = 0.96$，不满足要求

（C）$\lambda_c = 0.95$，满足要求　　　　　　（D）$\lambda_c = 0.95$，不满足要求

2025 全国勘察设计注册工程师
执业资格考试用书

Zhuce Yantu Gongchengshi Zhiye Zige Kaoshi
Zhuanye Kaoshi Linian Zhenti Xiangjie

注册岩土工程师执业资格考试
专业考试历年真题详解

（案例分析）

试题答案

李自伟　李　跃／主编

耿楠楠　赵继承　赵心涛　孙宝雷　龙　翔／副主编

人民交通出版社
北京

内 容 提 要

　　本书根据人力资源和社会保障部、住房和城乡建设部颁布的注册土木工程师（岩土）专业考试大纲，由多位通过注册土木工程师（岩土）专业考试、熟悉命题规则、具有丰富备考经验的一线资深工程师共同编写而成。本书收录了2009—2024 年（2015 年停考）案例分析真题，试题均采用现行规范进行详细解答（对部分陈旧试题进行了改编），全书按照试题、解析答案分开排版，便于考生自测。

　　本书适合参加注册土木工程师（岩土）专业考试的考生复习使用，同时也可作为岩土工程技术人员、高等院校师生的参考书。

图书在版编目（CIP）数据

2025 注册岩土工程师执业资格考试专业考试历年真题详解. 案例分析 / 李自伟, 李跃主编. — 北京 ：人民交通出版社股份有限公司, 2025. 3. — ISBN 978-7-114-19941-7

Ⅰ. TU4-44

中国国家版本馆 CIP 数据核字第 20242N29E5 号

书　　名：**2025 注册岩土工程师执业资格考试专业考试历年真题详解（案例分析）**

著 作 者：李自伟　李　跃

责任编辑：李　坤

责任印制：刘高彤

出版发行：人民交通出版社

地　　址：（100011）北京市朝阳区安定门外外馆斜街 3 号

网　　址：http://www.ccpcl.com.cn

销售电话：（010）85285857

总 经 销：人民交通出版社发行部

经　　销：各地新华书店

印　　刷：北京科印技术咨询服务有限公司数码印刷分部

开　　本：889×1194　1/16

印　　张：35.875

字　　数：810 千

版　　次：2025 年 3 月　第 1 版

印　　次：2025 年 3 月　第 1 次印刷

书　　号：ISBN 978-7-114-19941-7

定　　价：138.00 元（含两册）

（有印刷、装订质量问题的图书，由本社负责调换）

目 录

（试题答案）

2009 年案例分析试题答案及解析（上午卷）

试 题 答 案

本试卷由 30 道题组成，全部为单项选择题。考生可任选 25 道题作答。每题 2 分，满分为 50 分。若考生在答题卡或试卷上的作答超过 25 道题，则按题目序号从小到大的顺序对作答的前 25 道题计分及复评试卷，其他作答题目无效。

1	C	2	A	3	B	4	C	5	A
6	B	7	B	8	A	9	B	10	C
11	D	12	D	13	C	14	B	15	C
16	A	17	D	18	C	19	C	20	C
21	C	22	A	23	C	24	B	25	C
26	B	27	D	28	D	29	B	30	C

解 题 过 程

1. 【答案】C

【解析】（1）先求料场土的干重度 γ_d'。

已知 $G_s = 2.70$，$e = 0.617$

$$\gamma_d' = \frac{G_s \cdot \rho_w}{1 + e} = \frac{2.7 \times 10}{1 + 0.823} = 14.8 \text{kN/m}^3$$

（2）两者之比：

$$\frac{\gamma_d}{\gamma_d'} = \frac{17.8}{14.8} = 1.2$$

（3）需要实际（设计）方量：

1.2×40 万 $\text{m}^3 = 48$ 万 m^3

（4）根据《水利水电工程地质勘察规范》（GB 50487—2008）（2022 年版）第 6.20.3 条，储量要达到设计量的 2 倍，即

$48 \times 2 = 96$ 万 m^3

2. 【答案】A

【解析】（1）总应力：$\sigma = h_1 \cdot \gamma_w + h_2 \gamma_s = 4 \times 10 + 8 \times 19.2 = 193.6 \text{kPa}$

（2）孔隙水压力：$u = h_w \times 10 = 150 \text{kPa}$

（3）有效应力：$\sigma' = 193.6 - 150 = 43.6 \text{kPa}$

渗流力：$j = \gamma_w \cdot i = 10 \times \frac{15 - (4 + 8)}{8} = 3.75 \text{kN/m}^3$

3. 【答案】B

【解析】$S_t = \dfrac{C_u}{C'_u} = \dfrac{kC(R_y - R_g)}{kC(R_c - R_g)} = \dfrac{36.5 - 2.8}{14.8 - 2.8} = 2.81$

4. 【答案】C

【解析】（1）求初始空隙比

$$\rho = \frac{m}{v} = \frac{184}{2.0 \times 3.14 \times 3.99 \times 3.99} = 1.84 \text{g/cm}^3$$

$$\rho_d = \frac{\rho}{1 + w} = \frac{1.84}{1 + 0.403} = 1.31 \text{g/cm}^3$$

$$e_0 = \frac{G_s \times \rho_w}{\rho_d - 1} = \frac{2.7 \times 1}{1.31 - 1} = 1.061$$

（2）求各级压力下的孔隙比

$$e_1 = e_0 - (1 + e_0)\frac{S_1}{h}$$

$$e_2 = e_0 - (1 + e_0)\frac{S_2}{h}$$

$$a_{1-2} = (e_1 - e_2)/(p_2 - p_1) = (1 + e_0)\frac{S_2 - S_1}{h} \cdot \frac{1}{p_2 - p_1}$$

$$= (1 + 1.061) \times \frac{2.0 - 1.4}{20(200 - 100)} \times 1000 = 0.62 \text{MPa}^{-1}$$

5. 【答案】A

【解析】（1）每延米箱涵的自重：$25 \times (6 \times 8 - 5.2 \times 7.2) = 264 \text{kN/m}$

（2）每延米箱涵所承受的浮力：$6 \times 8 \times 10 = 480 \text{kN/m}$

（3）土层自重：$18 \times 6 \times 1 = 108 \text{kN/m}$

（4）设覆土厚度为 H_m，$\dfrac{264 + 108 + 108 H_m}{480} = 1.05$

则 $H_m = \dfrac{1.05 \times 480 - 264 - 108}{108} = 1.22 \text{m}$

6. 【答案】B

【解析】（1）计算断面I-I处的基底压力强度

$$p_I = p_{min} + \frac{(b - b_1)(p_{max} - p_{min})}{b} = 133 + \frac{(2 - 0.88) \times (217 - 133)}{2} = 180 \text{kPa}$$

（2）计算断面I-I的弯矩

$$M = \frac{p_I \times b_1^2}{2} + \frac{(p_{max} - p_I)b_1^2}{3} = \frac{180 \times 0.88^2}{2} + \frac{(217 - 180) \times 0.88^2}{3} = 79.3 \text{kN} \cdot \text{m/m}$$

（3）计算钢筋截面积

$$A_s = \frac{M}{0.9 f_y h_0} = \frac{79.3}{0.9 \times 300 \times 260} \times 10^6 = 1130 \text{mm}^2/\text{m}$$

7. 【答案】B

【解析】$\overline{E}_s = \dfrac{0.7281 \times 20}{\dfrac{0.8974 \times 10}{15} + \dfrac{0.7281 \times 20 - 0.8974 \times 10}{20}} = 16.59 \text{MPa}$

8. 【答案】A

【解析】计算如下：

持力层　　　　　　　　　　　　下卧层

筏板基础： $s = \dfrac{(45 + 42.1) \times 3}{2 \times 4} = 32.7$ 　　　　$s = \dfrac{(42.1 + 26.5) \times 6}{2 \times 2} = 102.9$

条形基础： $s = \dfrac{(100 + 30.4) \times 3}{2 \times 4} = 48.9$ 　　　　$s = \dfrac{(30.4 + 10.4) \times 6}{2 \times 2} = 61.2$

沉降比例： $\dfrac{s_f}{s_t} = \dfrac{32.7 + 102.9}{48.9 + 61.2} = \dfrac{135.6}{110.1} = 1.23$

9.【答案】B

【解析】10m 范围内的应力面积 $= \dfrac{(1 + 0.285) \times 100 \times 10}{2} = 642.5 \text{kPa} \cdot \text{m}$

平均反算压缩模量： $E_s = \dfrac{642.5}{200 - 40} = 4.02 \text{MPa}$

10.【答案】C

【解析】（1）根据《建筑地基基础设计规范》（GB 50007—2011）第5.2.1条，偏心荷载承载力验算公式为：

$$p_{kmax} \leqslant 1.2 f_a$$

（2）判别大小偏心： $0.6/3 = 0.2 = 1/5 > 1/6$ ，属于大偏心。

（3）大偏心基础底面边缘的最大压力值计算公式为：

$$p_{kmax} = \dfrac{2(F_k + G_k)}{3l \cdot a}$$

则 $F_k + G_k \leqslant \dfrac{3}{2} \times la \times (1.2 f_a) = \dfrac{3}{2} \times 1 \times \left(\dfrac{3}{2} - 0.6\right) \times 1.2 \times 200 = 324 \text{kN/m}$

11.【答案】D

【解析】《建筑桩基技术规范》（JGJ 94—2008）第5.3.9条。

$$u = 3.14 \times 1.2 = 3.77 \text{m}, \quad A_p = 3.14 \times 0.6^2 = 1.13 \text{m}^2$$

$$Q_{sk} = u \sum q_{sjk} \cdot l_j = 3.77 \times (32 \times 13.7 + 40 \times 2.3 + 75 \times 2.0 + 180 \times 8.85)$$

$$= 3.77 \times (438.4 + 92.0 + 150.0 + 1593.0)$$

$$= 8570.7 \text{kN}$$

$$Q_{rk} = \zeta_r \cdot f_{rk} \cdot A_p = 0.76 \times 41500 \times 1.13 = 35640.2 \text{kN}$$

$$Q_{uk} = Q_{sk} + Q_{rk} = 8570.7 + 35640.2 = 44210.9 \text{kN}$$

12.【答案】D

【解析】抗拔桩承受的总上拔力： $141000 - 108000 = 33000 \text{kN}$

抗拔桩自重： $G_p = \gamma' l \pi d^2 / 4 = (25 - 10) \times 10 \times 3.14 \times 0.6^2 / 4 = 42.4 \text{kN}$

$$u = \pi d = 1.885 \text{m}$$

根据《建筑桩基技术规范》（JGJ 94—2008）第5.4.5条，有

$$T_{uk} = \sum \lambda_i q_{sik} u_i l_i = 0.70 \times 36 \times 1.885 \times 10 = 475.0 \text{kN}$$

$$N_k \leqslant \dfrac{T_{uk}}{2} + G_p$$

$$\dfrac{33000}{n} \leqslant \dfrac{475.0}{2} + 42.4$$

$$n \geqslant 117.9 \text{ 根}$$

13.【答案】C

【**解析**】《建筑桩基技术规范》（JGJ 94—2008）第5.9.2条。

等边三桩承台的柱下独立桩基承台的正截面弯矩计算公式为

$$M = \frac{N_{\max}}{3}\left(S_a - \frac{\sqrt{3}}{4}c\right) = \frac{2100}{3} \times \left(1.2 - \frac{\sqrt{3}}{4} \times 0.8 \times 0.4\right) = 743\text{kN} \cdot \text{m}$$

14.【**答案**】B

【**解析**】《建筑地基处理技术规范》（JGJ 79—2012）。

$$m = \frac{A_p}{A} = \frac{0.22^2 \times 3.14}{1.5 \times 1.5} = 0.0558$$

$$f_{spk} = \lambda m \frac{R_a}{A_p} + \beta(1-m)f_{sk}$$

$$= 0.9 \times 0.0558 \times \frac{600}{0.1256} + 0.95(1-0.0558) \times 180 = 401.5\text{kPa}$$

深度修正：$f_{spa} = f_{spk} + \eta_d \gamma_m(d - 0.5) = 401.5 + 1 \times 20 \times (7 - 0.5) = 531.5\text{kPa}$

15.【**答案**】C

【**解析**】《建筑地基处理技术规范》（JGJ 79—2012）第7.5.2条。

$$\overline{\rho}_{d1} = \overline{\eta}_c \rho_{dmax}$$

$$S = 0.95d\sqrt{\frac{\overline{\eta}_c \rho_{dmax}}{\overline{\eta}_c \rho_{dmax} - \overline{\rho}_d}} = 0.95d\sqrt{\frac{\overline{\rho}_{d1}}{\overline{\rho}_{d1} - \overline{\rho}_d}}$$

$$1.0 = 0.95 \times 0.4\sqrt{\frac{\overline{\rho}_{d1}}{\overline{\rho}_{d1} - 13.8}}$$

解得：$\overline{\rho}_{d1} = 1.61$

16.【**答案**】A

【**解析**】（1）$A_p = 3.14 \times 0.3^2 = 0.283\text{m}^2$

（2）根据《建筑地基处理技术规范》（JGJ 79—2012）第7.1.6条。

$$R_a = \frac{1}{4\lambda}f_{cu}A_p = \frac{1}{4 \times 0.85} \times 3000 \times 0.283 = 250\text{kN}$$

（3）根据公式（7.1.5-3）：

$$R_a = u_p\sum_{i=1}^{n}q_{si}l_{pi} + \alpha_p q_p A_p$$

$$= 3.14 \times 0.6 \times (17 \times 3.0 + 20 \times 5.0 + 25 \times 2.0) + 1.0 \times 500 \times 0.283$$

$$= 520.4\text{kN}$$

（4）二者取小值，$R_a = 250\text{kN}$

17.【**答案**】D

【**解析**】$E_w = \frac{1}{2}\gamma_{sat}H^2 = \frac{1}{2} \times 18.7 \times 5^2 = 234\text{kN}$

18.【**答案**】C

【**解析**】（1）计算震后的砂填土厚度

竖向应变：$\varepsilon_z = \frac{\Delta e}{1 + e_1} = \frac{0.9 - 0.65}{1 + 0.90} = 0.1316$

$\Delta H = 5 \times 0.1316 = 0.66\text{m}$，$H_2 = 4.34\text{m}$（见解图）

题 18 解图

（2）计算震后砂土的饱和重度

$$5 \times 18.7 = 4.34 \times \gamma_2 + 0.66 \times 10$$

$$\gamma_2 = 20 \text{kN/m}^3$$

$$K_a = \tan^2\left(45° - \frac{35°}{2}\right) = 0.271$$

（3）计算水土总压力

土压力：$E_a = \dfrac{1}{2} \times 0.271 \times 10 \times 4.34^2 = 25.5 \text{kN}$

水压力：$E_w = \dfrac{1}{2} \times 10 \times 5^2 = 125 \text{kN}$

总压力：$E_a + E_w = 125 + 25.5 = 150.5 \text{kN}$

19.【答案】C

【解析】有两种解答方式。

解法一：

$$W_i = (3 \times 20 + 7 \times 10) \times 2 = 260 \text{kN}, \quad l = \frac{2}{\cos 30°} = 2.31 \text{m}$$

$$W_i \cos\theta \tan\varphi + l_i c = 260 \times 0.866 \times 0.466 + 2.31 \times 22 = 156 \text{kN}$$

$$M_{Ri} = 4680 \text{kN} \cdot \text{m}$$

解法二：

$$W_i = 10 \times 20 \times 2 = 400 \text{kN}, \quad l = \frac{2}{\cos 30°} = 2.31 \text{m}$$

$$u = 7 \cos^2 30° \times 10 = 52.5 \text{kPa}$$

$$p_w = u l_i = 52.5 \times 2.31 = 121.3 \text{kN}$$

$$(W_i \cos\theta - 121.3)\tan\varphi + l_i c = (400 \times 0.866 - 121.3) \times 0.466 + 2.31 \times 22 = 156 \text{kN}$$

$$M_{Ri} = 4680 \text{kN} \cdot \text{m}$$

20.【答案】C

【解析】

$$\sigma_z = 18.4 \times 8 = 147.2 \text{kPa}$$

$$\varepsilon_z = \sigma/E_s = 147.2/500 = 0.294$$

$$h = s/\varepsilon_z = 51 \text{cm} = 510 \text{mm}$$

注：此题更严格的解法如下（忽略 EPS 自重）

$$\sigma_z = 18.4(8 - h)$$

$$\varepsilon_z = \sigma_z/E_s = 18.4(8 - h)/500$$

$$s = 0.15 = \varepsilon_z h$$

$$18.4(8-h) = 500 \times 0.15$$
$$h^2 - 8h + 4.08 = 0$$
$$h = 0.546m$$

两种解法都算对。

21.【答案】C

【解析】
$$\sigma_c = \sigma_3 = 68kPa$$
$$\sigma_1 = 2c\tan\left(45° + \frac{\varphi}{2}\right) + \sigma_3\tan^2\left(45° + \frac{\varphi}{2}\right) = 2 \times 17.8 \times \tan(51.6°) + 68 \times \tan^2(51.6°)$$
$$= 44.9 + 108.2 = 153kPa$$
$$c_u = (\sigma_1 - \sigma_3)/2 = 42.5kPa$$

22.【答案】A

【解析】$N = 9$

$\Delta h = 12/9 = 1.33m$——等势线之间的 Δh 都相等。

$i_{max} = 1.33/3 = 0.444$

23.【答案】C

【解析】规范第 3.4.2 条。

（1）$K_a = \dfrac{1}{3}$

（2）6m 处：$p_{a1} = \gamma H K_a = 20 \times 6 \times \dfrac{1}{3} = 40$

底部：$p_{a2} = 40 + \gamma' H' K_a + \gamma_w H' = 40 + 10 \times 4 \times \dfrac{1}{3} + 10 \times 4 = 93.3kPa$

（3）$E_a = \dfrac{1}{2} \times 6 \times 40 + \dfrac{1}{2} \times 4 \times (93.3 + 40) = 386.6kPa$

24.【答案】B

【解析】《湿陷性黄土地区建筑标准》（GB 50025—2018）第 4.4.3 条、4.4.4 条、4.4.6 条。

陇西地区，查表 4.4.3 得：$\beta_0 = 1.5$。则

$\Delta_{zs} = \beta_0 \sum\limits_{i=1}^{n} \delta_{zsi} h_i = 1.5 \times (0.016 + 0.017 + 0.018 + 0.019 + 0.020 + 0.022 + 0.025 + 0.027 +$

$\qquad 0.016) \times 1000$

$\qquad = 270mm$

$\Delta_{zs} = 270mm > 70mm$，为自重湿陷性黄土场地。

查表 4.4.4-1 得：$\beta = \beta_0 = 1.5$。则

$\Delta_s = \sum\limits_{i=1}^{n} \alpha\beta\delta_{si} h_i = 1.0 \times 1.5 \times (0.070 + 0.065 + 0.055 + 0.050 + 0.045 + 0.043 +$

$\qquad 0.037 + 0.016 + 0.018) \times 1000$

$\qquad = 598.5mm < 600mm$

查表 4.4.6 知：湿陷等级为 II 级。

25.【答案】C

【解析】《建筑地基基础设计规范》（GB 50007—2011）第 5.1.7 条。

场地冻结深度：$z_d = h' - \Delta z = 2.0 - (186.288 - 186.128) = 2.0 - 0.16 = 1.84m$

h' 为实测冻土层厚度，Δz 为地表冻胀量。

平均冻胀率：$\eta = \dfrac{\Delta z}{z_d} = \dfrac{0.16}{1.84} \times 100\% = 8.7\%$

26.【答案】B

【解析】第①块推力：$3600 \times 1.05 - 1100 = 2680$kN/m

第②块推力：$2680 \times 0.76 + 8700 \times 1.05 - 7000 = 4171.8$kN/m

第③块推力：$4171.8 \times 0.90 + 1500 \times 1.05 - 2600 = 2730$kN/m

27.【答案】D

【解析】《水电工程水工建筑物抗震设计规范》（NB 35047—2015）第 4.1.2 条、5.3.3 条。

根据题意可知场地覆盖层厚度为 12m，计算等效剪切波速：

$$v_s = \frac{d_0}{\sum\limits_{i=1}^{n}\left(\dfrac{d_i}{v_{si}}\right)} = \frac{12}{\dfrac{6}{235} + \dfrac{3}{336} + \dfrac{3}{495}} = 296 \text{m/s}$$

重力坝，查表 5.3.3 得 $\beta_{\max} = 2.0$。

28.【答案】D

【解析】《建筑抗震设计标准》（GB/T 50011—2010）（2024 年版）第 4.3.3 条。

（1）8 度区，砂土，液化土特征深度 d_0 为 8m。

（2）基础埋深 d_b 都采用 2.0m。

（3）各选项的初判临界值都相同，不考虑液化影响的条件都是 $d_u > 8$，$d_w > 7$，$d_u + d_w > 11.5$。

（4）只有选项 D 的 $d_u + d_w = 7 + 5 = 12 > 11.5$，符合初判不考虑液化影响的条件。

29.【答案】B

【解析】《水利水电工程地质勘察规范》（GB 50487—2008）（2022 年版）附录 P.0.4 条。

（1）首先根据液化机理，填方和水位下降可以使液化可能性减小，故可排除 A、D 两项。

（2）按照公式（P.0.4-1）、公式（P.0.4-2）、公式（P.0.4-3）：

选项 B，挖方 3m，$d'_s = 6$，$d'_w = 2$，$d_s = 3$，$d_w = 0$（地面淹没）

$N = 20 \times \dfrac{3 + 0.9 \times 0 + 0.7}{6 + 0.9 \times 2 + 0.7} = 8.7$ 击

$N_{cr} = 10 \times [0.9 + 0.1 \times (5 - 0)] = 14$ 击

$N < N_{cr}$，液化。

选项 C，地下水位上升 3m，$d'_s = 6$，$d'_w = 2$，$d_s = 6$，$d_w = 0$（地面淹没）

$N = 20 \times \dfrac{6 + 0.9 \times 0 + 0.7}{6 + 0.9 \times 2 + 0.7} = 15.8$ 击

$N_{cr} = 10 \times [0.9 + 0.1 \times (6 - 0)] = 15$ 击

$N > N_{cr}$，不液化。

30.【答案】C

【解析】（1）从低应变反射波动力测试曲线可看出，该桩存在缺陷，即时间 t_2 处为缺陷反射波，时间 t_3 处才为桩底反射波。

（2）《建筑基桩检测技术规范》（JGJ 106—2014）式（8.4.1-2）。

桩长：$c = \dfrac{2000L}{\Delta T} = \dfrac{2000 \times L}{73.5 - 60} = 3555.6$m/s，$L = 24.0$m

（3）10.7m 为缺陷位置，计算缺陷位置和桩长未除 2，其结果分别为 21.3m 和 48.0m。

2009 年案例分析试题答案及解析（下午卷）

试题答案

本试卷由 30 道题组成，全部为单项选择题。考生可任选 25 道题作答。每题 2 分，满分为 50 分。若考生在答题卡或试卷上的作答超过 25 道题，则按题目序号从小到大的顺序对作答的前 25 道题计分及复评试卷，其他作答题目无效。

1	A	2	C	3	C	4	C	5	C
6	B	7	C	8	C	9	B	10	B
11	A	12	C	13	B	14	B	15	C
16	A	17	B	18	A	19	A	20	C
21	C	22	C	23	A	24	B	25	B
26	B	27	C	28	C	29	B	30	B

解 题 过 程

1. 【答案】A

【解析】总矿化度不包含气体，且 HCO_3^- 只计其含量一半，所以，总矿化度（mg/L）为：

$51.39 + 28.78 + 75.43 + 20.23 + 10.8 + 83.47 + 27.19 + 366.00/2 = 480.29$

2. 【答案】C

【解析】假设土样I、土样II各自的水头损失分别为 Δh_1、Δh_2，则：

$$\Delta h_1 + \Delta h_2 = 30cm \tag{1}$$

根据渗流连续原理，流经两土样的渗流流量相等，根据达西定律可得式（2）

$$k_1 \frac{\Delta h_1}{l_1} = k_2 \frac{\Delta h_2}{l_2} \tag{2}$$

土样长度 $l_1 = l_2 = 30cm$，求解方程式（1）、（2），得

$\Delta h_1 = 10cm$，$\Delta h_2 = 20cm$

流量 $Q = kiA = k_1 \frac{\Delta h_1}{l_1}A = k_2 \frac{\Delta h_2}{l_2}A$，将已知数代入，得

$Q = 13.3cm^3/s$

3. 【答案】C

【解析】《工程岩体分级标准》（GB/T 50218—2014）附录A、第3.3.1条和第3.3.3条。

（1）计算岩石的点荷载强度指数

$$I_{s(50)} = \frac{P}{D^2} = \frac{4000}{50^2} = 1.6MPa$$

（2）计算饱和单轴抗压强度

$$R_c = 22.82I_{s(50)}^{0.75} = 22.82 \times 1.6^{0.75} = 32.46MPa$$

查表 3.3.3，该岩石属于较坚硬岩。

4. 【答案】C

【解析】（1）上覆土的干密度：$\rho_d = \dfrac{\rho}{1 + 0.01w} = \dfrac{1.57}{1 + 0.198} = 1.31 \text{g/cm}^3$

（2）上覆土的孔隙比：$e = \dfrac{G_s \rho_w}{\rho_d} - 1 = \dfrac{2.7 \times 1}{1.31} - 1 = 1.061$

（3）上覆土的饱和密度：$\rho_s = \rho_d \left(1 + \dfrac{S_r e}{G_s}\right) = 1.31 \times \left(1 + \dfrac{0.85 \times 1.061}{2.70}\right) = 1.75 \text{g/cm}^3$

（4）上覆土的饱和自重压力：$p_z = \rho_s \cdot g \cdot h = 1.75 \times 10 \times 8 = 140 \text{kPa}$

5. 【答案】C

【解析】《建筑地基基础设计规范》（GB 50007—2011）第 5.2.4 条和附录 D。

对于深层平板载荷试验，$\eta_d = 0$

修正后的地基承载力特征值：

$$f_a = f_{ak} + \eta_d \gamma (b - 3) + \eta_d \gamma_m (d - 0.5) = 200 + 0.3 \times 19 \times (6 - 3) = 200 + 17.1 = 217.1 \text{kPa}$$

如错误采用了 1.5 的深度修正系数，则计算结果为（A）选项。

6. 【答案】B

【解析】（1）根据《建筑地基基础设计规范》（GB 50007—2011）表 5.2.7，地基压力扩散角为 23°，软层层顶的附加应力总应力为：

$$p_z = \dfrac{lb(p_k - p_c)}{(b + 2z \tan\theta)(l + 2z \tan\theta)} = \dfrac{3 \times 4 \times (300 - 3 \times 20)}{(3 + 2 \times 3 \times \tan 23°)(4 + 2 \times 3 \times \tan 23°)} = 79 \text{kPa}$$

（2）软层层顶的自重应力与附加应力之和的总应力为：$79 + 6 \times 20 = 199 \text{kPa}$

（3）软层层顶的自重应力与附加应力之和的有效应力为：$199 - (6 - 4) \times 10 = 179 \text{kPa}$ 地下水位以下土重取浮重度，计算结果相同。

7. 【答案】C

【解析】《建筑地基基础设计规范》（GB 50007—2011）第 5.2.6 条和附录 J。

（1）平均值：$f_{rm} = 29.1 \text{MPa}$。

（2）变异系数：$\delta = 0.022$。

（3）统计修正系数：$\psi = 1 - \left(\dfrac{1.704}{\sqrt{n}} + \dfrac{4.678}{n^2}\right)\delta = 1 - \left(\dfrac{1.704}{\sqrt{6}} + \dfrac{4.678}{6^2}\right) \times 0.022 = 0.9817$。

（4）标准值：$f_{rk} = \psi \cdot f_{rm} = 0.9817 \times 29.1 = 28.6$。

（5）根据《建筑地基基础设计规范》（GB 50007—2011）附录 A 规定，碎裂结构判定为较完整。根据第 5.2.6 条规定，较完整岩体折减系数取 0.2~0.5。

（6）地基承载力特征值最大取值为 $0.5 \times 28.6 = 14.3 \text{MPa}$。

8. 【答案】C

【解析】《建筑地基基础设计规范》（GB 50007—2011）附录 C。

点 1：取极限承载力的一半，为 150kPa；

点 2：取比例界限，为 165kPa；

点 3：取极限承载力的一半，为 165kPa。

极差小于 30%，取三点平均值，$\dfrac{150 + 165 + 165}{3} = 160\text{kPa}$。

9.【答案】B

【解析】《建筑地基基础设计规范》（GB 50007—2011）第 5.1.7 条和附录 G。

黏性土 $\psi_{zs} = 1.00$；弱冻胀：$\psi_{zw} = 0.95$；城市近郊：$\psi_{ze} = 0.95$

$z_d = z_0 \psi_{zs} \psi_{zw} \psi_{ze} = 2.2 \times 1.0 \times 0.95 \times 0.95 = 1.99\text{m}$

允许残留冻土层最大厚度：$h_{\max} = 0.95\text{m}$

最小埋深：$d_{\min} = z_d - h_{\max} = 1.99 - 0.95 = 1.04\text{m}$

10.【答案】B

【解析】《建筑地基基础设计规范》（GB 50007—2011）第 5.4.2 条。

矩形基础 $a = 2.5b - \dfrac{d}{\tan\beta} = 2.5 \times 2.8 - \dfrac{3}{\tan 30°} = 1.8\text{m}$

但需 $a \geqslant 2.5\text{m}$，所以 a 取 2.5m。

11.【答案】A

【解析】《公路桥涵地基与基础设计规范》（JTG 3363—2019）第 6.3.3 条。

$q_r = m_0 \lambda [f_{a0} + k_2 \gamma_2 (h - 3)] = 0.8 \times 0.8 \times [1000 + 5.0 \times 10 \times (32 - 3)]$
$= 1568\text{kPa}$

$R_a = \dfrac{1}{2} u \sum_{i=1}^{n} q_{ik} l_i + A_p q_r$

$= 0.5 \times 3.14 \times 1.0 \times (60 \times 15 + 100 \times 15 + 160 \times 2) + 3.14 \times 0.5^2 \times 1568$

$= 4270.4 + 1230.9 = 5501\text{kN}$

12.【答案】C

【解析】《建筑桩基技术规范》（JGJ 94—2008）第 5.5.14 条。

$$s = \psi \sum_{i=1}^{n} \dfrac{\sigma_{zi}}{E_{si}} \Delta z_i + s_e \qquad s_e = \xi_e \dfrac{Ql}{E_c A_{ps}}$$

$$A_{ps} = 3.14 \times 0.4^2 = 0.5\text{m}^2$$

$$s_e = 0.6 \times 6000 \times 30 \div (3.15 \times 10^4 \times 10^3 \times 0.5) = 0.0069\text{m} = 6.9\text{mm}$$

$$s = 1.0 \times (100 \div 20000 + 50 \div 5000) \times 4 \times 10^3 + 6.9 = 60 + 6.9 = 66.9\text{mm}$$

13.【答案】B

【解析】《建筑桩基技术规范》（JGJ 94—2008）第 5.2.5 条。

$$Q_{uk} = (10 \times 25 + 2 \times 100) \times \pi \times 0.4 + \pi \times 0.2^2 \times 6000 = 1318.8\text{kN}$$

$$R_a = \dfrac{Q_{uk}}{K} = \dfrac{1318.8}{2} = 659.4\text{kN}$$

$$A_c = \dfrac{A - nA_{ps}}{n} = (2.4 \times 4.0 - 6 \times \pi \times 0.2^2)/6 = 1.47\text{m}^2$$

考虑地震作用时

$$R = R_a + \dfrac{\zeta_a}{1.25} \eta_c f_{ak} A_c = 659.4 + \dfrac{1.5}{1.25} \times 0.14 \times 300 \times 1.47 = 733.5\text{kN}$$

$$R/R_a = 733.5/659.4 = 1.11$$

14.【答案】B

【解析】 $\qquad\qquad\qquad f_{spk} = [1 + m(n-1)]f_{sk}$

$$m = \frac{\frac{f_{spk}}{f_{sk}} - 1}{n - 1} = \frac{\frac{120}{90} - 1}{3 - 1} = 0.167$$

$$d_e = \sqrt{d^2/m} = \sqrt{0.4^2/0.167} = 0.98$$

$$S = d_e/1.05 \approx 0.93$$

15.【答案】C

【解析】（1）$R_a \leq \frac{1}{4\lambda} f_{cu} A_p = \frac{1}{4 \times 0.85} \times 20 \times 10^3 \times 3.14 \times 0.25^2 = 1154\text{kN}$

$$R_a = u_p \sum_{i=1}^{n} q_{si} l_{pi} + \alpha_p q_p A_p$$

$$= 3.14 \times 0.5 \times (6.0 \times 8.0 + 15.0 \times 3.0 + 12.0 \times 3.0) + 1.0 \times 200 \times 3.14 \times 0.25^2$$

$$= 241.78\text{kN}$$

R_a 取小值，取 $R_a = 241.78\text{kN}$

（2）$m = \dfrac{f_{spk} - \beta f_{sk}}{\lambda \dfrac{R_a}{A_p} - \beta f_{sk}} = \dfrac{180 - 0.9 \times 50}{0.85 \times \dfrac{241.78}{3.14 \times 0.25^2} - 0.9 \times 50} = 13.47\%$

16.【答案】A

【解析】（1）$R_a = u_p \sum_{i=1}^{n} q_{si} l_{pi} + \alpha_p q_p A_p = 3.14 \times 0.6 \times (6.0 \times 8.0 + 15.0 \times 3.0 + 12.0 \times$

$$3.0) + 0.4 \times 200 \times 3.14 \times 0.3^2 = 265.6\text{kN}$$

$R_a = \eta f_{cu} A_p = 0.25 \times 900 \times 3.14 \times 0.3^2 = 63.6\text{kN}$，取两者的小值 $R_a = 63.6\text{kN}$

（2）$m = \dfrac{d^2}{d_e^2} = \dfrac{0.6^2}{1.05^2 \times 1^2} = 0.327$

$$f_{spk} = \lambda m \frac{R_a}{A_p} + \beta(1 - m) f_{sk}$$

$$= 1.0 \times 0.327 \times \frac{63.6}{3.14 \times 0.3^2} + 0.35 \times (1 - 0.327) \times 50 = 85\text{kPa}$$

17.【答案】B

【解析】$S = 0.95 \xi d \sqrt{\dfrac{1 + e_0}{e_0 - e_1}} = 0.95 \times 1.1 \times 0.5 \times \sqrt{\dfrac{1 + 0.95}{0.95 - 0.6}} = 1.233\text{m}$

18.【答案】A

【解析】$E_w = \frac{1}{2} \gamma_w H^2 = 25 \times 10/2 = 125\text{kN}$

19.【答案】A

【解析】每个等势线间的水头差：$\Delta h = 16/22 = 0.73\text{m}$

G 点的总水头：$h_G = 16 - 2 \times 0.73 = 14.55\text{m}$，位置水头为 11.5m

压力水头：$h_w = 14.55 - 11.5 = 3\text{m}$

孔隙水压力：$p_w = 3 \times 10 = 30\text{kPa}$

20.【答案】C

【解析】《建筑地基基础设计规范》（GB 50007—2011）第 6.7.5 条列出的公式原理。

$$K_s = \frac{(G_n + E_{an})\mu}{E_{at} - G_t} \geq 1.3$$

列出新的表达式：

$$K_s = \frac{[(G + E_y) \cdot \cos\alpha + E_x \sin\alpha]\mu}{E_x \cdot \cos\alpha - (G + E_y) \cdot \sin\alpha}$$

代入得到 $$K_s = \frac{[(200 + 80)\cos 15° + 200\sin 15°] \times 0.65}{200\cos 15° - (200 + 80)\sin 15°} = \frac{209.4}{120.7} = 1.73$$

21.【答案】C

【解析】

$$K_{a砂} = \tan^2\left(45° - \frac{\varphi_{砂}}{2}\right) = \tan^2\left(45° - \frac{30°}{2}\right) = 1/3$$

$$K_{a黏} = \tan^2\left(45° - \frac{\varphi_{黏}}{2}\right) = \tan^2\left(45° - \frac{18°}{2}\right) = 0.528$$

$$z_0 = \frac{2c_{黏}}{\gamma_{砂}\sqrt{K_{a黏}}} = \frac{2 \times 10}{17.5 \times \sqrt{0.528}} = 1.573\text{m} \approx 1.6\text{m}$$

取近似解： $$E_{a砂} = \frac{1}{2}\gamma_{砂}K_{a砂}h^2 = \frac{1}{2} \times 17.5 \times \frac{1}{3} \times 1.6^2 = 7.5\text{kN}$$

$$E_{a黏} = \frac{1}{2}\gamma_{黏}K_{a黏}(H - h)^2 = \frac{1}{2} \times 18.5 \times 0.528 \times (6 - 1.6) = 94.6\text{kN}$$

$$E_a = E_{a砂} + E_{a黏} = 7.5 + 94.6 = 102\text{kN}$$

22.【答案】C

【解析】抗滑力矩由两部分组成，即土的抗滑力矩和第二道支撑的抗滑力矩。分别计算如下。

半径：$R = 16.3 + 17.3 = 33.6\text{m}$

弧的夹角：$\beta = 180 - 29 = 151°$

弧长：$l = 2 \times 33.6 \times \pi \times 151/360 = 88.55\text{m}$

$M_{R1} = 88.55 \times 34 \times 33.6 = 101160\text{kN} \cdot \text{m}$

$M_{R2} = 2970 \times 12.8 = 38016\text{kN} \cdot \text{m}$

$M_R = 101160 + 37897 = 139176\text{kN} \cdot \text{m}$

$K = 139176/154230 = 0.9$

23.【答案】A

【解析】（1）首先确定承压水水位需要的降幅 S：

$S = 13.0 + 1.0 - 6.0 = 8.0\text{m}$

（2）确定沉井降水涌水量 Q：

本场地为均质含水层承压水—潜水完整井降水，为达到降水设计目标，涌水量 Q 为：

$$Q = \pi k \frac{(2H_0 - M)M - h^2}{\ln\left(1 + \frac{R}{r_0}\right)} = 3.14 \times 13 \times \frac{[2 \times (18 + 13 - 6) - 18] \times 18 - (18 - 1)^2}{\ln\left(1 + \frac{160}{10}\right)}$$

$$= 4135\text{m}^3/\text{d}$$

（3）确定所需要的降水井数目 n：

$$n = 1.1\frac{Q}{q} = 1.1 \times \frac{4135}{50 \times 24} = 3.8 \text{ 口，降水井取 } 4 \text{ 口}$$

24.【答案】B

【解析】（1）AB 两点间（即中点处）倾斜：$i_{AB} = \frac{42\text{mm}}{20\text{m}} = 2.1\text{mm/m} < 3\text{mm/m}$

BC 两点间（即中点处）倾斜：$i_{BC} = \frac{30\text{mm}}{20\text{m}} = 1.5\text{mm/m} < 3\text{mm/m}$

（2）ABC 平均曲率：$k = \dfrac{2.1 - 1.5}{(20 + 20) \times 0.5} = 0.03\text{mm/m}^2 < 0.2\text{mm/m}$

（3）水平变形：$\varepsilon_{AB} = \dfrac{30\text{mm}}{20\text{m}} = 1.5\text{mm/m} < 2\text{mm/m}$

$\varepsilon_{BC} = \dfrac{20\text{mm}}{20\text{m}} = 1.0\text{mm/m} < 2\text{mm/m}$

（4）判定：地表倾斜、曲率、水平变形值都小于《岩土工程勘察规范》（GB 50021—2001）（2009 年版）第 5.5.5 条的限值，故选 B。

25.【答案】B

【解析】（1）10 年后因地下水位下降，有效应力增大，施加于各土层的平均附加应力 Δp 见解表（地下水每降 1m 产生的水压力 0.01MPa，卵石层不沉降）。

题 25 解表

序号	土层	埋深（m）	层厚（m）	地下水降幅（m）	水压力（MPa）	Δp（MPa）
1	黏土	10	10	0	0	0
		14	4	4	$0.01 \times 4 = 0.04$	$(0.04 + 0)/2 = 0.02$
2	细砂	30	16	20	$0.01 \times 20 = 0.2$	$(0.2 + 0.04)/2 = 0.12$
3	粉土	48	18	20	0.2	0.2

（2）计算各土层 10 年后的沉降量。

黏土及粉土计算公式：$S = \dfrac{a}{1 + e_0} \Delta p \cdot H$；砂土计算公式：$S = \dfrac{\Delta p \cdot H}{E}$

代入各土层计算参数后得出：$S_1 = 13.1\text{mm}$，$S_2 = 128\text{mm}$，$S_3 = 402.5\text{mm}$

则 10 年地面总沉降量：$S = S_1 + S_2 + S_3 = 543.6\text{mm}$

26.【答案】B

【解析】受坍塌影响的岩层厚度：$H' = \dfrac{H_0}{k - 1} = \dfrac{2}{1.2 - 1} = 10\text{m}$

不受坍塌影响的岩层安全厚度：$H = 17 - H' = 7\text{m}$

27.【答案】C

【解析】进行反压后，增加了阻碍力矩 $W_3 d_3$

反压后稳定系数：$K_2 = K_1 + \dfrac{W_3 d_3}{W_1 d_1} = 1 + \dfrac{9.0 \times 20 \times 3.0}{30.2 \times 17 \times 3.2} = 1.33$

28.【答案】C

【解析】（1）确定建筑场地类别

①覆盖层厚度：由于 $\dfrac{v_4}{v_3} = \dfrac{460}{180} = 2.56 > 2.5$，$v_4 > 400\text{m/s}$，故覆盖层厚度可取 16m。

②等效剪切波速，计算深度 d_0 取 16m。

$$v_{se} = \dfrac{16}{5/120 + 5/90 + 6/180} = 122.6\text{m/s}$$

③场地类别为Ⅲ类。

（2）确定地震影响系数

特征周期：$T_g = 0.45T = 0.40\text{s} < T_g$

多遇地震 8 度地震影响系数最大值 $\alpha_{max} = 0.16$，阻尼比 0.05，$\eta_2 = 1.0$

$$\alpha = \eta_2 \alpha_{max} = 0.16$$

29.【答案】B

【解析】有两种解答方式。

解法一：

（1）场地等效剪切波速计算公式：$v_{se} = \dfrac{d_0}{t} = \dfrac{18}{0.0689} \approx 261\text{m/s}$

其中：$d_0 = 18\text{m}$；$t = \dfrac{1.4}{155} + \dfrac{5.8}{220} + \dfrac{2.5}{255} + \dfrac{8.3}{350} = 0.0689\text{s}$

（2）查表 4.1.6，场地土层等效剪切波速 $v_{se} = 261\text{m/s}$，在 $500 \geqslant v_{se} > 250$ 范围内，场地覆盖层厚度大于 5m。场地类别 II 类。

解法二：

此题可以不经过计算，目测分析即可。

（1）覆盖层厚度为 18.0m，不可能是 I、IV 类场地。

（2）土层剪切波速都大于 140m/s，所以不可能是 III 类场地。

（3）只可能是 II 类场地。

30.【答案】B

【解析】（1）对于陡变型 v-δ 曲线，取陡升起始点对应荷载值为单桩竖向抗拔极限承载力：

$v_k = 13200\text{kN}$

（2）极限侧阻力：$Q_{sk} = (1 - 0.17)Q_{uk} = 0.83 \times 22000 = 18260\text{kN}$

（3）抗拔系数：$\lambda = \dfrac{v_k}{Q_{sk}} = \dfrac{13200}{18260} = 0.72$

2010 年案例分析试题答案及解析（上午卷）

试 题 答 案

本试卷由 30 道题组成，全部为单项选择题。考生可任选 25 道题作答。每题 2 分，满分为 50 分。若考生在答题卡或试卷上的作答超过 25 道题，则按题目序号从小到大的顺序对作答的前 25 道题计分及复评试卷，其他作答题目无效。

1	B	2	B	3	B	4	D	5	A
6	B	7	C	8	B	9	B	10	D
11	D	12	A	13	D	14	B	15	B
16	D	17	A	18	D	19	C	20	A
21	C	22	C	23	B	24	B	25	A
26	B	27	C	28	A	29	C	30	D

解 题 过 程

1. 【答案】B

【解析】《工程地质手册》（第五版）第 1241～1246 页。

水柱压力：$p_z = \dfrac{(0.5 + 24.8 \times \sin 60°) \times 10}{1000} = 0.22\text{MPa}$

管路损失：$p_s = 0.04\text{MPa}$

$p = p_P + p_z - p_s = 0.9 + 0.22 - 0.04 = 1.08$

透水率：$q = \dfrac{Q}{L \cdot p} = \dfrac{80}{5.1 \times 1.08} = 14.5\text{Lu}$

2. 【答案】B

【解析】《土工试验方法标准》（GB/T 50123—2019）第 14.4.1 条。

$CBR_{2.5} = \dfrac{p}{7000} \times 100\%$，$CBR_{5.0} = \dfrac{p}{10500} \times 100\%$

第一次：$CBR_{2.5} = 4.4\%$，$CBR_{5.0} = 4.2\%$

第二次：$CBR_{2.5} = 4.0\%$，$CBR_{5.0} = 3.9\%$

第三次：$CBR_{2.5} = 5.1\%$，$CBR_{5.0} = 4.7\%$

三次试验中，$CBR_{5.0}$ 均不大于 $CBR_{2.5}$

平均值 $\overline{x} = 4.5\%$，标准差 $s = \sqrt{\dfrac{1}{n-1}\sum\limits_{i=1}^{n}(x_i - \overline{x})^2} = 0.56$

变异系数 $C_v = \dfrac{s}{\overline{x}} = \dfrac{0.56}{4.5} = 12.4 > 12\%$

故应去掉偏离大的值（$CBR_{2.5} = 5.1\%$ 去掉），取剩下 2 个值的平均值：

$$CBR_{2.5} = \dfrac{4.4 + 4.0}{2} = 4.2\%$$

注：也可参考《公路土工试验规程》（JTG 3430—2020）。

3. 【答案】B

【解析】《工程岩体分级标准》（GB/T 50218—2014）附录B、第4.2.2条。

$$K_v = \left(\frac{V_{pm}}{V_{pr}}\right)^2 = \left(\frac{3185}{5067}\right)^2 = 0.395$$

$90K_v + 30 = 65.55 > R_c = 40$，取$R_c = 40$

$0.04R_c + 0.4 = 2 > K_v = 0.395$，取$K_v = 0.395$

$BQ = 100 + 3R_c + 250K_v = 100 + 3 \times 40 + 250 \times 0.395 = 318.75$

4. 【答案】D

【解析】《土工试验方法标准》（GB/T 50123—2019）第17.2.3条。

$$\Delta e = a_{1-2}\Delta P = 1.66 \times (0.2 - 0.1) = 0.166$$
$$C_c = \frac{\Delta e}{\lg 0.2 - \lg 0.1} = 0.551$$

5. 【答案】A

【解析】《建筑地基基础设计规范》（GB 50007—2011）第8.2.11条。

$$M = 0$$

基底反力设计值：$p_{jmax} = p_{jmin} = \dfrac{F}{A} = \dfrac{700}{2.4 \times 2.4} = 121.5\text{kPa}$

柱边截面弯矩：$M_I = \dfrac{1}{12}a_1^2\left[(2l+a')\left(p_{max}+p-\dfrac{2G}{A}\right) + (p_{max}-p)l\right]$

$$= \frac{1}{12} \times \left(\frac{2.4}{2} - \frac{0.4}{2}\right)^2 \times [(2 \times 2.4 + 0.4) \times 2 \times 121.5]$$

$$= 105.3\text{kN} \cdot \text{m}$$

6. 【答案】B

【解析】《建筑地基基础设计规范》（GB 50007—2011）第8.1.1条。

查表得$\tan\alpha = \dfrac{1}{1.5}$

$$H_0 = \frac{b - b_0}{2\tan\alpha} = \frac{2.5 - 1.5}{2} \times 1.5 = 0.75\text{m}$$

7. 【答案】C

【解析】《建筑地基基础设计规范》（GB 50007—2011）第5.2.2条、第5.2.7条。

基底平均压应力：$p_k = \dfrac{F_k + G_k}{A} = \dfrac{320 + 4 \times 1 \times 2 \times 20}{4 \times 1} = 120\text{kPa}$

基底附加应力：$p = p_k - p_c = 120 - 2 \times 18 = 84\text{kPa}$

软弱下卧层处附加压应力：$p_z = \dfrac{4 \times 84}{4 + 2 \times 2 \times \tan 25°} = 57.3\text{kPa}$

8. 【答案】B

【解析】《建筑地基基础设计规范》（GB 50007—2011）第5.3.5条。

因为将粉质黏土压缩层按一层计算可取基底下、基岩以上土层的中点的土层参数进行计算。

（1）平均自重：$p_z = 2.5 \times 19 + \dfrac{2 + 2 + 1.5}{2} \times 19 = 99.75\text{kPa}$

自重对应的孔隙比：$e_1 = 0.526$

（2）基底附加压力：$p_0 = \dfrac{9200}{6 \times 6} - 2.5 \times 79 = 208.1\text{kPa}$

平均附加应力系数：

$$\bar{a} = \left(\dfrac{1.0 + 0.8}{2} \times 2 + \dfrac{0.86 + 0.5}{2} \times 2 + \dfrac{0.55 + 0.38}{2} \times 1.5 \right) \times \dfrac{1}{2 + 2 + 1.5}$$
$$= 0.721$$

（3）在附加荷载作用下，土层中点的压应力：$p = 99.75 + 0.721 \times 208.1 = 250\text{kPa}$

对应的孔隙比：$e_2 = \dfrac{0.152 + 0.508}{2} = 0.51$

（4）最终沉降量：$s = \psi_s \dfrac{e_1 - e_2}{1 + e_1} H = 0.4 \times \dfrac{0.526 - 0.51}{1 + 0.526} \times 5500 = 23\text{mm}$

9.【答案】B

【解析】《建筑地基基础设计规范》（GB 50007—2011）第 5.2.5 条。

$\varphi_k = 22°$，查表 5.2.5 可得：

$$M_b = 0.61, \quad M_d = 3.44, \quad M_c = 6.04, \quad \gamma_m = \dfrac{17.8 \times 1 + (18 - 10) \times 0.5}{1 + 0.5} = 14.53$$

则
$$f_a = M_b \gamma b + M_d \gamma_m d + M_c c_k$$
$$= 0.61 \times (18 - 10) \times 1.5 + 3.44 \times 14.53 \times 1.5 + 6.04 \times 10$$
$$= 142.7\text{kPa}$$

10.【答案】D

【解析】《建筑地基基础设计规范》（GB 50007—2011）第 5.2.2 条。

$$G_k = 3 \times 4 \times 3 \times 20 = 720\text{kN}$$

$$M_k = F_k e' + H_k h = 1200 \times 1.2 + 200 \times 3 = 2040\text{kN} \cdot \text{m}$$

$$e = \dfrac{M_k}{N} = \dfrac{2040}{720 + 1200} = 1.063 > \dfrac{b}{6} = \dfrac{4}{6}, \quad a = \dfrac{b}{2} - e = 0.937$$

$$p_{kmax} = \dfrac{2(F_k + G_k)}{3la} = \dfrac{2 \times (1200 + 720)}{3 \times 3 \times 0.937} = 455\text{kPa}$$

11.【答案】D

【解析】《建筑桩基技术规范》（JGJ 94—2008）第 5.8.4 条。

$$l_c = 0.7(l_0 + 4.0/\alpha) = 0.7 \times (10 + 4.0/0.52) = 12.38$$

$$l_c/d = 12.38/0.8 = 15.5$$

查表 5.8.4 得 $\varphi = 0.81$

$$f_c \geq \dfrac{N}{\varphi \cdot \varphi_c A_{ps}} = \dfrac{6800}{0.81 \times 0.8 \times \dfrac{3.14 \times 0.8^2}{4}} = 20.9\text{MPa}$$

12.【答案】A

【解析】《建筑桩基技术规范》（JGJ 94—2008）第 5.7 节。

桩身宽度：$b_0 = 0.9 \times (1.5 \times 0.7 + 0.5) = 1.395$

水平变形系数：$\alpha = \left(\dfrac{mb_0}{EI} \right)^{1/5} = [2.5 \times 10^3 \times 1.395/(2.83 \times 10^5)]^{1/5} = 0.415$

查表 5.7.2，可知 $\alpha h = 0.415 \times 25 = 10.4$，$v_x = 2.441$

则 $x_{0a} = \dfrac{R_{ha} \cdot v_x}{\alpha^3 \cdot EI} = \dfrac{50 \times 2.441}{0.415^3 \times 2.83 \times 10^5} = 0.006\text{m}$

13.【答案】D

【解析】《建筑桩基技术规范》（JGJ 94—2008）第 5.6.2 条。

$$d = 1.27 \times 0.2 = 0.254$$

$$\frac{s_a}{d} = \frac{0.88\sqrt{A}}{\sqrt{n} \cdot b} = \frac{0.886 \times \sqrt{35 \times 10}}{\sqrt{102} \times 0.2} = 8.206$$

$$\overline{q}_{su} = \frac{40 \times 10 + 55 \times 5}{10 + 5} = 45\text{kPa}$$

$$\overline{E}_s = \frac{1 \times 10 + 7 \times 5}{10 + 5} = 3\text{MPa}$$

$$s_{sp} = 280 \cdot \frac{\overline{q}_{su}}{\overline{E}_s} \cdot \frac{d}{(s_a/d)^2} = 280 \times \frac{45}{3} \times \frac{0.254}{8.206^2} = 15.84\text{mm}$$

14. 【答案】B

【解析】《建筑地基处理技术规范》（JGJ 79—2012）附录 B。

$$d_e = 1.05s = 1.05 \times 1.2 = 1.26$$

$$A_e = \frac{\pi d_e^2}{4} = \frac{3.14 \times 1.26^2}{4} = 1.246\text{m}^2$$

$$3A_e = A = \frac{\pi D^2}{4}$$

$$D = \left(\frac{12 \times 1.246}{3.14}\right)^{1/2} = 2.18\text{m}$$

15. 【答案】B

【解析】

$$d_e = 1.05 \times 1.0 = 1.05\text{m}$$

$$d_p = \frac{2(b + \delta)}{\pi} = \frac{2 \times (0.1 + 0.004)}{3.14} = 0.066$$

$$n = \frac{d_e}{d_p} = \frac{1.05}{0.066} = 15.91 > 15$$

$$F_n = \ln 15.91 - \frac{3}{4} = 2.02$$

$$c_h = 3.5 \times 10^{-4}\text{cm}^2/\text{s} = \frac{3.5 \times 10^{-4} \times 24 \times 60 \times 60}{100 \times 100} = 3.024 \times 10^{-3}\text{m}^2/\text{d}$$

$$\overline{U}_r = 1 - e^{\frac{-8c_h}{F_n d_e^2} \cdot t}$$

$$t = \frac{\ln(1 - \overline{U}_r) \times (-F_n \cdot d_e^2)}{8c_h} = \frac{\ln(1 - 0.9)(-2.02 \times 1.05^2)}{8 \times 3.024 \times 10^{-3}} = 212\text{d}$$

$$\frac{212}{30} = 7.07 \text{ 月}$$

16. 【答案】D

【解析】《建筑地基处理技术规范》（JGJ 79—2012）第 7.5.2 条、第 7.5.3 条。

局部处理自重湿陷性黄土地基每边不应小于基础底面宽度的 75%，且不小于 1m。

$1 \times 75\% = 0.75\text{m} < 1\text{m}$，取 1m

$$v = 3 \times 3 \times 5 = 45\text{m}^3$$

$$Q = v\overline{\rho}_d(w_{op} - \overline{w})k = 45 \times 1.5 \times (18 - 10)\% \times (1.05 \sim 1.10) = 5.67 \sim 5.94\text{t}$$

17. 【答案】A

【解析】$\cos\alpha = \cos 20° = 0.94$，$\sin\alpha = \sin 20° = 0.342$，$\tan\varphi = \tan 22° = 0.4$

$$K = \frac{W \cos \alpha \tan \varphi + cl_2 - P_w \sin \alpha \cdot \tan \varphi}{W \sin \alpha + P_w \cos \alpha}$$
$$= \frac{22000 \times 0.94 \times 0.40 + 20 \times 60 - 1125 \times 0.342 \times 0.4}{22000 \times 0.342 + 1125 \times 0.94} = 1.095$$

18.【答案】D

【解析】根据《水利水电工程地质勘察规范》（GB 50487—2008）（2022 年版）中附录 N，对该围岩分类分项评分。

岩石强度：$A = 16.7$

岩石完整程度：$B = 20$

结构面状态：$C = 12$

则 $T' = A + B + C = 48.7$

地下水 $D = -6$

总评：$T = 48.7 - 6 = 42.7$

$$S = \frac{R_b \cdot K_v}{\sigma_m} = \frac{50 \times 0.5}{8} = 3.125$$

判定围岩类别为Ⅳ类。

19.【答案】C

【解析】
$$F_s = \frac{[P_1 \sin(\alpha_1 - \alpha_2) + W_2 \cdot \cos \alpha_2] \cdot \tan \varphi}{P_1 \cos(\alpha_1 - \alpha_2) + W_2 \cdot \sin \alpha_2}$$
$$= \frac{(560 \times \sin 23.7° + 1000 \times \cos 15°) \times \tan 38°}{560 \times \cos 23.7° + 1000 \times \sin 15°}$$
$$= 1.205$$

本题也可参考《岩土工程勘察规范》（GB 50021—2001）（2009 年版）第 5.2.8 条条文说明。

20.【答案】A

【解析】《建筑边坡工程技术规范》（GB 50330—2013）第 6.2.8 条。

$\eta = \frac{2c}{\gamma H}$，因 $c = 0$，故 $\eta = 0$

$$K_a = \frac{\sin(60° + 0°)}{\sin(60° - 15° + 60° - 15°) \times \sin(60° - 0°)} \times$$
$$\left[\frac{\sin(60° + 60°) \times \sin(60° - 15°)}{\sin^2 60°} - 0 \times \frac{\cos 15°}{\sin 60°} \right] = 0.816$$
$$E_a = \frac{1}{2} \gamma H^2 \cdot K_a = \frac{1}{2} \times 17 \times 6^2 \times 0.816 = 250 \text{kN}$$

根据第 11.2.1 条，主动土压力值增大系数为 1.1，则 $1.1 E_a = 1.1 \times 250 = 275 \text{kN/m}$。

21.【答案】C

【解析】《建筑基坑支护技术规程》（JGJ 120—2012）第 3.1.6 条、第 3.1.7 条、第 4.7.2 条和第 4.7.4 条。

$$N = \gamma_0 \gamma_F N_K = \frac{200}{\cos 20°} = 266 \text{kN}$$
$$N_K = \frac{N}{\gamma_0 \gamma_F} = \frac{266}{0.9 \times 1.25} = 236 \text{kN}$$
$$R_K \geqslant K_t N_K = 1.4 \times 236 = 330 \text{kN}$$
$$R_K = \pi d \sum q_{sik} l_i$$
$$l_i \geqslant \frac{R_K}{\pi d \sum q_{sik}} = \frac{330}{3.14 \times 0.5 \times 46} = 15.2 \text{m}$$

锚杆设计长度：$L \geqslant 15.2 + 5 = 20.2\text{m}$

22.【答案】 C

【解析】《土力学》（李广信等编，第 2 版，清华大学出版社）第 262 页。

$$M_R = C \cdot \overset{\frown}{AC} \cdot R$$

$\overset{\frown}{AC}$ 为弧长，R 为滑动半径

圆弧对应角度：$\qquad 90° + \arccos\dfrac{5}{10} = 150°$

$$\overset{\frown}{AC} = \frac{150°}{360°} \times 10 \times 2 \times 3.14 = 26.2$$

$$M_R = 30 \times 26.2 \times 10 = 7860\text{kN} \cdot \text{m}$$

23.【答案】 B

【解析】 砂卵石应采用水土分算：$K_a = \tan^2\left(45° - \dfrac{35°}{2}\right) = 0.27$

水产生推力：$P_w = \dfrac{1}{2}\gamma_w H^2 = \dfrac{1}{2} \times 10 \times 10^2 = 500$

砂卵石推力：$E_a = \dfrac{1}{2}\gamma' H^2 K_a = \dfrac{1}{2} \times (19 - 10) \times 10^2 \times 0.27 = 122$

截水墙自重：$W_1 = 2 \times 10 \times 20 = 400$

截水墙内侧土体自重：$W_2 = \dfrac{1}{2} \times 10 \times 15 \times 17 = 1275$

滑动力：$T = P_w + E_a = 622$

抗滑力：$R = (W_1 + W_2) \times \mu = 1675 \times 0.4 = 670$

安全系数：$F_s = \dfrac{R}{T} = \dfrac{670}{622} = 1.08$

24.【答案】 B

【解析】 由三角形关系可得：

$$l_{AC} = \frac{l_{AB}}{\sin(20° + 55°)} \times \sin(90° - 55°) = \frac{10 \times \sin 35°}{\sin 75°} = 5.94$$

自由段长度：$L = 5.94 + 1.0 = 6.94\text{m}$

25.【答案】 A

【解析】《工程地质手册》（第五版）第 680 页。

$$\sigma_{A拉} = \frac{My}{I}$$

$$M = \frac{1}{2}\gamma H l^2 = \frac{1}{2} \times 22 \times 6 \times 8^2 = 4224$$

$$I = \frac{bh^3}{12} = \frac{1 \times 6^3}{12} = 18$$

$$y = \frac{h}{2} = \frac{6}{2} = 3$$

$$\sigma_{A拉} = \frac{4224 \times 3}{18} = 704$$

$$K = \frac{[\sigma_{A拉}]}{\sigma_{A拉}} = \frac{1.5 \times 10^3}{704} = 2.13$$

26.【答案】 B

【解析】《土力学》（李广信等编，第 2 版，清华大学出版社）（水平渗流和顺坡渗流）相关内容。见解图，取单位体积 V 进行分析。

（1）渗流力：$i = \sin \alpha$

$$P_w = \gamma_w i \cdot V = \gamma_w \sin \alpha \cdot V$$

（2）土体下滑力：$G_t = \gamma' V \cdot \sin \alpha$

（3）土体抗滑力（$c = 0$）：$R = G_n \cdot \tan \varphi = \gamma' V (\cos \alpha \cdot \tan \varphi)$

$$K = \frac{R}{P_w + G_t} \geqslant 1, \quad \gamma' = 26 - 10 = 10$$

$$\frac{10 \times V \times \tan 30° \times \cos \alpha_{cr}}{10 \times \sin \alpha_{cr} \times V + 10 \times \sin \alpha_{cr} \times V} = 1$$

$$\frac{\tan 30°}{\tan \alpha_{cr}} = 2, \quad \alpha_{cr} = 16.1°$$

题 26 解图

27.**【答案】** C

【解析】《建筑抗震设计标准》（GB/T 50011—2010）（2024 年版）第 5.1.4 条、第 5.1.5 条。

由 $T_g = 0.35$，$\zeta = 0.05$

可得：$\eta_2 = 1.0$，$\gamma = 0.9$

$$\alpha_A = \eta_2 \alpha_{max} = \alpha_{max}$$

$$\alpha_B = \left(\frac{T_g}{T} \right)^{\gamma} \eta_2 \alpha_{max} = \left(\frac{0.35}{0.4} \right)^{0.9} \alpha_{max} = 0.887 \alpha_{max}$$

$$\frac{\alpha_A}{\alpha_B} = \frac{\alpha_{max}}{0.887 \alpha_{max}} = 1.13$$

28.**【答案】** A

【解析】《建筑抗震设计标准》（GB/T 50011—2010）（2024 年版）第 5.1.5 条、第 5.2.1 条。

$\alpha_{max} = 0.08$，$T_g = 0.45$，$F_{Ek} = \alpha G_{eq}$，$T = 0.9$，$\zeta = 0.05$

得：$\eta_2 = 1.0$，$\gamma = 0.9$

$$\alpha = \left(\frac{T_g}{T} \right)^{\gamma} \eta_2 \alpha_{max} = \left(\frac{0.45}{0.9} \right)^{0.9} \times 1 \times 0.08 = 0.043$$

$$F_{Ek} = 0.043 \times 137062 = 5894 \text{kN}$$

29.**【答案】** C

【解析】《建筑抗震设计标准》（GB/T 50011—2010）（2024 年版）第 4.4.3 条。

$$N_1 = N_P + 100\rho(1 - e^{-0.3N_P}) = 10 + 100 \times 0.033 \times (1 - e^{-0.3 \times 10}) = 13.14$$

30.**【答案】** D

【解析】求桩身 10m 处应变，应先求 10m 桩轴力桩承载力：$Q_{uk} = Q_{sk} + Q_{pk}$

$$Q_{sk} = 3.14 \times 0.5 \times \left(20 \times \frac{120}{2} + 10 \times \frac{40 + 120}{2} \right) = 3140$$

$$Q_{pk} = 3.14 \times 0.25^2 \times 1835 = 360$$

$$Q_{uk} = 3140 + 360 = 3500$$

10m 处桩轴力 $N_{10} = 3500 - 3.14 \times 0.5 \times 10 \times \frac{60}{2} = 3029$

10m 处应变 $\varepsilon = \frac{N_{10}}{EA} = 5.72 \times 10^{-4}$

2010 年案例分析试题答案及解析（下午卷）

试 题 答 案

本试卷由 30 道题组成，全部为单项选择题。考生可任选 25 道题作答。每题 2 分，满分为 50 分。若考生在答题卡或试卷上的作答超过 25 道题，则按题目序号从小到大的顺序对作答的前 25 道题计分及复评试卷，其他作答题目无效。

1	A	2	C	3	A	4	B	5	B
6	B	7	C	8	D	9	B	10	C
11	A	12	D	13	B	14	C	15	C
16	C	17	C	18	B	19	C	20	D
21	B	22	C	23	A	24	D	25	A
26	D	27	C	28	B	29	D	30	C

解 题 过 程

1. 【答案】A

【解析】《土工试验方法标准》（GB/T 50123—2019）第 41.2.4 条。

$m_p = 6898g$，$w_1 = 17.8$，$m_s = 5625g$，$\rho_s = 1.55g/cm^3$

则 $\rho_d = \dfrac{\dfrac{m_p}{1 + 0.01w_1}}{\dfrac{m_s}{\rho_s}} = \dfrac{\dfrac{6898}{1 + 0.01 \times 17.8}}{\dfrac{5625}{1155}} = 1.614$

2. 【答案】C

【解析】《土力学》教材相关知识。见解图。

$\begin{cases} \dfrac{1}{2}(\sigma_1 - \sigma_3) = 132 \\ \dfrac{1}{2}(\sigma_1 - \sigma_3) = 264 \end{cases}$，解得：$\begin{cases} \sigma_1 = 396kPa \\ \sigma_3 = 132kPa \end{cases}$

$\sin\varphi = \dfrac{132}{264} = 0.5$，$\varphi = 30°$

题 2 解图

3. 【答案】A

【解析】《土力学》教材三相图。

$$m_s = \dfrac{G}{H_w} = \dfrac{1000}{1 + 0.05} = 952kg$$

最优含水量下 $m_w = 952 \times 15\% = 142.8kg$

$$\Delta m_w = 142.8 - 952 \times 5\% = 95.2kg$$

4. 【答案】B

【解析】《岩土工程勘察规范》（GB 50021—2001）（2009 年版）第 3.3.5 条。

塑限为 2mm，对应含水量为 16%；液限为 10mm，对应含水量为 27%。

$$I_p = w_L - w_p = 27 - 16 = 11$$

$10 < I_p < 17$，定名为粉质黏土。

$$I_L = \frac{w_0 - w_p}{I_p} = \frac{24 - 16}{11} = 0.73$$

$0.25 < I_L < 0.75$，土为可塑。

5. **【答案】**B

【解析】《建筑地基基础设计规范》（GB 50007—2011）第 8.4.12 条、第 8.2.8 条。

$$F_L \leqslant 0.7\beta_{hp}f_t u_m h_0$$

$$\beta_{hp} = 1.0 - \frac{h - 800}{12000} = 0.996$$

$$u_m = 2(l_{n_1} - h_0) + 2(l_{n_2} - h_0) = 2 \times (3.2 - 0.8) + 2 \times (4.8 - 0.8) = 12.8$$

$$0.7\beta_{hp} \cdot f_t u_m \cdot h_0 = 0.7 \times 0.996 \times 1.57 \times 10^3 \times 12.8 \times 0.8 = 11.21 \times 10^3 kN$$

6. **【答案】**B

【解析】《建筑地基基础设计规范》（GB 50007—2011）第 5.2.4 条、第 5.2.7 条。

（1）软弱下卧层顶面处附加应力计算

$$p_k = \frac{F_k + G_k}{A} = \frac{F_k + 2 \times 1 \times 2.5 \times 20}{2 \times 1} = \frac{F_k}{2} + 50$$

$$p_c = 2.5 \times 18 = 45kPa$$

$$\frac{E_{s1}}{E_{s2}} = \frac{15}{3} = 5, \quad z/b = 2/2 = 1 > 0.5, \quad \theta = 25°$$

$$P_z = \frac{b(p_k - p_c)}{b + 2z\tan\theta} = \frac{2 \times (0.5F_k + 50 - 45)}{2 + 2 \times 2 \times \tan 25°} = \frac{F_k + 10}{3.865}$$

（2）软弱下卧层顶面处自重应力计算

$$p_{cz} = 18 \times (2.5 + 2) = 81kPa$$

（3）软弱下卧层承载力验算

查规范表 5.2.4，η_d=1.0

$$f_{az} = f_{ak} + \eta_d\gamma_m(d - 0.5) = 90 + 1.0 \times 18 \times (4.5 - 0.5) = 162kPa$$

$$p_z + p_{cz} = \frac{F_k + 10}{3.865} + 81 \leqslant f_a = 162$$

解得 $F_k \leqslant 303kN/m$

注：根据《建筑地基基础设计规范》（GB 50007—2011），应分别进行持力层和下卧层的验算，但题目未给出持力层的参数，无法确定承载力深、宽修正系数，故无法进行持力层验算。

7. **【答案】**C

【解析】《建筑地基基础设计规范》（GB 50007—2011）第 5.2.1 条、第 5.2.2 条。

$$e = 0.4, \quad \frac{b}{6} = 0.6, \quad e < \frac{b}{6}, \quad 为小偏心$$

$$p_k = \frac{F_k + G_k}{A} = \frac{200 + 100}{3.6 \times 1} = 83.3$$

$$p_{kmax} = p_k + \frac{M_k}{W} = 83.3 + \frac{300 \times 0.4 \times 6^2}{1 \times 3.6} = 139$$

$$\begin{cases} p_k \leqslant f_a \\ p_{kmax} \leqslant 1.2f_a' \end{cases} \quad 得 \begin{cases} f_a \geqslant 83.3 \\ f_a \geqslant 115.7 \end{cases}, \quad 二者取大值。$$

8.【答案】D

【解析】《建筑地基基础设计规范》（GB 50007—2011）第5.2.2条。

$$p_k = \frac{F_k + G_k}{A} = \frac{120 \times 10^3}{30 \times 10} = 400$$

$$e = 1.0, \quad \frac{b}{6} = \frac{10}{6} = 1.67, \quad e < \frac{b}{6}, \quad 为小偏心$$

$$p_{kmax} = p_k + \frac{M_k}{W} = 400 + \frac{120 \times 10^3 \times 1 \times 6}{30 \times 10^2} = 640$$

$$\begin{cases} p_k \leqslant f_a \\ p_{kmax} \leqslant 1.2f_a' \end{cases} \quad 得 \begin{cases} f_a \geqslant 400 \\ f_a \geqslant 533.3 \end{cases}, \quad 二者取大值。$$

9.【答案】B

【解析】偏心距：$e = \frac{H_k(h+d)}{N_k}$

不出现震应力区保证 $e \leqslant \frac{l}{6} = \frac{10}{6} = 1.67$

$$\frac{H_k(h+d)}{N_k} \leqslant 1.67$$

得：$h \leqslant \frac{eN_k}{H_k} - d = \frac{1.67 \times 20}{1.5} - 3 = 19.3$

10.【答案】C

【解析】《建筑地基基础设计规范》（GB 50007—2011）第5.3.5条、第5.3.10条。

地基变形由两部分组成：压缩变形和回弹变形。

两层土的平均附加压力系数 $\bar{\alpha}$ 分别为：

$$\bar{\alpha}_1 = \frac{1.0 + 0.7}{2} = 0.85, \quad \bar{\alpha}_2 = \frac{5 \times 0.85 + \frac{0.7 + 0.2}{2} \times 6}{11} = 0.632$$

压缩量：

$$s = \psi_s \sum_{i=1}^{n} \frac{P_0}{E_{si}} (z_i\bar{\alpha}_i - z_{i-1}\bar{\alpha}_{i-1})$$

$$= 0.8 \times \left[\frac{300}{6000} \times 5000 \times 0.85 + \frac{300}{10000} \times (0.632 \times 11000 - 0.85 \times 5000) \right]$$

$$= 0.8 \times (212.5 + 81) = 235mm$$

回弹量：

$$s_c = \psi_c \sum_{i=1}^{h} \frac{p_c}{E_{si}} (z_i\bar{\alpha}_i - z_{i-1}\bar{\alpha}_{i-1})$$

$$p_c = 10 \times 20 = 200$$

$$s_c = 1.0 \times \left[\frac{200}{12000} \times 5000 \times 0.85 + \frac{200}{25000} \times (0.632 \times 11000 - 0.85 \times 5000) \right]$$

$$= 1.0 \times (70.8 + 21.6) = 92.4$$

总沉降量：

$$s_{总} = s + s_c = 235 + 92.4 = 327.4mm$$

11.【答案】A

【解析】《建筑桩基技术规范》（JGJ 94—2008）第5.9.10条。

$$a_x = 1.0, \quad \lambda_x = \frac{a_x}{h_0} = \frac{1}{0.3 + 0.3} = 1.67$$

$$\alpha = \frac{1.75}{1 + \lambda} = \frac{1.75}{1.67 + 1} = 0.655$$

$$\beta_{hp}\alpha f_t b_0 h_0 = 1.0 \times 0.655 \times 1.71 \times (1 \times 0.3 + 2 \times 0.3) = 1.0 \times 10^3 \text{kN}$$

12.【答案】D

【解析】《建筑桩基技术规范》（JGJ 94—2008）第 5.3.10 条。

$$Q_{uk} = Q_{sk} + Q_{gsk} + Q_{gpk} = u\sum q_{sjk}l_j + u\sum \beta_{si}q_{sik}l_{gi} + \beta_p q_{pk} A_p$$

$$= 0 + 0.8 \times 3.14(1.4 \times 70 \times 16 + 1.6 \times 80 \times 8) + \frac{3.14}{4} \times 0.8^2 \times 1000 \times 2.4$$

$$= 7717\text{kN}$$

13.【答案】B

【解析】设沉井自重为 G，沉井面面积为 A，则

$$G = r \cdot l \cdot A = 12 \times 25 \times A = 300A$$

因侧阻三角形分布，沉井自重线性均匀分布，二者大小取等，所以在 $\frac{1}{2}l$ 处位置，侧阻与自重单位长度力相等，在 $\frac{1}{2}l$ 上方侧阻力大小等于重力（单位长度计算）。

所以在 $\frac{1}{2}l$ 处沉井层受的拉力最大，最大拉应力大小为：

$$\sigma_{\max} = \frac{\left(\frac{2G + G}{2}\right) \times \frac{1}{2} - \frac{G}{2}}{A} = \frac{0.75 \cdot G - 0.5 \cdot G}{A} = \frac{0.25 \times 300A}{A} = 75$$

14.【答案】C

【解析】《土力学》三相关系图。

$$\frac{1 + e_0}{1 + e_1} = \frac{H_0}{H_1}$$

$$H_1 = H_0 - 0.8 = 8 - 0.8 = 7.2$$

$$\frac{1 + 0.85}{1 + e_1} = \frac{8}{7.2}$$

可得：$e_1 = 0.665$

$$D_r = \frac{0.90 - 0.665}{0.90 - 0.550} = 0.67$$

15.【答案】C

【解析】《建筑地基处理技术规范》（JGJ 79—2012）第 7.5.2 条。

整片处理时，每边不小于处理厚度的 $\frac{1}{2}$ 且不应小于 2m。

$$d_e = 1.05s = 1.05 \times 1.0 = 1.05\text{m}$$

$$A_e = \pi\frac{d_e^2}{4} = \frac{\pi \times 1.05^2}{4} = 0.866\text{m}^2$$

处理深度：

$$8 - 3 = 5\text{m}$$

处理地基的面积：

$$A = \left(45 + \frac{1}{2} \times 5 \times 2\right) \times \left(18 + \frac{1}{2} \times 5 \times 2\right) = 50 \times 23 = 1150\text{m}^2$$

$$n = \frac{A}{A_e} = \frac{1150}{0.866} = 1328$$

16.【答案】C

【解析】《建筑地基处理技术规范》（JGJ 79—2012）第 5.2.12 条。

$$s_f = \xi \sum_{i=1}^{n} \frac{e_{0i} - e_{1i}}{1 + e_{0i}} h_i$$

淤泥层中点初始应力：$\sigma_0 = \frac{1}{2}\gamma H = \frac{1}{2}(15 - 10) \times 10 = 25 \text{kPa}$

查表知，$e_0 = 2.102$

堆载后中点应力：$\sigma_1 = \sigma_0 + p = 25 + 125 = 150 \text{kPa}$

对应的 $e_1 = \dfrac{1.71 + 1.475}{2} = 1.593$

$s_f = 1.2 \times \dfrac{2.102 - 1.593}{1 + 2.102} \times 10 = 1.969 \text{m}$

17.【答案】C

【解析】《建筑地基处理技术规范》（JGJ 79—2012）第 5.2.11 条。

$$\tau_f = \tau_{f0} + \Delta\sigma_z U_t \tan\varphi_{cu}$$

$$U_t = \frac{\tau_{ft} - \tau_{f0}}{\Delta\sigma_z \tan\varphi_{cu}} = \frac{1.5 \times 12.3 - 12.3}{(2 \times 18 + 10 \times 1) \times \tan 9.5} = 0.80(80\%)$$

18.【答案】B

【解析】

$$K_a = \frac{\cos^2 32°}{\cos 16° \times \left[1 + \sqrt{\dfrac{\sin(32° + 16°) \times \sin 32°}{\cos 16°}}\right]^2} = \frac{0.72}{0.96 \times 2.7} = 0.278$$

$$E_a = \frac{1}{2} \times 0.278 \times 10^2 \times 17 = 236$$

$$E_{ax} = E_a \cdot \cos 16° = 236 \times \cos 16° = 227$$

$$E_{az} = E_a \cdot \sin 16° = 236 \times \sin 16° = 65$$

$$K = \frac{(G + E_{az})\mu}{E_{ax}} = \frac{(767 + 65) \times 0.5}{227} = 1.83$$

19.【答案】C

【解析】《土工合成材料应用技术规范》（GB/T 50290—2014）第 7.5.3 条。

$$D = R - \frac{H}{3}$$

$$T_s = \frac{(F_{sr} - F_{su})M_D}{D} = \frac{(1.3 - 0.89) \times 36000}{37.5 - \dfrac{15}{3}} = 454.2 \text{kN/m}$$

20.【答案】D

【解析】见解图。

$$K_{a2} = \tan^2\left(45° - \frac{32°}{2}\right) = 0.31$$

$$e_{a2顶} = \sigma_1 K_{a2} = 18 \times 3 \times 0.31 = 16.7 \text{kPa}$$

$$e_{a2底} = \sigma_2 K_{a2} = (18 \times 3 + 19 \times 5) \times 0.31 = 46.2 \text{kPa}$$

$$\begin{aligned}
E_{a2} &= \frac{1}{2}(e_{a2顶} + e_{a2底}) \times h_2 \\
&= \frac{1}{2} \times (16.7 + 46.2) \times 5 \\
&= 157.3 \text{kN/m}
\end{aligned}$$

题 20 解图

21.【答案】B

【解析】设最终沉降量为 s，则 70d 的固结度为 $\frac{120}{s}$，140d 的固结度为 $\frac{160}{s}$。

$$\begin{cases} \dfrac{120}{s} = 1 - 0.81 \times e^{-\alpha \times 70} \\ \dfrac{160}{s} = 1 - 0.81 \times e^{-\alpha \times 140} \end{cases}$$

求得：$e^{-70\alpha} = 0.485\,(0.845)$，$s = 198\text{mm}\,(380\text{mm})$

22.【答案】C

【解析】《水利水电工程地质勘察规范》（GB 50487—2008）（2022 年版）附录 N。

$$K_v = \left(\frac{V_{pm}}{V_{pr}}\right)^2 = \left(\frac{3000}{4000}\right)^2 = 0.6525$$

$$S = \frac{R_b \cdot K_v}{\sigma_m} = \frac{55 \times 0.5625}{9} = 3.4375$$

$T = 80$，围岩等级判定为 II 类；

$S < 4$，围岩类别宜降一级为 III 类。

23.【答案】A

【解析】《建筑基坑支护技术规程》（JGJ 120—2012）第 4.2.1 条。见解图。

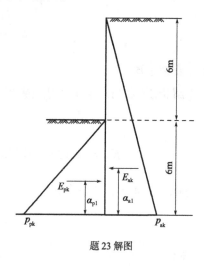

$$\frac{E_{pk}\alpha_{p1}}{E_{ak}\alpha_{a1}} \geqslant K_e$$

$$K_a = \tan^2\left(45° - \frac{\varphi}{2}\right) = \tan^2\left(45° - \frac{30°}{2}\right) = 0.333$$

$$K_p = \tan^2\left(45° + \frac{\varphi}{2}\right) = \tan^2\left(45° + \frac{30°}{2}\right) = 3.0$$

$$p_{ak} = \gamma h_1 K_a = 20 \times 12 \times 0.333 = 80\text{kPa}$$

$$p_{pk} = \gamma h_2 K_p = 20 \times 6 \times 3.0 = 360\text{kPa}$$

$$E_{ak} = \frac{1}{2} \times p_{ak} \times h_1 = \frac{1}{2} \times 80 \times 12 = 480\text{kN}$$

$$E_{pk} = \frac{1}{2} \times p_{pk} \times h_2 = \frac{1}{2} \times 360 \times 6 = 1080\text{kN}$$

$$K_e = \frac{E_{pk}\alpha_{p1}}{E_{ak}\alpha_{a1}} = \frac{1080 \times \frac{1}{3} \times 6}{480 \times \frac{1}{3} \times 12} = 1.13$$

题 23 解图

24.【答案】D

【解析】《湿陷性黄土地区建筑标准》（GB 50025—2018）第 5.7.6 条、第 5.7.4 条条文说明。

查表 5.7.6 得：$\overline{q}_{sa} = 15$。则

$$\begin{aligned} R_a &= q_{pa} \cdot A_p + uq_{sa}(l - z) - u\overline{q}_{sa}z \\ &= 1200 \times 3.14 \times 0.5^2 + 3.14 \times 1.0 \times 25 \times (45 - 10) - 3.14 \times 1.0 \times 15 \times 10 \\ &= 3218.5\text{kN} \end{aligned}$$

25.【答案】A

【解析】《建筑地基基础设计规范》（GB 50007—2011）第 6.4.3 条。

$$\begin{aligned} F_1 &= \gamma_t G_{1t} - G_{1n}\tan\varphi_1 - c_1 l_1 \\ &= 500 \times \sin 30° - 500 \times \cos 30° \times \tan 10° - c \times 12 = 174 - 12c \end{aligned}$$

$$\begin{aligned} \varphi &= \cos(\beta_{n-1} - \beta_n) - \sin(\beta_{n-1} - \beta_n)\tan\varphi_n \\ &= \cos(30° - 10°) - \sin(30° - 10°) \times \tan 10° = 0.8794 \end{aligned}$$

$$F_2 = F_1\psi + \gamma_t G_{2t} - G_{2n}\tan\varphi_2 - c_2 l_2$$
$$= (174 - 12c) \times 0.8794 + 1 \times 800 \times \sin 10° - 800 \times \cos 10° \times \tan 10° - c \times 10$$
$$= 152.7 - 20.55c$$
$$= 0$$

得 $c = 7.43\text{kPa}$

26.【答案】D

【解析】《膨胀土地区建筑技术规范》（GB 50112—2013）第 5.2.11 条、第 5.2.12 条。

$$\alpha = \frac{57.4 + 39 + 17.6 + 11.9 + 14.2 + 20.6}{57.4 + 39 + 17.6 + 11.9 + 14.2 + 20.6 + 43.6 + 60.3 + 94.1 + 114.8 + 121.5 + 118.1}$$
$$= 0.22535$$
$$c = (14.2 - 7.5) + (20.6 - 10.7) + (43.6 - 32.2) + (94.1 - 86.6) + (114.8 - 110.2) + (11.9 - 9.3) = 42.7$$
$$\psi_w = 1.152 - 0.726\alpha - 0.00107c = 1.152 - 0.726 \times 0.22535 - 0.00107 \times 42.7 = 0.94$$

大气影响深度：$d_a = 3.0\text{m}$

大气影响急剧层深度为 $0.45d_a = 0.45 \times 3 = 1.35$

27.【答案】C

【解析】《湿陷性黄土地区建筑标准》（GB 50025—2018）第 5.7.4 条条文说明。

天然孔隙比：
$$e = \frac{d_s\rho_w(1 + 0.01w)}{\rho} - 1 = \frac{2.7 \times 1 \times (1 + 0.156)}{1.60} - 1 = 0.95$$
$$I_l = \frac{S_r e/d_s - \omega_p}{\omega_L - \omega_p} = \frac{0.85 \times 0.95/2.70 - 0.179}{0.30 - 0.179} = 0.99$$

28.【答案】B

【解析】《水利水电工程地质勘察规范》（GB 50487—2008）（2022 年版）中附录 P。

$$N_{cr} = N_0[0.9 + 0.1(d_s - d_w)]\sqrt{\frac{3\%}{\rho_c}} \overset{N_0 = 6}{=} 6 \times [0.9 + 0.1 \times (5 - 0)] \times 1 = 8.4$$

当 $N \geqslant 8.4$ 时，不液化，则

$$N = N'\left(\frac{d_s + 0.9d_w + 0.7}{d_s' + 0.9d_w' + 0.7}\right) \geqslant 8.4$$

即：
$$N' \times \left(\frac{5 + 0.9 \times 0 + 0.7}{5 + 0.9 \times 3 + 0.7}\right) \geqslant 8.4$$
$$N' \geqslant 12.4$$

29.【答案】D

【解析】《建筑抗震设计规范》（GB/T 50011—2010）（2024 年版）第 5.1.4～5.1.6 条。

Ⅱ类场地：

$$\alpha_{max} = 0.24, \quad T_g = 0.35\text{s} < T = 0.4\text{s} < 5T_g = 1.75\text{s}$$
$$\gamma = 0.9 + \frac{0.05 - 0.4}{0.3 + 6 \times 0.4} = 0.77$$
$$\eta_2 = 1 + \frac{0.05 - 0.4}{0.08 + 1.6 \times 0.4} = 0.514 < 0.55, \quad \text{取} \ 0.55$$
$$\alpha = \left(\frac{T_g}{T}\right)^\gamma \eta_2\alpha_{max} = \left(\frac{0.35}{0.40}\right)^{0.77} \times 0.55 \times 0.24 = 0.119$$

30.【答案】C

【解析】《土工试验方法标准》（GB/T 50123—2019）第 13.4.2 条。

$$\rho_d = \frac{\rho_0}{1 + 0.01w_i}$$

击实试验时：

$$\rho_{d1} = \frac{1.59}{1 + 0.17} = 1.36; \quad \rho_{d2} = \frac{1.76}{1 + 0.19} = 1.48; \quad \rho_{d3} = \frac{1.85}{1 + 0.21} = 1.53$$

$$\rho_{d4} = \frac{1.79}{1 + 0.23} = 1.46; \quad \rho_{d5} = \frac{1.63}{1 + 0.25} = 1.30$$

$$\rho_{dmax} = 1.53$$

施工检测时：

$$\rho_d = \frac{1.78}{1 + 0.193} = 1.49; \quad \lambda = \frac{\rho_d}{\rho_{dmax}} = \frac{1.49}{1.53} = 0.975$$

【解析】《土工试验方法标准》（GB/T 50123—2019）第 13.4.2 条。

2011 年案例分析试题答案及解析（上午卷）

试 题 答 案

本试卷由 30 道题组成，全部为单项选择题。考生可任选 25 道题作答。每题 2 分，满分为 50 分。

若考生在答题卡或试卷上的作答超过 25 道题，则按题目序号从小到大的顺序对作答的前 25 道题计分

及复评试卷，其他作答题目无效。

1	B	2	A	3	C	4	D	5	D
6	A	7	B	8	C	9	B	10	C
11	A	12	D	13	B	14	B	15	C
16	B	17	C	18	B	19	C	20	B
21	B	22	B	23	B	24	C	25	B
26	B	27	C	28	C	29	C	30	B

解 题 过 程

1.【答案】B

【解析】首先判断该试验属于浅层还是深层平板载荷试验：虽然试验深度为 6m，但基槽宽度已大于承压板直径 3 倍，故属于浅层载荷试验。

根据《岩土工程勘察规范》（GB 50021—2001）（2009 年版）式（10.2.5-1）计算变形模量：

$$E_0 = I_0(1 - \mu^2)\frac{pd}{s} = 0.785(1 - 0.38^2)\frac{100 \times 0.8}{6} = 8.96\text{MPa}$$

若按深层载荷板式（10.2.5-2），则结果为：

$$E_0 = \omega\frac{pd}{s} = 0.475\frac{100 \times 0.8}{6} = 6.33\text{MPa}，这个答案就是迷惑选项。$$

2.【答案】A

【解析】《土工试验方法标准》（GB/T 50123—2019）第 32.2.3 条。

$$\omega_f = \left[\frac{m_{f0}}{m_{f1}}(1 + 0.01\omega_n) - 1\right] \times 100 = \left[\frac{500}{560} \times (1 + 0.01 \times 60) - 1\right] \times 100 = 42.9\%$$

该题可不用规范公式，直接通过指标换算得出答案：

设该试样中土粒质量为 m_s，则

$$m_s \times 60\% + m_s = 560$$

$$m_s = 350\text{g}$$

原冻土的含水量为：$\frac{500 - 350}{350} = 42.9\%$

3.【答案】C

【解析】首先看颗分结果：大于 2mm 颗粒含量 $= \frac{100 + 600 + 400}{2000} = 55\%$，大于 50%；粗颗粒以棱角形为

主，属角砾；再看小于 0.075mm 的细颗粒含量 $= \frac{560}{2000} = 28\%$，大于 25%，根据《岩土工程勘察规范》（GB 50021—2001）（2009 年版）第 6.4.1 条判断属混合土，由于细颗粒为黏土，则定名为含黏土角砾。

4. 【答案】D

【解析】1、2 两断面间的水力梯度：$i = \frac{15 - 10}{50} = 0.1$

第一层土的单宽渗流流量：$q_1 = \frac{k_1 i (h_1 + h_2)}{2} \times 1 = \frac{5 \times 0.1 \times (15 + 10)}{2} \times 1 = 6.25\text{m}^3/\text{d}$

第二层土的单宽渗流流量：$q_2 = k_2 i M \times 1 = 50 \times 0.1 \times 5 \times 1 = 25\text{m}^3/\text{d}$

整个断面的渗流流量：$q = q_1 + q_2 = 6.25 + 25 = 31.25\text{m}^3/\text{d}$

答案为 D，若只计算第一层的渗流量，则答案为 A。

本题也可用等效渗透系数计算。

5. 【答案】D

【解析】（1）求 σ_{ZO}：由 $z/b = 4/4 = 1.0$，$l/b = 4/4 = 1.0$，查表得 $\alpha_0 = 0.336$；承载面积中心 O 点下 $z = 4\text{m}$ 处 M_O 点的附加应力 $\sigma_{ZO} = \alpha_0 p = 0.336 \times 400 = 134.4\text{kPa}$。

（2）求 σ_{ZC}：由 $z/2b = 8/8 = 1.0$，$2l/2b = 8/8 = 1.0$，查表得 $\alpha_0 = 0.336$；承载面积中心 C 点下 $z = 8\text{m}$ 处 M_C 点的附加应力 $\sigma_{ZC} = \frac{1}{4} \alpha_0 p = \frac{1}{4} \times 0.336 \times 400 = 33.6\text{kPa}$。

（3）$\frac{\sigma_{ZO}}{\sigma_{ZC}} = \frac{\alpha_O p}{\frac{1}{4} \alpha_O p} = 4$

计算时可采用两种不同处理方法：①不求出具体数值来，只用符号代表来推导得出；②用规范表查附加应力系数计算后得出。

6. 【答案】A

【解析】$e = 0.2\text{m} < \frac{l}{6} = \frac{1.8}{6} = 0.3\text{m}$，为小偏心，则

$$p_{k\max} = \frac{F_k + G_k}{lb}\left(1 + \frac{6e}{l}\right) = \frac{300}{1.8 \times 1.2}\left(1 + \frac{6 \times 0.2}{1.8}\right) = 231.48\text{kPa}$$

$$p_{k\min} = \frac{F_k + G_k}{lb}\left(1 - \frac{6e}{l}\right) = \frac{300}{1.8 \times 1.2}\left(1 - \frac{6 \times 0.2}{1.8}\right) = 46.3\text{kPa}$$

先判断小偏心，应力分布为梯形，然后只计算 $p_{k\max}$ 亦可。

7. 【答案】B

【解析】（1）求地基承载力特征值

$$f_a = f_{ak} + \eta_b \gamma (b - 3) + \eta_d \gamma_m (d - 0.5) = 150 + 1.0 \times 18 \times (1.5 - 0.5) = 168\text{kPa}$$

（2）确定基础底面积

按中心荷载作用计算基底面积 $A_0 = \frac{F_k}{f_a - \gamma_G d} = \frac{500}{168 - 20 \times 1.5} = 3.62\text{m}^2$

或 $A = \frac{F_k + G_k}{f_a} = \frac{F_k + A \times 1.5 \times 20}{f_a}$，$F_k = 500\text{kN}$，$f_a = 168\text{kPa}$，求得 $A = 3.62\text{m}^2$。

8. 【答案】C

【解析】（1）计算偏心距

$e = \frac{M}{F} = \frac{87.5}{700} = 0.125\text{m} < \frac{2.4}{6} = 0.4\text{m}$，属小偏心。

（2）计算基底最大净反力

$$p_{jmax} = \frac{F}{b^2}\left(1 + \frac{6e}{b}\right) = \frac{700}{2.4^2} \times \left(1 + \frac{6 \times 0.125}{2.4}\right) = 159.5\text{kPa}$$

（3）基础有效高度

$$h_0 = 0.55\text{m}, \quad 阴影宽度 = \frac{2.4}{2} - \frac{0.4}{2} - 0.55 = 0.45\text{m}$$

（4）冲切力

$$p_{jmax} \times A_l = 159.5 \times \frac{1}{2} \times 0.45 \times (2.4 + 2.4 - 2 \times 0.45) = 139.96\text{kN}$$

注：《建筑地基基础设计规范》第8.2.7条规定偏心荷载时 p_j 取 p_{jmax}。

9.【答案】B

【解析】根据《建筑地基基础设计规范》（GB 50007—2011）第8.4.12条。

$$V_s \leqslant 0.7\beta_{hs}f_t(l_{n2} - 2h_0)h_0$$

$$\beta_{hs} = \left(\frac{800}{h_0}\right)^{\frac{1}{4}} = \left(\frac{800}{1200}\right)^{\frac{1}{4}} = 0.9$$

$$0.7\beta_{hs}f_t(l_{n2} - 2h_0)h_0 = 0.7 \times 0.9 \times 1.57 \times (8.0 - 2 \times 1.2) \times 1.2 \times 10^3$$
$$= 6.65 \times 10^3\text{kN}$$

10.【答案】C

【解析】该题属于桩基础承台结构抗弯承载力验算，根据《建筑桩基技术规范》（JGJ 94—2008）第5.9.1条、第5.9.2条，先计算右侧两基桩净反力设计值。

$$N_右 = \frac{F}{n} + \frac{M_y x_i}{\sum x_j^2} = \frac{12000}{6} + \frac{(1500 + 600 \times 1.5) \times 1.8}{4 \times 1.8^2} = 2333\text{kN}$$

因此，弯矩设计值 $M_y = \sum N_i x_i = 2 \times 2333 \times (1.8 - 0.6) = 5599\text{kN} \cdot \text{m}$。

11.【答案】A

【解析】（1）根据《建筑桩基技术规范》（JGJ 94—2008）第5.5.14条。

$$摩擦桩\frac{l}{d} = \frac{24}{0.6} = 40, \quad \xi_e = \frac{\frac{2}{3} + \frac{1}{2}}{2} = 0.5833, \quad A_{ps} = 0.3^2 \times 3.14 = 0.2826\text{m}^2, \quad E_c = 3.0 \times 10^4\text{MPa}$$

（2）$s_e = \xi_e\dfrac{Q_j l_j}{E_c A_{ps}} = 0.5833 \times \dfrac{1200 \times 24}{3.0 \times 10^4 \times 0.2826} = 1.98\text{mm}$

12.【答案】D

【解析】本题考查桩基抗浮承载力计算。根据《建筑桩基技术规范》（JGJ 94—2008）第5.4.5条，有

$$G_p = \frac{(\gamma - \gamma_w)l\pi d^2}{4} = \frac{15l \times 3.14 \times 0.5^2}{4} = 2.94l$$

$$T_{uk} = \sum \lambda_i q_{sik} u_i l_i = 0.8 \times 50 \times 3.14 \times 0.5l = 62.8l$$

$$N_k \leqslant \frac{1}{2}T_{uk} + G_p, \quad 即\ 800 \leqslant \frac{1}{2} \times 62.8l + 2.94l, \quad 800 \leqslant 34.34l, \quad l \geqslant 23.3\text{m}$$

13.【答案】B

【解析】《建筑桩基技术规范》（JGJ 94—2008）第5.4.3条、5.4.4条。

查表 5.4.4-2，桩端嵌入基岩，$l_n/l_0 = 1$，$l_n = l_0 = 10\text{m}$

$$\sigma'_{\gamma1} = \frac{0 + \gamma'h}{2} = \frac{0 + 8.0 \times 10}{2} = 40.0\text{kPa}$$

$$q_{s1}^n = \xi_{n1}\sigma'_1 = \xi_{n1}\sigma'_{\gamma1} = 0.25 \times 40 = 10.0\text{kPa} < 20\text{kPa}, \quad 取\ q_{s1}^n = 10.0\text{kPa}$$

$$Q_g^n = u q_{s1}^n l_1 = 3.14 \times 0.6 \times 10 \times 10 = 188.4\text{kN}$$

14.【答案】B

【解析】
$$R_a = u_p \sum_{i=1}^{n} q_{si} l_{pi} + \alpha_p q_p A_p$$
$$= 3.14 \times 0.6 \times (6.0 \times 4.0 + 20.0 \times 3.0 + 15.0 \times 1.0) + (0.4 \sim 0.6) \times$$
$$200 \times 3.14 \times 0.3^2 = 209.13 \sim 220.43\text{kN}$$

$$R_a = \eta f_{cu} A_p = 0.25 \times 1.2 \times 1000 \times 3.14 \times 0.3^2 = 84.78\text{kN}, \text{取小值。}$$

因此
$$m = \frac{f_{spk} - \beta f_{sk}}{\dfrac{\lambda R_a}{A_p} - \beta f_{sk}} = \frac{100 - 0.4 \times 50}{300 - 0.4 \times 50} = 28.6\%$$

$$s = \frac{1}{1.05} \frac{d}{\sqrt{m}} = \frac{0.6}{1.05 \times \sqrt{0.286}} = 1.07\text{m}$$

15.【答案】C

【解析】《建筑地基处理技术规范》（JGJ 79—2012）第 5.2.12 条。

淤泥层中点自重应力为：$\gamma h = (16 - 10) \times 6.0 = 36.0\text{kPa}$

查表得相应孔隙比：$e_1 = 1.909$

淤泥层中点自重应力与附加应力之和为：$36.0 + 20 \times 1.0 + 18 \times 2.0 = 92.0\text{kPa}$

查表得相应孔隙比 $e_2 = 1.542$

$$s = \xi \sum_{i=1}^{n} \frac{e_{1i} - e_{2i}}{1 + e_{1i}} h_i = 1.1 \times \frac{1.909 - 1.542}{1 + 1.909} \times 12 = 1.67\text{m}$$

16.【答案】B

【解析】（1）《建筑地基处理技术规范》（JGJ 79—2012）第 7.1.5 条、7.3.3 条。

$$f_{spk} = \lambda m \times \frac{R_a}{A_p} + \beta \times (1 - m) \times f_{ak}$$
$$= \lambda m \times \frac{110}{0.196} + 0.5 \times (1 - m) \times 70$$
$$= (526.2m + 35)\text{kPa}$$

其中：$A_p = 0.25 \times 0.25 \times \pi = 0.196\text{m}^2$

（2）经深度修正后，复合地基承载力特征值：
$$f_{spa} = f_{spk} + \eta_d \cdot \gamma_m \cdot (d - 0.5) = 526.2m + 35 + 1.0 \times 13 \times (2 - 0.5)$$
$$= (526.2m + 54.5)\text{kPa}$$

其中：$\eta_d = 1.0$，$\gamma_m = (1.00 \times 18 + 1.00 \times 8)/2.0 = 13.0\text{kN/m}^3$

（3）$p_k \leqslant f_a$，即 $150 \leqslant 526.2m + 54.5$，解得：$m \geqslant 0.18$

水泥土搅拌桩可只在基础内布桩，$m = n \times A_p/A$，$n = m \times A/A_p = 0.18 \times 2 \times 4/0.196 = 7.35$ 根，取 $n = 8$ 根。

17.【答案】C

【解析】《建筑地基处理技术规范》（JGJ 79—2012）第 7.2.2 条。

$$s = 0.95\xi d \cdot \sqrt{\frac{1 + e_0}{e_0 - e_1}}$$

$$e_1 = e_{max} - D_{r1}(e_{max} - e_{min}) = 0.988 - 0.886 \times (0.988 - 0.742) = 0.770$$

$$s = 0.95 \times 1.0 \times 0.5 \times \sqrt{\frac{1 + 0.892}{0.892 - 0.770}} = 0.95 \times 1.0 \times 0.5 \times 3.938 = 1.87$$

取 $s \approx 1.80m$

18.【答案】B

【解析】（1）不稳定岩体（即节理面上的岩体）体积：$V = \frac{1}{2} \times 20 \times 40 = 400 m^3/m$

（2）单位宽度滑面面积：$A = BL = 1 \times [(10+20)^2 + 40^2]^{1/2} = 50 m^2/m$

（3）稳定性安全系数：

$$F_s = \frac{\gamma \times V \times \cos\theta \tan\varphi + A \times c}{\gamma \times V \times \sin\theta} = \frac{23 \times 400 \times 0.6 \times \tan35° + 50 \times 70}{23 \times 400 \times 0.8}$$
$$= \frac{3865 + 3500}{7360} = 1.0$$

19.【答案】C

【解析】见解图，由于产生沿着坡面的渗流，坡面线为一流线，过该条底部中点的等势线为 ab 线，水头高度为

$$h_w = \overline{ad} = \overline{ab} \cdot \cos\theta = (\overline{ac}\cos\theta)\cos\theta = h_i\cos^2\theta = 6\cos^2 28° = 4.68m$$

孔隙水压力为

$$p_w = h_w \cdot \gamma_w = 4.68 \times 10 = 46.8 kPa$$

20.【答案】B

【解析】楔体自重 $W = \frac{20 \times 8 \times 8}{2 \times \tan70°} = 233kN$，根据受力分析可知，作用于楔体的 W、R、E_a 形成力的闭合三角形（见解图），根据力的三角函数关系可知：$E_a = W\tan52° = 298kN$

题 19 解图　　　　　　　　　　　　　　　　　题 20 解图

21.【答案】B

【解析】用锚孔壁岩土对砂浆抗剪强度计算土钉极限锚固力 F_1：

$$F_1 = \pi \cdot d \cdot l \cdot \tau = 3.1416 \times 0.108 \times 4 \times 250 = 339kN$$

用钉材与砂浆间黏结力计算土钉极限锚固力 F_2：

$$F_2 = \pi \cdot d_b \cdot l \cdot \tau_g = 3.1416 \times 0.032 \times 4 \times 2000 = 804kN$$

有效锚固力 F 取小值 339kN，土钉抗拔安全系数 $K = F/E = 339/188 = 1.80$。

22.【答案】B

【解析】《建筑地基基础设计规范》（GB 50007—2011）附录 V。

$$\frac{N_c\tau_0 + \gamma t}{\gamma(h+t)+q} \geq 1.6, \quad \tau_0 = c_u = 30\text{kPa}, \quad N_c = 5.14, \quad q = 0, \quad h+t = 8\text{m}$$

即
$$\frac{5.14 \times 30 + 19t}{19 \times 8} \geq 1.6, \quad 19t \geq 89, \quad t = 4.68\text{m}, \quad h = 3.32\text{m}$$

23.【答案】B

【解析】锚固段长度：$l = 18 - 6 = 12\text{m}$

轴向拉力：
$$N = \frac{T}{\cos\alpha} = \frac{400}{\cos 15°} = 414\text{kN}$$

$$\bar{q}_s = \frac{N}{\pi D l} = \frac{414}{\pi \times 0.15 \times 12} = 73\text{kPa}$$

24.【答案】C

【解析】滑坡主滑段后面牵引段的大主应力σ_1为土体铅垂方向的自重力，小主应力σ_3为水平压应力。

因滑动失去侧向支撑而产生主动土压破裂，破裂面（即滑坡壁）与水平面夹角$\beta = 45° + \varphi/2 = 45° + 40°/2 = 65°$，故选 C。

25.【答案】B

【解析】由解图可知，岩体的重力W为抗倾覆力，张裂隙中的静水压力f为倾覆力，因此岩体抗倾覆稳定系数为

题 25 解图

$$K = \frac{Wd}{fd_1} = \frac{\gamma \times b \times l \times 0.44}{\frac{1}{2} \times \gamma_w \times h_w^2 \times \cos 20° \times \frac{h_w}{3}} = \frac{24 \times 2.6 \times 4.6 \times 0.44}{\frac{10}{2} \times 4.6^2 \times \cos 20° \times \frac{4.6}{3}} = 0.83$$

26.【答案】B

【解析】取 1m 计算宽度来计算：

滑体体积
$$V = \frac{1}{2}H^2\cot\beta - \frac{1}{2}H^2\cot\alpha = \frac{1}{2} \times 20 \times 20(\cot 30° - \cot 45°) = 146.4\text{m}^3$$

滑体重量$W = \gamma V = 25 \times 146.4 = 3660\text{kN}$

假设施加法向力为f，则抗滑安全系数：

$$F = \frac{cl + (W\cos\beta + f)\tan\varphi}{W\sin\beta} = \frac{15 \times \frac{20}{\sin 30°} + (3660 \times \cos 30° + f) \times \tan 20°}{3660\sin 30°} = 1.35$$

解得：$f = 1969\text{kN}$

27.【答案】C

【解析】根据《湿陷性黄土地区建筑标准》（GB 50025—2018）第 4.3.4 条条文说明，湿陷起始压力下：

$$\frac{h_p - h_p'}{h_0} = 0.015, \quad h_p - h_p' = 0.015 \times 20 = 0.3\text{mm}$$

当$p = 100\text{kPa}$时，$h_p - h_p' = 0.27\text{mm}$；当$p = 150\text{kPa}$时，$h_p - h_p' = 0.33\text{mm}$，则$\frac{p_{sh}-100}{0.3-0.27} = \frac{150-100}{0.33-0.27}$

解得：$p_{sh} = 125\text{kPa}$

28.【答案】C

【解析】按《建筑抗震设计规范》（GB/T 50011—2010）（2024 年版）第 4.1.4 条，取土层①、②、③-1、③-2、③-3 为覆盖层，厚度为 15.0m。

将孤石③-2 视残积土③-1，

$$v_{se} = \frac{15.0}{\frac{2.5}{160} + \frac{4.5}{200} + \frac{5.0}{260} + \frac{3.0}{420}} = 232 \text{m/s}$$

将孤石③-2视残积土③-3，

$$v_{se} = \frac{15.0}{\frac{2.5}{160} + \frac{4.5}{200} + \frac{3.5}{260} + \frac{4.5}{420}} = 240 \text{m/s}$$

取最接近选项 C。

29.【答案】C

【解析】按《建筑抗震设计标准》（GB/T 50011—2010）（2024 年版）表 4.2.3，地基抗震承载力调整系数取 $\xi_a = 1.3$。

（1）按基础底面平均压力的验算反求地基承载力特征值

基础底面平均压力$p = \frac{100000}{12 \times 50} = 167 \text{kPa}$

按规范式（4.2.4-1），$p \leqslant f_{aE} = \xi_a \times f_a$，推出$f_a = \frac{167}{1.3} = 128 \text{kPa}$

（2）按基础边缘最大压力的验算反求地基承载力特征值

建筑物高宽比 25/12 = 2.1 < 4，基础底面与地基土之间脱离区（零应力区）取 15%，计算基础边缘最大压力，得

$$p_{max} = \frac{2 \times 100000}{(1 - 0.15) \times 12 \times 50} = 392 \text{kPa}$$

按规范式（4.2.4-2），$p_{max} = 392 \leqslant 1.2f_{aE} = 1.2 \times 1.3 \times f_a$

推出$f_a \geqslant \frac{392}{1.2 \times 1.3} = 251 \text{kPa}$

（1）、（2）两种情况取其大者，$f_a \geqslant 251 \text{kPa}$。

30.【答案】B

【解析】（1）声波在钢管中的传播时间：$t_{钢} = \frac{4 \times 10^{-3}}{5420} = 0.738 \times 10^{-6} \text{s}$

（2）声波在水中的传播时间：$t_{水} = \frac{(46 - 28) \times 10^{-3}}{1480} = 12.162 \times 10^{-6} \text{s}$

（3）声波在钢管中和水中的传播时间之和：

$t' = t_{钢} + t_{水} = 12.900 \times 10^{-6} \text{s} = 12.900 \times 10^{-3} \text{ms}$

（4）两个测管外壁之间的净距离：$L = 0.9 - 0.05 = 0.85 \text{m}$

（5）声波在混凝土中的传播时间：

$t_{ci} = 0.206 - 0 - 12.900 \times 10^{-3} = 0.1931 \text{ms} = 1.931 \times 10^{-4} \text{s}$

（6）该截面混凝土声速：$v_i = \frac{l}{t_{ci}} = \frac{0.85}{1.931 \times 10^{-4}} = 4402 \text{m/s}$

2011 年案例分析试题答案及解析（下午卷）

试 题 答 案

本试卷由 30 道题组成，全部为单项选择题。考生可任选 25 道题作答。每题 2 分，满分为 50 分。若考生在答题卡或试卷上的作答超过 25 道题，则按题目序号从小到大的顺序对作答的前 25 道题计分及复评试卷，其他作答题目无效。

1	C	2	B	3	B	4	C	5	A
6	A	7	B	8	A	9	A	10	C
11	B	12	B	13	B	14	B	15	C
16	C	17	C	18	D	19	D	20	C
21	B	22	C	23	A	24	D	25	C
26	A	27	B	28	D	29	C	30	C

解 题 过 程

1. 【答案】C

【解析】砂土有效重度：$\gamma' = \gamma_w \frac{G_s - 1}{1 + e_0} = 10 \times \frac{2.71 - 1}{1 + 0.803} = 9.5 \text{kN/m}^3$

渗透水力梯度＝临界水力梯度，临界水力梯度 $J_{cr} = \frac{\gamma'}{\gamma_w}$，即 $\frac{\Delta h}{H} = \frac{\gamma'}{\gamma_w}$

推出：$\frac{\Delta h}{30} = \frac{9.5}{10}$，$\Delta h = 30 \times \frac{9.5}{10} = 28.5 \text{cm}$

2. 【答案】B

【解析】解法一：

原状土样的体积：$V_1 = \pi \times 4 \times 4 \times 2 = 100.5 \text{cm}^3$

土的干密度：$\rho_d = \frac{m_3}{V_1} = \frac{131.4}{100.5} = 1.31 \text{g/cm}^3$

土的初始孔隙比：$e_0 = G_s \frac{\rho_w}{\rho_d} - 1 = 2.7 \times \frac{1.0}{1.31} - 1 = 1.061$

压缩后土中孔隙的体积：$V_2 = \frac{m_2 - m_3}{\rho_w} = \frac{171.0 - 131.4}{1.0} = 39.6 \text{cm}^3$

土粒的体积：$V_3 = \frac{m_3}{G_s \rho_w} = \frac{131.4}{2.7 \times 1.0} = 48.7 \text{cm}^3$

压缩后土的孔隙比：$e_1 = \frac{V_2}{V_3} = \frac{39.6}{48.7} = 0.813$，$\Delta e = 1.061 - 0.813 = 0.248$

该题计算步骤稍多，但均是土工试验基本概念换算，概念明确，计算简单。

解法二：

孔隙体积变化：$\Delta V = \frac{m_1 - m_2}{\rho_w} = \frac{183 - 171}{1} = 12 \text{cm}^3$

孔隙比变化：$\Delta e = \frac{\Delta V}{V_s} = \frac{12}{131.4/2.7} = 0.247$

3. 【答案】B

【解析】按题干曲线所示，$d_{10} = 0.002$，$d_{60} = 0.2$，$d_{70} = 0.3$；依据《水利水电工程地质勘察规范》

（GB 50487—2008）（2022 年版），附录 G 求不均匀系数。

$C_u = \frac{d_{60}}{d_{10}} = \frac{0.2}{0.002} = 100$，$C_u > 5$，则需求细粒含量 P。

图示曲线为级配连续的土，其粗、细颗粒的区分粒径 d 为：

$$d = \sqrt{d_{70} \cdot d_{10}} = \sqrt{0.3 \times 0.002} = 0.024$$

其中细颗粒含量从曲线中求取 $P \approx 20\% < 25\%$，故判别为管涌。

4. **【答案】** C

【解析】《铁路隧道设计规范》（TB 10003—2016）附录 B。

（1）基本分级

$R_c = 55\text{MPa}$，属硬质岩；

$K_v = \left(\frac{5400}{6200}\right)^2 = 0.76 > 0.75$，属完整岩石；

岩体纵波波速 5400m/s，故围岩基本分级为 II 级。

（2）围岩分级修正

①地下水修正，地下水水量较大，II 级修正为 III 级；

②应力状态为极高应力状态，II 级不修正；

③综合修正为 III 级。

5. **【答案】** A

【解析】 见解图，根据 $S = \frac{P}{E}\Delta H$ 可知：

$$S = \left(\frac{50/2}{6} \times 5 + \frac{50}{6} \times 2\right) = 37.5\text{mm}$$

题 5 解图（有效应力变化示意图）

6. **【答案】** A

【解析】 基础底面抵抗矩：$W = \frac{\pi d^3}{32} = \frac{3.14 \times 6^3}{32} = 21.2\text{m}^3$

弯矩：$M = 10 \times 15\text{kN} \cdot \text{m}$

根据《建筑地基基础设计规范》（GB 50007—2011）式（5.2.2-2）：

$$p_{max} = p_k + \frac{M}{W} = 150 + \frac{10 \times 15}{21.2} = 157.1\text{kPa}$$

$$P_{min} = p_k - \frac{M}{W} = 150 - \frac{10 \times 15}{21.2} = 142.9\text{kPa}$$

$$\frac{p_{max}}{p_{min}} = \frac{157.1}{142.9} = 1.1$$

7. **【答案】** B

【解析】《建筑地基基础设计规范》（GB 50007—2011）第 8.2.14 条。

$$p_{max} = p = \frac{F + G}{A}$$

$$G = 1.35G_k = 1.35 \times [20 \times 0.5 + (20 - 10) \times 0.5] \times 2 \times 1 = 40.5\text{kN}$$

$$M = \frac{1}{6}a_1^2\left(2p_{max} + p - \frac{3G}{A}\right) = \frac{1}{6} \times \left(\frac{2 - 0.37}{2}\right)^2 \left(3 \times \frac{235 + 40.5}{2 \times 1} - \frac{3 \times 40.6}{2 \times 1}\right)$$
$$= 39\text{kN} \cdot \text{m}$$

简单解法：

（1）计算基础净反力：净反力计算与地下水无关，$p_j = F/b = 235/2 = 118\text{kPa}$

（2）按照简单力学关系计算弯矩：$M = \frac{1}{2}p_j a_1^2 = \frac{1}{2} \times 118 \times \left(\frac{2 - 0.37}{2}\right)^2 = 39\text{kN} \cdot \text{m}$

8. 【答案】A

【解析】（1）计算 ABED 的角点 A 的平均附加应力系数 $\overline{\alpha}_{A1}$

$l/b = 1.0$，$z/2 = 6/2 = 3.0$，见解图，既有基础下（埋深 2～8m）平均附加应力系数：

$\overline{\alpha}_{A1} = 0.13692$

（2）计算 ACFD 的角点 A 的平均附加应力系数 $\overline{\alpha}_{A2}$

$l/b = 2.0$，$z/2 = 6/2 = 3.0$，既有基础下（埋深 2～8m）平均附加应力系数：

$\overline{\alpha}_{A2} = 0.16193$

（3）计算 BCFE 对 A 点的平均附加应力系数 $\overline{\alpha}_A$

$$\overline{\alpha}_A = \overline{\alpha}_{A2} - \overline{\alpha}_{A1} = 0.025$$

（4）计算沉降量

A 点沉降量是 BCFE 范围内荷载产生的沉降量的 2 倍。

$$s = 2\psi_s s' = \psi_s \sum_{i=1}^{n} \frac{p_0}{E_{si}} (z_i \overline{\alpha}_i - z_{i-1} \overline{\alpha}_{i-1}) = 2 \times 1.0 \times \frac{100 - 2 \times 20}{10} \times 0.025 \times 6$$
$$= 1.8\text{mm}$$

或者依据叠加原理直接计算：

$$s = \frac{60}{10} \times 6 \times 2 \times 0.1619 - \frac{60}{10} \times 6 \times 2 \times 0.1369 = 1.8\text{mm}$$

9. 【答案】A

【解析】《建筑地基基础设计规范》（GB 50007—2011）第 5.2.7 条。

基底附加压力：$p_0 = (p_k - p_c) = 150 - 2 \times 18 = 114\text{kPa}$

模量比：$E_{s1}/E_{s2} = 9/3 = 3$，$z/b = 2/3 = 0.67 > 0.5$，扩散角取 23°。

依据规范式（5.2.7-3），②的层顶附加应力：

$$p_z = \frac{lb(p_k - p_c)}{(b + 2z\tan\theta)(l + 2z\tan\theta)} = \frac{5 \times 3 \times 114}{(3 + 2 \times 2 \times \tan 23°)(5 + 2 \times 2 \times \tan 23°)}$$
$$= 54\text{kPa}$$

②的层顶自重应力（有效应力）：$p_{cz} = 2 \times 18 + 2 \times (18 - 10) = 52\text{kPa}$

②的层顶附加应力与自重应力之和：$p_z + p_{cz} = 54 + 52 = 106\text{kPa}$

10. 【答案】C

【解析】本题依据单桥静力触探原位测试资料计算单桩承载力。根据《建筑桩基技术规范》（JGJ 94—2008）第 5.3.3 条。

（1）$p_{sk1} = \frac{3.5 + 6.5}{2} = 5\text{MPa}$，$p_{sk2} = 6.5\text{MPa}$

$P_{sk1} < p_{sk2}$，所以 $p_{sk} = \frac{1}{2}(p_{sk1} + \beta \cdot p_{sk2})$

$\frac{p_{sk2}}{p_{sk1}} = \frac{6.5}{5} = 1.3 < 5$，查规范表 5.3.3-3，$\beta = 1$

$$p_{sk} = \frac{1}{2} \times (5 + 6.5) = 5.75\text{MPa} = 5750\text{kPa}$$

（2）
$$Q_{uk} = Q_{sk} + Q_{pk} = u\sum q_{sik}l_i + \alpha p_{sk}A_p$$
$$= 3.14 \times 0.5 \times (14 \times 25 + 2 \times 50 + 2 \times 100) + 0.8 \times 5750 \times 0.25 \times 3.14 \times 0.5^2$$
$$= 1020.5 + 902.8$$
$$= 1923.3\text{kN}$$

11. 【答案】B

【解析】本题考查不同荷载效应组合下，群桩基础桩顶作用荷载的计算及桩基承载力验算。要求在两种荷载效应组合下，基桩承载力都应满足要求。根据《建筑桩基技术规范》（JGJ 94—2008）第 5.1.1 条、5.2.1 条：

$$N_{Ekmax} = \frac{F_k + G_k}{n} + \frac{M_{yk}x_i}{\sum x_j^2} = \frac{10000 + 500}{5} + \frac{480 \times 1.5}{4 \times 1.5^2} = 2100 + 80 = 2180kN$$

$$N_{Ek} = \frac{F_k + G_k}{n} = \frac{10000 + 500}{5} = 2100kN$$

$$N_{Ek} \leqslant 1.25R, \quad R \geqslant \frac{N_{Ek}}{1.25} = \frac{2100}{1.25} = 1680kN$$

$$N_{Ekmax} \leqslant 1.5R, \quad R \geqslant \frac{N_{Ekmax}}{1.5} = \frac{2180}{1.5} = 1453kN$$

两者选其大值，基桩竖向承载力特征值为 1680kN。

12.**【答案】**B

【解析】本题考查群桩基础软弱下卧层验算。根据《建筑桩基技术规范》（JGJ 94—2008）第 5.4.1 条：

（1）$\sigma_z + \gamma_m z \leqslant f_{az}$, $\sigma_z = \dfrac{(F_k + G_k) - \frac{3}{2}(A_0 + B_0) \cdot \sum q_{sik}l_i}{(A_0 + 2t \cdot \tan\theta)(B_0 + 2t \cdot \tan\theta)}$

（2）$(A_0 + B_0)q_{sik}l_i = (6.5 + 6.5) \times 60 \times 20 = 15600kN$

$(A_0 + 2t \cdot \tan\theta)(B_0 + 2t \cdot \tan\theta) = (6.5 + 2 \times 2.5 \times \tan 15°) \times (6.5 + 2 \times 2.5 \times \tan 15°) = 61.46m^2$

（3）$\sigma_z = \dfrac{28000 - 1.5 \times 15600}{61.46} = \dfrac{4600}{61.46} = 74.85kPa$

（4）$f_{az} = f_{ak} + \eta_d\gamma_m(22.5 - 0.5) \geqslant \sigma_z + \gamma_m 22.5$

取 $f_{ak} = \sigma_z + \gamma_m \times 0.5 = 74.85 + 18 \times 0.5 = 83.85kPa$

13.**【答案】**B

【解析】《建筑地基处理技术规范》（JGJ 79—2012）第 8.2.3 条。

加固土层厚：$h = l + r$

l 为灌注孔长度，从注液管底部到灌注孔底部距离 $l = 4.8 - 1.4 = 3.4m$，r 为有效加固半径。

$$r = 0.6\sqrt{\frac{V}{nl \times 10^3}} = 0.6 \times \sqrt{\frac{960}{0.523 \times 3.4 \times 10^3}} = 0.44$$

其中：n 为天然孔隙率，$n = \dfrac{e}{1+e} = \dfrac{1.1}{1+1.1} = 0.523$

故 $h = 3.4 + 0.44 = 3.8m$

14.**【答案】**B

【解析】《土力学》固结理论基本概念。

查表，$\overline{U}_z = 75\%$ 时，$T_v = 0.45$

$$T_v = C_v \times \frac{t}{H^2}$$

$$t = T_v \times \frac{H^2}{C_v} = 0.45 \times \frac{600^2}{1.9 \times 10^{-2}} = 8526316s \approx 99d$$

15.**【答案】**C

【解析】《建筑地基处理技术规范》（JGJ 79—2012）第 7.1.5 条。

三角形布桩时：

$$d_{e1} = 1.05 \times s_1 = 1.05 \times 1.20 = 1.26\text{m}, \quad m_1 = \left(\frac{d}{d_{e1}}\right)^2 = \left(\frac{0.5}{1.26}\right)^2 = 0.1575$$

依据《建筑地基处理技术规范》（JGJ 79—2012）式（7.1.5-2），对于水泥土搅拌桩式（7.1.5-2）中 λ 取 1.0，则

$$145 = 0.1575 \times \frac{R_a}{0.25 \times 0.25 \times \pi} + 0.4 \times (1 - 0.1575) \times 75, \quad 求得 R_a = 149.2\text{kPa}$$

所以：$160 = m_2 \times \dfrac{149.2}{0.25 \times 0.25 \times \pi} + 0.4 \times (1 - m_2) \times 75$，得到 $m_2 = 0.178$

故：$d_{e2} = \sqrt{\dfrac{0.5 \times 0.5}{0.178}} = 1.19\text{m}, \quad s_2 = \dfrac{d_{e2}}{1.05} = \dfrac{1.19}{1.05} = 1.13\text{m}$

16.【答案】C

【解析】《建筑地基处理技术规范》（JGJ 79—2012）第 5.2.11 条。

强度增长值 $\Delta\tau = \Delta\sigma_z U_t \tan\varphi_{cu}$

其中 $\Delta\sigma_z$ 为预压荷载引起的该点土体附加竖向应力，由于大面积堆载可取预压荷载 140kPa，所以：

$$U_t = 0.68, \quad \varphi_{cu} = 16°, \quad \Delta\tau = 140 \times 0.68\tan 16° = 27.3\text{kPa}$$

17.【答案】C

【解析】无黏性土坡稳定性分析。

无黏性土坡安全系数 $F_s = \dfrac{\tan\varphi}{\tan\beta}$，推出 $\tan\beta = \dfrac{\tan\varphi}{F_s} = 0.769, \quad \beta = 37.6°$

18.【答案】D

【解析】（1）砂土一侧，在任意深度处直线滑动面的安全系数：

$F_s = \dfrac{\tan\varphi}{\tan\theta} = \dfrac{\tan\varphi}{\tan 30°} = 1.21$，此计算值对应 A、B 选项。

（2）砂土与黏土界面上，在黏土一侧，纵向与顺坡向都取单位宽度计算：

$$W = V \times \gamma = 3 \times 1 \times \cos 30° \times 18 = 46.8\text{kN/m}$$
$$F_s = \frac{W\cos 30° \tan 20° + 30}{W\sin 30°} = \frac{44.75}{23.4} = 1.91$$

（3）黏土与岩石界面上，纵向与顺坡方向都取单位宽度计算：

$$W = V \times \gamma = 5 \times 1 \times \cos 30° \times 18 = 77.9\text{kN/m}$$
$$F_s = \frac{W\cos\theta \tan\varphi + c}{W\sin\theta} = \frac{77.9\cos 30° \tan 15° + 25}{77.9\sin 30°} = \frac{43.1}{39} = 1.11$$

比较后取 1.11。

19.【答案】D

【解析】《建筑地基基础设计规范》（GB 50007—2011）式（6.7.5-1）。

$$F_s = \frac{(G_n + E_{an})\mu}{E_{at} - G_t}$$

$$G_n = G\cos 6° = 298.4\text{kN}, \quad G_t = G\sin 6° = 31.4\text{kN}$$

$$E_{an} = 200\cos(70° - 6° - 15°) = 131\text{kN}, \quad E_{at} = 200\sin(70° - 6° - 15°) = 150.3\text{kN}$$

$$F_s = \frac{(298.4 + 131) \times 0.33}{150.3 - 31.4} = 1.190$$

如果未考虑墙底倾斜，则会选其他错误答案。

20.【答案】C

【解析】《建筑地基基础设计规范》（GB 50007—2011）附录 W。

$$\frac{(10 + 1 - H) \times 20}{8 \times 10} = 1.1,\ 解得：H = 6.6m$$

《建筑基坑支护技术规程》（JGJ 120—2012）附录 C 也有类似公式。

注：如果安全系数取 1 时计算结果为 7.0m；按浮重度计算时为 2.2m；不考虑黏土层自重时为 5.6m。

21.【答案】B

【解析】使用等值梁法计算时，是假设弯矩零点与土压力强度零点重合，将超静定的支挡结构简化为静定结构来计算。因此依据等值梁法计算原理，可计算相应的主动土压力和被动土压力，主动土压力和被动土压力相等点即为弯矩零点。

所以设弯矩零点距坑底面的距离为 h_c，则

$$\sqrt{k_a} = \tan(45° - \varphi/2) = \tan 32° = 0.625,\ k_a = 0.39$$

$$\sqrt{k_p} = \tan(45° + \varphi/2) = 1.6,\ k_p = 2.56$$

$$e_{ai} = [19 \times (15 + h_c) + 48] \times 0.39 - 2 \times 15 \times 0.625 = 111.1 + 7.4h_c$$

$$e_{pi} = 19 \times h_c \times 2.56 + 2 \times 15 \times 1.6 = 48.6h_c + 48$$

令 $e_{ai} = e_{pi}$，计算可得：$h_c = \dfrac{111.1 - 48}{48.6 - 7.4} = 1.53$

22.【答案】C

【解析】《水利水电工程地质勘察规范》（GB 50487—2008）（2022 年版）附录 N。

（1）围岩总评分：$T = 20 + 28 + 24 - 3 - 2 = 67 < 85$，$65 < T \leqslant 85$，为 II 类围岩；

（2）围岩强度应力比：$k_v = \left(\dfrac{3320}{4176}\right)^2 = 0.63$

$$S = \frac{R_b \cdot k_v}{\sigma_m} = \frac{55.8 \times 0.63}{11.5} = 3.07 < 4$$

（3）按规范表 N.0.7，围岩级别相应降一级，综合判定为 III 类围岩，选 C。

23.【答案】A

【解析】《建筑基坑支护技术规程》（JGJ 120—2012）附录 E。

依据边界条件判定为潜水完整井，因此：

$$S_d = 10 + 0.5 - 2 = 8.5m,\ H = 18m,\ R = 76m,\ r_0 = 10m,\ k = 1.0m/d$$

涌水量：$$Q = \pi k \frac{(2H - S_d)S_d}{\ln(1 + R/r_0)} = 3.14 \times 1.0 \times \frac{(36 - 8.5)8.5}{\ln(1 + 7.6)} = 341.1m^3/d$$

24.【答案】D

【解析】（1）采用分层总和法计算：$s = \sum\limits_{i=1}^{n} \dfrac{a_v}{1 + e_0} \Delta p_i H_i$

（2）将地层分为 2 层，2～7m 为第一层，厚度 5m；7～30m 为第二层，厚度 23m。

（3）计算各层地面最终沉降量 s_∞：

$$s_{1\infty} = \frac{a_v}{1 + e_0} \cdot \Delta p \cdot H = \frac{0.35}{1 + 0.7} \times 25 \times 5 = 25.74mm$$

$$s_{2\infty} = \frac{a_v}{1 + e_0} \cdot \Delta p \cdot H = \frac{0.35}{1 + 0.7} \times 50 \times 23 = 236.76mm$$

$$s_{\infty} = 25.74 + 236.76 = 262.5\text{mm}$$

25.【答案】C

【解析】《铁路工程特殊岩土勘察规程》（TB 10038—2022）附录 D。

地表冻胀量：$\Delta Z = 195.586 - 195.426 = 0.16\text{m}$

平均冻胀率：$\eta = \dfrac{\Delta Z}{z_{\text{d}}} \times 100\% = \dfrac{0.16}{2.0 - 0.16} \times 100\% = 8.7\%$

26.【答案】A

【解析】《膨胀土地区建筑技术规范》（GB 50112—2013）第 5.2.7 条、5.2.9 条。

由于离地面 1m 处地基土的天然含水量与塑限含水量之比 $\dfrac{w}{w_{\text{p}}} = \dfrac{22\%}{17\%} = 1.29 > 1.2$，因此膨胀土地基变形只计算收缩变形量。

根据规范式（5.2.9），单层住宅 $\psi_{\text{s}} = 0.8$，则

$$
\begin{aligned}
S_{\text{s}} &= \psi_{\text{s}} \sum_{i=1}^{n} \lambda_{si}\Delta w_i \cdot h_i \\
&= 0.8 \times (0.28 \times 0.0285 \times 640 + 0.48 \times 0.0272 \times 640 + 0.31 \times 0.0179 \times 640 + \\
&\quad\ 0.37 \times 0.0128 \times 680) \\
&= 0.8 \times (5.11 + 8.36 + 3.55 + 3.22) \\
&= 16.2\text{mm}
\end{aligned}
$$

27.【答案】B

【解析】《建筑抗震设计标准》（GB/T 50011—2010）（2024 年版）第 4.3.3 条。

（1）基础埋置深度 $d_{\text{b}} = 1.5\text{m}$，不超过 2m，应取 $d_{\text{b}} = 2\text{m}$ 来计算。

（2）烈度 8 度时，查表 4.3.3，液化土特征深度 $d_0 = 8\text{m}$。

依据规范第 4.3.3 条第 3 款进行初判：

$$d_{\text{u}} > d_0 + d_{\text{b}} - 2$$

$$d_{\text{w}} > d_0 + d_{\text{b}} - 3$$

$$d_{\text{u}} + d_{\text{w}} > 1.5d_0 + 2d_{\text{b}} - 4.5$$

$d_{\text{u}} > 8 + 2 - 2 = 8\text{m}$，$d_{\text{w}} > 8 + 2 - 3 = 7\text{m}$，$d_{\text{u}} + d_{\text{w}} > 1.5 \times 8 + 2 \times 2 - 4.5 = 11.5\text{m}$

只有选项 B 三个条件都不满足。

28.【答案】D

【解析】《公路工程抗震规范》（JTG B02—2013）附录 A。

（1）抗震设防烈度为 9 度时，对应设计基本地震动峰值加速度为 $0.4g$，因此根据表 A.0.1，对于非浸水挡土墙，地震角 θ 为 $6°$。

（2）主动土压力系数为：

$$K_{\text{a}} = \cfrac{\cos^2(\varphi - \alpha - \theta)}{\cos\theta \cos^2\alpha \cos(\alpha + \delta + \theta)\left[1 + \sqrt{\cfrac{\sin(\varphi + \delta)\sin(\varphi - \beta - \theta)}{\cos(\alpha - \beta)\cos(\theta + \alpha + \delta)}}\,\right]^2}$$

对于本题：$\varphi = 36°$，$\alpha = 0°$，$\delta = 18°$，$\beta = 0°$

因此，
$$K_a = \frac{\cos^2(36° - 0° - 6°)}{\cos 6° \cos^2 0° \cos(0° + 18° + 6°)\left[1 + \sqrt{\dfrac{\sin(36° + 18°)\sin(36° - 0 - 6°)}{\cos(0° - 0°)\cos(6° + 0 + 18°)}}\right]^2}$$

$$= \frac{\cos^2 30°}{\cos 6° \cos 24° \left(1 + \sqrt{\dfrac{\sin 54° \sin 30°}{\cos 24°}}\right)^2}$$

$$= 0.2976$$

（3）
$$E_{ea} = \left[\frac{1}{2}\gamma H^2 + qH\frac{\cos \alpha}{\cos(\alpha - \beta)}\right]K_a - 2cHK_{ca}$$
$$= \frac{1}{2}K_a\gamma H^2 = \frac{1}{2} \times 0.2976 \times 19 \times 5^2$$
$$= 70.68 \text{kN/m}$$

29.【答案】C

【解析】（1）剪切波从地表传至 20m 深度的传播时间：
$$t = \sum \frac{d_i}{v_{si}} = \frac{9}{170} + \frac{11}{130} = 0.1376\text{s}$$

（2）等效剪切波速：$v_{se} = 20/0.1376 = 145.3\text{m/s}$

（3）确定覆盖层厚度 66m。

（4）查《建筑抗震设计标准》（GB/T 5011—2010）（2024 年版）表 4.1.6 得出场地类别为Ⅲ类。查表 5.1.4-2 得出特征周期为 0.45s。

30.【答案】C

【解析】（1）根据《建筑基桩检测技术规范》（JGJ 106—2014）式（9.4.11-1）计算桩身完整性系数 β：
$$\beta = \frac{F(t_1) + F(t_x) + Z \cdot [V(t_1) - V(t_x)] - 2R_x}{F(t_1) - F(t_x) + Z \cdot [V(t_1) + V(t_x)]}$$

从题中和图中可知：

$$F(t_1) = 14\text{MN}, \quad Z \cdot V(t_1) = 14\text{MN}, \quad F(t_X) = 5\text{MN}, \quad Z \cdot V(t_X) = 6\text{MN}$$

代入上面公式计算得 $\beta = 0.724$

（2）按规范表 9.4.11 确定该桩身完整性类别：

$0.6 \leqslant \beta < 0.8$，因此该桩桩身完整性类别为Ⅲ类。

2012年案例分析试题答案及解析（上午卷）

试 题 答 案

本试卷由30道题组成，全部为单项选择题。考生可任选25道题作答。每题2分，满分为50分。若考生在答题卡或试卷上的作答超过25道题，则按题目序号从小到大的顺序对作答的前25道题计分及复评试卷，其他作答题目无效。

1	A	2	C	3	C	4	C	5	A
6	D	7	B	8	A	9	A	10	A
11	C	12	C	13	C	14	C	15	B
16	C	17	C	18	B	19	B	20	B
21	C	22	A	23	D	24	B	25	C
26	C	27	B	28	D	29	C	30	D

解 题 过 程

1. 【答案】A

【解析】《建筑地基基础设计规范》（GB 50007—2011）附录H.0.10条。

极限荷载除以3的安全系数与比例界限对应限荷载比较，取小值。

第一组：$\frac{1920}{3} = 640 = 640$，取640kPa；

第二组：$\frac{1580}{3} = 526.7 > 510$，取510kPa；

第三组：$\frac{1440}{3} = 480 < 560$，取480kPa。

取最小值作为岩石地基承载力特征值，$f_a = 480$kPa。

2. 【答案】C

【解析】《工程岩体分级标准》（GB/T 50218—2014）第4.1.1条、4.2.2条和5.2.2条。

$$K_v = \left(\frac{v_{pm}}{v_{pr}}\right)^2 = \left(\frac{3800}{4500}\right)^2 = 0.71$$

$$90K_v + 30 = 93.9 > R_c = 72，取R_c = 72$$

$$0.04R_c + 0.4 = 3.28 > K_v = 0.71，取K_v = 0.71$$

$$BQ = 100 + 3R_c + 250K_v = 100 + 3 \times 72 + 250 \times 0.71 = 493.5$$

查表可知岩体基本质量分级为Ⅱ级。

地下水影响修正系数：查表5.2.2-1，$K_1 = 0.1$

主要结构面产状影响修正系数：查表5.2.2-2，$K_2 = 0.4 \sim 0.6$

初始应力状态影响修正系数：$\frac{R_c}{\sigma_{max}} = \frac{72}{12} = 6$，查表5.2.2-3，$K_3 = 0.5$

岩体质量指标：

$[BQ] = BQ - 100(K_1 + K_2 + K_3) = 493.5 - 100 \times [0.1 + (0.4 \sim 0.6) + 0.5] = 373.5 \sim 393.5$
故确定该岩体质量等级为Ⅲ级。

3. 【答案】C

【解析】《工程地质手册》（第五版）第 1238 页。

含水层厚度 $H = 900 - 100 = 800\text{cm}$，初始地下水位降深 $s_1 = 700 - 100 = 600\text{cm}$，抽水孔半径 $r_w = 10\text{cm}$；直接选取最后一次抽水试验进行计算：

$$k = \frac{3.5r_w^2}{(H + 2r_w)t}\ln\frac{s_1}{s_2} = \frac{3.5 \times 10^2}{(800 + 2 \times 10) \times 60 \times 60} \times \ln\frac{600}{118.5 - 100} = 4.1 \times 10^{-4}\text{cm/s}$$

4. 【答案】C

【解析】《岩土工程勘察规范》（GB 50021—2001）（2009 年版）第 4.1.19 条。

假设钻孔深度为 34m，距基底深度：$z = 34 - 10 = 24\text{m}$

土层有效重度：$\gamma' = \dfrac{G_s - 1}{1 + e}\gamma_w = \dfrac{2.70 - 1}{1 + 0.7} \times 10 = 10\text{kN/m}^3$

34m 处的自重应力：$\sigma_z = 3 \times 19 + 31 \times 10 = 367\text{kPa}$

34m 处的附加应力，$z = 24\text{m}$，$p_z = p_0 a_i = 280 \times 0.26 = 72.8\text{kPa}$

$\dfrac{p_z}{\sigma_z} = \dfrac{72.8}{367} = 0.198$，小于 20%，满足要求。

5. 【答案】A

【解析】基础及其上土重：$G_k = 20 \times 2 \times 2.5 \times 2 = 200\text{kN}$

偏心距：$e = \dfrac{M_k}{F_k + G_k} = \dfrac{260 + 190 \times 1}{700 + 200} = 0.5\text{m} > \dfrac{b}{2} = 0.42\text{m}$，大偏心。

$$p_{kmax} = \frac{2(F_k + G_k)}{3al} = \frac{2 \times (700 + 200)}{3 \times \left(\dfrac{2.5}{2} - 0.5\right) \times 2} = 400\text{kPa}$$

6. 【答案】D

【解析】黏土层层顶自重应力：$2 \times 17 = 34\text{kPa}$

层底自重应力：$34 + 0.66 \times 18 = 45.88\text{kPa}$

黏土层平均自重应力：$\dfrac{34 + 45.88}{2} = 39.94\text{kPa}$，查表得 $e_1 = 0.84$

黏土层平均自重应力 + 平均附加应力 $= 39.94 + 120 = 159.94\text{kPa}$

对应孔隙比：$e_2 = 0.776$

$$s = \frac{e_1 - e_2}{1 + e_1}h = \frac{0.84 - 0.776}{1 + 0.84} \times 0.66 = 0.023\text{m} = 23\text{mm}$$

7. 【答案】B

【解析】对于条形基础，$b \geqslant \dfrac{F_k}{f_a - \gamma_G d} = \dfrac{160}{200 - 22 \times 4} = 1.43\text{m}$

8. 【答案】A

【解析】据《建筑地基基础设计规范》（GB 50007—2011）第 5.2.4 条条文说明，基础埋深范围内土的加权平均重度：$\gamma_m = \dfrac{18 \times 8 + 8 \times 2}{10} = 16\text{kN/m}^3$

主楼宽度 15m，裙楼宽度 35m，大于 2 倍主楼宽度，裙楼基底压力折算成土层厚度：$d_1 = \dfrac{90}{16} = 5.63\text{m}$

按最不利原则，取较小的埋深计算，埋置深度：$d = 5.63\text{m}$

$b = 15\text{m} > 6\text{m}$ 取 $b = 6\text{m}$，查表：$\eta_b = 0.3$，$\eta_d = 1.6$

$f_a = f_{ak} + \eta_b \gamma (b - 3) + \eta_d \gamma_m (d - 0.5) = 160 + 0.3 \times 8 \times (6 - 3) + 1.6 \times 16 \times (5.63 - 0.5) = 298.53\text{kPa}$

9.【答案】A

【解析】《建筑地基基础设计规范》（GB 50007—2011）。见解图。

题9解图

$h_0 = 1000 - 70 = 930\text{mm} = 0.93\text{m}$

阴影部分三角形底边长：$a = 8.7 - 2 \times \left(\dfrac{0.45}{2} + 0.93 \right) = 6.39\text{m}$

阴影部分三角形的高：$h = \dfrac{8.7 - 0.45}{2} - 0.93 = 3.195\text{m}$

剪力设计值：$V_s = p_j A = 400 \times \dfrac{1}{2} \times 6.39 \times 3.195 = 4083.21\text{kN}$

10.【答案】A

【解析】$\dfrac{l_n}{l_0} = 0.5$，中性点深度：$l_n = 0.5 \times 40 = 20\text{m}$

据《湿陷性黄土地区建筑标准》（GB 50025—2018）表 5.7.6，湿陷性黄土的负摩阻力特征值为15kPa。

$$Q_{uk} = u \sum q_{sik} l_i + q_{pk} A_p = 3.14 \times 0.8 \times (42 \times 20 + 100 \times 10) + 2200 \times 3.14 \times 0.4^2$$
$$= 5727.36\text{kN}$$

$$N_k + Q_g^n \leqslant R_a, \quad Q_g^n = u \sum q_{si} l_i = 3.14 \times 0.8 \times 15 \times 20 = 753.6\text{kN}$$

$$N_k = R_a - Q_g^n = \dfrac{1}{2} \times 5727.36 - 753.6 = 2110.08\text{kN}$$

11.【答案】C

【解析】受到的浮力：$N_w = 50 \times 40 \times (11 - 3) \times 10 = 1.6 \times 10^5 \text{kN}$

自重：$G = 1.2 \times 10^5 \text{kN}$

构筑物所受到的拉力：$F = 1.6 \times 10^5 - 1.2 \times 10^5 \text{kN} = 4 \times 10^4 \text{kN}$

基本组合下构筑物中基桩受到的拉力设计值：$N = 1.35 \times \dfrac{4 \times 10^4}{100} = 540\text{kN}$

桩身正截面受拉承载力计算钢筋面积：$N \leqslant f_y A_s$，$A_s \geqslant \dfrac{540 \times 10^3}{300} = 1800\text{mm}^2$

配筋率：$\rho = \dfrac{A_s}{A} = \dfrac{1800}{3.14 \times 300^2} \times 100\% = 0.637\%$

12.【答案】C

【解析】《公路桥涵地基与基础设计规范》（JTG 3363—2019）第6.3.3条。

查表6.3.3-2知，$\lambda = 0.85$；查表4.3.4知，$k_2 = 6.0$

$q_r = m_0 \lambda [f_{a0} + k_2 \gamma_2 (h - 3)] = 0.8 \times 0.85 \times [500 + 6 \times 9 \times (40 - 3)] = 1698.6\text{kPa} > 1450\text{kPa}$，取 $q_r = 1450\text{kPa}$

$R_a = \dfrac{1}{2} u \sum q_{ik} l_i +$

$A_p q_r = 0.5 \times 3.14 \times 1.2 \times (40 \times 35 + 60 \times 10 + 120 \times 5) + 3.14 \times 0.6^2 \times 1450 = 6537.5\text{kN}$，按第 3.0.7 条的规定，施工阶段抗力系数取 1.25，则

$$1.25 R_a = 1.25 \times 6537.5 = 8171.9\text{kN}$$

13.【答案】C

【解析】《建筑桩基技术规范》（JGJ 94—2008）第5.7.3条。

$s_a / d = 4 < 6$，考虑地震作用时，$\eta_h = \eta_i \eta_r + \eta_l$

$$\eta_i = \frac{(s_a/d)^{0.015n_2+0.45}}{0.15n_1 + 0.10n_2 + 1.9} = \frac{(4)^{0.015\times4+0.45}}{0.15\times3 + 0.10\times4 + 1.9} = 0.737$$

$ah = 3.0\text{m}$，查表 5.7.3-1，$\eta_r = 2.13$，松散填土 $\eta_l = 0$

$$\eta_h = \eta_i\eta_r + \eta_l = 0.737 \times 2.13 + 0 = 1.57, \quad R_h = \eta_h R_{ha} = 1.57 \times 100 = 157\text{kN}$$

14.【答案】C

【解析】某时刻超孔隙水压力图的面积 $= \frac{1}{2} \times 40 \times 2 + \frac{1}{2} \times (40+60) \times 2 + \frac{1}{2} \times (30+60) \times 2 = 230$

初始超孔隙水压力图的面积 $= 100 \times 6 = 600$

某时刻的固结度：$U_t = 1 - \frac{230}{600} = 0.617$

总沉降量：$s = \frac{p_0}{E_s}h = \frac{100}{2.5\times10^3} \times 6000 = 240\text{mm}$

固结度 0.617 时刻的沉降量：$s_t = sU_t = 0.617 \times 240 = 148\text{mm}$

15.【答案】B

【解析】《建筑地基处理技术规范》（JGJ 79—2012）第 7.1.5 条、7.3.3 条。

搅拌桩的截面积：$A_p = 3.14 \times 0.3^2 = 0.283\text{m}^2$

桩身强度确定单桩竖向承载力：$R_a = \eta f_{cu}A_p = 0.2 \times 1800 \times 0.283 = 101.88\text{kN}$

桩周土和桩端土抗力确定单桩竖向承载力：

$$R_a = u_p\sum_{i=1}^{n} q_{si}l_{pi} + a_pq_pA_p = 3.14 \times 0.6 \times 10 \times 15 + 0.4 \times 40 \times 0.283 = 287.13\text{kN}$$

取两者小值，$R_a = 101.88\text{kN}$

面积置换率：$m = \dfrac{f_{spk} - \beta f_{sk}}{\lambda\dfrac{R_a}{A_p} - \beta f_{sk}} = \dfrac{160 - 0.4 \times 60}{1 \times \dfrac{101.88}{0.283} - 0.4 \times 60} = 0.405$

桩间距：$s = \dfrac{0.6}{1.05 \times \sqrt{0.405}} = 0.9\text{m}$

16.【答案】C

【解析】工后沉降量为 15cm，则预压沉降量：$248 - 15 = 233\text{cm}$

超载下的最终沉降量为 260cm，已完成沉降量 233cm 时的固结度：

$$U = \frac{233}{260} \times 100\% = 89.6\%$$

17.【答案】C

【解析】《建筑地基处理技术规范》（JGJ 79—2012）第 5.2 节。

$c_h = 1.8 \times 10^{-3} \times 8.64 = 1.56 \times 10^{-2}\text{m}^2/\text{s}$

有效排水直径：$d_e = 1.13l = 1.13 \times 1.2 = 1.356\text{m}$

当量换算直径：$d_p = \dfrac{2(a+b)}{\pi} = \dfrac{2\times(100+4)}{3.14} = 66.2\text{mm}$

井径比：$n = \dfrac{d_e}{d_p} = \dfrac{1356}{66.2} = 20.5 > 15$，$F_n = \ln(n) - \dfrac{3}{4} = \ln 20.5 - 0.75 = 2.28$

$U = 1 - ae^{-\beta t}$，不计竖向固结，$a = 1$，$\beta = \dfrac{8c_h}{F_nd_e^2} = \dfrac{8\times1.56\times10^{-2}}{2.28\times1.356^2} = 0.03$，则

$$U = 1 - e^{-0.03\times60} = 0.835 = 83.5\%$$

18.【答案】B

【解析】坡角

$$\alpha = \arctan\left(\frac{1}{0.5}\right) = 63.43°$$

$$BC = \frac{8}{\tan 42°} - 8 \times \tan(90° - 63.43°) = 4.88\text{m}$$

滑体自重：
$$W = \frac{1}{2} \times 4.88 \times 8 \times 23 = 448.96\text{kN/m}$$

$$K = \frac{W\cos\beta\tan\varphi + cl}{W\sin\beta} = \frac{448.96 \times \cos 42° \times \tan 18° + \dfrac{8}{\sin 42°}c}{448.96 \times \sin 42°} = 1$$

解得：$c = 16\text{kPa}$

19.**【答案】**B

【解析】采用黏土时，$k_{a1} = \tan^2\left(45° - \frac{12°}{2}\right) = 0.656$，

$$z_0 = \frac{2c_1}{\gamma_1\sqrt{k_{a1}}} - \frac{q}{\gamma_1} = \frac{2 \times 20}{19 \times \sqrt{0.656}} - \frac{49.4}{19} = 0\text{m}$$

土压力沿墙高三角形分布，$E_{a1} = \frac{1}{2}\gamma_1 H^2 k_{a1} = 0.5 \times 19 \times H^2 \times 0.656 = 6.232H^2$

采用砂土时，$k_{a2} = \tan^2\left(45° - \frac{30°}{2}\right) = \frac{1}{3}$

$$E_{a2} = \frac{1}{2}\gamma_2 H^2 k_{a2} + qHk_{a2} = 0.5 \times 21 \times H^2 \times \frac{1}{3} + 49.4 \times H \times \frac{1}{3} = 3.5H^2 + 16.74H$$

$E_{a1} = E_{a2}$，$3.5H^2 + 16.47H = 6.232H^2$，解得：$H = 6.02\text{m}$

20.**【答案】**B

【解析】《土工合成材料应用技术规范》（GB/T 50290—2014）第7.3.5条。

$$\sigma_v = \gamma h = 19.5 \times 3.5 = 68.25\text{kPa}$$

$$T = 2\sigma_v BL_e f$$

$$L_e = \frac{T}{2\sigma_v Bf} = \frac{35}{2 \times 68.25 \times 0.1 \times 0.35} = 7.3\text{m}$$

21.**【答案】**C

【解析】$k_a = \tan^2\left(45° - \frac{15°}{2}\right) = 0.59$，$z_0 = \frac{2c}{\gamma\sqrt{k_a}} - \frac{q}{\gamma} = \frac{2 \times 20}{19 \times \sqrt{0.59}} - \frac{25}{19} = 1.43\text{m}$

墙底土压力强度：$e_a = (\gamma h + q)k_a - 2c\sqrt{k_a} = (19 \times 6 + 25) \times 0.59 - 2 \times 20 \times \sqrt{0.59} = 51.29\text{kPa}$

$E_a = \frac{1}{2} \times (6 - 1.43) \times 51.29 = 117.2\text{kPa}$，作用点距墙底$\frac{6-1.43}{3} = 1.52\text{m}$

挡土墙自重：$G = 1 \times 6 \times 22 + \frac{1}{2} \times (2.5 - 1) \times 6 \times 22 = 132 + 99 = 231\text{kN/m}$

挡墙自重到墙趾的距离：$x = \dfrac{132 \times (2.5 - 0.5) + 99 \times \frac{2}{3} \times (2.5 - 1)}{231} = 1.57\text{m}$

抗倾覆稳定安全系数：$K = \dfrac{231 \times 1.57}{117.2 \times 1.53} = 2.02$

22.**【答案】**A

【解析】《公路隧道设计规范 第一册 土建工程》（JTG 3370.1—2018）第6.2.2条及附录D。

$$\omega = 1 + i(B - 5) = 1 + 0.1 \times (6.4 - 5) = 1.14$$

$$h = 0.45 \times 2^{s-1}\omega = 0.45 \times 2^{4-1} \times 1.14 = 4.104$$

$$q = \gamma h = 24 \times 4.104 = 98.496\text{kPa}$$

荷载等效高度：
$$h_q = \frac{q}{r} = \frac{98.496}{24} = 4.104\text{m}$$

钻爆法施工，Ⅳ级围岩，浅埋隧道分界深度：

$$H_p = 2.5h_q = 2.5 \times 4.104 = 10.26\text{m} < 13\text{m}$$

应按深埋隧道计算，水平均布压力：$e = (0.15 \sim 0.3)q$，取最小值，则

$$e = 0.15q = 0.15 \times 98.496 = 14.77\text{kPa}$$

23.【答案】D

【解析】《建筑基坑支护技术规程》（JGJ 120—2012）第 4.7.2 条、4.7.3 条、4.7.5 条。

锚杆轴向拉力标准值：$N_k = \dfrac{F_h s}{b_a \cos\alpha} = \dfrac{200 \times 1}{1 \times \cos 15°} = 207.1\text{kN}$

极限抗拔承载力标准值：$R_k = K_t N_k = 1.6 \times 207.1 = 331.4\text{kN}$

锚固段长度：
$$R_k = \pi d \sum q_{ski} l_i$$
$$l = \frac{331.4}{3.14 \times 0.15 \times 50} = 14.1\text{m}$$

非锚固段长度：

$$l_f \geqslant \frac{(a_1 + a_2 - d\tan\alpha)\sin\left(45° - \dfrac{\varphi_m}{2}\right)}{\sin\left(45° + \dfrac{\varphi_m}{2} + \alpha\right)} + \frac{d}{\cos\alpha} + 1.5$$

$$= \frac{(11 + 2.7 - 0.8 \times \tan 15°) \times \sin\left(45° - \dfrac{20°}{2}\right)}{\sin\left(45° + \dfrac{20°}{2} + 15°\right)} + \frac{0.8}{\cos 15°} + 1.5 = 10.6\text{m} > 5\text{m}$$

锚杆设计长度：$L = 14.1 + 10.6 = 24.7\text{m}$

24.【答案】B

【解析】矩形分布荷载在桩上的产生的作用力：$P = 900 \times 6 = 5400\text{kN}$

作用点距锚固段顶部的距离：$l = 9/2 = 4.5\text{m}$

作用力产生的弯矩：$M = Pl = 5400 \times 4.5 = 24300\text{kN} \cdot \text{m}$

25.【答案】C

【解析】
$$K_0 = \frac{3580}{3705} = 0.97$$
$$K_1 = \frac{3580}{3705 - 2 \times 4 \times 17.5 \times 2.75} = 1.08$$
$$K_2 = \frac{3580}{3705 - 4 \times 2 \times 17.5 \times 4.25} = 1.15$$
$$K_0 < K_1 < K_2$$

26.【答案】C

【解析】填筑体积：$V_0 = 200 \times 100 \times (1.2 + 0.5 + 0.8) = 50000\text{m}^3$

填筑后的土料干密度：$\rho_{d0} = 0.94 \times 1.69 = 1.59\text{kg/m}^3$

天然土料的干密度：$\rho_d = \dfrac{\gamma}{(1+w)\gamma_w} = \dfrac{19.6}{(1+0.296) \times 10} = 1.51\text{kg/m}^3$

根据填筑前后土粒质量相等，$\rho_{d0}V_0 = \rho_d V$，得

$$V = \frac{\rho_{d0}V_0}{\rho_d} = \frac{1.59 \times 50000}{1.51} = 52649\text{m}^3$$

27.【答案】B

【解析】《公路工程抗震规范》（JTG B02—2013）第 7.2.5 条。

$$k_a = \frac{\cos^2 \varphi}{(1 + \sin \varphi)^2} = \frac{\cos^2 33°}{(1 + \sin 33°)^2} = 0.295, \text{ 查表 3.2.2, 重要性系数} C_i = 1.0$$

$$E_{ea} = \frac{1}{2}\gamma H^2 k_a (1 + 0.75 C_i K_h \tan \varphi)$$
$$= \frac{1}{2} \times 18 \times 8^2 \times 0.295 \times \left(1 + 0.75 \times 1 \times \frac{0.2g}{g} \times \tan 33°\right) = 186.5\text{kN/m}$$

28.【答案】D

【解析】《水利水电工程地质勘察规范》（GB 50487—2008）（2022年版）附录P。

标准贯入锤击数临界值：

$$N_{cr} = N_0[0.9 + 0.1(d_s - d_w)]\sqrt{\frac{3}{\rho_c}} = 12 \times [0.9 + 0.1 \times (8 - 1)] \times \sqrt{\frac{3}{6}} = 13.6$$

校正后的标准贯入锤击数：

$$N = N' \times \left(\frac{d_s + 0.9d_w + 0.7}{d_s' + 0.9d_w' + 0.7}\right) = N' \times \left(\frac{8 + 0.9 \times 1 + 0.7}{5 + 0.9 \times 2 + 0.7}\right) = 1.28N'$$

$1.28N' > N_{cr}$时，不液化，因此$N' > \frac{13.6}{1.28} = 10.6$

29.【答案】C

【解析】《建筑抗震设计标准》（GB/T 50011—2010）（2024年版）第5.1.5条。

场地特征周期：$T_g = 0.45\text{s} + 0.05\text{s} = 0.5\text{s}$

地震影响系数最大值：$\alpha_{max} = 1.20$

自振周期$T = 0.75\text{s}$，位于曲线下降段，阻尼比$\xi = 0.075$

曲线下降段的衰减指数：$\gamma = 0.9 + \frac{0.05 - \xi}{0.3 + 6\xi} = 0.9 + \frac{0.05 - 0.075}{0.3 + 6 \times 0.075} = 0.87$

阻尼调整系数：$\eta_2 = 1 + \frac{0.05 - \xi}{0.08 + 1.6\xi} = 1 + \frac{0.05 - 0.075}{0.08 + 1.6 \times 0.075} = 0.875 > 0.55$

$$\alpha = \left(\frac{T_g}{T}\right)^\gamma \eta_2 \alpha_{max} = \left(\frac{0.5}{0.75}\right)^{0.87} \times 0.875 \times 1.2 = 0.74$$

30.【答案】D

【解析】《建筑地基处理技术规范》（JGJ 79—2012）第7.5.2条条文说明第4款。

桩间土的平均干密度取样自桩顶下0.5m起，桩孔外100mm一点，桩孔之间的中心距1/2处一点，即B、C两点的干密度。

平均干密度：

$$\bar{\rho}_d = \frac{1.58 + 1.60 + 1.57 + 1.58 + 1.59 + 1.57 + 1.63 + 1.67 + 1.65 + 1.66 + 1.64 + 1.62}{12}$$
$$= 1.613\text{g/m}^3$$

最大干密度：$\rho_{dmax} = \frac{2}{1 + 0.17} = 1.709\text{g/m}^3$

平均挤密系数：$\eta_c = \frac{\bar{\rho}_d}{\rho_{dmax}} = \frac{1.613}{1.709} = 0.944$

2012 年案例分析试题答案及解析（下午卷）

试题答案

本试卷由 30 道题组成，全部为单项选择题。考生可任选 25 道题作答。每题 2 分，满分为 50 分。若考生在答题卡或试卷上的作答超过 25 道题，则按题目序号从小到大的顺序对作答的前 25 道题计分及复评试卷，其他作答题目无效。

1	B	2	D	3	B	4	D	5	C
6	B	7	C	8	A	9	B	10	B
11	C	12	A	13	B	14		15	D
16	B	17	C	18	C	19	C	20	C
21	B	22	B	23	C	24	A	25	C
26	B	27	B	28	B	29	C	30	B

解 题 过 程

1.【答案】B

【解析】 据《岩土工程勘察规范》（GB 50021—2001）（2009 年版）第 14.2.2 节，剔除软土层表面硬壳层数据。

平均值：$C_m = \dfrac{\sum\limits_{i=1}^{n} C_i}{n} = \dfrac{7.0 + 9.6 + 12.3 + 14.4 + 16.7 + 19.0}{6} = 13.2 \text{kPa}$

标准差：$\sigma_f = \sqrt{\dfrac{\sum\limits_{i=1}^{n} C_i^2 - n C_m^2}{n-1}} = \sqrt{\dfrac{7.0^2 + 9.6^2 + 12.3^2 + 14.4^2 + 16.7^2 + 19.0^2 - 6 \times 13.2^2}{6-1}} = 4.34$

剩余标准差：$\sigma_r = \sigma_f(1 - r^2) = 4.34 \times \sqrt{1 - 0.98^2} = 0.86$

变异系数：$\delta = \dfrac{\sigma_r}{C_m} = \dfrac{0.86}{13.2} = 0.065$

统计修正系数：$\gamma_s = 1 - \left(\dfrac{1.704}{\sqrt{6}} + \dfrac{4.678}{6^2}\right) \times 0.065 = 0.946$

抗剪强度标准值：$C_k = \gamma_s C_m = 0.946 \times 13.2 = 12.5 \text{kPa}$

注：软土层表面往往存在一个硬壳层，其厚度一般不大，抗剪强度远高于其下部正常固结土的抗剪强度，应剔除硬壳层的异常数值；硬壳层以下的各组数据有明显的深度相关性，十字板抗剪强度随深度显著增加，此时就不能采用常规统计方法，而应采用剩余标准差来计算变异系数。

2.【答案】D

【解析】《工程地质手册》（第五版）第 1230 页。

水位高程 k_1 孔为 $12.70 - 2.70 = 10.00 \text{m}$，$k_2$ 孔为 $15.6 - 3.10 = 12.50 \text{m}$，$k_3$ 孔为 $9.80 - 2.30 = 7.50 \text{m}$，

根据钻孔坐标绘图，实地坐标和图上坐标的 X、Y 轴相反。

见解图，由 k_1 向 k_2、k_3 的连线作等水位线，k_2、k_3 的连线方向即为地下水流向，与正北方向的夹角为 $360° - 45° = 315°$

题2解图

3.【答案】B

【解析】$\gamma' = \dfrac{G_s - 1}{1 + e}\gamma_w = \dfrac{2.74 - 1}{1 + 0.98} \times 10 = 8.79\text{kN/m}^3$

自重应力：$p_z = 8.79 \times 8 = 70.3\text{kPa}$

超固结比：$\text{OCR} = \dfrac{p_c}{p_z} = \dfrac{76}{70.3} = 1.08$

4.【答案】D

【解析】《铁路桥涵地基和基础设计规范》（TB 10093—2017）第4.1.4条。

持力层为不透水层，水中部分粉细砂按饱和重度计算。

粉细砂层孔隙比：$e = \dfrac{G_s\gamma_w(1+w)}{\gamma} - 1 = \dfrac{2.65 \times 10 \times (1 + 0.15)}{19.0} - 1 = 0.604$

粉细砂层饱和重度：$\gamma_{sat} = \dfrac{G_s + e}{1 + e}\gamma_w = \dfrac{2.65 - 0.604}{1 + 0.604} \times 10 = 20.29\text{kN/m}^3$

容许承载力：$[\sigma] = 5.14C_u\dfrac{1}{m'} + \gamma_2 h = \dfrac{5.14 \times 20}{1.5} + 2 \times 19 + 2 \times 20.29 = 147\text{kPa}$

5.【答案】C

【解析】《公路桥涵地基与基础设计规范》（JTG 3363—2019）第4.3.4条。

基础埋置深度 h 自一般冲刷线算起，取 $h = 3.5\text{m}$，基底位于水面下，持力层为不透水层，取 $\gamma_1 = 20\text{kN/m}^3$，基底以上土的加权重度 $\gamma_2 = \dfrac{1.5 \times 18 + 1.5 \times 19 + 0.5 \times 20}{3.5} = 18.71\text{kN/m}^3$

查表 4.3.4，$k_1 = 0$，$k_2 = 2.5$，$f_a = f_{a0} + k_1\gamma_1(b - 2) + k_2\gamma_2(h - 3) = 200 + 0 + 2.5 \times 18.71 \times (3.5 - 3) = 223.4\text{kPa}$

按平均常水位至一般冲刷线每米增大 10kPa，$f_a = 223.4 + 10 \times 1.5 = 238.4\text{kPa}$

6.【答案】B

【解析】基底附加压力 $p_0 = 607 - 19 \times 8 = 455\text{kPa}$，压缩模量当量值为沉降计算中与分层压缩模量等效的值。$\dfrac{l}{b} = \dfrac{20}{10} = 2$，$\dfrac{z}{b} = \dfrac{20}{10} = 2$，平均附加应力系数 $\bar{a} = 0.1958$

$$s' = 4\dfrac{p_0}{E_s}\bar{a}z = 4 \times \dfrac{455}{18} \times 0.1958 \times 20 = 396\text{mm}, \quad \psi_s = \dfrac{s}{s'} = \dfrac{80}{396} = 0.2$$

7.【答案】C

【解析】地下室浮力为 $9 \times 10 = 90\text{kPa}$

基底平均压力 $p_k = 70\text{kPa}$，设钢渣厚度为 t，则单位面积上钢渣和上覆土自重为 $35t + 18 \times (1 - t)$

$K_w = \dfrac{70 + 35t + 18 \times (1 - t)}{90} = 1.05$，解得：$t = 0.38\text{m}$

8.【答案】A

【解析】$\dfrac{E_{s1}}{E_{s2}} = \dfrac{12}{4} = 3$，$\dfrac{z}{b} = \dfrac{5 - 3}{2} = 1$，查规范表 5.2.7，$\theta = 23°$

基础底面以上土的自重应力：$p_c = 19 \times 1 + 9 \times 2 = 37\text{kPa}$

下卧层顶面附加应力：$p_z = \dfrac{b(p_k - p_c)}{b + 2z \tan \theta} = \dfrac{2 \times (180 - 37)}{2 + 2 \times 2 \times \tan 23°} = 77.3 \text{kPa}$

下卧层顶面处土的自重应力：$p_{cz} = 19 \times 1 + 9 \times 4 = 55 \text{kPa}$

$$p_z + p_{cz} = 55 + 77.3 = 132.3 \text{kPa} \leqslant f_{az}$$

9. 【答案】B

【解析】据《建筑地基基础设计规范》（GB 50007—2011），$\varphi = 20°$，$M_b = 0.51$，$M_d = 3.06$，$M_c = 5.66$

$$f_a = M_b \gamma b + M_d \gamma_m d + M_c c_k = 0.51 \times 10 \times 5 + 3.06 \times \dfrac{18 + 10}{2} \times 2 + 5.66 \times 25$$
$$= 253 \text{kPa}$$

$$p_{max} \leqslant 1.2 f_a = 1.2 \times 253 = 303.6 \text{kPa}$$
$$p_{max} = \dfrac{F}{A} + \dfrac{M}{W} = \dfrac{F}{5} + \dfrac{300 \times 6}{5^2 \times 1} = \dfrac{F}{5} + 72 \leqslant 303.6$$

解得：$F \leqslant 1158 \text{kN}$

10. 【答案】B

【解析】《建筑桩基技术规范》（JGJ 94—2008）第 5.4.4 条。

查表 5.4.4-2，$\dfrac{l_n}{l_0} = 0.9$，$l_n = 0.9 \times 5 = 4.5 \text{m}$

$$\eta_n = \dfrac{s_{ax} s_{ay}}{\pi d \left(\dfrac{q_s^n}{\gamma_m} + \dfrac{d}{4} \right)} = \dfrac{2.5 \times 2.5}{3.14 \times 0.7 \times \left(\dfrac{30}{8.5} + \dfrac{0.7}{4} \right)} = 0.768$$

下拉荷载：$Q_g^n = \eta_n \cdot u \sum_{i=1}^{n} q_{si}^n l_i = 0.768 \times 3.14 \times 0.7 \times 30 \times 4.5 = 227.9 \text{kN}$

11. 【答案】C

【解析】《建筑桩基技术规范》（JGJ 94—2008）第 5.1.1 条、第 5.2.1 条。

承台及其上土重 $G_k = 20 \times 1.6 \times 2.6 \times 1.8 = 150 \text{kN}$

$$N_k = \dfrac{F_k + G_k}{n} = \dfrac{10000 + 150}{5} = 2030 \text{kN} \leqslant R$$

$$N_{kmax} = \dfrac{F_k + G_k}{n} + \dfrac{M_{yk} x_i}{\sum x_j^2} = 2030 + \dfrac{(500 + 100 \times 1.8) \times 1}{4 \times 1^2} = 2200 \text{kN} \leqslant 1.2R$$

$$R \geqslant \dfrac{2200}{1.2} = 1833 \text{kN}, \quad Q_{uk} = 2R = 2 \times 2030 = 4060 \text{kN}$$

12. 【答案】A

【解析】《建筑桩基技术规范》（JGJ 94—2008）第 5.6.2 条。

$$A_c = A - n A_{ps} = 2 \times 2 - 4 \times 0.2^2 = 3.84 \text{m}^2$$
$$p_0 = \eta_p \dfrac{F - n R_a}{A_c} = 1.3 \times \dfrac{360 - 4 \times 80}{3.84} = 13.54 \text{kPa}$$

见解表，计算如下：

$$s_s = 4 p_0 \sum \dfrac{z_i \bar{a}_i - z_{i-1} \bar{a}_{i-1}}{E_{si}} = 4 \times 13.54 \times \dfrac{0.4107}{1.5} = 14.83 \text{mm}$$

题 12 解表

z_i（m）	l/b	z/b	$\bar{a}_i$	$z_i \bar{a}_i$	$z_i \bar{a}_i - z_{i-1} \bar{a}_{i-1}$	E_{si}（MPa）
0	1	0	0.25	0		
3	1	3	0.1369	0.4107	0.4107	1.2

13.【答案】B

【解析】《建筑地基处理技术规范》（JGJ 79—2012）第7.2.2条。

$$e_1 = e_{\max} - D_{r1}(e_{\max} - e_{\min}) = 0.91 - 0.85 \times (0.91 - 0.58) = 0.63$$

$$s = 0.95 \xi d \sqrt{\frac{1 + e_0}{e_0 - e_1}} = 0.95 \times 1.2 \times 0.8 \times \sqrt{\frac{1 + 0.78}{0.78 - 0.63}} = 3.14\text{m}$$

14.【答案】D

【解析】《建筑地基处理技术规范》（JGJ 79—2012）第7.5.3条。

拟加固土的体积$v = 22 \times 36 \times 6 = 4753\text{m}^3$

用水量$Q = v\bar{\rho}_d(w_{op} - \bar{w})k = 4753 \times 1.4 \times (0.165 - 0.10) \times 1.1 = 476\text{t}$

15.【答案】D

【解析】《建筑地基处理技术规范》（JGJ 79—2012）第7.1.5条。

置换率：
$$m = \frac{d^2}{d_e^2} = \frac{0.8^2}{(1.13 \times 2)^2} = 0.125$$

$$f_{spk} = [1 + m(n-1)]f_{sk}, n = \frac{f_{spk} - f_{sk}}{mf_{sk}} + 1 = \frac{200 - 150}{0.125 \times 150} + 1 = 3.67$$

16.【答案】B

【解析】《建筑地基处理技术规范》（JGJ 79—2012）第5.2条。

$$c_v = c_h = 3.5 \times 10^{-4} \times 8.64 = 3.024 \times 10^{-3}\text{m}^2/\text{s}$$

有效排水直径：
$$d_e = 1.13l = 1.13 \times 1 = 1.13\text{m}$$

当量换算直径：
$$d_p = \frac{2(a+b)}{\pi} = \frac{2 \times (100 + 4)}{3.14} = 66.2\text{mm}$$

井径比：
$$n = \frac{d_e}{d_p} = \frac{1130}{66.2} = 17 > 15, F_n = \ln(n) - \frac{3}{4} = \ln 17 - 0.75 = 2.08$$

$$U = 1 - ae^{-\beta x}, a = \frac{8}{\pi^2} = 0.81$$

$$\beta = \frac{\pi^2 c_v}{4H^2} + \frac{8c_h}{F_n d_e^2} = \frac{3.14^2 \times 3.024 \times 10^{-3}}{4 \times 12^2} + \frac{8 \times 3.024 \times 10^{-3}}{2.08 \times 1.13^2} = 9.2 \times 10^{-3}$$

$$U = 1 - 0.81 \times e^{9.2 \times 10^{-3} \times 8 \times 30} = 91.1\%$$

17.【答案】C

【解析】
$$k_{a1} = \tan^2\left(45° - \frac{30°}{2}\right) = \frac{1}{3}, k_{a2} = \tan^2\left(45° - \frac{36°}{2}\right) = 0.26$$

$$E = qh_1 k_{a1} + qh_2 k_{a2} = 30 \times \frac{1}{3} \times 3 + 30 \times 0.26 \times 5 = 69\text{kN/m}$$

18.【答案】C

【解析】$\theta = 60° > 45° + \frac{28°}{2} = 59°$，$\delta = 12° < \varphi = 28°$，滑动面沿坡面滑动，采用滑动楔体静力平衡法。见解图。

题18解图

填料自重：
$$W = \frac{1}{2} \times 5.5 \times \left(\frac{5.5}{\tan 75°} + \frac{5.5}{\tan 60°} \right) \times 20 = 255.7 \text{kN/m}$$

$$E_a = \frac{255.7 \times \sin(60° - 12°)}{\sin(90° + 15° + 12° + 15° - 60°)} = 199.8 \text{kN/m}$$

根据《建筑地基基础设计规范》（GB 50007—2011）第 6.7.3 条，主动土压力增大系数取 1.1，$E_a = 1.1 \times 199.8 = 219.78 \text{kN/m}$

19.【答案】C

【解析】$k_a = \tan^2 \left(45° - \frac{32°}{2} \right) = 0.31$

水位处土压力强度：$e_a = \gamma h_1 k_a = 18 \times 3 \times 0.31 = 16.74 \text{kPa}$

墙底处土压力强度：$e_a = \gamma h k_a = (18 \times 3 + 10 \times 5) \times 0.31 = 32.24 \text{kPa}$

土压力合力：$E_a = \frac{1}{2} \times 3 \times 16.74 + \frac{1}{2} \times 5 \times (16.74 + 32.24) = 147.56 \text{kN/m}$

水压力：$P_w = \frac{1}{2} \gamma_w h_2^2 = \frac{1}{2} \times 10 \times 5^2 = 125 \text{kN/m}$

总压力：$P = 147.56 + 125 = 272.56 \text{kN/m}$

20.【答案】C

【解析】《铁路路基支挡结构设计规范》（TB 10025—2019）第 9.2.3 条。

根据几何关系，非锚固段长度：$L_a = 0.6(H - h_i) = 0.6 \times (8 - 6) = 1.2 \text{m}$

$$h_i = 6 \text{m}, \quad \lambda_a = \tan \left(45° - \frac{32°}{2} \right) = 0.31, \quad \lambda_0 = 1 - \sin 32° = 0.47$$

$$\lambda_i = \lambda_0 \left(1 - \frac{h_i}{6} \right) + \lambda_a \frac{h_i}{6} = 0 + 0.31 = 0.31$$

6m 深度处的水平土压力 $\sigma_{h1i} = \lambda_i \gamma h_i = 0.31 \times 18 \times 6 = 33.48 \text{kN/m}^3$

拉筋拉力：$T_i = K \sigma_{hi} S_x S_y = 2 \times 33.48 \times 0.8 \times 0.4 = 21.4 \text{kN}$

拉筋抗拔力：$S_{fi} = 2 \sigma_{vi} a L_b f = 2 \times 18 \times 6 \times 0.1 \times 0.26 \times L_b = 5.616 L_b$

$$S_{fi} \geqslant T_i, \quad L_b \geqslant \frac{21.4}{5.616} = 3.81 \text{m}, \quad L = L_a + L_b = 3.81 + 1.2 = 5.01 \text{m}$$

21.【答案】B

【解析】《建筑基坑支护技术规程》（JGJ 120—2012）附录 E.0.3 条。

按承压水完整井计算基坑涌水量，$k = 1.5 \times 10^{-2} \times 864 = 12.96 \text{m/d}$

基坑等效半径：$r_0 = \sqrt{\frac{A}{\pi}} = \sqrt{\frac{75^2 - 20 \times 30}{3.14}} = 40 \text{m}$

设计降深：$s_d = 8 - 0.5 + 0.5 = 8 \text{m}$

井水位降深：$s_w = 10 \text{m}$

影响半径：$R = 10 s_w \sqrt{k} = 10 \times 10 \times \sqrt{12.96} = 360 \text{m}$

基坑涌水量：$Q = 2 \pi k \frac{M s_d}{\ln \left(1 + \frac{R}{r_0} \right)} = 2 \times 3.14 \times 12.96 \times \frac{12 \times 8}{\ln \left(1 + \frac{360}{40} \right)} = 3393.3 \text{m}^3/\text{d}$

单井出水能力：$q_0 = 120 \pi r_s l \sqrt[3]{k} = 120 \times 3.14 \times 0.15 \times 12 \times \sqrt[3]{12.96} = 1593 \text{m}^3/\text{d}$

需要降水井数量：$n = 1.1 \frac{Q}{q_0} = 1.1 \times \frac{3393.3}{1593} = 2.34 \approx 3$

22.【答案】B

【解析】《建筑基坑支护技术规程》（JGJ 120—2012）附录 A.4.6 条。

在抗拔承载力检测值下测得的弹性位移量应大于杆体自由段长度理论弹性伸长量的 80%。

自由段理论弹性变形量：$\varepsilon = \dfrac{NL}{EA} = \dfrac{300 \times 10^3 \times 6000}{2.0 \times 10^5 \times 2 \times 3.14 \times \dfrac{25^2}{4}} = 9.17\text{mm}$

弹性变形值 $> 9.17 \times 0.8 = 7.34\text{mm} = 0.734\text{cm}$

23.【答案】C

【解析】《工程地质手册》（第五版）第 810 页。

$$K_1 = \tan\varphi \cdot \tan^2\left(45° - \frac{\varphi}{2}\right) = \tan 30° \times \tan^2\left(45° - \frac{30°}{2}\right) = 0.19$$

$$a_1 = a + h\tan\left(45° - \frac{\varphi}{2}\right) = 4 + 5 \times \tan\left(45° - \frac{30°}{2}\right) = 6.89\text{m}$$

$$q_v = \gamma H\left(1 - \frac{H}{2a_1}K_1\right) = 20 \times 20 \times \left(1 - \frac{20}{2 \times 6.89} \times 0.19\right) = 289.7\text{kPa}$$

24.【答案】A

【解析】滑体安全系数 $K = \dfrac{W\cos\theta\tan\varphi + cl}{W\sin\theta}$

方案 1：$K_1 = \dfrac{\frac{1}{2}\gamma hl\cos\theta\tan\varphi + cl}{\frac{1}{2}\gamma hl\sin\theta} = \dfrac{\frac{1}{2}\gamma h\cos\theta\tan\varphi + c}{\frac{1}{2}\gamma h\sin\theta}$

方案 2：$K_2 = \dfrac{\frac{1}{2}\gamma hl\cos\theta\tan\varphi + cl}{\frac{1}{2}\gamma hl\sin\theta} = \dfrac{\frac{1}{2}\gamma h\cos\theta\tan\varphi + c}{\frac{1}{2}\gamma h\sin\theta}$

由于滑体高度 h 相同，$K_1 = K_2$

25.【答案】C

【解析】《公路工程地质勘察规范》（JTG C20—2011）第 8.4.9 条。

$$\overline{DT} = \frac{\sum h_i DT_i}{\sum h_i}$$

$$= \frac{0.05 \times 6.2 + 0.2 \times 4.1 + 0.25 \times (3.1 + 2.7 + 2.1) + 0.5 \times (1.7 + 0.8 + 1.1)}{2.5}$$

$$= 1.96$$

据表 8.4.4，该盐渍土属中盐渍土；

按表 8.4.9-2，判定作为一级公路路基的可能性为 1.5m 以下可用。

26.【答案】B

【解析】《工程地质手册》（第五版）第 680 页。

$$K = \frac{[\sigma_{\text{拉}}]}{[\sigma_{\text{B拉}}]} = \frac{(h-a)^2[\sigma_{\text{B拉}}]}{3l^2\gamma h} = 1$$

$$(5-a)^2 = \frac{3 \times 7^2 \times 24 \times 5}{900} = 19.6,\ \text{解得：} a = 5 - \sqrt{19.6} = 0.57\text{m}$$

27.【答案】B

【解析】《工程地质手册》（第五版）第 713 页。

顶板临界深度：$H_0 = \dfrac{B\gamma + \sqrt{B^2\gamma^2 + 4B\gamma P_0 \tan\varphi \tan^2\left(45° - \dfrac{\varphi}{2}\right)}}{2\gamma \tan\varphi \tan^2\left(45° - \dfrac{\varphi}{2}\right)}$

$= \dfrac{2 \times 22 + \sqrt{2^2 \times 22^2 + 4 \times 2 \times 22 \times 250 \times \tan 34° \times \tan^2\left(45° - \dfrac{34°}{2}\right)}}{2 \times 22 \times \tan 34° \times \tan^2\left(45° - \dfrac{34°}{2}\right)}$

$= 17.35\text{m}$

顶板埋藏深度：$H = 27 - 2 = 25\text{m}$，$H_0 = 17.35\text{m} < H = 25\text{m} < 1.5H_0 = 26\text{m}$，地基稳定性差。

28.【答案】B

【解析】《建筑抗震设计标准》（GB/T 50011—2010）（2024年版）第4.4节。

液化折减系数：$\lambda = \dfrac{N}{N_{cr}} = \dfrac{7}{10} = 0.7$

地面下 5～10m，折减系数取 $\dfrac{1}{3}$，10～15m，折减系数取 $\dfrac{2}{3}$。

单桩极限承载力标准值：

$Q_{uk} = u\Sigma q_{sik}l_i + q_{pk}A_p$

$= 3.14 \times 0.8 \times \left(3 \times 30 + 5 \times 20 \times \dfrac{1}{3} + 5 \times 20 \times \dfrac{2}{3} + 7 \times 50\right) + 3.14 \times 0.4^2 \times 4000$

$= 3366.08\text{kN}$

单桩极限承载力特征值：$R_a = \dfrac{Q_{uk}}{2} = \dfrac{3366.08}{2} = 1683.04\text{kN}$

抗震时提高 25%，$1683.04 \times 1.25 = 2103.8\text{kN}$

29.【答案】C

【解析】《建筑抗震设计标准》（GB/T 50011—2010）（2024年版）第4.3节。

锤击数临界值 $N_{cr} = N_0\beta[\ln(0.6d_s + 1.5) - 0.1d_w]\sqrt{\dfrac{3}{\rho_c}}$

4m 处：$N_{cr} = 10 \times 0.8 \times [\ln(0.6 \times 4 + 1.5) - 0.1 \times 2] \times \sqrt{\dfrac{3}{6}} = 6.6 > 5$

6m 处：$N_{cr} = 10 \times 0.8 \times [\ln(0.6 \times 6 + 1.5) - 0.1 \times 2] \times \sqrt{\dfrac{3}{6}} = 8.1 > 6$

9m 处：$N_{cr} = 10 \times 0.8 \times [\ln(0.6 \times 9 + 1.5) - 0.1 \times 2] \times 1 = 13.9 > 12$

12m 处：$N_{cr} = 10 \times 0.8 \times [\ln(0.6 \times 12 + 1.5) - 0.1 \times 2] \times 1 = 15.7 < 18$

16m 处：$N_{cr} = 10 \times 0.8 \times [\ln(0.6 \times 16 + 1.5) - 0.1 \times 2] \times 1 = 17.7 < 24$

4m、6m、9m 处液化，各点土层厚度及中点深度和权函数计算见解表。

题 29 解表

深度	土层厚度	中点深度	权函数
4m	$4 - 2 + \dfrac{6-4}{2} = 3$	$2 + \dfrac{3}{2} = 3.5$	10
6m	$8 - 6 + \dfrac{6-4}{2} = 3$	$8 - \dfrac{3}{2} = 6.5$	$\dfrac{2}{3} \times (20 - 6.5) = 9$
9m	$9 - 8 + \dfrac{12-9}{2} = 2.5$	$8 + \dfrac{2.5}{2} = 9.25$	$\dfrac{2}{3} \times (20 - 9.25) = 7.17$

$I_{lE} = \sum_{i=1}^{n} \left(1 - \dfrac{N_i}{N_{cri}}\right) d_i W_i = \left(1 - \dfrac{5}{6.6}\right) \times 3 \times 10 + \left(1 - \dfrac{6}{8.1}\right) \times 3 \times 9 + \left(1 - \dfrac{12}{13.9}\right) \times 2.5 \times 7.17 = 16.6$，液化等级为中等。

30.【答案】B

【解析】《建筑基桩检测技术规范》（JGJ 106—2014）第 4.4 节。

$$平均值 = \frac{2880 + 2580 + 2940 + 3060 + 3530 + 3360}{6} = 3058.3 \text{kN}$$

极差 = 3530 − 2580 = 950kN，$\frac{950}{3058.3}$ = 0.31 > 0.3，不符合规范，舍弃最大值重新统计。

$$平均值 = \frac{2880 + 2580 + 2940 + 3060 + 3360}{6} = 2964 \text{kN}$$

极差 = 3360 − 2580 = 780kN，$\frac{780}{2964}$ = 0.26 < 0.3，满足要求。

单桩竖向抗压承载力特征值：$R_a = \frac{2964}{2} = 1482 \text{kN}$

2013 年案例分析试题答案及解析（上午卷）

试 题 答 案

本试卷由 30 道题组成，全部为单项选择题。考生可任选 25 道题作答。每题 2 分，满分为 50 分。若考生在答题卡或试卷上的作答超过 25 道题，则按题目序号从小到大的顺序对作答的前 25 道题计分及复评试卷，其他作答题目无效。

1	A	2	B	3	D	4	C	5	B
6	D	7	B	8	A	9	C	10	C
11	B	12	C	13	B	14	C	15	C
16	B	17	C	18	A	19	C	20	D
21	C	22	B	23	B	24	C	25	C
26	B	27	A	28	D	29	C	30	C

解 题 过 程

1. 【答案】A

【解析】《工程地质手册》（第五版）第 261～262 页。

$$K_v = \frac{p}{s} = \frac{40}{0.9 \times 10^{-3}} = 44444 \text{kN/m}^3$$

$$K_s = \left(\frac{B+0.3}{2B}\right)^2 K_v = \left(\frac{2.5+0.3}{2 \times 2.5}\right)^2 \times 44444 = 13938 \text{kN/m}^3$$

2. 【答案】B

【解析】见解图，$l = \frac{\sqrt{3}}{2} \times 60 = 52\text{m}$，$\Delta h = 4\text{m}$，$i = \Delta h/l = 0.077$

$$v = ki = 1.8 \times 10^{-3} \times 0.077 = 1.386 \times 10^{-4} \text{cm/s}$$

题 2 解图

3. 【答案】D

【解析】$\sigma_1 = \sigma_3 \tan^2\left(45° + \frac{\varphi}{2}\right) + 2c\tan\left(45° + \frac{\varphi}{2}\right)$

$$\sigma_1' = \sigma_3' \tan^2\left(45° + \frac{30°}{2}\right) + 2 \times 0 \times \tan\left(45° + \frac{30°}{2}\right) = 3\sigma_3'$$

故只有选项 D 满足条件。

4. 【答案】C

【解析】用三项换算草图计算，见解图：

$$\rho_d(1+w) = \rho$$

$$\rho_{d1} = \frac{\rho_1}{1+w_1} = \frac{1.89}{1+0.31} = 1.443$$

$$\rho_{d2} = \frac{\rho_2}{1+w_2} = \frac{1.64}{1+0.626} = 1.009$$

题 4 解图

$$\rho_{d1}V_1 = \rho_{d2}V_2$$
$$1.443V_1 = 10000 \times 1.009$$
$$V_1 = 6692\text{m}^3$$

5. 【答案】B

【解析】《建筑地基基础设计规范》（GB 50007—2011）第 5.3.6 条。

变形计算深度范围内有粉土和细砂两层，根据附录表 K.0.1-2 可查得相应的平均附加应力系数，计算见解表。

题 5 解表

分层点	基底下层点深度Z（m）	$Z/(b/2)$	L/b	层号	$\bar{a}_j$	$\bar{a}_j Z_j$	$A_i = \bar{a}_j Z_i - \bar{a}_{j-1} Z_{i-1}$
0	0	0	1			0	
1	3	1.2	1	①	0.2149	0.6447	0.6447
2	6	2.4	1	②	0.1578	0.9468	0.3021

压缩模量当量值：$\bar{E}_s = \dfrac{\sum A_i}{\sum \dfrac{A_i}{E_{si}}} = \dfrac{0.6447 + 0.3021}{\dfrac{0.6447}{12} + \dfrac{0.3021}{18}} = 13.43\text{MPa}$

6. 【答案】D

【解析】$e = \dfrac{M}{N} = \dfrac{1680 \times 0.8 - 4800 \times 0.2}{1680 + 4800 + 4 \times 6 \times 3 \times 20} = \dfrac{384}{7920} = 0.0485 < \dfrac{b}{6} = 1$（判断为小偏心）

$$p_{\max} = \dfrac{7920}{4 \times 6} \times \left(1 + \dfrac{6 \times 0.0485}{6}\right) = 346.0\text{kPa}$$

7. 【答案】B

【解析】根据《建筑地基基础设计规范》（GB 50007—2011）第 8.2.1 条第 3 款，每米分布筋的面积不少于受力筋的 15%，由式(8.2.14)和式(8.2.12)得：

$$M_1 = \dfrac{1}{6}a_1^2\left(2p_{\max} + p - \dfrac{3G}{A}\right) = \dfrac{1}{6} \times 1.8^2 \times (3 \times 200) = 324\text{kN} \cdot \text{m/m}$$

$$A_s = \dfrac{M}{0.9f_y h_0} = \dfrac{324 \times 1000 \times 1000}{0.9 \times 300 \times (1000 - 50)} = 1263.16\text{mm}^2/\text{m}$$

$$A_s = 0.15\% \times 950 \times 1000 = 1425\text{mm}^2/\text{m}$$

两者取大值，$A_s = 1425\text{mm}^2/\text{m}$

8. 【答案】A

【解析】《建筑地基基础设计规范》（GB 50007—2011）第 5.4.3 条。

$$\dfrac{G_k}{N_{w,k}} \geqslant K_w$$

取单位长度、宽度均为 1m 为研究对象，$\dfrac{70 + 25h}{10 \times 1 \times 1 \times (9 - 2 + h)} = 1.05$

得 $h = 0.241\text{m}$

9. 【答案】C

【解析】《建筑地基基础设计规范》（GB 50007—2011）第 5.2.4 条。

设地基承载力特征值为 f_{ak}，原设计 2m 埋深：

$$\eta_d = 2; \quad \gamma_m = 18kN/m^3$$

$$f_{a1} = f_{ak} + \eta_b\gamma(b-3) + \eta_d\gamma_m(d_1 - 0.5)$$

增加埋深后：

$$f_{a2} = f_{ak} + \eta_b\gamma(b-3) + \eta_d\gamma_m(d_2 - 0.5)$$

$$\Delta f_a = f_{a2} - f_{a1} = 25kPa$$

$$\eta_d\gamma_m\Delta d = 25, \quad \Delta d = 0.69m$$

$$d_2 = 2.69m$$

10.【答案】C

【解析】《建筑桩基技术规范》（JGJ 94—2008）第 5.9.10 条。

$$h_0 = 1000mm, \quad \beta_{hs} = \left(\frac{800}{1000}\right)^{1/4} = 0.946$$

$$\lambda_x = \frac{a_x}{h_0} = \frac{0.6}{1} = 0.6, \quad \text{满足要求；}$$

$$\alpha = \frac{1.75}{\lambda_x + 1} = \frac{1.75}{0.6 + 1} = 1.094$$

$$11 \times 1000 = \beta_{hs}\alpha f_t b_0 h_0 = 0.946 \times 1.094 \times f_t \times 4.8 \times 1$$

$$f_t = 2214.3kPa$$

11.【答案】B

【解析】《建筑桩基技术规范》（JGJ 94—2008）第 5.7.2 条。

$$\alpha h = 0.36 \times 30 = 10.8$$

$\alpha h > 4$ 时，取 $\alpha h = 4$。查表 5.7.2，$v_x = 0.94$

$$R_{ha} = 0.75\frac{\alpha^3 EL}{v_x}X_{0a} = 0.75 \times \frac{0.36^3 \times 6.75 \times 10^5}{0.94} \times 4 \times 10^{-3} = 100.5kN$$

12.【答案】C

【解析】《建筑桩基技术规范》（JGJ 94—2008）第 5.6.2 条。

$$\bar{q}_{su} = \frac{20 \times 8.8 + 40 \times 1.2}{8.8 + 1.2} = 22.4; \quad \bar{E}_s = \frac{8.8 \times 1.5 + 1.2 \times 4}{8.8 + 1.2} = 1.8$$

对于方桩：

$$d = 1.27b = 0.254m \quad s_a/d = 1.2/0.254 = 4.72$$

$$s_{sp} = 280\frac{q_{su}}{E_s}\frac{d}{(s_d/d)^2} = 280 \times \frac{22.4}{1.8} \times \frac{0.254}{4.72^2} = 39.7mm$$

13.【答案】B

【解析】《建筑地基处理技术规范》（JGJ 79—2012）第 5.2.7 条。

$$\bar{U}_t = \sum_{i=1}^{n}\frac{\dot{q}_i}{\sum\Delta p}\left[(T_i - T_{i-1}) - \frac{\alpha}{\beta}e^{-\beta t}(e^{\beta T_i} - e^{\beta T_{i-1}})\right]$$

$$= \frac{3}{100} \times \left[(20 - 0) - \frac{0.8}{0.025}e^{-0.025t}(e^{0.025\times20} - e^0)\right] + \frac{2}{100} \times \left[(70 - 50) - \right.$$

$$\left. \frac{0.8}{0.025}e^{-0.025t}(e^{-0.025\times70} - e^{0.025\times50})\right]$$

$$= 1 - 2.073e^{-0.025t} = 0.9$$

解得：$t = 121\text{d}$

14.【答案】C

【解析】《建筑地基处理技术规范》（JGJ 79—2012）第 7.1.5 条、第 9.2.2 条。

$$R_a = u_p \sum_{i=1}^{h} q_{si} l_{pi} = 3.14 \times 0.3 \times (15 \times 6 + 1 \times 30) = 113\text{kN}$$

$$1.4R_a = 158\text{kN}$$

15.【答案】C

【解析】《建筑地基处理技术规范》（JGJ 79—2012）第 7.3.3 条。

$$70 = R_a = \eta f_{cu} A_p = 0.25 \times f_{cu} \times 3.14 \times 0.3^2$$

$f_{cu} = 0.99\text{MPa}$，查曲线：水泥掺入量接近 25%。

16.【答案】B

【解析】《建筑地基处理技术规范》（JGJ 79—2012）第 7.1.5 条、第 7.3.3 条。

$$R_a = u_p \sum_{i=1}^{n} q_{si} l_{pi} + \alpha_p q_p A_p$$

$$= 3.14 \times 0.6 \times (6 \times 6 + 15 \times 1) + 0.4 \times 200 \times 3.14 \times 0.3^2 = 118.692\text{kN}$$

$$R_a = \eta f_{cu} A_p = 0.25 \times 1000 \times 3.14 \times 0.3^2 = 70.65\text{KN}, \quad R_a \text{取} 70.65$$

$$m = \frac{8 \times 3.14 \times 0.3^2}{2 \times 4} = 0.2826$$

$$f_{spk} = \lambda m \frac{R_a}{A_p} + \beta(1 - m)f_{sk}$$

$$= 0.2826 \times \frac{1.0 \times 70.65}{3.14 \times 0.3^2} + 0.4 \times (1 - 0.2826) \times 40$$

$$= 82.1\text{kPa}$$

$$F_k + G_k = f_{spk} \cdot A = 2 \times 4 \times 82.1 = 656.8\text{kN}$$

17.【答案】C

【解析】《建筑边坡工程技术规范》（GB 50330—2013）第 8.2.1 条、第 8.2.3 条。

$$N_{ak} = \frac{H_{tk}}{\cos \alpha} = \frac{18 \times 2 \times 2.2}{\cos 15°} = 82.0$$

$$l_a \geqslant \frac{K \cdot N_{ak}}{\pi D f_{rbk}} = \frac{2.4 \times 82}{3.14 \times 0.15 \times 60} = 7.0\text{m}$$

18.【答案】A

【解析】此题可参考《土力学》（李广信等编，第 2 版，清华大学出版社）第 6.6.4 节。见解图。

$$K_a = \tan^2\left(45° - \frac{\varphi}{2}\right) = 0.49$$

$$BE = L \times \tan\left(45° + \frac{\varphi}{2}\right) = 0.8\tan 55° = 1.143\text{m}$$

$$B: p_{aB} = 0$$

$$D: p_{aD} = K_a 18 \times 2.5 = 22.05\text{kPa}$$

$$C: p_{aC} = K_a 18 \times 5.5 = 48.51\text{kPa}$$

$$E_{aB-C} = \frac{1}{2} \times (22.05 + 48.51) \times 3 - \frac{1}{2} \times 1.143 \times 22.05 = 93.2\text{kN}$$

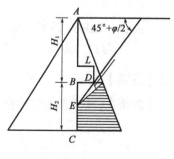

题 18 解图

19.【答案】C

【解析】《碾压式土石坝设计规范》（NB/T 10872—2021）第9.1.12条。

$$G_s = \frac{100\rho - 0.01nS_r\rho_w}{(100-n)\rho_w} = \frac{100 \times 1.9 - 0.01 \times 0.450 \times 100 \times 1}{(100-45) \times 1} = 2.64$$

$$0.625 = \frac{5-2.5}{4} = J_{a-x} > \frac{(G_{s1}-1)(1-n_1)}{K} = \frac{(2.64-1)(1-0.45)}{2} = 0.451$$

$$t = \frac{KJ_{a-x}t_1\gamma_w - (G_{sl}-1)(1-n_1)t_1\gamma_w}{\gamma}$$

$$= \frac{2 \times \frac{5-2.5}{4} \times 4 \times 10 - (2.64-1)(1-0.45) \times 4 \times 10}{9}$$

$$= 1.547\text{m}$$

20.【答案】D

【解析】《公路路基设计规范》（JTG D30—2015）第7.6.3条。

$$\beta = \frac{45° + \frac{\varphi}{2}}{K} = \frac{45° + \frac{40°}{2}}{1.25} = 52°$$

$$L' = H \times \cot\beta = 3\cot 52° = 1.95\text{m}$$

覆盖土层稳定坡率为1:0.7，则$\theta = 55°$。

$$L = 1.95 + 3\cot 55° + 5.0 = 9.1\text{m}$$

21.【答案】C

【解析】《公路隧道设计规范　第一册　土建工程》（JTG 3370.1—2018）附录P，隧道支护参数表。

（1）判断围岩类别。

$$BQ = 100 + 3R_c + 250K_v，其中 K_v = (v_{pm}/v_{pr})^2 = (2.8/4.2)^2 = 0.444$$

由于$K_v < 0.04R_c + 0.4$，$R_c < 90K_v + 30$，不需修正，则

$$BQ = 100 + 3R_c + 250K_v = 100 + 105 + 111 = 316，围岩类别为IV类。$$

（2）查表，对于两车隧道，IV类围岩，衬砌厚度为12～20cm。

22.【答案】B

【解析】《建筑基坑支护技术规程》（JGJ 120—2012）第3.4.7条。

$$b = 2\text{m}，\ a = 3\text{m}，\ d = 2\text{m}$$

$$p_0 = p - \gamma d$$

由图可见，地面以下10m，在局部荷载的影响区内，

$$\Delta\sigma_k = \frac{p_0 b}{b + 2a} = \frac{(140 - 2 \times 18) \times 2}{2 + 2 \times 3} = 26$$

$$\sigma_{ak} = \sigma_{ac} + \sum\Delta\sigma_{k,j} = 10 \times 18 + 26 = 206$$

$$p_{ak} = \sigma_{ak}\tan^2\left(45° - \frac{\varphi_i}{2}\right) - 2c_i\tan\left(45° - \frac{\varphi_i}{2}\right) = 206\tan\left(45° - \frac{10°}{2}\right) - 2 \times 20\tan\left(45° - \frac{10°}{2}\right)$$

$$= 111.48\text{kPa}$$

23.【答案】B

【解析】《建筑基坑支护技术规程》（JGJ 120—2012）第6.1.2条。

$$\frac{E_{pk}a_p + (G - u_m B)a_G}{E_{ak}a_a} \geqslant K_{ov}$$

$$\frac{20.8 \times 6.5 \times \dfrac{6.5}{2} + \dfrac{1}{2} \times (198.9 - 20.8) \times 6.5 \times \dfrac{6.5}{3} + (6.5 + 5.5) \times B \times 0.5B \times 19}{\dfrac{1}{2} \times 127 \times (6.5 + 5.5) \times \dfrac{6.5 + 5.5}{3}} = 1.3$$

$$B = 4.46\text{m}$$

24.【答案】C

【解析】《工程地质手册》（第五版）第 687 页。

$$V_m = \frac{m_m}{\alpha} R_m^{2/3} I^{1/2}$$

$$m_m = 4.9, \quad I = 0.04, \quad R_m = w/p = 560/140 = 4\text{m}$$

查手册中表 6-4-9，$\alpha = 1.35$

$$V_m = \frac{m_m}{\alpha} R_m^{2/3} I^{2/3} = \frac{4.9}{1.35} 4^{2/3}\sqrt{0.04} = 3.63 \times 2.52 \times 0.2 = 1.83\text{m/s}$$

25.【答案】C

【解析】《岩土工程勘察规范》（GB 50021—2001）（2009 年版）第 5.2.8 条条文说明。见解图。

$$K_s = \frac{\sum R_i \psi_i \psi_{i+1} \cdots \psi_{n-1} + R_n}{\sum T_i \psi_i \psi_{i+1} \cdots \psi_{n-1} + T_n} \quad (i = 1,\ 2,\ 3 \cdots n-1)$$

$$\psi_1 = \cos(\theta_i - \theta_{i+1}) - \sin(\theta_i - \theta_{i+1})\tan\psi_{i+1} = \cos(30° - 10°) - \sin(30° - 10°)\tan 10°$$
$$= 0.879$$

$$K_s = \frac{R_1 \psi_1 + R_2}{T_1 \psi_1 + T_1}$$

$$= \frac{(10 \times 12 + 700 \times \cos 30° \times \tan 12°) \times 0.879 + (12 \times 10 + 820 \times \cos 10° \times \tan 10°)}{700 \times \sin 30° \times 0.879 + 820 \times \sin 10°}$$

$$= 1.069$$

26.【答案】B

【解析】此题可以以水压力产生倾覆力矩，见解图，岩块自重产生抗倾覆力矩计算：

$$\text{抗倾覆安全系数} = \frac{\text{抗倾覆力矩}}{\text{倾覆力矩}}$$

$$= \frac{2 \times 5 \times 1 \times 23 \times 1 + \dfrac{1}{2} \times 5 \times 5\tan 30° \times 1 \times 23 \times \left(2 + \dfrac{5\tan 30°}{3}\right)}{\dfrac{1}{2} \times 5 \times 10 \times \dfrac{5}{\sin 60°} \times \left(2 \times \sin 30° + \dfrac{5}{3\sin 60°}\right)}$$

$$= \frac{230 + 491.7}{422.1} = 1.71$$

题 25 解图

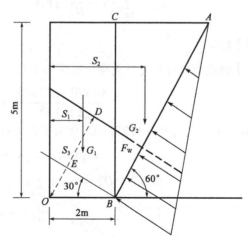

题 26 解图

27.【答案】A

【解析】《湿陷性黄土地区建筑标准》（GB 50025—2018）附录 D。

$$R = -68.45e + 10.98a - 7.16\gamma + 1.18\omega$$
$$R_0 = -154.80$$
$$R_1 = -68.45 \times 1.12 + 10.98 \times 0.62 - 7.16 \times 14.3 + 1.18 \times 17.6 = -151.48 > -154.80$$
$$R_2 = -68.45 \times 1.09 + 10.98 \times 0.62 - 7.16 \times 14.3 + 1.18 \times 12 = -156.03 < -154.80$$
$$R_3 = -68.45 \times 1.051 + 10.98 \times 0.51 - 7.16 \times 15.2 + 1.18 \times 15.5 = -156.88 < -154.80$$
$$R_4 = -68.45 \times 1.12 + 10.98 \times 0.51 - 7.16 \times 15.2 + 1.18 \times 17.6 = -159.13 < -154.80$$

28.【答案】D

【解析】根据《建筑抗震设计标准》（GB/T 50011—2010）（2024 年版）第 4.1.8 条和表 5.1.5，边坡边缘的建筑物，影响系数为 1.1～1.6，见第 4.1.8 条的条文说明式（2）。

$L_1/H = 25/25 = 1$，故 $\xi = 1$；$H/L = 25/20 = 1.25$，查表 $\alpha = 0.4$

$$\lambda = 1 + \xi\alpha = 1 + 1 \times 0.4 = 1.4$$

等效剪切波速 650m/s，场地类别为 I_1 类，地震分组为第一组，特征周期 0.25s。

设计基本地震加速度 $0.3g$，多遇地震 $\alpha_{\max} = 0.24$，则

$$T_g < T = 0.4 < 5T_g, \quad \alpha = \left(\frac{T_g}{T}\right)^{\gamma}\eta_2\alpha_{\max} = \left(\frac{0.25}{0.4}\right)^{0.9} \times 1 \times 0.24 = 0.157$$

该场地的 $\alpha = 1.4 \times 0.157 = 0.22$

29.【答案】C

【解析】《建筑抗震设计标准》（GB/T 50011—2010）（2024 年版）第 4.3.4 条、第 4.3.5 条。

可能液化的范围为 4m 至 6m 段，中点深度为 5m，$W_i = 10$

$$N_{ct} = N_0\beta[\ln(0.6d_s + 1.5) - 0.1d_w]\sqrt{\frac{3}{\rho_c}}$$

$$= 16 \times 0.95 \times [\ln(0.6 \times 5 + 1.5) - 0.1 \times 4]\sqrt{\frac{3}{3}}$$

$$= 16.78$$

$$I_{lE} = \sum_{i=1}^{n}\left(1 - \frac{N_i}{N_{cri}}\right)d_iW_i = \left(1 - \frac{3}{16.78}\right) \times 2 \times 10 = 16.42$$

30.【答案】C

【解析】假设钢筋的应变与混凝土应变相等：

$$\frac{30000 - 37500}{2 \times 10^5} = \frac{桩身截面应力增量}{3 \times 10^4}$$

桩身截面应力增量 $= -1125$kPa，故负摩阻力引起的下拉荷载为

$$-1125 \times 3.14 \times 0.4^2 = -565.2\text{kN}$$

$$-565.2 = Q_g^n = \eta_n \cdot u\sum_{i=1}^{n}q_{si}^n l_i = 1 \times 3.14 \times 0.8 \times (14 - 3)q_{si}^n$$

$$q_{si}^n = -20.45\text{kPa}$$

2013年案例分析试题答案及解析（下午卷）

试 题 答 案

本试卷由30道题组成，全部为单项选择题。考生可任选25道题作答。每题2分，满分为50分。若考生在答题卡或试卷上的作答超过25道题，则按题目序号从小到大的顺序对作答的前25道题计分及复评试卷，其他作答题目无效。

1	C	2	B	3	D	4	B	5	B
6	C	7	B	8	C	9	C	10	B
11	D	12	A	13	C	14	B	15	A
16	C	17	C	18	D	19	A	20	B
21	C	22	C	23	C	24	B	25	C
26	D	27	B	28	D	29	D	30	B

解 题 过 程

1. 【答案】C

【解析】《岩土工程勘察规范》（GB 50021—2001）（2009年版）第12.2.1条、第12.2.2条。

SO_4^{2-} 为中等腐蚀性，Mg^{2+} 为弱腐蚀性，NH_4^+ 微腐蚀性，OH^- 微腐蚀性，总矿化度微腐蚀性，pH值微腐蚀性，综上土对混凝土结构为中等腐蚀。

2. 【答案】B

【解析】《工程地质手册》（第五版）第1246页。

该压水试验 P-Q 曲线为A（层流）型

$$q = \frac{Q_3}{Lp_3} = \frac{7.5}{5 \times 1} = 1.5 < 10Lu$$

$$k = \frac{Q}{2\pi HL}\ln\frac{L}{r_0} = \frac{7.5 \times 60 \times \frac{24}{1000}}{2 \times 3.14 \times 100 \times 5} \times \ln\frac{5}{0.055}$$
$$= 0.0155\text{m/d} = 1.794 \times 10^{-5}\text{cm/s}$$

3. 【答案】D

【解析】这是一道三相换算的题目，将粗颗粒布置在细粒土的基质之中，如解图所示。

题中表格是分支黏土基质的击实试验结果，可见最大干密度近似为 1.67g/m^3。

如果总体积 $V = 1.0$，设总质量为 $m = x$，粗粒质量为 $m_1 = 0.2x$，体积为 $V_1 = 0.2x/2.6$，细粒土质量 $m_2 = 0.8x$。体积 $V_2 = 0.8x/1.67$

题3解图

$$V_1 + V_2 = 1 \Rightarrow 0.2x/2.6 + 0.8x/1.67 = 1 \Rightarrow x = 1/0.556 = 1.788\text{g/cm}^3 = \rho_\text{d}$$

4.【答案】B

【解析】《建筑地基基础设计规范》（GB 50007—2011）附录 J 及《岩土工程勘察规范》（GB 50021—2001）（2009 年版）第 14.2.2 条。

平均值：

$$\phi_{\mathrm{m}} = \frac{\sum_{i=1}^{n} \phi_i}{n} = \frac{15 + 13 + 17 + 13 + 15 + 12 + 14 + 15}{8} = 14.25$$

$$\sigma_{\mathrm{f}} = \sqrt{\frac{1}{n-1} \left[\sum_{i=1}^{n} \phi_i^2 - \frac{\left(\sum_{i=1}^{n} \phi_i \right)^2}{n} \right]}$$

$$= \sqrt{\frac{1}{8-1} \left[(15^2 + 13^2 + 17^2 + 13^2 + 15^2 + 12^2 + 14^2 + 15^2) - \frac{(14.25 \times 8)^2}{8} \right]}$$

$$= 1.58$$

$$\delta = \frac{\sigma_{\mathrm{f}}}{\phi_{\mathrm{m}}} = \frac{1.58}{14.25} = 0.111$$

$$\gamma_{\mathrm{s}} = 1 \pm \left(\frac{1.704}{\sqrt{n}} + \frac{4.678}{n^2} \right) \delta = 1 - 0.6755 \times 0.111 = 0.925$$

$$\phi_{\mathrm{k}} = \gamma_{\mathrm{s}} \phi_{\mathrm{m}} = 0.925 \times 14.25 = 13.18$$

5.【答案】B

【解析】设堆载量为 p，则

堆载前：

$$p_1 = 2\gamma = 40\text{kPa}$$

堆载后：

$$p_2 = 40 + p$$

$$e_1 = 0.840$$

$$\frac{\Delta e}{1 + e_1} h = 0.1, \ 则 \ \frac{\Delta e}{1.840} \times 4 = 0.1 \Rightarrow \Delta e = 0.046, \ e_2 = 0.794$$

查表可见：

$$p_2 = 120\text{kPa}, \ p = 80\text{kPa}$$

6.【答案】C

【解析】（1）持力层承载力特征值

$$\varphi_{\mathrm{k}} = 16°; \ M_b = 0.36; \ M_d = 2.43; \ M_c = 5$$

$$f_a = M_b \gamma b + M_d \gamma_m d + M_c c_k = 0.36 \times 8.5 \times 2 + 2.43 \times 18.5 \times 1.2 + 5 \times 20 = 160.066$$

（2）属于小偏心的情况

$$p_{\mathrm{kmax}} = \frac{F_{\mathrm{k}} + G_{\mathrm{k}}}{A} + \frac{W}{bl^2/6} = \frac{650 + 20 \times 3 \times 2 \times 2.2}{3 \times 2} + \frac{6 \times 70}{2 \times 3^2} = 152.3 + 23.3 = 175.6\text{kPa}$$

$$K = \frac{175.6}{160.1} = 1.1$$

7.【答案】B

【解析】如解图所示，甲基础对乙基础的作用相当于 $2 \times$（矩形 $ABCD -$ 矩形 $CDEF$）的作用。

对于矩形 $ABCD$

$Z/b = 4/2 = 2$，$L/b = 4.8/2 = 2.4$；查表 $\bar{\alpha} = 0.1982$

对于矩形 $CDEF$

题 7 解图

$$Z/b = 4/2 = 2, \quad L/b = 2.8/2 = 1.4; \quad 查表 \overline{\alpha} = 0.1875$$

$$\Delta S_i = \psi_s \frac{2P_0}{E_{Si}} (\overline{\alpha} Z_{ABCD} - \overline{\alpha} Z_{CDEF}) = 1 \times \frac{2 \times 120}{3.2} \times (0.1982 \times 4 - 0.1875 \times 4) = 3.21 \text{mm}$$

8.【答案】C

【解析】《建筑地基基础设计规范》（GB 50007—2011）第 8.2.9 条。

柱与基础交接处的截面受剪承载力，应为图 8.2.9-a 中的阴影面积乘以基底平均净反力：

$$\left(\frac{3.5}{2} - 0.2\right) \times 2 \times \frac{1.35 \times 800}{2 \times 3.5} = 478.278$$

9.【答案】C

【解析】《建筑地基基础设计规范》（GB 50007—2011）第 4.1.4 条、5.2.6 条。

$$K_v = \left(\frac{v_{pm}}{v_{pr}}\right) = \left[\frac{岩体弹性纵波速度（或压缩波速度）}{岩石弹性纵波速度（或压缩波速度）}\right]^2 = \left(\frac{4500}{5100}\right)^2 = 0.778 > 0.75, \quad 完整。$$

$$f_a = \psi_r f_{rk} = 0.5 \times 75 \times 10^3 = 37500 \text{kPa}$$

10.【答案】B

【解析】《公路桥涵地基与基础设计规范》（JTG 3363—2019）第 6.3.8 条。

$$h_r = \frac{1.27H + \sqrt{3.81\beta f_{rk} d M_H + 4.84H^2}}{0.5\beta f_{rk} d}$$

当基岩顶面处的水平力 $H = 0$ 时：

$$h_r = \frac{\sqrt{3.81\beta f_{rk} d M_H}}{0.5\beta f_{rk} d} = \sqrt{\frac{M_H}{0.0656\beta f_{rk} d}} = \sqrt{\frac{1000}{0.0656 \times 1 \times 25 \times 1000 \times 1}} = 0.7815 \text{m}$$

11.【答案】D

【解析】《建筑桩基技术规范》（JGJ 94—2008）第 5.6.1 条。

$$A_c = \xi \frac{F_k + G_k}{f_{ak}} = 0.6 \times \frac{1200 + 400}{80} = 12$$

$$3 = n \geqslant \frac{F_k + G_k - \eta_c f_{ak} A_c}{R_a} = \frac{1200 + 400 - 0.4 \times 80 \times 12}{R_a}$$

$$R_a \geqslant 405.3 \text{kN}$$

12.【答案】A

【解析】《建筑桩基技术规范》（JGJ 94—2008）第 5.8.2 条。

箍筋间距 150mm > 100mm，故 $N \leqslant \psi_c f_c A_{ps} = 0.85 \times 11.9 \times 10^3 \times 0.2^2 = 404.6 \text{kN}$

$$N_k = \frac{404.6}{1.35} = 299.7 \text{kN}$$

$$299.7 = N_k = \frac{F_k + G_k}{n} = \frac{F_k + 3 \times 4 \times 2 \times 20}{6}$$

$$F_k = 1318.2 \text{kN}$$

13.【答案】C

【解析】《建筑桩基技术规范》（JGJ 94—2008）第 5.3.5 条、第 5.3.12 条。

液化土的折减系数为 ψ_l

粉细砂，$N/N_{cr} = 9/14.5 = \psi_l 0.621$，$d_1$ 为地面以下 3m 至 8m，故 $\psi_l = 1/3$

中粗砂，$N > N_{cr}$，不液化，或者取 $\psi_l = 1$

$$Q_{uk} = Q_{sk} + Q_{pk} = u \sum q_{sik} l_i + q_{pk} A_p$$

$$= 4 \times 0.3 \times \left(15 \times 1.5 + \frac{1}{3} \times 50 \times 5 + 5.5 \times 70 \right) + 6000 \times 0.3 \times 0.3 = 1129 \text{kN}$$

14.【答案】B

【解析】《建筑地基处理技术规范》（JGJ 79—2012）第 7.7.2 条。

根据题意"复合地基的荷载等于复合地基承载力特征值时，桩土应力比"，意思为当桩土承载力完全发挥的时候的桩土应力比。故桩完全发挥时桩上的应力 $\frac{600 \times 0.9}{3.14 \times 0.2^2} = 4299.36 \text{kPa}$；当土完全发挥时，土的应力为 $150 \times 0.9 = 135$，故桩土应力比为 $\frac{4299.36}{135} = 31.8$

15.【答案】A

【解析】《湿陷性黄土地区建筑标准》（GB 50025—2018）第 6.4.3 条。

$$S = 0.95 \sqrt{\frac{\overline{\eta}_c \rho_{dmax} D^2 - \rho_{d0} d^2}{\overline{\eta}_c \rho_{dmax} - \rho_{d0}}} = 0.95° \times \sqrt{\frac{0.93 \times 1.6 \times 0.6^2 - 1.24 \times 0.3^2}{0.93 \times 1.6 - 1.24}} = 1.24 \text{m}$$

16.【答案】C

【解析】《建筑地基处理技术规范》（JGJ 79—2012）第 7.1.5 条、第 3.0.4 条。

$$m = \frac{9 \times 3.14 \times 0.25^2}{5 \times 5} = 0.071$$

$$f_{spk} = \lambda m \frac{R_a}{A_p} + \beta (1-m) f_{sk} = 0.9 \times 0.071 \times \frac{500}{3.14 \times 0.25^2} + 0.9 \times (1 - 0.071) \times 100 = 246.4 \text{kPa}$$

$$f_a = f_{spk} + \eta_d \gamma_m (d - 0.5) = 246.4 + 1 \times 18 \times (2 - 0.5) = 273.4 \text{kPa}$$

轴心荷载作用时应满足

$$\frac{F_k + 5 \times 5 \times 2 \times 20}{5 \times 5} = \frac{F_k + G_k}{A} = p_k \leqslant f_a = 273.4，故 F_k \leqslant 5835 \text{kN}$$

17.【答案】C

【解析】《建筑地基处理技术规范》（JGJ 79—2012）第 5.2.11 条。

$$s = \frac{\Delta p}{E_s} h = \frac{100}{2.5 \times 1000} \times 6 = 0.24 \text{m}，故固结度 U_t = \frac{150}{240} = 0.625$$

$$\tau_{ft} = \tau_{f0} + \Delta \sigma_z U_t \tan \varphi_{cu} = 20 + 100 \times 0.625 \times \tan 12° = 33.28 \text{kPa}$$

18.【答案】D

【解析】

$$K_p = \tan^2 45° + \frac{\varphi}{2} = 2.04$$

$$E_p = \frac{\gamma H^2 K_p}{2} = \frac{21 \times 4.5^2 \times 2.04}{2} = 434$$

$$T \geqslant 2E_p = 2 \times 434 = 868 \text{kN}$$

19.【答案】A

【解析】《建筑边坡工程技术规范》（GB 50330—2013）第 6.3.2 条。

$$E_{ak} = G \tan(\theta - \varphi_s) - \frac{c_s L \cos \varphi_s}{\cos(\theta - \varphi_s)} = 2000 \times \tan(40° - 35°) - \frac{20 \times 6\sqrt{2} \times \cos 35°}{\cos(45° - 35°)}$$

$$= 211.49 \text{kN/m}$$

20.【答案】B

【解析】《铁路路基设计规范》（TB 10001—2016）附录 A。

$$C_u = \frac{d_{60}}{d_{10}} = \frac{0.7}{0.1} = 7$$

$$C_c = \frac{d_{30}^2}{d_{10}d_{60}} = \frac{0.2^2}{0.1 \times 0.7} = 0.57$$

$C_u = 7 < 10$，填料为均匀级配。

因细粒含量小于 5%，查表 A.0.5 得，该类土属于 B3 组填料。

21.**【答案】**C

【解析】第一种情况①层发生流土破坏。发生流土破坏的条件是：渗透力 = 有效自重压力（kPa），即

$\gamma_w i = \gamma' \Rightarrow 10 \times \frac{\Delta h_1}{2} = 19.5 - 10$，解得：$\Delta h_1 = 1.9m$

①层与②层接触位置流速 v 相等，则

$$k_1 \frac{\Delta h_1}{h_1} = k_2 \frac{\Delta h_2}{h_2} \Rightarrow 2.1 \times 10^{-5} \times \frac{1.9}{2} = 3.5 \times 10^{-5} \times \frac{\Delta h_2}{3.5} \Rightarrow \Delta h_2 = 1.995$$

取②层底面为零势能面，则 $3 + H = 1.9 + 1.995 + 2 + 3.5$，$H = 6.395$。

22.**【答案】**C

【解析】根据《建筑基坑支护技术规程》（JGJ 120—2012）附录 E 式（E.0.2-1），属于潜水非完整井。

$$h_m = \frac{H + h}{2} = \frac{24 + 17.5}{2} = 20.75$$

$$r_0 = \sqrt{\frac{A}{\pi}} = \sqrt{\frac{100 \times 80}{3.14}} = 50.48m$$

基坑内水力坡度 1/15，故 $l = 22 - 12 - 0.5 - \frac{1}{15} \times 50.48 = 6.135m$

潜水：$R = 2s_w\sqrt{kH} = 2 \times 10 \times \sqrt{5 \times 24} = 219.1m$

$$Q = \pi k \frac{H^2 - h^2}{\ln\left(1 + \frac{R}{r_0}\right) + \frac{h_m - l}{l}\ln\left(1 + 0.2\frac{h_m}{r_0}\right)}$$

$$= 3.14 \times 5 \frac{24^2 - 17.5^2}{\ln\left(1 + \frac{219.1}{50.48}\right) + \frac{20.75 - 6.135}{6.135}\ln\left(1 + 0.2 \times \frac{20.75}{50.48}\right)} = 2273 m^3/d$$

23.**【答案】**C

【解析】黏土的临界深度：$Z_0 = \frac{2c}{\gamma\sqrt{K_a}} = \frac{2 \times 20}{20\tan\left(45° - \frac{18°}{2}\right)} = 2.75m$，故黏性土土压力为 0。

砂土顶面处土压力强度：$p_{ak} = \gamma h\tan^2\left(45° - \frac{\varphi_t}{2}\right) = 20 \times 2 \times \tan^2\left(45° - \frac{35°}{2}\right) = 10.84kPa$

支护结构底土压力强度：$p_{ak} = \gamma h\tan^2\left(45° - \frac{\varphi_t}{2}\right) = 20 \times 11 \times \tan\left(45° - \frac{35°}{2}\right) = 59.62kPa$

$$E_a = \frac{1}{2} \times (10.84 + 59.62) \times 9 = 317.07kN/m$$

24.**【答案】**B

【解析】《建筑地基基础设计规范》（GB 50007—2011）附录 G 表 G.0.1。

$$\eta = \frac{\Delta z}{h - \Delta z} \times 100\% = \frac{160.85 - 160.67}{2.8 - (160.85 - 160.67)} = 0.0687$$

塑限 + 5 = 27 < 含水量 = 30 ≤ 塑限 + 9 = 31，冻结期间地下水位距冻结面的最小距离 = 3.5 - 2.8 = 0.7m < 2m，查表为强冻胀。

根据表中注，塑性指数 $45-22=23>22$，冻胀等级降低一级（塑性指数越大黏粒含量越多，渗透系数越小，阻碍毛细水上升，冻胀性越低），因此选冻胀土。

讨论：该表的注是关键，此题的陷阱也就在于此。

25. **【答案】** C

【解析】《岩土工程勘察规范》（GB 50021—2001）（2009 年版）第 6.2.2 条。

$a_w = \omega/\omega_L = 51/55 = 0.927$，查表属于软塑；

$I_r = \omega_L/\omega_P = 55/35 = 1.57$ $I_r' = 1.4 + 0.0066\omega_L = 1.4 \times 0.0066 \times 55 = 1.763$

$I_r \leqslant I_r'$，类别为Ⅱ类。

26. **【答案】** D

【解析】（1）基底处的附加应力：$p_0 = \dfrac{300}{2\times2} + 20 \times 2 - 18 \times 2 = 79\text{kPa}$

（2）基底以下 1m 处的附加应力：$l/b=1$，$z/b=1$

附加应力系数 $\alpha=0.175$，$\sigma_z=4\times0.175$，$p_0=0.7\times79=55.3\text{kPa}$

（3）自重应力：$\sigma_c = 3 \times 18 = 54\text{kPa}$

（4）$P = 109.3\text{kPa}$，$\delta = 2.71$

注：此题也可用下面的方法求解。

基础底面以下 2m 处的附加应力：$z/b=2/1=2$，$l/b=1/1$

查附加应力系数表格，$\alpha=0.084$

$4 \times 0.084 \times 79 = 26.544$

基础底面以下 1m 处附加应力的平均值为 $(79+26.544)/2 = 52.772$

基础底面中心点 1m 处的自重压力与附加应力之和为 $52.772 + 3 \times 18 = 106.772$

$\dfrac{106.772-90}{120-90} = \dfrac{4-x}{4-2}$，解得：$x=2.882$

27. **【答案】** B

【解析】《公路工程抗震规范》（JTG B02—2013）第 5.2 条。

$$S_{max} = 2.25C_iC_sC_dA_h = 2.25 \times 1.7 \times 1 \times 1 \times 0.3g = 1.1475g$$

阻力比为 0.05，特征周期 0.35，自振周期 0.45g，故

$$S = S_{max}\frac{T_g}{T} = 1.1475g \times \frac{0.35}{0.45} = 0.8925g$$

$T = 0.45\text{s} > 0.3\text{s}$，故 $R=0.5$，竖向设计加速度反应谱 0.44625g。

28. **【答案】** D

【解析】《水利水电工程地质勘察规范》（GB 50487—2008）（2022 年版）附录 P。

$$V_{st} = 291\sqrt{K_H \cdot Z \cdot r_d}$$

3m 处 $V_{st} = 291\sqrt{0.2 \times 3 \times (1-0.01\times3)} = 222 > 180\text{m/s}$，可能液化；

8m 处 $V_{st} = 291\sqrt{0.2 \times 8 \times (1-0.01\times8)} = 353 > 220\text{m/s}$，可能液化；

12m 处 $V_{st} = 291\sqrt{0.2 \times 12 \times (1.1-0.02\times12)} = 418 > 260\text{m/s}$，可能液化。

29. **【答案】** D

【解析】《建筑抗震设计标准》（GB/T 50011—2010）（2024 年版）第 4.1.4 条～第 4.1.6 条。

$\frac{480}{160} = 3 > 2.5$，卵石以下剪切波速均大于 400m/s，故覆盖层厚度为 16m。

$$v_{se} = \frac{d_0}{\sum\limits_{i=1}^{n} \frac{d_i}{v_{si}}} = \frac{16}{\frac{3}{140} + \frac{5}{100} + \frac{8}{160}} = 131.76\text{m/s}$$

查表，场地类别为Ⅲ类，第二组：$T = 0.55\text{s}$

30. 【答案】B

【解析】《建筑基桩检测技术规范》（JGJ 106—2014）第 4.1.3 条、4.2.2 条。

竖向极限承载力除以 2，为单桩承载力特征值。所以最大加载量为 6000kN。

反力装置能提供的反力不得小于最大加载量的 1.2 倍；施加于地基的压应力不宜大于地基承载力特征值的 1.5 倍。

故反力装置需要提供的反力最小值为 $6000 \times 1.2 = 7200\text{kN}$

地基承载力特征值可以放大 1.5 倍使用 $1.5 \times 200 = 300\text{kPa}$

$$A = 7200/300 = 24\text{m}^2$$

2014 年案例分析试题答案及解析（上午卷）

试 题 答 案

本试卷由 30 道题组成，全部为单项选择题。考生可任选 25 道题作答。每题 2 分，满分为 50 分。若考生在答题卡或试卷上的作答超过 25 道题，则按题目序号从小到大的顺序对作答的前 25 道题计分及复评试卷，其他作答题目无效。

1	C	2	D	3	D	4	B	5	B
6	B	7	C	8	B	9	C	10	C
11	B	12	A	13	B	14	B	15	C
16	B	17	C	18	B	19	C	20	C
21	B	22	D	23	C	24	D	25	A
26	C	27	A	28	D	29	B	30	B

解 题 过 程

1. 【答案】C

【解析】《土工试验方法标准》（GB/T 50123—2019）第 17.2.3 条。

$$e_0 = \frac{(1 + \omega_0)G_s\rho_w}{\rho_0} - 1 = \frac{(1 + 0.312) \times 2.7 \times 1.0}{1.85} - 1 = 0.915$$

$$e_1 = e_0 - \frac{1 + e_0}{h_0}\Delta h_1 = 0.915 - \frac{1 + 0.915}{20} \times 1.4 = 0.781$$

$$e_2 = e_0 - \frac{1 + e_0}{h_0}\Delta h_2 = 0.915 - \frac{1 + 0.915}{20} \times 1.8 = 0.743$$

$$a_v = \frac{e_1 - e_2}{p_2 - p_1} = \frac{0.781 - 0.743}{0.2 - 0.1} = 0.38$$

$$m_v = \frac{a_v}{1 + e_0} = \frac{0.38}{1 + 0.915} = 0.20$$

2. 【答案】D

【解析】《岩土工程勘察规范》（GB 50021—2001）（2009 年版）第 10.8.3 条。

$$p_0 = 1.05(A - z_m + \Delta A) - 0.05(B - z_m - \Delta B)$$
$$= 1.05 \times (100 - 8 + 10) - 0.05 \times (260 - 8 - 80) = 98.5 \text{kPa}$$

$$p_2 = C - z_m + \Delta A = 90 - 8 + 10 = 92 \text{kPa}$$

$$u_0 = 10 \times (7 - 1) = 60 \text{kPa}$$

$$U_D = \frac{p_2 - u_0}{p_0 - u_0} = \frac{92 - 60}{98.5 - 60} = 0.83$$

3. 【答案】D

【解析】《铁路工程地质手册》（1999 年修订版）附录 I。

$$\tan\beta = \eta \cdot \tan\delta \cdot \sin\alpha = 2 \times \tan 30° \times \sin 60° = 1.0$$

解得：$\beta = 45°$

4. **【答案】** B

【解析】《水运工程岩土勘察规范》（JTS 133—2013）附录 A、第 4.1.2 条。

（1）风化程度判断

波速比：$K_v = \dfrac{2.5}{3.6} = 0.69$，查表 A.01 可知，该基岩的风化程度为中等风化。

（2）完整程度判别

完整性指数：$K_v = \dfrac{2.5^2}{3.2^2} = 0.61$，查表 4.1.2-3 可知，该基岩的完整程度为较完整。

5. **【答案】** B

【解析】《建筑地基基础设计规范》（GB 50007—2011）第 5.2.2 条、第 5.2.4 条、第 5.2.7 条。

$$p_k = \frac{F_k + G_k}{A} = \frac{F_k + 3.0 \times 3.6 \times 1.2 \times 20}{3.0 \times 3.6} = \frac{F_k}{10.8} + 24$$

$$p_c = 1.2 \times 18 = 21.6\text{kPa}$$

$$p_{cz} = 1.2 \times 18 + 2.0 \times 9 = 39.6\text{kPa}$$

$$p_z = \frac{3.0 \times 3.6 \times \left[\left(\frac{F_k}{10.8} + 24\right) - 21.6\right]}{(3.0 + 2 \times 2 \times \tan 23°)(3.6 + 2 \times 2 \times \tan 23°)} = 0.04F_k + 1.04$$

$$f_a = 65 + 1.0 \times \frac{1.2 \times 18 + 2.0 \times 9}{3.2} \times (3.2 - 0.5) = 98.4\text{kPa}$$

令 $p_z + p_{cz} = f_a$，即：$0.04F_6 + 1.04 + 39.6 = 98.4$，解得：$F_k = 1444.0\text{kN}$

6. **【答案】** B

【解析】《建筑地基基础设计规范》（GB 50007—2011）第 5.2.1 条、第 5.2.4 条、第 8.1.1 条。

$f_a = 180 + 0 + 1.0 \times 19.0 \times (1.5 - 0.5) = 199\text{kPa}$；

$b^2 \geqslant \dfrac{F_k}{f_a - \gamma_G d} = \dfrac{580}{199 - 20 \times 1.5} = 3.43\text{m}^3$，解得 $b = 1.85\text{m}$，取 $b = 1.90\text{m}$；

验算素混凝土基础：$p_k = \dfrac{580}{1.90^2} + 1.5 \times 20 = 190.7\text{kPa}$，查表 $\tan\alpha = 1$；

$H_0 = \dfrac{b - b_0}{2\tan\alpha} = \dfrac{1.90 - 0.6}{2 \times 1} = 0.65 < 0.70\text{m}$，满足要求。

7. **【答案】** C

【解析】 $e = \dfrac{100}{300} = 2 + \dfrac{0.4}{2} - \dfrac{b}{2}$，解得：$b = 3.73\text{m}$

8. **【答案】** B

【解析】《建筑地基基础设计规范》（GB 50007—2011）第 5.2.2 条。

$$F_k + G_k = 6 \times 90 \times 40 \times 60 + 45 \times 50 \times 15 \times 40 + 15 \times 78 \times 15 \times 40 = 334800\text{kN}$$

$$e = \frac{M_k}{F_k + G_k}$$

$$= \frac{15 \times 78 \times 15 \times 40 \times (78/2 + 5) - 45 \times 50 \times 15 \times 40 \times (45 - 50/2)}{3348000}$$

$$= 1.16\text{m} < \frac{b}{6}，属于小偏心。$$

$$p_{k\max} = \frac{F_k + G_k}{A}\left(1 + \frac{6e}{b}\right) = \frac{3348000}{60 \times 90} \times \left(1 + \frac{6 \times 1.16}{90}\right) = 668.0\text{kPa}$$

9. 【答案】C

【解析】《建筑地基基础设计规范》（GB 50007—2011）第 5.2.1 条。

$$\frac{2(F_k + G_k)}{b} \leqslant 1.2 f_a, \quad 即 \quad 2 \times \left(\frac{200}{b} + 3 \times 200\right) \leqslant 1.2 \times 200, \quad 解得：b \geqslant 3.33\text{m}$$

10. 【答案】C

【解析】《建筑桩基技术规范》（JGJ 94—2008）第 5.4.1 条。

$$G_k = 2 \times 4.2 \times 5.8 \times 20 = 974.4\text{kN}$$

$$A_0 = 2.3 \times 2 + 0.6 = 5.2\text{m}, \quad B_0 = 2.4 + 0.6 = 3.0\text{m}$$

$$E_{s1}/E_{s2} = 16/3.2 = 5.0, \quad t = 3\text{m} > 0.5 B_0 = 1.5\text{m}, \quad 查表 \theta = 25°$$

$$\sigma_z = \frac{(F_k + G_k) - \dfrac{3}{2} \times (A_0 + B_0) \sum q_{sik} l_i}{(A_0 + 2t\tan\theta)(B_0 + 2t\tan\theta)}$$

$$= \frac{(6300 + 974.4) - \dfrac{3}{2} \times (5.2 + 3.0) \times (4 \times 35 + 4 \times 55 + 2 \times 60)}{(5.2 + 2 \times 3 \times \tan 25°)(3.0 + 2 \times 3 \times \tan 25°)} = 29.55\text{kPa}$$

11. 【答案】B

【解析】《建筑桩基技术规范》（JGJ 94—2008）第 5.4.4 条。

持力层为基岩，取 $l_n/l_0 = 1.0$，$l_n = 12\text{m}$

$$\sigma_i' = p + \sum_{e=1}^{i-1} \gamma_e \Delta z_e + \frac{1}{2} \gamma_i \Delta z_i = 50 + \frac{1}{2} \times (18.5 - 10) \times 12 = 101.0\text{kPa}$$

$$q_{si}^n = \xi_{ni} \sigma_i' = 0.2 \times 101.0 = 20.2\text{kPa} > q_{sk} = 15\text{kPa}, \quad 取 q_{si}^n = 15\text{kPa}$$

$$Q_g^n = \eta_n \cdot u \sum_{i=1}^n q_{si}^n l_i = 1 \times 3.14 \times 1.2 \times 15 \times 12 = 678.24\text{kN}$$

12. 【答案】A

【解析】《建筑桩基技术规范》（JGJ 94—2008）第 5.3.3 条。

有效桩长 28m，送桩 2m，即将桩顶打入地面下 2m，桩底埋深为 $28 + 2 = 30\text{m}$

$$p_{sk1} = 4.8\text{MPa} < p_{sk2} = 10.0\text{MPa}$$

$$p_{sk2}/p_{sk1} = 10/4.8 = 2.1 < 5, \quad 查表取 \beta = 1$$

$$p_{sk} = \frac{1}{2}(p_{sk1} + \beta \cdot p_{sk2}) = \frac{1}{2}(4.8 + 1 \times 10.0) = 7.4\text{MPa} = 7400\text{kPa}$$

$$Q_{uk} = u \sum q_{sik} l_i + \alpha p_{sk} A_p$$

$$= 3.14 \times 0.6 \times (4 \times 15 + 4 \times 28 + 10 \times 35 + 8 \times 52.5 + 2 \times 100) + 0.8 \times 7400 \times$$

$$\frac{3.14 \times 0.6^2}{4} = 3825\text{kN}$$

13. 【答案】B

【解析】《铁路桥涵地基和基础设计规范》（TB 10093—2017）第 4.1.3 条、第 6.2.2 条。

$h = 24\text{m} > 10d = 10\text{m}$，查表得 $k_2 = 3$，$k_2' = \dfrac{3}{2} = 1.5$

$$\gamma_2 = \frac{\sum \gamma_i h_i}{h} = \frac{2 \times 18.5 + 3 \times 19 + 15 \times 18 + 4 \times 20}{24} = 18.5\text{kN/m}^3$$

$$[\sigma] = \sigma_0 + k_2 \gamma_2 (4d - 3) + k_2' \gamma_2 \times 6d$$

$$= 180 + 3.0 \times 18.5 \times (4 - 3) + 1.5 \times 18.5 \times 6 = 402\text{kPa}$$

$$[P] = \frac{1}{2}U\sum f_i l_i + m_0 A[\sigma]$$
$$= \frac{1}{2} \times 3.14 \times 1.0 \times (30 \times 2 + 50 \times 3 + 40 \times 15 + 50 \times 4) + 0.7 \times 3.14 \times 0.5^2 \times 402$$
$$= 1806.6\text{kPa}$$

14.【答案】B

【解析】《建筑地基处理技术规范》（JGJ 79—2012）第 7.1.5 条、第 3.0.4 条。

置换率
$$m = \frac{6 \times \frac{3.14 \times 0.4^2}{4}}{2.4 \times 4.8} = 0.065$$

$$f_{spk} = \lambda m \frac{R_a}{A_p} + \beta(1-m)f_{sk} = 0.9 \times 0.065 \times \frac{400}{\frac{3.14 \times 0.4^2}{4}} + 1 \times (1 - 0.065) \times 150$$
$$= 326.6\text{kPa}$$

修正承载力 $f_a = 326.6 + 1.0 \times 18 \times (2.0 - 0.5) = 353.6\text{kPa}$

由 $\frac{F_k + G_k}{A} = f_a$，得 $F_k = 353.6 \times 2.4 - 2 \times 20 \times 2.4 = 752.6\text{kN}$。

15.【答案】C

【解析】《建筑地基处理技术规范》（JGJ 79—2012）第 7.5.2 条。
$$\overline{\rho}_d = \frac{\rho}{1+w} = \frac{14.5/10}{1+15\%} = 1.261\text{g/cm}^3$$

$$s = 0.95d\sqrt{\frac{\overline{\eta}_c \cdot \rho_{dmax}}{\overline{\eta}_c \cdot \rho_{dmax} - \overline{\rho}_d}} = 0.95 \times 0.4 \times \sqrt{\frac{1.5}{1.5 - 1.261}} = 0.95\text{m}$$

16.【答案】B

【解析】《建筑地基处理技术规范》（JGJ 79—2012）第 7.1.5 条。

取一个正方形面积作为单元体计算置换率 m，单元体内有 1 个完整桩，4 个 $\frac{1}{4}$ 桩，总桩数为 2，得
$$m = \frac{2 \times \frac{3.14 \times 0.4^2}{4}}{2 \times 0.6 \times 2 \times 0.8} = 0.131$$

$$f_{spk} = [1 + m(n-1)]f_{sk} = [1 + 0.131 \times (3-1)] \times 1.2 \times 100 = 151.4\text{kPa}$$

17.【答案】C

【解析】《建筑地基处理技术规范》（JGJ 79—2012）第 7.1.5 条、7.9.6 条、7.9.7 条。

（1）计算置换率

搅拌桩：
$$m_1 = \frac{A_{p1}}{s^2} = \frac{4 \times \frac{3.14 \times 0.6^2}{4}}{3^2} = 0.1256$$

CFG 桩：
$$m_2 = \frac{A_{p2}}{s^2} = \frac{5 \times \frac{3.14 \times 0.45^2}{4}}{3^2} = 0.0883$$

（2）计算搅拌桩 R_{a1}

按土对桩的承载力确定 R_{a1}
$$R_{a1} = u_p \sum_{i=1}^{n} q_{si}l_{pi} + \alpha_p q_p A_p$$

$$= 3.14 \times 0.6 \times (8 \times 25 + 2 \times 30) + 0.5 \times 250 \times \frac{3.14 \times 0.6^2}{4} = 525.2\text{kN}$$

按桩身强度确定 R_{a1}：

$$R_{a1} = \eta f_{cu} A_p = 0.25 \times 2.0 \times 10^3 \times \frac{3.14 \times 0.6^2}{4} = 141.3 \text{kN}$$

取小值，$R_{a1} = 141.3\text{kN}$

$$f_{spk} = m_1 \frac{\lambda_1 R_{a1}}{A_{p1}} + m_2 \frac{\lambda_2 R_{a2}}{A_{p2}} + \beta(1 - m_1 - m_2)f_{sk}$$

$$= 0.1256 \times \frac{1.0 \times 141.3}{3.14 \times 0.6^2} + 0.0883 \times \frac{1.0 \times 850}{3.14 \times 0.45^2} + 0.90 \times (1 - 0.1256 - 0.0883) \times 200$$

$$= 676.45 \text{kPa}$$

$$F_k = f_{spk} \cdot A = 676.45 \times 3.0 \times 3.0 = 6088.05 \text{kN}$$

18.【答案】B

【解析】《碾压式土石坝设计规范》（NB/T 10872—2021）附录 C.3.4 条。

$$u = \gamma_w[h_1 + h_2(1 - n_e) - h']$$
$$= 10 \times [30.0 + 10.0 \times (1 - 0.40) - 3.0]$$
$$= 330 \text{kPa}$$

19.【答案】C

【解析】《建筑边坡工程技术规范》（GB 50330—2013）附录 F.0.4 条。

设反弯点到基坑地面的距离为 Y_n

$$K_a = \tan^2\left(45° - \frac{20°}{2}\right) = 0.49, \quad K_p = \tan^2\left(45° - \frac{20°}{2}\right) = 2.04$$

$$e_{ak} = qK_a + \gamma H K_a - 2c\sqrt{K_a}$$
$$= 20 \times 0.49 \times + 18 \times (6 + Y_n) \times 0.49 - 2 \times 10 \times \sqrt{0.49}$$
$$= 8.82Y_n + 48.72$$

$$e_{pk} = \gamma H K_p + 2c\sqrt{K_p}$$
$$= 18 \times Y_n \times 2.04 + 2 \times 10 \times \sqrt{2.04}$$
$$= 36.72Y_n + 28.57$$

由 $e_{ak} = e_{pk}$，即 $8.82Y_n + 48.72 = 36.72Y_n + 28.57$，解得：$Y_n = 0.72\text{m}$

20.【答案】C

【解析】《土工合成材料应用技术规范》（GB/T 50290—2014）第 7.5.3 条。

滑动力矩： $$M_D = \frac{22000}{0.88} = 25000 \text{kN} \cdot \text{m/m}$$

筋材总加筋力： $$T_s = 45 \times 10 = 450 \text{kN/m}$$

T_s 对滑动圆心的力臂： $$D = 25 - \frac{12}{3} = 21\text{m}$$

$$T_s = (F_{sr} - F_{su})\frac{M_D}{D}, \quad \text{即 } 450 = (F_{sr} - 0.88) \times \frac{25000}{21}, \text{ 解得：} F_{sr} = 1.258$$

21.【答案】B

【解析】 $$K_s = \frac{\gamma V \cos\theta \tan\varphi + Ac}{\gamma V \sin\theta} = \frac{0.5\gamma h L \cos\theta \tan\varphi + cL}{0.5\gamma h L \sin\theta} = \frac{0.5\gamma h \cos\theta \tan\varphi + c}{0.5\gamma h \sin\theta}$$

由此可见，K_s 与滑面长 L 无关，只与三角形滑体的高 h 相关，坡率由 $1:1$ 改为 $1:0.5$，h 不变，可知抗滑安全系数也不变，即 $K_1 = K_2$。

22.【答案】D

【解析】《水利水电工程地质勘察规范》（GB 50487—2008）（2022 年版）附录 N。

$R_b = 30\text{MPa}$，评分 $A = 10$，属软质岩；

$K_v = \left(\dfrac{2800}{3500}\right)^2 = 0.64$，查表插值 $B = 16.25$；

已知 $C = 25$，$D = -2$，$E = -5$，$A + B + C + D + E = 10 + 16.25 + 25 - 2 - 5 = 44.25$；

$S = \dfrac{R_b \cdot K_v}{\sigma_m} = \dfrac{30 \times 0.64}{9} = 2.13 > 2$，不修正，查表围岩类别为IV类。

23.【答案】C

【解析】《建筑基坑支护技术规程》（JGJ 120—2012）第3.4.2条、第6.1.2条。

$$K_a = \tan^2\left(45° - \frac{15°}{2}\right) = 0.589, \quad K_p = \tan^2\left(45° + \frac{15°}{2}\right) = 1.698$$

$$z_0 = \frac{\dfrac{2c}{\sqrt{K_a}} - q}{\gamma} = \frac{\dfrac{2 \times 8}{\sqrt{0.589}} - 20}{18} \approx 0$$

$$E_{ak} = \frac{1}{2}\gamma(H - z_0)^2 K_a = \frac{1}{2} \times 18 \times (6.5 + 5.5)^2 \times 0.589 = 763.3\text{kN/m}$$

$$G = (6.5 + 5.5) \times 4.5 \times 19 = 1026\text{kN/m}$$

$$E_{pk} = \frac{1}{2}\gamma h^2 K_p + 2ch\sqrt{K_p} = \frac{1}{2} \times 18 \times 6.5^2 \times 1.698 + 2 \times 8 \times 6.5 \times \sqrt{1.698}$$

$$= 781.2\text{kN/m}$$

$$K_s = \frac{E_{pk} + (G - u_m B)\tan\varphi + cB}{E_{ak}} = \frac{781.2 + 1026 \times \tan 15° + 8 \times 4.5}{763.3} = 1.43$$

24.【答案】D

【解析】

$$V = \frac{1}{2}\gamma_w z_w^2 = \frac{1}{2} \times 10 \times 10^2 = 500\text{kN/m}$$

$$u = \frac{1}{2}\gamma_w z_w(H - z)\cos\beta = \frac{1}{2} \times 10 \times 10 \times (25 - 10) \times \frac{1}{\sin 30°} = 1500\text{kPa}$$

$$K_s = \frac{(\gamma V \cos\beta - u - V\sin\beta)\tan\varphi + Ac}{\gamma V \sin\beta + V\cos\beta}$$

即 $1 = \dfrac{(6450 \times \cos 30° - 1500 - 500 \times \sin 30°)\tan\varphi + 30 \times 65}{6450 \times \sin 30° + 500 \times \cos 30°}$，解得：$\varphi = 24°$

25.【答案】A

【解析】《土力学》（李广信等编，第2版，清华大学出版社）第7.2.1节、第7.2.2节。

渗水前：$K_s = \dfrac{\tan\varphi_1}{\tan\beta} = \dfrac{\tan 36°}{\tan 25°} = 1.56$

渗水后：$K_s = \dfrac{\gamma'}{\gamma_{sat}} \cdot \dfrac{\tan\varphi_1}{\tan\beta} = \dfrac{12}{22} \times \dfrac{\tan 33°}{\tan 25°} = 0.76$

26.【答案】C

【解析】《岩土工程勘察规范》（GB 50021—2001）（2009年版）第6.9.4条。

$$w_f = \frac{w - 0.01w_A P_{0.5}}{1 - 0.01 P_{0.5}} = \frac{18 - 0.01 \times 5 \times (100 - 70)}{1 - 0.01 \times (100 - 70)} = 23.6$$

$$I_p = w_L - w_p = 30 - 18 = 12$$

$$I_L = \frac{w_f - w_p}{I_p} = \frac{23.6 - 18}{12} = 0.47$$

27.【答案】A

【解析】《建筑抗震设计标准》（GB/T 50011—2010）（2024年版）第4.3.3条。

液化初判：8 度区，砂土，查表 $d_0 = 8$m

$$d_u = 6m < d_0 + d_b - 2 = 8 + 2 - 2 = 8m$$
$$d_w = 6.5m < d_0 + d_b - 3 = 8 + 2 - 3 = 7m$$
$$d_u + d_w = 12.5m > 1.5d_0 + 2d_b - 4.5 = 1.5 \times 8 + 2 \times 2 - 1.5 = 11.5m$$

初判可不考虑液化影响。

28.【答案】D

【解析】《建筑抗震设计标准》（GB/T 50011—2010）（2024 年版）第 4.1.4 条、第 4.1.6 条、第 5.1.4 条、第 5.1.5 条。

覆盖层厚度 13m，且为淤泥和淤泥质土，查表判别场地类型为Ⅱ类；

Ⅱ类场地，地震分组第一组，罕遇地震，查表 $T_g = 0.35 + 0.05 = 0.40$s；

地震动加速度 0.2g，罕遇地震，查表 $\alpha_{max} = 0.90$，则

$$5T_g = 2.0 < T = 3 < 6.0$$
$$\alpha = [\eta_2 0.2^\gamma - \eta_1(T - 5T_g)]\alpha_{max}$$
$$= [1 \times 0.2^{0.9} - 0.02 \times (3 - 5 \times 0.4)] \times 0.90 = 0.193$$

29.【答案】B

【解析】《建筑抗震设计标准》（GB/T 50011—2010）（2024 年版）第 4.1.4 条、第 4.1.5 条。

土层①剪切波速：$v_{s1} = \dfrac{\sqrt{(2 + 0.3/2)^2 + 2^2}}{0.0294} = 99.9$m/s

土层③剪切波速大于土层②的 2.5 倍，且大于 400m/s，覆盖层厚度为 6m，则

$$v_{se} = \dfrac{6}{\dfrac{2}{99.9} + \dfrac{4}{155}} = 130.9\text{m/s}$$

30.【答案】B

【解析】CFG 桩桩径为 500mm，面积置换率为 6.25%，则

①单桩分担的处理面积的等效圆直径 $= \sqrt{\dfrac{0.5^2}{0.0625}} = 2$m

②单桩承担的处理面积 $= \pi \times \left(\dfrac{2}{2}\right)^2 = 3.14$m²

③最大试验荷载为 $3.14 \times 300 \times 2 = 1884$kN

若把 300kPa 误作为极限承载力，则会得出最大试验荷载为 942kN。

2014 年案例分析试题答案及解析（下午卷）

试 题 答 案

本试卷由 30 道题组成，全部为单项选择题。考生可任选 25 道题作答。每题 2 分，满分为 50 分。若考生在答题卡或试卷上的作答超过 25 道题，则按题目序号从小到大的顺序对作答的前 25 道题计分及复评试卷，其他作答题目无效。

1	D	2	C	3	D	4	B	5	C
6	D	7	B	8	C	9	D	10	B
11	C	12	C	13	D	14	D	15	C
16	D	17	D	18	B	19	C	20	A
21	C	22	A	23	B	24	C	25	B
26	C	27	A	28	C	29	B	30	D

解 题 过 程

1. 【答案】D

【解析】《水利水电工程地质勘察规范》（GB 50487—2008）（2022 年版）附录 G。

$$C_u = \frac{d_{60}}{d_{10}} = \frac{0.31}{0.038} = 8.16 > 5$$

$25\% \leqslant P = 32\% < 35\%$，过渡型

$$J_{cr} = 2.2(G_s - 1)(1 - n)^2 \frac{d_5}{d_{20}} = 2.2 \times (2.66 - 1) \times (1 - 0.33)^2 \times \frac{0.025}{0.07}$$
$$= 0.585$$

$$J_{允许} = \frac{J_{cr}}{1.5} = \frac{0.585}{1.5} = 0.39$$

2. 【答案】C

【解析】《工程岩体试验方法标准》（GB/T 50266—2013）第 2.3.9 条。

$$\rho_d = \frac{m_s}{\frac{m_1 - m_2}{\rho_w} - \frac{m_1 - m_s}{\rho_p}} = \frac{128.00}{\frac{135.00 - 80.00}{1.00} - \frac{135.00 - 128.00}{0.85}} = 2.74 \text{g/cm}^3$$

3. 【答案】D

【解析】《岩土工程勘察规范》（GB 50021—2001）（2009 年版）第 10.4.1 条条文说明。

$$q_d = \frac{M}{M + m} \cdot \frac{M \cdot g \cdot H}{A \cdot e} = \frac{120}{120 + 150} \times \frac{120 \times 9.81 \times 1.0}{\frac{3.14 \times 7.4^2}{4} \times \frac{10}{25}} = 30.4 \text{MPa}$$

4. 【答案】B

【解析】《水利水电工程地质勘察规范》（GB 50487—2008）（2022 年版）附录 V。

$R_b = 50 \text{MPa}$，属中硬岩；

$$K_v = \left(\frac{4200}{4800}\right)^2 = 0.766 > 0.75，岩体完整；$$

$RQD = 80\% > 70\%$，查表可知该坝基岩体工程地质分类为Ⅱ类。

5. 【答案】C

【解析】《建筑地基基础设计规范》（GB 50007—2011）第 5.3.5 条。见解表。

题 5 解表

z_i	l/b	z_i/b	$\overline{\alpha}_i$	$4z_i\overline{\alpha}_i$	$4(z_i\overline{\alpha}_i - z_{i-1}\overline{\alpha}_{i-1})$	E_{si}
0				0		
3.0	10	2	0.2018	2.4216	2.4216	6
9.0	10	6	0.1216	4.3776	1.956	2

$$\Delta s = \psi_s \sum_{i=1}^{n} \frac{\Delta p_0}{E_{si}}(z_i\overline{\alpha}_i - z_{i-1}\overline{\alpha}_{i-1}) = 1.0 \times (85 - 65) \times \frac{1.956}{2} = 19.56$$

6. 【答案】D

【解析】《建筑地基基础设计规范》（GB 50007—2011）第 8.2.8 条。

受冲切承载力：$0.7\beta_{hp}f_t a_m h_0 = 0.7 \times 1.0 \times 1100 \times (0.4 + 0.45) \times 0.45 = 294.5\text{kN}$

基底最大净反力：$F_l = p_{jmax} \cdot A_l$

$$= \frac{F}{2 \times 2} \times \left(1 + \frac{6 \times 0.12}{2}\right) \times \left[\frac{2^2 - (0.4 + 2 \times 0.45)^2}{4}\right]$$

$$= 0.196F$$

令 $F_l = 0.7\beta_{hp}f_t a_m b_0$，得 $F = \frac{294.5}{0.196} = 1502.6\text{kN}$

7. 【答案】B

【解析】《建筑地基基础设计规范》（GB 50007—2011）第 5.2.1 条、第 5.2.4 条。

加层前：$f_a = f_{ak} + \eta_b\gamma(b - 3) + \eta_d\gamma_m(d - 0.5)$

$$= 150 + 2.0 \times 20 \times (3 - 3) + 3.0 \times 20 \times (2.0 - 0.5) = 240\text{kPa}$$

$$p_k = \frac{F_k + G_k}{b} = f_a，得 F_k + G_k = 240 \times 3 = 720\text{kN/m}$$

加层后：$f'_a = 240 + 2.0 \times 20 \times (b' - 3) = 40b' + 120$

基底压力：$p'_k = \frac{F_k + G_k + 240 + (b' - 3) \times 2 \times 20}{b'} = \frac{840}{b'} + 40$

令 $p'_k = f'_a$，解得：$b' = 3.69\text{m}$

则基础加宽量：$\Delta b = b' - b = 3.69 - 3.0 = 0.69\text{m}$

8. 【答案】C

【解析】《建筑地基基础设计规范》（GB 50007—2011）第 8.2.1 条、第 8.2.12 条。

$$A_s = \frac{M}{0.9f_y h_0} = \frac{500}{0.9 \times 360 \times 10^3 \times (1.2 - 0.04)} \times 10^6 = 1330.35\text{mm}^2$$

按间距 200mm，每延米布置 1000/200 = 5 根钢筋，计算钢筋直径：

$$5 \times \frac{\pi d^2}{4} = 1330.35，解得：d = 18.4\text{mm}$$

取 $d = 20\text{mm}$，计算配筋率为：

$$\frac{5 \times \frac{3.14 \times 20^2}{4}}{1000 \times (1200 - 40)} \times 100\% = 13.5\% < 15\%，不满足规范最小配筋率要求；$$

取 $d = 22\text{mm}$，计算配筋率为：

$$\frac{5 \times \frac{3.14 \times 22^2}{4}}{1000 \times (1200 - 40)} \times 100\% = 16.4\% > 15\%，满足要求。$$

9.【答案】D

【解析】《公路桥涵地基与基础设计规范》（JTG 3363—2019）第 3.0.7 条、第 5.2.2 条。

$$p_{max} = \frac{N}{A} + \frac{M_x}{W_x} + \frac{M_y}{W_y} \leqslant \gamma_R f_a = 1.5 \times 160 = 240\text{kPa}$$

$$A = 2 \times 3 = 6\text{m}^2$$

$$M_x = N \times 0.2, \quad W_x = \frac{1}{6} \times 3 \times 2^2 = 2$$

$$M_y = N \times 0.4, \quad W_x = \frac{1}{6} \times 2 \times 3^2 = 3$$

$$p_{max} = \frac{N}{6} + \frac{0.2N}{2} + \frac{0.4N}{3} \leqslant 240\text{kPa}$$

解得：

$$N \leqslant 600\text{kN}$$

10.【答案】B

【解析】《建筑桩基技术规范》（JGJ 94—2008）第 5.8.2 条。

$$N \leqslant \Psi_c f_c A_{ps} + 0.9 f_y' A_s'$$

$$= 0.85 \times 19.1 \times 10^3 \times 0.4^2 + 0.9 \times 300 \times 10^3 \times 12 \times \frac{3.14 \times 0.018^2}{4}$$

$$= 3421.7\text{kN}$$

11.【答案】C

【解析】《建筑桩基技术规范》（JGJ 94—2008）第 5.4.6 条、第 5.4.7 条。

$$\eta_f q_f u z_0 = 0.9 \times 1.1 \times 60 \times 3.14 \times 0.6 \times 2.5 = 279.77$$

$$T_{uk} = \sum \lambda_i q_{sik} u_i l_i = 0.5 \times 30 \times 3.14 \times 0.6 \times (l - 2.5) = 28.26l - 70.65$$

$$\frac{1}{2} T_{uk} + N_G + G_P = \frac{28.26l - 70.65}{2} + 180 + 3.14 \times 0.3^2 \times l \times 25 = 21.20l + 144.68$$

$$\eta_f q_f u z_0 = 279.77 \leqslant \frac{1}{2} T_{uk} + N_G + G_P = 21.20l + 144.68$$

$$l \geqslant 6.37\text{m}$$

12.【答案】C

【解析】《公路桥涵地基与基础设计规范》（JTG 3363—2019）第 6.3.9 条。

$$R_t = 0.3u \sum_{i=1}^{n} \alpha_i l_i q_{ik} = 0.3 \times 4 \times 0.4 \times (0.6 \times 2 \times 30 + 0.9 \times 6 \times 35 + 0.7 \times 2 \times 40 + 1.1 \times 2 \times 50)$$

$$= 187.7\text{kN}$$

13.【答案】D

【解析】《建筑地基处理技术规范》（JGJ 79—2012）第 5.2.12 条。

$$s_\infty = \psi \frac{\Delta p}{E_s} h = 1.1 \times \frac{80 + 1 \times 18 + 2 \times 10}{1.2} \times 15 = 1622.5\text{mm}$$

$$s_t = U_t s_\infty = 0.8 \times 1622.5 = 1298\text{mm}$$

14.【答案】D

【解析】《建筑地基处理技术规范》（JGJ 79—2012）第 5.2.8 条及条文说明。

$$q_w = k_w \cdot \frac{1}{4}\pi d_w^2 = 2.0 \times 10^2 \times \frac{1}{4} \times 3.14 \times 7^2 = 0.769 \text{cm}^3/\text{s}$$

$$d_e = 1.05 \times 1500 = 1575\text{mm}, \quad n = \frac{d_e}{d_w} = \frac{1575}{70} = 22.5$$

$$F_n = \ln(n) - \frac{3}{4} = \ln 22.5 - \frac{3}{4} = 2.36$$

$$F_r = \frac{\pi^2 L^2}{4} \cdot \frac{k_h}{q_w} = \frac{3.14^2 \times 1000^2}{4} \times \frac{1.2 \times 10^{-7}}{0.769} = 0.385$$

$$F_s = \left(\frac{k_h}{k_s} - 1\right)\ln s = \left(\frac{1.2 \times 10^{-7}}{0.3 \times 10^{-7}} - 1\right) \times \ln 2 = 2.079$$

$$F = F_n + F_s + F_r = 2.36 + 2.079 + 0.385 = 4.824$$

$$\beta = \frac{8C_h}{Fd_e^2} = \frac{8 \times 2.0 \times 10^{-3}}{4.824 \times 157.5^2} = 1.337 \times 10^{-7}\text{s}^{-1} = 0.01155\text{d}^{-1}$$

径向固结 $U = 1 - e^{-\beta t}$，即 $0.90 = 1 - e^{-0.01155 \times t}$，解得：$t = 199.4\text{d}$

15.【答案】C

【解析】《公路路基设计规范》（JTG D30—2015）第 7.7.2 条。

$$m_s = 0.123\gamma^{0.7}(\theta H^{0.2} + vH) + Y$$
$$= 0.123 \times 20^{0.7} \times (0.9 \times 3.5^{0.2} + 0.025 \times 3.5) + 0$$
$$= 1.246$$

$$S_t = (m_s - 1 + U_t)S_c = (1.246 - 1 + 0.7) \times 20 = 18.92\text{cm}$$

16.【答案】D

【解析】《建筑地基处理技术规范》（JGJ 79—2012）第 7.9.6 条～第 7.9.9 条。

中砂～砾砂层中作用有两种桩：

搅拌桩
$$m_1 = \frac{A_{p1}}{s^2} = \frac{4 \times \frac{3.14 \times 0.6^2}{4}}{3^2} = 0.1256$$

CFG 桩
$$m_2 = \frac{A_{p2}}{s^2} = \frac{5 \times \frac{3.14 \times 0.45^2}{4}}{3^2} = 0.0883$$

$$f_{spk} = m_1\frac{\lambda_1 R_{a1}}{A_{p1}} + m_2\frac{\lambda_2 R_{a2}}{A_{p2}} + \beta(1 - m_1 - m_2)f_{ak}$$

$$= 0.1256 \times \frac{1.0 \times 300}{3.14 \times 0.6^2/4} + 0.0883 \times \frac{0.8 \times 700}{3.14 \times 0.45^2/4} + 1.0 \times (1 - 0.1256 - 0.0883) \times$$

$$200 = 601.6\text{kPa}$$

压缩模量提高系数：
$$\xi = \frac{f_{spk}}{f_{ak}} = \frac{601.6}{200} = 3.01$$

处理后压缩模量：
$$E_s' = 3.01 \times 10 = 30.1\text{MPa}$$

$$\frac{z}{b} = \frac{8.0}{3/2} = 5.33, \quad \frac{l}{b} = 1, \text{ 查表}\overline{\alpha} = 0.0888$$

$$s = \psi_s\sum_{i=1}^{n}\frac{p_0}{E_{si}}(z_i\overline{\alpha}_i - z_{i-1}\overline{\alpha}_{i-1}) = 0.4 \times \frac{600}{30.1} \times 4 \times 8.0 \times 0.0888 = 22.7\text{mm}$$

17.【答案】D

【解析】《铁路路基支挡结构设计规范》（TB 10025—2019）第 10.2.2 条～第 10.2.4 条、第 10.2.6 条。

$$h_i = 4.5\text{m} > \frac{1}{2}H = 4.0\text{m}$$

节理发育，取大值 $\qquad l = 0.7(H - h_i) = 0.7 \times (8 - 4.5) = 2.45\text{m}$

$$l_{ei} = 6.0 - 2.45 = 3.55\text{mm}$$

$$\pi D f_{rb} l_{ei} = 3.14 \times 90 \times 0.2 \times 3550 \times 10^{-3} = 200.6\text{kN}$$

$$h_i = 4.5\text{m} > \frac{1}{3}H = 2.7\text{m}，墙背与竖直面间夹角 \alpha = \arctan\left(\frac{0.4}{1}\right) = 21.8°$$

$$\sigma_i = \frac{2}{3}\lambda_a\gamma H \cos(\delta - \alpha) = \frac{2}{3} \times 0.36 \times 22 \times 8 \times \cos(25° - 21.8°) = 42.2\text{kPa}$$

$$E_i = \frac{\sigma_i S_x S_y}{\cos\beta} = \frac{42.2 \times 1.5 \times 1.5}{\cos 21.8°} = 102.3\text{kN}$$

$$K_2 = \frac{\pi D f_{rb} l_{ei}}{E_i} = \frac{200.6}{102.3} = 1.96$$

18.【答案】B

【解析】《建筑边坡工程技术规范》（GB 50330—2013）附录 F.0.4 条。

$$K_a = \tan^2\left(45° - \frac{\varphi}{2}\right) = \tan^2\left(45° - \frac{30°}{2}\right) = \frac{1}{3}$$

$$e_a = 1.1 \times \left(\gamma z K_a - 2c\sqrt{K_a}\right) = 1.1 \times 20 \times 6 \times \frac{1}{3} = 44\text{kN/m}^2$$

$$E_a = \frac{1}{2}e_a h = \frac{1}{2} \times 44 \times 6 = 132\text{kN/m}$$

$$F_{t1} = \frac{Gx_0 + E_{az}x_f}{E_{ax}z_f} = \frac{Gx_0}{132 \times \frac{1}{3} \times 6} = 1.7，解得：Gx_0 = 448.8\text{kN}$$

$$\Delta E_a = 1.1 \times qK_a h = 1.1 \times 40 \times \frac{1}{3} \times 6 = 88\text{kN/m}$$

$$E_{a1} = \frac{1}{2}e_a h = \frac{1}{2} \times 44 \times 6 = 132\text{kN/m}$$

$$F_{t2} = \frac{Gx_0 + T\cos 15° \times 3}{E_{ax}z_f} = \frac{448.8 + 2.90T}{132 \times 2 + 88 \times 3} = 1.6，解得：T = 136.6\text{kN}$$

锚索轴向拉力标准值为 $2T = 273.2\text{kN}$。

> 注：关于放大系数的问题，仁者见仁，智者见智，一般不指定采用《建筑边坡工程技术规范》或《建筑地基基础设计规范》，或题目无明显信息表示为建筑，则一般不考虑放大系数。本题题干中指明根据《建筑边坡工程技术规范》作答，但是该规范中对于扶壁式挡墙的土压力是否放大并未说明，仅仅说扶壁式挡墙的稳定性技术参考重力式挡墙，读者可自行考虑。

19.【答案】C

【解析】《建筑边坡工程技术规范》（GB 50330—2013）第 11.2.1 条、11.2.4 条。

$$G = \gamma V = 24 \times 0.5 \times 1.6 \times 6.0 + 24 \times 1.0 \times 6.0 = 115.2 + 144 = 259.2\text{kN}$$

$$e_{a1} = 1.1qK_a = 16.5K_a$$

$$e_{a2} = 1.1 \times \left(\sum\gamma_j h_j + q\right)K_a = 1.1 \times (20 \times 6 + 15)K_a = 148.5K_a$$

$$F_t = \frac{Gx_0 + E_{az}x_f}{E_{ax}z_f} = \frac{115.2 \times \frac{2}{3} \times 1.6 + 144 \times (1.6 + 0.5)}{16.5K_a \times 6.0 \times 3.0 + 0.5 \times (148.5 - 16.5)K_a \times 6.0 \times \frac{1}{3} \times 6.0}$$

$$= \frac{425.28}{1089K_a} = 1.6$$

$$K_a = 0.244 = \tan^2\left(45° - \frac{\varphi}{2}\right)$$

$$\varphi = 37.4°$$

20.【答案】A

【解析】根据《公路路基设计规范》（JTG D30—2015）第5.4.11条。

$$l_0 = \frac{D\sigma_{hi}}{2(c + \gamma h_i \tan\delta)} = \frac{1.0 \times 75}{2 \times (5 + 21 \times 6 \times \tan 15°)} = 0.97\text{m}$$

21.【答案】C

【解析】《建筑基坑支护技术规程》（JGJ 120—2012）第3.1.7条、第4.7.3条、第4.7.6条。

$$N_k = \frac{F_h s}{b_a \cos\alpha} = \frac{420 \times 1.4}{1.4 \times \cos 15°} = 434.8\text{kN}$$

$$N = \gamma_0 \gamma_F N_k = 1.1 \times 1.25 \times 434.8 = 597.85\text{kN}$$

$$n = \frac{N}{T} = \frac{597.85}{180} = 3.3，取4根。$$

22.【答案】A

【解析】《铁路隧道设计规范》（TB 10003—2016）附录H。

$$h_0 = \frac{a\tan\varepsilon}{1 - \tan\varepsilon\tan\alpha} = \frac{2.0 \times \tan 34°}{1 - \tan 34° \tan 10°} = 1.53\text{m}$$

$$\lambda = \frac{(\tan\omega - \tan\alpha)(1 - \tan\alpha\tan\varepsilon)}{\tan(\omega + \varphi)(1 - \tan\omega\tan\varepsilon)}$$

$$= \frac{(\tan 38° - \tan 10°)(1 - \tan 10° \tan 34°)}{\tan(38° + 40°)(1 - \tan 38° \tan 34°)} = 0.24$$

$$h' = \frac{a}{\tan\omega - \tan\alpha} = \frac{2}{\tan 38° - \tan 10°} = 3.31\text{m}$$

$$E = \frac{1}{2}b\gamma(H - h_0)^2\lambda + \frac{1}{2}b\gamma h_0(h' - h_0)\lambda$$

$$= \frac{1}{2}b\gamma\lambda[(H - h_0)^2 + h_0(h' - h_0)]$$

$$= \frac{1}{2} \times 1.0 \times 22 \times 0.24 \times [(8.5 - 1.53)^2 + 1.53 \times (3.31 - 1.53)]$$

$$= 135\text{kN}$$

23.【答案】B

【解析】《建筑基坑支护技术规程》（JGJ 120—2012）第4.1.10条。

$$k_R = \frac{\alpha_R E A b_a}{\lambda l_0 s} = \frac{1.0 \times 30 \times 10^3 \times 0.8 \times 0.6 \times 1.0}{1.0 \times 10 \times 10} = 144\text{MN/m}$$

24.【答案】C

【解析】《工程地质手册》（第五版）第678～679页。

$$a = \frac{1}{2} \times 3.2 = 1.6\text{m}，\quad W = 3.2 \times 6.5 \times 2.6 \times 10 = 540.8\text{kN/m}$$

裂隙充满水： $$h_0 = 6.5\text{m}$$

水平地震力： $$F = ma = 3.2 \times 6.5 \times 2.6 \times 0.20 \times 10 = 108.16\text{kN/m}$$

$$K = \frac{6Wa}{10h_0^3 + 3Fh} = \frac{6 \times 540.8 \times 1.6}{10 \times 6.5^3 + 3 \times 108.16 \times 6.5} = 1.07$$

25.【答案】B

【解析】根据泰勒稳定数图解法估算的土堤临界高度公式：

$$H_c = \frac{5.52c_u}{\gamma} = \frac{5.52 \times 13.6}{17.2} = 4.3\text{m}$$

26.【答案】C

【解析】《公路路基设计规范》（JTG D30—2015）第7.2.2条。

即

$$\psi_i = \cos(\alpha_{i-1} - \alpha_i) - \sin(\alpha_{i-1} - \alpha_i)\tan\varphi_i$$

$$0.85 = \cos(35° - 26°) - \sin(35° - 26°)\tan\varphi_2，解得：\tan\varphi_2 = 0.88$$

$$\psi_3 = \cos(26° - 26°) - \sin(26° - 26°)\tan\varphi_3 = 1.00$$

$$T_i = F_s W_i \sin\alpha_i + \psi_i T_{i-1} - W_i \cos\alpha_i \tan\varphi_i - c_i L_i$$

$$T_1 = 1.2 \times 5000 + 0 - 2100 = 3900\text{kN}$$

$$T_2 = 1.2 \times 6500 + 0.85 \times 3900 - 5100 = 6015\text{kN}$$

$$T_3 = 1.2 \times 2800 + 1.00 \times 6015 - 3500 = 5875\text{kN}$$

27.【答案】A

【解析】《膨胀土地区建筑技术规范》（GB 50112—2013）第5.2.7条、条5.2.9条。

$w > 1.2w_p$，按收缩变形量计算。

地表下4m深度内为基岩：$\Delta w_i = \Delta w_1$

$$\Delta w_1 = w_1 - \psi_w w_p = 0.264 - 0.6 \times 0.205 = 0.141$$

$$s = \psi_s \sum_{i=1}^{n} \lambda_{si} \Delta w_i h_i$$

$$= 0.8 \times [0.12 \times 0.141 \times (2.5 - 1.2) + 0.11 \times 0.141 \times (3.5 - 2.5)]$$

$$= 0.03\text{m} = 30\text{mm}$$

28.【答案】C

【解析】《公路工程抗震规范》（JTG B02—2013）第4.4.2条。

$$C_e = \frac{N_1}{N_{cr}} = \frac{8}{9.5} = 0.84$$

查表分层采用加权平均：

$$\psi_l = \frac{7 \times \frac{2}{3} + 4 \times 1.0}{7 + 4} = 0.79$$

29.【答案】B

【解析】《建筑抗震设计标准》（GB/T 50011—2010）（2024年版）第4.3.4条、条4.4.3条。

$$N_{cr} = N_0\beta[\ln(0.6d_s + 1.5) - 0.1d_w]\sqrt{3/\rho_c}$$

$$= 10 \times 0.8 \times [\ln(0.6 \times 9.0 + 1.5) - 0.1 \times 2.0] \times \sqrt{3/3} = 13.85$$

打桩后：

$$N_l = N_p + 100\rho(1 - e^{-0.3N_p})$$

即

$$13.85 = 7 + 100 \times \rho \times (1 - e^{-0.3 \times 7})，解得：\rho = 0.078$$

正方形布桩置换率：

$$\rho = \frac{d^2}{s^2} = \frac{0.3^2}{s^2} = 0.078$$

解得$s = 1.0742\text{m} = 1074.2\text{mm}$，选用小值1000mm。

30.【答案】D

【解析】《建筑基桩检测技术规范》（JGJ 106—2014）第4.1.3条、条4.2.2条。

加载量不应小于设计要求的单桩承载力特征值的2.0倍，加载反力装置能提供的反力不得小于最大加载量的1.2倍。

$$7000 \times 1.2 \times 2.0 = 4 \times n \times \frac{3.14 \times 25^2}{4} \times 360 \times 10^{-3}，解得n = 23.8，取24根。$$

2016年案例分析试题答案及解析（上午卷）

试题答案

本试卷由30道题组成，全部为单项选择题。考生可任选25道题作答。每题2分，满分为50分。若考生在答题卡或试卷上的作答超过25道题，则按题目序号从小到大的顺序对作答的前25道题计分及复评试卷，其他作答题目无效。

1	B	2	C	3	A	4	B	5	D
6	B	7	C	8	B	9	C	10	D
11	C	12	A	13	B	14	A	15	A
16	B	17	B	18	C	19	D	20	A
21	C	22	C	23	A	24	B	25	B
26	C	27	B	28	C	29	C	30	B

解 题 过 程

1. 【答案】B

【解析】《工程地质手册》（第五版）第294～295页。

$$e = \frac{G_s \gamma_w (1 + \omega)}{\gamma} - 1 = \frac{2.65 \times 10 \times (1 + 0.15)}{19.0} - 1 = 0.604$$

$$\gamma' = \frac{G_s - 1}{1 + e} \gamma_w = \frac{2.65 - 1}{1 + 0.604} \times 10 = 10.29$$

$$\sigma_h' = \sigma_h - u = 93.6 - 6 \times 10 = 33.60 \text{kPa}$$

$$\sigma_v' = \gamma_1 h_1 + \gamma' h_2 = 19.0 \times 1.0 + 10.29 \times 6.0 = 80.74 \text{kPa}$$

$$K_0 = \frac{\sigma_h'}{\sigma_v'} = \frac{33.60}{80.74} = 0.42$$

2. 【答案】C

【解析】《工程岩体分级标准》（GB/T 50218—2014）第3.3.1条。

$$R_c = 22.82 I_{s(50)}^{0.75} = 22.82 \times 1.28^{0.75} = 27.46 \text{MPa}$$

$$K_f = \frac{R_c}{f_r} = \frac{27.46}{42.8} = 0.64$$

$$0.4 < K_f = 0.64 < 0.8$$

由《岩土工程勘察规范》（GB 50021—2001）（2009年版）表A.0.3得：风化程度为中等风化。

3. 【答案】A

【解析】《建筑地基基础设计规范》（GB 50007—2011）附录C。

加载至375kPa时，承压板周围土明显侧向挤出，则极限荷载为350kPa。

由p-s曲线得，比例界限为200kPa。

$$350 < 2 \times 200 = 400$$

则土层承载力特征值为$\frac{350}{2} = 175 \text{kPa}$。

4. 【答案】B

【解析】《岩土工程勘察规范》（GB 50021—2001）（2009 年版）第 6.10.13 条条文说明。

Pb 单项污染指数：$\dfrac{47.56}{250} = 0.19$

Cd 单项污染指数：$\dfrac{0.54}{0.3} = 1.80$

Cu 单项污染指数：$\dfrac{20.51}{50} = 0.41$

Zn 单项污染指数：$\dfrac{93.56}{200} = 0.47$

As 单项污染指数：$\dfrac{21.95}{30} = 0.73$

Hg 单项污染指数：$\dfrac{0.23}{0.3} = 0.77$

$$Pl_{均} = \frac{0.19 + 1.80 + 0.41 + 0.47 + 0.73 + 0.77}{6} = 0.73$$

$$Pl_{最大} = 1.80$$

$$P_N = \left(\frac{Pl_{均}^2 + Pl_{最大}^2}{2}\right)^{\frac{1}{2}} = \left(\frac{0.73^2 + 1.80^2}{2}\right)^{\frac{1}{2}} = 1.37$$

$$1.0 < P_N = 1.37 < 2.0$$

由表 6.3 得，污染等级为Ⅲ级，轻度污染。

5. 【答案】D

【解析】$e = \dfrac{\sum M}{\sum N} = \dfrac{20 \times 60 \times \left(3 + \frac{60}{2}\right) + \frac{1}{2} \times 30 \times 60 \times \left(3 + \frac{2}{3} \times 60\right)}{24000}$

$= 3.26 > \dfrac{b}{6} = \dfrac{15}{6} = 2.50$，故为大偏心。

$$p_{kmax} = \frac{2(F_k + G_k)}{3la} = \frac{2 \times 24000}{3 \times 15 \times \left(\frac{15}{2} - 3.26\right)} = 252\text{kPa}$$

6. 【答案】B

【解析】《建筑地基基础设计规范》（GB 50007—2011）第 5.2.5 条。

粉土 $c_k = 6\text{kPa}$，$\varphi_k = 22°$，由表 5.2.5 得：

$$M_b = 0.61, \quad M_d = 3.44, \quad M_c = 6.04$$

$$f_a = M_b \gamma b + M_d \gamma_m d + M_c c_k$$

$$= 0.61 \times 9 \times 2.6 + 3.44 \times \frac{0.6 \times 8 + 1.0 \times 9}{1.6} \times 1.6 + 6.04 \times 6 = 98\text{kPa}$$

7. 【答案】C

【解析】《铁路桥涵地基和基础设计规范》（TB 10093—2017）第 3.1.2 条。

$$K_c = \frac{f \sum P_i}{\sum T_i} = \frac{0.4 \times (150 + 140 + 120 + 190 \sin 60°)}{30 + 45 + 190 \cos 60°} = 1.35$$

8. 【答案】B

【解析】《建筑地基基础设计规范》（GB 50007—2011）第 7.5.5 条、附录 N。

$a = 20\text{m}$，$b = 2\text{m}$。

$$\frac{a}{5b} = \frac{20}{5 \times 2} = 2 > 1$$

由表 N.0.4 得：

$$\beta_0 = 0.30, \ \beta_1 = 0.29, \ \beta_2 = 0.22, \ \beta_3 = 0.15, \ \beta_4 = 0.10, \ \beta_5 = 0.08,$$
$$\beta_6 = 0.06, \ \beta_7 = 0.04, \ \beta_8 = 0.03, \ \beta_9 = 0.02, \ \beta_{10} = 0.01$$

$$q_{eq} = 0.8 \left(\sum_{i=0}^{10} \beta_i q_i - \sum_{i=0}^{10} \beta_i p_i \right)$$
$$= 0.8 \times [0.30 \times 36 + (0.29 + 0.22 + 0.15 + 0.10 + 0.08) \times 66 +$$
$$(0.06 + 0.04 + 0.03 + 0.02 + 0.01) \times 36] - 0.8 \times (0.30 + 0.29) \times 1.5 \times 18$$
$$= 57.6 - 12.7$$
$$= 44.9 \text{kPa}$$

9. 【答案】C

【解析】《建筑地基基础设计规范》（GB 50007—2011）第8.2.14条。

（1）验算截面确定

墙体材料为混凝土，基础验算截面为墙边截面，则

$$a_1 = \frac{2.8 - 0.37}{2} = 1.215 \text{m}$$

（2）基底压力计算

$$G = 1.35 \gamma_G dA = 1.35 \times 20 \times 1.0 \times 2.8 = 75.6 \text{kN/m}$$

$$p_{max} = \frac{F + G}{b} + \frac{M}{W} = \frac{360 + 75.6}{2.8} + \frac{20.6}{2.8^2 / 6} = 155.6 + 15.8 = 171.4 \text{kPa}$$

$$p_{min} = \frac{F + G}{b} - \frac{M}{W} = \frac{360 + 75.6}{2.8} - \frac{20.6}{2.8^2 / 6} = 155.6 - 15.8 = 139.8 \text{kPa}$$

$$p = p_{min} + \frac{p_{max} - p_{min}}{b}(b - a_1) = 139.8 + \frac{171.4 - 139.8}{2.8}(2.8 - 1.215)$$
$$= 157.7 \text{kPa}$$

（3）基础验算截面弯矩

$$M_I = \frac{1}{6} a_1^2 \left(2p_{max} + p - \frac{3G}{A} \right) = \frac{1}{6} \times 1.215^2 \times \left(2 \times 171.4 + 157.7 - \frac{3 \times 75.6}{2.8 \times 1.0} \right)$$
$$= 103.2 \text{kN} \cdot \text{m/m}$$

10. 【答案】D

【解析】《建筑桩基技术规范》（JGJ 94—2008）第5.8.6条。

$$d = 900 \geqslant 900$$
$$\frac{t}{d} \geqslant \frac{f_y'}{0.388E}$$
$$t \geqslant \frac{f_y' d}{0.388E} = \frac{350 \times 900}{0.388 \times 2.1 \times 10^5} = 3.9 \text{mm}$$
$$\frac{t}{d} \geqslant \sqrt{\frac{f_y'}{14.5E}}$$
$$t \geqslant d \cdot \sqrt{\frac{f_y'}{14.5E}} = 900 \times \sqrt{\frac{350}{14.5 \times 2.1 \times 10^5}} = 9.6 \text{mm}$$

综上，$t \geqslant 9.6 \text{mm}$。

11. 【答案】C

【解析】《公路桥涵地基与基础设计规范》（JTG 3363—2019）第6.3.3条。

$$\gamma_2 = \frac{18 \times 1 + 9 \times 4 + 10 \times 20 + 9 \times 16}{41} = 9.7$$

$$q_r = m_0\lambda[f_{a0} + k_2\gamma_2(h-3)]$$
$$= 1.0 \times 0.85 \times [550 + 6.0 \times 9.7 \times (40-3)]$$
$$= 2300 > 1450$$

取 $q_r = 1450$kPa

$$[R_a] = \frac{1}{2}u\sum_{i=1}^{n}q_{ik}l_i + A_p q_r$$
$$= \frac{1}{2} \times 3.14 \times 1.5 \times (40 \times 4 + 60 \times 20 + 100 \times 16) + 3.14 \times 0.75^2 \times 1450$$
$$= 9531.9\text{kN}$$

施工阶段，根据第 3.0.7 条，抗力系数取 1.25。

单桩轴向抗压承载力 $= 1.25[R_a] = 1.25 \times 9531.9 = 11914.8$kN

12.【答案】A

【解析】《建筑桩基技术规范》（JGJ 94—2008）第 5.3.6 条、第 5.3.10 条。

粉质黏土、粉土：$\psi_{si} = \left(\frac{0.8}{d}\right)^{\frac{1}{5}} = \left(\frac{0.8}{1.0}\right)^{\frac{1}{5}} = 0.956$

粉细砂：$\psi_{si} = \psi_{pi}\left(\frac{0.8}{d}\right)^{\frac{1}{3}} = \left(\frac{0.8}{1.0}\right)^{\frac{1}{3}} = 0.928$

$$Q_{uk} = Q_{sk} + Q_{gsk} + Q_{gpk} = u\Sigma\psi_{sj}q_{sjk}l_j + u\Sigma\psi_{si}\beta_i q_{sik}l_{gi} + \psi_p\beta_p q_{pk}A_p$$
$$= 3.14 \times 1.0 \times (0.956 \times 45 \times 3 + 0.956 \times 50 \times 6) + 3.14 \times 1.0 \times 0.956 \times 1.4 \times$$
$$50 \times 4 + 3.14 \times 1.0 \times 0.928 \times 1.6 \times 70 \times 2 + 0.928 \times 2.4 \times 0.8 \times 1200 \times$$
$$3.14 \times 0.5^2$$
$$= 1305.8 + 840.5 + 652.7 + 1678.4$$
$$= 4474.4\text{kN}$$

13.【答案】B

【解析】《建筑地基基础设计规范》（GB 50007—2011）附录 R。

$$A = \left(a_0 + 2l\tan\frac{\varphi}{4}\right) \times \left(b_0 + 2l\tan\frac{\varphi}{4}\right)$$
$$= \left(29.3 + 2 \times 30 \times \tan\frac{32°}{4}\right) \times \left(59.3 + 2 \times 30 \times \tan\frac{32°}{4}\right) = 2555.7$$
$$p_z = \frac{F_k + G_k}{A} - \Sigma\gamma h = \frac{668000}{2555.7} - (19 \times 1 + 9 \times 3) = 215.4\text{kPa}$$

14.【答案】A

【解析】《建筑地基处理技术规范》（JGJ 79—2012）第 7.1.5 条、第 7.2.2 条。

$$m = \frac{2A_p}{2.0 \times 1.6} = \frac{2 \times 3.14 \times 0.25^2}{2.0 \times 1.6} = 0.1227$$
$$m = \frac{e_0 - e_1}{1 + e_0} = \frac{0.9 - e_1}{1 + 0.9} = 0.1227$$

解得：$e_1 = 0.667$

15.【答案】A

【解析】《建筑地基处理技术规范》（JGJ 79—2012）第 7.1.5 条、第 7.3.3 条。

$$m = \frac{d^2}{d_e^2} = \frac{0.6^2}{(1.13 \times 1.5)^2} = 0.1253$$

桩身强度确定的单桩承载力：

$$R_a = \eta f_{cu}A_p = 0.25 \times 1500 \times 3.14 \times 0.3^2 = 106.0\text{kN}$$

根据地基土承载力计算的承载力：

$$R_a = u_p \sum_{i=1}^{n} q_{si} l_{pi} + \alpha_p q_p A_p$$

$$= 3.14 \times 0.6 \times (15 \times 3 + 30 \times 7) + 0.6 \times 150 \times 3.14 \times 0.3^2$$

$$= 505.9\text{kN}$$

取二者小值作为单桩承载力 $R_a = 106.0\text{kN}$

$$f_{spk} = \lambda m \frac{R_a}{A_p} + \beta(1-m)f_{sk}$$

$$= 1.0 \times 0.1253 \times \frac{106.0}{3.14 \times 0.3^2} + 0.8 \times (1 - 0.1253) \times 100 = 117.0\text{kPa}$$

16.【答案】B

【解析】《建筑地基处理技术规范》（JGJ 79—2012）第7.2.2条。

$$\overline{\rho}_d = \frac{\rho_0}{1 + 0.01\omega} = \frac{1.54}{1 + 0.01 \times 15} = 1.34$$

正方形布桩：$s = 0.89\xi d \sqrt{\dfrac{\overline{\eta}_c \rho_{dmax}}{\overline{\eta}_c \rho_{dmax} - \overline{\rho}_d}}$，$\overline{\eta}_c = \dfrac{\overline{\rho}_{d1}}{\rho_{dmax}}$

则，$s = 0.89\xi d \sqrt{\dfrac{\overline{\rho}_{d1}}{\overline{\rho}_{d1} - \overline{\rho}_d}}$

$$1.0 = 0.89 \times 0.4 \times \sqrt{\frac{\overline{\rho}_{d1}}{\overline{\rho}_{d1} - 1.34}}$$

解得：$\overline{\rho}_{d1} = 1.53\text{g/cm}^3$

17.【答案】B

【解析】《建筑地基处理技术规范》（JGJ 79—2012）第5.4.1条条文说明。

（1）最终沉降量推算

$$s_f = \frac{s_3(s_2 - s_1) - s_2(s_3 - s_2)}{(s_2 - s_1) - (s_3 - s_2)} = \frac{250 \times (200 - 100) - 200 \times (250 - 200)}{(200 - 100) - (250 - 200)} = 300\text{mm}$$

（2）从加载开始第200d时的沉降量推算

取100d、150d、200d三点。

$$s_\infty = \frac{s_4(s_3 - s_2) - s_3(s_4 - s_3)}{(s_3 - s_2) - (s_4 - s_3)} = \frac{s_4 \times (250 - 200) - 250 \times (s_4 - 250)}{(250 - 200) - (s_4 - 250)} = 300\text{mm}$$

解得第200d时的沉降量 $s_4 = 275\text{mm}$

（3）从加载开始第350d时的沉降量推算

取50d、200d、350d三点。

$$s_\infty = \frac{s_5(s_4 - s_1) - s_4(s_5 - s_4)}{(s_4 - s_1) - (s_5 - s_4)} = \frac{s_5 \times (275 - 100) - 275 \times (s_5 - 275)}{(275 - 100) - (s_5 - 275)} = 300\text{mm}$$

解得第350d时的沉降量 $s_5 = 297\text{mm}$

（4）竣工后200d内发生的工后沉降量

$$297 - 250 = 47\text{mm}$$

注：本题中的竣工后200d容易让人产生理解偏差，是从开始加载到第200d时还是从竣工后开始的第200d时，如理解为前者，当采用三点法时，必须满足 $t_2 - t_1 = t_3 - t_2 = \Delta t$，即选取的三个点的时间间隔应保持一致，本题采用 $s_t = s_f U_t = s_f(1 - \alpha e^{-\beta t})$ 计算也可以。

$$\beta = \frac{1}{t_2 - t_1}\ln\frac{s_2 - s_1}{s_3 - s_2} = \frac{1}{100 - 50}\ln\frac{200 - 100}{250 - 200} = 0.01386$$

350d 沉降量 $s_t = s_f(1 - \alpha e^{-\beta t}) = 300 \times \left(1 - \dfrac{8}{\pi^2} \times e^{-0.01386 \times 350}\right) = 298\text{mm}$

工后沉降量：

$$298 - 250 = 48\text{mm}$$

注：计算结果和按照三点法有一定的误差，但阅卷时都给分了，α 应采用理论值 $\dfrac{8}{\pi^2}$。

18.【答案】C

【解析】参考《土力学》教材中无黏性土的主动土压力及坦墙的土压力理论计算。

解法一：

$$W_{BCD} = \gamma \times \frac{1}{2} \times h \times \left(h \tan \alpha_{cr} + \frac{h}{\tan \beta}\right)$$
$$= 20 \times \frac{1}{2} \times 6 \times \left(6 \tan 30° + \frac{6}{\tan 45°}\right)$$
$$= 567.8$$

$$\frac{E_a'}{\sin(\beta - \varphi)} = \frac{W_{BCD}}{\sin[180° - (90° - \varphi - \alpha_{cr}) - (\beta - \varphi)]}$$
$$E_a' = \frac{W_{BCD} \sin(\beta - \varphi)}{\sin[180° - (90° - \varphi - \alpha_{cr}) - (\beta - \varphi)]}$$
$$= \frac{567.8 \times \sin(45° - 30°)}{\sin[180° - (90° - 30° - 30°) - (45° - 30°)]}$$
$$= 207.8\text{kN/m}$$

解法二：

$$K_a = \tan^2\left(45° - \frac{\varphi}{2}\right) = \tan^2\left(45° - \frac{30°}{2}\right) = \frac{1}{3}$$

按朗肯土压力计算：

$$E_a = \frac{1}{2}\gamma H^2 K_a = \frac{1}{2} \times 20 \times 6^2 \times \frac{1}{3} = 120$$

由 B 点作 AD 垂线，垂足为 E 点。

$$W_{BCE} = \gamma \times \frac{1}{2} \times h \times h \tan \alpha_{cr} = 20 \times \frac{1}{2} \times 6 \times 6 \tan 30° = 207.8$$

$$E_a' = W_{BCE} \sin \alpha_{cr} + E_a \cos \alpha_{cr} = 207.8 \times \sin 30° + 120 \times \cos 30° = 207.8\text{kN/m}$$

19.【答案】D

【解析】
$$E_w = \frac{1}{2}\gamma_{sat}H^2 = \frac{1}{2} \times 18.0 \times 5^2 = 225\text{kN/m}$$

20.【答案】A

【解析】参考《土力学》教材中有渗透水流的均质土坡相关知识计算。

$$F_s = \frac{\gamma'}{\gamma_{sat}} \frac{\tan \varphi}{\tan \alpha} = \frac{11}{21} \times \frac{\tan 30°}{\tan \alpha} = 1.2$$

解得：$\alpha = 14.1°$

21.【答案】C

【解析】
$$i = \frac{\Delta h}{\Delta l} = \frac{\Delta h}{4.5} = 0.1$$

$$\Delta h = 0.45\text{m}$$

A 点水压力：$p_{wA} = \gamma_w h_A = 10 \times 1.0 = 10\text{kPa}$

B 点水压力：$p_{wB} = \gamma_w(h_B - \Delta h) = 10 \times (5.5 - 0.45) = 50.5 \text{kPa}$

AB 段总水压力：$E_w = \frac{1}{2}(p_{wA} + p_{wB})h_{AB} = \frac{1}{2} \times (10 + 50.5) \times 4.5 = 136.1 \text{kN/m}$

$$K_a = \tan^2\left(45° - \frac{\varphi}{2}\right) = \tan^2\left(45° - \frac{30°}{2}\right) = \frac{1}{3}$$

AB 段土压力：

$$E_a = \frac{1}{2}(\gamma' + j)K_a h_{AB}^2 = \frac{1}{2} \times (11 + 10 \times 0.1) \times \frac{1}{3} \times 4.5^2 = 40.5 \text{kN/m}$$

AB 段总水平压力：

$$E_{AB} = E_w + E_a = 136.1 + 40.5 = 176.6 \text{kN/m}$$

22.【答案】C

【解析】《公路隧道设计规范 第一册 土建工程》（JTG 3370.1—2018）第 3.6.2 条、第 3.6.4 条、附录 P。

$$K_v = \left(\frac{v_{pm}}{v_{pr}}\right)^2 = \left(\frac{2400}{3500}\right)^2 = 0.47$$

$90K_v + 30 = 90 \times 0.47 + 30 = 72.3 > R_c = 30$，取 $R_c = 30$

$0.04R_c + 0.4 = 0.04 \times 30 + 0.4 = 1.6 > K_v = 0.47$，取 $K_v = 0.47$

$$BQ = 100 + 3R_c + 250K_v = 100 + 3 \times 30 + 250 \times 0.47 = 307.5$$

由表 3.6.4 可知，围岩级别为Ⅳ级。

由表 P.0.1 可知，拱墙和边墙喷射混凝土厚度宜选用 12～20cm，拱、墙二次初砌混凝土厚度为 35～40cm。因此选项 C 正确。

23.【答案】A

【解析】《建筑基坑支护技术规程》（JGJ 120—2012）第 3.4.2 条。

中砂层：$K_{a1} = \tan^2\left(45° - \frac{\varphi_1}{2}\right) = \tan^2\left(45° - \frac{20°}{2}\right) = 0.490$

粗砂层：$K_{a2} = \tan^2\left(45° - \frac{\varphi_2}{2}\right) = \tan^2\left(45° - \frac{30°}{2}\right) = 0.333$

中砂顶土压力强度：$p_{ak1} = qK_{a1} = 20 \times 0.490 = 9.8$

中砂底土压力强度：$p_{ak2} = (q + \gamma h)K_{a1} = (20 + 18.5 \times 3) \times 0.490 = 37.0$

粗砂顶土压力强度：$p_{ak3} = (q + \gamma h)K_{a1} = (20 + 18.5 \times 3) \times 0.333 = 25.1$

水位处土压力强度：$p_{ak4} = (q + \gamma h)K_{a2} = (20 + 18.5 \times 3 + 19 \times 3) \times 0.333 = 44.1$

桩端处土压力强度：$p_{ak5} = (q + \gamma h)K_{a2} = (20 + 18.5 \times 3 + 19 \times 3 + 10 \times 9) \times 0.333 = 74.1$

桩端处水压力：$p_w = \gamma_w h_w = 10 \times 9 = 90$

主动侧总侧压力：

$$E_a = \frac{1}{2}(p_{ak1} + p_{ak2}) \times 3 + \frac{1}{2}(p_{ak3} + p_{ak4}) \times 3 + \frac{1}{2}(p_{ak4} + p_{ak5}) \times 9 + \frac{1}{2}p_w h_w$$
$$= \frac{1}{2} \times (9.8 + 37.0) \times 3 + \frac{1}{2} \times (25.1 + 44.1) \times 3 + \frac{1}{2} \times (44.1 + 74.1) \times 9 + \frac{1}{2} \times 90 \times 9$$
$$= 1110.9 \text{kN/m}$$

24.【答案】B

【解析】《岩土工程勘察规范》（GB 50021—2001）（2009 年版）第 5.2.8 条条文说明。

$$\psi_1 = \cos(\theta_1 - \theta_2) - \sin(\theta_1 - \theta_2)\tan\varphi_2$$
$$= \cos(30° - 25°) - \sin(30° - 25°)\tan 16°$$
$$= 0.971$$

$$\psi_2 = \cos(\theta_2 - \theta_3) - \sin(\theta_2 - \theta_3)\tan\varphi_3$$
$$= \cos(25° + 5°) - \sin(25° + 5°)\tan 16°$$
$$= 0.723$$

$$R_1 = G_1\cos\theta_1\tan\varphi_1 + c_1 L_1 = 19 \times 54.5 \times \cos 30°\tan 19° + 10 \times 16 = 468.78$$

$$T_1 = G_1\sin\theta_1 = 19 \times 54.5 \times \sin 30° = 517.75$$

$$R_2 = G_2\cos\theta_2\tan\varphi_2 + c_2 L_2$$
$$= (19 \times 43.0 + 9.5 \times 27.5) \times \cos 25°\tan 16° + 7 \times 12$$
$$= 364.22$$

$$T_2 = G_2\sin\theta_2 = (19 \times 43.0 + 9.5 \times 27.5) \times \sin 25° = 455.69$$

$$R_3 = G_3\cos\theta_3\tan\varphi_3 + c_3 L_3 = (9.5 \times 20.0) \times \cos 5°\tan 16° + 7 \times 8 = 110.27$$

$$T_3 = -G_2\sin\theta_2 = -(9.5 \times 20.0) \times \sin 5° = -16.56$$

$$F_s = \frac{R_1\psi_1\psi_2 + R_2\psi_2 + R_3}{T_1\psi_1\psi_2 + T_2\psi_2 + T_3}$$
$$= \frac{468.78 \times 0.971 \times 0.723 + 364.22 \times 0.723 + 110.27}{517.75 \times 0.971 \times 0.723 + 455.69 \times 0.723 - 16.56} = 1.04$$

25.【答案】B

【解析】《铁路工程不良地质勘察规程》（TB 10027—2012）附录 C、第 7.3.3 条条文说明。

$$\rho_c = \frac{m}{V} = \frac{730}{0.5} = 1.46 \times 10^3 \text{kg/m}^3$$

$1.3 \times 10^3 < \rho_c = 1.46 \times 10^3 < 1.5 \times 10^3$，堆积有泥球，查规范附录表 C.0.1-6，泥石流按流体性质为稀性泥石流中的泥流。

$$v_c = \sqrt{\frac{R_0\sigma g}{B}} = \sqrt{\frac{\left(35 - \frac{15}{2}\right) \times 2 \times 10}{15}} = 6.1 \text{m/s}$$

注：此题与 2019 年下午卷第 22 题类似。《铁路工程不良地质勘察规程》（TB 10027—2022）第 7.3.3 条条文说明中泥石流流速公式有所改动，与 2012 年版不同。考虑到此题仅为套用公式计算，较为简单，为保证题目与计算结果的协调性，故不再改编。考生遇到此类题目时，快速定位公式即可。

26.【答案】C

【解析】《土工试验方法标准》（GB/T 50123—2019）第 24.4.1 条、第 24.1.2 条。

$$\delta_{ef1} = \frac{V_{we} - V_0}{V_0} \times 100\% = \frac{19.3 - 10}{10} \times 100\% = 93\% \geqslant 60\%$$

$$\delta_{ef2} = \frac{V_{we} - V_0}{V_0} \times 100\% = \frac{19.4 - 10}{10} \times 100\% = 94\% \geqslant 60\%$$

根据第 24.1.2 条，取两次算术平均值：

$$\delta_{ef1} = \frac{\delta_{ef1} + \delta_{ef2}}{2} = \frac{93\% + 94\%}{2} = 93.5\%$$

由《公路工程地质勘察规范》（JTG C20—2011）表 8.3.4 得，膨胀土为强膨胀土。

由《公路路基设计规范》（JTG D30—2015）表 7.9.7-1 得，8m 边坡，边坡坡率为 1∶2.25。

27.【答案】B

【解析】《建筑抗震设计标准》（GB/T 50011—2010）（2024 年版）第 4.1.4 条，玄武岩为火山岩硬夹层，应从覆盖层中扣除，场地覆盖层厚度为 19m。

$$t = \sum_{i=1}^{n} \frac{d_i}{v_i} = \frac{2.5}{180} + \frac{2.0}{220} + \frac{14.5}{290} = 0.073$$

$$v_{se} = \frac{d_0}{t} = \frac{19}{0.073} = 260.3 \text{m/s}$$

28.【答案】C

【解析】《建筑抗震设计标准》（GB/T 50011—2010）（2024 年版）第 4.1.4 条。

$\frac{450}{170} = 2.65 > 2.5$，可知场地覆盖层厚度为 14m。

$$t = \sum_{i=1}^{n} \frac{d_i}{v_i} = \frac{2}{130} + \frac{8}{100} + \frac{4}{170} = 0.119$$

$$v_{se} = \frac{d_0}{t} = \frac{14}{0.119} = 117.6 \text{m/s}$$

由表 4.1.6 得：场地类别为 Ⅱ 类。

设计地震分组为第一组，由表 5.1.4-2 得：$T_g = 0.35\text{s}$

抗震设防烈度为 8 度，设计基本地震加速度为 $0.30g$，由表 5.1.4-1 得：$\alpha_{max} = 0.24$

$$0.10 < T = 0.30 < T_g = 0.35$$

由图 5.1.5 得：$\alpha = \eta_2 \alpha_{max} = 1.0 \times 0.24 = 0.24$

29.【答案】C

【解析】由《公路工程抗震规范》（JTG B02—2013）第 3.1.1 条可知，桥梁抗震设防类别为 B 类。

由表 3.1.3 得：$C_i = 0.5$

场地类别为 Ⅲ 类，设计基本地震动峰值加速度为 $0.20g$，由表 5.2.2 得：$C_s = 1.2$

根据 5.2.4 条：$C_d = 1 + \frac{0.05 - \xi}{0.06 + 1.7\xi} = 1 + \frac{0.05 - 0.04}{0.06 + 1.7 \times 0.04} = 1.08$

$$S_{max} = 2.25 C_i C_s C_d A_h = 2.25 \times 0.5 \times 1.2 \times 1.08 \times 0.2g = 0.29g$$

30.【答案】B

【解析】《建筑基桩检测技术规范》（JGJ 106—2014）第 9.3.2 条条文说明。

$$F = A \cdot E \cdot \varepsilon = 3.14 \times (0.25^2 - 0.125^2) \times 3.8 \times 10^7 \times 350 \times 10^{-6} = 1957.6 \text{kN}$$

2016 年案例分析试题答案及解析（下午卷）

试 题 答 案

本试卷由 30 道题组成，全部为单项选择题。考生可任选 25 道题作答。每题 2 分，满分为 50 分。若考生在答题卡或试卷上的作答超过 25 道题，则按题目序号从小到大的顺序对作答的前 25 道题计分及复评试卷，其他作答题目无效。

1	B	2	A	3	B	4	C	5	A
6	A	7	B	8	B	9	B	10	C
11	C	12	A	13	B	14	C	15	D
16	B	17	C	18	C	19	C	20	B
21	C	22	D	23	D	24	B	25	C
26	C	27	C	28	D	29	B	30	A

解 题 过 程

1. 【答案】B

【解析】《工程地质手册》（第五版）第 79 页。

$$K = \pi \frac{AM \cdot AN}{MN} = 3.14 \times \frac{7 \times 13}{6} = 47.62$$

$$\rho = K \frac{\Delta V}{I} = 47.62 \times \frac{360}{240} = 71.43$$

$$50 < \rho = 71.43 \leqslant 100$$

由《岩土工程勘察规范》（GB 50021—2001）（2009 年版）第 12.2.5 条知：土对钢结构的腐蚀等级为弱。

2. 【答案】A

【解析】

解法一：

《工程地质手册》（第五版）第 121 页。

$$Q = V_{\rho 1} \frac{\rho_2 - \rho_3}{\rho_1 - \rho_3} = 1 \times 1.8 \times \frac{1.2 - 1.0}{1.8 - 1.0} = 0.45t$$

解法二：

根据三相换算。$V_1 \rho_{d1} = V_2 \rho_{d2}$

$$\rho_{d1} = \frac{\rho_0}{1 + 0.01\omega} = \frac{1.8}{1 + 0.01 \times 30} = 1.38$$

$$\rho_{d2} = \frac{d_s(\rho - 0.01 S_r \rho_w)}{d_s - 0.01 S_r} = \frac{2.7 \times (1.2 - 0.01 \times 100 \times 1.0)}{2.7 - 0.01 \times 100} = 0.32$$

$$V_1 = \frac{V_2 \rho_{d2}}{\rho_{d1}} = \frac{1 \times 0.32}{1.38} = 0.23$$

$$m = \rho V_1 = 1.8 \times 0.23 = 0.41t$$

3. **【答案】** B

【解析】《土工试验方法标准》（GB/T 50123—2019）第 16.1.3 条。

第一次试验：$k_{20} = k_T \dfrac{\eta_T}{\eta_{20}} = 3.79 \times 10^{-5} \times 1.133 = 4.29 \times 10^{-5}$

第二次试验：$k_{20} = k_T \dfrac{\eta_T}{\eta_{20}} = 1.55 \times 10^{-5} \times 1.133 = 1.76 \times 10^{-5}$

第三次试验：$k_{20} = k_T \dfrac{\eta_T}{\eta_{20}} = 1.47 \times 10^{-5} \times 1.133 = 1.67 \times 10^{-5}$

第四次试验：$k_{20} = k_T \dfrac{\eta_T}{\eta_{20}} = 1.71 \times 10^{-5} \times 1.133 = 1.94 \times 10^{-5}$

根据第 13.1.3 条，第一次试验与其他三次试验偏差大于 2×10^{-5}，故舍弃该数值。

$$k_{20} = \frac{1.76 \times 10^{-5} + 1.67 \times 10^{-5} + 1.94 \times 10^{-5}}{3} = 1.79 \times 10^{-5} \text{cm/s}$$

4. **【答案】** C

【解析】《工程岩体分级标准》（GB/T 50218—2014）第 4.1.1 条、第 4.2.2 条、第 5.2.2 条。

$$K_v = \left(\frac{v_{pm}}{v_{pr}}\right)^2 = \left(\frac{3800}{4500}\right)^2 = 0.71$$

$90K_v + 30 = 93.9 > R_c = 72$，取 $R_c = 72$

$0.04R_c + 0.4 = 3.28 > K_v = 0.71$，取 $K_v = 0.71$

$BQ = 100 + 3R_c + 250K_v = 100 + 3 \times 72 + 250 \times 0.71 = 493.5$，查表可知岩体基本质量分级为 Ⅱ 级。

地下水影响修正系数：查表 5.2.2-1，$K_1 = 0.1 \sim 0.2$

主要结构面产状影响修正系数：查表 5.2.2-2，$K_2 = 0.4 \sim 0.6$

初始应力状态影响修正系数：$\dfrac{R_c}{\sigma_{max}} = \dfrac{72}{12} = 6$，查表 5.2.2-3，$K_3 = 0.5$

岩体质量指标：
$$\begin{aligned}
[BQ] &= BQ - 100(K_1 + K_2 + K_3) \\
&= 493.5 - 100 \times [(0.1 \sim 0.2) + (0.4 \sim 0.6) + 0.5] \\
&= 363.5 \sim 393.5
\end{aligned}$$

故确定该岩体质量等级为 Ⅲ 级。

5. **【答案】** A

【解析】 $s = \dfrac{\Delta P}{E_s} H = \dfrac{8 \times 10}{12} \times 5 = 33.3 \text{mm}$

6. **【答案】** A

【解析】 由《铁路桥涵地基和基础设计规范》（TB 10093—2017）表 4.1.2-3 得：$\sigma_0 = 200 \text{kPa}$

根据表 4.1.3 得：$k_1 = 3 \times 0.5 = 1.5$，$k_2 = 5 \times 0.5 = 2.5$

根据第 4.1.3 条得：$b = \sqrt{F} = \sqrt{3.14 \times 2^2} = 3.5 \text{m}$

$$\gamma_2 = \frac{1.5 \times 18 + 1.5 \times 10 + 1.5 \times 10}{4.5} = 12.7$$

$$\begin{aligned}
[\sigma] &= \sigma_0 + k_1\gamma_1(b - 2) + k_2\gamma_2(h - 3) \\
&= 200 + 1.5 \times 10 \times (3.5 - 2) + 2.5 \times 12.7 \times (4.5 - 3) \\
&= 270 \text{kPa}
\end{aligned}$$

注：表 4.1.2-3 砂土密实程度在老规范中为稍松，但是在新规范表 4.1.3 注 2 中，稍松状态未进行修改，前后不一致。

7. 【答案】B

【解析】《建筑地基基础设计规范》（GB 50007—2011）第5.2.4条、第5.2.7条。

$\frac{E_{s1}}{E_{s2}} = \frac{21}{7} = 3$，$\frac{z}{b} = \frac{10}{20} = 0.5$，地基压力扩散角$\theta$为23°。

$$p_z = \frac{lb(p_k - p_c)}{(b + 2z\tan\theta)(l + 2z\tan\theta)} = \frac{60 \times 20 \times (p_k - 2 \times 19)}{(20 + 2 \times 10\tan 23°)(60 + 2 \times 10\tan 23°)}$$
$$= 0.615p_k - 23.370$$

$$f_{az} = f_{ak} + \eta_d\gamma_m(d - 0.5) = 100 + 1.5 \times 19 \times (12 - 0.5) = 427.75$$

$$p_z + p_{cz} \leqslant f_{az}$$

$$0.615p_k - 23.370 + 19 \times 12 \leqslant 427.75$$

解得：$p_k \leqslant 363\text{kPa}$

8. 【答案】B

【解析】《建筑地基基础设计规范》（GB 50007—2011）第8.4.12条。

$$l_{n1} = l_{n2} = 8.7 - 0.45 = 8.25$$

假设$h \leqslant 800\text{mm}$，则$\beta_{hp} = 1.0$；

$$h_0 = \frac{(l_{n1} + l_{n2}) - \sqrt{(l_{n1} + l_{n2})^2 - \dfrac{4p_n l_{n1} l_{n2}}{p_n + 0.7\beta_{hp}f_t}}}{4}$$

$$= \frac{(8.25 + 8.25) - \sqrt{(8.25 + 8.25)^2 - \dfrac{4 \times 540 \times 8.25 \times 8.25}{540 + 0.7 \times 1.0 \times 1570}}}{4} = 0.747\text{m}$$

假设成立。

$h_0 = 0.747 > \frac{8.25}{14} = 0.589$，且厚度大于400mm。

9. 【答案】B

【解析】《建筑地基基础设计规范》（GB 50007—2011）第5.3.10条。

（1）确定土的回弹模量（见解表1）

$$p_c = \gamma h = 20 \times 10 = 200\text{kPa}$$

题9解表（1）

z_i	l/b	z/b	α_i	$p_z = 4\alpha_i p_0$	$p_{cz} = 20 \times (10.0 + z)$	$p_{cz} - p_z$	E_{ci}
0		0	0.2500	200.0	200.0	0	—
5	$\frac{50}{10} = 5$	0.50	0.2390	191.2	300.0	108.8	240
10		1.00	0.2040	163.2	400.0	236.8	300

（2）计算回弹变形量（见解表2）

$$\Delta s_i = \frac{4p_c}{E_{ci}}(z_i\overline{\alpha}_i - z_{i-1}\overline{\alpha}_{i-1})$$

题9解表（2）

z_i	l/b	z/b	$\overline{\alpha}_i$	$z_i\overline{\alpha}_i$	$z_i\overline{\alpha}_i - z_{i-1}\overline{\alpha}_{i-1}$	E_{ci}	Δs_i
0		0	0.2500	0	—	—	—
5	$\frac{50}{10} = 5$	0.50	0.2470	1.235	1.235	240	4.12
10		1.00	0.2353	2.353	1.118	300	2.98

$$s_c = \psi_c(4.12 + 2.98) = 1.0 \times (4.12 + 2.98) = 7.1\text{mm}$$

注：推测本题官方答案回弹模量直接取平均值进行计算，评分过程对回弹模量选 240 还是 300 均给分。

10.【答案】 C

【解析】《建筑桩基技术规范》（JGJ 94—2008）第5.5.14条。

$$\sigma_{zi} = \sum_{j=1}^{m} \frac{Q_j}{l_j^2}\left[\alpha_j I_{p,ij} + (1-\alpha_j)I_{s,ij}\right]$$

$$\sigma_{z1} = 4 \times \frac{1000}{20^2} \times [0.2 \times 50 + (1-0.2) \times 20] = 260$$

$$\sigma_{z2} = 4 \times \frac{1000}{20^2} \times [0.2 \times 10 + (1-0.2) \times 5] = 60$$

不考虑桩身压缩，沉降经验系数为0.8，则

$$s = \psi \sum_{i=1}^{n} \frac{\sigma_{zi}}{E_{si}} \Delta_{zi} = 0.8 \times \left(\frac{260}{30} \times 3 + \frac{60}{6} \times 5\right) = 60.8\text{mm}$$

11.【答案】 C

【解析】《建筑桩基技术规范》（JGJ 94—2008）第5.3.12条。

$$\lambda_N = \frac{N}{N_{cr}} = \frac{10}{14} = 0.71$$

$0.6 < \lambda_N = 0.71 \leqslant 0.8$，$d_L = 5.0 < 10$，由表5.3.12得：$\psi_l = \frac{1}{3}$

$$Q_{uk} = Q_{sk} + Q_{pk} = u\sum q_{sik}l_i + q_{pk}A_p$$

$$= 0.45 \times 4 \times \left(25 \times 3 + \frac{1}{3} \times 45 \times 5 + 50 \times 6 + 70 \times 2\right) + 2500 \times 0.45^2$$

$$= 1568\text{kN}$$

12.【答案】 A

【解析】《建筑桩基技术规范》（JGJ 94—2008）第5.8.2条、第5.8.4条。

桩顶铰接，$\alpha h < 4.0$，查表5.8.4-1得：

$$l_c = 1.0 \times (l_0 + h) = 1.0 \times (3.2 + 15.4) = 18.6\text{m}$$

$\frac{l_c}{d} = \frac{18.6}{1.2} = 15.5$，查表5.8.4-2得：$\varphi = 0.81$

桩顶6m范围内的箍筋间距为150mm，则

$$N < \varphi\psi_c f_c A_{ps} = 0.81 \times 0.75 \times 14.3 \times 10^3 \times 3.14 \times 0.6^2 = 9820\text{kN}$$

13.【答案】 B

【解析】《建筑地基处理技术规范》（JGJ 79—2012）第5.2.12条。

求沉降计算深度z_n：$\frac{30}{10 \times 10 + 8 \times (z_n - 10)} = 0.1$，$z_n = 35\text{m}$

①粉砂层中点自重应力：$p_z = \sum \gamma h = 10 \times \frac{10}{2} = 50$

粉砂层中点自重应力与附加应力之和：$p_z + p_0 = 30 + 50 = 80$

$$e_{01} = 1 - 0.05\lg 50 = 0.915, \quad e_{11} = 1 - 0.05\lg 80 = 0.905$$

②淤泥质粉质黏土计算深度内中点自重应力：$p_z = \sum \gamma h = 10 \times 10 + 8 \times \frac{25}{2} = 200$

淤泥质粉质黏土计算深度内中点自重应力与附加应力之和：

$$p_z + p_0 = 30 + 200 = 230$$

$$e_{02} = 1.6 - 0.2\lg 200 = 1.140, \quad e_{12} = 1.6 - 0.2\lg 230 = 1.128$$

$$s_{\mathrm{f}} = \xi \sum_{i=1}^{n} \frac{e_{0i} - e_{1i}}{1 + e_{0i}} h_i$$
$$= 1.0 \times \left(\frac{0.915 - 0.905}{1 + 0.915} \times 10 \times 10^3 + \frac{1.140 - 1.128}{1 + 1.140} \times 25 \times 10^3 \right)$$
$$= 192\mathrm{mm}$$

14.【答案】C

【解析】《建筑地基处理技术规范》（JGJ 79—2012）第7.1.5条、第7.3.3条。

桩身强度确定的单桩承载力：$R_{\mathrm{a}} = \eta f_{\mathrm{cu}} A_{\mathrm{p}} = 0.25 \times 1000 \times 0.71 = 177.5\mathrm{kN}$

根据地基土承载力计算的承载力：$R_{\mathrm{a}} = 240\mathrm{kN}$

取二者小值作为单桩承载力：$R_{\mathrm{a}} = 177.5\mathrm{kN}$

$$f_{\mathrm{spk}} = \lambda m \frac{R_{\mathrm{a}}}{A_{\mathrm{p}}} + \beta(1 - m)f_{\mathrm{sk}} = 1.0 \times m \times \frac{177.5}{0.71} + 1.0 \times (1 - m) \times 60 = 60 + 190m$$

$$f_{\mathrm{spa}} = f_{\mathrm{spk}} + \eta_{\mathrm{d}}\gamma_{\mathrm{m}}(d - 0.5) = 60 + 190m + 1.0 \times 18 \times (d - 0.5) = 78 + 190m$$

$$F + G \leqslant f_{\mathrm{spa}}, \quad 140 + 1.5 \times 20 \leqslant 78 + 190m$$

解得：$m \geqslant 0.48$

选项A，$m = \frac{8 \times 0.71}{3.5 \times 4.8} = 0.34 < 0.48$，不满足；

选项B，$m = \frac{7 \times 0.71}{3.5 \times 3.6} = 0.39 < 0.48$，不满足；

选项C，$m = \frac{9 \times 0.71}{3.5 \times 3.6} = 0.51 > 0.48$，满足；

选项D，$m = \frac{3 \times 0.71}{2.4 \times 1.4} = 0.63 > 0.48$，满足；

综上，最经济合理的为选项C。

15.【答案】D

【解析】根据《建筑地基处理技术规范》（JGJ 79—2012）第7.9.6条、第7.9.8条。

CFG桩置换率m_1：$m_1 = \frac{6 \times 3.14 \times 0.2^2}{2.0 \times 3.0} = 0.126$

碎石桩置换率m_2：$m_2 = \frac{9 \times 3.14 \times 0.15^2}{2.0 \times 3.0} = 0.106$

$$f_{\mathrm{spk}} = m_1 \frac{\lambda_1 R_{\mathrm{a1}}}{A_{\mathrm{p1}}} + \beta[1 - m_1 + m_2(n - 1)]f_{\mathrm{sk}}$$

$$= 0.126 \times \frac{0.9 \times 600}{3.14 \times 0.2^2} + 1.0 \times [1 - 0.126 + 0.106 \times (2 - 1)] \times 120$$

$$= 659\mathrm{kPa}$$

$$\zeta_1 = \frac{f_{\mathrm{spk}}}{f_{\mathrm{ak}}} = \frac{659}{100} = 6.6$$

16.【答案】B

【解析】一根水泥土桩的水泥重量为：

$m_1 = \frac{3.14 \times 0.3^2 \times 12 \times 18 \times 0.15}{10} = 0.92\mathrm{kg}$

水泥的体积：$V_1 = \frac{m_1}{\rho_1} = \frac{0.92}{3.0} = 0.31\mathrm{m}^3$

水的体积：$V_2 = \frac{m_2}{\rho_2} = \frac{0.92 \times 0.55}{\rho_2} = 0.51\mathrm{m}^3$

水泥浆体积：$V = V_1 + V_2 = 0.51 + 0.31 = 0.82\mathrm{m}^3$

17.【答案】C

【解析】《建筑边坡工程技术规范》（GB 50330—2013）附录A.0.3条。

$$P_n = 0$$

$$P_i = P_{i-1}\psi_{i-1} + T_i - \frac{R_i}{F_{st}} = 1150 \times 0.8 + 6000 - \frac{6600 + F}{1.35} = 0$$

解得：$F = 2742\text{kN/m}$

$$M = FLd\cos\alpha = 2742 \times 4 \times 4\cos 15° = 42377\text{kN}\cdot\text{m}$$

18.【答案】C

【解析】中砂层：$K_{a1} = \tan^2\left(45° - \frac{\varphi_1}{2}\right) = \tan^2\left(45° - \frac{30°}{2}\right) = \frac{1}{3}$

粗砂层：$K_{a2} = \tan^2\left(45° - \frac{\varphi_2}{2}\right) = \tan^2\left(45° - \frac{36°}{2}\right) = 0.26$

$$K_0 = \frac{Gb}{E_a z_f} = 1.71$$

$$E_a z_f = \frac{Gb}{1.71} = \frac{350 \times 2.15}{1.71} = 440$$

增加超载后：

$$
\begin{aligned}
K_1 &= \frac{Gb}{E_a z_f + qK_{a1}h_1\left(h_2 + \frac{h_1}{2}\right) + qK_{a2}\frac{h_2^2}{2}} \\
&= \frac{350 \times 2.15}{440 + 20 \times \frac{1}{3} \times 3 \times \left(5 + \frac{3}{2}\right) + 20 \times 0.26 \times \frac{5^2}{2}} \\
&= 1.19
\end{aligned}
$$

$$\Delta K = K_0 - K_1 = 1.71 - 1.19 = 0.52$$

19.【答案】C

【解析】《铁路路基支挡结构设计规范》（TB 10025—2019）第 6.2.4 条、第 3.3.2 条。

地面处主动土压力强度：$e_{a1} = qK_a = 20 \times 0.377 = 7.54$

6m 处主动土压力强度：$e_{a2} = (q + \gamma h)K_a = (20 + 18 \times 6) \times 0.377 = 48.26$

主动土压力：$E = \frac{1}{2}(e_{a1} + e_{a2})h = \frac{1}{2} \times (7.54 + 48.26) \times 6 = 167.4$

$$
\begin{aligned}
K_c \leqslant \frac{R}{T} &= \frac{\left[N + (E_x' - E_p)\tan\alpha_0\right]f + E_p}{E_x' - N\tan\alpha_0} \\
&= \frac{[450 + 167.4\sin(10° + 20°)] \times 0.36}{167.4\cos(10° + 20°)} \\
&= 1.33
\end{aligned}
$$

20.【答案】B

【解析】$F_s = \frac{W\cos\beta\tan\varphi + cl}{W\sin\beta} = \frac{450\cos 42°\tan 18° + cl}{450\sin 42°} = 1.0$

解得：$cl = 192.45$

$$
\begin{aligned}
F_{s1} &= \frac{[W\cos\beta + P\sin(\alpha + \beta)]\tan\varphi + cl + P\cos(\alpha + \beta)}{W\sin\beta} \\
&= \frac{[450\cos 42° + P\sin(15° + 42°)]\tan 18° + 192.45 + P\cos(15° + 42°)}{450\sin 42°} \\
&= 1.5
\end{aligned}
$$

解得：$P = 184\text{kN/m}$

21.【答案】C

【解析】《建筑基坑支护技术规程》（JGJ 120—2012）第 3.1.3 条、第 4.2.4 条。

基坑一旦变形对周边环境产生影响严重，则为二级基坑，抗隆起安全系数为 1.6。

$$N_q = \tan^2\left(45° + \frac{\varphi}{2}\right)e^{\pi\tan\varphi} = \tan^2\left(45° + \frac{10°}{2}\right)e^{\pi\tan 10°} = 2.47$$

$$N_c = \frac{N_q - 1}{\tan\varphi} = \frac{2.47 - 1}{\tan 10°} = 8.34$$

$$\frac{\gamma_{m2}l_d N_q + cN_c}{\gamma_{m1}(h + l_d) + q_0} \geqslant K_b$$

$$l_d \geqslant \frac{K_b q_0 + K_b \gamma_{m1} h - cN_c}{N_q \gamma_{m2} - K_b \gamma_{m1}} = \frac{1.6 \times 20 + 1.6 \times 18.5 \times 6 - 10 \times 8.34}{2.47 \times 18.5 - 1.6 \times 18.5} = 7.84\text{m}$$

22.【答案】D

【解析】《建筑基坑支护技术规程》（JGJ 120—2012）第 3.4.2 条。

$$K_p = \tan^2\left(45° + \frac{\varphi}{2}\right) = \tan^2\left(45° + \frac{30°}{2}\right) = 3.00$$

桩端处：$p_{pk} = (\sigma_{pk} - u_p)K_p + 2c\sqrt{K_p} + u_p = (20 \times 5 - 10 \times 5) \times 3 + 10 \times 5 = 200$

$$E_{pk} = \frac{1}{2} \times p_{pk} \times l_d = \frac{1}{2} \times 200 \times 5 = 500\text{kN/m}$$

静力平衡：$E_{pk} + N_k = E_{ak}$

$$N_k = E_{ak} - E_{pk} = 900 - 500 = 400\text{kN/m}$$

支撑间距为 6m，$N_k = sN_k = 6 \times 400 = 2400\text{kN}$

$$N = \gamma_0\gamma_F N_k = 1.1 \times 1.25 \times 2400 = 3300\text{kN}$$

23.【答案】D

【解析】《建筑基坑支护技术规程》（JGJ 120—2022）附录 C.0.1 条。

$$\frac{D\gamma}{h_w\gamma_w} \geqslant K_h$$

$$\frac{\gamma_w\Delta h + 4 \times 18}{10 \times 9} \geqslant 1.1$$

解得：$\Delta h \geqslant 2.7\text{m}$

24.【答案】B

【解析】《铁路工程特殊岩土勘察规程》（TB 10038—2022）附录 D。

$$\eta = \frac{\Delta Z}{h - \Delta Z} = \frac{194.75 - 194.62}{2.5 - (194.75 - 194.62)} = 0.055 = 5.5\%, \ 3.5 < \eta = 5.5 \leqslant 6$$

$$\omega_p + 2 = 23 + 2 = 25 < \omega = 27 < \omega_p + 5 = 23 + 5 = 28$$

$$h_w = 3.2 - 2.5 = 0.7 < 2.0$$

由表 D.0.1 得：冻胀类别为冻胀。

因为 $\omega_p = 23 > 22$，冻胀性降低一级，为弱冻胀。

25.【答案】C

【解析】1m 处的 $\omega = 28.9\% > 1.2\omega_p = 1.2 \times 22.4\% = 26.9\%$，根据《膨胀土地区建筑技术规范》（GB 50112—2013）第 5.2.7 条，地基变形量可按收缩变形量计算。

湿度系数为 0.7，由表 5.2.12 得大气影响深度为 4.0m。

$$\Delta\omega_1 = \omega_1 - \psi_w\omega_p = 0.289 - 0.7 \times 0.224 = 0.132$$

$$\Delta \omega_i = \Delta \omega_1 - (\Delta \omega_1 - 0.01)\frac{z_i - 1}{z_{sn} - 1}$$

$$= 0.132 - (0.132 - 0.01) \times \frac{\left(4.0 - \frac{4.0 - 1.8}{2}\right) - 1}{4.0 - 1}$$

$$= 0.055$$

$$s_s = \psi_s \sum_{i=1}^{n} \lambda_{si} \cdot \Delta \omega_i \cdot h_i = 0.8 \times 0.2 \times 0.055 \times 2200 = 19.4\text{mm}$$

26.【答案】C

【解析】《湿陷性黄土地区建筑标准》（GB 50025—2018）第 4.4.3 条、第 4.4.4 条、第 4.4.6 条。

关中地区，查表 4.4.3 得：$\beta_0 = 0.9$。则

$$\Delta_{zs} = \beta_0 \sum_{i=1}^{n} \delta_{zsi} h_i = 0.9 \times (0.020 + 0.018 + 0.015) \times 1000 = 47.7\text{mm} < 70\text{mm}$$

为非自重湿陷性场地。

$$\Delta_s = \sum_{i=1}^{n} \alpha \beta \delta_{si} h_i = 1.0 \times 1.5 \times (0.068 + 0.042 + 0.062 + 0.026) \times 1000 +$$

$$1.0 \times 1.0 \times (0.017 + 0.019 + 0.029 + 0.016) \times 1000$$

$$= 378\text{mm}$$

查表 4.4.6 得：湿陷等级为 II 级。

由表 6.1.5 得：多层建筑，非自重湿陷性场地，湿陷等级为 II 级。最小处理厚度为 2.0m，且下部未处理湿陷性黄土层的湿陷起始压力不宜小于 100kPa。最小处理厚度为 4.0m。

27.【答案】C

【解析】$d = (12 - 2 + 3)\tan 25° = 6.1\text{m}$

28.【答案】D

【解析】由《建筑抗震设计标准》（GB/T 50011—2010）（2024 年版）表 4.1.6 知：覆盖层厚度为 9m，场地类别为 II 类。

9 度，罕遇地震，根据表 5.1.4-1 得：$\alpha_{max} = 1.4$

II 类场地，第三组，根据表 5.1.4-2：$T_g = 0.45\text{s}$；罕遇地震，$T_g = 0.45 + 0.05 = 0.50\text{s}$

$$T = 2.45 < 5T_g = 2.50$$

$$\alpha = \left(\frac{T_g}{T}\right)^{\gamma} \eta_2 \alpha_{max} = \left(\frac{0.50}{2.45}\right)^{0.9} \times 1.0 \times 1.40 = 0.335$$

29.【答案】B

【解析】由《建筑抗震设计标准》（GB/T 50011—2010）（2024 年版）第 4.3.3 条知：液化土层为粉砂层。

设计基本地震加速度 0.15g，根据表 4.3.4 得：$N_0 = 10$；设计地震分组为第三组，$\beta = 1.05$

$$N_{cr} = N_0 \beta [\ln(0.6d_s + 1.5) - 0.1d_w]$$

$$= 10 \times 1.05 \times [\ln(0.6 \times 5 + 1.5) - 0.1 \times 1.0] = 14.74$$

$$I_{lE} = \sum_{i=1}^{n} \left(1 - \frac{N_i}{N_{cri}}\right) d_i W_i = \left(1 - \frac{5}{14.74}\right) \times 2 \times 10 = 13.2$$

30.【答案】A

【解析】《建筑地基基础设计规范》（GB 50007—2011）附录 H.0.10 条。

1 号试验点：$\frac{4.2}{3} = 1.4 < 1.5$，取 1.4；

2 号试验点：$\frac{3.0}{3}$ = 1.0 < 1.2，取 1.0；

3 号试验点：$\frac{5.4}{3}$ = 1.8 < 2.7，取 1.8。

岩石地基承载力取 3 点小值，即 1.0MPa。

2017 年案例分析试题答案及解析（上午卷）

试 题 答 案

本试卷由 30 道题组成，全部为单项选择题。考生可任选 25 道题作答。每题 2 分，满分为 50 分。若考生在答题卡或试卷上的作答超过 25 道题，则按题目序号从小到大的顺序对作答的前 25 道题计分及复评试卷，其他作答题目无效。

1	C	2	B	3	B	4	C	5	B
6	B	7	A	8	D	9	A	10	C
11	B	12	D	13	C	14	C	15	B
16	C	17	B	18	B	19	B	20	B
21	B	22	B	23	D	24	B	25	B
26	C	27	C	28	D	29	B	30	B

解 题 过 程

1. **【答案】** C

【解析】 《岩土工程勘察规范》（GB 50021—2001）（2009 年版）附录 B、第 3.3.8 条。

$$N'_{63.5} = 25, \quad L = 15.0$$

查表 B.0.1，插值得：$\alpha_1 = 0.595$

$$N_{63.5} = \alpha_1 \cdot N'_{63.5} = 0.595 \times 25 = 14.9 \approx 15 \text{ 击}$$

$$10 < N_{63.5} = 15 < 20$$

查表 3.3.8-1 得：碎石土的密实度为中密。

2. **【答案】** B

【解析】 《城市轨道交通岩土工程勘察规范》（GB 50307—2012）第 15.6.8 条。

$$e = \frac{G_s \gamma_w (1 + \omega)}{\gamma} - 1 = \frac{2.71 \times 10 \times (1 + 0.35)}{17.5} - 1 = 1.09 > 0.9$$

由表格数据可知，p-s 曲线为缓变曲线，查表 15.6.8-1 得：粉土密实度为稍密。

（1）由最大加载量确定的地基土承载力

最大加载量为 280kPa，由最大加载量确定的地基土承载力为 140kPa。

（2）由 s/d 确定的承载力

$$d = \sqrt{\frac{4A}{\pi}} = \sqrt{\frac{4 \times 0.25}{\pi}} = 0.564$$

$$s/d = 0.020, \quad s = 0.020d = 0.020 \times 564 = 11.28\text{mm}$$

则由 s/d 确定的承载力为

$$f_{ak} = 140 + \frac{160 - 140}{11.42 - 9.93} \times (11.28 - 9.93) = 158 > 140$$

综上，地基土承载力为 140kPa。

3. 【答案】B

【解析】

$$B = \frac{\Delta u}{\Delta \sigma_3} = \frac{196}{200} = 0.98$$

$$\overline{A} = \frac{\Delta u}{\Delta \sigma_1} = \frac{90}{600 - 200} = 0.225$$

$$A = \frac{\overline{A}}{B} = \frac{0.225}{0.98} = 0.23$$

4. 【答案】C

【解析】将真倾角换算成视倾角。

$$\tan \beta = n \cdot \tan \alpha \cdot \sin \omega$$

式中：α——真倾角为 30°；

n——纵横比例之比值，$n = 1$；

ω——岩层走向和剖面走向之夹角，为 60°。

$$\tan \beta = 1 \times \tan 30° \times \sin 60° = 0.5$$

$$\beta = 26.6°$$

5. 【答案】B

【解析】

$$e = \frac{M}{F} = \frac{150}{300} = 0.5\text{m}$$

$$a = \frac{b}{2} - e = \frac{b}{2} - 0.5$$

$$3a \geqslant 0.8b$$

解得：$b \geqslant 2.14\text{m}$

6. 【答案】B

【解析】《建筑地基基础设计规范》（GB 50007—2011）第 5.2.5 条。

计算由 s/b 确定的地基承载力特征值：

$$s/b = 0.015, \quad s = 0.015d = 0.015 \times 700 = 10.5\text{mm}$$

由题表可得，承载力为 125kPa。

$$f_a = f_{ak} + \eta_b \gamma (b - 3) + \eta_d \gamma_m (d - 0.5)$$
$$= 125 + 2.0 \times 19 \times (3 - 3) + 3.0 \times 19 \times (1.5 - 0.5) = 182\text{kPa}$$

7. 【答案】A

【解析】《建筑地基基础设计规范》（GB 50007—2011）第 5.2.4 条、第 5.2.7 条。

$$\gamma_m = \frac{1.5 \times 20 + 1.5 \times 10}{3} = 15$$

$$f_{az} = f_{ak} + \eta_d \gamma_m (d - 0.5) = 70 + 1.5 \times 15 \times (3 - 0.5) = 126.25$$

$$p_c = \gamma h = 20 \times 1.5 = 30$$

$$p_{cz} = \gamma_m d = 15 \times 3.0 = 45$$

$$\frac{E_{s1}}{E_{s2}} = \frac{12}{3} = 4, \quad \frac{z}{b} = \frac{1.5}{2.0} = 0.75$$

查表 5.2.7，插值得，θ 为 24°。

$$p_z = \frac{b(p_k - p_c)}{b + 2z \tan \theta} = \frac{2 \times (160 - 30)}{2 + 2 \times 1.5 \tan 24°} = 78\text{kPa}$$

$$f_{az} = f_{ak} + \eta_d \gamma_m (d - 0.5) = 70 + 1.5 \times 15 \times (3 - 0.5) = 126.25$$

$$p_z + p_{cz} = 78 + 45 = 123 \leqslant f_{az} = 126.25$$

软弱下卧层承载力满足要求。

8. 【答案】D

【解析】《建筑地基基础设计规范》（GB 50007—2011）第8.2.8条。

$$a_t = 0.6m$$

$$h_0 = 0.8 - 0.05 - 0.01 = 0.74m$$

$$a_m = a_t + h_0 = 0.6 + 0.74 = 1.34m$$

因独立基础承受轴心荷载，四个面均为最不利。

$$4a_m = 4 \times 1.34 = 5.36m$$

$$h = 0.8, \quad \beta_{hp} = 1.0$$

$$F_l = 0.7 \beta_{hp} f_t 4 a_m h_0 = 0.7 \times 1.0 \times 1430 \times 5.36 \times 0.74 = 3970kN$$

9. 【答案】A

【解析】《建筑地基基础设计规范》（GB 50007—2011）第5.2.2条、第5.3.5条。

$$e = \frac{M}{F} = \frac{8200}{18000} = 0.46 < \frac{b}{6} = \frac{20}{6} = 3.33$$

为小偏心。

$$\Delta p = p_{max} - p_{min} = 2\frac{M}{W} = 2 \times \frac{8200}{\frac{12 \times 20^2}{6}} = 20.5kPa$$

$$\frac{l}{b} = \frac{12}{20} = 0.6, \quad \frac{z}{b} = \frac{12}{20} = 0.6$$

查表得：$\bar{\alpha}_A = 0.1966, \bar{\alpha}_B = 0.0355$

$$\Delta s_{AB} = \psi_s \frac{\Delta p}{E_{si}} (z\bar{\alpha}_A - z\bar{\alpha}_B) = 1.0 \times \frac{20.5}{4} \times (12 \times 0.1966 - 12 \times 0.0355) = 9.9mm$$

10. 【答案】C

【解析】《建筑桩基技术规范》（JGJ 94—2008）第4.1.1条、第5.7.5条。

$$d = 0.8 < 1.0$$

$$b_0 = 0.9 \times (1.5d + 0.5) = 0.9 \times (1.5 \times 0.8 + 0.5) = 1.53$$

$$\alpha = \sqrt[5]{\frac{mb_0}{EI}} = \sqrt[5]{\frac{10 \times 10^3 \times 1.53}{4.0 \times 10^5}} = 0.52$$

摩擦桩配筋长度不应小于2/3桩长，即$\frac{2}{3}h = \frac{2}{3} \times 10 = 6.7$

当承受水平荷载时，配筋长度尚不宜小于$4.0/\alpha$，即$\frac{4.0}{\alpha} = \frac{4.0}{0.52} = 7.7m$

综上，配筋长度不宜小于7.7m。

11. 【答案】B

【解析】《建筑桩基技术规范》（JGJ 94—2008）第5.6.1条、第5.3.5条。

$$A_c = \xi \frac{F_k + G_k}{f_{ak}} = 0.6 \times \frac{120 + 1 \times 20 \times 2}{120} = 0.8$$

$$Q_{uk} = Q_{sk} + Q_{pk} = u\sum q_{sik}l_i + q_{pk}A_p$$

$$= 3.14 \times 0.6 \times (30 \times 6 + 50 \times 2) + 1000 \times 3.14 \times 0.3^2 = 810kN$$

$$R_a = \frac{Q_{uk}}{2} = \frac{810}{2} = 405 \text{kN}$$

$$n \geqslant \frac{F_k + G_k - \eta_c f_{ak} A_c}{R_a} = \frac{120 + 1 \times 2 \times 20 - 0.6 \times 120 \times 0.8}{405} = 0.25$$

每延米布置 0.25 根桩，最大桩间距为

$$\frac{1}{0.25} = 4.0 \text{m}$$

12.【答案】D

【解析】《建筑桩基技术规范》（JGJ 94—2008）第5.1.1条。

$$M_{xk} = M_{yk} = F_k e = 5000 \times 0.4 = 2000$$

$$N_{ik} = \frac{F_k + G_k}{n} + \frac{M_{xk} y_i}{\sum y_i^2} + \frac{M_{yk} x_i}{\sum x_i^2} = \frac{5000 + 500}{5} + \frac{2000 \times 0.9}{4 \times 0.9^2} + \frac{2000 \times 0.9}{4 \times 0.9^2} = 2211 \text{kN}$$

13.【答案】C

【解析】《建筑桩基技术规范》（JGJ 94—2008）第5.9.10条。

$$a_x = \frac{4.2}{2} - \frac{1.4}{2} - 0.3 - 0.3 = 0.8$$

$$\lambda_x = \frac{a_x}{h_0} = \frac{0.8}{0.6} = 1.3$$

$$\alpha = \frac{1.75}{\lambda + 1} = \frac{1.75}{1.3 + 1} = 0.8$$

$$\beta_{hs} = \left(\frac{800}{h_0}\right)^{1/4} = \left(\frac{800}{800}\right)^{1/4} = 1.0 \ (h_0 < 800 \text{mm 时，取} h_0 = 800 \text{mm})$$

$$\beta_{hs} \alpha f_t b_0 h_0 = 1.0 \times 0.8 \times 1710 \times 2.1 \times 0.6 = 1724 \text{kN}$$

另解：假如把小数点多保留一位。

$$a_x = \frac{4.20}{2} - \frac{1.40}{2} - 0.30 - 0.30 = 0.80$$

$$\lambda_x = \frac{a_x}{h_0} = \frac{0.8}{0.6} = 1.33$$

$$\alpha = \frac{1.75}{\lambda + 1} = \frac{1.75}{1.33 + 1} = 0.75$$

$$\beta_{hs} = \left(\frac{800}{h_0}\right)^{1/4} = \left(\frac{800}{800}\right)^{1/4} = 1.0 \ (h_0 < 800 \text{mm 时，取} h_0 = 800 \text{mm})$$

$$\beta_{hs} \alpha f_t b_0 h_0 = 1.0 \times 0.75 \times 1710 \times 2.1 \times 0.6 = 1616 \text{kN}$$

注：此题不严谨，推测标准答案是选项C，但似乎选项B更合理。

14.【答案】C

【解析】《土工合成材料应用技术规范》（GB/T 50290—2014）第3.1.3条、第7.3.5条。

$$T_a = \frac{T}{RF}$$

$$T = T_a RF = 3T_a, \quad T_a = \frac{T}{3}$$

$$T_i = [(\sigma_{vi} + \sum \Delta\sigma_{vi})K_i + \sigma_{hi}]s_{vi}/A_r$$

$$\frac{T_a}{T_i} \geqslant 1, \quad T_a \geqslant T_i$$

假设上面 2m 单层，则

第1层：$T_i = [(1 \times 18 + 30) \times 0.6] \times 1.0/1.0 = 28.8$

$T_a \geqslant T_i$，解得：$T \geqslant 86.4$

第 2 层：$T_i = [(2 \times 18 + 30) \times 0.6] \times 1.0/1.0 = 39.6$

$T_a \geqslant T_i$，解得：$T \geqslant 118.8$

选项 A 错误。

假设上面 3m 单层，则

第 1 层：$T_i = [(1 \times 18 + 30) \times 0.6] \times 1.0/1.0 = 28.8$

$T_a \geqslant T_i$，解得：$T \geqslant 86.4$

第 2 层：$T_i = [(2 \times 18 + 30) \times 0.6] \times 1.0/1.0 = 39.6$

$T_a \geqslant T_i$，解得：$T \geqslant 118.8$

第 3 层：$T_i = [(3 \times 18 + 30) \times 0.6] \times 1.0/1.0 = 50.4$

$T_a \geqslant T_i$，解得：$T \geqslant 151.2$

选项 B、D 错误。

因此，只有选项 C 正确。

15.【答案】B

【解析】《建筑地基处理技术规范》（JGJ 79—2012）第 7.1.7 条、第 7.1.8 条。

$$\xi = \frac{f_{spk}}{f_a} = \frac{500}{200} = 2.5$$

$$E_{sp} = \xi E_s = 2.5 \times 12 = 30\text{MPa}$$

$$l = 24.0\text{m}, \quad b = 6.0\text{m}$$

各参数计算结果见解表。

题 15 解表

z_i（m）	l/b	z/b	$\bar{\alpha}_i$	$4z_i\bar{\alpha}_i$	$4(z_i\bar{\alpha}_i - z_{i-1}\bar{\alpha}_{i-1})$
0	4.0	0	0.2500	0	
12.0	4.0	2.0	0.2012	9.6576	9.6576
24.0	4.0	4.0	0.1485	14.2560	4.5984

$$\bar{E}_s = \frac{\sum_{i=1}^{n} A_i + \sum_{j=1}^{m} A_j}{\sum_{i=1}^{n} \frac{A_i}{E_{spi}} + \sum_{j=1}^{m} \frac{A_j}{E_{sj}}} = \frac{14.2560}{\frac{9.6576}{30} + \frac{4.5984}{12}} = 20.2\text{MPa}$$

查表 7.1.8 得：$\psi_s = 0.25$

$$s = \psi_s \sum_{i=1}^{n} \frac{p_0}{E_{si}} (z_i\bar{\alpha}_i - z_{i-1}\bar{\alpha}_{i-1}) = 0.25 \times \left(\frac{450}{30} \times 9.6576 + \frac{450}{12} \times 4.5984 \right) = 79.3\text{mm}$$

16.【答案】C

【解析】《建筑地基处理技术规范》（JGJ 79—2012）第 7.1.5 条。

$$f_{spk} = [1 + m(n-1)]f_{sk}$$

$$d_e = 1.05s$$

（1）初步设计

$$m = \frac{d^2}{d_e^2} = \frac{d^2}{(1.05s)^2} = \frac{0.8^2}{(1.05 \times 1.8)^2} = 0.179$$

$$n = \frac{R_{a/A_p}}{f_{sk}} = \frac{200/(3.14 \times 0.4^2)}{f_{sk}} = \frac{398}{f_{sk}}$$

$$170 = [1 + 0.179(n-1)]f_{sk}$$

解得：$f_{sk} = 120kPa$，$n = 3.3$

（2）调整设计后

$$m = \frac{\frac{f_{spk}}{f_{sk}} - 1}{n - 1} = \frac{\frac{200}{120} - 1}{3.3 - 1} = 0.290$$

$$s = \frac{d}{1.05\sqrt{m}} = \frac{0.8}{1.05 \times \sqrt{0.290}} = 1.41m$$

17.【答案】B

【解析】《建筑地基处理技术规范》（JGJ 79—2012）第7.1.6条。

$$R_a = \eta f_{cu} A_p = 0.25 \times 2000 \times 3.14 \times 0.25^2 = 98kN$$

$$f_{spk} = \lambda m \frac{R_a}{A_p} + \beta(1-m)f_{sk}$$

$$m = \frac{f_{spk} - \beta f_{sk}}{\frac{\lambda R_a}{A_p} - \beta f_{sk}} = \frac{180 - 0.5 \times 80}{\frac{1.0 \times 98}{3.14 \times 0.25^2} - 0.5 \times 80} = 0.305$$

$$m = \frac{n A_p}{A}$$

$$n = \frac{mA}{A_p} = \frac{0.305 \times 15 \times 12}{3.14 \times 0.25^2} = 280 \text{ 根}$$

18.【答案】B

【解析】$E_a = \frac{1}{2}\gamma H^2 K_a = \frac{1}{2} \times 17 \times 6^2 \times K_a = 186$

解得：$K_a = 0.608$

$$F_s = \frac{(G_n + E_{an})\mu}{E_{at} - G_t} = \frac{[260\cos 10° + E_a \cos 58°] \times 0.6}{E_a \sin 58° - 260\sin 10°} \geqslant 1.3$$

解得：$E_a \leqslant 271$

$$E_a = 186 + qK_a h = 186 + 3.648q \leqslant 271$$

解得：$q \leqslant 23.3kPa$

19.【答案】B

【解析】过点C做BD的垂线CG，如解图所示。

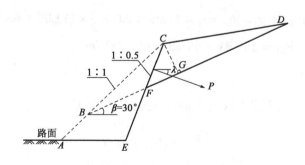

题19解图

$$W_1 = \frac{1}{2}\gamma \times BD \times CG$$

$$F_{s1} = \frac{W_1 \cos\beta \tan\varphi + cl_1}{W_1 \sin\beta} = \frac{\frac{1}{2}\gamma \times BD \times CG \times \cos 30° \tan 15° + 16 \times BD}{\frac{1}{2}\gamma \times BD \times CG \times \sin 30°} = 1.2$$

解得：$\gamma \times CG = 86.97$

$$W_2 = \frac{1}{2}\gamma \times DF \times CG = 520$$

解得：$DF = 11.96$m

$$F_{s2} = \frac{[W_2 \cos\beta + P\sin(\alpha+\beta)]\tan\varphi + cl_2 + P\cos(\alpha+\beta)}{W_2 \sin\beta}$$

$$F_{s2} = \frac{[520\cos 30° + P\sin(30°+20°)]\tan 15° + 16 \times 11.96 + P\cos(30°+20°)}{520\sin 30°} = 2.0$$

解得：$P = 245$kN/m

注：本题也可推导出坡率改变前后的滑体CBD和滑体CFD的高CG不变，安全系数相等且均为1.20，算出CFD的抗滑力。

20.【答案】B

【解析】《建筑边坡工程技术规范》（GB 50330—2013）第5.2.6条、附录A。

$$G = \gamma V = 12000 \times 20 = 240000\text{kN/m}$$

$$Q_c = \alpha_w G = 0.1 \times 240000 = 24000\text{kN/m}$$

$$F_s = \frac{R}{T} = \frac{(G\cos\theta - Q_c\sin\theta)\tan\varphi + cl}{G\sin\theta + Q_c\cos\theta} = \frac{(240000\cos 35° - 24000\sin 35°)\tan 30° + 0}{240000\sin 35° + 24000\cos 35°} = 0.67$$

21.【答案】B

【解析】（1）无水时

$$K_{a1} = \tan^2\left(45° - \frac{\varphi_1}{2}\right) = \tan^2\left(45° - \frac{32°}{2}\right) = 0.307$$

$$p_{ak1} = (q + \gamma h)K_{a1} = (0 + 18 \times 6) \times 0.307 = 33.16$$

$$E_{a1} = \frac{1}{2}p_{ak1}h = \frac{1}{2} \times 33.16 \times 6 = 99.48$$

（2）水位上升后

$$K_{a2} = \tan^2\left(45° - \frac{\varphi_2}{2}\right) = \tan^2\left(45° - \frac{32°}{2}\right) = 0.307$$

2m水位处：$p_{ak1} = (q + \gamma_1 h_1)K_{a2} = (0 + 18 \times 2) \times 0.307 = 11.05$

6m墙底处：$p_{ak2} = (q + \gamma h_1 + \gamma' h_2)K_{a2} + \gamma_w h_w = (0 + 18 \times 2 + 10 \times 4) \times 0.307 = 63.33$

$$E_{a2} = \frac{1}{2}p_{ak1}h_1 + \frac{1}{2}(p_{ak1} + p_{ak2})h_2 = \frac{1}{2} \times 11.05 \times 2.0 + \frac{1}{2} \times (11.05 + 63.33) \times 4.0 = 159.81$$

土压力增加$\Delta E_a = E_{a2} - E_{a1} = 159.81 - 99.48 = 60.33$kN/m

22.【答案】B

【解析】《建筑地基基础设计规范》（GB 50007—2011）附录V。

$$K_D = \frac{N_c\tau_0 + \gamma t}{\gamma(h+t) + q}$$

$$K_D \geqslant 1.6, \quad h + t = 11.0$$

$$\frac{5.14 \times 40 + 17.8t}{17.8 \times 11 + 10} = 1.6$$

解得：$t = 6.9$m

$$h = 11 - t = 11 - 6.9 = 4.1\text{m}$$

23.【答案】D

【解析】《铁路隧道设计规范》（TB 10003—2016）第 5.1.6 条、第 5.1.7 条及条文说明、附录 E。

（1）确定计算断面的深浅埋类型

$$\omega = 1 + i(B - 5) = 1 + 0.1 \times (7 - 5) = 1.20$$

$$h = 0.45 \times 2^{s-1}\omega = 0.45 \times 2^{5-1} \times 1.20 = 8.64$$

$2.5h_a = 2.5 \times 8.64 = 21.6 > H = 16$，故为浅埋隧道。

（2）确定是否为偏压隧道

覆盖层厚度 t：

$$\frac{16 + 3.5}{t + 3.5} = \frac{\sqrt{1^2 + 2.5^2}}{2.5}$$

解得：$t = 14.6\text{m}$

因 $t = 14.6 > 10$，地表坡率 1 : 2.5，单线隧道，V 级围岩。

由条文说明表 5.1.7-1 得：该隧道为非偏压隧道。

（3）计算垂直压力

由附录 E 得：

$$\tan\beta = \tan\varphi_c + \sqrt{\frac{(\tan^2\varphi_c + 1)\tan\varphi_c}{\tan\varphi_c - \tan\theta}} = \tan 45° + \sqrt{\frac{(\tan^2 45° + 1)\tan 45°}{\tan 45° - \tan 30°}} = 3.175$$

$$\lambda = \frac{\tan\beta - \tan\varphi_c}{\tan\beta[1 + \tan\beta(\tan\varphi_c - \tan\theta) + \tan\varphi_c \tan\theta]}$$

$$= \frac{3.175 - 1}{3.175[1 + 3.175(1 - \tan 30°) + \tan 30°]} = 0.235$$

$$q = \gamma h\left(1 - \frac{\lambda h \tan\theta}{B}\right) = 20 \times 16 \times \left(1 - \frac{0.235 \times 16 \times \tan 30°}{7.0}\right) = 220.8\text{kPa}$$

24.【答案】B

【解析】《岩土工程勘察规范》（GB 50021—2001）（2009 年版）第 6.1.5 条、第 6.1.6 条。

$$\Delta s = \sum_{i=1}^{n} \beta \Delta F_{si} h_i$$

$\frac{\Delta F_{si}}{b} < 0.023$ 不计入，即 $\Delta F_{si} < 0.023 \times 50 = 1.15\text{cm}$ 不计入。

由表中数据可得，8~10m 土层不计入。

$$\Delta s = \sum_{i=1}^{n} \beta \Delta F_{si} h_i = 0.020 \times (7.8 \times 200 + 5.2 \times 200 + 1.2 \times 200) = 56.8\text{cm}$$

$30 < \Delta s = 56.8 < 60$，$8 - 2 = 6 > 3$。

查表 6.1.6 得：湿陷等级为 II 级。

25.【答案】B

【解析】《建筑地基基础设计规范》（GB 50007—2011）第 5.1.7 条、附录 G。

$$z_d = 250.235 - 248.181 = 2.054\text{m}$$

$$\Delta z = 250.396 - 250.235 = 0.161\text{m}$$

$$\eta = \frac{\Delta z}{z_d} = \frac{0.161}{2.054} = 0.078 = 7.8\%$$

$6\% < \eta = 7.8\% < 12\%$

查表 G.0.1 得：冻胀等级 IV，强冻胀。

但 $I_p = w_L - w_P = 45 - 21 = 24 > 22$，冻胀性降低一级。

该土层最后判定为 III 级、冻胀。

26.【答案】C

【解析】《建筑边坡工程技术规范》（GB 50330—2013）第 3.2.1 条、第 5.3.2 条。

土质边坡，$H = 8 < 10$，破坏后果严重。

查表 3.2.1 得：边坡工程安全等级为二级。

二级临时边坡，查表 5.3.2 得：边坡稳定安全系数 $F_{st} = 1.20$。

（1）边坡治理前

$$\psi_1 = \cos(\theta_1 - \theta_2) - \sin(\theta_1 - \theta_2)\tan\varphi_2 / F_s$$
$$= \cos(39° - 30°) - \sin(39° - 30°)\tan\varphi_2 / 0.45 = 0.920$$

解得：$\tan\varphi_2 = 0.195$

$$\psi_2 = \cos(\theta_2 - \theta_3) - \sin(\theta_2 - \theta_3)\tan\varphi_3 / F_s$$
$$= \cos(30° - 23°) - \sin(30° - 23°)\tan\varphi_3 / 0.45 = 0.940$$

解得：$\tan\varphi_3 = 0.194$

（2）边坡治理后

$$\psi_1 = \cos(\theta_1 - \theta_2) - \sin(\theta_1 - \theta_2)\tan\varphi_2 / F_s$$
$$= \cos(39° - 30°) - \sin(39° - 30°) \times 0.195 / 1.20 = 0.962$$
$$\psi_2 = \cos(\theta_2 - \theta_3) - \sin(\theta_2 - \theta_3)\tan\varphi_3 / F_s$$
$$= \cos(30° - 23°) - \sin(30° - 23°) \times 0.194 / 1.20 = 0.973$$

$$P_1 = P_0\psi_0 + T_1 - R_1 / F_s = 0 + 40.44 - 16.99 / 1.20 = 26.28 \text{kN/m}$$

$$P_2 = P_1\psi_1 + T_2 - R_2 / F_s = 26.28 \times 0.962 + 242.62 - 95.68 / 1.20 = 188.17 \text{kN/m}$$

$$P_3 = P_2\psi_2 + T_3 - R_3 / F_s = 188.17 \times 0.973 + 277.45 - 138.35 / 1.20 = 345.25 \text{kN/m}$$

27.【答案】C

【解析】《公路工程抗震规范》（JTG B02—2013）第 4.4.2 条。

$C_e = 0.7$，查表 4.4.2，分层采用加权平均：

$$\psi_l = \frac{6 \times \frac{1}{3} + 6 \times \frac{2}{3}}{12} = \frac{1}{2}$$

28.【答案】D

【解析】《建筑地基基础设计规范》（GB 50007—2011）第 5.2.4 条。

硬塑黏性土，孔隙比 0.80，可知：$\eta_b = 0.3$，$\eta_d = 1.6$

$$f_a = f_{ak} + \eta_b\gamma(b - 3) + \eta_d\gamma_m(d - 0.5)$$
$$= 150 + 0.3 \times 19 \times (3 - 3) + 1.6 \times 19 \times (5.5 - 0.5) = 302 \text{kPa}$$

《建筑抗震设计标准（GB/T 50011—2010）（2024 年版）第 4.2.3 条、第 4.2.4 条。

$$f_{aE} = \zeta_a f_a = 1.3 \times 302 = 393 \text{kPa}$$

$$p_{max} = 1.2 f_{aE} = 1.2 \times 393 = 471 \text{kPa}$$

最大偏心，高宽比：$30/10 = 3.0 < 4.0$

$$3al = (1 - 0.15) \times 2.5 \times 1.0 < 2.125$$

$$p_{max} = \frac{2(F_k + G_k)}{3la} = 471$$

$$F_k + G_k = \frac{3la P_{max}}{2} = \frac{2.125 \times 471}{2} = 500 \text{kN/m}$$

29.【答案】B

【解析】《建筑抗震设计标准》（GB/T 50011—2010）（2024 年版）第 4.3.4 条、第 4.3.5 条。

已知②粉土层黏粒含量为 14%，抗震设防烈度为 8 度，由规范 4.3.3 条可知粉土不液化。

设计基本地震加速度 0.20g，根据表 4.3.4 得：$N_0 = 12$；设计地震分组为第二组，$\beta = 0.95$。

$$N_{cr} = N_0 \beta [\ln(0.6 d_s + 1.5) - 0.1 d_w] \sqrt{3/\rho_c}$$

12m 处：$N_{cr1} = 12 \times 0.95 \times [\ln(0.6 \times 12 + 1.5) - 0.1 \times 3.0] \sqrt{3/3} = 21.2 > N = 18$，液化。

14m 处：$N_{cr2} = 12 \times 0.95 \times [\ln(0.6 \times 14 + 1.5) - 0.1 \times 3.0] \sqrt{3/3} = 22.7 < N = 24$，不液化。

17m 处：$N_{cr3} = 12 \times 0.95 \times [\ln(0.6 \times 17 + 1.5) - 0.1 \times 3.0] \sqrt{3/3} = 24.6 < N = 25$，不液化。

19m 处：$N_{cr4} = 12 \times 0.95 \times [\ln(0.6 \times 19 + 1.5) - 0.1 \times 3.0] \sqrt{3/3} = 25.7 > N = 25$，液化。

各参数计算结果见解表。

题 29 解表

液化点深度（m）	d_i	$d_{i中点}$	W_i
12.0	2.0	12.0	$10 - \frac{12-5}{20-5} \times (10-0) = 5.33$
19.0	2.0	19.0	$10 - \frac{19-5}{20-5} \times (10-0) = 0.67$

$$I_{lE} = \sum_{i=1}^{n} \left(1 - \frac{N_i}{N_{cri}}\right) d_i W_i = \left(1 - \frac{18}{21.2}\right) \times 2 \times 5.33 + \left(1 - \frac{25}{25.7}\right) \times 2 \times 0.67 = 1.65$$

30.【答案】B

【解析】《建筑地基基础设计规范》（GB 50007—2011）附录 D。

（1）试验点 S1

从题表中数据可以看出，无比例界限；

极限荷载为 6600kPa，由极限荷载确定的承载力特征值为 3300kPa；

由 $s/d = 0.015$ 确定承载力特征值：

$$s = 0.015d = 0.015 \times 800 = 12.0 \text{mm}$$

$$f_{ak1} = 2640 + \frac{3300 - 2640}{15.77 - 10.98} \times (12.0 - 10.98) = 2780 \text{kPa} < 3300 \text{kPa}$$

故试验点 S1 承载力特征值为 2780kPa。

（2）试验点 S2

从题表中数据可以看出，无比例界限；

极限荷载为 6600kPa，由极限荷载确定的承载力特征值为 3300kPa；

由 $s/d = 0.015$ 确定的承载力特征值：

$$s = 0.015d = 0.015 \times 800 = 12.0 \text{mm}$$

$$f_{ak2} = 1980 + \frac{2640 - 1980}{13.06 - 7.47} \times (12.0 - 7.47) = 2515 \text{kPa} < 3300 \text{kPa}$$

故试验点 S2 承载力特征值为 2515kPa。

（3）试验点 S3

从题表中数据可以看出，无比例界限；

极限荷载为 6600kPa，由极限荷载确定的承载力特征值为 3300kPa；

由 $s/d = 0.015$ 确定的承载力特征值：

$$s = 0.015d = 0.015 \times 800 = 12.0\text{mm}$$

$$f_{ak3} = 2640 + \frac{3300 - 2640}{17.02 - 11.12} \times (12.0 - 11.12) = 2738\text{kPa} < 3300\text{kPa}$$

故试验点 S3 承载力特征值为 2738kPa。

三者平均值：$\frac{2780 + 2515 + 2738}{3} = 2678\text{kPa}$

极差：$2780 - 2515 = 265 < 2678 \times 0.3 = 803\text{kPa}$

综上，承载力特征值为 2678kPa。

2017年案例分析试题答案及解析（下午卷）

试 题 答 案

本试卷由30道题组成，全部为单项选择题。考生可任选25道题作答。每题2分，满分为50分。若考生在答题卡或试卷上的作答超过25道题，则按题目序号从小到大的顺序对作答的前25道题计分及复评试卷，其他作答题目无效。

1	D	2	C	3	D	4	C	5	A
6	C	7	B	8	B	9	B	10	B
11	B	12	B	13	B	14	C	15	A
16	C	17	B	18	C	19	C	20	D
21	C	22	C	23	B	24	C	25	D
26	D	27	B	28	C	29	B	30	B

解 题 过 程

1.【答案】D

【解析】《土工试验方法标准》（GB/T 50123—2019）第16.2.3条。

$$k_T = \frac{QL}{AHt} = \frac{3520 \times 4}{\frac{3.14 \times 7.5^2}{4} \times 4.6 \times 24 \times 60 \times 60} = 8.0 \times 10^{-4} \text{cm/s}$$

2.【答案】C

【解析】《岩土工程勘察规范》（GB 50021—2001）（2009年版）第9.4.1条条文说明。

$$\varepsilon_v = \frac{\Delta V}{V} = \frac{\Delta e}{1 + e_0} = \frac{0.85 - 0.80}{1 + 0.85} = 0.027 = 2.7\%$$

$$2\% < \varepsilon_v = 2.7\% < 4\%$$

查表9.1得：该土扰动程度为中等扰动。

3.【答案】D

【解析】《水利水电工程钻孔抽水试验规程》（SL 320—2005）附录B。

由题意可知，该抽水试验为承压水完整井。

$$Q = 1.6L/s = 1.6 \times 10^{-3} \times 24 \times 60 \times 60 = 138.24 \text{m}^3/\text{d}$$

$$k = \frac{0.366Q}{MS} \lg \frac{R}{r}$$

$$M = 18.0 - 10.0 = 8.0 \text{m}$$

$$S = 7.0 - 1.0 - (2.8 - 1.0) = 4.2 \text{m}$$

$$k = \frac{0.366Q}{MS} \lg \frac{R}{r} = \frac{0.366 \times 138.24}{8.0 \times 4.2} \lg \frac{10}{0.1} = 3.0 \text{m/d}$$

4.【答案】C

【解析】《工程地质手册》（第五版）第281页。

$$S_u = K \cdot \xi \cdot R_y = 545.97 \times 1.585 \times 10^{-4} \times 300 = 25.96 \text{kPa}$$

$$c_u = \mu S_u = 0.7 \times 25.96 = 18.2 \text{kPa}$$

5. 【答案】A

【解析】（1）基础加深前

$$p_k = f_{ak} + 20$$

（2）基础加深后

$$p_k + 20(d - 1) = f_a = f_{ak} + 0 + \eta_d \gamma_m (d - 0.5) = f_{ak} + 1.6 \times 19 \times (d - 0.5)$$

$$p_k = f_{ak} + 10.4d + 4.8$$

解得：$d = 1.46 \text{m}$

注：此题机读答案应为 C，基础加深前基底平均压力与深宽修正后的地基承载力特征值进行对比。人工复评时应进行了更正。

6. 【答案】C

【解析】《建筑地基基础设计规范》（GB 50007—2011）第 5.4.1 条。

$$F_s = \frac{M_R}{M_s} = \frac{20 \times 3.14 \times 4.0 \times 4.0}{M + 360 \times 2.0 + 2.0 \times 3.0 \times (20.0 - 16.0) \times 2.0} = 1.0$$

解得：$M = 237 \text{kN} \cdot \text{m/m}$

7. 【答案】B

【解析】《建筑地基基础设计规范》（GB 50007—2011）第 5.2.2 条。

$$F_x = F \cos 60° = 2500 \cos 60° = 1250 \text{kN}$$

$$F_y = F \sin 60° = 2500 \sin 60° = 2165 \text{kN}$$

$$e = \frac{\sum M}{\sum N} = \frac{1250 \times 1.5 - 300}{2165 + 3 \times 4 \times 2.5 \times 20} = 0.57 < \frac{b}{6} = \frac{4}{6} = 0.67$$

为小偏心。

$$p_{kmax} = \frac{F_k + G_k}{A}\left(1 + \frac{6e}{b}\right) = \frac{2165 + 3 \times 4 \times 2.5 \times 20}{3 \times 4}\left(1 + \frac{6 \times 0.57}{4}\right) = 427 \text{kPa}$$

8. 【答案】B

【解析】《建筑地基基础设计规范》（GB 50007—2011）第 5.3.5 条。

$l = 2.0 \text{m}$，$b = 1.25 \text{m}$

各参数计算结果见解表。

题 8 解表

z_i（m）	l/b	z/b	$\bar{\alpha}_i$	$4z_i\bar{\alpha}_i$	$4(z_i\bar{\alpha}_i - z_{i-1}\bar{\alpha}_{i-1})$
1.0	1.60	0.80	0.2395	0.9580	0.9580
4.5	1.60	3.60	0.1389	2.5002	1.5422

$$A = 4p_0(z_i\bar{\alpha}_i - z_{i-1}\bar{\alpha}_{i-1}) = 200 \times 1.5422 = 308 \text{kN/m}$$

9. 【答案】B

【解析】《建筑地基基础设计规范》（GB 50007—2011）第 5.2.4 条。

黏性土孔隙比为 0.83，液性指数为 0.76，查表 5.2.4 得：$\eta_b = 0.3$，$\eta_d = 1.6$。

$$f_a = f_{ak} + \eta_b\gamma(b-3) + \eta_d\gamma_m(d-0.5)$$
$$= 130 + 0.3 \times 18 \times (3-3) + 1.6 \times 18 \times (d-0.5) = 115.6 + 28.8d$$
$$e = \frac{\sum M}{\sum N} = \frac{300 \times 0.1}{300 + 2.4 \times 1.0 \times d \times 20} = \frac{30}{300 + 48d} < 0.1 < \frac{b}{6} = \frac{2.4}{6} = 0.4$$

为小偏心。

$$p_k \leqslant f_a = 115.6 + 28.8d$$

$$p_{kmax} = \frac{F_k + G_k}{A}\left(1 + \frac{6e}{b}\right) = \frac{300 + 48d}{2.4}\left(1 + \frac{6 \times \dfrac{30}{300+48d}}{2.4}\right)$$

$$p_{kmax} \leqslant 1.2f_a$$

$$\frac{300 + 48d}{2.4}\left(1 + \frac{6 \times \dfrac{30}{300+48d}}{2.4}\right) \leqslant 1.2 \times (115.6 + 28.8d)$$

解得：$d \geqslant 1.2\text{m}$

10.【答案】B

【解析】《建筑桩基技术规范》（JGJ 94—2008）第 5.3.8 条。

$$d_1 = 600 - 110 \times 2 = 380\text{mm}$$
$$\frac{h_b}{d_1} = \frac{4}{0.38} = 10.5 > 5, \quad \lambda_p = 0.8$$
$$A_j = \frac{\pi(d^2 - d_1^2)}{4} = \frac{3.14 \times (0.6^2 - 0.38^2)}{4} = 0.1692$$
$$A_{p1} = \frac{\pi d_1^2}{4} = \frac{3.14 \times 0.38^2}{4} = 0.1134$$
$$Q_{uk} = Q_{sk} + Q_{pk} = u\sum q_{sik}l_i + q_{pk}(A_j + \lambda_p A_{p1})$$
$$= 3.14 \times 0.6 \times (40 \times 1.5 + 50 \times 8 + 70 \times 4) + 8000 \times (0.1692 + 0.8 \times 0.1134)$$
$$= 3474\text{kN}$$

11.【答案】B

【解析】《建筑抗震设计标准》（GB/T 50011—2010）（2024 年版）第 4.4.3 条、第 4.3.4 条、第 4.4.2 条。

$$\rho = \frac{0.5^2}{1.5^2} = 0.111$$

打入式预制实心桩，桩间距 1.5m，桩边长 0.5m。

粉土层：$N_1 = N_p + 100\rho(1 - e^{-0.3N_p}) = 9 + 100 \times 0.111 \times (1 - e^{-0.3 \times 9})$

$\qquad = 19.4 > N_{cr} = 12$，不液化。

粉砂层：$N_1 = N_p + 100\rho(1 - e^{-0.3N_p}) = 15 + 100 \times 0.111 \times (1 - e^{-0.3 \times 15})$

$\qquad = 26 > N_{cr} = 13$，不液化。

$$Q_{uk} = Q_{sk} + Q_{pk} = u\sum q_{sik}l_i + q_{pk}A_p$$
$$= 0.5 \times 4 \times (10 \times 3 + 15 \times 8 + 40 \times 5 + 60 \times 2) + 6000 \times 0.5^2 = 2440\text{kN}$$
$$R_{aE} = 1.25R_a = 1.25 \times \frac{Q_{uk}}{2} = 1.25 \times \frac{2440}{2} = 1525\text{kN}$$

12.【答案】B

【解析】《建筑桩基技术规范》（JGJ 94—2008）第 5.4.5 条、第 5.4.6 条。

验算群桩基础呈整体破坏。

$$N_k \leqslant T_{gk}/2 + G_{gp}$$

$$T_{gk} = \frac{1}{n}u_l\sum\lambda_i q_{sik}l_i$$
$$= \frac{1}{192} \times [(27.6 - 0.6) + (37.2 - 0.6)] \times 2 \times (0.7 \times 40 \times 12 + 0.6 \times 60 \times 3)$$
$$= 294.2kN$$

$$G_{gp} = \frac{1}{n}\gamma'V = \frac{1}{192} \times (18.8 - 10.0) \times (27.6 - 0.6) \times (37.2 - 0.6) \times 15 = 679.4kN$$

$$N_k \leqslant T_{gk}/2 + G_{gp} = 294.2/2 + 679.4 = 826.5kN$$

13.【答案】B

【解析】《建筑地基处理技术规范》（JGJ 79—2012）第 5.2.3 条。

$$d_p = \frac{2(b+\delta)}{\pi} = \frac{2 \times (100+5)}{3.14} = 66.9mm$$

每两个排水带分担的处理地基面积为边长 1200mm 的正方形。

$$2 \times \frac{\pi d_e^2}{4} = 1200 \times 1200$$

解得：$d_e = 957.7mm$

$$n = \frac{d_e}{d_w} = \frac{d_e}{d_p} = \frac{957.7}{66.9} = 14.3$$

14.【答案】C

【解析】《建筑地基处理技术规范》（JGJ 79—2012）第 7.1.5 条。

$$m = \frac{A_p}{A} = \frac{3.14 \times 0.2^2}{1.5^2} = 0.0558$$

$$f_{spk} = 400kPa, \quad f_{sk} = 150kPa, \quad \lambda R_a = 150kN$$

$$f_{spk} = \lambda m\frac{R_a}{A_p} + \beta(1-m)f_{sk}$$

$$\beta = \frac{f_{spk} - \lambda m\dfrac{R_a}{A_p}}{(1-m)f_{sk}} = \frac{400 - 0.0558 \times \dfrac{550}{3.14 \times 0.2^2}}{(1 - 0.0558) \times 150} = 1.1$$

15.【答案】A

【解析】《建筑地基处理技术规范》（JGJ 79—2012）第 7.2.2 条。

$$e_0 = \frac{G_s\gamma_w(1+\omega)}{\gamma} - 1 = \frac{2.68 \times 10 \times (1 + 0.12)}{15.8} - 1 = 0.90$$

$$\frac{h_0}{1+e_0} = \frac{h_1}{1+e_1}$$

$$\frac{6.0}{1+0.90} = \frac{6.0 - 0.7}{1+e_1}$$

解得：$e_1 = 0.678$

$$e_1 = e_{max} - D_{r1}(e_{max} - e_{min})$$

$$D_{r1} = \frac{e_{max} - e_1}{e_{max} - e_{min}} = \frac{0.92 - 0.678}{0.92 - 0.60} = 0.76$$

16.【答案】C

【解析】《建筑地基处理技术规范》（JGJ 79—2012）第 8.2.3 条。

$$l = 6 - 4 = 2m$$

$$h = l + r = 2 + 0.5 = 2.5\text{m}$$

$$n = \frac{e}{1+e} = \frac{0.82}{1+0.82} = 0.45$$

$$V = \alpha\beta\pi r^2(l+r)n = 0.64 \times 1.1 \times 3.14 \times 0.5^2 \times 2.5 \times 0.45 = 0.62\text{m}^3$$

17.【答案】B

【解析】（1）土骨架自重产生的滑动力矩

$$M_{s1} = \gamma h \sin 30° \times R = (2 \times 3 \times 20 + 2 \times 7 \times 10) \times \sin 30° \times 30 = 3900\text{kN} \cdot \text{m/m}$$

（2）渗透力产生的滑动力矩

$$j = i\gamma_w = \sin 30° \times 10 = 5.0$$

$$J = jV = 5 \times 2 \times 7 = 70$$

$$M_{s2} = J(R - 3.5\cos 30°) = 70 \times (30 - 3.5\cos 30°) = 1888\text{kN} \cdot \text{m/m}$$

$$M_s = M_{s1} + M_{s2} = 3900 + 1888 = 5788\text{kN} \cdot \text{m/m}$$

18.【答案】C

【解析】

$$\frac{h_1}{h_2} = \frac{1+e_1}{1+e_2}$$

$$h_2 = \left(\frac{1+e_2}{1+e_1}\right)h_1 = \left(\frac{1+0.6}{1+0.9}\right) \times 6.0 = 5.05\text{m}$$

振冲法加固后，土颗粒总质量不变。

$$\gamma_1' V_1 = \gamma_2' V_2$$

$$\gamma_2' = \frac{\gamma_1' V_1}{V_2} = \frac{8.5 \times 6.0}{5.05} = 10.1$$

$$K_{a1} = \tan^2\left(45° - \frac{\varphi_1}{2}\right) = \tan^2\left(45° - \frac{30°}{2}\right) = \frac{1}{3}$$

$$K_{a2} = \tan^2\left(45° - \frac{\varphi_2}{2}\right) = \tan^2\left(45° - \frac{35°}{2}\right) = 0.271$$

$$E_1 = \frac{1}{2}\gamma_1' h_1^2 K_{a1} = \frac{1}{2} \times (18.5 - 10.0) \times 6^2 \times \frac{1}{3} = 51\text{kN/m}$$

$$E_2 = \frac{1}{2}\gamma_2' h_1^2 K_{a2} = \frac{1}{2} \times 10.1 \times 5.05^2 \times 0.271 = 35\text{kN/m}$$

$$\Delta E = E_1 - E_2 = 51 - 35 = 16\text{kN/m}$$

19.【答案】C

【解析】

$$K_a = \tan^2\left(45° - \frac{\varphi}{2}\right) = \tan^2\left(45° - \frac{35°}{2}\right) = 0.271$$

$$G = G_1 + G_2 = \gamma V_1 + \gamma V_2 = 24 \times 1.0 \times 6 + 24 \times \frac{1.6 \times 6}{2} = 144 + 115.2 = 259.2$$

墙顶处：$e_{a1} = (q + \gamma h)K_a = 15 \times 0.271 = 4.07$

墙底处：$e_{a2} = (q + \gamma h)K_a = (15 + 19 \times 6) \times 0.271 = 34.96$

倾覆力矩：$M_1 = 4.07 \times 6 \times \frac{1}{2} \times 6 + \frac{1}{2} \times (34.96 - 4.07) \times 6 \times \frac{1}{3} \times 6$
$$= 73.26 + 185.34 = 258.6$$

抗倾覆力矩：$M_2 = G_1 \times (2.6 - 0.5) + G_2 \times \frac{2}{3} \times (2.6 - 1.0)$

$$= 144 \times (2.6 - 0.5) + 115.2 \times \frac{2}{3} \times (2.6 - 1.0) = 425.3$$

$$F = \frac{M_2}{M_1} = \frac{425.3}{258.6} = 1.64$$

121

20.【答案】D

【解析】《建筑边坡工程技术规范》（GB 50330—2013）附录 A。

（1）水库水位下降前

滑体自重：

$$G = \gamma V = 20 \times \frac{1}{2} \times \frac{40}{\sin 60°} \times \frac{40}{\sin 30°} \times \sin 30° = 18475$$

节理面内水压力：

$$U_1 = \frac{1}{2} \gamma_w h_w L_1 = \frac{1}{2} \times 10 \times 30 \times \frac{30}{\sin 30°} = 9000$$

边坡前水压力：

$$U_2 = \frac{1}{2} \gamma_w h_w L_2 = \frac{1}{2} \times 10 \times 30 \times \frac{30}{\sin 60°} = 5196$$

将边坡前水压力分解为水平和竖向的力：

$$Q = -U_2 \cos 30° = -5196 \cos 30° = -4500 \text{kN}$$

$$G_b = U_2 \sin 30° = 5196 \sin 30° = 2598 \text{kN}$$

$$R_1 = [(G + G_b) \cos \theta - Q \sin \theta - U] \tan \varphi + cL$$

$$= [(18475 + 2598) \cos 30° + 4500 \sin 30° - 9000] \tan 30° + 130 \times \frac{40}{\sin 30°} = 17039$$

$$T_1 = (G + G_b) \sin \theta + Q \cos \theta = (18475 + 2598) \sin 30° - 4500 \cos 30° = 6639 \text{kN}$$

$$F_{s1} = \frac{R_1}{T_1} = \frac{17039}{6639} = 2.57$$

（2）水库水位下降后

$$U_2 = \frac{1}{2} \times 10 \times 10 \times \frac{10}{\sin 60°} = 577$$

$$Q = -577 \cos 30° = -500$$

$$G_b = 577 \sin 30° = 289$$

$$R_2 = [(18475 + 289) \cos 30° + 500 \sin 30° - 9000] \tan 30° + 130 \times \frac{40}{\sin 30°} = 14730$$

$$T_2 = (18475 + 289) \sin 30° - 500 \cos 30° = 8949$$

$$F_{s2} = \frac{R_2}{T_2} = \frac{14730}{8949} = 1.65$$

$$\Delta F_s = F_{s1} - F_{s2} = 2.57 - 1.65 = 0.92$$

21.【答案】C

【解析】《工程岩体分级标准》（GB/T 50218—2014）第 4.1.1 条、第 4.2.2 条、第 5.2.2 条。

$$K_v = \left(\frac{v_{pm}}{v_{pr}} \right)^2 = \left(\frac{3000}{3500} \right)^2 = 0.73$$

$90K_v + 30 = 90 \times 0.73 + 30 = 95.7 > R_c = 35$，取 $R_c = 35$。

$0.04R_c + 0.4 = 0.04 \times 35 + 0.4 = 1.8 > K_v = 0.73$，取 $K_v = 0.73$。

$$BQ = 100 + 3R_c + 250K_v = 100 + 3 \times 35 + 250 \times 0.73 = 387.5$$

查表可知，岩体基本质量分级为Ⅲ级。

地下水影响修正系数：查表 5.2.2-1，$K_1 = 0 \sim 0.1$。

主要结构面产状影响修正系数：查表 5.2.2-2，$K_2 = 0 \sim 0.2$。

初始应力状态影响修正系数：$\frac{R_c}{\sigma_{max}} = \frac{35}{5} = 7$，查表 5.2.2-3，$K_3 = 0.5$。

岩体质量指标：

$[BQ] = BQ - 100(K_1 + K_2 + K_3) = 387.5 - 100[(0 \sim 0.1) + (0 \sim 0.2) + 0.5] = 307.5 \sim 337.5$

故确定该岩体质量等级为Ⅳ级。

22.【答案】C

【解析】《建筑基坑支护技术规程》（JGJ 120—2012）第 6.2.3 条。

$$\delta = 0.5$$

$$\gamma_m = \frac{2 \times 18 + 10 \times 17}{12} = 17.2$$

$$c = \frac{2 \times 20 + 10 \times 14}{12} = 15$$

（1）选项 A

$$\delta \frac{cu}{\gamma_m} = 0.5 \times \frac{15 \times \left[\left(2.5 - \frac{0.7}{2}\right) + \left(3.5 - \frac{0.7}{2}\right)\right] \times 2}{17.2} = 4.62$$

$A = \left(2.5 - \frac{0.7}{2}\right) \times \left(3.5 - \frac{0.7}{2}\right) = 6.77 > \delta \frac{cu}{\gamma_m} = 4.62$，不满足规范要求。

故选项 A 错误。

（2）选项 B

$$\delta \frac{cu}{\gamma_m} = 0.5 \times \frac{15 \times \left(2.5 - \frac{0.7}{2}\right) \times 4}{17.2} = 3.75$$

$A = \left(2.5 - \frac{0.7}{2}\right)^2 = 4.62 > \delta \frac{cu}{\gamma_m} = 3.75$，不满足规范要求。

故选项 B 错误。

（3）选项 C

$$\delta \frac{cu}{\gamma_m} = 0.5 \times \frac{15 \times \left[\left(2.5 - \frac{0.7}{2}\right) + \left(1.5 - \frac{0.7}{2}\right)\right] \times 2}{17.2} = 2.88$$

$A = \left(2.5 - \frac{0.7}{2}\right)\left(1.5 - \frac{0.7}{2}\right) = 2.47 < \delta \frac{cu}{\gamma_m} = 2.88$，满足规范要求。

计算格栅面积置换率：

$m = \frac{(2.5+0.5) \times 4.2 - 2A}{(2.5+0.5) \times 4.2} = \frac{12.6 - 2 \times 2.47}{12.6} = 0.61$，满足规范要求。

格栅内侧长宽比：$n = \frac{1.5-0.7}{2.5-0.7} = 0.44 < 2$，满足规范要求。

故选项 C 正确。

（4）选项 D

$$\delta \frac{cu}{\gamma_m} = 0.5 \times \frac{15 \times \left[\left(2.5 - \frac{0.7}{2}\right) + \left(1.5 - \frac{0.7}{2}\right)\right] \times 2}{17.2} = 2.88$$

$A = \left(2.5 - \frac{0.7}{2}\right)\left(1.5 - \frac{0.7}{2}\right) = 2.47 < \delta \frac{cu}{\gamma_m} = 2.88$，满足规范要求。

计算格栅面积置换率：

$m = \frac{(1.5+0.5) \times 4.2 - A}{(1.5+0.5) \times 4.2} = \frac{8.4 - 2.47}{8.4} = 0.71$，满足规范要求。

格栅内侧长宽比：$n = \frac{2.5-0.7}{1.5-0.7} = 2.25 > 2$，不满足规范要求。

故选项 D 错误。

23.【答案】B

【解析】《建筑基坑支护技术规程》（JGJ 120—2012）附录 E.0.1 条。

$$s_d = 6.0 + 0.5 - 0.5 = 6.0 \text{m}$$

$$r_0 = \sqrt{\frac{A}{\pi}} = \sqrt{\frac{32 \times 16}{3.14}} = 12.77 \text{m}$$

$$Q = \pi k \frac{(2H - s_d)s_d}{\ln\left(1 + \frac{R}{r_0}\right)} = 3.14 \times 0.2 \times \frac{(2 \times 9.0 - 6.0) \times 6.0}{\ln\left(1 + \frac{30}{12.77}\right)} = 37.4$$

$n = 1.1\dfrac{Q}{q} = 1.1 \times \dfrac{37.4}{40} = 1.03$，取为 2。

因基坑长等于宽的 2 倍，则可把基坑均分为两个正方形；因是开放式降水，则可把降水井放在每个正方形的中心，如解图所示。

潜水完整井，根据第 7.3.5 条，验算基坑四个角点的降深：

$$s_i = H - \sqrt{H^2 - \sum_{j=1}^{n} \frac{q_j}{\pi k} \ln \frac{R}{r_{ij}}} = 9 - \sqrt{9^2 - \frac{40}{\pi \times 0.2}\left(\ln \frac{30}{8\sqrt{2}} + \ln \frac{30}{\sqrt{24^2 + 8^2}}\right)} = 6.2 \text{m}$$

$$s_i = 6.2 > s_d = 6.0$$

题 23 解图

满足规范第 7.3.4 条要求。

24.【答案】C

【解析】《盐渍土地区建筑技术规范》（GB/T 50942—2014）第 3.0.3 条、第 3.0.4 条、第 4.2.5 条。

（1）按化学成分划分盐渍土类型

$$D_1 = \frac{\sum c(\text{Cl}^-)_i h_i}{\sum 2c(\text{SO}_4^{2-})_i h_i} = \frac{35 \times 1 + 30 \times 1 + 15 \times 1 + 5 \times 1 + 3 \times 1 + 1 \times 2 + 0.5 \times 2 + 0.5 \times 2 + 0.5 \times 2}{2 \times [(80 + 65 + 45 + 20 + 5) \times 1.0 + 2 \times 2.0]}$$
$$= 0.21$$

查规范表 3.0.3，土的类型为硫酸盐渍土。

（2）平均含盐量

$$\overline{DT} = \frac{\sum\limits_{i=1}^{n} h_i DT_i}{\sum\limits_{i=1}^{n} h_i} = \frac{(13.408 + 10.985 + 7.268 + 3.133 + 0.886) \times 1 + 0.343 \times 2}{7.0} = 5.20\%$$

查规范表 3.0.4，土的类型为超盐渍土。

（3）溶陷量计算

计算深度自基础地面算起至 $\delta_{rx} \geqslant 0.01$ 的深度，即地面下 1.5～7.0m。

$$s_{rx} = \sum_{i=1}^{n} \delta_{rxi} h_i = 0.035 \times 500 + 0.030 \times 1000 + 0.025 \times 1000 + 0.020 \times 1000 + 0.015 \times 2000$$
$$= 122.5 \text{mm}$$

$$70 < s_{rx} = 122.5 < 150$$

查表 4.2.6 知，溶陷等级为I级弱溶陷。

注：《盐渍土地区建筑技术规范》（GB/T 50942—2014）并没有明确规定划分盐渍土类型时的计算深度，但规范规定盐渍土为含盐量大于 0.3%，且具有溶陷或盐胀特性的土，因此本题计算至非盐渍土层的顶面 7m 深度。盐渍土地区一般盐分表聚性强，多集中在地表以下 1.0m 深度范围内，1.0m 以下的含盐量急剧减小，这是因为该深度范围内与大气的水分交换作用非常强烈。地表下 1.0m 深度范围内的土层是一般路基的主要持力层，也是受地下水毛细作用、蒸发作用、盐分迁移最明显的部位，对公路基础设施的正常使用有直接影响。盐渍土对公路、铁路行业的危害主要是路基路面鼓胀开裂，受水浸时发生溶陷变形使得路基强度下降，加剧路基的冻胀与翻浆，以及对水泥、沥青、钢材的腐蚀等，由于盐分多集中在地表下 1.0m 深度范围内，公路、铁路行业规范规定溶陷量计算深度取 1.0m。

25.【答案】D

【解析】《岩土工程勘察规范》（GB 50021—2001）（2009 年版）第 6.6.2 条。

$$e_1 = \frac{G_s \gamma_w (1 + \omega_1)}{\gamma_1} - 1 = \frac{2.70 \times 10 \times (1 + 0.438)}{19.0} - 1 = 1.043$$

$$e_2 = \frac{G_s \gamma_w (1 + \omega_2)}{\gamma_2} - 1 = \frac{2.70 \times 10 \times (1 + 0.25)}{20.0} - 1 = 0.688$$

$$\delta_0 = \frac{e_1 - e_2}{1 + e_1} \times 100 = \frac{1.043 - 0.688}{1 + 1.043} \times 100 = 17.4$$

$$10 < \delta_0 = 17.4 < 25$$

冻土总含水量 43.8% > 32%，粉土，查表 6.6.2 得：该多年冻土的类型为饱冰冻土。

26.【答案】D

【解析】《膨胀土地区建筑技术规范》（GB 50112—2013）第 5.7.7 条。

$$l_a \geq \frac{v_e - Q_k}{u_p \cdot \lambda \cdot q_{sa}} = \frac{195 - 150}{3.14 \times 0.5 \times 0.70 \times 35} = 1.17\text{m}$$

$$l_a \geq \frac{Q_k - A_p \cdot q_{pa}}{u_p \cdot q_{sa}} = \frac{150 - 3.14 \times 0.25^2 \times 500}{3.14 \times 0.5 \times 35} = 0.94\text{m}$$

按胀缩变形计算时，计算长度 $l_a \geq 1.17\text{m}$，且不得小于 4 倍桩径，最小长度应不小于 1.5m。

即：$l_a \geq 4d = 4 \times 0.50 = 2.00\text{m}$，$l_a \geq 1.5\text{m}$

综上：$l_a \geq 2.00\text{m}$

27.【答案】B

【解析】《工程地质手册》（第五版）第 669 页。

$$K_s = \frac{W_2 d_2 + cLR}{W_1 d_1} = \frac{350 \times 2.5 + c \times 28 \times 14}{1450 \times 4.5} = 1.0$$

解得：$c = 14.4\text{kPa}$

28.【答案】C

【解析】《建筑地基基础设计规范》（GB 50007—2011）第 5.2.4 条。

中密中砂，可知，$\eta_b = 3.0$，$\eta_d = 4.4$

$$f_a = f_{ak} + \eta_b \gamma (b - 3) + \eta_d \gamma_m (d - 0.5)$$

$$= 200 + 3.0 \times 8 \times (3 - 3) + 4.4 \times \frac{18 + 8}{2} \times (2.0 - 0.5) = 285.8\text{kPa}$$

中密中砂，根据《建筑抗震设计标准》（GB/T 50011—2010）（2024 年版）第 4.2.3 条、第 4.2.4 条计算。

$$\zeta_a = 1.3$$
$$f_{aE} = \zeta_a f_a = 1.3 \times 285.8 = 372\text{kPa}$$

29.【答案】B

【解析】根据《公路工程抗震规范》（JTG B02—2013）第 3.1.1 条可知，桥梁抗震设防类别为 B 类。

由表 3.1.3 得：$C_i = 0.5$

基岩场地为Ⅰ类场地，设计基本地震动峰值加速度为 0.30g，由表 5.2.2 得：$C_s = 0.9$

结构的阻尼比为 0.05，根据 5.2.4 条：$C_d = 1.0$

$$S_{\max} = 2.25 C_i C_s C_d A_h = 2.25 \times 0.5 \times 0.9 \times 1.0 \times 0.3g = 0.304g$$

区划图上的特征周期为 0.35s，由表 5.2.3 可知，特征周期为 $T_g = 0.25$s。

$$T = 0.3 > T_g = 0.25$$

根据第 5.2.1 条：$S = S_{\max} \dfrac{T_g}{T} = 0.304g \times \dfrac{0.25}{0.30} = 0.253g$

竖向设计加速度反应谱：$RS = 0.6 \times 0.253g = 0.152g$

30.【答案】B

【解析】《建筑基桩检测技术规范》（JGJ 106—2014）第 6.4.2 条。

$$b_0 = 0.9(1.5D + 0.5) = 0.9 \times (1.5 \times 0.8 + 0.5) = 1.53\text{m}$$

$$m = \frac{(v_y \cdot H)^{\frac{5}{3}}}{b_0 Y_0^{\frac{5}{3}} (EI)^{\frac{2}{3}}} = \frac{(2.441 \times 150)^{\frac{5}{3}}}{1.53 \times (3.5 \times 10^{-3})^{\frac{5}{3}} (6 \times 10^5)^{\frac{2}{3}}}$$

$$= \frac{18739.8}{0.878} = 21344\text{kN/m}^4 = 21.3\text{MN/m}^4$$

2018年案例分析试题答案及解析（上午卷）

试 题 答 案

本试卷由25道题组成，全部为单项选择题，每道题均为必答题。每题2分，满分为50分。

1	B	2	B	3	A	4	B	5	C
6	D	7	C	8	C	9	B	10	D
11	B	12	A	13	C	14	A	15	B
16	C	17	C	18	B	19	B	20	C
21	C	22	D	23	C	24	C	25	C

解 题 过 程

1. 【答案】B

【解析】《岩土工程勘察规范》（GB 50021—2001）（2009年版）第12.2.1条和附录G。

（1）按环境类型评价腐蚀性

挡土墙墙后接触地下水，墙前暴露在大气中，环境类型定为I类，无干湿交替。

SO_4^{2-}含量为210.75mg/L，$SO_4^{2-} < 200 × 1.3 = 260$mg/L，微腐蚀性。

Mg^{2+}含量为45.12mg/L，$Mg^{2+} < 1000$mg/L，微腐蚀性。

总矿化度为736.62mg/L < 10000mg/L，微腐蚀性。

（2）按地层渗透性评价腐蚀性

持力层为圆砾，属于强透水层，侵蚀性CO_2为4.15mg/L < 15mg/L，微腐蚀性。

pH值为6.3，介于5.0～6.5之间，弱腐蚀性。

矿化度736.62mg/L = 0.74g/L > 0.1g/L，HCO_3^-腐蚀性不用判别。

（3）判定腐蚀等级

取腐蚀性等级最高的作为腐蚀性等级，地下水对混凝土腐蚀性等级为弱腐蚀性。

2. 【答案】B

【解析】《工程岩体分级标准》（GB/T 50218—2014）附录B。

（1）结构面沿法线方向的真间距

第一组真间距：$\frac{6}{12} × \sin 30° × \cos 0° = 0.25$m

第二组真间距：$\frac{6}{8} × \sin 45° × \cos 30° = 0.459$m

第三组真间距：$\frac{6}{15} × \sin 60° × \cos 315° = 0.245$m

（2）结构面沿法线方向每米长结构面的条数

$$S_1 = \frac{1}{0.25} = 4, \ S_2 = \frac{1}{0.459} = 2.18, \ S_3 = \frac{1}{0.245} = 4.08$$

（3）岩体体积节理数

钙质胶结的节理不参与统计，第5组结构面参与统计，即$S_0 = 1$。

$J_v = \sum_{i=1}^{n} S_i + S_0 = 4 + 2.18 + 4.08 + 1 = 11.26$条/$m^3$，查规范表3.3.3，$K_v$介于0.55～0.35之间；查规

范表 3.3.4，岩体完整程度为较破碎。

3. 【答案】A

【解析】《土工试验方法标准》（GB/T 50123—2019）第 6.3.3 条、第 9.5.3 条。

$$V_d = \frac{m_n - m_{nw}}{\rho_{wT}} - \frac{m_n - m_0}{\rho_n} = \frac{105 - 58}{1.0} - \frac{105 - 100}{0.82} = 40.9 \text{cm}^3$$

$$\omega_s = \left(0.01\omega' - \frac{V_0 - V_d}{m_d} \cdot \rho_w\right) \times 100 = \left(0.01 \times 33.2 - \frac{60 - 40.9}{100} \times 1.0\right) \times 100 = 14.1$$

4. 【答案】B

【解析】《工程岩体试验方法标准》（GB/T 50266—2013）第 2.7.10 条。

（1）非标准试件单轴饱和抗压强度

非标准试件按 $R = \frac{8R'}{7 + 2D/H}$ 计算：

$$R_{w1} = \frac{8 \times 62.7}{7 + 2 \times 72/95} = 58.9 \text{MPa}$$

$$R_{w2} = \frac{8 \times 56.5}{7 + 2 \times 72/95} = 53.1 \text{MPa}$$

$$R_{w3} = \frac{8 \times 67.4}{7 + 2 \times 72/95} = 63.3 \text{MPa}$$

$$\overline{R}_w = \frac{58.9 + 53.1 + 63.3}{3} = 58.43 \text{MPa}$$

（2）软化系数

$$\eta = \frac{\overline{R}_w}{\overline{R}_d} = \frac{58.43}{82.1} = 0.71$$

5. 【答案】C

【解析】《建筑地基基础设计规范》（GB 50007—2011）第 5.2.5 条。

基底位于②粉砂中，$\varphi_k = 29°$，查规范表 5.2.5，则

$$M_b = \frac{1.4 + 1.9}{2} = 1.65, \quad M_d = \frac{4.93 + 5.59}{2} = 5.26$$

$$\gamma_m = \frac{1.0 \times 17.5 + 0.2 \times 18.5 + 0.8 \times (20 - 9.8)}{2.0} = 14.68 \text{kN/m}^3$$

$$f_a = M_b\gamma b + M_d\gamma_m d + M_c c_k = 1.65 \times (20 - 9.8) \times 3 + 5.26 \times 14.68 \times 2.0 + 0 = 204.92 \text{kPa}$$

注：在计算有效重度时，用饱和重度减去水的重度，一般默认水的重度为 10kN/m³，题干给出水的重度为 9.8kN/m³，采用抗剪强度承载力公式计算时，应注意对于砂土，当基础宽度小于 3m 时，按 3m 取值。

6. 【答案】D

【解析】《公路桥涵地基与基础设计规范》（JTG 3363—2019）第 4.3.3 条、第 4.3.4 条。

（1）承载力特征值确定

$$e = \frac{G_s\gamma_w(1 + w)}{\gamma} - 1 = \frac{2.72 \times 9.8 \times (1 + 0.247)}{19} - 1 = 0.75$$

查规范表 4.3.3-6，承载力特征值：$f_{a0} = \frac{270 + 230}{2} = 250 \text{kPa}$

（2）修正后的承载力特征值

查规范表 4.3.4，$k_1 = 0$，$k_2 = 1.5$

$$f_a = f_{a0} + k_1\gamma_1(b-2) + k_2\gamma_2(h-3) = 250 + 0 + 1.5 \times 19.44 \times (5.2 - 0.7 - 3) = 293.74\text{kPa}$$

平均常水位至一般冲刷线距离：$0.7 + 0.3 = 1.0\text{m}$

$$f_a = 293.74 + 1.0 \times 10 = 303.74\text{kPa}$$

7.【答案】C

【解析】《建筑地基基础设计规范》（GB 50007—2011）第 5.3.5 条。

（1）基底附加压力计算

$$p_k = \frac{F_k}{A} + \gamma_G d = \frac{1080}{3.0 \times 3.6} + 20 \times 2.0 = 140\text{kPa}$$

$$p_0 = p_k - p_c = 140 - 2 \times 18.5 = 103\text{kPa}$$

（2）变形计算

变形计算深度 6m，计算见解表。

题 7 解表

层号	基底至第i层土底面距离z_i（m）	l/b	z_i/b	$\overline{\alpha}_i$	$4z_i\overline{\alpha}_i$	$4(z_i\overline{\alpha}_i - z_{i-1}\overline{\alpha}_{i-1})$	E_{si}
1	0	1.2	0	0.25	0		
2	6	1.2	4	0.1189	2.8536	2.8536	4.15

$$s = \psi_s \sum_{i=1}^{n} \frac{p_0}{E_{si}}(z_i\overline{\alpha}_i - z_{i-1}\overline{\alpha}_{i-1}) = 1.2 \times 104 \times \frac{2.8536}{4.15} = 85.81\text{mm}$$

8.【答案】C

【解析】《建筑地基基础设计规范》（GB 50007—2011）第 8.1.1 条。

（1）根据承载力确定基础宽度

$$b \geqslant \frac{F_k}{f_a - \gamma_G d} = \frac{200}{155 - 20 \times 1.5} = 1.6\text{m}$$

（2）根据构造要求确定基础高度

$$p_k = \frac{F_k}{A} + \gamma_G d = \frac{200}{1.6} + 20 \times 1.5 = 155\text{kPa}，台阶宽高比取 1：1.25。$$

$$H_0 \geqslant \frac{b - b_0}{2\tan\alpha} = \frac{1.6 - 0.72}{2 \times 1/1.25} = 0.55\text{m}$$

9.【答案】B

【解析】《建筑桩基技术规范》（JGJ 94—2008）第 5.2.5 条、第 5.3.5 条。

（1）单桩竖向承载特征值计算

$$Q_{uk} = Q_{sk} + Q_{pk} = u\sum q_{sik}l_i + q_{pk}A_p$$

$$= 3.14 \times 0.6 \times (45 \times 4 + 40 \times 6 + 60 \times 5) + 900 \times \frac{3.14 \times 0.6^2}{4} = 1610.82\text{kN}$$

$$R_a = \frac{1}{2}Q_{uk} = \frac{1}{2} \times 1610.82 = 805.4\text{kN}$$

（2）考虑承台效应时复合基桩竖向承载力特征值计算

$$A_c = \frac{A - nA_{ps}}{n} = \frac{3.6 \times 4.8 - 5 \times 3.14 \times 0.3^2}{5} = 3.17\text{m}^2$$

$$f_{ak} = 180\text{kPa}，\xi_a = 1.3$$

考虑地震作用时：

$$R = R_a + \frac{\xi_a}{1.25}\eta_c f_{ak}A_c = 805.4 + \frac{1.3}{1.25} \times 0.10 \times 180 \times 3.17 = 864.7\text{kN}$$

10.【答案】D

【解析】《建筑桩基技术规范》（JGJ 94—2008）第5.7.2条。

（1）桩的水平变形系数计算

$$b_0 = 0.9(1.5d + 0.5) = 0.9 \times (1.5 \times 1.0 + 0.5) = 1.8\text{m}$$

$$\alpha = \sqrt[5]{\frac{mb_0}{EI}} = \sqrt[5]{\frac{25 \times 10^3 \times 1.8}{1.2036 \times 10^6}} = 0.5183\text{m}^{-1}$$

（2）单桩水平承载力特征值

$\alpha h = 0.5183 \times 16 = 8.3 > 4$，取$\alpha h = 4$，桩顶固接，查规范表5.7.2，$\nu_x = 0.940$

$$R_{ha} = \frac{0.75\alpha^3 EI}{\nu_x}\chi_{0a} = \frac{0.75 \times 0.5183^3 \times 1.2036 \times 10^6}{0.940} \times 0.006 = 802.3\text{kN}$$

11.【答案】B

【解析】《公路桥涵地基与基础设计规范》（JTG 3363—2019）第6.3.7条。

较破碎岩层，查规范表6.3.7-1：$c_1 = 0.5$，$c_2 = 0.04$。

钻孔桩，沉渣厚度满足要求，持力层为中风化岩层。

$$c_1 = 0.5 \times 0.8 \times 0.75 = 0.3, \quad c_2 = 0.04 \times 0.8 \times 0.75 = 0.024$$

桩端$f_{rk} = 18\text{MPa}$，$\xi_s = 0.5$，则

$$R_a = c_1 A_p f_{rk} + u\sum_{i=1}^{m} c_{2i} h_i f_{rki} + \frac{1}{2}\xi_s u\sum_{i=1}^{n} l_i q_{ik}$$

$$= 0.3 \times 3.14 \times 0.5^2 \times 18 \times 10^3 + 3.14 \times 1.0 \times 0.024 \times 3.0 \times 18 \times 10^3 +$$

$$\frac{1}{2} \times 0.5 \times 3.14 \times 1.0 \times (20 \times 200 + 3 \times 400)$$

$$= 12390.44\text{kN}$$

12.【答案】A

【解析】碎石桩中的公式推导，取单元体ABC进行分析，处理前后单元体内土颗粒质量不变。

$m_s = \rho_{d0}V_0 = \rho_{d1}V_1$，即

$$1.25 \times \frac{\sqrt{3}}{4} \times 0.8^2 \times 6 = \left(\frac{\sqrt{3}}{4} \times 0.8^2 - \frac{\pi}{8} \times 0.4^2\right) \times (6 + 0.2) \times \rho_{d1}$$

解得：$\rho_{d1} = 1.56\text{t/m}^3$

13.【答案】C

【解析】《建筑地基处理技术规范》（JGJ 79—2012）第7.1.7条、第7.1.8条。

（1）复合土层压缩模量

$$\xi = \frac{f_{spk}}{f_{ak}} = \frac{300}{100} = 3$$

$$E_{sp1} = \xi E_{s1} = 3 \times 4 = 12\text{MPa}, \quad E_{sp2} = \xi E_{s2} = 3 \times 8 = 24\text{MPa}$$

（2）变形计算

变形计算深度$z = 26 - 2 = 24\text{m}$，计算半径$r = 10\text{m}$，计算结果见解表。

题13解表

z_i	z_i/r	α_i	$z_i\bar{a}_i$	$A_i = z_i\bar{a}_i - z_{i-1}\bar{a}_{i-1}$	E_{spi}
0	0	1.0	0	0	0

z_i	z_i/r	α_i	$z_i\bar{a}_i$	$A_i = z_i\bar{a}_i - z_{i-1}\bar{a}_{i-1}$	E_{spi}
15	1.5	0.762	11.43	11.43	12
18	1.8	0.697	12.546	1.116	24
24	2.4	0.590	14.16	1.614	8

压缩模量当量值：

$$\overline{E}_s = \frac{\sum_{i=1}^{n} A_i + \sum_{j=1}^{n} A_j}{\sum_{i=1}^{n} \dfrac{A_i}{E_{spi}} + \sum_{j=1}^{n} \dfrac{A_j}{E_{sj}}} = \frac{14.16}{\dfrac{11.43}{12} + \dfrac{1.116}{24} + \dfrac{1.614}{8}} = 11.793\text{MPa}$$

$$\psi_s = 0.7 + (11.793 - 7) \times \frac{0.4 - 0.7}{15 - 7} = 0.52$$

$$s = \psi_s \sum \frac{p_0}{\xi E_{si}}(z_i\bar{a}_i - z_{i-1}\bar{a}_{i-1}) = 0.52 \times 200 \times \left(\frac{11.43}{12} + \frac{1.116}{24} + \frac{1.614}{8}\right) = 124.88\text{mm}$$

14.【答案】A

【解析】《土力学》（李广信等编，第 2 版，清华大学出版社）第 157 页。

（1）竖向固结度计算

$$T_v = \frac{C_v t}{H^2} = \frac{0.01 \times 20}{6^2} = 0.00556$$

$$T_v = \frac{\pi}{4}\overline{U}_z^2 = 0.00556, \quad \overline{U}_z = \sqrt{\frac{0.00556 \times 4}{\pi}} = 0.084 < 0.3$$

（2）径向固结度计算

$$d_e = 1.05l = 1.05 \times 2.4 = 2.52\text{m}, \quad n = \frac{d_e}{d_w} = \frac{2.52}{0.4} = 6.3$$

$$F_n = \frac{n^2}{n^2-1}\ln(n) - \frac{3n^2-1}{4n^2} = \frac{6.3^2}{6.3^2-1} \times \ln(6.3) - \frac{3 \times 6.3^2 - 1}{4 \times 6.3^2} = 1.144$$

$$T_h = \frac{C_h t}{d_e^2} = \frac{0.02 \times 20}{2.52^2} = 0.0630$$

$$\overline{U}_r = 1 - e^{-\frac{8}{F_n} \cdot T_h} = 1 - e^{-\frac{8}{1.144} \times 0.0630} = 0.356$$

$$\frac{\overline{U}_z}{\overline{U}_r} = \frac{0.084}{0.356} = 0.236$$

注：规范表 5.2.7 中规定，规范公式适用于竖向固结度大于 30% 的情况，因此不能采用规范的公式计算，如按规范公式则竖向固结度为：

$$\overline{U}_z = 1 - \frac{8}{\pi^2} \cdot e^{-\frac{\pi^2}{4} \cdot T_v} = 1 - \frac{8}{3.14^2} \times e^{-\frac{3.14^2}{4} \times 0.00556} = 0.2, \quad \frac{\overline{U}_z}{\overline{U}_r} = \frac{0.2}{0.356} = 0.562，与选项 D 对应，命题者$$

是按照规范解题给出的答案，显然这是一个错题，规范公式在这里并不能使用，应按土力学里面的 U_z-T_v 关系曲线计算。

15.【答案】B

【解析】《建筑边坡工程技术规范》（GB 50330—2013）第 6.2.10 条。

$$\eta = \frac{2c}{\gamma h} = \frac{2 \times 20}{19 \times 10} = 0.211$$

$$\theta = \arctan\left(\frac{\cos\varphi}{\sqrt{1 + \frac{\cot\alpha'}{\eta + \tan\varphi}} - \sin\varphi}\right) = \arctan\left(\frac{\cos 12°}{\sqrt{1 + \frac{\cot 50°}{0.211 + \tan 12°}} - \sin 12°}\right) = 32.78°$$

16.【答案】C

【解析】设滑体的重度为 γ，潜在滑动面 AC 长度为 L，$L = H_2/\sin 30° = 26\text{m}$

（1）计算清方前、后滑体面积计算

DE 平行于 AC，则 $\triangle BAC$ 和 $\triangle BDE$ 为相似三角形。

根据相似三角形面积比等于相似比的平方，可得：$\frac{s_{\triangle BDE}}{s_{\triangle BAC}} = \left(\frac{8}{13}\right)^2 = 0.379$

滑体 $ADEC$ 的面积：$s_{ADEC} = s_{BAC} - s_{BDE} = (1 - 0.379)s_{BAC} = 0.621s_{BAC}$

（2）清方前、后滑体的抗滑安全系数

设 B 点到 AC 的垂直距离为 h，则

清方前：$F_{s2} = \frac{\tan\varphi}{\tan\beta} + \frac{2c}{\gamma h\sin\beta} = \frac{\tan 18°}{\tan 30°} + \frac{2\times 20}{\gamma h\sin 30°} = 1.1$

解得：$\gamma h = 148.92\text{kN/m}^2$

$$W_{BAC} = \frac{1}{2}AC \times h \times \gamma = \frac{1}{2} \times 26 \times 148.92 = 1935.96\text{kN/m}$$

$$W_{ADEC} = 0.621 \times 1935.96 = 1202.23\text{kN/m}$$

清方后：

$$K' = \frac{W_{ADEC}\cos\theta\tan\varphi + cL}{W_{ADEC}\sin\theta} = \frac{1202.23 \times \cos 30°\tan 18° + 20 \times 26}{1202.23 \times \sin 30°} = 1.428$$

17.【答案】C

【解析】《建筑边坡工程技术规范》（GB 50330—2013）第 10.2.4 条。

（1）各力的分解

不稳定岩石块体沿结构面的下滑力：

$G_t = G_1\sin\theta_1 = 439 \times \sin 40° = 282.2\text{kN}$，不稳定岩石块体垂直于结构面的分力：

$$G_n = G_1\cos\theta_1 = 439 \times \cos 40° = 336.3\text{kN}$$

锚杆轴力在抗滑方向的分力：

$$N_{akt} = N\cos(\theta_1 + \alpha) = N \times \cos(40° + 15°) = 0.574N$$

锚杆轴力垂直于滑动面方向上分力：

$$N_{akn} = N\sin(\theta_1 + \alpha) = N \times \sin(40° + 15°) = 0.819N$$

（2）计算轴向拉力

边坡安全等级为一级，永久性锚杆，$K_b = 2.2$，则

$$K_b(G_t - fG_n - cA) \leqslant \sum N_{akti} + f\sum N_{akni}$$

$$2.2 \times (282.2 - 0.2 \times 336.3 - 10 \times 9.3) \leqslant 0.574N + 0.2 \times 0.819N$$

$$N \geqslant 363.6\text{kN}$$

18.【答案】B

【解析】《建筑基坑支护技术规程》（JGJ 120—2012）第 4.1.4 条、第 4.1.5 条。

$$K_a = \tan^2\left(45° - \frac{15°}{2}\right) = 0.589$$

（1）基坑开挖 1m 深度时

10m 处水平反力系数：

$$k_{s1} = m(z - h_1) = 5.00 \times 10^3 \times (10 - 1) = 45000 \text{kN/m}^3$$

初始分布土反力强度：$p_{s01} = (\sum \gamma_i h_i) K_{a,i} = 18 \times 9 \times 0.589 = 95.42 \text{kPa}$

分布土反力强度：$p_{s1} = k_{s1} v_1 + p_{s01} = 45000 \times 2.5 \times 10^{-3} + 95.42 = 207.92 \text{kPa}$

（2）基坑开挖 8m 深度时

10m 处水平反力系数：$k_{s2} = m(z - h_2) = 5.00 \times 10^3 \times (10 - 8) = 10000 \text{kN/m}^3$

初始分布土反力强度：$p_{s02} = (\sum \gamma_i h_i) K_{a,i} = 18 \times 2 \times 0.589 = 21.20 \text{kPa}$

分布土反力强度：$p_{s2} = k_{s2} v_2 + p_{s02} = 10000 \times 30 \times 10^{-3} + 21.20 = 321.20 \text{kPa}$

（3）土反力增量

围护结构在两工况（开挖至 1m 及开挖到底）间地面下 10m 处围护结构分布土反力增量为

$$\Delta p_s = p_{s2} - p_{s1} = 321.20 - 207.92 = 113.28 \text{kPa}$$

19.【答案】B

【解析】《铁路隧道设计规范》（TB 10003—2016）附录 G。

（1）侧压力系数计算

$$\alpha' = \arctan\left(\frac{\gamma_1}{\gamma_2} \tan \alpha\right) = \arctan\left(\frac{18}{20} \times \frac{1}{5}\right) = 10.2°$$

$$\lambda = \frac{\cos^2 \varphi_2}{\left[1 + \sqrt{\dfrac{\sin \varphi_2 \sin(\varphi_2 - \alpha')}{\cos \alpha'}}\right]^2} = \frac{\cos^2 40°}{\left[1 + \sqrt{\dfrac{\sin 40° \times \sin(40° - 10.2°)}{\cos 10.2°}}\right]^2} = 0.238$$

（2）内墙土压计算

$$h_1 = 9.5 - 6.2 + \frac{7.2}{2} \times \frac{1}{5} = 4.74 \text{m}$$

顶部：$h_1' = h_i'' + \dfrac{\gamma_1}{\gamma_2} h_1 = 0 + \dfrac{18}{20} \times 4.74 = 4.266 \text{m}$

$$e_1 = \gamma_2 h_i' \lambda = 20 \times 4.266 \times 0.238 = 20.3 \text{kPa}$$

底部：$h_2' = 4.266 + 6.2 = 10.466 \text{m}$，$e_2 = \gamma_2 h_i' \lambda = 20 \times 10.466 \times 0.238 = 49.8 \text{kPa}$

$$E_a = \frac{1}{2} \times (20.3 + 49.8) \times 6.2 = 217.31 \text{kN/m}$$

20.【答案】C

【解析】《工程地质手册》（第五版）第 703 页、《公路路基设计规范》（JTG D30—2015）第 7.16.3 条。

（1）倾斜

$$AB \text{段}：i_{AB} = \frac{\Delta \eta_{AB}}{l_{AB}} = \frac{75.5 - 23}{15} = 3.5 \text{mm/m}$$

$$BC \text{段}：i_{BC} = \frac{\Delta \eta_{BC}}{l_{BC}} = \frac{131.5 - 75.5}{20} = 2.8 \text{mm/m}$$

（2）水平变形

$$AB \text{段}：\varepsilon_{AB} = \frac{\Delta \xi_{AB}}{l_{AB}} = \frac{162 - 97}{15} = 4.33 \text{mm/m}$$

$$BC \text{段}：\varepsilon_{BC} = \frac{\Delta \xi_{BC}}{l_{BC}} = \frac{97 - 15}{20} = 4.1 \text{mm/m}$$

（3）曲率

$$K_B = \frac{i_{AB} - i_{BC}}{l_{1\sim2}} = \frac{3.5 - 2.8}{(15 + 20)/2} = 0.04\text{mm/m}^2$$

查规范表 7.16.3，倾斜小于 6mm/m，曲率小于 0.3mm/m²，水平变形大于 4mm/m，处治后可作为公路路基建设场地。

21.【答案】C

【解析】根据分层总和法，《工程地质手册》（第五版）第 719 页。

降水后地下水位在地面下 25.8m。

（1）降水在砂土层中引起的附加应力

18.9m 处：$\Delta p = (18.9 - 3.2) \times 10 = 157\text{kPa}$

25.8m 处：$\Delta p = 22.6 \times 10 = 226\text{kPa}$

39.6m 处：$\Delta p = 226\text{kPa}$

18.9～25.8m 中点处的平均附加应力为 $(157 + 226)/2 = 191.5\text{kPa}$。

25.8～39.6m 中点处的平均附加应力为 226kPa。

（2）由砂土沉降量反算变形模量

砂土层沉降量 $s = 550 - 220.8 = 329.2\text{mm}$，则

$$s_\infty = \frac{1}{E}\Delta pH, \quad 即\ 329.2 = \frac{1}{E} \times 191.5 \times 6.9 + \frac{1}{E} \times 226 \times 13.5$$

解得：$E = 13.5\text{MPa}$

注：本题争议的地方是变形模量要不要换算成压缩模量，根据土力学中压缩固结理论，压缩模量是不能在侧向变形条件下得到的，即只能发生竖向变形；变形模量是有侧向变形条件下，竖向应力与竖向应变之比，变形模量可通过公式 $E = E_s\left(1 - \frac{2\mu^2}{1-\mu}\right)$ 计算，编者认为这里是不需要把变形模量换算成压缩模量的，因为大面积降水引起的变形不仅有竖向变形还有侧向变形，并且手册公式中用的是弹性模量。弹性模量是在弹性范围内，竖向应力与应变的比值，也是在侧向有变形的条件下得到的。对本题而言，如果砂土层中水位上升，砂土层的变形是可恢复的，砂土的变形模量等于弹性模量。

22.【答案】D

【解析】《膨胀土地区建筑技术规范》（GB 50112—2013）第 5.2.11 条、第 5.2.12 条。

（1）9 月至次年 2 月的月份蒸发力之和与全年蒸发力之比

$$\alpha = \frac{68.6 + 47.5 + 25.2 + 18.9 + 30.9}{45.6 + 65.2 + 101.5 + 115.3 + 123.5 + 120.2 + 68.6 + 47.5 + 25.2 + 18.9 + 30.9} = 0.251$$

（2）全年中干燥度大于 1.0 且月平均气温大于 0℃月份的蒸发力与降水量差值之总和

$$c = (45.6 - 34.5) + (65.2 - 55.3) + (101.5 - 89.4) + (18.9 - 7.2) + (30.9 - 10.8) = 64.9$$

（3）土的湿度系数

$$\psi_w = 1.152 - 0.726\alpha - 0.00107c = 1.152 - 0.726 \times 0.251 - 0.00107 \times 64.9 = 0.90$$

（4）大气影响急剧层深度

查规范表 5.2.12，$d_a = 3.0\text{m}$，大气影响急剧层深度为：$0.45 \times 3 = 1.35\text{m}$

23.【答案】C

【解析】《建筑抗震设计标准》（GB/T 50011—2010）（2024 年版）第 4.1.4 条～第 4.1.6 条。

（1）确定覆盖层厚度

4 层的剪切波速小于第 2 层砾砂的 2.5 倍，覆盖层厚度取基岩顶面到地面的距离，即取 22m。

（2）计算等效剪切波速

计算深度取 20m 和覆盖层厚度中的较小值，计算深度取 20m。

$$v_{se} = \frac{d_0}{t} = \frac{d_0}{\sum_{i=1}^{n} \frac{d_i}{v_{si}}} = \frac{20}{\frac{9}{110} + \frac{1.5}{180} + \frac{4}{120} + \frac{5.5}{415}} = 146.3 \text{m/s}$$

（3）场地类别确定

查规范表 4.1.6，建筑场地类别为 III 类。

24.【答案】C

【解析】《中国地震动参数区划图》（GB 18306—2015）附录 E 和第 6.2 条。

根据第 6.2.2 条，针对罕遇地震，其动峰值加速度按基本地震动峰值加速度的 1.6～2.3 倍确定，故

$$\alpha_{max} = 0.10g \times (1.6 \sim 2.3) = 0.16g \sim 0.23g$$

根据附录 E，针对 IV 类场地，其地震动峰值加速度应进行调整；根据表 E.1，调整系数 $F_a = 1.2$。因此该场地在罕遇地震时地震动峰值加速度为：

$$\alpha_{max} = F_s \times \alpha_{maxII} = 1.2 \times (0.16g \sim 0.23g) = 0.192g \sim 0.276g$$

25.【答案】C

【解析】《建筑基桩检测技术规范》（JGJ 106—2014）第 8.4.4 条。

（1）根据速度时域曲线计算桩身平均波速

$$c = \frac{2000L}{\Delta T} = \frac{2000 \times 20}{10.3 - 0.2} = 3960.4 \text{m/s}$$

（2）根据速度幅频曲线计算缺陷位置

$$x = \frac{1}{2} \cdot \frac{c}{\Delta f'} = \frac{1}{2} \times \frac{3960.4}{180} = 11.0 \text{m}$$

2018 年案例分析试题答案及解析（下午卷）

试 题 答 案

本试卷由 25 道题组成，全部为单项选择题，每道题均为必答题。每题 2 分，满分为 50 分。

1	D	2	B	3	A	4	B	5	B
6	B	7	C	8	C	9	B	10	A
11	B	12	B	13	B	14	B	15	B
16	A	17	A	18	B	19	B	20	B
21	C	22	A	23	A	24	B	25	B

解 题 过 程

1.【答案】D

【解析】《工程地质手册》（第五版）第 1246 页。

$q = \dfrac{Q_3}{L \cdot P_3} = \dfrac{25}{5.0 \times 1.0} = 5\text{Lu} < 10\text{Lu}$，满足。

地下水位位于试验段以下，且压水试验 P-Q 曲线为 B（紊流）型，用第一阶段压力和流量计算：

$$H_1 = \frac{P_1}{10} = \frac{300}{9.8} = 30.6\text{m}, \quad Q_1 = 12.5\text{L/min} = 12.5 \times 10^{-3} \times 1440 = 18\text{m}^3/\text{d}$$

$$k = \frac{Q_1}{2\pi H_1 \cdot L}\ln\frac{L}{r_0} = \frac{18}{2 \times 3.14 \times 30.6 \times 5} \times \ln\frac{5}{0.05} = 0.086\text{m/d}$$

2.【答案】B

【解析】《工程岩体分级标准》（GB/T 50218—2014）第 4.2 节、第 5.2 节。

（1）完整性指数

$$K_v = \left(\frac{v_{pm}}{v_{pr}}\right)^2 = \left(\frac{3500}{5000}\right)^2 = 0.49$$

（2）基本质量指标 BQ 计算

$$R_c = 45\text{MPa} < 90K_v + 30 = 90 \times 0.49 + 30 = 74.1\text{MPa}, \ \text{取}\ R_c = 45\text{MPa}$$

$$K_v = 0.49 < 0.04R_c + 0.4 = 0.04 \times 45 + 0.4 = 2.2, \ \text{取}\ K_v = 0.49$$

$$\text{BQ} = 100 + 3R_c + 250K_v = 100 + 3 \times 45 + 250 \times 0.49 = 357.5$$

（3）BQ 修正及岩体质量等级确定

查规范表 5.3.2-3。

结构面倾向与边坡面倾向间的夹角为 $75° - 59° = 16°$，$F_1 = 0.7$。

结构面倾角为 $69°$，$F_2 = 1.0$。

结构面倾角与边坡坡角之差为 $69° - 65° = 4°$，$F_3 = 0.2$。

$$K_5 = F_1 \times F_2 \times F_3 = 0.7 \times 1.0 \times 0.2 = 0.14$$

$$[\text{BQ}] = \text{BQ} - 100(K_4 + \lambda K_5) = 357.5 - 100 \times (0.5 + 0.7 \times 0.14) = 297.7$$

查表 4.1.1，岩体质量等级为 IV 级。

3. 【答案】A

【解析】《建筑地基基础设计规范》（GB 50007—2011）附录 H.0.10 条。

（1）极限荷载除以 3 的安全系数与对应于比例界限的荷载相比较，取小值。

第一组：$4000/3 = 640 = 1333 > 1200$，承载力特征值取 1200kPa。

第二组：$4800/3 = 1600 > 1400$，承载力特征值取 1400kPa。

第三组：$3750/3 = 1250 < 1280$，承载力特征值取 1280kPa。

（2）取最小值作为岩石地基承载力特征值：$f_a = 1200$kPa。

4. 【答案】B

【解析】《铁路工程水文地质勘察规范》（TB 10049—2014）附录 E.1.2 条或《铁路工程地质手册》（修订版，1999）第 196 页。

$$A = (1.6 + 1.78) \times 4.3 = 14.534 \text{km}^2$$
$$Q_s = 2.74\lambda \cdot W \cdot A = 2.74 \times 0.10 \times 1245 \times 14.534 = 4958.0 \text{m}^3/\text{d}$$

注：所谓分水岭，即以此为界，分为两个汇水流域。以本题为例，分水岭南侧的水向南汇流形成地表产流与地下径流，其北侧的水向北汇流形成地表产流与地下径流，不发生交叉现象，而隧道的南侧未有分水岭存在，则其汇水范围由降水影响半径 R 决定。

5. 【答案】B

【解析】《建筑地基基础设计规范》（GB 50007—2011）第 5.2.2 条。

（1）根据偏心距计算基础尺寸

基础面积不出现零应力区，则

$$e = \frac{M_k}{F_k + G_k} \leqslant \frac{b}{6}，即 \frac{450 \times 1.8 + 50 + 120}{880 + 450 + 20 \times 1.5 \times b^2} \leqslant \frac{b}{6}$$

整理的 $b^3 + 44.33b - 196 \geqslant 0$，解得：$b \geqslant 3.5$m

（2）持力层承载力验算

取 $b = 3.5$m，此时 $e = b/6$

$$p_k = \frac{F_k}{A} + \gamma_G d = \frac{880 + 450}{3.5^2} = 108.6 \text{kPa} \leqslant f_a = 300 \text{kPa}$$
$$p_{kmax} = 2p_k = 2 \times 108.6 = 217.2 \text{kPa} \leqslant 1.2f_a = 1.2 \times 300 = 360 \text{kPa}$$

持力层满足要求。

6. 【答案】B

【解析】《建筑地基基础设计规范》（GB 50007—2011）第 5.2.2 条、第 5.2.7 条。

（1）基底附加压力计算

基础底面以上土的自重压力：$p_c = 2.5 \times 17 = 42.5$kPa

基底压力：$p_k = \frac{N_k}{A} + \gamma_G d = \frac{1200}{3.14 \times 1.5^2} + 20 \times 2.5 = 219.9$kPa

基底附加压力：$p_0 = p_k - p_c = 219.9 - 42.5 = 177.4$kPa

（2）淤泥质黏土层顶面处的附加压力

附加压力扩散至软弱下卧层顶面的面积：

$$A' = \frac{\pi(d + 2z\tan\theta)^2}{4} = \frac{3.14 \times (3 + 2 \times 4 \times \tan 23°)^2}{4} = 32.11 \text{m}^2$$

$$p_0 A = p_z A', \quad p_z = \frac{p_0 A}{A'} = \frac{177.4 \times 3.14 \times 1.5^2}{32.11} = 39.03\text{kPa}$$

注：此题别出心裁，考的是圆形基础下卧层验算，这就需要我们了解压力扩散角法的原理，即基底附加压力与基础面积的乘积和下卧层顶面处附加压力与扩散面积的乘积相等。

7. 【答案】C

【解析】《建筑地基基础设计规范》（GB 50007—2011）第5.4.2条。

（1）根据地基承载力确定基础埋深

假设为小偏心：

$$p_k = \frac{F_k}{A} + \gamma_G d = \frac{420}{2.5 \times 2} + 20d = 84 + 20d$$

$$p_{kmax} = \frac{F_k + G_k}{A} + \frac{M_k}{W} = 84 + 20d + \frac{200 + 100 \times 1}{2 \times 2.5^2/6} = 228 + 20d$$

$$\eta_b = 0.3, \quad \eta_d = 1.6$$

$$f_a = f_{ak} + \eta_b \gamma (b - 3) + \eta_d \gamma_m (d - 0.5) = 160 + 0 + 1.6 \times 20 \times (d - 0.5) = 144 + 32d$$

$p_k \leqslant f_a$，即 $84 + 20d \leqslant 144 + 32d$，解得：$d \geqslant -5\text{m}$

$p_{kmax} \leqslant 1.2f_a$，即 $228 + 20d \leqslant 1.2 \times (144 + 32d)$，解得：$d \geqslant 3.0\text{m}$

$e = \frac{M_k}{F_k + G_k} = \frac{300}{420 + 2.0 \times 2.5 \times 20 \times 3} = 0.42\text{m} = \frac{2.5}{6} = 0.42\text{m}$，满足假设。

（2）根据坡顶建筑物稳定性确定基础埋深

$a \geqslant 2.5b - \frac{d}{\tan\beta}$，即 $3.5 \geqslant 2.5 \times 2.5 - \frac{d}{\tan 35°}$，解得：$d \geqslant 1.93\text{m}$

（3）取大值 $d \geqslant 3.0\text{m}$

8. 【答案】C

【解析】《建筑地基基础设计规范》（GB 50007—2011）第5.3.10条。

（1）基底下7m处土层的自重应力

$$10 \times 20 = 200\text{kPa}$$

（2）基底下7m处土层的附加压力

基坑底面处的附加压力：$p_0 = -p_c = -3 \times 20 = -60\text{kPa}$

基底下7m处：$z/b = 7/10 = 0.7$，$l/b = 12/10 = 1.2$

查规范附录表 K.0.1-1：$\alpha_i = (0.228 + 0.207)/2 = 0.2175$

$$-4p_0 \overline{a}_i = -4 \times 60 \times 0.2175 = -52.2\text{kPa}$$

（3）回弹模量选择

基坑开挖过程中的压力段变化范围：

基底下7m处开挖前的平均自重应力为200kPa。

开挖卸荷以后的压力为 $-52.2 + 200 = 147.8\text{kPa}$。

取 147.8～200kPa 压力段，选取对应的回弹模量 $E_{0.15-0.2} = 240\text{MPa}$。

9. 【答案】B

【解析】《建筑桩基技术规范》（JGJ 94—2008）第5.3.12条。

（1）液化影响折减系数计算

承台底面上1.5m为液化粉土，承台底面下1.0m为液化细砂，不满足规范条件，液化影响折减系数取 0，即不考虑粉土、细砂层摩阻力，中粗砂为不液化土层。

（2）根据单桩竖向承载力特征值反算桩长

假设桩端位于卵石层中，进入卵石层的桩长为l_i，则

$$Q_{uk} = u\Sigma\left(q_{sik}l_i + \psi_l q_{sik}l_j\right) + q_{pk}A_p = 3.14 \times 0.8 \times (8 \times 80 + 150 \times l_i) + 3000 \times \frac{3.14 \times 0.8^2}{4}$$
$$= 376.8l_i + 3114.88 = 2R_a = 4600\text{kN}$$

解得$l_i = 3.94\text{m}$，则最短桩长为$l = 20 - 4 + 3.94 = 19.94\text{m}$。

注：承台底上下非液化土、非软弱土不满足要求时，液化折减系数取 0，承台埋深 4.0m，桩长应从承台底算起。

10.【答案】A

【解析】《建筑桩基技术规范》（JGJ 94—2008）第 5.2.2 条。

（1）砂层极限侧摩阻力计算

第一组、第二组试桩桩径相同，桩长不同，则第二组试桩单桩极限承载力标准值的变化是由 5m 厚砂层侧阻力引起，根据$Q_{uk} = Q_{sk} + Q_{pk}$，则

$3156 = 2402 + u\sum q_{sik}l_i = 2402 + 3.14 \times 0.6 \times q_{sik} \times 5$，解得：$q_{sik} = 80\text{kPa}$

（2）直径 800mm、桩长 16m 的极限承载力标准值计算

直径 800mm、桩长 16m 时，与第三组试桩桩径相同，桩长不同，直径 800mm、桩长 16m 的试桩单桩极限承载力标准值的变化是由 4m 厚砂层侧阻力引起，则

$$Q_{uk} = 4396 - u\sum q_{sik}l_i = 4396 - 3.14 \times 0.8 \times 80 \times 4 = 3592.16\text{kN}$$

（3）单桩竖向承载力特征值

$$R_a = \frac{1}{2}Q_{uk} = \frac{1}{2} \times 3592.16 = 1796.08\text{kN}$$

注：此题不同以往考题，很有新意，考查对单桩极限承载力标准值、单桩竖向承载力特征值的理解与应用，从2018年的命题风格来看，会加大对基本原理的掌握和灵活应用，不再是单纯的套公式解题。

11.【答案】B

【解析】《建筑地基处理技术规范》（JGJ 79—2012）第 7.1.5 条、第 7.1.6 条。

（1）根据定义计算置换率

截取单元体，单元体内有 2 根桩。

调整前：$m_1 = \frac{2A_p}{1.6 \times 2.4}$

调整后：$m_2 = \frac{2A_p}{s \times 2.4}$，$\frac{m_1}{m_2} = \frac{s}{1.6}$

（2）根据复合地基承载力公式反算置换率

$$m_1 = \frac{f_{spk1} - \beta f_{sk}}{\lambda \frac{R_a}{A_p} - \beta f_{sk}} = \frac{180 - 0.9 \times 130}{\lambda \frac{R_a}{A_p} - \beta f_{sk}} = \frac{63}{\lambda \frac{R_a}{A_p} - \beta f_{sk}}$$

$$m_2 = \frac{f_{spk2} - \beta f_{sk}}{\lambda \frac{R_a}{A_p} - \beta f_{sk}} = \frac{200 - 0.9 \times 130}{\lambda \frac{R_a}{A_p} - \beta f_{sk}} = \frac{83}{\lambda \frac{R_a}{A_p} - \beta f_{sk}}$$

（3）$\frac{m_1}{m_2} = \frac{63}{83} = \frac{s}{1.6}$，解得：$s = 1.21\text{m}$

12.【答案】B

【解析】《建筑地基处理技术规范》（JGJ 79—2012）第 7.9.6 条、第 7.9.7 条。

$$f_{spk} = m_1 \frac{\lambda_1 R_{a1}}{A_{p1}} + \beta[1 - m_1 + m_2(n-1)]f_{sk}$$
$$= 0.023 \times \frac{0.9 \times 275}{3.14 \times 0.2^2} + 0.95 \times [1 - 0.023 + 0.087 \times (5-1)] \times 120$$
$$= 196.4 \text{kPa}$$

13.【答案】B

【解析】《建筑地基处理技术规范》（JGJ 79—2012）第 7.3.5 条第 4、6 款。

（1）确定施工工艺所需时间

据规范 7.3.5 条第 4 款，停浆面应高于桩顶设计标高 0.5m，各施工工序所需时间见解表。

题 13 解表

工序	处理厚度	所需时间
①预搅下沉	下沉至设计加固深度，即地面下 15m	15/1 = 15min
②提升喷浆	边搅拌边提升，应提升至停浆面，即地面下 4.5m	(15 − 4.5)/0.5 = 21min
③复搅下沉	从地面下 4.5m 至地面下 15m	(15 − 4.5)/1 = 10.5min
④提升喷浆	此工序同②工序	21min
⑤复搅下沉	此工序同③工序	10.5min
⑥复搅提升	从地面下 15m 提升至地面	15/1 = 15min

施工工艺所需总时间为 $15 + 21 + 10.5 + 21 + 10.5 + 15 = 93$min。

（2）24h 最大方量计算

双轴搅拌桩体积 $V_1 = Al = 0.71 \times 10 = 7.1 \text{m}^3$，施工完成所需时间为 93min。

则 24h 完成的搅拌桩体积为 $V_1 = \frac{7.1 \times 24 \times 60}{93} = 109.93 \text{m}^3$。

14.【答案】B

【解析】（1）细砂层完全液化产生的土压力

$$E_{a1} = \frac{1}{2}\gamma h_1^2 = \frac{1}{2} \times 19 \times 3^2 = 85.5 \text{kN/m}$$

（2）卵石层中的水、土压力

卵石层顶面水压力：$p_w = 19 \times 3 = 57 \text{kPa}$

卵石层底面水压力：$p_w = 19 \times 3 + 10 \times 3 = 87 \text{kPa}$

$$E_w = \frac{1}{2} \times (57 + 87) \times 3 = 216.0 \text{kN/m}$$

$$K_a = \tan^2\left(45° - \frac{30°}{2}\right) = \frac{1}{3}$$

卵石层顶面土压力：$e_a = 0$

卵石层底面土压力：$e_a = (21 - 10) \times 3 \times \frac{1}{3} = 11 \text{kPa}$

墙高 6m，土压力增大系数取 1.1，则

$$E_{a2} = \frac{1}{2}\psi\gamma' h_2^2 K_a = \frac{1}{2} \times 1.1 \times 11 \times 3 = 18.2 \text{kN/m}$$

（3）作用于墙背的总水平力

$$E = E_{a1} + E_w + E_{a2} = 85.5 + 216.0 + 18.2 = 319.7\text{kN/m}$$

注：本题有以下几点应引起注意：

（1）细砂层完全液化时，可将 0～3m 深度范围内的细砂当作一种重度为 19kN/m³ 的液体，此时卵石层的顶面的土压力强度取 0 是合适的。

（2）土压力增大系数是对应于土压力本身的，原因是对于重力式挡墙，其位移大小直接影响作用于其上的土压力，故而要乘以增大系数来考虑这一不确定性，而对于水压力和其他类似液体产生的压力不存在不确定性，只和高度有关，与位移无关，故而无需考虑增大系数。

15.【答案】B

【解析】（1）主动土压力计算

水位处主动土压力强度：$e_a = \gamma h_1 K_a = 19 \times 2 \times 0.32 = 12.16\text{kPa}$

墙底处主动土压力强度：$e_a = (\gamma h_1 + \gamma' h_2)K_a = (19 \times 2 + 10 \times 4) \times 0.32 = 24.96\text{kPa}$

土压力合力：$E_a = \frac{1}{2} \times 2 \times 12.16 + \frac{1}{2} \times 4 \times (12.16 + 24.96) = 86.4\text{kN/m}$

（2）抗滑移安全系数

墙前浸水面长度：$L = \frac{4}{\sin 75°} = 4.14\text{m}$

墙前水压力：$P_w = \frac{1}{2}\gamma_w hL = \frac{1}{2} \times 10 \times 4 \times 4.14 = 82.8\text{kN/m}$

水平方向分力：$P_{wx} = 82.8 \times \sin 75° = 80\text{kN/m}$

竖直方向分力：$P_{wy} = 82.8 \times \cos 75° = 21.43\text{kN/m}$

墙后水压力：$P_w = \frac{1}{2}\gamma_w h^2 = \frac{1}{2} \times 10 \times 4^2 = 80\text{kN/m}$

墙底扬压力：$u = 3 \times 10 \times 4 = 120\text{kN/m}$

抗滑移安全系数：$F_s = \frac{(330 + 21.43 - 120) \times 0.5}{86.4 + 80 - 80} = 1.34$

16.【答案】A

【解析】解法一：

《建筑边坡工程技术规范》（GB 50330—2013）第 6.2.3 条、第 11.2.3 条。

（1）主动土压力合力计算

土压力水平方向分力：$E_{ax} = E_a \sin(\alpha - \delta) = E_a \sin(75° - 10°) = E_a \sin 65°$

土压力竖向分力：$E_{ay} = E_a \cos(\alpha - \delta) = E_a \cos(75° - 10°) = E_a \cos 65°$

$$F_s = \frac{[(G + E_{ay}) + E_{ax}\tan\alpha_0]\mu}{E_{ax} - (G + E_{ay})\tan\alpha_0} = \frac{(340 + E_a\cos 65°) \times 0.6}{E_a \sin 65°} \geqslant 1.3$$

解得：$E_a \leqslant 220.63\text{kN/m}$

（2）主动土压力系数反算

$E_a = \frac{1}{2}\psi\gamma H^2 K_a = \frac{1}{2} \times 1.1 \times 20 \times 5.5^2 \times K_a \leqslant 220.63$，解得：$K_a \leqslant 0.6631$

$$\alpha = 75°,\ \beta = 0°,\ \delta = 10°,\ \varphi = 30°,\ \eta = 0$$

$$K_a = \frac{\sin 75°}{\sin^2 75° \times \sin^2(75° - 30° - 10°)} \times \Big\{ K_q \times [\sin 75° \times \sin(75° - 10°) + \sin(30° + 10°) \times$$

$$\sin 30°] - 2\sqrt{K_q \times \sin 75° \times \sin 30°} \times \sqrt{K_q \times \sin(75° - 10°) \times \sin(30° + 10°)} \Big\}$$

$$= 0.4278K_q \leqslant 0.6631$$

解得：$K_q \leqslant 1.5458$

（3）均布荷载反算

$$K_q = 1 + \frac{2q\sin\alpha\cos\beta}{\gamma H\sin(\alpha+\beta)} = 1 + \frac{2q \times \sin 75°}{20 \times 5.5 \times \sin 75°} = 1 + \frac{1}{55}q \leqslant 1.5458$$

解得：$q \leqslant 30.02\text{kPa}$

解法二：

根据土力学教材，按滑动面在土体内部计算。

$$\alpha = 90° - 75° = 15°, \quad \beta = 0°, \quad \delta = 10°, \quad \varphi = 30°$$

$$K_a = \frac{\cos^2(\varphi-\alpha)}{\cos^2\alpha \cdot \cos(\alpha+\delta) \cdot \left[1 + \sqrt{\dfrac{\sin(\varphi+\delta)\cdot\sin(\varphi-\beta)}{\cos(\alpha+\delta)\cdot\cos(\alpha-\beta)}}\right]^2}$$

$$= \frac{\cos^2(30°-15°)}{\cos^2 15° \times \cos(15°+10°) \times \left[1 + \sqrt{\dfrac{\sin(30°+10°)\times\sin(30°-0°)}{\cos(15°+10°)\times\cos(15°-0°)}}\right]^2} = 0.4278$$

$$E_a = \psi\left[\frac{1}{2}\gamma H^2 K_a + qHK_a\frac{\cos\alpha}{\cos(\alpha-\beta)}\right]$$

$$= 1.1 \times \left[\frac{1}{2} \times 20 \times 5.5^2 \times 0.4278 + q \times 5.5 \times 0.4278 \times \frac{\cos 15°}{\cos(15°-0°)}\right]$$

$$= 142.35 + 2.588q \leqslant 220.63$$

解得：$q \leqslant 30.25\text{kPa}$

> 注：题目中 $45° + 30°/2 = 60° > \theta = 50°$，滑裂面可能发生在填土内部沿着 60° 滑动，也可能发生在岩土体交界处，此时土压力应取二者的大值。根据题目已知条件，岩体填土的内摩擦角未知，因此只能按滑裂面在土体内部计算。滑裂面在土体内部计算时，按规范 11.2.1 条规定，对土质边坡，重力式挡土墙，主动土压力应乘以增大系数，规范 11.2.1 条的规定和本题的破坏模式是一样的，因此应乘以增大系数。对于无黏性土，采用土力学教材中的公式，计算效率较高，建议优先选用。

17.【答案】A

【解析】《建筑基坑支护技术规程》（JGJ 120—2012）第 4.7.2 条~第 4.7.4 条。

（1）非锚固段长度计算

基坑外侧主动土压力强度与基坑内侧被动土压力强度的等值点：

$$K_a = \tan^2(45° - 30°/2) = 1/3, \quad K_p = \tan^2(45° + 30°/2) = 3$$

$$\gamma(a_2 + 8)K_a - 2c\sqrt{K_a} = \gamma a_2 K_p + 2c\sqrt{K_p}$$

$$19 \times (a_2 + 8) \times \frac{1}{3} = 19 \times a_2 \times 3$$

解得：$a_2 = 1\text{m}$

$$l_f \geqslant \frac{(a_1 + a_2 - d\tan\alpha)\sin\left(45° - \dfrac{\varphi_m}{2}\right)}{\sin\left(45° + \dfrac{\varphi_m}{2} + \alpha\right)} + \frac{d}{\cos\alpha} + 1.5$$

$$= \frac{(8 - 2 + 1 - 0.8 \times \tan 15°) \times \sin\left(45° - \dfrac{30°}{2}\right)}{\sin\left(45° + \dfrac{30°}{2} + 15°\right)} + \frac{0.8}{\cos 15°} + 1.5 = 5.84\text{m}$$

（2）锚固段长度计算

$$l = 18 - 5.84 = 12.16\text{m}$$

（3）平均极限黏结强度标准值计算

$$R = \pi d \sum q_{\text{sk}} l = 3.14 \times 0.15 \times q_{\text{sk}} \times 12.16 = 300$$

解得：$q_{\text{sk}} = 52.38\text{kPa}$

18.【答案】B

【解析】《建筑基坑支护技术规程》（JGJ 120—2012）第7.3.15条、第7.3.16条和附录E.0.1条。

（1）潜水非完整井基坑涌水量计算

基坑等效半径：

$$r_0 = \sqrt{\frac{A}{\pi}} = \sqrt{\frac{(96+4) \times (96+4)}{\pi}} = 56.42\text{m}$$

潜水含水层厚度

$$H = 2 + 22 - 6 = 18\text{m}$$

降水后基坑内的水位高度

$$h = 2 + 22 - (12 + 0.5) = 11.5\text{m}$$

过滤器进水部分长度 $l = 18 - \left(12 + 0.5 + \dfrac{56.42}{30}\right) = 3.62\text{m}$

井水位降深 $s_{\text{w}} = 18 - 3.62 - 6 = 8.38\,\text{m} < 10\text{m}$，取 $s_{\text{w}} = 10\text{m}$

影响半径 $R = 2s_{\text{w}}\sqrt{kH} = 2 \times 10 \times \sqrt{10 \times 18} = 268.33\text{m}$

$$h_{\text{m}} = \frac{H+h}{2} = \frac{18+11.5}{2} = 14.75\text{m}$$

$$l = 18 - \left(12 + 0.5 + \frac{54.18}{30}\right) = 3.69$$

$$s_{\text{w}} = 12 + 0.5 + (54.18 + 2) \times \frac{1}{30} - 6 = 8.37$$

$$R = 2s_{\text{w}}\sqrt{kH} = 2 \times 10 \times \sqrt{10 \times 18} = 268.33$$

$$Q = \pi k \frac{H^2 - h^2}{\ln\left(1 + \dfrac{R}{r_0}\right) + \dfrac{h_{\text{m}} - l}{l}\ln\left(1 + 0.2\dfrac{h_{\text{m}}}{r_0}\right)}$$

$$= 3.14 \times 10 \times \frac{18^2 - 11.5^2}{\ln\left(1 + \dfrac{268.33}{56.42}\right) + \dfrac{14.75 - 3.62}{3.62} \times \ln\left(1 + 0.2 \times \dfrac{14.75}{56.42}\right)}$$

$$= 3157.4\text{m}^3/\text{d}$$

（2）管井的单井出水能力

$$q_0 = 120\pi r_s l \cdot \sqrt[3]{k} = 120 \times 3.14 \times 0.15 \times 3.62 \times \sqrt[3]{10} = 440.8\text{m}^3/\text{d}$$

（3）降水井数量计算

$n = 1.1\dfrac{Q}{q} = 1.1 \times \dfrac{3157.4}{440.8} = 7.88$，取 $n = 8$。

注：本题的争议点是基坑等效半径的计算，当井群按照裘布依理论计算时，可简化为"大井"。题目给出了降水井到坑边的距离，大井的半径 r_0（等效圆半径或者引用半径）应以降水井轮廓范围的面积确定，见解图。

题 18 解图

19.【答案】B

【解析】《盐渍土地区建筑技术规范》（GB/T 50942—2014）附录 D.2.3 条。

（1）天然密度

$$\rho_0 = \frac{m_0}{\dfrac{m_w - m'}{\rho_{w1}} - \dfrac{m_w - m_0}{\rho_w}} = \frac{134}{\dfrac{140 - 60}{1.0} - \dfrac{140 - 134}{0.82}} = 1.84 \text{g/cm}^3$$

（2）干密度

$$w = \frac{134 - 100}{100} = 34\%, \quad \rho_d = \frac{\rho_0}{1 + w} = \frac{1.84}{1 + 0.34} = 1.37 \text{g/cm}^3$$

（3）溶陷系数

$$\delta_{rx} = K_G \frac{\rho_{dmax} - \rho_d(1 - C)}{\rho_{dmax}} = 0.85 \times \frac{1.50 - 1.37 \times (1 - 0.035)}{1.50} = 0.1$$

20.【答案】B

【解析】《建筑地基基础设计规范》（GB 50007—2011）第 5.1.7 条和附录 G。

（1）场地冻结深度

$$z_d = h' - \Delta z = 3.2 - 0.12 = 3.08 \text{m}$$

（2）冻土地基基础埋深

条形基础，基底压力 $130 \times 0.9 = 117$kPa，无采暖，弱冻胀土，查附录 G.0.2 条，则

$$h_{max} = 2.2 + (117 - 110) \times \frac{2.5 - 2.2}{130 - 110} = 2.305 \text{m}$$

$$d_{min} = z_0 - h_{max} = 3.08 - 2.305 = 0.775 \text{m}$$

21.【答案】C

【解析】《建筑地基基础设计规范》（GB 50007—2011）第 6.4.3 条。

（1）第一条块剩余下滑力计算

$$G_{1t} = G_1 \sin\beta_1 = 600 \times \sin 35° = 344.15 \text{kN/m}$$

$$G_{1n} = G_1 \cos\beta_1 = 600 \times \cos 35° = 491.49 \text{kN/m}$$

剩余下滑力

$$F_1 = G_{1t} - G_{1n} \tan\varphi - cL_1 = 344.15 - 491.49 \tan 15° - c \times 12 = 212.46 - 12c$$

（2）第二条块剩余下滑力计算

$$G_{2t} = G_2 \sin\beta_2 = 800 \times \sin 20° = 273.62 \text{kN/m}$$

$$G_{2n} = G_2 \cos\beta_2 = 800 \times \cos 20° = 751.75 \text{kN/m}$$

$$\psi_1 = \cos(\beta_1 - \beta_2) - \sin(\beta_1 - \beta_2) \tan\varphi = \cos(35° - 20°) - \sin(35° - 20°) \tan 15° = 0.897$$

$$F_2 = F_1 \psi_1 + G_{2t} - G_{2n} \tan\varphi - cL_2$$
$$= (212.46 - 12c) \times 0.897 + 273.62 - 751.75 \times \tan 15° - c \times 10 = 262.77 - 20.76c$$

令 $F_2 = 0$，则 $c = 12.66\text{kPa}$。

注：题目中的滑动稳定系数相当于滑坡推力安全系数 γ_t。

22.【答案】A

【解析】《湿陷性黄土地区建筑标准》（GB 50025—2018）第 4.3.4 条条文说明、第 4.4.1 条。

（1）对双线法结果进行修正

$$k = \frac{h_{w1} - h_2}{h_{w1} - h_{w2}} = \frac{19.805 - 17.500}{19.805 - 17.025} = 0.829（满足 0.8～1.2）$$

50kPa 下：$h'_p = h_{w1} - k(h_{w1} - h_{wp}) = 19.805 - 0.829 \times (19.805 - 19.457) = 19.517$

75kPa 下：$h'_p = 19.805 - 0.829 \times (19.805 - 18.956) = 19.101$

100kPa 下：$h'_p = 19.805 - 0.829 \times (19.805 - 18.390) = 18.632$

150kPa 下：$h'_p = 19.805 - 0.829 \times (19.805 - 17.555) = 17.940$

200kPa 下：$h'_p = 19.805 - 0.829 \times (19.805 - 17.025) = 17.500$

（2）各级压力下的湿陷系数计算

25kPa 下：$\delta_s = \frac{h_p - h'_p}{h_0} = \frac{19.950 - 19.805}{20} = 0.00725$

50kPa 下：$\delta_s = \frac{19.890 - 19.514}{20} = 0.01865$

（3）湿陷起始压力计算

取 $\delta_s = 0.015$，进行内插计算

$$P_{sh} = 25 + (0.015 - 0.00725) \times \frac{50 - 25}{0.01865 - 0.00725} = 42\text{kPa}$$

（4）湿陷程度判别

据标准第 4.4.1 条，$\delta_s = 0.086 > 0.07$，为湿陷性强烈。

23.【答案】A

【解析】《建筑抗震设计标准》（GB/T 50011—2010）（2024 年版）第 4.3.3 条～第 4.3.5 条。

地下水位埋深 6m，判别深度 20m，初判 3 层可能液化，对 3 层进行复判。

（1）临界锤击数计算

地震分组第一组，$\beta = 0.80$；加速度 $0.20g$，$N_0 = 12$

$$N_{cr} = N_0 \beta [\ln(0.6d_s + 1.5) - 0.1d_w]\sqrt{3/\rho_c}$$

12m 处：$N_{cr} = 12 \times 0.8 \times [\ln(0.6 \times 12 + 1.5) - 0.1 \times 6] \times \sqrt{3/8} = 9.2 > 9$，液化

13m 处：$N_{cr} = 10 \times 0.8 \times [\ln(0.6 \times 13 + 1.5) - 0.1 \times 6] \times \sqrt{3/8} = 9.6 > 8$，液化

（2）液化指数计算（见解表）

题 23 解表

贯入点深度（m）	代表土层厚度 d_i（m）	中点深度 d_s（m）	影响权函数 W_i
12	$(12+13)/2 - 10 = 2.5$	$12 + 2.5/2 = 11.25$	$2/3 \times (20 - 11.25) = 5.83$
13	$15 - (12+13)/2 = 2.5$	$15 - 2.5/2 = 13.75$	$2/3 \times (20 - 13.75) = 4.17$

$$I_{lE} = \sum_{i=1}^{n} \left(1 - \frac{N_i}{N_{cri}}\right) d_i W_i = \left(1 - \frac{9}{9.2}\right) \times 2.5 \times 5.83 + \left(1 - \frac{8}{9.6}\right) \times 2.5 \times 4.17 = 2.05$$

判别为轻微液化。

24.【答案】B

【解析】《建筑抗震设计标准》（GB/T 50011—2010）（2024 年版）第 5.1.4 条、条 5.1.5 条。

（1）确定场地特征周期

场地类别为Ⅲ类，设计分组第一组，查规范表 5.1.4-2，场地特征周期 $T_g = 0.45s$，罕遇地震，$T_g = 0.45 + 0.05 = 0.50s$。

（2）计算地震影响系数

$T_A = 0.3s$，位于直线段，$\alpha_A = \eta_2 \alpha_{max} = \alpha_{max}$

$T_B = 0.70s$，位于曲线下降段，$\alpha_B = \left(\frac{T_g}{T}\right)^\gamma \eta_2 \alpha_{max} = \left(\frac{0.5s}{0.7s}\right)^{0.9} \alpha_{max} = 0.739\alpha_{max}$

$$\frac{\alpha_A}{\alpha_B} = \frac{\alpha_{max}}{0.739\alpha_{max}} = 1.35$$

25.【答案】B

【解析】《建筑地基检测技术规范》（JGJ 340—2015）第 14.4.3 条。

（1）根据面波波速计算剪切波波速

$0 \sim 1m$：$v_s = v_R / \left(\frac{0.87 + 1.12\mu_d}{1 + \mu_d}\right) = 120 / \left(\frac{0.87 + 1.12 \times 0.3}{1 + 0.3}\right) = \frac{120}{0.93} = 129m/s$

$1 \sim 2m$：$v_s = \frac{90}{0.93} = 96.8m/s$

$2 \sim 3.5m$：$v_s = \frac{60}{0.93} = 64.5m/s$

（2）等效剪切波速

$$v_{se} = \frac{d_0}{t} = \frac{d_0}{\sum\limits_{i=1}^{n} \frac{d_i}{v_{si}}} = \frac{3.5}{\frac{1}{129} + \frac{1}{96.8} + \frac{1.5}{64.5}} = 85m/s$$

注：本题规范公式有误，选项 B、C 在评分时均给分。

2019 年案例分析试题答案及解析（上午卷）

试 题 答 案

本试卷由 25 道题组成，全部为单项选择题，每道题均为必答题。每题 2 分，满分为 50 分。

1	C	2	B	3	B	4	D	5	C
6	D	7	B	8	B	9	C	10	A
11	C	12	C	13	B	14	A	15	B
16	C	17	B	18	B	19	B	20	A
21	B	22	C	23	B	24	B	25	C

解 题 过 程

1. **【答案】** C

【解析】 土力学基本原理。

试坑的体积：$V = \dfrac{m_s}{\rho_s} = \dfrac{1200}{1.5} = 800 \text{cm}^3$

试样天然密度：$\rho = \dfrac{m}{V} = \dfrac{1750}{800} = 2.19 \text{g/cm}^3$

试样干密度：$\rho_d = \dfrac{\rho}{1 + 0.01w} = \dfrac{2.19}{1 + 0.174} = 1.87 \text{g/cm}^3$

压实系数：$\lambda = \dfrac{\rho_d}{\rho_{max}} = \dfrac{1.87}{1.96} = 0.95$

2. **【答案】** B

【解析】《供水水文地质勘察规范》（GB 50027—2001）第 5.3.6 条。

（1）根据颗粒分析曲线对含水层定名

颗粒分析曲线图上小于 2mm 的颗粒质量占总质量的 38%，则大于 2mm 的颗粒质量占总质量的 62%，大于 50%，定名为碎石土。

（2）判断滤料规格

从颗粒分析曲线图上查取 $d_{20} = 0.3 \text{mm}$，小于 2mm，则

$D_{50} = (6 \sim 8)d_{20} = (6 \sim 8) \times 0.3 = 1.8 \sim 2.4 \text{mm}$

3. **【答案】** B

【解析】《建筑地基基础设计规范》（GB 50007—2011）第 6.6.2 条及条文说明。

线岩溶率 $= \dfrac{\text{见洞隙的钻探进尺之和}}{\text{钻探总进尺}} = \dfrac{2 + 4 + 6 + 2}{16 \times 3 + 12 \times 4 + 10} = 13.2\%$

查规范表 6.2.2，为中等发育。

4. **【答案】** D

【解析】《工程地质手册》（第五版）第 270~271 页。

（1）数据分析筛选

正应力数据分析：

$$\bar{x} = \frac{0.34 + 0.68 + 1.02 + 1.36 + 1.70}{5} = 1.02$$

$$\sigma = \sqrt{\sum_{i=1}^{n} \frac{(x_i - \bar{x})^2}{n}}$$

$$= \sqrt{\frac{(0.34 - 1.02)^2 + (0.68 - 1.02)^2 + (1.02 - 1.02)^2 + (1.36 - 1.02)^2 + (1.70 - 1.02)^2}{5}}$$

$$= 0.481$$

$$m_\sigma = \frac{\sigma}{\sqrt{n}} = \frac{0.481}{\sqrt{5}} = 0.215$$

$\bar{x} + 3\sigma + 3|m_\sigma| = 1.02 + 3 \times 0.481 + 3 \times |0.215| = 3.108$，5 个数据均小于 3.108。

$\bar{x} - 3\sigma - 3|m_\sigma| = 1.02 - 3 \times 0.481 - 3 \times |0.215| = -1.068$，5 个数据均大于 -1.068。

无须舍弃数值。

同理可得剪应力数据分析：

$\bar{x} = 1.034$，$\sigma = 0.375$，$m_\sigma = 0.168$

$\bar{x} + 3\sigma + 3|m_\sigma| = 1.034 + 3 \times 0.375 + 3 \times |0.168| = 2.663$，5 个数据均小于 2.663。

$\bar{x} - 3\sigma - 3|m_\sigma| = 1.034 - 3 \times 0.375 - 3 \times |0.168| = -0.595$，5 个数据均大于 -0.595。

无须舍弃数值。

（2）摩擦因数计算

$$f = \tan\varphi = \frac{n\sum_{i=1}^{n}\sigma_i\tau_i - \sum_{i=1}^{n}\sigma_i \cdot \sum_{i=1}^{n}\tau_i}{n\sum_{i=1}^{n}\sigma_i^2 - \left(\sum_{i=1}^{n}\sigma_i\right)^2}$$

$$= \frac{5 \times (0.34 \times 0.62 + 0.68 \times 0.71 + 1.02 \times 0.94 + 1.36 \times 1.26 + 1.70 \times 1.64) - 5.1 \times 5.17}{5 \times (0.34^2 + 0.68^2 + 1.02^2 + 1.36^2 + 1.70^2) - 5.1^2}$$

$$= 0.76$$

5. 【答案】C

【解析】解法一：

《建筑地基基础设计规范》（GB 50007—2011）第 5.3.5 条。

（1）各土层的平均附加应力系数

①黏性土：$\bar{\alpha}_i = 1 \times \left(\frac{1 + 0.674}{2} + \frac{0.674 + 0.32}{2} + \frac{0.32 + 0.171}{2}\right) \times \frac{1}{3} = 0.5265$

②细砂：$\bar{\alpha}_i = 1 \times \left(\frac{1 + 0.674}{2} + \frac{0.674 + 0.32}{2} + \frac{0.32 + 0.171}{2} + \frac{0.171 + 0.103}{2} + \frac{0.103 + 0.069}{2}\right) \times \frac{1}{5}$

$= 0.3605$

（2）变形计算（见解表）

题 5 解表

基底至第 i 层土底面距离 z_i（m）	$\bar{\alpha}_i$	$z_i\bar{\alpha}_i$	$z_i\bar{\alpha}_i - z_{i-1}\bar{\alpha}_{i-1}$	E_{si}
0				
3.0	0.5265	1.5795	1.5795	6
5.0	0.3605	1.8025	0.223	15

$$\bar{E}_s = \frac{\sum A_i}{\sum \frac{A_i}{E_{si}}} = \frac{1.8025}{\frac{1.5795}{6} + \frac{0.223}{15}} = 6.48 \text{MPa}$$

$$\psi = 1.3 + (6.48 - 4) \times \frac{1.0 - 1.3}{7 - 4} = 1.052$$

$$s = \psi_s \sum_{i=1}^{n} \frac{p_0}{E_{si}}(z_i\overline{\alpha}_i - z_{i-1}\overline{\alpha}_{i-1}) = 1.052 \times 200 \times \left(\frac{1.5795}{6} + \frac{0.223}{15}\right) = 58.5\text{mm}$$

解法二：

（1）各土层的附加应力面积

①黏性土：$A_i = 200 \times 1 \times \left(\frac{1 + 0.674}{2} + \frac{0.674 + 0.32}{2} + \frac{0.32 + 0.171}{2}\right) = 315.9\text{kN/m}$

②细砂：$A_i = 200 \times 1 \times \left(\frac{0.171 + 0.103}{2} + \frac{0.103 + 0.069}{2}\right) = 44.6\text{kN/m}$

（2）沉降计算经验系数

$$\overline{E}_s = \frac{\sum A_i}{\sum \dfrac{A_i}{E_{si}}} = \frac{315.9 + 44.6}{\dfrac{315.9}{6} + \dfrac{44.6}{15}} = 6.48\text{MPa}, \quad \psi = 1.3 + (6.48 - 4) \times \frac{1.0 - 1.3}{7 - 4} = 1.052$$

（3）变形计算

$$s = \psi \sum \frac{A_i}{E_{si}} = 1.052 \times \left(\frac{315.9}{6} + \frac{44.6}{15}\right) = 58.5\text{mm}$$

6. **【答案】** D

【解析】 根据文克尔地基模型：$p_i = ks_i$

沉降 15mm 对应点的地基反力：$p_1 = ks_1 = 20 \times 10^3 \times 15 \times 10^{-3} = 300\text{kPa}$

沉降 10mm 对应点的地基反力：$p_2 = ks_2 = 20 \times 10^3 \times 10 \times 10^{-3} = 200\text{kPa}$

地基反力的合力：

$$P = p_1 b \times 2.0 \times 2 + \frac{p_1 + p_2}{2} \times b \times 3.0 \times 2 + p_2 b \times 2.0$$

$$= 300 \times 2.5 \times 2.0 \times 2 + \frac{300 + 200}{2} \times 2.5 \times 3.0 \times 2 + 200 \times 2.5 \times 2.0 = 7750\text{kN}$$

7. **【答案】** B

【解析】《建筑地基基础设计规范》（GB 50007—2011）第 5.2.5 条。

地下水位由埋深 1.0m 下降至基础底面时，基础底面以上地基土加权平均重度变化量：$\Delta\gamma_m = \frac{10 \times 0.5}{1.5} = 3.3\text{kN/m}^3$

地基承载力的增量完全由 $\Delta\gamma_m$ 增加引起，则

$\varphi = 24°$，查规范表 5.2.5，$M_d = 3.87$

$\Delta f_a = M_d \Delta\gamma_m d = 3.87 \times 3.33 \times 1.5 = 19.3\text{kPa}$

8. **【答案】** B

【解析】《建筑地基基础设计规范》（GB 50007—2011）第 5.2.2 条、第 5.2.4 条。

大面积级配砂石，平均最大干密度 1800kg/m³ < 2100kg/m³，承载力深宽修正系数按人工填土取用，查规范表 5.2.4，$\eta_b = 0$，$\eta_d = 1.0$，则

$$f_a = f_{ak} + \eta_d\gamma_m(d - 0.5) = 200 + 1.0 \times 19 \times (2 - 0.5) = 228.5\text{kPa}$$

$$b > \frac{F_k}{f_a - \gamma_G d} = \frac{370}{228.5 - 20 \times 2} = 1.96\text{m}$$

9. **【答案】** C

【解析】《铁路桥涵地基和基础设计规范》（TB 10093—2017）第 9.3.7 条。

砂土：$\tau_i = 130 \times 0.9 = 117\text{kPa}$，$F_i = 3.14 \times 0.8 \times 5 = 12.56\text{m}^2$

碎石土：$\tau_i = 110 \times 0.9 = 99\text{kPa}$，$F_i = 3.14 \times 0.8 \times 3 = 7.536\text{m}^2$

$$[P] = \frac{1}{2}\sum\tau_i\sum F_i m'' + m'_0 A[\sigma]$$
$$= \frac{1}{2} \times 1.3 \times (117 \times 12.56 + 99 \times 7.536) + 0.5 \times 3.14 \times 0.4^2 \times 800 = 1641\text{kN}$$

10.【答案】A

【解析】《建筑桩基技术规范》（JGJ 94—2008）第5.8.2条、第5.3.9条。

（1）按桩身受压承载力确定

箍筋间距150mm > 100mm，$\psi_c = 0.9$

$$N \leqslant \psi_c f_c A_{ps} = 0.9 \times 19.1 \times 10^3 \times 3.14 \times 0.4^2 = 8636.256\text{kN}$$
$$N_k = \frac{F_k + G_k}{n} = \frac{F_k + 4 \times 4 \times 2 \times 20}{4} = \frac{F_k}{4} + 160$$
$$N = 1.35N_k = 1.35\left(\frac{F_k}{4} + 160\right) \leqslant 8636.256\text{kN}$$

解得：$F_k \leqslant 24948.9\text{kN}$，$\Delta F_k \leqslant 24948.9 - 20000 = 4948.9\text{kN}$

（2）按基桩竖向承载力确定

$$Q_{uk} = u\sum q_{sik}l_i + \xi_r f_{rk}A_p = 3.14 \times 0.8 \times 70 \times 5 + 0.7 \times 50 \times 10^3 \times 3.14 \times 0.4^2 = 18463.2\text{kN}$$
$$R_a = \frac{1}{2}Q_{uk} = \frac{1}{2} \times 18463.2 = 9231.6\text{kN}$$
$$N_k \leqslant R_a，\quad \frac{F_k}{4} + 160 \leqslant 9231.6$$

解得：$F_k \leqslant 36286.4\text{kN}$，$\Delta F_k \leqslant 36286.4 - 20000 = 16286.4\text{kN}$

取小值：$\Delta F_k \leqslant 4948.9\text{kN}$

11.【答案】C

【解析】《建筑桩基技术规范》（JGJ 94—2008）第5.5.8条。

基底附加压力：$p_0 = 400 - 5 \times 18 = 310\text{kPa}$

取自地面算起47m进行验算。

47m处的自重应力：$\sigma_c = 18 \times 5 + 10 \times 20 + 10 \times 22 = 510\text{kPa}$

$z/b = 22/8 = 2.75$，$a/b = 16/8 = 2.0$，查规范附录D，则

$$a_j = 0.089 + (2.75 - 2.6) \times \frac{0.080 - 0.089}{2.8 - 2.6} = 0.0823$$

47m处的附加应力：$\sigma_z = \sum_{j=1}^{m} a_j p_{0j} = 0.0823 \times 4 \times 310 = 102\text{kPa}$

$\frac{\sigma_z}{\sigma_c} = \frac{102}{510} = 0.2$，满足规范要求，取变形计算深度为地面下47m。

12.【答案】C

【解析】《建筑地基处理技术规范》（JGJ 79—2012）第7.5.2条。

$$s = 0.95d\sqrt{\frac{\bar{\eta}_c \rho_{dmax}}{\bar{\eta}_c \rho_{dmax} - \rho_d}} = 0.95 \times 0.4 \times \sqrt{\frac{0.93 \times 1.73}{0.93 \times 1.73 - 1.35}} = 0.95\text{m}$$

每根桩承担的等效地基处理面积：$A_e = \frac{\pi d_e^2}{4} = \frac{3.14 \times (1.05 \times 0.95)^2}{4} = 0.781\text{m}^2$

整片处理,超出建筑物外墙基础底面外缘的宽度每边不应小于处理土层厚度的1/2,且不应小于2m,

处理土层厚度为 $13.5 - 4.5 = 9m$。

总处理面积：$A = (30 + 2 \times 4.5) \times (12.5 + 2 \times 4.5) = 838.5m^2$，则

$$n = \frac{A}{A_e} = \frac{838.5}{0.781} = 1074 \text{ 根}$$

13.【答案】B

【解析】《建筑地基处理技术规范》（JGJ 79—2012）第 7.1.5 条。

（1）复合地基承载力特征值计算

$$R_a = u_p \sum_{i=1}^{n} q_{si}l_{pi} + \alpha_p q_p A_p = 4 \times 0.4 \times (25 \times 8 + 40 \times 2) + 1.0 \times 1600 \times 0.4^2 = 704kN$$

$$f_{spk} = \lambda m \frac{R_a}{A_p} + \beta(1 - m)f_{sk} = 0.8 \times m \times \frac{704}{0.4^2} + 1.0 \times (1 - m) \times 100 = 3420m + 100$$

$$f_{spa} = f_{spk} + \eta_d \gamma_m (D - 0.5) = 3420m + 100 + 1.0 \times \frac{18 \times 4 + 17 \times 2}{6} \times (6 - 0.5) = 3420m + 199$$

（2）地基承载力验算反算置换率及桩间距

$N_k \leqslant f_{spa}$，即 $400 \leqslant 3420m + 199$，解得：$m \geqslant 0.059$

方桩三角形布桩，$m = \dfrac{b^2/2}{\frac{\sqrt{3}}{4}s^2} = \dfrac{0.5 \times 0.4^2}{\frac{\sqrt{3}}{4}s^2} \geqslant 0.059$，解得：$s \leqslant 1.77m$

14.【答案】A

【解析】《建筑地基处理技术规范》（JGJ 79—2012）第 7.1.5 条。

（1）按填土承载力控制

$$p \leqslant f_{ak} = 90kPa$$

（2）按复合地基承载力控制

$$m = \frac{d^2}{d_e^2} = \frac{0.5^2}{(1.13 \times 1.5)^2} = 0.087$$

$$f_{spk} = \lambda m \frac{R_a}{A_p} + \beta(1 - m)f_{sk} = 1.0 \times 0.087 \times \frac{150}{3.14 \times 0.25^2} + 0.25 \times (1 - 0.087) \times 70 = 82.5kPa$$

$p + 1 \times 18 \leqslant f_{spk} = 82.5kPa$，解得：$p \leqslant 64.5kPa$

（3）按软弱下卧层承载力控制

$$f_{az} = f_{ak} + \eta_d \gamma_m (d - 0.5) = 50 + 1 \times 8 \times (10 - 0.5) = 126kPa$$

$p_z + p_{cz} \leqslant f_{az}$，不考虑应力扩散，$p_z = p + 18$，$p_{cz} = 8 \times 10 = 80kPa$

$p + 18 + 80 \leqslant 126$，解得：$p \leqslant 28kPa$

15.【答案】B

【解析】土力学基本知识。

$$i = \frac{\Delta h}{L} = \frac{5 - 2}{5 + 3 + 1} = \frac{1}{3}, \quad k_a = \frac{1}{3}$$

渗流向下，引起土体重度增加，土压力增加，同时引起水头损失，水压力减小。

$$\Delta \gamma = j = i\gamma_w = \frac{1}{3} \times 10 = \frac{10}{3} \frac{kN}{m^3}, \quad \text{则}$$

墙背的土压力增量为 $\Delta E_a = \frac{1}{2}\Delta \gamma h^2 k_a = \frac{1}{2} \times \frac{10}{3} \times 5^2 \times \frac{1}{3} = \frac{125}{9} kN/m$

渗流引起的水头损失为 $\Delta h = iL = \frac{1}{3} \times 5 = \frac{5}{3}m$，水压力损失为 $\frac{50}{3} kPa$

$$\Delta E_w = \frac{1}{2} \times 5 \times \frac{50}{3} = \frac{125}{3} \text{kN/m}$$

总水平力增加量：$\Delta E_w - \Delta E_a = \frac{125}{3} - \frac{125}{9} = 27.8 \text{kN/m}$

16.【答案】C

【解析】《铁路路基支挡结构设计规范》（TB 10025—2019）第9.2.3条、第9.3.1条。

（1）非锚固段长度

$$h_i = 7m > 0.5H = 5m, \quad L_a = 0.6(H - h_i) = 0.6 \times (10 - 7) = 1.8m$$

（2）根据抗拔力计算锚固段长度

$$S_{fi} = 2\sigma_{vi}aL_bf$$
$$L_b = \frac{S_{fi}}{2\sigma_{vi}af} = \frac{28.5}{2 \times 19.7 \times 7 \times 0.1 \times \tan 18°} = 3.2m$$
$$L = L_a + L_b = 1.8 + 3.2 = 5.0m$$

（3）根据构造确定拉筋长度

根据规范第9.3.1条，土工格栅拉筋长度不应小于0.6倍墙高，且不应小于4.0m，取拉筋长度$0.6 \times 10 = 6.0m$。

17.【答案】B

【解析】《建筑边坡工程技术规范》（GB 50330—2013）第5.3.1条、第5.3.2条和附录A.0.2条。

从赤平投影图上判定结构面J1与坡面倾向相同，倾角小于坡角，为外倾结构面，结构面J2倾向与边坡倾向相反，为内倾结构面，稳定。

判断结构面J1的稳定情况：

$$W = \frac{1}{2}\gamma H^2 \left(\frac{1}{\tan\theta} - \frac{1}{\tan\alpha}\right) = \frac{1}{2} \times 23.5 \times 10^2 \times \left(\frac{1}{\tan 32°} - \frac{1}{\tan 67°}\right) = 1381.6 \text{kN/m}$$

滑裂面长度：$L = \frac{10}{\sin 32°} = 18.9m$

$$F_s = \frac{W\cos\theta\tan\varphi + cL}{W\sin\theta} = \frac{1381.6 \times \cos 32° \tan 20° + 20.5 \times 18.9}{1381.6 \times \sin 32°} = 1.11$$

边坡安全等级二级，一般工况，查规范表5.3.2，边坡稳定安全系数$F_{st} = 1.30$。

$1.05 < F_s = 1.10 < F_{st} = 1.30$，查规范表5.3.1，边坡为基本稳定。

18.【答案】B

【解析】《铁路隧道设计规范》（TB 10003—2016）附录E。

（1）深埋浅埋隧道判别

$$\omega = 1 + i(B - 5) = 1 + 0.1 \times (7.5 - 5) = 1.25$$
$$h_a = 0.45 \times 2^{S-1}\omega = 0.45 \times 2^{5-1} \times 1.25 = 9m$$

$h < h_a$，判定为超浅埋隧道。

（2）垂直荷载计算

$$\tan\beta = \tan\varphi_c + \sqrt{\frac{(\tan^2\varphi_c + 1)\tan\varphi_c}{\tan\varphi_c - \tan\theta}} = \tan 40° + \sqrt{\frac{(\tan^2 40° + 1) \times \tan 40°}{\tan 40° - \tan 0°}} = 2.14$$

$$\lambda = \frac{\tan\beta - \tan\varphi_c}{\tan\beta[1 + \tan\beta(\tan\varphi_c - \tan\theta) + \tan\varphi_c\tan\theta]} = \frac{2.14 - \tan 40°}{2.14 \times [1 + 2.14 \times \tan 40°]} = 0.217$$

（3）水平荷载计算

$$e = \frac{1}{2}(e_1 + e_2) = \frac{\gamma}{2}(2H + H_t)\lambda = \frac{24}{2} \times (2 \times 8 + 6) \times 0.217 = 57.3$$

$$E = eH_t = 57.3 \times 6 = 344 \text{kN/m}$$

19.【答案】B

【解析】《建筑基坑支护技术规程》（JGJ 120—2012）第6.1.1条。

A、C选项地面活荷载压在水泥土重力式挡土墙上，墙所受的正压力增大，抗滑移力增大，抗滑移稳定性高于B、D选项。

选取B选项计算。

（1）主动土压力计算

$$K_a = \tan^2\left(45° - \frac{30°}{2}\right) = 0.333$$

土压力：$E_a = \frac{1}{2}\gamma' H^2 K_a = \frac{1}{2} \times 10 \times 12^2 \times 0.333 = 240 \text{kN/m}$

水压力：$E_w = \frac{1}{2}\gamma_w H^2 = \frac{1}{2} \times 10 \times 12^2 = 720 \text{kN/m}$

荷载引起的土压力：$E_q = qHK_a = 30 \times 12 \times 0.333 = 120 \text{kN/m}$

总主动土压力：$E_{ak} = 240 + 720 + 120 = 1080 \text{kN/m}$

（2）被动土压力计算

$$K_p = \tan^2\left(45° + \frac{30°}{2}\right) = 3$$

土压力：$E_p = \frac{1}{2}\gamma' H^2 K_p = \frac{1}{2} \times 10 \times 7^2 \times 3 = 735 \text{kN/m}$

水压力：$E_w = \frac{1}{2}\gamma_w H^2 = \frac{1}{2} \times 10 \times 7^2 = 245 \text{kN/m}$

总被动土压力：$E_{pk} = 735 + 245 = 980 \text{kN/m}$

（3）抗滑移稳定性计算

水泥土墙自重：$G = 12 \times 4.2 \times 20 = 1008 \text{kN/m}$

$$u_m = \frac{\gamma_w(h_{wa} + h_{wp})}{2} = \frac{10 \times (12 + 7)}{2} = 95 \text{kPa}$$

$$K_{s1} = \frac{E_{pk} + (G - u_m B)\tan\varphi + cB}{E_{ak}} = \frac{980 + (1008 - 95 \times 4.2) \times \tan 30°}{1080} = 1.23$$

20.【答案】A

【解析】《工程地质手册》（第五版）第644页。

（1）溶洞顶板的总抗剪力

$$T = HSL = 5 \times 200 \times 2 \times (5 + 4) = 18000 \text{kN}$$

（2）溶洞顶板的总荷载

$$P = 5 \times 4 \times (5 \times 23 + 5 \times 18) + F = 4100 + F$$

（3）附加荷载

$$T \geqslant P, \ 18000 \geqslant 4100 + F, \ 解得：F \leqslant 13900 \text{kN}$$

21.【答案】B

【解析】《膨胀土地区建筑技术规范》（GB 50112—2013）第5.2.2条。

（1）大气影响深度计算

当年9月至次年2月的月份蒸发力之和与全年蒸发力之比

$$\alpha = \frac{106.9 + 78.5 + 42.9 + 33.5 + 32.5 + 31.2}{32.5 + 31.2 + 47.7 + 61.6 + 91.5 + 106.7 + 138.4 + 133.5 + 106.9 + 78.5 + 42.9 + 33.5} = 0.36$$

全年中干燥度大于 1.0 且月平均气温大于 0℃月份的蒸发力与降水量差值之总和

$$c = 106.9 - 65.2 = 41.7$$

土的湿度系数：$\psi_w = 1.152 - 0.726\alpha - 0.00107c$

$$= 1.152 - 0.726 \times 0.36 - 0.00107 \times 41.7 = 0.85$$

查规范表 5.2.12，$d_a = (3.5 + 3.0)/2 = 3.25m$

（2）基础埋深计算

$$d = 0.45d_a + (10 - l_p)\tan\beta + 0.30 = 0.45 \times 3.25 + (10 - 6) \times \tan 10° + 0.30 = 2.5m$$

22.【答案】C

【解析】《湿陷性黄土地区建筑标准》（GB 50025—2018）第 4.4.6 条、5.2.4 条和附录 A。

（1）地基湿陷等级

$\Delta_s = \sum_{i=1}^{n} \alpha\beta\delta_{si}h_i$，自基础底面算起，至非湿陷性黄土顶面。

基底下 0～5m，即地面下 2.0～7.0m，$\alpha = 1.0$，$\beta = 1.5$

$$1.0 \times 1.5 \times 500 \times (0.112 + 0.055) + 1.5 \times 1000 \times (0.093 + 0.087 + 0.051) = 471.75mm$$

基底下 5～10m，即地面下 7.0～12.0m，$\alpha = 1.0$，$\beta = \beta_0 = 1.2$

$$1.0 \times 1.2 \times 500 \times (0.055 + 0.030) + 1.0 \times 1.2 \times 1000 \times (0.042 + 0.025 + 0.039) = 178.2mm$$

基底 10m 以下～非湿陷性黄土顶面，即地面下 12.0～14.0m，$\alpha = 0.9$，$\beta = \beta_0 = 1.2$

$$0.9 \times 1.2 \times 500 \times 0.030 = 16.2mm$$

$$\Delta_s = 471.75 + 178.2 + 16.2 = 666.15mm$$

查规范表 4.4.6，湿陷等级为Ⅲ级。

（2）距离确定

县城影剧院，查规范附录 A，建筑类别为丙类，查规范表 5.2.4，距离为 6～7m。

23.【答案】B

【解析】《水电工程水工建筑物抗震设计规范》（NB 35047—2015）第 4.1.2 条、第 5.3.2 条。

（1）场地类别划分

$$v_s = \frac{d_0}{\sum_{i=1}^{n}\left(\frac{d_i}{v_{si}}\right)} = \frac{4.8}{\frac{1.5}{220} + \frac{1.7}{270} + \frac{1.6}{310}} = 262.6m/s，属中硬场地。$$

自建基面算起的覆盖层厚度 4.8m，查规范表，场地类别为Ⅰ₁。

查规范表，场地特征周期调整为 $T_g = 0.30s$。

（2）设计反应谱计算

$T_g = 0.30s < T = 1.8s$，位于曲线下降段，土石坝$\beta_{max} = 1.60$

$$\beta(T) = \beta_{max}\left(\frac{T_g}{T}\right)^{0.6} = 1.6 \times \left(\frac{0.3}{1.8}\right)^{0.6} = 0.55$$

24.【答案】B

【解析】《建筑抗震设计标准》（GB/T 50011—2010）（2024 年版）第 4.4.2 条。

$$b_0 = 0.9(1.5d + 0.5) = 0.9 \times (1.5 \times 0.4 + 0.5) = 0.99m$$

$$\alpha = \sqrt[5]{\frac{mb_0}{EI}} = \sqrt[5]{\frac{25 \times 10^3 \times 0.99}{32 \times 10^3}} = 0.95$$

灌注桩配筋率大于 0.65%，受位移控制，$\alpha h = 0.95 \times 12 = 11.4 > 4$，取 $\alpha h = 4$

桩顶自由，查《建筑桩基技术规范》（JGJ 94—2008）表 5.7.2，$v_x = 2.441$

$$R_{ha} = \frac{0.75\alpha^3 EI}{v_x}\chi_{0a} = \frac{0.75 \times 0.95^3 \times 32 \times 10^3}{2.441} \times 10 \times 10^{-3} = 84.3\text{kN}$$

非液化土中低承台桩基抗震验算时，水平向抗震承载力特征值比非抗震提高 25%，则

$$84.3 \times 1.25 = 105.4\text{kN}$$

25.【答案】C

【解析】《岩土工程勘察规范》（GB 50021—2001）（2009 年版）第 10.2.5 条及条文说明。

根据题目数据，100～500kPa 范围为近似直线段。

$$\frac{d}{z} = \frac{0.8}{10} = 0.08$$

$$I_1 = 0.5 + 0.23\frac{d}{z} = 0.5 + 0.23 \times 0.08 = 0.5184$$

$$I_2 = 1 + 2\mu^2 + 2\mu^4 = 1 + 2 \times 0.30^2 + 2 \times 0.30^4 = 1.1962$$

圆形承压板，$I_0 = 0.785$

$$\omega = I_0 I_1 I_2(1 - \mu^2) = 0.785 \times 0.5184 \times 1.1962 \times (1 - 0.30^2) = 0.443$$

$$E_0 = \omega\frac{pd}{s} = 0.443 \times \frac{500 \times 0.8}{10} = 17.7\text{MPa}$$

注：也可采用内插法计算。

2019 年案例分析试题答案及解析（下午卷）

试 题 答 案

本试卷由 25 道题组成，全部为单项选择题，每道题均为必答题。每题 2 分，满分为 50 分。

1	B	2	A	3	C	4	A	5	B
6	B	7	C	8	C	9	C	10	B
11	A	12	C	13	D	14	C	15	B
16	D	17	C	18	D	19	D	20	C
21	B	22	C	23	C	24	B	25	D

解 题 过 程

1. 【答案】B

【解析】《铁路工程地质勘察规范》（TB 10012—2019）附录 C。

初始孔隙比：$e = \dfrac{G_s \rho_w (1 + 0.01w)}{\rho} - 1 = \dfrac{2.70 \times 1.0 \times (1 + 0.30)}{1.9} - 1 = 0.847$

压缩模量：$E_s = \dfrac{1 + e_0}{a_{1-2}} = \dfrac{1 + 0.847}{0.23} = 8.03\,\text{MPa} < 10\,\text{MPa}$，按表 C.0.2 - 5 确定。

液性指数：$I_L = \dfrac{w - w_p}{w_L - w_p} = \dfrac{30 - 23.0}{40.5 - 23.0} = 0.4$

按 I_L 和 e_0 插值得：$p_u = 484 + \dfrac{409 - 484}{0.9 - 0.8} \times (0.847 - 0.8) = 448.75\,\text{kPa}$

2. 【答案】A

【解析】《岩土工程勘察规范》（GB 50021—2001）（2009 年版）附录 F.0.1 条。

面积比：$\dfrac{D_w^2 - D_e^2}{D_e^2} \times 100\% = \dfrac{77^2 - 75^2}{75^2} \times 100\% = 5.4\% < 10\%$

内间隙比：$\dfrac{D_s - D_e}{D_e} \times 100\% = \dfrac{75 - 75}{75} \times 100\% = 0$

查附表 F.0.1，该取土器满足敞口自由活塞薄壁取土器的内间隙比、面积比的要求。

3. 【答案】C

【解析】根据题意，该地下水除稳定的侧向径流外，无其他源汇项，即流过含水层①、②、③的流量是相等的，因此根据 ZK1、ZK2 就可以估算通过含水层③的流量。

含水层①中的水力梯度：$i = \dfrac{h_1 - h_2}{l} = \dfrac{20 - 15}{50} = 0.1$

过流断面面积：$A = \dfrac{h_1 + h_2}{2} \times B = \dfrac{20 + 15}{2} \times 1.0 = 17.5\,\text{m}^2$

单宽流量：$q = kiA = 20 \times 0.1 \times 17.5 = 35.0\,\text{m}^3/\text{d}$

4. 【答案】A

【解析】《工程地质手册》（第五版）第 719 页。

（1）由于在粉质黏土顶面与承压水位之间存在水头差，而产生渗流作用，渗流的存在使得其附加应力增量在粉质黏土中是线性增加的，即

在粉质黏土层顶面附加应力变化量：$\Delta p_1 = 0$

在粉质黏土层底面的附加应力增量：$\Delta p_2 = (32 - 4) \times 10 = 280\text{kPa}$

（2）抽水引起的第 2 层的沉降量计算

$$E_s = \frac{1 + e_0}{a} = \frac{1 + 0.85}{0.3} = 6.17\text{MPa}$$

$$s_1 = \frac{\frac{\Delta p_1 + \Delta p_2}{2} \cdot h}{E_s} = \frac{\frac{0 + 280}{2} \times 30}{6.17} = 680.7\text{mm}$$

5. 【答案】B

【解析】《公路路基设计规范》（JTG D30—2015）第 7.7.2 条。

$$m_s = 0.123\gamma^{0.7}(\theta H^{0.2} + vH) + Y = 0.123 \times 18^{0.7}(0.9 \times 5^{0.2} + 0.005 \times 5) - 0.1 = 1.078$$

$$S = m_s S_c = 1.078 \times 30 = 32.34\text{cm}$$

6. 【答案】B

【解析】《建筑地基基础设计规范》（GB 50007—2011）第 5.2.7 条。

基础底面处土的自重压力：$p_c = 18 \times 2 = 36\text{kPa}$

软弱下卧层顶面处土的自重应力：$p_{cz} = 18 \times 4 + (18 - 10) \times 2 = 88\text{kPa}$

$$f_{az} = f_{ak} + \eta_d \gamma_m(d - 0.5) = 85 + 1.0 \times \frac{18 \times 4 + (18 - 10) \times 2}{6} \times (6 - 0.5) = 165.67\text{kPa}$$

$$b \geqslant \frac{F_k - (f_{az} - p_{cz})2z\tan\theta}{f_{az} - p_{cz} - \gamma_G d + p_c} = \frac{480 - (165.67 - 88) \times 2 \times 4 \times \tan 23°}{165.67 - 88 - 20 \times 2 + 36} = 2.94\text{m}$$

7. 【答案】C

【解析】《建筑地基基础设计规范》（GB 50007—2011）第 5.2.2 条。

（1）荷载 F_k 计算

$$p_k = \frac{F_k + G_k}{A} = \frac{F_k}{A} + \gamma_G d = \frac{F_k}{2} + 20 \times 1.0 = f_a = 100\text{kPa}, \quad F_k = 160\text{kN/m}$$

（2）增加荷载后的基础最小宽度计算

假设基础宽度增加后仍然不大于 3m，则地基承载力特征值 f_a 保持不变。

$$p_k' = \frac{F_k + F_{k1} + G_k}{A'} = \frac{160 + 80}{b'} + 20 \times 1.0 \leqslant f_a = 100\text{kPa}, \text{ 解得 } b' \geqslant 3\text{m}, \text{ 取 } b' = 3\text{m}。$$

（3）荷载一侧基础宽度增量计算

加宽后的基础仍符合轴心受荷条件，应使 F_k 和 F_{k1} 对加宽后基础中心的力矩相同。

$$F_k \cdot \left[\frac{3}{2} - 1 - (1 - b_1)\right] = F_{k1} \cdot \left[\frac{3}{2} - (1 - 0.75) - b_1\right], \text{ 带入数据得：} b_1 = 0.75\text{m}$$

8. 【答案】C

【解析】《建筑地基基础设计规范》（GB 50007—2011）第 8.2.8 条。

（1）单位面积净反力

$$p_j = \frac{F}{A} = \frac{F}{3.14 \times 1.5^2} = \frac{F}{7.065}$$

（2）净反力设计值

$$A_l = \frac{3.14 \times (3.0^2 - 2.12^2)}{4} = 3.54\text{m}^2$$

$$F_l = p_j A_l = \frac{F}{7.065} \times 3.54 \leqslant 2885, \quad F \leqslant 5757.8\text{kN}$$

9.【答案】C

【解析】《建筑抗震设计标准》（GB/T 50011—2010）（2024 年版）第 4.4.3 条。

承台底面埋深 3.0m，其底面上的非液化土层厚度为 3m > 1.5m，其底面下的非液化土层厚度为 2m > 1.0m，满足第 4.4.3 条第 2 款的要求，②粉土 $N = 9 < N_{cr} = 13$，为液化土，承台底下 2m 范围内及液化层不计侧阻力。

$$Q_{uk} = Q_{sk} + Q_{pk} = u\sum q_{sik}l_i + q_{pk}A_p = 3.14 \times 0.8 \times 70 \times 20 + 3.14 \times 0.4^2 \times 2500 = 4772.8\text{kN}$$

$$R_{aE} = 1.25 \times \frac{Q_{uk}}{2} = 1.25 \times \frac{4772.8}{2} = 2983\text{kN}$$

10.【答案】B

【解析】《建筑桩基技术规范》（JGJ 94—2008）第 5.8.4 条。

高承台桩基，桩身穿越淤泥土层（$c_u = 9\text{kPa}$，$f_{ak} = 20\text{kPa}$），$c_u = 9\text{kPa} < 10\text{kPa}$，$f_{ak} = 20\text{kPa} < 25\text{kPa}$，需要考虑桩身压屈影响。

（1）桩身稳定系数计算

桩露出地面长度：$l'_0 = l_0 + (1 - \psi_l)d_l = 3.80 + (1 - 0.30) \times 13.0 = 12.9\text{m}$

桩的入土长度：$h' = h - (1 - \psi_l)d_l = 24.0 - 3.8 - (1 - 0.30) \times 13.0 = 11.1\text{m}$

$$\frac{4.0}{\alpha} = \frac{4.0}{0.403} = 9.93\text{m} < h' = 11.1\text{m}$$

$$l_c = 0.7 \times \left(l'_0 + \frac{4.0}{\alpha}\right) = 0.7 \times (12.9 + 9.93) = 15.98\text{m}$$

$$\frac{l_c}{d} = \frac{15.98}{0.8} = 19.975, \quad \varphi = 0.70 + \frac{0.65 - 0.70}{21 - 19} \times (19.975 - 19) = 0.676$$

（2）考虑压屈影响的基桩正截面受压承载力计算值

$$6800 \times 0.676 = 4596.8\text{kN}$$

11.【答案】A

【解析】土体孔隙率：$n = 1 - \frac{\rho}{G_s\rho_w(1 + w)} = 1 - \frac{1.5}{2.7 \times 1 \times 1.12} = 0.504$

土中孔隙体积除以土体体积为孔隙率，则每 1m³ 土体孔隙体积：$V_{孔隙} = n \times 1 = 0.504\text{m}^3$

每 1m³ 土体注浆所需浆液体积：$V = 0.30 \times 0.504 = 0.151\text{m}^3$

所需水泥质量：$m_c = \frac{\rho_c V}{1 + W\rho_c/\rho_w} = \frac{2800 \times 0.151}{1 + 1.5 \times 2800/1000} = 81.3\text{kg}$

12.【答案】C

【解析】《建筑地基处理技术规范》（JGJ 79—2012）第 7.1.5 条。

（1）面积置换率

$$m = \frac{d^2}{d_e^2} = \frac{3.14 \times 0.15^2 \times 1.3}{1.0 \times 1.0} = 0.092$$

（2）处理后地基土孔隙比

$$m = \frac{e_0 - e_1}{1 + e_0}, \quad 即 \; 0.092 = \frac{1.4 - e_1}{1 + 1.4}, \quad 解得：e_1 = 1.18$$

（3）处理后桩间土承载力计算

$$\gamma = \frac{G_s\gamma_w(1 + w)}{1 + e_0} = \frac{G_s \times 10.0 \times (1 + 0.5)}{1 + 1.40} = 16.8\text{kN/m}^3, \quad 解得：G_s = 2.69$$

$$w' = \frac{\gamma'(1 + e_1)}{G_s \gamma_w} - 1 = \frac{17.2 \times (1 + 1.18)}{2.69 \times 10} - 1 = 0.394$$

$$f_{ak} = 110 - 100w = 110 - 100 \times 0.394 = 70.6 \text{kPa}$$

（4）复合地基承载力特征值

$$f_{spk} = [1 + m(n - 1)]f_{ak} = [1 + 0.0918 \times (4 - 1)] \times 70.6 = 90.04 \text{kPa}$$

13.【答案】D

【解析】《土工合成材料应用技术规范》（GB/T 50290—2014）第4.1.5条、第4.2.4条。

（1）作为反滤材料，无纺土工织物单位面积质量不应小于300g/m^2，产品二不合格。

（2）产品三：$\varepsilon = 40\% < 50\%$，要求的穿刺强度不小于2.2kN，产品指标为1.0kN，不合格。

（3）根据颗粒分析曲线，$d_{15} = 0.03\text{mm}$，等效孔径要求：$O_{95} \geqslant 3d_{15} = 3 \times 0.03 = 0.09\text{mm}$，产品一不合格。

综上所述，只有产品四是合格的。

14.【答案】C

【解析】$\alpha_{cr} = 45° - \frac{\varphi}{2} = 45° - \frac{20°}{2} = 35° < \alpha = 45°$，满足坦墙条件。

以过墙踵竖直面为计算面，该面土压力按朗肯理论计算：

$$E_a = \frac{1}{2}\gamma H^2 K_a = \frac{1}{2} \times 20 \times 3^2 \times \tan^2\left(45° - \frac{20°}{2}\right) = 44.1 \text{kN/m}$$

挡土墙自重：$W = \frac{1}{2} \times (1 + 4) \times 3 \times 20 = 150 \text{kN/m}$

过墙踵三角形土体自重：$W' = \frac{1}{2} \times 3 \times 3 \times 20 = 90 \text{kN/m}$

$$K_{sl} = \frac{(W + W')\mu}{E_a} = \frac{(150 + 90) \times 0.5}{44.1} = 2.72$$

15.【答案】B

【解析】《土力学》（李广信等编，第2版，清华大学出版社）第258页，取单位长度斜坡分析。

在土条内发生平行于坡面的渗流，则水力梯度：$i = \sin\alpha = \sin 15°$

单位长度斜坡面积：$A = 1 \times 1.5 \times \cos 15° = 1.45\text{m}^2$

单位长度自重：$W = \gamma'A = (20 - 10) \times 1.45 = 14.5 \text{kN/m}$

单位长度斜坡渗流力：$J = \gamma_w iA = 10 \times \sin 15° \times 1.45 = 3.75 \text{kN/m}$

$$F_s = \frac{W\cos\alpha\tan\varphi + cL}{W\sin\alpha + J} = \frac{14.5 \times \cos 15° \times \tan 20° + 5 \times 1}{14.5 \times \sin 15° + 3.75} = 1.35$$

16.【答案】D

【解析】《建筑边坡工程技术规范》（GB 50330—2013）第13.2.8条。

滑动方向地面坡度$i = 6° < 8°$

$$f_H = 4\gamma_2 y \frac{\tan\varphi_0}{\cos\varphi_0} - \gamma_1 h_1 \frac{1 - \sin\varphi_0}{1 + \sin\varphi_0} = 4 \times 19 \times 6 \times \frac{\tan 35°}{\cos 35°} - 18 \times 4 \times \frac{1 - \sin 35°}{1 + \sin 35°} = 370.3 \text{kPa}$$

17.【答案】C

【解析】《公路隧道设计规范　第一册　土建工程》（JTG 3370.1—2018）第3.6.2条、第3.6.4条、第8.4.1条。

（1）围岩级别确定。

$$K_v = \left(\frac{2400}{3500}\right)^2 = 0.47$$

$90K_v + 30 = 90 \times 0.47 + 30 = 72.3 > R_c = 30$，取 $R_c = 30\text{MPa}$。

$0.04R_c + 0.4 = 0.04 \times 30 + 0.4 = 1.6 > K_v = 0.47$，取 $K_v = 0.47$。

$BQ = 100 + 3R_c + 250K_v = 100 + 3 \times 30 + 250 \times 0.47 = 307.5$，查表 3.6.4，该隧道围岩为 IV 级

（2）查表 8.4.1，围岩为 IV 级，两车道隧道预留变形量最小值为 50mm。

18.【答案】D

【解析】（1）现有泵房左侧土压力计算

假设开挖深度为 h，已知地下泵房周边侧壁光滑，符合朗肯条件，则

$$K_a = \tan^2\left(45° - \frac{\varphi}{2}\right) = \tan^2\left(45° - \frac{20°}{2}\right) = 0.49$$

拉力区高度：$z_0 = \dfrac{2c}{\gamma\sqrt{K_a}} = \dfrac{2 \times 15}{18 \times \sqrt{0.49}} = 2.38\text{m}$

$$E_{ak} = \frac{1}{2}\gamma H^2 K_a = \frac{1}{2} \times 18 \times (9 - h - 2.38)^2 \times 0.49 = 4.41(6.62 - h)^2$$

（2）现有地下泵房抗滑稳定性验算

现有地下泵房单位长度自重：$G = 8 \times 1 \times 65 = 520\text{kN/m}$

$$F_s = \frac{G\mu}{E_{ak}} = \frac{520 \times 0.25}{4.41 \times (6.62 - h)^2} \geqslant 1.2，\text{解得：} h \geqslant 1.66\text{m}$$

19.【答案】D

【解析】《建筑边坡工程技术规范》（GB 50330—2013）第 5.2.6 条。

危岩体自重：$G = \gamma H b = 22 \times 7.5 \times 3.5 = 577.5\text{kN/m}$

力臂：$a_G = b/2 = 1.75\text{m}$

$P_w = \dfrac{1}{2}\gamma_w H^2 = \dfrac{1}{2} \times 10 \times 7.5^2 = 281.25\text{kN/m}$

力臂：$a_P = H/3 = 2.5\text{m}$

锚索拉力的力矩：$a_T = \dfrac{H}{2} \times \sin 60° = 3.25\text{m}$

危岩体的单位宽度地震力：$Q_e = \alpha_w G = 0.05 \times 577.5 = 28.875\text{kN/m}$

力臂：$a_Q = H/2 = 3.75\text{m}$

抗倾覆稳定性：$F_t = \dfrac{G \cdot a_G + \dfrac{T}{4} \cdot a_T}{P_w \cdot a_P + Q_e \cdot a_Q} = \dfrac{577.5 \times 1.75 + \dfrac{T}{4} \times 3.25}{281.25 \times 2.5 + 28.875 \times 3.75} = 1.6$

解得：$T = 354\text{kN}$

20.【答案】C

【解析】《建筑边坡工程技术规范》（GB 50330—2013）第 3.2.1 条、A.0.3 条。

（1）边坡高度 12m 的土质边坡，破坏后果很严重，查表 3.2.1，边坡安全等级为一级。

查表 5.3.2，临时性边坡稳定安全系数：$F_{st} = 1.25$

（2）传递系数：$\psi_1 = \cos(30° - 20°) - \sin(30° - 20°)\tan 10°/1.25 = 0.960$

（3）剩余下滑力：$P_i = P_{i-1}\psi_{i-1} + T_i - \dfrac{R_i}{F_{st}}$

$$P_1 = T_1 - \frac{R_1}{F_{st}} = 398.39 - \frac{396.47}{1.25} = 81.21\text{kN/m}$$

$$P_2 = P_1\psi_1 + T_2 - \frac{R_2}{F_{st}} = 81.21 \times 0.960 + 887.03 - \frac{729.73}{1.25} = 381.21 \text{kN/m}$$

21.【答案】 B

【解析】《盐渍土地区建筑技术规范》（GB/T 50942—2014）第 4.2.4 条、第 4.2.5 条、D.1.5 条。

（1）各层土的溶陷系数：$\delta_{rx} = \dfrac{h_p - h_p'}{h_0}$

第 1 层土：$\delta_{rx1} = \dfrac{18.8 - 18.5}{20} = 0.015 > 0.01$

第 2 层土 $\delta_{rx2} = \dfrac{18.2 - 17.8}{20} = 0.02 > 0.01$

第 3 层土：$\delta_{rx3} = \dfrac{18.4 - 18.2}{20} = 0.01$

第 4 层土：$\delta_{rx4} = \dfrac{18.7 - 18.6}{20} = 0.005 < 0.01$

第 5 层土：$\delta_{rx5} = \dfrac{18.9 - 17.7}{20} = 0.06 > 0.01$

（2）总溶陷量

$$s_{rx} = \sum_{i=1}^{n} \delta_{rxi} h_i = 0.015 \times 800 + 0.02 \times 1600 + 0.01 \times 1200 + 0.06 \times 2200 = 188 \text{mm}$$

22.【答案】 C

【解析】《铁路工程不良地质勘察规程》（TB 10027—2012）第 7.3.3 条条文说明。

断面③处：$R_0 = 10 + 6/2 = 13\text{m}$；$\sigma = 6 - 4 = 2\text{m}$

泥石流流速：$v_c = \sqrt{\dfrac{R_0 \sigma g}{B}} = \sqrt{\dfrac{13 \times 2 \times 10}{6}} = 6.6 \text{m/s}$

注：此题与 2016 年上午卷第 25 题类似。《铁路工程不良地质勘察规程》（TB 10027—2022）第 7.3.3 条条文说明中泥石流流速公式有所改动，与 2012 年版不同。考虑到此题仅为套用公式计算，较为简单，为保证题目与计算结果的协调性，故不再改编。考生遇到此类题目时，快速定位公式即可。

23.【答案】 C

【解析】（1）查《建筑抗震设计标准》（GB/T 50011—2010）（2024 年版）附录表 A.0.28（第 212 页）、表 5.1.4-2，麦积区的地震动峰值加速度取 0.30g，特征周期取 $T_g = 0.40\text{s}$。

（2）查《建筑抗震设计标准》（GB/T 50011—2010）（2024 年版）表 5.1.4-1，多遇地震的水平地震影响系数最大值：$\alpha_{max} = 0.24$，$T = 0.42\text{s} > T_g = 0.40\text{s}$。

阻尼比为 0.05，$\eta_2 = 1$，$\gamma = 0.9$。

（3）水平地震影响系数。

$$\alpha = \left(\frac{T_g}{T}\right)^{\gamma} \eta_2 \alpha_{max} = \left(\frac{0.40}{0.42}\right)^{0.9} \times 1.0 \times 0.24 = 0.23$$

注：如果按《中国地震动参数区划图》，麦积区刚好位于不同分区的界线上，在分界线附近应采用就高不就低的原则，应取 0.45s，按照抗震规范选 C，按照区划图选 D。

24.【答案】 B

【解析】《工程地质手册》（第五版）第 352 页。

滞回曲线的动应变：$\varepsilon_d = \dfrac{0.06}{80} = 7.5 \times 10^{-4}$

动弹性模量：$E_d = \dfrac{\sigma_d}{\varepsilon_d} = \dfrac{0.1}{7.5 \times 10^{-4}} = 133.3 \text{MPa}$

动剪切模量：$G_d = \dfrac{E_d}{2(1 + \mu_d)} = \dfrac{133.3}{2 \times (1 + 0.35)} = 49.4 \text{MPa}$

25.【答案】D

【解析】《建筑基桩检测技术规范》（JGJ 106—2014）附录 A。

从桩顶起算 1m 处：$Q_0 = \varepsilon_1 EA$，即

$3000 = 12.439 \times 10^{-5} \times EA$，解得：$EA = 2.412 \times 10^7 \text{kPa} \cdot \text{m}^2$

从桩顶起算 9m 处：$Q_9 = \varepsilon_9 EA = 13.751 \times 10^{-5} \times 2.412 \times 10^7 = 3316.74 \text{kN}$

从桩顶起算 11m 处：$Q_{11} = \varepsilon_{11} EA = 14.273 \times 10^{-5} \times 2.412 \times 10^7 = 3442.65 \text{kN}$

$$q_{si} = \frac{Q_i - Q_{i+1}}{u_i l_i} = \frac{3316.74 - 3442.65}{3.14 \times 1.0 \times (11 - 9)} = -20 \text{kPa}$$

2020 年案例分析试题答案及解析（上午卷）

试 题 答 案

本试卷由 25 道题组成，全部为单项选择题，每道题均为必答题。每题 2 分，满分为 50 分。

1	C	2	D	3	D	4	D	5	C
6	D	7	B	8	A	9	A	10	A
11	B	12	D	13	D	14	C	15	C
16	B	17	B	18	B	19	A	20	B
21	A	22	C	23	B	24	D	25	B

解 题 过 程

1.【答案】C

【解析】土力学基本原理。

填料的干密度：$\gamma_{d1} = \dfrac{\gamma}{1+w} = \dfrac{19.0}{1+0.15} = 16.52 \text{kN/m}^3$

根据填筑前后土粒质量相等，$\rho_{d1} V_1 = \rho_{d2} V_2$，则

$$\gamma_{d2} = \frac{\gamma_{d1} V_1}{V_2} = \frac{16.52 \times 2150}{20 \times 20 \times 5} = 17.76 \text{kN/m}^3$$

2.【答案】D

【解析】《工程地质手册》（第五版）第 279 页、《岩土工程勘察规范》（GB 50021—2001）（2009 年版）第 10.6.4 条条文说明。

$$K = \frac{2R}{\pi D^2 \left(\dfrac{D}{3} + H\right)} = \frac{2 \times 0.3}{3.14 \times 0.1^2 \times \left(\dfrac{0.1}{3} + 0.2\right)} = 81.89 \text{m}^{-2}$$

$c_u = K \cdot C (R_y - R_g) = 81.89 \times 0.0014 \times (220 - 20) = 22.9 \text{kPa}$

$I_L = 0.8$，按曲线 1 修正，$I_p = 40$，修正系数近似取 $\mu = 0.88$，则

$c_u = 0.88 \times 22.9 = 20.2 \text{kPa}$

3.【答案】D

【解析】参考《工程地质学》教材。

（1）断层面倾角：$\tan \alpha = \dfrac{(201.60 - 7.50) - (201.02 - 14.20)}{5.67} = 1.284$

被错动的④层的厚度基本相同，垂直断距：

$\Delta h = (201.02 - 8.50) - (201.60 - 11.44) = 2.36 \text{m}$

水平断距：$\tan \alpha = \dfrac{\Delta h}{\Delta L} = 1.284$，$\Delta L = \dfrac{2.36}{1.284} = 1.84 \text{m}$

（2）右侧④层在断层面下方，为下盘，且下盘下错，上盘相对上升，为逆断层。

4.【答案】D

【解析】土力学基本原理。

水力梯度：$i = \dfrac{\Delta h}{L} = \dfrac{13 - 8}{50} = 0.1$

①层单宽渗流量：$q_1 = k_1 i A_1 = 10 \times 0.1 \times \dfrac{13+8}{2} \times 1 = 10.5 \text{m}^3/\text{d}$

②层单宽渗流量：$q_2 = q - q_1 = 30.6 - 10.5 = 20.1 \text{m}^3/\text{d}$

②层渗透系数：$k_2 = \dfrac{q_2}{i A_2} = \dfrac{20.1}{0.1 \times 5} = 40.2 \text{m/d}$

5. 【答案】C

【解析】土力学基本原理。

（1）各点的超静孔隙水压力计算

用测压管测得的孔隙水压力值包括静孔隙水压力和超静孔隙水压力，扣除静孔隙水压力后，各点的超静孔隙水压力见解表。

题 5 解表

位置	孔隙水压力（kPa）	静孔隙水压力（kPa）	超静孔隙水压力（kPa）
A	72	20	52
B	115	40	75

（2）平均固结度计算

此时超静孔隙水压力的应力面积：$\dfrac{1}{2} \times 52 \times 2 + \dfrac{1}{2} \times (52 + 75) \times 2 = 179 \text{kPa} \cdot \text{m}$

$$U_t = 1 - \dfrac{\text{某时刻超静孔隙水压力面积}}{\text{初始超静孔隙水压力面积}} = 1 - \dfrac{179}{100 \times 4} = 0.55$$

6. 【答案】D

【解析】《公路桥涵地基与基础设计规范》（JTG 3363—2019）第 5.2.5 条。

单向偏心，截面核心半径：$\rho = \dfrac{W}{A} = \dfrac{b}{6}$

查规范表 5.2.5，永久作用标准组合下：$e_0 \leqslant [e_0] = 0.1\rho$，即

$0.1 \leqslant 0.1 \times \dfrac{b}{6}$，解得：$b \geqslant 6\text{m}$

7. 【答案】B

【解析】《建筑地基基础设计规范》（GB 50007—2011）第 5.2.4 条、第 5.2.7 条。

（1）软弱下卧层顶面处附加压力

$$p_k = \dfrac{F_k + G_k}{A} = \dfrac{870}{2.5 \times 3} = 116 \text{kPa}, \quad p_c = 1.2 \times 17.2 + 0.8 \times 8.7 = 27.6 \text{kPa}$$

$$\dfrac{z}{b} = \dfrac{2}{2.5} = 0.8 > 0.5, \quad \dfrac{E_{s1}}{E_{s2}} = \dfrac{12}{3} = 4, \quad \theta = \dfrac{23° + 25°}{2} = 24°$$

$$p_z = \dfrac{bl(p_k - p_c)}{(b + 2z\tan\theta)(l + 2z\tan\theta)} = \dfrac{2.5 \times 3.0 \times (116 - 27.6)}{(2.5 + 2 \times 2 \times \tan 24°) \times (3.0 + 2 \times 2 \times \tan 24°)}$$
$$= 32.4 \text{kPa}$$

（2）软弱下卧层顶面处土的自重应力

$p_{cz} = 1.2 \times 17.2 + 2.8 \times 8.7 = 45 \text{kPa}$

（3）软弱下卧层经修正后的承载力

$p_z + p_{cz} \leqslant f_{az}$，即 $f_{az} \geqslant 32.4 + 45 = 77.4 \text{kPa}$

8. 【答案】A

【解析】《建筑地基基础设计规范》（GB 50007—2011）第 5.2.2 条。

$$e = \frac{M}{F+G} = \frac{220 \times 0.62 + 180 \times (1.8 - 0.6) + 950}{1800 + 220 + 2.6 \times 5.2 \times 20 \times 1.8} = 0.52\text{m}$$

9. 【答案】A

【解析】《建筑桩基技术规范》（JGJ 94—2008）第5.4.4条。

（1）中性点深度计算

桩端为基岩，$\frac{l_n}{l_0} = 1.0$，自桩顶算起的中性点深度：$l_n = 5\text{m}$

（2）中性点以上负摩阻力标准值计算

$$\sigma'_{ri} = \sum_{e=1}^{i-1} \gamma_{i-1} \Delta z_{i-1} + \frac{1}{2} \gamma_i \Delta z_i = 0 + \frac{1}{2} \times 18 \times 5 = 45\text{kPa}$$

$$q_{si}^n = \xi_{ni} \sigma'_{ri} = 0.35 \times 45 = 15.75\text{kPa} < 20\text{kPa}$$

（3）基桩下拉荷载计算

$$\eta_n = \frac{s_{ax} \cdot s_{ay}}{\pi d \left(\dfrac{q_s^n}{\gamma_m} + \dfrac{d}{4} \right)} = \frac{3 \times 3}{3.14 \times 0.8 \times \left(\dfrac{15.75}{18} + \dfrac{0.8}{4} \right)} = 3.33 > 1,\ \text{取}\ \eta_n = 1$$

$$Q_g^n = \eta_n u \sum_{i=1}^n q_{si}^n l_i = 1 \times 3.14 \times 0.8 \times 15.75 \times 5 = 198\text{kN}$$

10. 【答案】A

【解析】《建筑桩基技术规范》（JGJ 94—2008）第5.1.1条。

F_k分解为竖向力和水平力：

$F_{yk} = 400 \times \sin 60° = 346.4\text{kN}$，$F_{xk} = 400 \times \cos 60° = 200\text{kN}$

（1）轴心情况下桩顶竖向力计算

$$N_k = \frac{F_{yk} + G_k}{n} = \frac{346.4 + 4.0 \times 3.2 \times 2.0 \times 20}{5} = 171.7\text{kN}$$

（2）偏心情况下桩顶竖向力计算

$$N_{kmax} = \frac{F_{yk} + G_k}{n} - \frac{M_{yk} x_{max}}{\sum x_j^2} = 171.7 - \frac{(1800 - 200 \times 1.5) \times 1.5}{4 \times 1.5^2} = -78.3\text{kN}$$

11. 【答案】B

【解析】《建筑地基基础设计规范》（GB 50007—2011）第8.5.3条、第8.5.6条、第8.5.11条。

（1）基桩桩顶竖向力
$$R_a = q_{pa} A_p + u \sum q_{sia} l_i = 1500 \times 3.14 \times 0.4^2 + 3.14 \times 0.8 \times (15 \times 5 + 25 \times 8 + 70 \times$$
$$2 + 75 \times 1)$$
$$= 1984.5\text{kN}$$

$Q_k \leqslant R_a = 1984.5\text{kN}$

（2）混凝土轴心抗压强度设计值

$Q \leqslant A_p f_c \varphi_c$，即 $1.35 \times 1984.5 \leqslant 3.14 \times 0.4^2 \times f_c \times 0.6$

解得$f_c \geqslant 8887.6\text{kPa} = 8.9\text{MPa}$，混凝土强度等级取C20。

根据第8.5.3条第5款，灌注桩混凝土强度等级不应低于C25，桩身混凝土强度取C25。

12. 【答案】D

【解析】一维渗流固结理论和单向压缩理论。

（1）软土层竖向固结系数、压缩模量计算

$$c_v = \frac{k_v (1 + e_0)}{a \gamma_w} = \frac{0.1 \times (1 + 1.2)}{0.6 \times 10^{-3} \times 10} = 36.67\text{m}^2/\text{年}$$

$$E_s = \frac{1 + e_0}{a} = \frac{1 + 1.2}{0.6} = 3.67\text{MPa}$$

（2）9个月后固结度计算

双面排水：$T_v = \dfrac{c_v t}{H^2} = \dfrac{36.67 \times 9/12}{(10/2)^2} = 1.1$

$$\overline{U}_z = 1 - \frac{8}{\pi^2} \cdot e^{-\frac{\pi^2}{4} \cdot T_v} = 1 - 0.81 \times e^{-\frac{\pi^2}{4} \times 1.1} = 0.946$$

（3）9个月沉降量计算

总沉降量：$s_\infty = \dfrac{\Delta p}{E_s} h = \dfrac{100}{3.67} \times 10 = 272.48\text{mm}$

$$s_t = U_t s_\infty = 0.946 \times 272.48 = 257.8\text{mm}$$

13.【答案】D

【解析】《建筑地基处理技术规范》（JGJ 79—2012）第7.2.2条。

（1）处理后孔隙比e_1计算

$$D_r = \frac{e_{max} - e_1}{e_{max} - e_{min}} = \frac{1.10 - e_1}{1.10 - 0.60} = 0.80, \text{解得：} e_1 = 0.70 < 0.75$$

（2）砂石桩体积计算

加固前后地基土体积变化是由砂石桩挤密引起的，等边三角形布桩，三角形内有半根桩，则

$$\frac{A_p}{2} = \frac{e_0 - e_1}{1 + e_0} \times \frac{\sqrt{3}}{4} s^2 \times 1 = \frac{0.95 - 0.7}{1 + 0.95} \times \frac{\sqrt{3}}{4} \times 1.75^2 \times 1 = 0.17$$

解得$A_p = 0.34\text{m}^2$，则

$$V = A_p l = 0.34 \times 10 = 3.4\text{m}^3$$

14.【答案】C

【解析】《建筑地基处理技术规范》（JGJ 79—2012）第7.3.5条及条文说明。

搅拌桩截面面积：$F = 3.14 \times 0.25^2 = 0.196\text{m}^2$

水泥浆密度：

$$\rho = \frac{1 + \alpha_c}{\frac{1}{d_s} + \alpha_c} = \frac{1 + 0.5}{\frac{1}{3} + 0.5} = 1.8\text{g/cm}^3$$

水泥浆重度：$\gamma_d = \rho g = 1.8 \times 10 = 18\text{kN/m}^3$

$$V = \frac{\gamma_d Q}{F \gamma \alpha_w (1 + \alpha_c)} = \frac{18 \times 10 \times 10^{-3}}{0.196 \times 17 \times 0.15 \times (1 + 0.5)} = 0.24\text{m/min}$$

两次等量喷浆施工，则单次提升速度为：$2 \times 0.24 = 0.48\text{m/min}$

15.【答案】C

【解析】《土工合成材料应用技术规范》（GB/T 50290—2014）第7.3.5条。

$$T_a = \frac{T}{RF} = \frac{145}{3} = 48.3\text{kN/m}$$

土工格栅柔性筋材：$K_i = \tan^2\left(45° - \dfrac{30°}{2}\right) = 0.333$

取最下一层筋材验算，此处筋材受到的拉力最大，则

$$T_i = \frac{[(\sigma_{vi} + \sum\Delta\sigma_{vi})K_i + \Delta\sigma_{hi}]s_{vi}}{A_r} = \frac{[(0.8 \times 20 + q) \times 0.333] \times 0.8}{1}$$
$$= 42.624 + 0.2664q \leqslant T_a = 48.3$$

解得：$q \leqslant 21.3\text{kPa}$

取最上一层筋材验算，此处锚固段内筋带长度最小。

非锚固段长度：$L_{0i} = \tan\left(45° - \dfrac{\varphi}{2}\right)(H - z_i) = \tan\left(45° - \dfrac{30°}{2}\right) \times (8 - 0.8) = 4.16\text{m}$

锚固段长度：$L_{ei} = L_i - L_{0i} - L_{wi} = 7.5 - 4.16 - 1.5 = 1.84\text{m}$

$T_{pi} = 2\sigma_{vi}BL_{ei}f = 2 \times 0.8 \times 20 \times 1 \times 1.84 \times 0.25 = 14.72\text{kN}$

$$T_i = \frac{[(\sigma_{vi} + \sum\Delta\sigma_{vi})K_i + \Delta\sigma_{hi}]s_{vi}}{A_r} = \frac{[(8 \times 20 + q) \times 0.333] \times 0.8}{1}$$

$$= 42.624 + 0.2664q$$

$$\frac{14.72}{4.2624 + 0.2664q} \geqslant 1.5, \ 解得：q \leqslant 20.8\text{kPa}$$

16.【答案】B

【解析】$G = \gamma V = \gamma \times \dfrac{1}{2}h\cos\alpha \times L = 19 \times \dfrac{1}{2} \times 10 \times \cos 40° \times 65 = 4730.3\text{kN/m}$

$$F_s = \frac{R}{T} = \frac{G\cos\alpha\tan\varphi + cL}{G\sin\alpha} = \frac{4730.3 \times \cos 40° \times \tan 25° + 15 \times 65}{4730.3 \times \sin 40°} = \frac{2664.7}{3040.6} = 0.88$$

17.【答案】B

【解析】《建筑边坡工程技术规范》（GB 50330—2013）第 11.2.3 条。

$$K_a = \tan^2\left(45° - \frac{\varphi}{2}\right) = \tan^2\left(45° - \frac{30°}{2}\right) = 0.333$$

$$E_a = \frac{1}{2}\gamma H^2 K_a = \frac{1}{2} \times 20 \times 8^2 \times 0.333 = 213.1\text{kN/m}$$

设挡土墙底宽为 B，则

$$G = \frac{1}{2} \times (2.5 + B) \times 8 \times 24 = 240 + 96B$$

$$F_s = \frac{G\mu}{E_a} = \frac{(240 + 96B) \times 0.4}{213.1} \geqslant 1.3$$

解得：$B \geqslant 4.7\text{m}$

墙面坡率为：$\dfrac{8}{4.7 - 2.5} = \dfrac{1}{0.28}$

18.【答案】B

【解析】《建筑基坑支护技术规程》（JGJ 120—2012）第 3.4.8 条。

（1）桩顶放坡部分在支护桩后土层中引起的附加荷载

$a = 3\text{m}$，$a + b_1 = 3 + 2.5 = 5.5\text{m}$，$3\text{m} < z_a = 4\text{m} < 5.5\text{m}$

$$K_{a1} = \tan^2\left(45° - \frac{10°}{2}\right) = 0.704, \quad z_{01} = \frac{2c_1}{\gamma_1\sqrt{K_{a1}}} = 0.8\text{m} < 2.5\text{m}$$

$$E_{ak1} = \frac{1}{2}\gamma_1 h_1^2 K_{a1} - 2c_1 h_1\sqrt{K_{a1}} + \frac{2c_1}{\gamma_1} = \frac{1}{2}\gamma_1(h_1 - z_{01})^2 K_{a1}$$

$$= \frac{1}{2} \times 15 \times (2.5 - 0.8)^2 \times 0.704$$

$$= 15.3\text{kN/m}$$

$$\Delta\sigma_k = \frac{\gamma_1 h_1}{b_1}(z_a - a) + \frac{E_{ak1}(a + b_1 - z_a)}{K_{a1}b_1^2}$$

$$= \frac{15 \times 2.5}{2.5} \times (4 - 3) + \frac{15.3 \times (3 + 2.5 - 4)}{0.704 \times 2.5^2} = 20.2\text{kPa}$$

（2）附加荷载引起的附加土压力

桩顶下 4m 处位于砂土层，采用该层的土压力系数，$K_{a3} = \tan^2\left(45° - \dfrac{35°}{2}\right) = 0.271$

$$e_q = \Delta\sigma_{k1}K_{a3} = 20.2 \times 0.271 = 5.5\text{kPa}$$

19.【答案】A

【解析】土力学基本原理。

（1）细砂层的水力比降计算

根据渗流连续性原理，通过整个土层的渗流量与各土层的渗流量相同，即

$q = kiA$，$k_1i_1 = k_2i_2$，即 $2 \times 10^{-3} \times i_1 = 5 \times 10^{-3} \times i_2$，得到：$i_1 = 2.5i_2$

竖向渗流时，通过土层的总水头损失等于各土层水头损失之和，即

$\Delta h = \Delta h_1 + \Delta h_2$，$\Delta h_1 = i_1\Delta l_1$，$\Delta h_2 = i_2\Delta l_2$

得到：$3i_1 + 6.6i_2 = 3$（注意在计算细砂层的渗流路径时，要加上止水帷幕的宽度）

联合解得：$i_2 = 0.22$

（2）被动土压力计算

$$K_p = \tan^2\left(45° + \frac{26°}{2}\right) = 2.561$$

$$E_p = \frac{1}{2}(\gamma' - j)H^2K_p = \frac{1}{2} \times (8 - 0.22 \times 10) \times 3^2 \times 2.561 = 66.84\text{kN/m}$$

（3）被动侧水压力计算

$$e_w = \gamma_w\Delta l + i\gamma_w\Delta l = 10 \times 3 + 0.22 \times 10 \times 3 = 36.6\text{kPa}$$

$$E_w = \frac{1}{2} \times 36.6 \times 3 = 54.9\text{kN/m}$$

（4）被动侧水、土压力合力：$(66.84 + 54.9) \times 1.2 = 146\text{kN}$

20.【答案】B

【解析】《湿陷性黄土地区建筑标准》（GB 50025—2018）第 2.1.12 条、第 3.0.1 条、第 4.4.4 条、第 4.4.6 条、第 5.1.1 条。

（1）湿陷等级判定。

$\Delta_s = 301.55 + 111.4 + 260.82 + 9.18 = 682.95\text{mm}$，自重湿陷量 $\Delta_{zs} = 355\text{mm} > 350\text{mm}$

查表 4.4.6，自重湿陷性场地，湿陷等级为Ⅲ，严重。

（2）基底下湿陷性土层厚度 21.0m，大于 20m，为大厚度湿陷性黄土地基。

拟建多层建筑，建筑物类别为丙类。

（3）第 6.1.5 条，剩余湿陷量不应大于 300mm。

基底 10m 以下：$\Delta_s = 260.82 + 9.18 = 270.00\text{mm} < 300\text{mm}$。

基底 9m 以下：$\Delta_s = 270.00 + 1.0 \times 0.03 \times 1000 = 300\text{mm}$，即处理厚度为基底以下 9m。

21.【答案】A

【解析】《膨胀土地区建筑技术规范》（GB 50112—2013）第 5.2.8 条。

（1）平均自重压力与平均附加压力之和作用下各层膨胀率

基底下 0~1m：

$$17 \times (1.6 + 0.5) + \frac{95 + 68}{2} = 117.2\text{kPa}$$

$$\delta_{ep1} = 4\% + \frac{2\% - 4\%}{130 - 110} \times (117.2 - 110) = 3.28\%$$

基底下 1~2m：

$$17 \times (1.6 + 1.5) + \frac{68 + 25}{2} = 99.2\text{kPa}$$

$$\delta_{ep2} = 6\% + \frac{4\% - 6\%}{110 - 90} \times (99.2 - 90) = 5.08\%$$

基底下 2～3m：

$$17 \times (1.6 + 2.5) + \frac{25 + 12}{2} = 88.2\text{kPa}$$

$$\delta_{ep3} = 8\% + \frac{6\% - 8\%}{90 - 60} \times (88.2 - 60) = 6.12\%$$

（2）基础中心点下地基土的膨胀变形量

$$s_e = \psi_e \sum_{i=1}^{n} \delta_{epi} h_i = 0.6 \times (3.28\% + 5.08\% + 6.12\%) \times 1000 = 86.88\text{mm}$$

22.【答案】C

【解析】《铁路工程特殊岩土勘察规程》（TB 10038—2022）第8.1.3条、第8.5.4条和第8.5.5条。

（1）按化学成分分类

$$D_1 = \frac{c(\text{Cl}^-)}{2c(\text{SO}_4{}^{2-})} = \frac{25.77}{2 \times 20.74} = 0.62$$

$$D_2 = \frac{2c(\text{CO}_3{}^{2-}) + c(\text{HCO}_3{}^-)}{c(\text{Cl}^-) + 2c(\text{SO}_4{}^{2-})} = \frac{2 \times 6.88 + 0.18}{25.77 + 2 \times 20.74} = 0.21$$

查表 8.1.3-1，该盐渍土分类为亚硫酸盐渍土。

（2）按含盐量分类

$$\overline{\text{DT}} = \frac{10.21\% \times 0.05 + 4.02\% \times 0.20 + 2.11\% \times 0.25 + 2.03\% \times 0.25 + 2.02\% \times 0.25}{1.00}$$
$$= 2.85\%$$

查表 7.1.3-2，该盐渍土为亚硫酸盐强盐渍土。

23.【答案】B

【解析】《建筑抗震设计标准》（GB/T 50011—2010）（2024年版）第4.3.3条～第4.3.5条。

（1）初步判别

8度区，③层、⑤层的粉土的黏粒含量均大于13%，可判为不液化土。

对②层粉砂层：$d_u = 1.5$m，$d_0 = 8$m，$d_w = 3$m，$d_b = 2$m

$$d_u = 1.5 < d_0 + d_b - 2 = 8 + 2 - 2 = 8$$

$$d_w = 3 < d_0 + d_b - 3 = 8 + 2 - 3 = 7$$

$$d_u + d_w = 1.5 + 3 = 4.5 < 1.5d_0 + 2d_b - 4.5 = 1.5 \times 8 + 2 \times 2 - 4.5 = 11.5$$

需进行复判。

（2）复判

$$N_{cr} = N_0 \beta [\ln(0.6d_s + 1.5) - 0.1d_w]\sqrt{3/\rho_c}$$

5.0m 处：$N_{cr} = 12 \times 0.8 \times [\ln(0.6 \times 5.0 + 1.5) - 0.1 \times 3] \times \sqrt{3/3} = 11.6 > 9$，液化。

7.0m 处：$N_{cr} = 12 \times 0.8 \times [\ln(0.6 \times 7.0 + 1.5) - 0.1 \times 3] \times \sqrt{3/3} = 13.8 > 10$，液化。

（3）液化指数计算

5.0m 处：$d_1 = 3.0$m，$W_1 = 10$

7.0m 处：$d_2 = 3.0$m，$W_2 = \frac{2}{3} \times (20 - 7.5) = 8.33$

$$I_{lE} = \sum_{i=1}^{n} \left(1 - \frac{N_i}{N_{cri}}\right) d_i W_i = \left(1 - \frac{9}{11.56}\right) \times 3 \times 10 + \left(1 - \frac{10}{13.83}\right) \times 3 \times 8.33 = 13.56$$

24.【答案】D

【解析】《水利水电工程地质勘察规范》（GB 50487—2008）（2022 年版）附录 P.0.4 条。

（1）处理后孔隙比计算

加速度 0.30g，液化临界相对密度：$(Dr)_{cr} = 75\% + \dfrac{85\% - 75\%}{0.40 - 0.20} \times (0.30 - 0.20) = 80\%$

处理后地基不液化，应满足：$Dr = \dfrac{e_{max} - e}{e_{max} - e_{min}} = \dfrac{0.950 - e}{0.950 - 0.580} \geqslant (Dr)_{cr} = 80\%$

解得：$e \leqslant 0.654$

（2）地表下沉量计算

$$\frac{h_0}{1 + e_0} = \frac{h_1}{1 + e}, \quad h_1 = \frac{h_0(1 + e)}{1 + e_0} = \frac{8 \times (1 + 0.654)}{1 + 0.851} = 7.15\text{m}$$

$$\Delta h = h_0 - h_1 = 8.0 - 7.15 = 0.85\text{m}$$

25.【答案】B

【解析】《建筑边坡工程技术规范》（GB 50330—2013）附录 C。

据表 C.2.4，第二根锚杆加载到 360kN 时锚头位移增量为 $88.12 - 62.18 = 25.94$mm，加载到 400kN 时锚头位移增量为 $174.5 - 88.12 = 86.38$mm $> 25.94 \times 2 = 51.88$mm；超过上一级荷载位移增量的 2 倍，据附录 C.2.5 条第 3 款、C.2.8 条，第二根锚索在 400kN 时破坏，其极限承载力为 360kN。

第一根、第三根均取 400kN 作为其极限承载力。

三根锚杆极限承载力的平均值：$\dfrac{400 + 360 + 400}{3} = 386.7$kN

极差为 $400 - 360 = 40$kN $< 30\% \times 386.7 = 116$kN，故锚杆的极限承载力标准值取 360kN。

2020年案例分析试题答案及解析（下午卷）

试 题 答 案

本试卷由25道题组成，全部为单项选择题，每道题均为必答题。每题2分，满分为50分。

1	B	2	B	3	C	4	A	5	C
6	C	7	D	8	A	9	A	10	C
11	D	12	C	13	A	14	B	15	C
16	B	17	D	18	C	19	C	20	D
21	C	22	C	23	C	24	D	25	B

解 题 过 程

1.【答案】B

【解析】《工程地质手册》（第五版）第257~258页。

有效上覆压力：

$$p_0 = \gamma h = 17 \times 2 + 18 \times 1.5 + (19 - 10) \times 1.5 + (20.3 - 10) \times 2.5 = 100.25 \text{kPa}$$

$$p = \frac{F}{A} = \frac{5}{3.14 \times 0.08^2} = 248.81 \text{kPa}$$

$$m = \frac{S_c}{s} \cdot \frac{(p - p_0)D}{p_a} \times \frac{0.62}{0.23} \times \frac{(248.81 - 100.25) \times 16}{100} = 64.07$$

细砂：$\alpha = 0.5$，则

$$E_{sc} = mp_a\left(\frac{p}{p_a}\right)^{1-\alpha} = 64.07 \times 100 \times \left(\frac{248.81}{100}\right)^{1-0.5} = 10106.2 \text{kPa} = 10.1 \text{MPa}$$

2.【答案】B

【解析】《工程地质手册》（第五版）第616~617页。

正常风化顺序为：残积土→全风化带→强风化带→中等风化带→微风化带→未风化。

凡是违背这个顺序的均为异常，所谓花岗岩的球状风化，指的是相对软弱岩层中夹杂的相对硬层，据此，28~30m、36~39m、41~45m均为球状风化体，则该钻孔的花岗岩球状风化体总厚度为：

$$(30 - 28) + (39 - 36) + (45 - 41) = 2 + 3 + 4 = 9 \text{m}$$

3.【答案】C

【解析】《水利水电工程地质勘察规范》（GB 50487—2008）（2022年版）附录N、附录Q。

（1）围岩类别判定

$R_b = 101 \text{MPa} > 100 \text{MPa}$，岩石强度评分：$A = 30$

$$K_v = \left(\frac{v_{pm}}{v_{pr}}\right)^2 = \left(\frac{3500}{4000}\right)^2 = 0.77 > 0.75$，岩石完整程度评分：$B = 40 \sim 30$$

层面紧密，则$W < 0.5 \text{mm}$；起伏粗糙，结构面状态评分：$C = 27$

洞段长100m，出水量：$Q = \frac{200}{120 - 20} \times 10 = 20 \text{L/min} \cdot 10\text{m} < 25 \text{L/min} \cdot 10\text{m}$

$T' = A + B + C = 30 + (40 \sim 30) + 27 = 97 \sim 87$，地下水评分：$D = 0$

结构面走向与洞轴线夹角 $\beta = 10°$，结构面倾角 $\alpha = 20°$，结构面产状评分按不利原则取洞顶进行评分：$E = -12$，则

$$T = A + B + C + D + E = 30 + 30 + 27 + 0 - 12 = 75，\text{II级围岩}。$$

$$S = \frac{R_b \cdot K_v}{\sigma_m} = \frac{101 \times 0.77}{22} = 3.53 < 4，\text{围岩级别降低一级，为III级}。$$

（2）岩爆等级判定

根据附录 Q，$S = \dfrac{R_b}{\sigma_m} = \dfrac{101}{22} = 4.59$，属于 I 级岩爆。

4. 【答案】A

【解析】《岩土工程勘察规范》（GB 50021—2001）（2009 年版）第 3.3 节和第 6.4.1 条。

设混合土中花岗岩残积土的体积为 V，则弃土的体积为 $3V$。

（1）花岗岩残积土的质量：$18 \times V = 18V$

弃土的质量：$20 \times 3V = 60V$

混合土的总质量：$20 \times 3V + 18 \times V = 78V$

大于 2mm 的颗粒含量：$\dfrac{60V \times (35\% + 30\%) + 18V \times 20\%}{78V} = 54.6\% > 50\%$

颗粒多呈亚圆形，定名为圆砾。

小于 0.075mm 的颗粒含量：$\dfrac{60V \times 20\% + 18V \times 65\%}{78V} = 30.4\% > 25\%$

判断为粗粒混合土。

（2）细颗粒土的定名

圆锥下沉 2mm 对应含水量为塑限：$w_P = 30\%$

圆锥下沉 10mm 对应含水量为液限，$w_L \approx 49\%$

塑性指数 $I_P = w_L - w_P = 49 - 30 = 19 > 17$，定名为黏土。

综合上述，可定名为含黏土圆砾。

5. 【答案】C

【解析】《建筑地基基础设计规范》（GB 50007—2011）第 5.3.11 条。

由图中线性段交点的坐标可得出：$R_0' = 0.3$，$r_0' = 0.7$

$R_0' p_c = 0.3 \times 400 = 120\text{kPa} > p = 100\text{kPa}$

$$s_c' = r_0' s_c \frac{p}{p_c R_0'} = 0.7 \times 50 \times \frac{100}{400 \times 0.3} = 29.2\text{mm}$$

6. 【答案】C

【解析】《建筑地基基础设计规范》（GB 50007—2011）第 8.2.8 条。

按受冲切破坏计算：

$h_0 = 300 - 50 - 50 = 200\text{mm}$

$h = 300\text{mm} < 800\text{mm}$

$\beta_{hp} = 1.0$

$u_m = 4a_m = 4(a_t + h_0) = 4(a_t + 200)$

冲切验算：$F_l \leqslant 0.7\beta_{hp}f_t u_m h_0$

$320 \leqslant 0.7 \times 1 \times 1.57 \times 4 \times (a_t + 200) \times 200 \times 10^{-3}$

解得：$a_t \geqslant 164$mm

7. 【答案】D

【解析】《建筑地基基础设计规范》（GB 50007—2011）第 5.2.2 条。

$$G_k = \gamma_G dA = 25 \times 1.6 \times B^2 = 40B^2$$

$$p_k = \frac{F_k + G_k}{A} = \frac{0 + 40B^2}{B^2} = 40\text{kPa} < f_a = 60\text{kPa}$$

基底不允许出现零应力区时：

$$p_{kmin} = p_k - \frac{M_k}{W} = 40 - \frac{200 \times 6}{B^3} > 0, \text{解得：} B > 3.1\text{m}$$

$$p_{kmax} = p_k + \frac{M_k}{W} = 40 + \frac{200 \times 6}{B^3} \leqslant 1.2f_a = 72\text{kPa}, \text{解得：} B \geqslant 3.35\text{m}$$

8. 【答案】A

【解析】土力学基本知识。

（1）增层前粉质黏土层中点处的孔隙比

$$p_{cz} = \gamma h = 2 \times 18 + 3 \times 19 = 93\text{kPa}$$

$$p_0 = p - p_c = \frac{3100}{4 \times 6} - 2 \times 18 = 93.2\text{kPa}$$

$$\frac{z}{b} = \frac{6}{2} = 3, \quad \frac{l}{b} = \frac{3}{2} = 1.5, \quad \bar{\alpha} = \frac{0.1510 + 0.1556}{2} = 0.1533$$

中点附加压力：$\Delta p_0 = 93.2 \times 4 \times 0.1533 = 57.2$kPa

中点处自重压力+附加压力：$p_{cz} + \Delta p_0 = 93 + 57.2 = 150.2$kPa

对应孔隙比：$e_1 = 0.740 + (150.2 - 100) \times \dfrac{0.725 - 0.740}{200 - 100} = 0.7325$

（2）增层后粉质黏土层中点处的孔隙比

$$p_0 = p - p_c = \frac{3100 + 1950}{4 \times 6} - 2 \times 18 = 174.4\text{kPa}$$

中点附加压力：$\Delta p_0 = 174.4 \times 4 \times 0.1533 = 106.9$kPa

中点处自重压力+附加压力：$p_{cz} + \Delta p_0 = 93 + 106.9 = 199.9$kPa

对应孔隙比：$e_2 = 0.740 + (199.9 - 100) \times \dfrac{0.725 - 0.740}{200 - 100} = 0.725$

（3）变形计算

$$\Delta s = \psi \frac{e_1 - e_2}{1 + e_1} h = 0.6 \times \frac{0.7325 - 0.725}{1 + 0.7325} \times 6000 = 15.6\text{mm}$$

9. 【答案】A

【解析】《建筑桩基技术规范》（JGJ 94—2008）第 5.4.5 条、第 5.4.6 条。

（1）桩群数量及桩群外围尺寸计算

长边方向：$\frac{38}{1.2} = 31.7$，布置 32 根桩；短边方向：$\frac{20}{1.2} = 16.7$，布置 17 根桩。

总桩数：$n = 32 \times 17 = 544$

桩群外围尺寸：$A = (32 - 1) \times 1.2 + 0.4 = 37.6$m，$B = (17 - 1) \times 1.2 + 0.4 = 19.6$m

$$u_l = 2 \times (37.6 + 19.6) = 114.4\text{m}$$

（2）根据抗拔承载力反算基桩上拔力

$$T_{gk} = \frac{1}{n} u_l \sum \lambda_i q_{sik} l_i = \frac{1}{544} \times 114.4 \times 0.6 \times 60 \times 10 = 75.7\text{kN}$$

桩群范围内桩自重：$G_p = n\frac{\pi}{4}d^2l\gamma'_{桩} = 544 \times 3.14 \times 0.2^2 \times 10 \times (25 - 10) = 10249\text{kN}$

桩群范围内土自重：$(37.6 \times 19.6 - 544 \times 3.14 \times 0.2^2) \times (20 - 10) \times 10 = 66863\text{kN}$

$$G_{gp} = \frac{10249 + 66863}{544} = 141.8\text{kN}$$

$$N_k \leqslant \frac{T_{gk}}{2} + G_{gp} = \frac{75.7}{2} + 141.8 = 179.65\text{kN}$$

10.【答案】 C

【解析】《建筑桩基技术规范》（JGJ 94—2008）第 3.3.3 条、第 5.2.1 条、第 5.9.2 条。

（1）桩顶最大竖向力计算

$$M = \frac{N_{\max}}{3}\left(s_a - \frac{\sqrt{3}}{4}c\right) = \frac{N_{\max}}{3} \times \left(2.4 - \frac{\sqrt{3}}{4} \times 0.6\right) = 1500，解得 N_{\max} = 2102.61\text{kN}，则$$

$$N_{k\max} = \frac{2102.61}{1.35} = 1557.49\text{kN}$$

不考虑承台及其上土重等其他荷载效应，近似有 $N_{k\max} = 1557.49 \leqslant 1.2R$，解得：$R \geqslant 1298\text{kN}$

（2）根据桩基承载力验算确定桩长

设桩端进入碎石土层的长度为 l_i，则

$$\begin{aligned}Q_{uk} &= u\sum q_{sik}l_i + q_{pk}A_p \\ &= 3.14 \times 0.8 \times (30 \times 10 + 60 \times 4.5 + 110l_i) + 2300 \times 3.14 \times 0.4^2 \\ &= 2587.36 + 276.32l_i\end{aligned}$$

$R_a = \frac{1}{2}Q_{uk} = \frac{1}{2} \times (2587.36 + 276.32l_i) \geqslant R_a \geqslant 1298$，解得：$l_i \geqslant 0.03\text{m}$

根据第 3.3.3 条第 5 款，碎石土，桩端应进入碎石土层的深度不宜小于 $1d = 0.8\text{m}$，则取总桩长：

$l = 14.5 + 0.8 = 15.3\text{m}$

11.【答案】 D

【解析】《建筑地基处理技术规范》（JGJ 79—2012）第 4.2.2 条。

（1）条形基础引起的附加应力

基础底面以上土的自重压力：$p_c = 1.5 \times 17 = 25.5\text{kPa}$

基底压力：$p_k = \frac{F_k + G_k}{A} = \frac{500}{2.5} = 200\text{kPa}$

垫层底面的附加应力：$p_{z1} = \frac{b(p_k - p_c)}{b + 2z\tan\theta} = \frac{2.5 \times (200 - 25.5)}{2.5 + 2 \times 2.2 \times \tan 30°} = 86.6\text{kPa}$

（2）圆形基础引起的附加应力

基底压力：$p_k = \frac{F_k + G_k}{A} = \frac{1400}{3.14 \times 1.5^2} = 198.16\text{kPa}$

$p_0 = p_k - p_c = 198.16 - 25.5 = 172.66\text{kPa}$

附加压力扩散至垫层底面的面积：

$$A' = \frac{\pi(d + 2z\tan\theta)^2}{4} = \frac{3.14 \times (3 + 2 \times 2.2 \times \tan 30°)^2}{4} = 24.1\text{m}^2$$

$$p_{z2} = \frac{p_0A}{A'} = \frac{172.66 \times 3.14 \times 1.5^2}{24.1} = 50.6\text{kPa}$$

（3）垫层底面处自重压力和附加压力之和最大值

条形基础和圆形基础单侧应力扩散宽度：$z\tan\theta = 2.2 \times \tan 30° = 1.27\text{m}$

$2 \times 1.27 = 2.54\text{m} > 0.5\text{m}$，会产生应力叠加。

垫层自重压力：$p_{cz} = 1.5 \times 17 + 2.2 \times 20 = 69.5\text{kPa}$，则

$p_{z1} + p_{z2} + p_{cz} = 86.6 + 69.5 + 50.6 = 206.7\text{kPa}$

12.【答案】C

【解析】《建筑地基处理技术规范》（JGJ 79—2012）第 7.1.7 条、第 7.1.8 条。

（1）复合土层压缩模量

$$\xi = \frac{f_{spk}}{f_{ak}} = \frac{220}{110} = 2$$

$$E_{sp1} = \xi E_{s1} = 2 \times 10 = 20\text{MPa}$$

$$E_{sp2} = \xi E_{s2} = 2 \times 8 = 16\text{MPa}$$

$$E_{sp3} = \xi E_{s3} = 2 \times 20 = 40\text{MPa}$$

（2）压缩模量当量值

基底下 0～2m：$A_{i1} = z_{i1}\bar{\alpha}_{i1} = 2 \times \dfrac{1 + 0.88}{2} = 1.88$

基底下 2～4m：$A_{i2} = z_{i2}\bar{\alpha}_{i2} = 2 \times \dfrac{0.88 + 0.74}{2} = 1.62$

基底下 4～6m：$A_{i3} = z_{i3}\bar{\alpha}_{i3} = 2 \times \dfrac{0.60 + 0.74}{2} = 1.34$

基底下 6～8m：$A_{j1} = z_{j1}\bar{\alpha}_{j1} = 2 \times \dfrac{0.40 + 0.60}{2} = 1.0$

基底下 8～10m：$A_{j2} = z_{j2}\bar{\alpha}_{j2} = 2 \times \dfrac{0.4 + 0.2}{2} = 0.6$

压缩模量当量值：$\bar{E}_s = \dfrac{\sum\limits_{i=1}^{n} A_i + \sum\limits_{j=1}^{n} A_j}{\sum\limits_{i=1}^{n} \dfrac{A_i}{E_{spi}} + \sum\limits_{i=1}^{n} \dfrac{A_j}{E_{sj}}} = \dfrac{1.88 + 1.62 + 1.34 + 1.0 + 0.6}{\dfrac{1.88}{20} + \dfrac{1.62}{16} + \dfrac{1.34}{40} + \dfrac{1.0}{20} + \dfrac{0.6}{20}} = 20.9\text{MPa}$

13.【答案】A

【解析】《建筑地基处理技术规范》（JGJ 79—2012）第 7.9.6 条、第 7.9.7 条。

（1）面积置换率计算

选取单元体，单元体内有碎石桩、CFG 桩各一根，单元体边长为 2s。

CFG 桩：$A_{p1} = \dfrac{3.14 \times 0.45^2}{4} = 0.159\text{m}^2$，$m_1 = \dfrac{A_{p1}}{(2s)^2} = \dfrac{0.159}{4s^2}$

碎石桩：$A_{p2} = \dfrac{3.14 \times 0.8^2}{4} = 0.502\text{m}^2$，$m_2 = \dfrac{A_{p2}}{(2s)^2} = \dfrac{0.502}{4s^2}$

（2）复合地基承载力特征值反算桩间距

$$f_{spk} = m_1 \frac{\lambda_1 R_{a1}}{A_{p1}} + \beta[1 - m_1 + m_2(n-1)]f_{sk}$$

$$= \frac{0.159}{4s^2} \times \frac{1.0 \times 850}{0.159} + 0.9 \times \left[1 - \frac{0.159}{4s^2} + \frac{0.502}{4s^2} \times (2-1)\right] \times 1.3 \times 90 = 300$$

解得：$s = 1.02\text{m}$

14.【答案】B

【解析】参考《土力学》教材。

（1）上墙AB的主动土压力合力计算

$E_{a1} = \frac{1}{2}\gamma hK_{a1} = \frac{1}{2} \times 20 \times 3^2 \times 0.44 = 39.6$kN/m，方向为水平方向。

（2）下墙BC的主动土压力合力计算

采用延长墙背法计算，延长BC与填土面交于D点。

B点下界面：$h_1 = 3.324$m（此处应特别注意），则

$$e_a = \gamma h_1 K_{a2} = 20 \times 3.324 \times 0.313 = 20.81\text{kPa}$$

C点：$h_2 = 3.324 + 5 = 8.324$m，$e_{a2} = \gamma h_2 K_{a2} = 20 \times 8.324 \times 0.313$

$$= 52.11\text{kPa}$$

$E_{a2} = \frac{1}{2} \times (20.81 + 52.11) \times 5 = 182.3$kN/m，在水平线下方，与水平线的

夹角为15°。

（3）抗滑移稳定系数

水平向土压力合力：$E_{ax} = 39.6 + 182.3 \times \cos 15° = 215.69$kN/m

竖向土压力合力：$E_{ay} = 182.3 \times \sin 15° = 47.18$kN/m，方向向上，则

$$F_s = \frac{(G + E_{ay})\mu}{E_{ax}} = \frac{(650 - 47.18) \times 0.45}{215.69} = 1.26$$

注：h_1计算方法如解图所示。三角形ABD中，根据正弦定律：$\frac{AB}{\sin 55°} = \frac{BD}{\sin 110°}$

$BD = 3.441$m，则$DE = BD\cos 15° = 3.441 \times \cos 15° = 3.324$m

15. **【答案】**C

【解析】参考《土力学》教材。

竖向渗流时，通过土层的总水头损失等于各土层的水头损失之和，即

$$\Delta h = \Delta h_3 + \Delta h_4 = 4 + 6 - 4.4 = 5.6\text{m}$$

根据渗流连续性原理，通过整个土层的渗流量与各土层的渗流量相同

$$q = k\frac{h}{l}A，\text{即} k_3\frac{\Delta h_3}{L_3} = k_4\frac{\Delta h_4}{L_4}，则$$

$$\frac{\Delta h_4}{\Delta h_3} = \frac{k_3 L_4}{k_4 L_3} = \frac{5 \times 10^{-5} \times 6}{1 \times 10^{-4} \times 4} = 0.75，\text{即} \Delta h_4 = 0.75\Delta h_3$$

可得到$1.75\Delta h_3 = 5.6$，解得：$\Delta h_3 = 3.2$m

毛细水不会发生渗流，毛细水的作用使②层变为饱和状态，并不对土骨架产生浮力。

D点总应力：$\sigma = 17 \times 1 + 19 \times 1 + 20 \times 4 = 116$kPa

孔隙水压力：$u = (4 - 3.2) \times 10 = 8$kPa

D点有效应力：$\sigma' = \sigma - u = 116 - 8 = 108$kPa

16. **【答案】**B

【解析】《建筑边坡工程技术规范》（GB 50330—2013）附录F。

$$K_a = \tan^2\left(45° - \frac{25°}{2}\right) = 0.406，K_p = \tan^2\left(45° + \frac{25°}{2}\right) = 2.464$$

（1）剪力零点计算

设自坡脚算起深度z处，$E_{ak} = E_{pk}$，即

$$\frac{1}{2} \times 20 \times (6 + z)^2 \times 0.406 = \frac{1}{2} \times 20 \times z^2 \times 2.464，\text{解得：} z = 4.1\text{m}$$

$$E_{ak} = E_{pk} = \frac{1}{2} \times 20 \times (6 + 4.1)^2 \times 0.406 = 414.2 \text{kN/m}$$

（2）最大弯矩

$$M_{max} = E_{ak} \cdot z_a - E_{pk} \cdot z_p = 414.2 \times \left(\frac{6 + 4.1}{3} - \frac{4.1}{3}\right) = 828.4 \text{kN} \cdot \text{m/m}，则$$

$$828.4 \times 2.5 = 2071 \text{kN} \cdot \text{m}$$

17.【答案】D

【解析】《建筑基坑支护技术规程》（JGJ 120—2012）第4.9.10条。

（1）多层支撑底层立柱的受压计算长度应取底层支撑至基坑底面的净高度与立柱直径或边长的5倍之和，则第三道支撑$\left(17.65 - 13.80 - \frac{0.8}{2}\right) + 5 \times 0.5 = 5.95 \text{m}$。

（2）相邻两层水平支撑间的立柱受压计算长度应取此两层水平支撑的中心间距。

①基坑开挖工况

第二道支撑：$13.8 - 7.3 = 6.5 \text{m}$

第一道支撑：$7.3 - 1.2 = 6.1 \text{m}$

②换撑工况

第三道支撑拆除后，第二道支撑到底板的中心距离：$\frac{17.65 + 16.50}{2} - 7.3 = 9.8 \text{m}$

第二道支撑拆除后，第一道支撑到B2楼板的中心距离：$12.5 - 1.2 = 11.3 \text{m}$

18.【答案】C

【解析】《铁路隧道设计规范》（TB 10003—2016）第5.1.7条条文说明、附录E。

（1）偏压判别

$$\alpha = \arctan \frac{1}{2} = 26.6°，\quad t = 4.75 \text{m}$$

查规范第5.1.7条条文说明中表5.1.7-1，$t = 4.75 \text{m} > 4 \text{m}$，不考虑偏压，按一般隧道计算。

题18解图

（2）水平荷载计算

$$\theta = 0.8 \times 48° = 38.4°$$

$$\tan \beta = \tan \varphi_c + \sqrt{\frac{(\tan^2 \varphi_c + 1) \tan \varphi_c}{\tan \varphi_c - \tan \theta}} = \tan 48° + \sqrt{\frac{(\tan^2 48° + 1) \times \tan 48°}{\tan 48° - \tan° 38.4}} = 3.9$$

$$\lambda = \frac{\tan \beta - \tan \varphi_c}{\tan \beta [1 + \tan \beta (\tan \varphi_c - \tan \theta) + \tan \varphi_c \tan \theta]}$$

$$= \frac{3.9 - \tan 48°}{3.9 \times [1 + 3.9 \times (\tan 48° - \tan 38.4°) + \tan 48° \tan 38.4°]}$$

$$= 0.229$$

$$h_1 = 4.25 + 5.5 \times \tan 26.6° = 7 \text{m}，\quad e_1 = \gamma h_1 \lambda = 22.5 \times 7 \times 0.229 = 36.1 \text{kPa}$$

$$h_2 = 7 + 2.75 + 6.5 = 16.25 \text{m}，\quad e_2 = \gamma h_2 \lambda = 22.5 \times 16.25 \times 0.229 = 83.7 \text{kPa}$$

$$E_a = \frac{36.1 + 83.7}{2} \times 9.25 = 554 \text{kN/m}$$

注：t的计算方法如解图所示。

$AO = (4.25 + 2.75) \times 2 + 2.75 = 16.75 \text{m}$

$EO = 16.75 \times \sin 26.6° = 7.5 \text{m}$

$t = EF = 7.5 - 2.75 = 4.75 \text{m}$

19.【答案】C

【解析】《土工试验方法标准》（GB/T 50123—2019）第24.1.2条、第24.4.1条，《公路路基设计规范》（JTG D30—2015）第7.9.7条。

（1）自由膨胀率计算

试样1：

$$\delta_{ef1} = \frac{V_w - V_0}{V_0} \times 100\% = \frac{19.3 - 10}{10} \times 100\% = 93\%$$

$$\delta_{ef2} = \frac{V_w - V_0}{V_0} \times 100\% = \frac{19.1 - 10}{10} \times 100\% = 91\%$$

两次差值不大于8%，$\overline{\delta}_{ef} = \frac{93\% + 91\%}{2} = 92\%$

试样2：

$$\delta_{ef1} = \frac{V_w - V_0}{V_0} \times 100\% = \frac{19.2 - 10}{10} \times 100\% = 92\%$$

$$\delta_{ef2} = \frac{V_w - V_0}{V_0} \times 100\% = \frac{19.4 - 10}{10} \times 100\% = 94\%$$

两次差值不大于8%，$\overline{\delta}_{ef} = \frac{92\% + 94\%}{2} = 93\%$

自由膨胀率均大于90%，查《公路工程地质勘察规范》（JTG C20—2011）表8.3.4，为强膨胀土。

（2）边坡坡率

查《公路路基设计规范》（JTG D30—2015）表7.9.7-1，边坡高5.5m，小于6m，碎落台宽度取2.0m。

20.【答案】D

【解析】《工程地质手册》（第五版）第691页。

（1）最大洪峰流量计算

$$Q_w = 0.278 \times 100 \times 10 \times 0.25 = 69.5 \text{m}^3/\text{s}$$

（2）泥石流流量

$$\varphi = \frac{\rho_m - 1}{d_s - \rho_m} = \frac{1.9 - 1}{2.5 - 1.9} = 1.5$$

$$Q_m = Q_w(1 + \varphi)D_m = 69.5 \times (1 + 1.5) \times 1 = 173.75 \text{m}^3/\text{s}$$

注：公式$Q_w = 0.278K \cdot I \cdot F$为中国水科院的经验公式。其中，$I$为平均1h降雨强度，单位取mm/h；$F$为流域面积，单位为km²；$0.278 = \frac{10^{-3}}{60 \times 60} \times 10^6$，即0.278是换算系数。各参数无须进行单位换算，直接代入数据计算。题目交代是全流域汇流条件，集水面积取全流域的面积10km²。

21.【答案】C

【解析】《建筑地基基础设计规范》（GB 50007—2011）第6.8.3条条文说明。

如解图所示，三棱锥体积：$V = \frac{1}{3} \times \frac{1}{2} \times 12.25 \times 12.25 \times$

$5 = 125.05 \text{m}^3$

滑体的自重：$G = \gamma V = 24 \times 125.05 = 3001.2 \text{kN}$

由于三角形BFD与BEF是面积相等的，故解图中的倾斜面（即滑动面DEF）的倾角为30°，则

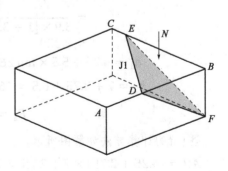

题21解图

$$S_{\Delta DEF} = \frac{S_{\Delta BDE}}{\cos\theta} = \frac{12.25^2/2}{\cos 30°} = 86.64\text{m}^2$$

施加集中荷载 N 后的稳定系数：

$$K = \frac{cS_{\Delta DEF} + (G+N)\cos\theta\tan\varphi}{(G+N)\sin\theta}$$

$$= \frac{12 \times 86.64 + (3001.2 + 200) \times \cos 30° \times \tan 10°}{(3001.2 + 200) \times \sin 30°} = 0.95$$

22.【答案】C

【解析】《工程地质手册》（第五版）第 644 页。

（1）弯矩计算

$$M = \gamma h B L \times \frac{L}{2} + FL = 25 \times 3 \times 4 \times 4 \times \frac{4}{2} + n \times 0.8 \times 4 = 2400 + 3.2n$$

（2）拉应力计算

截面惯性矩：$I = \frac{bh^3}{12} = \frac{4 \times 3^3}{12} = 9\text{m}^4$

$$\sigma_{拉} = \frac{M \cdot y}{I} = \frac{(2400 + 3.2n) \times 3/2}{9} = 400 + 0.533n$$

（3）稳定系数

$$K = \frac{\sigma_t}{\sigma_{拉}} = \frac{1.22 \times 10^3}{400 + 0.533n} \geqslant 3.0, \text{ 解得：} n \leqslant 12.5$$

故最多容纳 12 人。

23.【答案】C

【解析】《建筑抗震设计标准》（GB/T 50011—2010）（2024 年版）第 4.1.4 条、第 4.1.5 条及第 4.1.2 条～第 4.1.6 条条文说明。

（1）覆盖层厚度

根据题目数据及规范第 4.1.4 条判定覆盖层取至卵石层顶面，即覆盖层厚度为 46m。

（2）等效剪切波速

覆盖层厚度大于 20m，取计算深度 20m，则

$$v_{se} = \frac{d_0}{t} = \frac{d_0}{\sum\limits_{i=1}^{n} \frac{d_i}{v_{si}}} = \frac{20}{\frac{2}{135} + \frac{3}{170} + \frac{5}{220} + \frac{10}{340}} = 236.4\text{m/s}$$

$250 \times (1 + 15\%) = 287.5\text{m/s}$，$250 \times (1 - 15\%) = 212.5\text{m/s}$，$212.5 < 236.4 < 287.5$

需要插值确定特征周期值。

（3）根据规范条文说明，插值得特征周期为 0.39s。

24.【答案】D

【解析】《建筑抗震设计标准》（GB/T 50011—2010）（2024 年版）第 4.1.6 条、第 5.1.4 条、第 5.1.5 条。

（1）特征周期确定

覆盖层厚度 8m，查表 4.1.6，场地类别判定为Ⅱ类。

设计地震分组为第二组，查表 5.1.4-2，特征周期 $T_g = 0.40$s，计算罕遇地震时，$T_g = 0.40 + 0.05 = 0.45$s。

（2）计算水平地震影响系数

地震影响系数最大值 $\alpha_{max} = 1.20$，$T_g = 0.45$s，$T = 0.55$s，位于曲线下降段，阻尼比 $\zeta = 0.45$，则

$$\gamma = 0.9 + \frac{0.05 - \zeta}{0.3 + 6\zeta} = 0.9 + \frac{0.05 - 0.45}{0.3 + 6 \times 0.45} = 0.767$$

$$\eta_2 = 1 + \frac{0.05 - \zeta}{0.08 + 1.6\zeta} = 1 + \frac{0.05 - 0.45}{0.08 + 1.6 \times 0.45} = 0.5 < 0.55$$

取 $\eta_2 = 0.55$，则

$$\alpha = \left(\frac{T_g}{T}\right)^\gamma \eta_2 \alpha_{max} = \left(\frac{0.45}{0.55}\right)^{0.767} \times 0.55 \times 1.20 = 0.57$$

25.【答案】B

【解析】《建筑地基检测技术规范》（JGJ 340—2015）第 5.2.1 条、第 5.1.3 条、第 4.2.6 条。

（1）承压板面积计算

$$d_e = 1.05s = 1.05 \times 1.4 = 1.47\text{m}$$

$$A_e = \frac{\pi d_e^2}{4} = \frac{3.14 \times 1.47^2}{4} = 1.7\text{m}^2$$

（2）最大加载量计算

最大加载量不应小于设计承载力特征值的 2 倍，即

$$Q = 1.7 \times 260 \times 2 = 884\text{kN}$$

（3）单侧支墩面积计算

加载反力装置提供的反力不得小于最大加载量的 1.2 倍，即

$$F = 884 \times 1.2 = 1060.8\text{kN}$$

压重平台支墩施加于地基的压应力不宜大于地基承载力特征值的 1.5 倍，即

$$\frac{F}{A} \leqslant 1.5 f_{ak}, \quad A \geqslant \frac{1060.8}{1.5 \times 110} = 6.43\text{m}^2, \quad \text{单侧支墩面积的最小值} \geqslant \frac{6.43}{2} = 3.2\text{m}^2。$$

2021年案例分析试题答案及解析（上午卷）

试 题 答 案

本试卷由25道题组成，全部为单项选择题，每道题均为必答题。每题2分，满分为50分。

1	C	2	B	3	B	4	C	5	B
6	C	7	C	8	C	9	B	10	A
11	D	12	C	13	D	14	D	15	B
16	B	17	B	18	B	19	D	20	C
21	A	22	B	23	D	24	D	25	A

解 题 过 程

1.【答案】C

【解析】土力学基本知识。

（1）填土体积：$V_1 = 200 \times 2 \times (3 + 1.5) = 1800 m^3$

填土压实前干密度：$\rho_{d0} = \dfrac{1700}{1 + 0.15} = 1478.3 kg/m^3$

填土压实后干密度：$\rho_{d1} = 0.96 \times 1750 = 1680 kg/m^3$

（2）根据土颗粒质量不变的原则计算

$V_0 \rho_{d0} = V_1 \rho_{d1}$，$V_0 \times 1478.3 = 1800 \times 1680$，得：$V_0 = 2045.6 m^3$

$\Delta V = 2045.6 - 200 \times 2 \times 1.5 = 1445.6 m^3$

2.【答案】B

【解析】《水利水电工程地质勘察规范》（GB 50487—2008）（2022年版）附录G.0.5条、G.0.6条。

砂土，$C_u = 4 < 5$，渗透变形破坏形式为流土。

临界水力比降：$J_{cr} = (G_s - 1)(1 - n) = (2.65 - 1) \times \left(1 - \dfrac{0.42}{1 + 0.42}\right) = 1.162$

实际水力比降：$i = \dfrac{\Delta h}{l} = \dfrac{70}{50} = 1.4 > i_{cr} = 1.162$，会发生流土破坏。

3.【答案】B

【解析】《工程岩体分级标准》（GB/T 50218—2014）第4.2.2条、第5.2.2条。见解图。

（1）岩层产状为270°∠45°，剖面线方向为270°，即砂岩、泥岩的视倾角为45°。

ZK1在15m深度处的砂岩界线对应的ZK2砂岩界线埋深：

$15 + 60 \times \tan 45° + 298 - 300 = 73 m$

ZK1在47m深度处的砂岩界线对应的ZK2砂岩界线埋深：

$47 + 60 \times \tan 45° + 298 - 300 = 105 m$

如下图所示，可以判断出隧道全部位于砂岩中，$R_c = 55 MPa$，$K_v = 0.75$。

（2）围岩基本质量指标。

$R_c = 55 MPa < 90 \times 0.75 + 30 = 97.5 MPa$，故$R_c = 55 MPa$；

$K_v = 0.75 < 0.04 \times 55 + 0.4 = 2.6$，故$K_v = 0.75$；

$$BQ = 100 + 3 \times 55 + 250 \times 0.75 = 452.5$$

（3）围岩质量指标修正。

压水试验无法表明地下水实际出水情况，根据抽水后，地下水位无法恢复，说明砂岩中地下水出水量匮乏，其状态按 $Q \leqslant 25L/min \cdot 10m$ 查表，$K_1 = 0$；

结构面走向 $270° - 90° = 180°$，隧道南北走向，两者夹角为 $0°$，结构面倾角 $45°$，且

$K_2 = 0.4 \sim 0.6$；

不进行初始应力状态修正，$K_3 = 0$，则

$$[BQ] = 452.5 - 100 \times [0 + (0.4 \sim 0.6)] = 392.5 \sim 412.5$$

取下限值，查表 4.1.1，为Ⅲ级。

题3解图（尺寸单位：m）

4. 【答案】C

【解析】《公路路基设计规范》（JTG D30—2015）第 3.3.4 条。

根据填料击实曲线，$\rho_{dmax} = 1.75g/cm^3$

上路堤：$\rho_{d上} = \dfrac{1.95}{1 + 0.181} = 1.65g/cm^3$

压实度：$\lambda = \dfrac{1.65}{1.75} = 94.3\% > 94\%$，满足规范要求。

下路堤：$\rho_{d下} = \dfrac{1.87}{1 + 0.186} = 1.58g/cm^3$

压实度：$\lambda = \dfrac{1.58}{1.75} = 90.3\% < 92\%$，不满足规范要求。

5. 【答案】B

【解析】《铁路桥涵地基和基础设计规范》（TB 10093—2017）附录 G.0.1 条。

（1）河底下70%冻深范围内基础和墩身面积

$h = 1.5 \times 0.7 = 1.05\text{m}$

$A_u = \pi \times 2 \times 0.5 + 4 \times 3 \times (1.05 - 0.5) = 9.74\text{m}^2$

（2）河底以上冰层中墩身面积

$A'_u = \pi \times 2 \times 1.0 = 6.28\text{m}^2$

$T = A_u\tau + A'_u\tau' = 9.74 \times 120 + 6.28 \times 190 = 2362\text{kN}$

6. 【答案】C

【解析】《建筑地基基础设计规范》（GB 50007—2011）第5.1.4条、第5.2.4条。

（1）根据承载力验算确定基础埋深

$f_a = 180 + 3.0 \times 10.3 \times (6 - 3) + 4.4 \times 10.3 \times (d - 0.5) = 250.04 + 45.32d$

$p_k = 450\text{kPa} \leqslant f_a = 250.04 + 45.32d$

解得：$d \geqslant 4.41\text{m}$

（2）在抗震设防区，除岩石地基外，筏形基础埋置深度不宜小于建筑物高度的1/15，则

$d \geqslant 60/15 = 4\text{m}$，取 $d \geqslant 4.41\text{m}$

注：题目有瑕疵，题目中"荷载标准组合"未明确是"地震作用效应标准组合"还是"非地震作用效应标准组合"。从题目条件来判断，8度、60m高层、天然基础，基础计算时肯定是需要考虑地震作用的。通常在考虑地震作用下进行基础设计时，将地震作用等效为荷载参与荷载组合，分项系数为1.0，得出来的基底压力也称为荷载标准组合下基底压力。如果理解为"地震作用效应标准组合"，计算如下：

②层土粒径大于0.25mm的颗粒质量为54.5% > 50%，判定为中砂；

标贯锤击数 $15 < N = 23 < 30$，中密中砂；

$p = 450\text{kPa} \leqslant f_{aE} = \zeta_a f_a = 1.3 f_a = 1.3 \times (250.04 + 45.32d)$

解得：$d \geqslant 2.12\text{m}$，取 $d \geqslant 4\text{m}$

题目指定按地基规范作答，命题组没有考虑到抗震规范承载力提高这一点。

7. 【答案】C

【解析】《建筑地基基础设计规范》（GB 50007—2011）第5.2.5条。

$\varphi_k = 28°$，查规范表5.2.5，得：$M_b = 1.40$，$M_d = 4.93$，$M_c = 7.40$

对于地下室，采用矩形独立基础时，埋深自室内地面标高算起，则

$d = 0.5 + 0.8 = 1.3\text{m}$，$\gamma_m d = 8.5 \times 0.5 + 9 \times 0.8 = 11.45\text{kPa}$

粉砂，$b = 2.4\text{m} < 3\text{m}$，取 $b = 3\text{m}$，则

$f_a = M_b\gamma b + M_d\gamma_m d + M_c c_k = 1.40 \times 9 \times 3 + 4.93 \times 11.45 = 94.25\text{kPa}$

8. 【答案】C

【解析】《建筑地基基础设计规范》（GB 50007—2011）第8.2.8条。

（1）抗冲切承载力计算

$h_0 = 0.6 - 0.04 - 0.01 = 0.55\text{m}$

$a_m = a_t + h_0 = \pi \times (0.5 + 0.55) = 3.297\text{m}$

$0.7\beta_{hp}f_t a_m h_0 = 0.7 \times 1.0 \times 1270 \times 3.297 \times 0.55 = 1612.07\text{kN}$

（2）冲切力计算

$$p_j = \frac{F}{A} = \frac{F}{2.5 \times 2.5}, \quad A_l = 2.5 \times 2.5 - \frac{\pi}{4} \times (0.5 + 2 \times 0.55)^2 = 4.24\text{m}^2$$

$$F_l = p_j A_l = \frac{F}{2.5 \times 2.5} \times 4.24 = 0.678F \leqslant 1612.07\text{kN}$$

解得：$F \leqslant 2377.68\text{kN}$

9.【答案】B

【解析】《建筑桩基技术规范》（JGJ 94—2008）第5.8.2条～第5.8.4条。

（1）高承台桩，桩顶铰接，桩端持力层为粉砂层（非岩石）

$$\frac{4.0}{\alpha} = \frac{4.0}{0.483} = 8.28\text{m} < h = 20\text{m}$$

$$l_c = 0.7 \times \left(l_0 + \frac{4.0}{\alpha}\right) = 0.7 \times (6 + 8.28) = 10\text{m}$$

桩身长细比 $\frac{l_c}{b} = \frac{10}{0.5} = 20$，查表得桩身稳定系数 $\varphi = 0.75$。

（2）桩顶以下3m范围内箍筋间距为150mm > 100mm，不考虑钢筋抗压承载力，则

$N \leqslant \varphi\psi_c f_c A_{ps} = 0.75 \times 0.85 \times 14.3 \times 500^2/1000 = 2279\text{kN}$

10.【答案】A

【解析】《建筑桩基技术规范》（JGJ 94—2008）第5.4.5条、第5.4.6条。

（1）群桩非整体破坏时

$$T_{uk} = \sum\lambda_i q_{sik}u_i l_i = \pi \times 0.8 \times (0.7 \times 25 \times 6 + 0.75 \times 40 \times 9 + 0.6 \times 60 \times 3) = 1213.3\text{kN}$$

$$G_p = \frac{\pi d^2}{4}\gamma_c l = \frac{\pi \times (0.8^2 - 0.58^2)}{4} \times (24 - 10) \times (22 - 4) = 60.1\text{kN}$$

$$N_k \leqslant \frac{T_{uk}}{2} + G_p = \frac{1213.3}{2} + 60.1 = 667.75\text{kN}$$

（2）群桩整体破坏时

$$u_l = 2 \times (5 + 0.8 + 4 + 0.8) = 21.2\text{m}$$

$$T_{gk} = \frac{1}{n}u_l\sum\lambda_i q_{sik}l_i = \frac{1}{5} \times 21.2 \times (0.7 \times 25 \times 6 + 0.75 \times 40 \times 9 + 0.6 \times 60 \times 3) = 2047.92\text{kN}$$

$$G_{gp} = \frac{A \cdot B \cdot l \cdot \overline{\gamma}_s}{n} = \frac{5.8 \times 4.8 \times 18 \times (18.8 - 10)}{5} = 881.97\text{kN}$$

$$N_k \leqslant \frac{T_{gk}}{2} + G_{gp} = \frac{2047.92}{2} + 881.97 = 1905.93\text{kN}$$

综上，$N_k \leqslant 667.05\text{kN}$

11.【答案】D

【解析】《建筑桩基技术规范》（JGJ 94—2008）第5.4.1条。

（1）桩群数量及桩群外围尺寸计算

长边方向41/3 = 13.7，布置14根桩，短边方向17/3 = 5.7，布置6根桩；

桩群外围尺寸 $A_0 = (14 - 1) \times 3 + 0.6 = 39.6\text{m}$，$B_0 = (6 - 1) \times 3 + 0.6 = 15.6\text{m}$。

（2）软弱下卧层顶面的附加应力计算

$t/B_0 = 5/15.6 = 0.32$，$E_{s1}/E_{s2} = 60/12 = 5$，查规范表，$\theta = 14.2°$，则

$$\sigma_z = \frac{F_k + G_k - \frac{3}{2}(A_0 + B_0) \cdot \sum q_{sik}l_i}{(A_0 + 2t \cdot \tan\theta)(B_0 + 2t \cdot \tan\theta)}$$

$$= \frac{400 \times 41 \times 17 - \frac{3}{2} \times (39.6 + 15.6) \times (60 \times 15 + 100 \times 5)}{(39.6 + 2 \times 5 \times \tan 14.2°) \times (15.6 + 2 \times 5 \times \tan 14.2°)} = 213.24 \text{kPa}$$

（3）软弱下卧层承载力验算

$$f_{az} \geq \sigma_z + \gamma_m z = 213.24 + (20 - 10) \times 15 + (22 - 10) \times 10 = 483.24 \text{kPa}$$

注：题目有瑕疵，从原理来说，桩基软弱下卧层的验算需要先求解作用于承台（本题为筏板）底部的总荷载 $F_k + G_k$，而本题只给出了作用于筏板顶部的平均荷载，并没有给出筏板的厚度及重度，故而无法计算 G_k。

阅卷评分标准：解答不考虑筏板自重可得分，按 1m 左右的筏板厚度考虑其自重也可得分，按 5m 厚筏板不得分！

12.【答案】C

【解析】土力学基本原理。

取 1m^3 土体分析：

固体土颗粒质量为 $m_s = 1.3t$；

水泥浆密度为 $\rho = 1 + \dfrac{2}{1 + 3W} = 1 + \dfrac{2}{1 + 3 \times 0.8} = 1.588 \text{t/m}^3$；

水泥质量为 $m_1 = \dfrac{\rho_c V}{1 + W\rho_c/\rho_w} = \dfrac{3 \times 0.2}{1 + 0.8 \times 3/1} = 0.176t$；

水化反应即水泥和水结合形成化合物。

化合物质量为 $m_2 = 0.176 \times (1 + 0.24) = 0.218t$；

因加固前后地面标高无变化，即体积不变，加固后干密度为

$$\rho_d = \frac{m_d}{V} = \frac{m_s + m_{化合物}}{1} = \frac{1.3 + 0.218}{1} = 1.52 \text{t/m}^3$$

13.【答案】D

【解析】《建筑地基处理技术规范》（JGJ 79—2012）第 7.2.2 条、第 7.1.5 条。

（1）计算处理之后 f_{sk}，三角形布桩

$$m = \frac{d^2}{d_e^2} = \frac{0.5^2}{(1.05 \times 1.2)^2} = 0.157$$

$$m = \frac{e_0 - e_1}{1 + e_0} = \frac{0.95 - e_1}{1 + 0.95} = 0.157, \text{ 解得：} e_1 = 0.644$$

$$f_{sk} = 715 - 600\sqrt{e} = 715 - 600 \times \sqrt{0.644} = 233.5 \text{kPa}$$

（2）复合地基承载力特征值计算

$$f_{spk} = [1 + m(n - 1)]f_{sk} = [1 + 0.157 \times (2 - 1)] \times 233.5 = 270 \text{kPa}$$

14.【答案】D

【解析】《湿陷性黄土地区建筑标准》（GB 50025—2018）第 6.1.3 条、第 6.1.5 条、第 4.4.4 条、第 6.1.6 条。

（1）丙类建筑应采取地基处理措施消除地基的部分湿陷量，查表6.1.5，湿陷等级为Ⅱ级，高度超过6m，自重湿陷性场地，处理厚度$\geqslant 2.5$m，且下部未处理剩余湿陷量$\leqslant 200$mm。

（2）需处理土层最小累计湿陷量$425.8 - 200 = 225.8$mm

基底以下$0\sim 5$m，$\beta = 1.5$

基底以下$0\sim 1.3$m，$\Delta_{s1} = 1.0 \times 1.5 \times 0.051 \times (2.8 - 1.5) \times 1000 = 99.45$mm

基底以下$1.3\sim 2$m，$\Delta_{s2} = 1.0 \times 1.5 \times 0.047 \times (3.5 - 2.8) \times 1000 = 49.35$mm

基底以下$2\sim 3$m，$\Delta_{s3} = 1.0 \times 1.5 \times 0.052 \times (4.5 - 3.5) \times 1000 = 78$mm

基底以下$0\sim 3$m 累计湿陷量：$\Delta_s = 99.45 + 49.35 + 78 = 226.8mm> 225.8$mm，满足要求。

即处理基底以下3m以内的土层。

（3）土方量计算

自重湿陷性黄土采用整片处理，则

$$V = (20 + 2.5 + 2 \times 2) \times (16 + 2.5 + 2 \times 2) \times 3 = 1788.75\text{m}^3$$

15.【答案】B

【解析】土力学原理。

墙背垂直，填土水平，忽略墙背摩擦，按朗肯理论计算土压力。

饱和黏性土，$\varphi = 0°$，$K_a = \tan^2 45° = 1$，则

$$e_{ak} = \gamma z K_a - 2c\sqrt{K_a} = 20z - 2 \times (15 + 0.5z) = 19z - 30$$

令$e_{ak} = 0$，得拉力区深度$z = 1.58$m。

根据以上公式可知土压力分布为三角形分布，分布范围为$1.58\sim 5.8$m

$$E_a = \frac{1}{2}\gamma h^2 K_a = \frac{1}{2} \times 19 \times (5.8 - 1.58)^2 \times 1 = 169.2\text{kN/m}$$

16.【答案】B

【解析】土力学基本原理。

（1）最大水力梯度

相邻等势线间的水头差：$\Delta h = \dfrac{5}{11 - 1} = 0.5$m

图中E点水力梯度最大（流网最密集）；

DE之间水头差0.5m，渗流路径$DE = 2$m，$i_{max} = \dfrac{\Delta h}{l} = \dfrac{0.5}{2} = 0.25$。

（2）点6水压力计算

$$u_6 = h_u\gamma_w = (6 + 18 - 5 \times 0.5) \times 10 = 215\text{kPa}$$

（3）流量计算

查图，流槽数$M = 4$，则

$$q = Mk\Delta h = 4 \times 2 \times 10^{-6} \times 24 \times 3600 \times 0.5 = 0.346\text{m}^3/(\text{m}\cdot\text{d})$$

17.【答案】B

【解析】《建筑边坡工程技术规范》（GB 50330—2013）第4.3.2条、第4.3.1条、附录A。

结构面特征为分离、平直且光滑、结构面张开2mm、无充填，结构面结合程度为很差。

查表4.3.1，$\varphi = 18°$，$c = 50$kPa

结构面倾角 $\tan\theta = \dfrac{30}{47.5 + 30 \times 0.25}$，$\theta = 28.6°$

$$L = \frac{30}{\sin 28.6°} = 62.67\text{m}$$

$$W = \frac{1}{2} \times 47.5 \times 30 \times 22 = 15675\text{kN/m}$$

$$F_s = \frac{W\cos\theta\tan\varphi + cL}{W\sin\theta} = \frac{15675 \times \cos 28.6° \times \tan 18° + 50 \times 62.67}{15675 \times \sin 28.6°} = 1.013$$

18.【答案】B

【解析】《建筑基坑支护技术规程》（JGJ 120—2012）附录 C、附录 E。

（1）根据突涌稳定性计算降深

$$\frac{D\gamma}{h_w\gamma_w} = \frac{4 \times 19}{h_w \times 10} \geqslant 1.1\text{，解得：} h_w \leqslant 6.9\text{m}$$

降水深度为 $s_d = 4 + 6.5 - 6.9 = 3.6\text{m}$

（2）基坑涌水量计算

承压水非完整井：

$$r_0 = \sqrt{\frac{(34 + 4) \times (34 + 4)}{\pi}} = 21.44\text{m，} s_w = 10\text{m，} R = 10 s_w\sqrt{k} = 10 \times 10 \times \sqrt{20} = 447.2\text{m}$$

$$Q = 2\pi k \frac{M s_d}{\ln\left(1 + \dfrac{R}{r_0}\right) + \dfrac{M - l}{l}\ln\left(1 + 0.2\dfrac{M}{r_0}\right)}$$

$$= 2\pi \times 20 \frac{20 \times 3.6}{\ln\left(1 + \dfrac{447.2}{21.44}\right) + \dfrac{20 - 6}{6} \times \ln\left(1 + 0.2 \times \dfrac{20}{21.44}\right)} = 2597.2\text{m}^3/\text{d}$$

（3）降水井单井设计流量

$$q = 1.1\frac{Q}{n} = 1.1 \times \frac{2597.2}{12} = 238.1\text{m}^3/\text{d}$$

注：本题实际上是一个减压井设计，坑底有承压水，为了避免坑底发生突涌，需要降低承压含水层的水位，因此先要进行抗突涌验算，确定降水深度之后，再进行降水设计。本题存在计算基坑等效半径采用基坑面积还是降水井轮廓围成面积的问题，按降水井轮廓面积计算结果与选项最为接近，可见命题组倾向于按降水井轮廓面积计算。如按基坑面积计算为 228.4m³/d，在人工阅卷时，两种方法均给分了。

19.【答案】D

【解析】《建筑基坑支护技术规程》（JGJ 120—2012）第 4.12.5 条。

（1）主动土压力

$$K_a = \tan^2\left(45° - \frac{30°}{2}\right) = \frac{1}{3}$$

$E_{ak} = \dfrac{1}{2}\gamma H^2 K_a = \dfrac{1}{2} \times 20 \times 12^2 \times \dfrac{1}{3} = 480\text{kN/m}$，到排桩底端的距离 $a_a = \dfrac{12}{3} = 4\text{m}$。

（2）被动土压力

$$K_p = \tan^2\left(45° + \frac{30°}{2}\right) = 3$$

$E_{pk} = \dfrac{1}{2}\gamma H^2 K_p = \dfrac{1}{2} \times 20 \times 6^2 \times 3 = 1080\text{kN/m}$，到排桩底端的距离 $a_p = \dfrac{6}{3} = 2\text{m}$。

（3）排桩和桩间土自重

$$G = \gamma(s_y + d)(h + l_d) = 21 \times (2 + 0.6) \times 12 = 655.2 \text{kN/m}$$

到前排桩外边缘的距离 $a_G = \dfrac{2 + 0.6}{2} = 1.3\text{m}$。

（4）抗倾覆稳定性

$$K_e = \frac{E_{pk}a_p + Ga_G}{E_{ak}a_a} = \frac{1080 \times 2 + 655.2 \times 1.3}{480 \times 4} = 1.57$$

20.【答案】C

【解析】建立坐标系，以 a 点为原点，y 轴正向为上，x 轴正向为右；

危岩滚落撞击 a 点后，可视为有竖向初速度的向上斜抛运动，其运动轨迹为抛物线；

水平方向位移 $x = v_0 t$，竖直方向位移 $y = 2t - \dfrac{1}{2}gt^2$

拦石网1：$15 = 12t$，$t = 1.25\text{s}$，$y = 2 \times 1.25 - \dfrac{1}{2} \times 10 \times 1.25^2 = -5.31\text{m} > -25\text{m}$，不能拦截；

拦石网2：$25 = 12t$，$t = 2.08\text{s}$，$y = 2 \times 2.08 - \dfrac{1}{2} \times 10 \times 2.08^2 = -17.47\text{m} > -30\text{m}$，不能拦截；

拦石网3：$35 = 12t$，$t = 2.92\text{s}$，$y = 2 \times 2.92 - \dfrac{1}{2} \times 10 \times 2.92^2 = -36.79\text{m} < -35\text{m}$，可以拦截。

注：本题运用高中物理的斜抛运动知识来解答，绝大部分考生看到此题都应该放弃了，一是没思路，二是物理知识都忘得差不多了，命题组这样出题确实是用心良苦。注册岩土工程师不应当脱离了规范就不会解决实际工程问题了，危岩崩塌分析时通常采用的就是这一类方法。预估以后注册岩土工程师考试中像这类考原理的题目会越来越多。

21.【答案】A

【解析】《工程地质手册》（第五版）第 713 页。

$$H_0 = \frac{B\gamma + \sqrt{B^2\gamma^2 + 4B\gamma P_0 \tan\varphi \tan^2\left(45° - \dfrac{\varphi}{2}\right)}}{2\gamma\tan\varphi\tan^2\left(45° - \dfrac{\varphi}{2}\right)}$$

$$= \frac{3 \times 25 + \sqrt{3^2 \times 25^2 + 4 \times 3 \times 25 \times 200 \times \tan46° \times \tan^2\left(45° - \dfrac{46°}{2}\right)}}{2 \times 25 \times \tan46° \times \tan^2\left(45° - \dfrac{46°}{2}\right)} = 23.73\text{m}$$

采空区顶板至基底的距离 $H = 27 - 4 = 23\text{m} < H_0 = 23.73\text{m}$，地基不稳定。

注：本题采用基底压力和基底附加压力答案截然不同，2021 年考试的评分标准应该是按照基底压力计算的。从力学原理来分析，本质上就是顶板岩层自重、基底压力、基底以下采空区顶板以上部分侧摩阻力 $2fL$ 三者之间的静力平衡，当有基础埋深时，侧摩阻力的作用范围是和基础宽度有关的，为了简化计算及从安全角度考虑，《工程地质手册》采用基底压力计算临界深度是合适的。但是 2012 年下午 27 题标准答案是采用基底附加压力计算的，误导了很多人。此题是 2021 年争论颇多的题目。

22.【答案】B

【解析】《盐渍土地区建筑技术规范》（GB/T 50942—2014）附录 E.2.4 条。

$$s_{yz} = S_{max} - S_0 = 587.193 - 587.139 = 0.054\text{m}，盐胀等级为I级。$$

$$\overline{\delta}_{yz} = \frac{s_{yz}}{h_{yz}} = \frac{0.054}{2.0} = 0.027，属中盐胀土。$$

23.【答案】D

【解析】《建筑抗震设计标准》（GB/T 50011—2010）（2024 年版）第 3.10.3 条、第 5.1.5 条。

覆盖层厚度 45m，等效剪切波速 235m/s，判定场地类别为Ⅱ类；

第一组，Ⅱ类场地，特征周期为 0.35s；

设防地震，0.2g，根据第 3.10.3 条，$\alpha_{max} = 0.45$；

阻尼比为 0.05，$\eta_2 = 1$，$\gamma = 0.9$，$T_g = 0.35$s，位于曲线下降段；

距离发震断裂约 3km，增大系数取 1.5，则

$$\alpha = 1.5 \left(\frac{T_g}{T}\right)^{\gamma} \eta_2 \alpha_{max} = 1.5 \times \left(\frac{0.35}{0.5}\right)^{0.9} \times 1.0 \times 0.45 = 0.49$$

24.**【答案】** D

【解析】《建筑抗震设计标准》（GB/T 50011—2010）（2024 年版）第 4.1.4 条~第 4.1.6 条。

（1）确定覆盖层厚度。

覆盖层取 8 层顶面，6 层流纹岩应从覆盖层厚度中扣除，覆盖层厚度取 16.5m。

（2）计算等效剪切波速。

计算深度取 20m 和覆盖层厚度中的较小值，计算深度取 16.5m，则

$$v_{se} = \frac{d_0}{t} = \frac{d_0}{\sum_{i=1}^{n} \left(\frac{d_i}{v_{si}}\right)} = \frac{16.5}{\frac{3.5}{110} + \frac{1.5}{130} + \frac{5.5}{150} + \frac{2.5}{160} + \frac{1.5}{220} + \frac{2}{220}} = 147.9 \text{m/s}$$

（3）查规范表 4.1.6，场地类别为Ⅲ类。

25.**【答案】** A

【解析】《建筑基桩检测技术规范》（JGJ 106—2014）第 9.4.3 条、第 9.4.8 条。

$$c = \frac{2L}{\Delta t} = \frac{2 \times (25 - 1)}{18.3 - 6.2} \times 1000 = 3967 \text{m/s}$$

$$Z = \frac{E \cdot A}{c} = \rho \cdot c \cdot A = 2400 \times 3967 \times \frac{3.14 \times 0.8^2}{4} \times 10^{-3} = 4783 \text{kN} \cdot \text{s/m}$$

注：本题疑问较多的是在计算 Δt 时取 $t_3 - t_1$，还是取 $t_4 - t_2$。根据规范，取 $t_3 - t_1$ 计算时差，规范图中的 t_r 为速度或锤击力上升时间，可以理解为上升沿宽度，一般都在 2ms 以内，起点对应 t_1。本题反射波波峰非常尖锐，采用峰值法也不能算错，但规范的计算方法更具有普遍性和代表性，因此编者认为宜采用 $t_3 - t_1$。按峰值法计算结果为 4863m/s，在人工阅卷时也给分了。

2021 年案例分析试题答案及解析（下午卷）

试 题 答 案

本试卷由 25 道题组成，全部为单项选择题，每道题均为必答题。每题 2 分，满分为 50 分。

1	C	2	C	3	D	4	B	5	C
6	D	7	D	8	B	9	C	10	A
11	A	12	D	13	C	14	D	15	C
16	C	17	C	18	C	19	A	20	B
21	A	22	A	23	A	24	D	25	D

解 题 过 程

1. 【答案】C

【解析】《工程地质手册》（第五版）第 1246 页。

（1）透水率计算。

$$p_3 = 0.5 + \frac{(0.5 + 10) \times 10}{1000} - 0.05 = 0.555\text{MPa}$$

$$q = \frac{Q_3}{P_3 L} = \frac{12.7}{0.555 \times (20 - 15)} = 4.58\text{Lu} < 10\text{Lu}$$

（2）压水试验的 P-Q 曲线属于 B 型，紊流型，试验段深度范围 15.0～20.0m，位于地下水位以下，且透水率 $q < 10\text{Lu}$，采用第一阶段的压力值 P_1 和流量值 Q_1 计算。

$$P_1 = 0.1 + \frac{(0.5 + 10) \times 10}{1000} - 0.05 = 0.155\text{MPa}，对应水柱压力 H_1 = 0.155/10 = 15.5\text{m}$$

$$Q_1 = 10 \times 10^{-3} \times 1440 = 14.4\text{m}^3/\text{d}$$

$$k = \frac{Q_1}{2\pi H_1 L} \ln \frac{L}{r_0} = \frac{14.4}{2\pi \times 15.5 \times (20 - 15)} \times \ln \frac{20 - 15}{0.15/2} = 0.124\text{m/d} = 12.4 \times 10^{-2}\text{m/d}$$

2. 【答案】C

【解析】《岩土工程勘察规范》（GB 50021—2001）（2009 年版）第 3.3.2 条、第 6.4.1 条。

（1）粒径大于 2.0mm 的颗粒含量。

$\frac{160 + 580 + 480}{2000} = 61\% > 50\%$，粗颗粒以亚圆形为主，定名为圆砾。

（2）粒径小于 0.075mm 的颗粒含量。

$\frac{2000 - (160 + 580 + 480 + 20 + 5 + 30 + 60 + 120)}{2000} = 27.25\% > 25\%$，定名为粗粒混合土。

（3）综上所述，该土样应定名为含黏土圆砾。

3. 【答案】D

【解析】《岩土工程勘察规范》（GB 50021—2001）（2009 年版）第 10.4.3 条条文说明。

（1）在 8.7～8.8m 处发生突变，地层为上软下硬，超前值取小值，即超前 0.1m，碎石土层上界深度为 8.8m；

（2）在 11.3～11.5m 处发生突变，地层为上硬下软，滞后值取小值，即滞后 0.2m，碎石土层上界深度为 11.3m；

（3）重型动力触探试验修正后锤击数在 10～15 击之间，该碎石土层为中密状态。

4. 【答案】B

【解析】《土工试验方法标准》（GB/T 50123—2019）第 16.3.3 条。

（1）土试样的断面积：$A = 3.14 \times (6.18/2)^2 = 30.0\text{cm}^2$

变水头管截面积：$a = 3.14 \times (0.8/2)^2 = 0.502\text{cm}^2$

$L = 4\text{cm}$，$t = 20 \times 60 = 1200\text{s}$

（2）渗透系数：$k = 2.3\dfrac{aL}{At}\lg\dfrac{H_{b1}}{H_{b2}} = 2.3 \times \dfrac{0.502 \times 4}{30 \times 1200}\lg\dfrac{H_{b1}}{H_{b2}} = 1.28 \times 10^{-4}\lg\dfrac{H_{b1}}{H_{b2}}$

第一组数据：$k_1 = 1.28 \times 10^{-4} \times \lg\dfrac{1800}{916} = 3.76 \times 10^{-5}\text{cm/s}$

第二组数据：$k_2 = 1.28 \times 10^{-4} \times \lg\dfrac{1700}{1100} = 2.42 \times 10^{-5}\text{cm/s}$

第三组数据：$k_3 = 1.28 \times 10^{-4} \times \lg\dfrac{1600}{525} = 6.19 \times 10^{-5}\text{cm/s}$

第四组数据：$k_4 = 1.28 \times 10^{-4} \times \lg\dfrac{1500}{411} = 7.20 \times 10^{-5}\text{cm/s}$

第五组数据：$k_5 = 1.28 \times 10^{-4} \times \lg\dfrac{1200}{383} = 6.35 \times 10^{-5}\text{cm/s}$

第六组数据：$k_6 = 1.28 \times 10^{-4} \times \lg\dfrac{1000}{314} = 6.44 \times 10^{-5}\text{cm/s}$

（3）据第 16.1.3 条，第 1、2 组数据与其余各组数据之间差距过大，删除 k_1、k_2 后其余各组之间最大差值均小于 $2.0 \times 10^{-5}\text{cm/s}$，取其平均值作为渗透系数取值，即有：

$$k = \frac{k_3 + k_4 + k_5 + k_6}{4} = 6.55 \times 10^{-5}\text{cm/s}$$

5. 【答案】C

【解析】《建筑地基基础设计规范》（GB 50007—2011）第 5.2.4 条。

查规范表 5.2.4，$\eta_d = 1.5$。

方案变更后：

$$\Delta f_a = \eta_d \gamma_m \Delta d = 1.5 \times 18.5\Delta d = 27.75\Delta d$$

$$\Delta p_k = \frac{\Delta F_k}{A} + \gamma_G \Delta d = \frac{240}{4 \times 4} + 20\Delta d \leqslant \Delta f_a = 27.75\Delta d$$

解得：$\Delta d \geqslant 1.94\text{m}$，$d = 1 + 1.94 = 2.94\text{m}$

6. 【答案】D

【解析】解法一：

取单位宽度分析。

最大剪力设计值：$V_s = p_j A_l = 120 \times 1.2 \times 1 = 144\text{kN}$

根据材料力学知识，竖直面上的最大剪应力：$\tau_{max} = 1.5\dfrac{V_s}{A} = 1.5 \times \dfrac{144}{0.6 \times 1} = 360\text{kPa}$

根据切应力互等定理，水平叠合面上的最大剪应力为 360kPa。

解法二：

条形基础可以看作是倒悬臂梁，取距离悬臂端为 x 的 Δx 微元体分析，则微元体左侧弯矩$M_x = \frac{1}{2}px^2$，微元体右侧弯矩$M_{x+\Delta x} = \frac{1}{2}p(x + \Delta x)^2$，

弯矩增量$\Delta M_{\Delta x} = \frac{1}{2}p(x + \Delta x)^2 - \frac{1}{2}p(x)^2 = \frac{1}{2}p\Delta x^2 + px\Delta x$；

微元体一侧受拉，一侧受压，压力分布为三角形分布，取一半截面分析，水平方向受力平衡：

$$C_x = \frac{M_x}{2h/3}, \quad \tau_x = \frac{\frac{1}{2}p\Delta x^2 + px\Delta x}{2h/3} \cdot \frac{1}{\Delta x} = \frac{\frac{1}{2}p\Delta x + px}{2h/3};$$

当Δx接近0时，$\tau_x = \frac{px}{\frac{2h}{3}}$；

故当$x = 1.2\text{m}$时，切应力最大，即

$$\tau_{x\max} = \frac{px}{2h/3} = \frac{120 \times 1.2}{2 \times 0.6/3} = 360\text{kPa}$$

注：本题考查了剪力与剪应力的基本计算。应注意的是，题目问的是叠合面，也就是水平方向的剪应力，解析给出了最大切应力的详细计算过程。也可以根据切应力互等定理来解析，不过解答要明确根据切应力互等定理，不然直接按照材料力学的公式计算出来的应力是竖直面而非水平叠合面的，计算的应力方向是错误的。

7. 【答案】D

【解析】《建筑地基基础设计规范》（GB 50007—2011）第5.4.3条。

$$A_{外} = \frac{3.14}{4} \times (15 + 2 \times 1.5)^2 = 254.34\text{m}^2$$

$$A_{内} = \frac{3.14}{4} \times 15^2 = 176.625\text{m}^2$$

$$A_{环} = 254.34 - 176.625 = 77.715\text{m}^2$$

基础自重：$G_k = 11000 + 77.715 \times 11 \times (19 - 10) + 176.625 \times 2 \times (19 - 10) = 21873\text{kN}$

浮力：$N_{w,k} = 10 \times (254.34 \times 1 + 176.625 \times 9) = 18439.6\text{kN}$

抗浮稳定性系数：$K = \frac{G_k}{F_{w,k}} = \frac{21873}{18439.6} = 1.19$

8. 【答案】B

【解析】《建筑地基基础设计规范》（GB 50007—2011）第5.3.10条。

基底以下第3分层开挖前的平均压力：$17.5 \times 6.0 + 19.0 \times 5 = 200\text{kPa}$

基坑开挖后粉质黏土的自重应力及附加应力计算见解表。

题8解表

z_i（m）	l/b	z_i/b	α_i	附加压力 $p_z = -4p_0\alpha_i$	自重应力p_c	$p_c + p_z$
4	4	0.4	0.244	−102.48	181	78.52
6	4	0.6	0.234	−98.28	219	120.72

基坑以下5m深度处平均自重应力：$\frac{181 + 219}{2} = 200\text{kPa}$

基底以下5m深度处平均自重应力＋平均附加应力：$\frac{78.52 + 120.72}{2} = 99.62\text{kPa} \approx 100\text{kPa}$

回弹模量选取的压力段为100～200kPa，即相应的回弹模量取100MPa。

坑底第3分层的变形量：$s = \psi_c \sum_{i=1}^{n} \frac{p_0}{E_{ci}} h_i = 1.0 \times \frac{200 - 100}{100} \times 2 = 2\text{mm}$

9. 【答案】C

【解析】《建筑桩基技术规范》（JGJ 94—2008）第 5.3.12 条。

（1）承台顶、底面的非液化土层厚度满足规范要求。

对于②层粉砂：$\lambda_N = \dfrac{N}{N_{cr}} = 0.6$，标贯试验深度 $\leqslant 10m$，$\psi_l = 0$

对于③层中粗砂：$\lambda_N = \dfrac{N}{N_{cr}} = 0.86$，$10m <$ 标贯试验深度 $< 20m$，$\psi_l = 1.0$

（2）据四个选项数值，可假设桩端进入第 4 层的长度为 l。

$Q_{uk} = 3.14 \times 0.8 \times (20 \times 2 + 0 \times 30 \times 6 + 1.0 \times 40 \times 8 + 60 \times l) + \dfrac{3.14}{4} \times 0.8^2 \times 1500 \geqslant 2 \times 950$

解得 $l \geqslant 1.61m$，即桩长应大于等于 $18 - 2 + 1.61 = 17.61m$；

取桩长 18.5m，则桩端埋深为 20.5m。

（3）构造验算。

第 3.4.6 条第 1 款：桩端进入密实中粗砂深度不应小于 $2 \sim 3d$。

$20.5 - 18.0 = 2.5m > 3d = 2.4m$，满足构造要求。

第 3.3.3 条第 5 款：其下硬持力层厚度不宜小于 $3d$。

$23.5 - 20.5 = 3.0m > 3d = 2.4m$，满足构造要求。

综上所述，桩长可取 18.5m。

10. 【答案】A

【解析】《建筑桩基技术规范》（JGJ 94—2008）第 5.3.9 条、第 5.4.4 条。

（1）下拉荷载计算

桩周软弱土层下限深度 $l_0 = 10 - 0.8 = 9.2m$；

淤泥质土层沉降量大于 20mm，且桩端为基岩，中性点深度 $l_n = l_0 = 9.2m$，则

$$\eta_n = \frac{s_{ax} \cdot s_{ay}}{\pi d \left(\dfrac{q_s^n}{\gamma_m} + \dfrac{d}{4} \right)} = \frac{2.4 \times 2.4}{3.14 \times 0.8 \times \left(\dfrac{20}{9} + \dfrac{0.8}{4} \right)} = 0.947$$

$$Q_g^n = \eta_n \cdot u \sum_{i=1}^{n} q_{si}^n l_i = 0.947 \times 3.14 \times 0.8 \times 20 \times 9.2 = 437.7 kN$$

（2）桩基承载力验算

基岩单轴抗压强度为 4MPa < 15MPa，属于极软岩，嵌岩深径比 $h_r/d = 3.2/0.8 = 4$

查规范表，$\zeta_r = 1.48$

$$Q_{uk} = Q_{sk} + Q_{rk} = 0 + \zeta_r f_{rk} A_p = 0 + 1.48 \times 4000 \times \frac{3.14}{4} \times 0.8^2 = 2974.2 kN$$

$$N_k + Q_g^n \leqslant R_a, \quad N_k \leqslant R_a - Q_g^n = 2974.2/2 - 437.7 = 1049.4 kN$$

11. 【答案】A

【解析】《建筑地基处理技术规范》（JGJ 79—2012）第 7.1.5 条。

（1）单桩竖向承载力特征值

$R_a = \eta f_{cu} A_p = 0.25 \times 2000 \times 3.14 \times (0.6/2)^2 = 141.3 kN$

$R_a = 3.14 \times 0.6 \times (10 \times 2 + 20 \times 6) + 0.5 \times 3.14 \times (0.6/2)^2 \times 150 = 284.96 kN$

取二者的小值，即 $R_a = 141.3 kN$。

（2）复合地基承载力特征值

$$f_{spk} = \lambda m \frac{R_a}{A_p} + \beta(1-m)f_{sk} = 1.0 \times 0.2826 \times \frac{141.3}{3.14 \times 0.3^2} + 0.5 \times (1-0.2826) \times 100 = 177.2 \text{kPa}$$

$$f_{spa} = f_{spk} + \eta_d \gamma_m(d-0.5) = 177.2 \text{kPa}$$

（3）复合地基承载力验算确定基础面积

$$p_k = \frac{F_k + G_k}{A} = \frac{1500}{A} \leqslant f_{spa} = 177.2 \text{kPa}, \text{ 有} A \geqslant 8.47 \text{m}^2。$$

12.【答案】D

【解析】《建筑地基处理技术规范》（JGJ 79—2012）第7.1.7条、第7.1.8条。

（1）根据沉降量反算压缩模量提高系数

$$s = \psi_s \sum_{i=1}^n \frac{p_0}{E_{si}} h_i = 1.0 \times \left(\frac{120}{5.5\zeta} \times 8 + \frac{120}{20\zeta} \times 2 + \frac{120}{20} \times 4 \right) \leqslant 150 \text{mm}$$

解得$\zeta \geqslant 1.48$，$f_{spk} = \zeta f_{ak} = 1.48 \times 100 \geqslant 148 \text{kPa}$

（2）复合地基承载力反算置换率

$$R_a = 3.14 \times 0.5 \times (15 \times 8 + 30 \times 2) + 1.0 \times 400 \times 3.14 \times (0.5/2)^2 = 361.1 \text{kN}$$

$$f_{spk} = 0.8 \times m \times \frac{361.1}{3.14 \times 0.25^2} + 0.8 \times (1-m) \times 100 = 80 + 1392m \geqslant 148, \ m \geqslant 0.049$$

$$s = \frac{d}{1.05\sqrt{m}} \leqslant \frac{0.5}{1.05 \times \sqrt{0.049}} = 2.15 \text{m}$$

13.【答案】C

【解析】《建筑地基处理技术规范》（JGJ 79—2012）第5.2.11条。

（1）固结度计算

$$U_t = 1 - \frac{某时刻超静孔隙水压力面积}{初始超静孔隙水压力面积} = 1 - \frac{30}{85} = 0.647$$

（2）抗剪强度计算

$$\tau_{ft} = \tau_{f0} + \Delta\sigma_z \cdot U_t \tan\varphi_{cu} = 10 + 85 \times 0.647 \times \tan 12° = 21.7 \text{kPa}$$

14.【答案】D

【解析】《建筑边坡工程技术规范》（GB 50330—2013）第8.2.1条、第8.2.3条、第8.2.4条。

（1）轴向拉力标准值

$$N_{ak} = \frac{H_{tk}}{\cos\alpha} = \frac{300}{\cos 12°} = 306.7 \text{kN}$$

（2）锚固体与岩层黏结强度确定锚固段长度

二级边坡、永久性锚杆，抗拔安全系数K取2.4；

$f_r = 4.5 \text{MPa} < 5 \text{MPa}$，极软岩，岩体结构面发育，取下限值$f_{rbk} = 270 \text{kPa}$，则

$$l_a \geqslant \frac{KN_{ak}}{\pi D f_{rbk}} = \frac{2.4 \times 306.7}{3.14 \times 0.15 \times 270} = 5.8 \text{m}$$

（3）杆体与锚固砂浆黏结强度确定锚固段长度

螺纹钢筋，M30水泥砂浆，$f_b = 2.4 \text{MPa}$，则

$$l_a \geqslant \frac{KN_{ak}}{n\pi d f_b} = \frac{2.4 \times 306.7}{1 \times 3.14 \times 0.032 \times 2400} = 3.1 \text{m}$$

（4）构造要求

岩层锚杆不应小于3.0m，且不宜大于$45D = 45 \times 0.15 = 6.75$m 和6.5m

取锚固段长度$l_a = 5.8$m，满足构造要求。

15.【答案】C

【解析】《土工合成材料应用技术规范》（GB/T 50290—2014）第7.6.3条。

（1）堤坡下筋材抗拉力计算

$$K_a = \tan^2(45° - \varphi_{em}/2) = \tan^2(45° - 30°/2) = 1/3$$

$$T_{ls} \geq P_a = \frac{1}{2}K_a f_t (\gamma H + 2q)H = \frac{1}{2} \times \frac{1}{3} \times 1.3 \times (20 \times 4.5 + 2q) \times 4.5 = 87.75 + 1.95q$$

（2）堤轴向筋材拉力计算

成拱系数$C_c = 1.50\frac{H}{a} - 0.07 = 1.50 \times \frac{4.5}{0.9} - 0.07 = 7.43$

$$\frac{p'_c}{\sigma'_v} = \left(\frac{C_c a}{H}\right)^2 = \left(\frac{7.43 \times 0.9}{4.5}\right)^2 = 2.21, \quad 1.4(s - a) = 1.4 \times (1.8 - 0.9) = 1.26\text{m} < 4.5\text{m}$$

$$W_T = \frac{1.4 s f_{fs} \gamma (s - a)}{s^2 - a^2}\left(s^2 - a^2\frac{p'_c}{\sigma'_v}\right)$$

$$= \frac{1.4 \times 1.8 \times 1.3 \times 20 \times (1.8 - 0.9)}{1.8^2 - 0.9^2} \times (1.8^2 - 0.9^2 \times 2.21) = 35.18\text{kN/m}$$

$$T_{rp} = \frac{W_T(s - a)}{2a}\sqrt{1 + \frac{1}{6\varepsilon}} = \frac{35.18 \times (1.8 - 0.9)}{2 \times 0.9} \times \sqrt{1 + \frac{1}{6 \times 0.06}} = 34.19\text{kN/m}$$

（3）筋材锚固长度计算

$$L_e = \frac{T_{ls} + T_{rp}}{0.5\gamma H C_i \tan\varphi_{em}} = \frac{87.75 + 1.95q + 34.19}{0.5 \times 20 \times 4.5 \times 0.8 \times \tan 30°} = 9.0\text{m}, \quad \text{解得}q = 32.56\text{kPa}.$$

16.【答案】C

【解析】《建筑边坡工程技术规范》（GB 50330—2013）附录A.0.3条、第5.3.1条。

（1）下滑力计算

$T_1 = G_1 \sin\theta_1 = 876 \times \sin 33° = 477.1\text{kN/m}$

$T_2 = G_2 \sin\theta_2 = 466 \times \sin 18° = 144\text{kN/m}$

（2）抗滑力计算

$R_1 = G_1 \cos\theta_1 \tan\varphi_1 + c_1 l_1 = 876 \times \cos 33° \times \tan 11° + 20 \times 13.9 = 420.8\text{kN/m}$

$R_2 = G_2 \cos\theta_2 \tan\varphi_2 + c_2 l_2 = 466 \times \cos 18° \times \tan 11° + 20 \times 10 = 286.1\text{kN/m}$

（3）剩余下滑力计算

$$\psi_1 = \cos(33° - 18°) - \frac{\sin(33° - 18°) \times \tan 11°}{F_s} = 0.966 - \frac{0.05}{F_s}$$

$$P_i = P_{i-1}\psi_{i-1} + T_i - \frac{R_i}{F_s}$$

$$P_1 = T_1 - \frac{R_1}{F_s} = 477.1 - \frac{420.8}{F_s}$$

$$P_2 = P_1\psi_1 + T_2 - \frac{R_2}{F_s} = \left(477.1 - \frac{420.8}{F_s}\right) \times \left(0.966 - \frac{0.05}{F_s}\right) + 144 - \frac{286.1}{F_s} = 0$$

解得：$F_s = 1.15$

土质边坡，破坏后果严重，查规范表3.2.1，安全等级为二级。

查规范表5.3.2，稳定安全系数$F_{st} = 1.2$，查规范表5.3.1，稳定状态为基本稳定。

17.【答案】C

【解析】《建筑基坑支护技术规程》（JGJ 120—2012）第4.7.2条～第4.7.5条。

（1）锚固段长度

$R_k = \pi d \sum q_{sk,i} l_i$，试验时未采取注浆体与周围土体隔离措施，可认为20m长试验锚杆侧阻力完全发挥，即 $l_i = 20\text{m}$，$600 = \pi d q_{sk} \times 20$，$\pi d q_{sk} = \frac{600}{20} = 30$

安全等级一级，$K_t \geqslant 1.8$，$R_k \geqslant N_k K_t = 250 \times 1.8 = 450\text{kN}$，有 $\pi d q_{sk} l_i \geqslant 450\text{kN}$

解得锚固段长度：$l_i \geqslant 15\text{m}$

（2）自由段长度

$$l_f \geqslant \frac{(a_1 + a_2 - d\tan\alpha)\sin\left(45° - \frac{\varphi_m}{2}\right)}{\sin\left(45° + \frac{\varphi_m}{2} + \alpha\right)} + \frac{d}{\cos\alpha} + 1.5$$

$$= \frac{(15 - 5 + 3.06 - 0.8 \times \tan15°) \times \sin\left(45° - \frac{15°}{2}\right)}{\sin\left(45° + \frac{15°}{2} + 15°\right)} + \frac{0.8}{\cos15°} + 1.5 = 10.8\text{m} > 5\text{m}$$

（3）最小设计长度：$l = 15 + 10.8 = 25.8\text{m}$

18.【答案】C

【解析】《公路隧道设计规范　第一册　土建工程》（JTG 3370.1—2018）第6.2.3条、附录D。

（1）深埋浅埋隧道判别

$\omega = 1 + i(B - 5) = 1 + 0.1 \times (6.4 - 5) = 1.14$

$h_a = 0.45 \times 2^{S-1}\omega = 0.45 \times 2^{4-1} \times 1.14 = 4.1\text{m}$

$H_P = 2.5h_q = 2.5 \times 4.1 = 10.25\text{m}$

隧道覆盖层厚度 4.1m＜8m＜10.25m，判定为浅埋隧道。

（2）水平荷载计算

$\theta = 0.7\varphi_c = 0.7 \times 50° = 35°$

$$\tan\beta = \tan\varphi_c + \sqrt{\frac{(\tan^2\varphi_c + 1)\tan\varphi_c}{\tan\varphi_c - \tan\theta}} = \tan50° + \sqrt{\frac{(\tan^250° + 1)\tan50°}{\tan50° - \tan35°}} = 3.614$$

$$\lambda = \frac{\tan\beta - \tan\varphi_c}{\tan\beta[1 + \tan\beta(\tan\varphi_c - \tan\theta) + \tan\varphi_c\tan\theta]}$$

$$= \frac{3.614 - \tan50°}{3.614 \times [1 + 3.614 \times (\tan50° - \tan35°) + \tan50° \times \tan35°]} = 0.186$$

$$e = \frac{1}{2}(e_1 + e_2) = \frac{\gamma}{2}(2H + H_t)\lambda = \frac{24}{2} \times (2 \times 8 + 6.5) \times 0.186 = 50.22\text{kPa}$$

$$E = eH_t = 50.22 \times 6.5 = 326.43\text{kN/m}$$

19.【答案】A

【解析】《公路工程地质勘察规范》（JTG C20—2011）第8.1.8条，《公路路基设计规范》（JTG D30—2015）第7.10.5条。

（1）自重湿陷量计算值

关中地区，$\beta_0 = 0.9$，从天然地面算起，至8.5m，则

$$\Delta_{zs} = \beta_0 \sum_{i=1}^{n} \delta_{zsi} h_i$$
$$= 0.9 \times 1500 \times 0.016 + 0.9 \times 1000 \times (0.019 + 0.017 + 0.016 + 0.018 + 0.016 + 0.015)$$
$$= 112.5\text{mm} > 70\text{mm}$$

为自重湿陷性黄土场地。

（2）湿陷量计算值

$\Delta_s = \sum_{i=1}^{n} \beta \delta_{si} h_i$，自地面下 1.5m 算起，至非湿陷性黄土顶面。

基底下 $0 \sim 5$m，即地面下 $1.5 \sim 6.5$m，$\beta = 1.5$，则

$1.5 \times 1000 \times (0.050 + 0.048 + 0.040 + 0.030) = 252\text{mm}$

基底下 $5 \sim 7$m，即地面下 $6.5 \sim 8.5$m，$\beta = 1.0$，则

$1.0 \times 1000 \times (0.023 + 0.018) = 41\text{mm}$

$\Delta_s = 252 + 41 = 293\text{mm}$

查《公路工程地质勘察规范》（JTG C20—2011）表 8.1.8-2，湿陷等级为Ⅱ级。

查《公路路基设计规范》（JTG D30—2015）表 7.10.5-1，路堤高度 3m，属低路堤，最小处理厚度为 $0.8 \sim 1.2$m。

20.【答案】B

【解析】《膨胀土地区建筑技术规范》（GB 50112—2013）第 5.2.14 条。

以填方后地面作为天然地面计算。

1m 处含水量小于 1.2 倍塑限含水量，不能按收缩变形计算。

地面有蒸发可能，不能按膨胀变形计算。

综合判定按胀缩变形计算，计算深度按大气影响深度确定，即填方前 $0 \sim 4$m，则

$$s_{es} = \psi_{es} \sum_{i=1}^{n} (\delta_{epi} + \lambda_{si} \Delta w_i) h_i$$
$$= 0.7 \times [(0 + 0.46 \times 0.119) \times 1700 + (0.0035 + 0.51 \times 0.084) \times 700 +$$
$$(0.01 + 0.57 \times 0.056) \times 800 + (0.008 + 0.48 \times 0.021) \times 800]$$
$$= 121.4\text{mm}$$

注：膨胀率为负说明在该压力下膨胀土不会发生膨胀变形，膨胀量为 0。

21.【答案】A

【解析】《铁路工程地质勘察规范》（TB 10012—2019）第 6.6.7 条、附录 C。

$I_p = w_L - w_p = 35 - 11 = 24 > 17$，为黏土。

$w_p + 4 = 15 < w_A = 20 < w_p + 15 = 26$，判定为富冰冻土。

多年冻土地温基本稳定带，查表 6.6.6，多年冻土年平均地温 $-2.0℃ < T_{CP} < -1.0℃$

基础底面的月平均最高土温取 $-1.0℃$，查规范表 C.0.2-11，则

$$P_u = 800 \times 0.8 = 640\text{kPa}$$

22.【答案】A

【解析】《工程地质手册》（第五版）第 688、691 页。

$$H_m = \frac{500}{100} = 5\text{m}$$

$$v_m = K H_m^{2/3} I_m^{1/5} = 5 \times 5^{2/3} \times 0.04^{1/5} = 7.68\text{m/s}$$

$$Q_m = F_m v_m = 500 \times 7.68 = 3840\text{m}^3/\text{s}$$

$$W_m = 0.26TQ_m = 0.26 \times 15 \times 60 \times 3840 = 898560 \text{m}^3$$

$$W_s = W_m \frac{\rho_m - \rho_w}{\rho_s - \rho_w} = 898560 \times \frac{1.7 - 1}{2.6 - 1} = 393120 \text{m}^3 \approx 39.3 \text{ 万m}^3$$

23.【答案】A

【解析】《建筑抗震设计标准》（GB/T 50011—2010）（2024年版）第4.3.4条、第4.3.5条。

8度区黏粒含量大于等于13%，判为不液化土，5层不液化。

（1）临界锤击数计算

地震分组第二组，$\beta = 0.95$，加速度 $0.20g$，$N_0 = 12$

$$N_{cr} = N_0\beta[\ln(0.6d_s + 1.5) - 0.1d_w]\sqrt{3/\rho_c}$$

9.0m处：$N_{cr} = 12 \times 0.95 \times [\ln(0.6 \times 9 + 1.5) - 0.1 \times 3.1] \times \sqrt{3/12.8} = 8.95 > 8$，液化。

（2）液化指数计算

$$d_i = 10 - 8 = 2\text{m}, \quad d_{i\text{中}} = 9\text{m}, \quad W_i = \frac{2}{3} \times (20 - 9) = 7.33$$

$$I_{lE} = \sum_{i=1}^{n}\left(1 - \frac{N_i}{N_{cri}}\right)d_iW_i = \left(1 - \frac{8}{8.95}\right) \times 2 \times 7.33 = 1.56$$

24.【答案】D

【解析】《水电工程水工建筑物抗震设计规范》（NB 35047—2015）第5.3.2条、第5.3.5条。

III类场地，特征周期调整为 $T_g = 0.55\text{s}$；

$T_g = 0.55\text{s} < T = 1.50\text{s}$，位于曲线下降段，重力坝 $\beta_{max} = 2.0$，则

$$\beta(T) = \beta_{max}\left(\frac{T_g}{T}\right)^{0.6} = 2.0 \times \left(\frac{0.55}{1.5}\right)^{0.6} = 1.1$$

25.【答案】D

【解析】《建筑地基处理技术规范》（JGJ 79—2012）附录B。

水泥粉煤灰碎石桩，地基土为黏性土、粉土，对缓变形曲线，取 $s/b = 0.01$ 对应的压力为复合地基承载力。$b = \sqrt{5} = 2.24\text{m} > 2.0\text{m}$，取 $b = 2.0\text{m}$，则

$s = 0.01b = 0.01 \times 2000 = 20\text{mm}$，对应的压力为

第一组：$250 + (20 - 17.82) \times \dfrac{300 - 250}{22.68 - 17.82} = 272\text{kPa} < \dfrac{600}{2} = 300\text{kPa}$；

第二组：$300 + (20 - 18.92) \times \dfrac{350 - 300}{23.7 - 18.92} = 311\text{kPa} > \dfrac{600}{2} = 300\text{kPa}$，取 300kPa；

第三组：$250 + (20 - 18.6) \times \dfrac{300 - 250}{23.6 - 18.6} = 264\text{kPa} < \dfrac{600}{2} = 300\text{kPa}$；

验收阶段，独立基础桩数少于5根，取最低值264kPa作为复合地基承载力特征值。

2022 年案例分析试题答案及解析（上午卷）

试 题 答 案

本试卷由 25 道题组成，全部为单项选择题，每道题均为必答题。每题 2 分，满分为 50 分。

1	A	2	D	3	D	4	C	5	B
6	C	7	B	8	D	9	B	10	C
11	C	12	D	13	C	14	D	15	C
16	B	17	C	18	B	19	A	20	C
21	D	22	C	23	B	24	D	25	D

解 题 过 程

1. 【答案】A

【解析】钻具总长为：

$240 + 480 + 424 + 411 + 413 + 419 + 414 + 409 + 424 + 408 + 423 + 418 + 420 = 5303\text{cm}$

机上高度 = 钻杆余尺 + 机高 = $110 + 130 = 240\text{cm}$

实际终孔孔深：$5303 - 240 = 5063\text{cm}$

孔深偏差：$5080 - 5063 = 17\text{cm}$

2. 【答案】D

【解析】《高层建筑岩土工程勘察标准》（JGJ/T 72—2017）附录 B。

地基承载力：$f_{ak} = \dfrac{f_u}{K}$

其中：$f_u = \dfrac{1}{2} N_\gamma \zeta_\gamma b\gamma + N_q \zeta_q \gamma_0 d + N_c \zeta_c \bar{c}_k$

由 $\overline{\varphi}_k = 30°$，查表 B.0.1-1，$N_c = 30.14$，$N_q = 18.40$，$N_\gamma = 22.40$。

基础形状修正系数，可由表 B.0.1-2 查得。

$$\zeta_\gamma = 1 - 0.4\dfrac{b}{l} = 1 - 0.4 \times \dfrac{20}{30} = 0.733$$

$$\zeta_q = 1 + \dfrac{b}{l}\tan\overline{\varphi}_k = 1 + \dfrac{20}{30}\tan 30° = 1.385$$

基底为密实砾砂，位于地下水位以下，则

$$\gamma_0 = \dfrac{1 \times 20 + 5 \times (22 - 10)}{6} = \dfrac{80}{6}$$

$$f_u = \dfrac{1}{2} \times 22.40 \times 0.733 \times 6 \times (22 - 10) + 18.40 \times 1.385 \times \dfrac{80}{6} \times 6 + 0$$
$$= 2629.81\text{kPa}$$

$$f_{ak} = \dfrac{2629.81}{3} = 876.60\text{kPa}$$

3. 【答案】D

【解析】（1）深度 16.5m 处的自重应力

$p_{cz} = 17.8 \times 12 + 19.2 \times 4.5 = 300\text{kPa}$，对应的孔隙比 $e_1 = 0.791$。

（2）深度 16.5m 处的自重应力与附加应力之和

$p_z + p_{cz} = 300 + 300 = 600\text{kPa}$，对应的孔隙比 $e_2 = 0.758$。

（3）压缩系数反算压缩模量

$$a_v = \frac{e_i - e_{i+1}}{p_{i+1} - p_i} = \frac{0.791 - 0.758}{0.6 - 0.3} = 0.11\text{MPa}^{-1}$$

$$E_s = \frac{1 + e_1}{a_v} = \frac{1 + 0.791}{0.11} = 16.28\text{MPa}$$

$$\text{或：} E_s = \frac{1 + e_0}{a_v} = \frac{1 + 0.8771}{0.11} = 17.068\text{MPa}$$

注：计算E_s时，采用e_0和e_1均合理。

4. 【答案】C

【解析】根据钻孔揭露的基岩特征，查《工程地质手册》（第五版）表 1-3-3，该岩石应为千枚岩。

计算岩体完整性指数：$K_v = (848/1357)^2 = 0.39$

（1）根据《工程岩体分级标准》（GB/T 50218—2014），由表 3.3.3 可查得，$R_c = 10.84\text{MPa}$，对应软岩。由式（4.2.2）计算岩体基本质量指标BQ如下：

$90K_v + 30 = 90 \times 0.39 + 30 = 65.15\text{MPa}$

$R_c = 10.84\text{MPa} < 65.15\text{MPa}$，可知 $R_c = 10.84\text{MPa}$

$0.04R_c + 0.4 = 0.04 \times 10.84 + 0.4 = 0.8336$

$K_v = 0.39 < 0.8336$，可知 $K_v = 0.39$

$\text{BQ} = 100 + 3R_c + 250K_v = 100 + 3 \times 10.8 + 250 \times 0.39 = 230.02$

查表 4.1.1，为 V 级，故选 C。此为定量计算法。

（2）根据《工程岩体分级标准》（GB/T 50218—2014），由表 3.3.3 可查得，$R_c = 10.84\text{MPa}$，对应软岩。由 $K_v = 0.39$，查表 3.3.4，为较破碎。结合表 4.1.1 的定性描述，为 V 级，故选 C。此为定性分析法。

注：还可参考《岩土工程勘察规范》（GB 50021—2001）（2009 年版）第 3.2.2 条进行分级，或采用《工程地质手册》（第五版）表 1-3-9 进行分析。

5. 【答案】B

【解析】《建筑地基基础设计规范》（GB 50007—2011）第 5.3.6 条。

相关参数见解表。

题 5 解表

指标	基底至第i层土底面距离z_i（m）	z/r	$\bar{\alpha}_i$	$z_i\bar{\alpha}_i$	$z_i\bar{\alpha}_i - z_{i-1}\bar{\alpha}_{i-1}$
数值	16.0	3.2	0.484	7.744	1.832

$p_0 = 80\text{kPa} \leqslant 0.75f_{ak} = 0.75 \times 150 = 112.5\text{kPa}$

根据经验，各层土承载力 $> 100\text{kPa}$，压缩模量一般大于 3MPa。

假设 $4\text{MPa} \leqslant \bar{E}_s \leqslant 7\text{MPa}$，采用插值法计算沉降。计算经验系数：

$$\psi_s = 1.4 - 0.1\bar{E}_s$$

①～③层土产生的沉降量：$s = 130 - 10 = 120\text{mm}$

$$s = \psi_s s' = \psi_s \frac{p_0}{E_s} z_n \bar{\alpha}_n = (1.4 - 0.1\bar{E}_s) \times \frac{80}{E_s} \times 7.744 = 120$$

因此，$\bar{E}_s = 4.77\text{MPa}$，与上述假设相符。

注：通过沉降等效的原理把多层土概化成单一均质土层，忽略不同土层压缩模量对应力分布的影响，此时直接选用给定深度处的平均附加应力系数$\bar{\alpha}$乘以相应的计算深度，即可得到计算公式中的应力面积。

6. 【答案】C

【解析】《建筑地基基础设计规范》（GB 50007—2011）第 5.2.2 条。

$A = 5 \times 5 = 25 \text{cm}^2$，压力区面积 22.5m²，存在零应力区，为大偏心。

$3al = 3a \times 5 = 22.5$，$a = 1.5$m

$e = \dfrac{b}{2} - a = \dfrac{5}{2} - 1.5 = 1$m

7. 【答案】B

【解析】《公路桥涵地基与基础设计规范》（JTG 3363—2019）第 5.2.5 条。

$M_x = P_2 a_1 = 1000 \times 0.4 = 400 \text{kN} \cdot \text{m}$，方向向上。

$M_y = P_2 a_2 - P_3 a_3 = 1000 \times 0.3 - 50 \times 12 = -300 \text{kN} \cdot \text{m}$，方向向左。

对两个方向的弯矩合成：

$$M = \sqrt{M_x^2 + M_y^2} = \sqrt{400^2 + 300^2} = 500 \text{kN} \cdot \text{m}$$

$$e_0 = \frac{M}{N} = \frac{500}{1500 + 1000} = 0.2\text{m} < \frac{d}{8} = 0.375\text{m}，小偏心。$$

$$p_{\max} = \frac{N}{A} + \frac{M}{W} = p\left(1 + \frac{8e_0}{D}\right) = \frac{1500 + 1000}{\pi \times \frac{3^2}{4}} \times \left(1 + \frac{8 \times 0.2}{3}\right) = 542.3 \text{kPa}$$

注：由于圆形截面的各向对称性，作用在基础上的任意弯矩均可以合成为一个弯矩，从而把本题从双向受弯简化为单向受弯来计算。在浅基础中，常见的矩形截面受正交弯矩时，采用叠加法计算角点处的最大压力值。本题不能按照规范公式 $M_x/W + M_y/W$ 直接叠加计算，因为叠加计算得到最大压力点为圆形截面外切正方形的角点位置，已经超出了基础的范围。若采用叠加法，则应先找到基底压力最大点（合弯矩作用方向上的基础边缘），然后按照 $\dfrac{M_x y_1}{I} + \dfrac{M_y x_2}{I}$ 计算基础边缘计算点的最大压力值。

$x_{\max} = \dfrac{0.12}{0.2} \times \dfrac{3}{2} = 0.9$m，$y_{\max} = \dfrac{0.16}{0.2} \times \dfrac{3}{2} = 1.2$m

$p_{\max} = \dfrac{N}{A} + \dfrac{M_y x_{\max}}{I_y} + \dfrac{M_x y_{\max}}{I_x} = \dfrac{1000 + 1500}{\pi 3^2/4} + \dfrac{300 \times 0.9}{\pi \times 3^4/64} + \dfrac{400 \times 1.2}{\pi \times 3^4/64} = 542.31$kPa

本题可采用余弦定理或勾股定理对弯矩进行合成。

8. 【答案】D

【解析】《建筑地基基础设计规范》（GB 50007—2011）第 5.4.3 条、《建筑基坑支护技术规程》（JGJ 120—2012）第 4.7.4 条。

（1）所需锚杆长度估算

锚固段土体在锚杆抗浮力作用下，应能保持整体稳定，不发生破坏，因此要求锚固段土体有效自重大于锚杆抗浮力。

$l \times (21 - 10) \geq 100$m，即 $l \geq 9.1$m，可以排除选项 A、B。

（2）选项 C

极限抗拔承载力：$R_k = \pi d \sum q_{ski} l_i = 3.14 \times 0.2 \times (90 \times 8 + 60 \times 2.5) = 546.36$kN

抗拔承载力标准值：$\dfrac{R_k}{K_t} = \dfrac{546.36}{2} = 273.18$kN

每根锚杆承担的处理面积：$A_e = 1.6^2 = 2.56\text{m}^2$

单位面积锚杆提供的抗浮力：$T = \dfrac{273.13}{2.56} = 106.7\text{kPa} > 100\text{kPa}$

造价：$A = \dfrac{10.5 \times 270}{2.56} = 1107.4$ 元

（3）选项 D

$$T = \frac{0.5 \times 3.14 \times 0.15 \times (90 \times 8 + 60 \times 4)}{2 \times \dfrac{\sqrt{3}}{4} \times 1.6^2} = 102\text{kPa} > 100\text{kPa}$$

$$A = \frac{12 \times 200}{2 \times \dfrac{\sqrt{3}}{4} \times 1.6^2} = 1082.5 \text{ 元}$$

经过比较，选项 D 最为经济。

注：第一步的判断很容易忽略，本题不考虑群锚效应。

9.【答案】B

【解析】《公路桥涵地基与基础设计规范》（JTG 3363—2019）第 6.2.6 条第 5 款、附录 N。

（1）假想实体基础面积

$$\alpha = 6° < \frac{\overline{\varphi}}{4} = \frac{26°}{4} = 6.5°$$

$$a = L_0 + d + 2l\tan\frac{\overline{\varphi}}{4} = 9 + 1.0 + 2 \times 33 \times \tan 6.5° = 17.52\text{m}$$

$$b = B_0 + d + 2l\tan\frac{\overline{\varphi}}{4} = 6 + 1.0 + 2 \times 33 \times \tan 6.5° = 14.52\text{m}$$

$$A = a \times b = 17.52 \times 14.52 = 254.39\text{m}^2$$

（2）基底压力

边桩外侧与承台边缘的距离，桩径或边长 $\leqslant 1\text{m}$ 时，不应小于 $0.5d$，且不应小于 250mm。

$$s = 0.5 \times 1 = 0.5\text{m} > 0.25\text{m}$$

$$B = B_0 + d + 2s = 6 + 1 + 2 \times 0.5 = 8\text{m}$$

$$L = L_0 + d + 2s = 9 + 1 + 2 \times 0.5 = 11\text{m}$$

$$p = \overline{\gamma}l + \gamma h - \frac{BL\gamma h}{A} + \frac{N}{A} = 22 \times 33 + 19 \times 1.5 - \frac{8 \times 11 \times 19 \times 1.5}{254.39} + \frac{19000}{254.39}$$

$$= 819.3\text{kPa}$$

注：注意规范的构造要求。

10.【答案】C

【解析】《高层建筑岩土工程勘察标准》（JGJ/T 72—2017）第 8.3.13 条。

查规范表 8.3.13，各层侧阻力及端阻力：

②层 $q_{sis} = 24\text{kPa}$；③层 $q_{sis} = 40\text{kPa}$；④层 $q_{sis} = 68\text{kPa}$；⑤层 $q_{sis} = 94\text{kPa}$；

⑤层端阻力 $q_{ps} = 3p_L = 3 \times 1400 = 4200\text{kPa}$。

$$Q_u = u\sum q_{sis}l_i + q_{ps}A_p = 4 \times 0.5 \times (24 \times 2 + 40 \times 8 + 68 \times 5 + 94 \times 1) + 4200 \times 0.5^2$$

$$= 2654\text{kN}$$

$$R_a = \frac{1}{2}Q_u = \frac{1}{2} \times 2654 = 1327\text{kN}$$

11.【答案】C

【解析】《建筑桩基技术规范》（JGJ 94—2008）第 5.4.4 条。

（1）中性点深度计算

桩端为砾石，$l_n/l_0 = 0.9$。

自桩顶算起的中性点深度：$l_n = 0.9 \times (10 - 1.5) = 7.65\text{m}$

（2）单桩竖向承载特征值计算

$$Q_{uk} = Q_{sk} + Q_{pk} = u\sum q_{sik}l_i + q_{pk}A_p$$

$$= 3.14 \times 0.8 \times [25 \times (8.5 - 7.65) + 150 \times (15 - 8.5)] + 3000 \times \frac{3.14 \times 0.8^2}{4}$$

$$= 4010\text{kN}$$

$$R_a = \frac{1}{2}Q_{uk} = \frac{1}{2} \times 4010 = 2005\text{kN}$$

12.**【答案】**D

【解析】《建筑地基处理技术规范》（JGJ 79—2012）第 7.1.5 条。

（1）单桩竖向承载力特征值

$$R_a = u_p \sum_{i=1}^{n} q_{si}l_{pi} + \alpha_p q_p A_p$$

$$= 3.14 \times 0.6 \times (15 \times 4 + 30 \times 6) + 0.6 \times 3.14 \times \frac{0.6^2}{4} \times 160 = 479.3\text{kN}$$

（2）复合地基承载力特征值

$$m = \frac{d^2}{d_e^2} = \frac{0.6^2}{(1.13 \times 2)^2} = 0.07$$

$$f_{spk} = \lambda m \frac{R_a}{A_p} + \beta(1 - m)f_{sk} = 1.0 \times 0.07 \times \frac{479.3}{3.14 \times 0.3^2} + 0.8 \times (1 - 0.07) \times 85$$

$$= 182\text{kPa}$$

13.**【答案】**C

【解析】《建筑地基处理技术规范》（JGJ 79—2012）第 7.2.2 条。

（1）桩间距

$$s = 0.95\xi d\sqrt{\frac{1 + e_0}{e_0 - e_1}} = 0.95 \times 1.1 \times 0.6 \times \sqrt{\frac{1 + 0.95}{0.95 - 0.65}} = 1.6\text{m}$$

（2）布桩数计算

可液化地基，在基础外缘扩大宽度不小于基底以下可液化土层厚度的 1/2，且不应小于 5m，外扩宽度：$t = 0.5 \times (13 - 1) = 6\text{m} > 5\text{m}$。

处理面积：$A = (15.2 + 2 \times 6) \times (15.2 + 2 \times 6) = 739.84\text{m}^2$

$$\text{布桩根数：} n = \frac{A}{A_e} = \frac{739.84}{\frac{\pi}{4} \times (1.05 \times 1.6)^2} = 334 \text{ 根}$$

注：确定处理范围是关键，注意和抗震规范进行对比，两本规范的处理面积并不相同。

14.**【答案】**D

【解析】解法一：

从表格数据可以看出加水的影响范围为地面下 5.5m 范围内。

天然含水量加权平均值为：

$$\overline{w} = \frac{1.5 \times 8.4 + 1 \times 6.6 + 1 \times 6.8 + 1 \times 6.4 + 1 \times 7.1}{5.5} = 7.18\%$$

增湿后含水量加权平均值为：

$$\overline{w}_0 = \frac{1.5 \times 19.8 + 1 \times 18.6 + 1 \times 19.5 + 1 \times 13.0 + 1 \times 12.5}{5.5} = 16.96\%$$

$$Q = \frac{V\overline{\rho}_\mathrm{d}\Delta w}{\rho_\mathrm{w}} = \frac{5.5 \times 1 \times 1360 \times (0.1696 - 0.0718)}{1000} = 0.732\mathrm{m}^3$$

解法二：

地面下 0～1.5m 深度每平方米范围加水量：

$$Q_1 = \frac{V\overline{\rho}_\mathrm{d}\Delta w}{\rho_\mathrm{w}} = \frac{1.5 \times 1 \times 1360 \times (0.198 - 0.084)}{1000} = 0.233\mathrm{m}^3$$

同理可求得 1.5～2.5m、2.5～3.5m、3.5～4.5m、4.5～5.5m 的加水量：

$$Q_2 = \frac{V\overline{\rho}_\mathrm{d}\Delta w}{1000} = \frac{1.0 \times 1 \times 1360 \times (0.186 - 0.066)}{1000} = 0.163\mathrm{m}^3$$

$$Q_3 = \frac{V\overline{\rho}_\mathrm{d}\Delta w}{1000} = \frac{1.0 \times 1 \times 1360 \times (0.195 - 0.068)}{1000} = 0.173\mathrm{m}^3$$

$$Q_4 = \frac{V\overline{\rho}_\mathrm{d}\Delta w}{1000} = \frac{1.0 \times 1 \times 1360 \times (0.13 - 0.064)}{1000} = 0.09\mathrm{m}^3$$

$$Q_5 = \frac{V\overline{\rho}_\mathrm{d}\Delta w}{1000} = \frac{1.0 \times 1 \times 1360 \times (0.125 - 0.071)}{1000} = 0.073\mathrm{m}^3$$

总加水量：$Q = 0.233 + 0.163 + 0.173 + 0.09 + 0.073 = 0.732\mathrm{m}^3$

15.【答案】C

【解析】《建筑边坡工程技术规范》（GB 50330—2013）附录 A。

（1）充满水时

$$V = \frac{1}{2} \times 10 \times 9^2 = 405\mathrm{kN/m}$$

抗滑力：

$$R = [(G + G_\mathrm{b})\cos\theta - V\sin\theta - U]\tan\varphi + cL$$
$$= [4400 \times \cos 20° - 405 \times \sin 20°] \times \tan 15° + cL$$
$$= 1070.8 + cL$$

下滑力：

$$T = (G + G_\mathrm{b})\sin\theta + V\cos\theta = 4400 \times \sin 20° + 405 \times \cos 20° = 1885.5\mathrm{kN/m}$$

$$F_\mathrm{s} = \frac{R}{T} = \frac{1070.8 + cL}{1885.5} = 1.08,\ 解得：cL = 965.5\mathrm{kN/m}$$

（2）降水后

查表 5.3.2，一级永久边坡，稳定安全系数 $F_\mathrm{st} = 1.35$。

$$F_\mathrm{s} = \frac{R}{T} = \frac{[4400 \times \cos 20° - V \times \sin 20°] \times \tan 15° + 965.5}{4400 \times \sin 20° + V \times \cos 20°} \geqslant 1.35$$

$$V = \frac{1}{2} \times 10 \times (9 - \Delta h)^2 \leqslant 30.71\mathrm{kN/m}$$

降深：$\Delta h \geqslant 6.5\mathrm{m}$

16.【答案】B

【解析】《铁路路基支挡结构设计规范》（TB 10025—2019）第 13.2.3 条、第 13.2.6 条。

（1）桩后滑坡推力

$$\psi_{i-1} = \cos(\alpha_{i-1} - \alpha_i) - \sin(\alpha_{i-1} - \alpha_i)\tan\varphi_i = \cos(34° - 18°) - \sin(34° - 18°) \times \tan 12°$$
$$= 0.903$$

$$T_i = KW_i\sin\alpha_i + \psi_{i-1}T_{i-1} - W_i\cos\alpha_i\tan\varphi_i - c_iL_i$$

$$T_1 = 1.2 \times 3500 \times \sin 34° - 3500 \times \cos 34° \times \tan 10° - 6 \times 50 = 1537 \text{kN/m}$$

$$T_2 = 1.2 \times 1800 \times \sin 18° + 0.903 \times 1537 - 1800 \times \cos 18° \times \tan 12° - 8 \times 18 = 1547 \text{kN/m}$$

取滑坡推力和主动土压力的大值，$T_2 = 1547 \text{kN/m}$。

（2）桩前滑体抗力

$$K_p = \tan^2(45° + 18°/2) = 1.894$$

$$E_p = \frac{1}{2}\gamma H^2 K_p + 2cH\sqrt{K_p} = \frac{1}{2} \times 18 \times 8^2 \times 1.894 + 2 \times 12 \times 8 \times \sqrt{1.894}$$
$$= 1355.2 \text{kN/m}$$

取被动土压力与桩前滑坡体水平抗力中的较小值，即滑体抗力为 1177kN/m。

（3）单根抗滑桩提供的支挡力

$$F = (1547 \times \cos 18° - 1177) \times 3 = 883 \text{kN}$$

注：本题是 2022 年考题中的坑点集大成者，包括以下 3 个坑点：

（1）作用在抗滑桩上的荷载应取剩余下滑力与主动土压力的较大值，在大多数情况下，剩余下滑力要比主动土压力大得多，因此在比较大小时可忽略其作用方向上的微小差异，直接比较其数值大小，通常是不会影响其结论的；

（2）剩余下滑力的方向平行于上一条块滑动面的，要乘以滑动面倾角的余弦值才能作为作用在抗滑桩上的水平荷载；

（3）据规范第 13.2.6 条，桩前的滑体抗力应取桩前被动土压力与桩前滑坡体水平抗力中的较小值，这一点经常被忽略，阅卷时没有比较被动土压力和桩前滑坡体水平抗力大小的，不给分。

17.【答案】C

【解析】《土工合成材料应用技术规范》（GB/T 50290—2014）第 7.5.3 条。

（1）滑动力矩计算

$$F_{su} = \frac{M_R}{M_D} = \frac{8000}{M_D} = 0.8, \text{ 解得：} M_D = 10000 \text{kN} \cdot \text{m/m}$$

（2）加筋后安全系数计算

筋材拉力对滑动圆心的力臂：$D = 1 - \frac{1}{3} \times 5.4 = 13.2 \text{m}$

$$T_s = \frac{(F_{sr} - F_{su})M_D}{D} = \frac{(F_{sr} - 0.8) \times 10000}{13.2} = 380$$

解得：$F_{sr} = 1.30$

注：土工格栅是柔性筋材，题目给的是土工格栅,提供的是水平拉力，筋材按没有发生偏转的刚性筋材考虑。若按柔性筋材，则结果是 1.37。

18.【答案】B

【解析】《建筑基坑支护技术规程》（JGJ 120—2012）附录 E.0.5。

基坑等效半径：$r_0 = \sqrt{\frac{A}{\pi}} = \sqrt{\frac{(50 + 2) \times (30 + 2)}{\pi}} = 23 \text{m}$

根据题目条件，判定为承压水-潜水完整井，则

$$H_0 = 18 - 4 = 14 \text{m}$$

$$h = 18 - 10 - 0.5 = 7.5 \text{m}$$

$$Q = \pi k \frac{(2H_0 - M)M - h^2}{\ln\left(1 + \frac{R}{r_0}\right)} = \pi \times 15 \times \frac{(2 \times 14 - 10) \times 10 - 7.5^2}{\ln\left(1 + \frac{300}{23}\right)} = 2207.13 \text{m}^3/\text{d}$$

注：由砂层上下的黏性土层的渗透系数确定渗透性能，$0.02\text{m/d} = 2.31 \times 10^{-5}\text{cm/s}$，相对于砂层而言小太多，一般可视为弱透水层或隔水层，钻孔中 4m 的水是承压水水头，不能认为是潜水，因此判断应按承压水-潜水完整井计算。

19.【答案】A

【解析】《铁路隧道设计规范》（TB 10003—2016）第 5.1.6 条、附录 D。

（1）深埋浅埋隧道判别

$\omega = 1 + i(B - 5) = 1 + 0.1 \times (10 - 5) = 1.5$

$BQ = 400$，查规范表 B.1.5，围岩级别为Ⅲ级。

$h_a = 0.45 \times 2^{S-1}\omega = 0.45 \times 2^{3-1} \times 1.5 = 2.7\text{m}$

$H_p = 2.5h_a = 2.5 \times 2.7 = 6.75\text{m} < 8\text{m}$，判定为深埋隧道。

（2）垂直压力计算

$q = \gamma h = 23 \times 2.7 = 62.1\text{kPa}$

20.【答案】C

【解析】《建筑边坡工程技术规范》（GB 50330—2013）附录 A.0.3。

$$T_1 = G\sin\beta = 1000 \times \sin 32° = 529.92\text{kN/m}$$

$$R_1 = G\cos\beta\tan\varphi + cl = 1000 \times \cos 32° \times \tan 12° + 25 \times 15 = 555.26\text{kN/m}$$

$$P_1 = P_{i-1}\psi_{i-1} + T_i - \frac{R_i}{F_{st}} = 529.92 - \frac{555.26}{1.2} = 67.2\text{kN/m}$$

$$\psi_1 = \cos(\theta_{i-1} - \theta_i) - \frac{\sin(\theta_{i-1} - \theta_i)\tan\varphi_i}{F_s} = \cos(32° - 0°) - \frac{\sin(32° - 0°)}{1.2} \times 0.3 = 0.716$$

$$T_2 = 0$$

$$R_2 = G_2 \times \cos 0° \times 0.3 = 0.3G_2$$

$$P_2 = P_{i-1}\psi_{i-1} + T_i - \frac{R_i}{F_{st}} = 67.20 \times 0.716 + 0 - \frac{0.3G_2}{1.2} = 0$$

解得：$G_2 = 192.46\text{kN/m}$

$$V = \frac{192.46}{21} = 9.17\text{m}^3/\text{m}$$

注：令反压体前缘的剩余下滑力 $P_2 = 0$，反算即可得到正确答案。不能把反压体视为挡土墙按抗滑稳定性计算，这种是静力分析，不是隐式解。

21.【答案】D

【解析】《膨胀土地区建筑技术规范》（GB 50112—2013）第 5.2.7 条、第 5.2.9 条。

$26.7 > 1.2 \times 18.5 = 22.2$，地表下 1m 处天然含水量大于 1.2 倍塑限，按收缩变形计算，$\psi_s = 0.6$，查表 5.2.12，大气影响深度 $d_a = 5.0\text{m}$。

东侧收缩计算深度 1.5～5.0m，西侧收缩计算深度 3.5～5.0m，则

$$\Delta w_1 = w_1 - \psi_w w_p = 0.267 - 0.6 \times 0.185 = 0.156$$

$$z_i = 1.5 + \frac{5 - 1.5}{2} = 3.25\text{m}$$

$$\Delta w_i = \Delta w_1 - (\Delta w_1 - 0.01)\frac{z_i - 1}{z_{sn} - 1} = 0.156 - (0.156 - 0.01) \times \frac{3.25 - 1}{5 - 1} = 0.0739$$

$$z_i = 3.5 + \frac{5 - 3.5}{2} = 4.25m$$

$$\Delta w_i = \Delta w_1 - (\Delta w_1 - 0.01)\frac{z_i - 1}{z_{sn} - 1} = 0.156 - (0.156 - 0.01) \times \frac{4.25 - 1}{5 - 1} = 0.0374$$

$$\Delta s = 0.8 \times 0.22 \times (0.0374 \times 1500 - 0.0739 \times 3500) = 35.65mm$$

22.【答案】C

【解析】《土工试验方法标准》（GB/T 50123—2019）附录 A、《岩土工程勘察规范》（GB 50021—2001）（2009 年版）第 6.10.2 条。

平均值：

$$\overline{x} = \frac{1}{n}\sum_{i=1}^{n} x_i = \frac{1}{8} \times (14.3 + 16.7 + 18.9 + 16.3 + 21.5 + 18.6 + 12.4 + 13.2)$$
$$= 16.49kPa$$

标准差：

$$s = \sqrt{\frac{\sum_{i=1}^{n} x_i^2 - n \cdot \overline{x}^2}{n-1}}$$

$$= \sqrt{\frac{1}{8-1} \times (14.3^2 + 16.7^2 + 18.9^2 + 16.3^2 + 21.5^2 + 18.6^2 + 12.4^2 + 13.2^2 - 8 \times 16.49^2)}$$
$$= 3.11$$

变异系数：

$$c_v = \frac{s}{x} = \frac{3.11}{16.49} = 0.189$$

$$\overline{x} \pm 3s = 16.49 \pm 3 \times 3.11 = (7.16\sim25.82)kPa$$

试验数据均在此范围内，无舍弃数据。

统计修正系数：

$$\gamma_s = 1 - \left(\frac{1.704}{\sqrt{8}} + \frac{4.678}{8^2}\right) \times 0.189 = 0.872$$

$$c_{uk} = 0.872 \times 16.49 = 14.40kPa$$

指标变化率：

$$\frac{18.4 - 14.4}{18.4} \times 100\% = 21.7\%$$

查《岩土工程勘察规范》（GB 50021—2001）（2009 年版）表 6.10.12，为中等污染。

注：如不进行数据检查，阅卷不得分。

23.【答案】B

【解析】《水电工程水工建筑物抗震设计规范》（NB 35047—2015）第 4.1.2 条。

4 层顶面埋深 10.5m，剪切波速 420m/s，大于其上各土层的 2.5 倍，且其下各层土的波速均大于 400m/s，取覆盖土层厚度为 10.5m（花岗岩孤石视同周围土层）。

建基面下覆盖层厚度：10.5 - 2.5 = 8m

$$v_{se} = \frac{d_0}{t} = \frac{d_0}{\sum_{i=1}^{n}\frac{d_i}{v_{si}}} = \frac{8}{\frac{3.5}{145} + \frac{4.5}{160}} = 153m/s$$

24.【答案】D

【解析】《建筑抗震设计标准》（GB/T 50011—2010）（2024 年版）第 5.1.4 条、第 5.1.5 条。

（1）确定场地特征周期

50 年超越概率为 2% 的地震作用，为罕遇地震。

设计基本地震加速度 0.30g，对应抗震设防烈度为 8 度。

查表 4.1.3，破碎花岗岩场地，等效剪切波速 800m/s ≥ v_s > 500m/s，无覆盖层。

查规范表 4.1.6，场地类别为 I_1 类，查规范表 5.1.4-2，场地特征周期 $T_g = 0.25 + 0.05 = 0.3$s。

（2）计算地震影响系数

地震影响系数最大值 $\alpha_{max} = 1.2$，$T = 1.8$s > $5T_g = 1.5$s，位于直线下降段，则

$\gamma = 0.9$，$\eta_1 = 0.02$，$\eta_2 = 1.0$

$\alpha = [\eta_2 0.2^\gamma - \eta_1(T - 5T_g)]\alpha_{max} = [1 \times 0.2^{0.9} - 0.02 \times (1.8 - 1.5)] \times 1.2 = 0.275$

25.【答案】D

【解析】《建筑基桩检测技术规范》（JGJ 106—2014）第 7.6.1 条。

（1）每组芯样取平均值作为检测值

T1 组：$\dfrac{40.5 + 39.3 + 39.6}{3} = 39.8$MPa

T2 组：$\dfrac{40.3 + 42.6 + 41.8}{3} = 41.56$MPa

T3 组：$\dfrac{44.3 + 45.0 + 43.7}{3} = 44.3$MPa

T4 组：$\dfrac{45.2 + 44.7 + 45.8}{3} = 45.2$MPa

（2）相同深度取各组平均值

1.6m 处：$\dfrac{39.8 + 44.3}{2} = 42.05$MPa

（3）同根桩不同深度取最小值

$\min\begin{cases} 1.6\text{m，} 42.05\text{MPa} \\ 8.2\text{m，} 41.56\text{MPa} \\ 8.8\text{m，} 45.2\text{MPa} \end{cases} = 41.56$MPa

$f_{cor} = \dfrac{41.56}{0.9} = 46.2$MPa

注：芯样强度低于立方体强度，桩的养护参照立方体试块，可以认为桩身强度等同于立方体试块，桩身强度与芯样强度之间的差异不难理解，桩在承担荷载时一般是处于有围压状态下，而芯样做单轴抗压强度试验时是无侧压时的强度，再加上考虑小岩芯取样的离散性（如尺寸效应、机械扰动等）及规范规定刻意取低值带来的对桩身强度的低估，因此用芯样强度的低值除以折算系数得到桩身强度的算法无论从工程实践还是理论层面都是合理的。

2022 年案例分析试题答案及解析（下午卷）

试 题 答 案

本试卷由 25 道题组成，全部为单项选择题，每道题均为必答题。每题 2 分，满分为 50 分。

1	B	2	C	3	C	4	D	5	C
6	A	7	B	8	C	9	B	10	B
11	C	12	B	13	C	14	B	15	A
16	C	17	B	18	C	19	A	20	C
21	C	22	C	23	D	24	D	25	B

解 题 过 程

1. 【答案】B

【解析】《岩土工程勘察安全标准》（GB/T 50585—2019）附录 A 及条文说明。

查表 A.0.3：

可能性很小，$L = 0.5$；

频繁程度偶尔，$E = 1$；

后果为重大灾难，$C = 100$；

$D = LEC = 0.5 \times 1 \times 100 = 50$，按表 A.0.4，判定为一般级。

2. 【答案】C

【解析】根据土力学原理：

$$k_h = \frac{\sum\limits_{i=1}^{n} k_i \cdot H_i}{\sum\limits_{i=1}^{n} H_i} = \frac{3 \times 1.15 \times 10^{-3} + 4 \times 2.3 \times 10^{-3} + 5 \times 1.15 \times 10^{-2}}{3 + 4 + 5}$$

$$= 5.85 \times 10^{-3} \text{cm/s} = 5.05 \text{m/d}$$

$$i = \frac{\Delta h}{L} = \frac{8 - 2}{10} = 0.6$$

$$Q = k_h i A = 5.05 \times 0.6 \times (3 + 4 + 5) \times 1 = 36.36 \text{m}^3/\text{d}$$

3. 【答案】C

【解析】《工程岩体试验方法标准》（GB/T 50266—2013）第 2.13.9 条，《工程岩体分级标准》（GB/T 50218—2014）第 3.3.1 条、第 3.3.3 条。

（1）未修正的点荷载强度计算

$$D_e^2 = DD' = 30 \times 26 = 780 \text{mm}^2$$

$$I_s = \frac{P}{D_e^2} = \frac{1300}{780} = 1.67 \text{MPa}$$

（2）修正后的点荷载强度计算

$$I_{s(50)} = FI_s = 0.45 \times 1.67 = 0.75 \text{MPa}$$

（3）单轴饱和抗压强度

$$R_c = 22.82I_{s(50)}^{0.75} = 22.82 \times 0.75^{0.75} = 18.39\text{MPa}$$

查表 3.3.3，为较软岩。

注：题目给定的是修正系数 F，按照题目所给数据计算修正指数 m，$F = \left(\frac{D_e}{50}\right)^m = \left(\frac{27.93}{50}\right)^m = 0.45$，$m = 1.37$，显然是不合理的，$m$ 一定为小于 1 的折减系数。此题有瑕疵。可能是命题专家误把修正指数 m 写成了修正系数 F。按照 F 和 m 计算的答案相同。尽管题目有瑕疵，为了得分，只能按修正系数 F 计算。

4. 【答案】D

【解析】根据工程地质学知识进行解答。

（1）AB 剖面视倾角 $\beta_1 = \arcsin\frac{7.5}{14} = 32.4°$，$AD$ 剖面视倾角 $\beta_2 = \arccos\frac{8.5}{8.86} = 16.4°$。

（2）设 AB 和真倾向的夹角为 ω，如解图 a）所示，则 AD 与真倾向的夹角为 $90° - \omega$。

$$\begin{cases}\tan\beta_1 = \tan\alpha\cos\omega \\ \tan\beta_2 = \tan\alpha\cos(90° - \omega)\end{cases}，解得：\omega = 24.88°$$

$\tan\alpha = \dfrac{\tan 32.4°}{\cos 24.88°}$，则真倾角 $\alpha = 34.97°$。

（3）真倾向为 $90° + 15° + 24.88° = 129.88°$。

注：判断倾向时，A 点岩层最高（根据两个剖面图可知），说明倾向在第二象限内，与 AB 的夹角为 $\omega = 24.87°$，从而可以得到岩层的真倾向的方位，如解图 b）所示。

题 4 解图

5. 【答案】C

【解析】《建筑地基基础设计规范》（GB 50007—2011）第 5.2.5 条。

（1）水位上升至地表时地基土含水量

$$e = \frac{G_s\rho_w(1 + w)}{\rho} - 1 = \frac{2.68 \times 1.0}{1.63} - 1 = 0.644$$

$$S_r = \frac{wG_s}{e} = \frac{w \times 2.66}{0.644} = 1，解得：w = 24\%$$

（2）根据抗剪强度指标计算承载力

$$\varphi_k = -3.062 \times \ln(24) + 37.732 = 28°$$

查地基规范表 5.2.5，$M_b = 1.40$，$M_d = 4.93$

$$\gamma_{sat} = \frac{G_s + e}{1 + e}\gamma_w = \frac{2.68 + 0.644}{1 + 0.644} \times 10 = 20.22\text{kN/m}^3$$

$$f_a = M_b\gamma b + M_d\gamma_m d + M_c c_k = 1.40 \times 10.22 \times 3 + 4.93 \times 10.22 \times 1.5 + 0 = 118.5\text{kPa}$$

6. **【答案】**A

【解析】（1）一般来说，对于同一种土，越向下其密实程度越大，压缩模量也越高，压缩性越小，再加上作用于其上的附加应力通常都是呈上大下小分布，因此在附加应力作用下引起的沉降由基础底面以下浅层土贡献的比例要高得多，远大于其厚度占沉降计算深度的比例。

（2）由上述分析可知：在附加应力包围面积相同的情况下，基础（一）的上部的附加应力大，最大达 240kPa，而上部土的可压缩性较大，在较大的附加应力作用下引起的沉降要大于基础（二）的情形。

7. **【答案】**B

【解析】《建筑地基基础设计规范》（GB 50007—2011）第 5.3.6 条。

（1）基底附加压力引起变形

$$p_0 = 360 - (2 \times 19 + 8 \times 9) = 250\text{kPa}$$

相关参数见解表。

题 7 解表

层号	基底至第 i 层土底面距离 z_i（m）	l/b	z_i/b	$\bar{\alpha}_i$	$4z_i\bar{\alpha}_i$	$4(z_i\bar{\alpha}_i - z_{i-1}\bar{\alpha}_{i-1})$	E_{si}
1	0	1	0	0.25	0	0	—
2	20	2	2	0.1958	15.664	15.664	15

$$s = \psi_s \sum_{i=1}^{n} \frac{p_0}{E_{si}}(z_i\bar{\alpha}_i - z_{i-1}\bar{\alpha}_{i-1}) = 0.4 \times \frac{250}{15} \times 15.664 = 104.4\text{mm}$$

（2）降水引起变形

有效应力变化量计算

2m 处，$\Delta p = 0\text{kPa}$

10m 处，$\Delta p = 8 \times 10 = 80\text{kPa}$

30m 处，$\Delta p = 28 \times 10 = 280\text{kPa}$

$$s = \psi \sum \frac{\Delta p_i}{E_{si}} H_i = 0.4 \times \frac{(80 + 280)/2}{15} \times 20 = 96\text{mm}$$

（3）总变形

$$104.4 + 96 = 200.4\text{mm}$$

8. **【答案】**C

【解析】解法一：

密度的定义，取 1m³ 的原土，则有：

$$1.2 = \frac{2 \times 1 + \Delta m_w}{1 + \frac{\Delta m_w}{1}}$$

解得：$\Delta m_w = 4\text{t}$，$V = \frac{4}{1} + 1 = 5\text{m}^3$

解法二：

配制前后土颗粒体积不变，令 $V_s = 1\text{m}^3$。

对于原状土：$2 = \frac{2.72 + e_1}{1 + e_1}$，解得：$e_1 = 0.72$

配制的泥浆：$1.2 = \frac{2.72 + e_2}{1 + e_2}$，解得：$e_2 = 7.6$

配制前后土颗粒体积不变，有：$\frac{1}{1 + 0.72} = \frac{V}{1 + 7.6}$，$V = 5\text{m}^3$

解法三：

配制前后体积相等，即

$$1 + \frac{\Delta m_w}{1} = \frac{2 \times 1 + \Delta m_w}{1.2}$$

解得：$\Delta m_w = 4t$，$V = \frac{4}{1} + 1 = 5m^3$

解法四：

配制前后土颗粒质量不变

$$w_1 = \frac{e_1 S_r}{G_s} = \frac{0.72 \times 1}{2.72} = 0.265, \quad w_2 = \frac{e_2 S_r}{G_s} = \frac{7.6 \times 1}{2.72} = 2.794$$

$$\frac{1}{V} = \frac{0.265/1.0 + 1/2.72}{2.794/1.0 + 1/2.72}, \quad \text{解得：} V = 5m^3$$

解法五：

《工程地质手册》（第五版）第 121 页。

黏土用量：$V = 2 \times 1 = 2m^3$

$$Q = V\rho_1 \frac{\rho_2 - \rho_3}{\rho_1 - \rho_3} = V \times 2 \times \frac{1.2 - 1}{2 - 1} = 2, \quad \text{解得：} V = 5m^3$$

注：解法二的三相图如解图 a）所示，解法四的三相图如解图 b）所示。

对于泥浆配制的题目，用三相图比较方便，一般假设 $V_s = 1$，求出配制前后孔隙比的变化，即可快速解题。

a)

题 8 解图

b)

题 8 解图

9. **【答案】** B

【解析】《建筑桩基技术规范》（JGJ 94—2008）第 5.9.10 条。

根据选项，$800mm < h_0 < 1300mm$

$a_x = 0.6m$，$\lambda_x = \frac{a_x}{h_0} = \frac{0.6}{h_0}$，满足 $0.25 \leq \lambda \leq 3$

$\alpha_x = \frac{1.75}{\lambda_x + 1} = \frac{1.75}{0.6/h_0 + 1}$，$\beta_{hs} = \left(\frac{0.8}{h_0}\right)^{1/4}$

$$R_l = \beta_{hs}\alpha_x f_t b_{0y}h_0 = \left(\frac{0.8}{h_0}\right)^{1/4} \times \frac{1.75}{0.6/h_0+1} \times 1.89 \times 4.8 \times h_0 \geqslant 10$$

解得：$h_0 \geqslant 1.058\text{m} = 1058\text{mm}$

注：此题根据 2004 年上午卷第 15 题改编，配图完全一样，只不过把圆桩改成了方桩，避免了换算的问题。

10.【答案】B

【解析】《建筑桩基技术规范》（JGJ 94—2008）第 5.3.9 条、《工程岩体试验方法标准》（GB/T 50266—2013）第 2.7.10 条。

$f_{rk} = 0.75 \times 20 = 15\text{MPa}$，为软岩。

$\dfrac{h_r}{d} = \dfrac{2}{1} = 2$，$\zeta_r = 1.18$，干作业，清底干净，综合系数增大 1.2，则

$$Q_{rk} = 1.2\zeta_r f_{rk}A_p = 1.2 \times 1.18 \times 15 \times 10^3 \times \frac{3.14 \times 1^2}{4} = 16673.4\text{kN}$$

11.【答案】C

【解析】《建筑地基处理技术规范》（JGJ 79—2012）第 5.4.1 条条文说明。

（1）超静孔隙水压力计算固结度

$$u_1 = 110 - 5 \times 10 = 60\text{kPa}$$

$$u_2 = 80 - 5 \times 10 = 30\text{kPa}$$

假设竖向固结度大于 30%，则

$$\frac{u_1}{u_2} = e^{\beta(t_2-t_1)} = \frac{60}{30} = e^{\beta(40-30)}，\text{解得：} \beta = 0.023$$

50 天时固结度：$\overline{U} = 1 - \alpha \cdot e^{-\beta t} = 1 - 0.811 \times e^{-0.023 \times 50} = 0.743$

（2）沉降反算堆载压力

$$s_t = 0.743 \times \frac{\Delta p + 17 \times 1}{5} \times 10 = 230，\text{解得：} \Delta p = 137\text{kPa}$$

12.【答案】B

【解析】《建筑地基处理技术规范》（JGJ 79—2012）第 4.2.2 条。

（1）基底附加压力计算

基础底面以上土的自重压力：$p_c = 2.5 \times 17 = 42.5\text{kPa}$

基底压力：$p_k = \dfrac{F_k + G_k}{A} = \dfrac{1200}{0.25 \times \pi \times (4^2 - 2^2)} + 20 \times 2.5 = 177.3\text{kPa}$

基底附加压力：$p_0 = p_k - p_c = 177.3 - 42.5 = 134.8\text{kPa}$

（2）淤泥质黏土层顶面处的附加压力

扩散前基础底面的环形底面积：$A = 0.25 \times \pi \times (4^2 - 2^2) = 9.42\text{m}^2$

内径 $D_1' = 2 - 2 \times 3 \times \tan 23° = -0.55\text{m}$，说明扩散后的应力面积为一个圆。

圆外径：$D_2' = 4 + 2 \times 3 \times \tan 23° = 6.55\text{m}$

底面积：$A' = 0.25\pi \times 6.55^2 = 33.7\text{m}^2$

软弱下卧层顶面处附加压力：$p_z = \dfrac{p_0 A}{A'} = \dfrac{134.8 \times 9.42}{33.7} = 37.68\text{kPa}$

13.【答案】C

【解析】《建筑地基处理技术规范》（JGJ 79—2012）第 7.9.6 条。

题 13 解图

（1）面积置换率计算

PHC 桩：$m_1 = \dfrac{nA_P}{A} = \dfrac{0.5 \times 3.14 \times 0.2^2}{0.9 \times 2 \times 0.9 \times \sin 60°} = 0.045$

灰土挤密桩：$m_2 = \dfrac{nA_P}{A} = \dfrac{1.5 \times 3.14 \times 0.2^2}{0.9 \times 2 \times 0.9 \times \sin 60°} = 0.134$

换算面积如下图所示。

（2）桩间土承载力特征值

取单位体积，根据处理前后土粒质量不变原则：

$$m_s = \rho_{d0} V_0 = \rho_{d1} V_1$$

$$1.31 \times 1 = \rho_{d1} \times (1 - 0.045 - 0.134)$$

解得：$\rho_{d1} = 1.6\,\text{g/cm}^3$

$$e = \frac{G_s \rho_w}{\rho_d} - 1 = \frac{2.72 \times 1}{1.6} - 1 = 0.7, \quad \frac{w_L}{e} = \frac{28}{0.7} = 40$$

查表知：$f_{ak} = 190\,\text{kPa}$

（3）复合地基承载力特征值

$$f_{spk} = m_1 \frac{\lambda_1 R_{a1}}{A_{p1}} + \beta [1 - m_1 + m_2(n-1)] f_{sk}$$

$$= 0.045 \times \frac{0.8 \times 950}{3.14 \times 0.2^2} + 1 \times [1 - 0.045 + 0.134 \times (2.5 - 1)] \times 190 = 491.93\,\text{kPa}$$

14.【答案】B

【解析】《铁路路基设计规范》（TB 10001—2016）第 3.3.2 条。

（1）抗滑力

$R_i = N_i \tan \varphi_i + c_i l_i$

$R_1 = 59 \times \tan 18° + 6 \times 7.2 = 62.4\,\text{kN/m}$

$R_2 = 620 \times \tan 27° + 15 \times 8.3 = 440.4\,\text{kN/m}$

$R_3 = 773 \times \tan 27° + 15 \times 6.8 = 495.9\,\text{kN/m}$

$R_4 = 131 \times \tan 27° + 15 \times 3.1 = 113.2\,\text{kN/m}$

（2）安全系数

第 4 条块滑面倾向与滑动方向相反，下滑力 $T_4 = -16\,\text{kN/m}$，则

$$K_s = \frac{\sum\limits_{i=1}^{n} R_i}{\sum\limits_{i=1}^{n} T_i} = \frac{62.4 + 440.4 + 495.9 + 113.2}{110 + 558 + 282 - 16} = 1.19$$

注：此题的坑点在于滑块 4 是在分子中加上还是在分母中减去。瑞典条分法所有土条自重及土条上的荷载的切向分力都作为荷载，是滑动力，并且瑞典条分法安全系数定义是强度折减系数，所以 T_4 应在分母中减去，不应加在分子上。

15.【答案】A

【解析】《建筑边坡工程技术规范》（GB 50330—2013）附录 B.0.2 条。

自均布荷载起点和终点分别作与水平面夹角为 57°（45° + 24°/2）的辅助线，终点辅助线和墙底相交时，均布荷载产生土压力与拉力区叠加最少，墙背土压力最大。

$$b = \frac{5.5}{\tan 57°} - 1.5 = 2.1\text{m}$$

荷载引起土压力上限 $1.5 \times \tan 57° = 2.3\text{m}$，下限 5.5m。

$$K_a = \tan^2\left(45° - \frac{24°}{2}\right) = 0.422$$

拉力区深度：$z_0 = \dfrac{2c}{\gamma\sqrt{K_a}} = \dfrac{2 \times 12}{20 \times \sqrt{0.422}} = 1.85\text{m} < 2.3\text{m}$

$$E_a = \frac{1}{2}\gamma(H - z_0)^2 K_a + qhK_a$$
$$= \frac{1}{2} \times 20 \times (5.5 - 1.85)^2 \times 0.422 + 20 \times (5.5 - 2.3) \times 0.422 = 83.2\text{kN/m}$$

注：按土压力理论，均布荷载产生土压力与拉力区叠加最少的情况，墙背土压力最大。

16.【答案】C

【解析】总应力法，不考虑渗流。

条块自重：$W = (5 \times 19 + 5 \times 20) \times 2 + 15 \times 2 = 420\text{kN/m}$

滑动面长度：$l = \dfrac{b}{\cos\theta} = \dfrac{2}{\cos 30°} = 2.31\text{m}$

$$F_s = \frac{420 \times \cos 30° \times \tan 25° + 15 \times 2.31}{420 \times \sin 30°} = 0.97$$

注：本题争议颇大，主要在于采用哪种算法。本题显然为稳定渗流期的土坡稳定分析，根据《土力学》（李广信等编，第3版，清华大学出版社）第291页，对稳定渗流期土坡，原则上采用有效应力法分析。

解法一：

有效应力法，扣除孔隙水压力。

条块自重：$W = (5 \times 19 + 5 \times 20) \times 2 + 15 \times 2 = 420\text{kN/m}$

滑动面长度：$l = \dfrac{b}{\cos\theta} = \dfrac{2}{\cos 30°} = 2.31\text{m}$

$U = 10 \times 5 \times \cos^2 10° \times 2.31 = 112\text{kN/m}$

$$F_s = \frac{(420 \times \cos 30° - 112) \times \tan 25° + 15 \times 2.31}{420 \times \sin 30°} = 0.72，无对应选项。$$

解法二：

有效应力法，考虑渗透力。

条块自重：$W = (19 \times 5 + 10 \times 5) \times 2 + 2 \times 15 = 320\text{kN/m}$

滑动面长度：$l = \dfrac{b}{\cos\theta} = \dfrac{2}{\cos 30°} = 2.31\text{m}$

总渗透力：$J = jV = 10 \times \sin 10° \times 2 \times 5 = 17.36\text{kN/m}$，作用于条块水下部分的形心到滑动圆心的距离$d$无法计算，此法无解。

可见有效应力法无解，采用总应力法分析。

解法三：

总应力法，不考虑渗流。

条块自重：$W = (5 \times 19 + 5 \times 20) \times 2 + 15 \times 2 = 420\text{kN/m}$

滑动面长度：$l = \dfrac{b}{\cos\theta} = \dfrac{2}{\cos 30°} = 2.31\text{m}$

$$F_s = \frac{420 \times \cos 30° \times \tan 25° + 15 \times 2.31}{420 \times \sin 30°} = 0.97，对应选项 C，符合瑞典条分法。$$

解法四：

《铁路路基设计规范》（TB 10001—2016）第 3.3.2 条。

$$G + G_b = (19 \times 5 + 10 \times 5) \times 2 + 2 \times 15 = 320\text{kN/m}$$

$$l = \frac{b}{\cos\theta} = \frac{2}{\cos 30°} = 2.31\text{m}$$

$$P_w = 10 \times \sin 10° \times 2 \times 5 = 17.36\text{kN/m}$$

$$R_i = [(G_i + G_{bi})\cos\theta_i + P_{wi}\sin(\alpha_i - \theta_i)]\tan\varphi_i + c_i l_i$$

$$= [320 \times \cos 30° + 17.36 \times \sin(10° - 30°)] \times \tan 25° + 15 \times 2.31 = 161.108$$

$$T_i = (G_i + G_{bi})\sin\theta_i + P_{wi}\cos(\alpha_i - \theta_i)$$

$$= 320 \times \sin 30° + 17.36 \times \cos(10° - 30°) = 176.313$$

$$K_s = \frac{\sum\limits_{i=1}^{n} R_i}{\sum\limits_{i=1}^{n} T_i} = \frac{161.108}{176.313} = 0.91$$

此方法不是瑞典条分法，不符合题目要求。

解法五：

条块自重：$W = (5 \times 19 + 5 \times 20) \times 2 + 15 \times 2 = 420\text{kN/m}$

滑动面长度：$l = \dfrac{b}{\cos\theta} = \dfrac{2}{\cos 30°} = 2.31\text{m}$

$$U = 10 \times 5 \times \cos^2 10° \times 2.31 = 112\text{kN/m}$$

两侧水压力差：

$$\Delta V = \frac{1}{2} \times 10 \times (5 + \tan 30° - \tan 10°)^2 - \frac{1}{2} \times 10 \times (5 - \tan 30° + \tan 10°)^2 = 40\text{kN/m}$$

$$F_s = \frac{(420 \times \cos 30° + 40 \times \sin 30° - 112) \times \tan 25° + 15 \times 2.31}{420 \times \sin 30° - 40 \times \cos 30°} = 0.92$$

此方法不属于严格的瑞典条分法，考虑了土条两侧的水压力差，是介于瑞典条分法和毕肖普法的过渡方法，不符合题目要求。命题组评分时按解法四作答，答案为选项 B。但解法四并不是严格意义的瑞典条分法，不能让人信服。

17.【答案】B

【解析】《建筑基坑支护技术规程》（JGJ 120—2012）第 4.1.8 条、第 4.1.9 条。

解法一：

（1）排桩计算宽度内的弹性支点水平反力

$$b_a = 0.9\text{m}, \quad s = 1.8\text{m}$$

$$P_h = \frac{P \cdot \cos\alpha \cdot b_a}{s} = \frac{300 \times \cos 15° \times 0.9}{1.8} = 144.9\text{kN}$$

计算宽度内弹性支点水平刚度系数：

$$k_h = 13995.2 \times \frac{0.9}{1.8} = 6997.6\text{kN/m}$$

$$F_h = k_h(v_R - v_{R0}) + P_h = 6997.6 \times \frac{6 \times 10^{-3}}{\cos 15°} + 144.9 = 188.4\text{kN}$$

（2）弹性支点水平反力产生的弯矩

$$M_1 = 188.4 \times (8 - 2) = 1130.4\text{kN} \cdot \text{m}$$

（3）土压力产生的弯矩

$$M_2 = 6.66 \times 8 \times \frac{8}{2} + \frac{1}{2} \times (57.33 - 6.66) \times 8 \times \frac{8}{3} = 753.6\text{kN} \cdot \text{m/m}$$

$$M_1 - M_2 = 1130.4 - 0.9 \times 753.6 = 452.2\text{kN} \cdot \text{m}$$

解法二：

（1）锚杆水平分力产生的弯矩

锚杆轴向力增加 $\Delta N = 6 \times 10^{-3} \times 15 \times 10^3 = 90\text{kN}$

锚杆总轴向力 $N = 300 + 90 = 390\text{kN}$

锚杆总水平力 $N_h = 390 \times \cos 15° = 376.7\text{kN}$

$$M_1 = \frac{376.7 \times 6 \times 0.9}{1.8} = 1130.1\text{kN} \cdot \text{m}$$

（2）土压力产生的弯矩

$$M_2 = 6.66 \times 8 \times \frac{8}{2} + \frac{1}{2} \times (57.33 - 6.66) \times 8 \times \frac{8}{3} = 753.6\text{kN} \cdot \text{m/m}$$

$$M_1 - M_2 = 1130.4 - 0.9 \times 753.6 = 452\text{kN} \cdot \text{m}$$

注：本题有两处易错点，其一是要将锚杆的轴向刚度系数转换成计算宽度内的水平向刚度系数，其二是题目给出的是锚头处锚杆的轴向位移，应将轴向位移转换成在支点处的水平位移值，即水平位移值 = 轴向位移/$\cos \alpha$。解法 2 是根据胡克定律计算锚杆的总轴向力，然后转换为水平力计算，比较快捷。

18.【答案】C

【解析】《建筑基坑支护技术规程》（JGJ 120—2012）第 6.1.2 条。

（1）主动土压力矩

$$E_{ak}a_a = \frac{1}{2} \times 10.5 \times 120 \times \frac{1}{3} \times 10.5 = 2205\text{kN} \cdot \text{m/m}$$

（2）被动土压力矩

$$E_{pk}a_p = 30 \times 6 \times \frac{6}{2} + \frac{1}{2} \times (190 - 30) \times 6 \times \frac{6}{3} = 1500\text{kN} \cdot \text{m/m}$$

（3）抗倾覆安全系数

$$Ga_G = 5 \times 3.2 \times 19 \times \left(1 + \frac{3.2}{2}\right) + 6 \times 4.2 \times 19 \times \frac{4.2}{2} = 1795.88\text{kN} \cdot \text{m/m}$$

$$K_{ov} = \frac{E_{pk}a_p + Ga_G}{E_{ak}a_a} = \frac{1500 + 1795.88}{2205} = 1.49$$

19.【答案】A

【解析】《湿陷性黄土地区建筑标准》（GB 50025—2018）第 5.6.5 条、附录 D。

（1）黄土类型判别

$$e = \frac{G_s \rho_w (1 + w)}{\rho} - 1 = \frac{2.7 \times 1.0 \times (1 + 0.18)}{1.65} - 1 = 0.93$$

$$R = -68.45e + 10.98a - 7.16\gamma + 1.18w$$
$$= -68.45 \times 0.93 + 10.98 \times 0.82 - 7.16 \times 16.5 + 1.18 \times 18$$
$$= -151.55 > -154.80$$

判定为新近沉积黄土。

（2）黄土基本承载力修正

查规范表 5.6.5，$\eta_b = 0$，$\eta_d = 1.0$。

$$f_a = f_{ak} + \eta_b \gamma (b - 3) + \eta_d \gamma_m (d - 1.5)$$
$$= 110 + 0 + 1.0 \times 16.5 \times (5.5 - 1.5) = 176\text{kPa}$$

20.【答案】C

【解析】《膨胀土地区建筑技术规范》（GB 50112—2013）第 4.3.5 条、第 5.2.14 条、第 5.5.4 条。

根据题目条件可以判定为膨胀变形。

查规范表 5.2.12，大气影响深度：$d_a = 5.0m$。

变形计算深度自碎石垫层算起，为 1.8～5.0m。

$$s_{es} = \psi_{es} \sum_{i=1}^{n} \delta_{epi} h_i = 0.6 \times (0.035 \times 1700 + 0.025 \times 1500) = 58.2mm$$

查规范表 4.3.5，胀缩等级为 Ⅱ 级，查规范表 5.5.4，散水最小宽度为 1.5m。

21.【答案】C

【解析】《公路路基设计规范》（JTG D30—2015）第 7.11.2 条、表 7.11.6。

$$\overline{DT} = \frac{\sum_{i=1}^{n} h_i \cdot DT_i}{\sum_{i=1}^{n} h_i}$$

$$= \frac{1.6 \times 0.05 + 1.3 \times 0.2 + 1.0 \times 0.25 + 0.8 \times 0.25 + 0.6 \times 0.25 + 0.4 \times 0.5 + 0.3 \times 0.5}{2}$$

$$= 0.645\%$$

细粒黏质氯盐渍土，查规范表 7.11.2-2，为弱盐渍土。

查表 7.11.6，对于一级公路，表中数值乘以系数 1.5～2.0，氯盐渍土取低值。

路堤高出地面最小高度：$1.5 \times 1.0 = 1.5m$

注：在计算平均含盐量时，计算深度是 1m 还是 2m，题目是料场挖出来盐渍土作为路堤填料使用，路堤填土并非天然地面下的土，不具备盐渍土表聚性的特征，应计算至 2m。含盐量 > 0.3% 是否计入？《公路工程地质勘察规范》（JTG C20—2011）第 8.4.1 条、《岩土工程勘察规范》（GB 50021—2001）（2009 年版）第 6.8.1 条、《铁路工程地质勘察规范》（TB 10012—2019）第 6.4.2 条、《铁路工程特殊岩土勘察规程》（TB 10038—2022）第 8.1.2 条均规定易溶盐含量 > 0.3% 的土应定为盐渍土，《盐渍土地区建筑技术规范》（GB/T 50942—2014）第 2.1.1 条判定盐渍土易溶盐含量 ≥ 0.3%。国家标准和行业标准发生冲突时，应参照国家标准，计入 0.3% 的盐渍土。

22.【答案】C

【解析】《岩土工程勘察规范》（GB 50021—2001）（2009 年版）第 6.9.4 条条文说明。

粗颗粒含量（粒径大于 0.5mm 的颗粒）$P_{0.5} = 15\% + 20\% = 35\%$，则

$$w_f = \frac{w - w_A \times 0.01 P_{0.5}}{1 - 0.01 P_{0.5}} = \frac{0.25 - 0.05 \times 0.35}{1 - 0.35} = 0.358$$

$$I_L = \frac{w_f - w_P}{w_L - w_P} = \frac{35.8 - 30}{45 - 30} = 0.387$$

可塑状态。

23.【答案】D

【解析】《建筑抗震设计标准》（GB/T 50011—2010）（2024 年版）第 4.2.3 条。

中密～密实的细砂：取 $\eta_b = 2.0$，$\eta_d = 3.0$；$b > 6m$ 时，取 $b = 6m$，则

$$f_a = f_{ak} + \eta_b \gamma (b - 3) + \eta_d \gamma_m (d - 0.5) = 280 + 2.0 \times 19 \times (6 - 3) + 3 \times 19 \times (6 - 0.5)$$
$$= 707.5kPa$$

中密～密实的细砂：取 $\zeta_a = 1.3$，则

$$f_{aE} = \zeta_a f_a = 1.3 \times 707.5 = 919.75kPa$$

24.【答案】D

【解析】《建筑抗震设计规范》（GB/T 50011—2010）（2024 年版）第 4.3.4 条、第 4.4.3 条。

（1）锤击数临界值

地震分组，第二组，$\beta = 0.95$，加速度 $0.15g$，$N_0 = 10$，则

$$N_{cr} = N_0\beta[\ln(0.6d_s + 1.5) - 0.1d_w]\sqrt{3/\rho_c}$$
$$= 10 \times 0.95 \times [\ln(0.6 \times 13.15 + 1.5) - 0.14] = 19.95$$

（2）打桩后锤击数估算

桩间距与桩径之比 $1.8/0.5 = 3.6$，满足 $2.5 \sim 4.0$，且桩数大于 5×5，可计入打入式预制桩对土的加密作用。

置换率：$\rho = \dfrac{\dfrac{\pi}{4} \times 0.5^2}{1.8^2} = 0.061$

$$N_1 = N_p + 100\rho(1 - e^{-0.3N_p}) = 15 + 100 \times 0.061 \times (1 - e^{-0.3 \times 15})$$
$$= 21 > N_{cr} = 19.95，不液化。$$

（3）不折减，取 $\psi_l = 1.0$。

25.【答案】B

【解析】《建筑基桩检测技术规范》（JGJ 106—2014）第 4.4.2 条、第 5.4.2 条及条文说明。

$Q\text{-}s$ 曲线为缓变型曲线。

取 $s = 0.05 \times 1000 = 50\text{mm}$ 对应的荷载作为极限承载力，$Q_u \approx 4500\text{kN}$。

取 $\delta\text{-}\lg t$ 曲线斜率明显变陡的前一级荷载：由试验结果可知，上拔荷载为 3500kN 时斜率明显变大，取其前一级荷载值 $T_u = 3000\text{kN}$ 作为桩的抗拔承载力。

桩身自重：$G_p = \dfrac{\pi}{4} \times 1^2 \times 20 \times 25 = 392.7\text{kN}$

抗拔系数：$\lambda = \dfrac{3000 - 392.7}{4500 \times (1 - 0.15)} = 0.682$

注：《建筑基桩检测技术规范》（JGJ 106—2014）第 5.4.2 条条文说明指出，由 $\delta\text{-}\lg t$ 曲线确定的抗拔极限承载力包含土的极限抗拔阻力和桩的自重，在计算抗拔系数时，应扣除基桩自重。$Q\text{-}s$ 曲线在什么样的形态下才算陡降，不同比例尺绘制的 $Q\text{-}s$ 曲线会有不同的形态，可能是陡降曲线也可能是缓变曲线，而该规范第 4.3.7 条条文说明指出：本级荷载沉降超过前一级荷载作用下的沉降量的 5 倍称为陡降。此题是 3.85 倍，不满足要求。命题组评分时是按陡降考虑的，但按缓降考虑也不能算错。

2022 年补考案例分析试题答案及解析（上午卷）

试 题 答 案

本试卷由 25 道题组成，全部为单项选择题，每道题均为必答题。每题 2 分，满分为 50 分。

1	B	2	C	3	D	4	B	5	D
6	C	7	C	8	B	9	B	10	B
11	B	12	C	13	B	14	D	15	C
16	B	17	B	18	B	19	D	20	D
21	C	22	C	23	D	24	C	25	A

解 题 过 程

1. 【答案】B

【解析】《土工试验方法标准》（GB/T 50123—2019）第 19.3.2 条 3 款。

计算每级周围压力下的孔隙压力增量 Δu，并与周围压力增量 $\Delta\sigma_3$ 进行比较。

当 $\frac{\Delta u}{\Delta\sigma_3} > 0.98$ 时，认为试样饱和。

$$\Delta u > 0.98\Delta\sigma_3 = 0.98 \times 30 = 29.4\text{kPa}$$

即 $\Delta u > 29.4\text{kPa}$ 时，方可认为试样饱和。

由此判定，试样②、④满足要求。

2. 【答案】C

【解析】《高层建筑岩土工程勘察标准》（JGJ/T 72—2017）第 8.2.3 条、《建筑地基基础设计规范》（GB 50007—2011）第 5.3.8 条。

$$z_n = b(2.5 - 0.4\ln b) = 4 \times (2.5 - 0.4 \times \ln 4) = 7.8\text{m}$$

若存在较厚的密实卵石层，且 E_s 大于 80MPa，沉降计算深度 z_n 取至卵石层顶面。

1 号孔：沉降土层为①层黏土，$\overline{E}_{s1} = 8\text{MPa}$。

2 号孔：沉降土层为②层细砂，$\overline{E}_{s2} = 15\text{MPa}$。

3 号孔：沉降土层为②层细砂、③层砾砂。

计算见解表。

题 2 解表

层号	基底至第 i 层土底面距离 z_i（m）	l/b	z_i/b	$\overline{\alpha}_i$	$4z_i\overline{\alpha}_i$	$4(z_i\overline{\alpha}_i - z_{i-1}\overline{\alpha}_{i-1})$	E_{si}
①	0						
②	4.0	1	2.0	0.1746	2.7936	2.7936	15
③	6.0	1	3.0	0.1369	3.2856	0.4920	25

$$\overline{E}_{s3} = \frac{\sum A_i}{\sum \frac{A_i}{E_{si}}} = \frac{3.2856}{\frac{2.7936}{15} + \frac{0.4920}{25}} = 15.96\text{MPa}$$

压缩模量当量值的平均值：$\overline{E}_s = \frac{8 + 15 + 15.96}{3} = 12.99\text{MPa}$，插值得 $K = 1.72$。

$$\frac{\overline{E}_{smax}}{\overline{E}_{smin}} = \frac{15.96}{8} = 1.99 > K = 1.72，为不均匀地基。$$

3. 【答案】D

【解析】根据土力学基本原理计算。

（1）允许水力坡降

$$i_{cr} = \frac{G_s - 1}{1 + e} = \frac{2.65 - 1}{1 + 0.92} = 0.859，\quad [i] = \frac{i_{cr}}{F_s} = \frac{0.859}{1.5} = 0.57$$

（2）实际水力坡降

$$\Delta h = \frac{8 - 1.5}{12 - 1} = 0.59m$$

$$i = \frac{\Delta h}{\Delta l} = \frac{0.59}{1} = 0.59 > [i]，不满足工程要求。$$

注：此题有个瑕疵，根据土力学基本原理，帷幕底部应有一条竖直的等势线，配图没有画上，考场上应按题目给的图来答题。

4. 【答案】B

【解析】岩层露头线与等高线弯曲方向相反，根据"V字形法则"，判定岩层倾向和地面坡向相同，岩层倾角大于地面坡角。

（1）地面坡角

如解图所示，$\tan\beta = \frac{550 - 500}{100} = 0.5，\beta = 26.6°。$

（2）岩层真厚度

AB 露头长度：$l = \sqrt{100^2 + 50^2} = 111.8m$

$m = l \cdot \cos(\beta + 30°) = 111.8 \times \cos 56.6° = 61.54m$

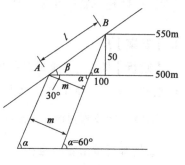

题 4 解图

注：本题可通过"V字形法则"确定岩层倾角与地面坡度之间的关系，可通过题干中的描述画出几何关系，由数学方法求出结果。

5. 【答案】D

【解析】本题可查《基础工程》教材。

沉降 15mm 土柱的地基反力：$p = ks = 24 \times 10^3 \times 15 \times 10^{-3} = 360kPa$

沉降 10mm 土柱的地基反力：$p = ks = 24 \times 10^3 \times 10 \times 10^{-3} = 240kPa$

根据地基反力分布图的面积计算地基反力合力：

$$P = \left[2 \times (360 \times 2) + 2 \times \left(3 \times \frac{360 + 240}{2}\right) + 240 \times 2\right] \times 2.5 = 9300kN$$

两个柱子的竖向荷载等于地基反力，则每个柱子的竖向荷载为 $F = \frac{9300}{2} = 4650kN。$

6. 【答案】C

【解析】《铁路路基支挡结构设计规范》（TB 10025—2019）第 6.2.6 条。

（1）偏心距计算

$$N' = N\cos\alpha + E'_x\sin\alpha = 360 \times \cos 11.3° + 140 \times \sin 11.3° = 380.45kN/m$$

$$c = \frac{M_y - M_0}{N'} = \frac{360 \times 1.794 - 140 \times 1.755}{380.45} = 1.05m$$

$$B' = \frac{B}{\cos\alpha} = \frac{2.89}{\cos 11.3°} = 2.95m$$

$$e = \frac{B'}{2} - c = \frac{2.95}{2} - 1.05 = 0.425\text{m} < \frac{B'}{6} = \frac{2.95}{6} = 0.49\text{m}, \text{为小偏心}。$$

（2）基底最大压应力计算

$$p_{\max} = \frac{N'}{B'}\left(1 + \frac{6e}{B'}\right) = \frac{380.45}{2.95} \times \left(1 + \frac{6 \times 0.425}{2.95}\right) = 240.4\text{kPa}$$

7.【答案】C

【解析】《公路桥涵地基与基础设计规范》（JTG 3363—2019）第 5.2.6 条。

（1）基底压力计算

$\frac{z}{b} = \frac{4}{2} = 2$，取轴心情况下的基底压力计算，则

$$p = \frac{F}{A} + \gamma_G d = \frac{1520}{4.0 \times 2.0} + 20 \times 3 = 250\text{kPa}$$

（2）软弱下卧层顶面处的压应力

$\frac{z}{b} = \frac{4}{2} = 2$，$\frac{l}{b} = \frac{4}{2} = 2$，查规范附录表 J.0.1，$\alpha = 0.189$，则

$$p_z = \gamma_1(h + z) + \alpha(p - \gamma_2 h) = 19.8 \times 7 + 0.189 \times (250 - 19.8 \times 3) = 174.6\text{kPa}$$

注：确定基底压力时，b 取基础偏心方向的尺寸，不一定是短边。

8.【答案】B

【解析】根据《建筑地基基础设计规范》（GB 50007—2011）表 5.2.4，对于大面积压实填土，压实系数 0.97，黏粒含量 12%，填土为粉土，$\eta_b = 0$，f_{ak} 由试验确定为 220kPa，则 $\eta_d = 0$，$f_a = 220\text{kPa}$。

①轴心荷载作用时，$b \geqslant \frac{F_k}{f_a - \gamma_G d} = \frac{422.4}{220 - 20 \times 2.2} = 2.4\text{m}$，取 $b = 2.4\text{m}$。

②增加荷载后偏心距：

$$e = \frac{M_k}{F_k + G_k} = \frac{150 \times \left(\frac{2.4}{2} - 0.5\right)}{422.4 + 150 + 20 \times 2.2 \times 2.4 \times 1} = 0.16\text{m}$$

注：深层载荷试验承载力不进行深度修正。此题有一个瑕疵，深层载荷试验的试验深度不应小于 5m，此题试验深度为 2.2m，不符合深层载荷试验要求。考试中应将错就错，拿分为主。

9.【答案】B

【解析】《建筑桩基技术规范》（JGJ 94—2008）第 5.3.7 条。

$$d_e = \frac{d}{\sqrt{n}} = \frac{0.8}{\sqrt{9}} = 0.267\text{m}, \frac{h_b}{d_e} = \frac{3}{0.267} = 11.24 > 5, \text{取} \lambda_p = 0.8, \text{则}$$

$$Q_{uk} = u\sum q_{sik}l_i + \lambda_p q_{pk}A_p = \pi \times 0.8 \times (50 \times 9 + 65 \times 3) + 0.8 \times 4000 \times \frac{\pi}{4} \times 0.8^2 = 3229.6\text{kN}$$

$$R_a = \frac{Q_{uk}}{k} = \frac{3229.6}{2} = 1614.8\text{kN}$$

10.【答案】B

【解析】《建筑桩基技术规范》（JGJ 94—2008）第 5.4.5 条。

（1）基桩自重

$$G_p = \frac{\pi d^2}{4}\gamma_c l = \frac{3.14 \times 0.6^2}{4} \times (25 - 10) \times l = 2.94l$$

（2）基桩抗拔极限承载力标准值

$$T_{uk} = \sum \lambda_i q_{sik}u_i l_i = 0.70 \times 36 \times \pi \times 0.6 \times l = 47.5l$$

（3）群桩基础呈非整体破坏时的基桩抗拔承载力验算

$$N_k \leqslant \frac{T_{uk}}{2} + G_p, \quad \text{即} \quad \frac{41000}{147} \leqslant \frac{47.48l}{2} + 4.24l = 28l$$

解得：$l \geqslant 9.96\text{m}$

11.【答案】B

【解析】《公路桥涵地基与基础设计规范》（JTG 3363—2019）第6.3.3条。

假设$h < 40\text{m}$，根据规范表4.3.4，桩端密实卵石，$k_2 = 10.0$，则

$$q_r = m_0\lambda[f_{a0} + k_2\gamma_2(h-3)] = 1.0 \times 0.85 \times [1200 + 10.0 \times (22-10) \times (h-3)] \geqslant 2750\text{kPa}$$

解得$h \geqslant 19.96\text{m}$，满足假设。

注：此题有瑕疵，根据规范表6.3.3-2，修正系数取0.85的前提条件是$l/d > 25$，此时桩长$l > 25 \times 1.2 = 30\text{m}$。

12.【答案】C

【解析】（1）处理后孔隙比

$$e_1 = e_{max} - D_r(e_{max} - e_{min}) = 0.91 - 0.675 \times (0.91 - 0.55) = 0.667$$

（2）地面下沉量

$$\frac{h_1}{1+e_0} = \frac{h_2}{1+e_1}, \quad \text{即} \quad \frac{10}{1+0.85} = \frac{10 - \Delta h}{1+0.667}$$

解得：$\Delta h = 0.99\text{m} = 99\text{cm}$

13.【答案】B

【解析】《建筑地基处理技术规范》（JGJ 79—2012）第5.2.4条、第5.2.7条。

（1）砂土层沉降

$$\Delta p = \frac{0 + 6 \times 10}{2} = 30\text{kPa}$$

$$s_1 = \frac{\Delta ph}{E_s} = \frac{30 \times 6}{15} = 12\text{mm}$$

（2）黏土层沉降

$$\Delta p = 60\text{kPa}, \quad s_f = \frac{\Delta ph}{E_s} = \frac{60 \times 4}{5} = 48\text{mm}$$

$$d_e = 1.13s = 1.13 \times 10 = 11.3\text{m}$$

$$\alpha = \frac{8}{\pi^2} = 0.811, \quad \beta = \frac{\pi^2 c_v}{4H^2} + \frac{8c_h}{Fd_e^2} = \frac{\pi^2 \times 0.05}{4 \times 4^2} + \frac{8 \times 0.2}{6 \times 11.3^2} = 9.8 \times 10^{-3}d^{-1}$$

$$U_t = 1 - \alpha \cdot e^{-\beta t} = 1 - 0.811 \times e^{-9.8 \times 10^{-3} \times 60} = 0.55$$

$$s_2 = s_f U_t = 48 \times 0.55 = 26.4\text{mm}$$

（3）地面总沉降

$$s = s_1 + s_2 = 12 + 26.4 = 38.4\text{mm}$$

14.【答案】D

【解析】《湿陷性黄土地区建筑标准》（GB 50025—2018）第4.4.2第~第4.4.4条、第6.1.4条和附录A。

（1）判定湿陷性场地类别。

根据第4.4.2条~第4.4.4条，按场地类别和建筑类别确定处理深度，不计入自重湿陷系数$\delta_{zs} < 0.015$

的土层；关中地区，$\beta_0 = 0.9$，则

$$\Delta_{zs} = \beta_0 \sum_{i=1}^{n} \delta_{zsi} h_i$$
$$= 0.9 \times (0.019 + 0.022 + 0.025 + 0.036 + 0.048 + 0.053 + 0.060 + 0.055 + 0.044) \times 1000$$
$$= 325.8mm > 70mm$$

故为自重湿陷性黄土场地。

（2）根据附录 A，拟建车间跨度 24m，为乙类建筑。

（3）根据第 6.1.4 条，乙类建筑，自重湿陷性黄土场地，处理深度不应小于基底下湿陷性土层厚度的 2/3，且下部未经处理的湿陷性黄土层剩余湿陷量不应大于 150mm，故处理深度 $h \geqslant \dfrac{2}{3} \times (13 - 1) = 4m$。

（4）按剩余湿陷量确定处理深度。

①假设基底下处理深度为 8m。

基底下 8~10m，$\alpha = 1.0$，$\beta = 1.0$；基底下 10~13m，$\alpha = 0.9$，$\beta = 0.9$，则

$$\Delta_s = \sum_{i=1}^{n} \alpha\beta\delta_{si} h_i$$
$$= 1.0 \times 1.0 \times (0.062 + 0.069) \times 1000 + 0.9 \times 0.9 \times (0.055 + 0.044) \times 1000$$
$$= 211.2mm > 150mm$$

不满足要求。

②假设基底下处理深度为 9m。

$$\Delta_s = \sum_{i=1}^{n} \alpha\beta\delta_{si} h_i$$
$$= 1.0 \times 1.0 \times 0.069 \times 1000 + 0.9 \times 0.9 \times (0.055 + 0.044) \times 1000$$
$$= 149.2mm < 150mm$$

因此，最小处理深度为 9m。

15.【答案】C

【解析】根据土力学基本原理，采用水土合算，不考虑渗流影响。

$$K_a = \tan^2\left(45° - \frac{15°}{2}\right) = 0.589$$

黏土层顶面处：

$$e_a = \gamma_1 h_1 K_{a2} - 2c_2\sqrt{K_{a2}} = 18 \times 10 \times 0.589 - 2 \times 20 \times \sqrt{0.589} = 75.3kPa$$

黏土层底面处：

$$e_a = (\gamma_1 h_1 + \gamma_{sat} h_2)K_{a2} - 2c_2\sqrt{K_{a2}} = (18 \times 10 + 20 \times 5) \times 0.589 - 2 \times 20 \times \sqrt{0.589} = 134.2kPa$$
$$E_a = \frac{1}{2} \times (75.3 + 134.2) \times 5 = 523.85kN/m$$

16.【答案】B

【解析】《铁路路基支挡结构设计规范》（TB 10025—2019）第 12.2.3 条、第 12.2.5 条、第 13.2.6 条。

（1）根据第 12.2.3 条，每孔锚索的轴向拉力：

$$P_t = \frac{F}{\lambda \sin(\alpha + \beta)\tan\varphi + \cos(\alpha + \beta)} = \frac{200 \times 2.5}{0.5 \times \sin(25° + 18°) \times \tan 13° + \cos(25° + 18°)} = 617.2kN$$

（2）根据第 12.2.5 条，验算锚索抗拔稳定性：

$$L_{a1} \geqslant \frac{K_2 \cdot P_t}{\pi \cdot D \cdot f_{rb}} = \frac{2 \times 617.2}{\pi \times 0.15 \times 800} = 3.27m$$

$$L_{a2} \geqslant \frac{K_2 \cdot P_t}{n \cdot \pi \cdot d \cdot f_b} = \frac{2 \times 617.2}{6 \times \pi \times 0.0152 \times 2340} = 1.84m$$

（3）根据第 12.2.6 条，拉力型锚索在岩层中的锚固段长度宜为 4~10m，取最小长度为 4m。

17. 【答案】B

【解析】边坡倾向为 187°，坡角为 70°，裂隙 2 倾向与边坡坡面倾向相近，倾角小于坡角，判定为最不利结构面，其稳定系数最小。根据解图进行计算。

题 17 解图

三角形滑体自重：$W_1 = \frac{1}{2} \times 25 \times 15 \times \left(\frac{15}{\tan 45°} - \frac{15}{\tan 70°}\right)$
$= 1788.8 \text{kN/m}$

路基荷载：$W_2 = 30 \times \left(\frac{15}{\tan 45°} - \frac{15}{\tan 70°}\right) = 286.2 \text{kN/m}$

滑动面长度：$l = \frac{15}{\sin 45°} = 21.2 \text{m}$

$$F_s = \frac{W \cos\theta \tan\varphi + cL}{W \sin\theta} = \frac{(1788.8 + 286.2) \times \cos 45° \times \tan 20° + 21.2 \times 35}{(1788.8 + 286.2) \times \sin 45°} = 0.87$$

18. 【答案】B

【解析】根据《岩石力学》（徐志英，中国水利水电出版社）第 6.3 节，验算巷道边界上的切向应力是否超过岩体强度即可。

垂直应力：$\sigma_v = \gamma h = 25 \times 400 = 10000 \text{kPa} = 10 \text{MPa}$。

水平应力：$\sigma_h = \lambda \sigma_v = 10000 \text{kPa} = 10 \text{MPa}$。

洞壁环向应力：$\sigma_\theta = 2\sigma_v = 20000 \text{kPa} = 20 \text{MPa}$，为压应力。

围岩单轴抗压强度 $[\sigma_c] = 10.2 \text{MPa} < $ 洞壁环向应力 $\sigma_\theta = 20 \text{MPa}$，故无支护时，围岩不稳定。

19. 【答案】D

【解析】《建筑基坑支护技术规程》（JGJ 120—2012）第 4.1.4 条。

$$k_s = m(z - h) = 15 \times 10^3 \times (8 - 5) = 45000 \text{kN/m}^3$$

$$v = 2.5 \times 10^{-3}$$

$$K_a = \tan^2\left(45° - \frac{30°}{2}\right) = \frac{1}{3}$$

$$p_{s0} = (\gamma_i h_i - u_p)K_{a,i} + u_p = (20 \times 3 - 10 \times 1) \times \frac{1}{3} + 10 \times 1 = 26.67 \text{kPa}$$

$$p_s = k_s v + p_{s0} = 45000 \times 2.5 \times 10^{-3} + 26.67 = 139.17 \text{kPa}$$

20. 【答案】D

【解析】《公路路基设计规范》（JTG D30—2015）第 7.9.3 条、第 7.9.4 条。

（1）根据第 7.9.3 条，计算膨胀土地基收缩变形量。

$$\rho = \sum_{i=1}^{n} \frac{C_w \Delta w_i}{(1 + e_0)_i} z_i$$
$$= \left(\frac{0.54 \times 0.0542}{1 + 0.853} + \frac{0.51 \times 0.0496}{1 + 0.846} + \frac{0.49 \times 0.0528}{1 + 0.818} + \frac{0.48 \times 0.0586}{1 + 0.825}\right) \times 1000$$
$$= 59.14 \text{mm}$$

（2）查表 7.9.4，膨胀土地基分类等级为Ⅲ级，路堤高度为 1.4m，小于 1.5m，地基置换非膨胀土或无机结合料处治，其深度不宜小于 1.0m，故选项 D 合适。

21. 【答案】C

【解析】《公路工程地质勘察规范》（JTG C20—2011）第 8.2.7 条。

$$\eta = \frac{z}{h' - \varDelta_z} \times 100\% = \frac{0.2}{(5 - 3.4) - 0.2} = \frac{0.2}{1.4} = 14.3\%$$

查表 8.2.7，为 V 特强冻胀。

冻结深度和冻层厚度两个概念是不一样的，冻结深度是自冻前原自然地面算起的，冻层厚度是从冻胀后的地面算起的，即冻结深度 = 冻层厚度 − 冻胀量。

根据《工程地质手册》第 580 页公式计算平均冻胀率：

$$\eta = \frac{\varDelta_z}{h' - \varDelta_z} \times 100\% = \frac{0.2}{3.4 - 0.2} \times 100\% = 6.25\%$$

冻前地下水位至地面的距离 $h_w = 1.1 - 0.2 = 0.9$m，冻前含水量 22%，为 IV 级强冻胀。这种方法认为冻结深度等于冻层厚度，这是概念上的错误。

22.【答案】C

【解析】块体受力如解图所示。

（1）裂隙中水压力：

$$V = \frac{1}{2}\gamma_w h_w^2 = \frac{1}{2} \times 10 \times 9^2 = 405\text{kN/m}$$

（2）结构面中水压力：

$$U = \frac{1}{2} \times (10 \times 9 + 30) \times 21 = 1260\text{kN/m}$$

（3）自重：$W = Gl = 4400$kN

（4）稳定系数：

题 22 解图

$$F_s = \frac{抗滑力}{下滑力} = \frac{(W\cos\theta - U - V\sin\theta)\tan\varphi + cL}{W\sin\theta + V\cos\theta}$$

$$= \frac{[4400 \times \cos 15° - 1260 - 405 \times \sin 15°] \times \tan 20° + 35 \times 21}{4400 \times \sin 15° + 405 \times \cos 15°}$$

$$= 1.17$$

23.【答案】D

【解析】《建筑抗震设计标准》（GB/T 50011—2010）（2024 年版）第 5.1.4 条、第 5.1.5 条。

查表 5.1.4-1，$\alpha_{max} = 1.2$。

查表 5.1.4-2，场地特征周期 $T_g = 0.55 + 0.05 = 0.6$s。

根据第 4.1.8 条的条文说明，考虑局部突出地形对地震影响系数最大值有放大作用。

$\frac{L_1}{H} = \frac{20}{10} = 2$，$\xi = 1$；$\frac{H}{L} = \frac{10}{25} = 0.4$，根据第 4.1.8 条条文说明的表 2，$\alpha = 0.2$，则

$\lambda = 1 + \xi\alpha = 1 + 1 \times 0.2 = 1.2$，满足 $1.1 \leqslant \lambda \leqslant 1.6$，$\alpha_{max} = 1.2 \times 1.2 = 1.44$

阻尼比为 0.05，$\eta_2 = 1.0$，$T = 0.30$s，位于水平段，则

$$\alpha = \eta_2 \alpha_{max} = 1.0 \times 1.44 = 1.44$$

24.【答案】C

【解析】《公路工程地质勘察规范》（JTG C20—2011）第 7.11.8 条、第 7.11.10 条。

（1）修正液化临界标准贯入锤击数

7 度区，$K_h = 0.1$；深度 11m，$C_v = 0.884$，$\xi = 1 - 0.17 \times \sqrt{4} = 0.66$

$$N_{cr} = \left[11.8 \times \left(1 + 13.06 \frac{\sigma_0}{\sigma_e} K_h C_v \right)^{1/2} - 8.09 \right] \xi$$

$$= \left[11.8 \times \left(1 + 13.06 \times \frac{205}{115} \times 0.1 \times 0.884 \right)^{1/2} - 8.09 \right] \times 0.66 = 8.28$$

（2）实测修正标准贯入锤击数

$$C_n = 0.72 - \frac{0.72 - 0.69}{220 - 200} \times (205 - 200) = 0.7125$$

$N_1 = 0.7125 \times 9 = 6.41 < 8.28$，液化。

（3）折减系数

$C_e = \frac{6.41}{8.28} = 0.774$，$d_s = 11$m，查表 7.11.10，$\alpha = \frac{2}{3}$。

25.【答案】A

【解析】《建筑基桩检测技术规范》（JGJ 106—2014）第 6.4.2 条、第 6.4.5 条、第 6.4.7 条。

水平位移敏感的预制桩基础，单桩水平承载力特征值取水平位移 6mm 对应荷载的 0.75 倍，即 $R_a = 0.75 \times 140 = 105$kN。

取 H-Y_0 曲线明显陡降的起始点对应的水平荷载作为单桩极限承载力。

$H = 180$kN，对应 $Y_0 = 12$mm，$b_0 = 0.9 \times (1.5 \times 0.5 + 0.5) = 1.125$m

$$m = \frac{(v_y \cdot H)^{5/3}}{b_0 (Y_0)^{5/3} (EI)^{2/3}} = \frac{(2.441 \times 180)^{5/3}}{1.125 \times (0.012)^{5/3} \times (5 \times 10^5)^{2/3}} = 5696.8 \text{kN} \cdot \text{m}^4$$

2022 年补考案例分析试题答案及解析（下午卷）

试 题 答 案

本试卷由 25 道题组成，全部为单项选择题，每道题均为必答题。每题 2 分，满分为 50 分。

1	C	2	C	3	B	4	B	5	B
6	B	7	D	8	A	9	B	10	A
11	D	12	B	13	C	14	B	15	C
16	B	17	B	18	C	19	A	20	B
21	C	22	C	23	A	24	B	25	C

解 题 过 程

1.【答案】C

【解析】《岩土工程勘察规范》（GB 50021—2001）（2009 年版）第 10.8.3 条。

（1）侧胀水平应力指数

$$p_0 = 1.05(A - z_m + \Delta A) - 0.05(B - z_m - \Delta B)$$
$$= 1.05 \times (220 - 5 + 8) - 0.05 \times (325 - 5 - 65) = 221.4 \text{kPa}$$

$$u_0 = 10 \times (9 - 2) = 70 \text{kPa}$$

$$\sigma_{v0} = 2 \times 18 + (19 - 10) \times 7 = 99 \text{kPa}$$

$$K_D = \frac{p_0 - u_0}{\sigma_{v0}} = \frac{221.4 - 70}{99} = 1.529$$

（2）不排水抗剪强度

$$c_u = 0.22 \times \left(\frac{K_D}{2}\right)^{1.25} \times \sigma_{v0} = 0.22 \times \left(\frac{1.529}{2}\right)^{1.25} \times 99 = 15.6 \text{kPa}$$

2.【答案】C

【解析】《岩土工程勘察规范》（GB 50021—2001）（2009 年版）第 4.1.18 条、第 4.1.19 条。

详细勘察控制性钻孔应超过地基变形计算深度，对低压缩性土可取附加应力等于上覆土层有效自重应力 20% 的深度。

（1）取 26m 深度进行计算

$$\frac{z}{b} = \frac{20}{10} = 2.0, \quad \frac{l}{b} = \frac{10}{10} = 1, \quad \alpha_i = 4 \times 0.084 = 0.336$$

基底下 20m 处的附加应力：$p = p_0 \alpha_i = 205 \times 0.336 = 68.88 \text{kPa}$

$$\gamma' = \frac{(G_s - 1)\gamma_w}{1 + e} = \frac{(2.70 - 1) \times 10}{1 + 0.70} = 10 \text{kN/m}^3$$

基底下 20m 处的自重应力：$p_{cz} = \sum \gamma_i h_i = 19.5 \times 2 + 10 \times 24 = 279 \text{kPa}$

$$\frac{p}{p_{cz}} = \frac{68.88}{279} = 24.7\% > 20\%$$

（2）取 29m 深度进行计算

$$\frac{z}{b} = \frac{23}{10} = 2.3, \quad \frac{l}{b} = \frac{10}{10} = 1, \quad \alpha_i = 4 \times \frac{0.073 + 0.064}{2} = 0.274$$

基底下 23m 处的附加应力：$p = p_0 \alpha_i = 205 \times 0.274 = 56.17 \text{kPa}$

基底下 23m 处的自重应力：$p_{cz} = \sum \gamma_i h_i = 19.5 \times 2 + 10 \times 27 = 309 \text{kPa}$

$$\frac{p}{p_{cz}} = \frac{56.17}{309} = 18\%，接近 20\%。$$

（3）取 32m 深度进行计算

$$\frac{z}{b} = \frac{26}{10} = 2.6，\quad \frac{l}{b} = \frac{10}{10} = 1，\quad \alpha_i = 4 \times 0.057 = 0.228$$

基底下 26m 处的附加应力：$p = p_0 \alpha_i = 205 \times 0.228 = 46.74\text{kPa}$

基底下 26m 处的自重应力：$p_{cz} = \sum \gamma_i h_i = 19.5 \times 2 + 10 \times 30 = 339\text{kPa}$

$$\frac{p}{p_{cz}} = \frac{46.74}{339} = 13.8\% < 20\%$$

（4）控制性钻孔深度

详细勘察时钻孔深度至少应达到 29m 才能满足变形计算的要求。

3.【答案】B

【解析】《水利水电工程地质勘察规范》（GB 50487—2008）（2022 年版）附录 G。

（1）渗透变形类别

从题 3 图上查取，$d_{10} = 0.05\text{mm}$，$d_{60} = 1\text{mm}$，$d_{70} = 2\text{mm}$，则

$$C_u = \frac{d_{60}}{d_{10}} = \frac{1}{0.05} = 20 > 5$$

级配连续土，$d = \sqrt{d_{70} d_{10}} = \sqrt{2 \times 0.05} = 0.316\text{mm}$

从题 3 图上查取 $P \approx 41\% > 35\%$，渗透变形类别为流土型。

（2）临界比降

$$J_{cr} = \frac{G_s - 1}{1 + e} = \frac{2.67 - 1}{1 + 0.7} = 0.98$$

注：本题颗分曲线虽然有台阶段，根据规范附录 G.0.4 条，细砂粒组 0.075～0.25mm 含量是大于 3% 的，按规范判定为级配连续土。

4.【答案】B

【解析】《工程岩体分级标准》（GB/T 50218—2014）第 5.3.2 条。

（1）完整性指数

$$K_v = \left(\frac{v_{pm}}{v_{pr}}\right)^2 = \left(\frac{3800}{4500}\right)^2 = 0.713$$

（2）基本质量指标 BQ 计算（规范第 4.2.2 条）

$R_c = 105\text{MPa} > 90K_v + 30 = 90 \times 0.713 + 30 = 94.17\text{MPa}$，取 $R_c = 94.17\text{MPa}$。

$K_v = 0.71 < 0.04R_c + 0.4 = 0.04 \times 105 + 0.4 = 4.6$，取 $K_v = 0.71$，则

$\text{BQ} = 100 + 3R_c + 250K_v = 100 + 3 \times 94.17 + 250 \times 0.713 = 560.76$

（3）BQ 修正及岩体质量等级确定

结构面贯通性较好，$\lambda = 0.8 \sim 0.9$。

边坡面有线流状地下水溢出，$K_4 = 0 \sim 0.1$。

结构面倾向与边坡面倾向间的夹角为 15°，$F_1 = 0.7$。

结构面倾角为 29°，$F_2 = 0.4$。

结构面倾角与边坡坡角之差为 $29° - 40° = -11°$，$F_3 = 2.5$，则

$K_5 = F_1 \times F_2 \times F_3 = 0.7 \times 0.4 \times 2.5 = 0.7$

$$[BQ] = BQ - 100(K_4 + \lambda K_5) = \begin{cases} 560.76 - 100 \times (0 + 0.8 \times 0.7) \\ 560.76 - 100 \times (0.1 + 0.9 \times 0.7) \end{cases} = \begin{cases} 504.76 \\ 487.76 \end{cases}$$

取下限值 487.76，查规范表 4.1.1，岩体质量等级为Ⅱ级。

5. 【答案】B

【解析】《建筑地基基础设计规范》（GB 50007—2011）第 5.4.3 条。

（1）底板增厚前

$$N_{w,k} = 9 \times (8 - 1.5 - 1) \times 10 + (9 + 2 \times 1.5) \times 1 \times 10 = 615\text{kN/m}$$

$$K = \frac{G_k}{F_{w,k}} = \frac{G_k}{615} = 1，解得：G_k = 615\text{kN/m}$$

（2）底板增厚后

设筏板增加厚度为 Δh，则

$$N_{w,k} = 615 + 12 \times \Delta h \times 10 = 615 + 120\Delta h$$

$$G_k = 615 + 23 \times 12 \times \Delta h = 615 + 276\Delta h$$

$$K = \frac{G_k}{F_{w,k}} = \frac{615 + 276\Delta h}{615 + 120\Delta h} \geqslant 1.2，解得：\Delta h \geqslant 0.93\text{m}$$

注：筏板厚度增大的同时浮力也发生了改变。

6. 【答案】B

【解析】《建筑地基基础设计规范》（GB 50007—2011）第 5.3.10 条、第 5.3.11 条。

（1）回弹模量

$$p_c = 12 \times 18 = 216\text{kPa}$$

$$s_c = \psi_c \sum_{i=1}^{n} \frac{p_c}{E_{ci}} h_i = 1.0 \times \frac{216}{105} \times 12 = 24.69\text{mm}$$

（2）回弹再压缩模量

由题 6 图线性段交点的坐标可得出：$R_0' = 0.3$，$r_0' = 0.7$，$r_{R'=1.0}' = 1.2$

$$R_0' p_c = 0.3 \times 216 = 64.8\text{kPa} < p = 216\text{kPa} = p_c$$

$$s_c' = s_c \left[r_0' + \frac{r_{R'=1.0}' - r_0'}{1 - R_0'} \left(\frac{p}{p_c} - R_0' \right) \right] = 24.69 \times \left[0.7 + \frac{1.2 - 0.7}{1 - 0.3} \times \left(\frac{216}{216} - 0.3 \right) \right] = 29.36\text{mm}$$

7. 【答案】D

【解析】《建筑地基基础设计规范》（GB 50007—2011）第 5.1.7 条、附录 G。

冻前天然含水量：$w = \frac{S_r e}{G_s} = \frac{0.85 \times 1.024}{2.72} = 32\%$

$h_w = 2.5\text{m}$，$28 + 2 = 30 < 32 < 28 + 5 = 33$，$\eta = 2\%$，判定为Ⅱ级弱冻胀。

$I_P = 52 - 28 = 24 > 22$，应降一级，Ⅱ级弱冻胀修正为Ⅰ级不冻胀。

基底下为不冻胀土，对 h_{max} 不做限制。

注：附录表 G.0.2 只有弱冻胀和冻胀，因此对 h_{max} 不做限制。

8. 【答案】A

【解析】《建筑地基基础设计规范》（GB 50007—2011）第 5.3.5 条、附录 K.0.4。

基底附加压力：$p_0 = p - p_c = 120 - 17.1 \times 1 - 8.6 \times 1.5 = 90\text{kPa}$

$\frac{z}{r} = \frac{15}{7.5} = 2$，平均附加应力系数 $\bar{\alpha} = 0.073 + 0.263 = 0.336$

$0.75 \times 180 = 135\text{kPa} > p_0 = 90\text{kPa}$，$\overline{E}_s = 7\text{MPa}$，查表 5.3.5，$\psi_s = 0.7$，则

$$s' = \psi_s \frac{p_0}{E_s} \overline{\alpha} z = 0.7 \times \frac{90}{7} \times 0.336 \times 15 = 45.36\text{mm}$$

注：圆形基础边缘沉降时的平均附加应力系数是边点 1 和边点 2 的叠加。

9.【答案】B

【解析】《建筑桩基技术规范》（JGJ 94—2008）第 5.6.1 条。

（1）承台净面积计算

$$A_c = 50 \times 30 - 160 \times \frac{3.14 \times 0.4^2}{4} = 1480\text{m}^2$$

（2）承台底地基土附加压力计算

桩端为粉土，$\eta_p = 1.15$，$p_0 = \eta_p \frac{F - nR_a}{A_c} = 1.15 \times \frac{162500 - 160 \times 562}{1480} = 56.4\text{kPa}$

（3）承台底地基土附加压力引起的沉降计算（见下表）

$$B_c = \sqrt{BA_c/L} = \sqrt{30 \times 1480/50} = 29.8\text{m}，\text{ 即 } L_c = A_c/B_c = 1480/29.8 = 49.7\text{m}$$

$$a = \frac{49.7}{2} = 24.9\text{m}，\quad b = \frac{29.8}{2} = 14.9\text{m}$$

题 9 解表

z_i (m)	a/b	z_i/b	$\overline{\alpha}_i$	$z_i \overline{\alpha}_i$	$z_i \overline{\alpha}_i - z_{i-1} \overline{\alpha}_{i-1}$
0					
4	1.67	0.27	0.2493	0.9972	0.9927
24	1.67	1.61	0.2082	4.9968	3.9996

$$s_s = 4p_0 \sum_{i=1}^{m} \frac{z_i \overline{\alpha}_i - z_{i-1} \overline{\alpha}_{i-1}}{E_{si}} = 4 \times 56.4 \times \left(\frac{0.9927}{3} + \frac{3.9996}{150} \right) = 134.8\text{mm}$$

注：规范中承台等效宽度计算公式 $B_c = \frac{B}{L}\sqrt{A_c}$ 有误，正确的为 $B_c = \sqrt{\frac{BA_c}{L}}$。在阅卷时，两个公式均给分，如不换算承台等效宽度，则不给分。

10.【答案】A

【解析】《建筑桩基技术规范》（JGJ 94—2008）第 5.4.4 条。

（1）中性点深度计算

$l_n/l_0 = 0.75$，中性点深度从桩顶算起为 $l_n = 0.75 \times 10 = 7.5\text{m}$。

（2）中性点以上负摩阻力标准值计算

$0 \sim 5\text{m}$：$\sigma'_{ri} = \sum_{i=1}^{n} \gamma_{i-1} \Delta z_{i-1} + \frac{1}{2} \gamma_i \Delta z_i = 2 \times 18.5 + \frac{1}{2} \times 18.5 \times 3 = 64.75\text{kPa}$

$$q_{si}^n = \xi_{ni} \sigma'_{ri} = 0.22 \times 64.75 = 14.245\text{kPa} < 17.5\text{kPa}$$

$5 \sim 9.5\text{m}$：$\sigma'_{ri} = \sum_{i=1}^{n} \gamma_{i-1} \Delta z_{i-1} + \frac{1}{2} \gamma_i \Delta z_i = 18.5 \times 5 + \frac{1}{2} \times 8.5 \times 4.5 = 111.625\text{kPa}$

$$q_{si}^n = \xi_{ni} \sigma'_{ri} = 0.2 \times 111.625 = 22.3\text{kPa} > 17.5\text{kPa}，\text{ 取 } q_{si}^n = 17.5\text{kPa}。$$

（3）下拉荷载计算

$$Q_g^n = u \sum_{i=1}^{n} q_{si}^n l_i = 3.14 \times 0.8 \times (3 \times 14.245 + 4.5 \times 17.5) = 305.2\text{kN}$$

11.【答案】D

【解析】《建筑地基处理技术规范》（JGJ 79—2012）第 7.1.5 条、第 7.8.4 条。

（1）根据第 7.1.5 条，对散体材料增强体复合地基，其承载力特征值为：

$$f_{\text{spk}} = [1 + m(n-1)]f_{\text{sk}} = [1 + m \times (3-1)] \times 100 \geqslant 150\text{kPa}$$

解得：$m \geqslant 0.25$

（2）根据第 7.8.4 条，柱锤冲扩桩处理范围在基础外缘应扩大（1～3）排桩，且不应小于基底下处理土层厚度的 1/2。

处理面积：$A = (20 + 10) \times (30 + 10) = 1200\text{m}^2$

柱锤冲扩桩桩体最小体积：$V_e = A_e h = mAh = 0.25 \times 1200 \times 10 = 3000\text{m}^3$

$m_{\text{桩体}} = 3000 \times 1.69 = 5070\text{t}$

$m_{\text{生石灰}} = \dfrac{1}{7} \times 5070 = 724\text{t}$

12.【答案】B

【解析】《建筑地基处理技术规范》（JGJ 79—2012）第 7.1.5 条、第 7.4.3 条。

柱截面积：$A_p = 3.14 \times 0.4^2 = 0.502\text{m}^2$

面积置换率：$m = \dfrac{2 \times 0.502}{2 \times 3.6} = 0.139$

复合地基承载力特征值：

$$f_{\text{spk}} = \lambda m \frac{R_a}{A_p} + \beta(1-m)f_{\text{sk}} = 0.8 \times 0.139 \times \frac{400}{0.502} + 0.9 \times (1 - 0.139) \times 100 = 166\text{kPa}$$

13.【答案】C

【解析】（1）加固后地基土体积变化

$$\Delta V = V_0 \cdot \frac{e_0 - e_1}{1 + e_0} = 1 \times \frac{0.91 - 0.60}{1 + 0.91} = 0.162\text{m}^3$$

（2）填料用量

$$\frac{V_{\text{填料}}}{1 + e_{0\,\text{填料}}} = \frac{\Delta V}{1 + e_{1\,\text{填料}}}, \quad 即 \frac{V_{\text{填料}}}{1 + 0.30} = \frac{0.162}{1 + 0.60}, \quad 解得：V_{\text{填料}} = 0.132\text{m}^3$$

注：本题明白原理就非常简单，取单位体积计算，原地基土挤密后的体积变化量等于桩体体积，然后根据桩体土颗粒不变的原则可以求出所用填料的体积。本题需要用到两次处理前后土颗粒不变原则。

14.【答案】B

【解析】《铁路路基支挡结构设计规范》（TB 10025—2019）第 9.2.3 条。

（1）作用在面板上的水平土压力

$$h_i = 2\text{m} < 6\text{m}$$

$$\lambda_i = (1 - \sin \varphi_0)\left(1 - \frac{h_i}{6}\right) + \tan^2\left(45° - \frac{\varphi_0}{2}\right)\frac{h_i}{6}$$

$$= (1 - \sin 30°) \times \left(1 - \frac{2}{6}\right) + \tan^2\left(45° - \frac{30°}{2}\right) \times \frac{2}{6} = 0.444$$

$$\sigma_{h1i} = \lambda_i \gamma h_i = 0.444 \times 19 \times 2 = 16.87\text{kPa}$$

$$\sigma_{h2i} = \frac{q}{\pi}\left[\frac{bh_i}{b^2 + h_i^2} - \frac{h_i(b + l_0)}{h_i^2 + (b + l_0)^2} + \arctan\frac{b + l_0}{h_i} - \arctan\frac{b}{h_i}\right]$$

$$= \frac{57}{\pi} \times \left[\frac{3 \times 2}{3^2 + 2^2} - \frac{2 \times (3 + 3.4)}{2^2 + (3 + 3.4)^2} + \frac{\pi}{180°} \times \arctan\frac{3 + 3.4}{2} - \frac{\pi}{180°} \times \arctan\frac{3}{2}\right]$$

$$= 8.38\text{kPa}$$

$$\sigma_{hi} = \sigma_{h1i} + \sigma_{h2i} = 16.87 + 8.38 = 25.25 \text{kPa}$$

（2）拉筋受到的拉力

$$E_{xi} = \sigma_{hi} S_x S_y = 25.25 \times 0.4 \times 0.4 = 4.04 \text{kN}$$

（3）拉筋抗拔力

非锚固段长度：$L_a = 0.3 \times 6 = 1.8 \text{m}$，$L_b = 6 - 1.8 = 4.2 \text{m}$

$$S_{fi} = 2\sigma_{vi} a L_b f = 2 \times 81 \times 0.1 \times 4.2 \times 0.28 = 19.05 \text{kN}$$

（4）抗拔稳定系数

$$K_s = \frac{S_{fi}}{E_{xi}} = \frac{19.05}{4.04} = 4.71 \geqslant 2.0$$

（5）无荷载时抗拔稳定性验算

$$K_s = \frac{S_{fi}}{E_{xi}} = \frac{2 \times 2 \times 19 \times 0.1 \times 4.2 \times 0.28}{16.87 \times 0.4 \times 0.4} = 3.31 \geqslant 2.0$$

注：在计算荷载引起的水平压力时，应注意计算公式中角度和弧度的换算。根据规范第 9.2.3 条第 6 款，拉筋抗拔稳定性验算应包括有荷载和无荷载两种情况，分别验算。

15.【答案】C

【解析】《铁路路基设计规范》（TB 10001—2016）第 12.4.5 条及条文说明。

按局部冲刷计算：

$$h_{pj} = \frac{23v^2 \tan\frac{a}{2}}{g\sqrt{1+m^2}} - 30d = \frac{23 \times 2^2 \times \tan\frac{45°}{2}}{9.81 \times \sqrt{1+\cot^2 80°}} - 30 \times 0.002 = 3.766 \text{m}$$

基础埋深：$h_1 = 1 + 3.766 = 4.766 \text{m}$

16.【答案】B

【解析】《建筑边坡工程技术规范》（GB 50330—2013）第 13.2.8 条。

地面坡度 $i = \arctan 1/3 = 18.4° > 8°$，且 $i < 46°$，该处地基横向承载力特征值：

$$f_H = 4\gamma_2 y \frac{\cos^2 i \sqrt{\cos^2 i - \cos^2 \varphi}}{\cos^2 \varphi} - \gamma_1 h_1 \cos i \frac{\cos i - \sqrt{\cos^2 i - \cos^2 \varphi}}{\cos i + \sqrt{\cos^2 i - \cos^2 \varphi}}$$

$$= 4 \times 22 \times 3.5 \times \frac{\cos^2 18.4° \times \sqrt{\cos^2 18.4° - \cos^2 30°}}{\cos^2 30°} -$$

$$22 \times 10 \times \cos 18.4° \times \frac{\cos 18.4° - \sqrt{\cos^2 18.4° - \cos^2 30°}}{\cos 18.4° + \sqrt{\cos^2 18.4° - \cos^2 30°}}$$

$$= 55.6 \text{kPa} < \sigma_{max} = 260 \text{kPa}$$

17.【答案】B

【解析】《建筑基坑支护技术规程》（JGJ 120—2012）第 3.4.2 条。

（1）主动土压力系数

$$k_{Q1} = \tan^2\left(45° - \frac{25°}{2}\right) = 0.406, \quad k_{Q2} = \tan^2\left(45° - \frac{10°}{2}\right) = 0.704$$

（2）粉砂层土压力

采用水土分算。

潜水位以上，1m 处：$p_{ak1} = 18 \times 1 \times 0.406 = 7.31 \text{kPa}$

潜水位以下，4m 处：$p_{ak2} = [18 \times 1 + (19-10) \times 3] \times 0.406 = 18.27 \text{kPa}$

（3）淤泥质黏土层土压力

采用水土合算。

4m 处：$p_{ak3} = (18 \times 1 + 19 \times 3) \times 0.704 - 2 \times 18 \times \sqrt{0.704} = 22.59\text{kPa}$

12m 处：$p_{ak4} = (18 \times 1 + 19 \times 3 + 17 \times 8) \times 0.704 - 2 \times 18 \times \sqrt{0.704} = 118.34\text{kPa}$

（4）水压力

$$E_w = \frac{1}{2}\gamma_w h_w^2 = \frac{1}{2} \times 10 \times 3^2 = 45\text{kN/m}$$

（5）总主动土压力

$$\begin{aligned} E_a &= \frac{1}{2} \times 7.31 \times 1 + \frac{1}{2}(7.31 + 18.27) \times 3 + \frac{1}{2}(22.59 + 118.34) \times 8 + 45 \\ &= 650.74\text{kN} \end{aligned}$$

18.【答案】C

【解析】《建筑基坑支护技术规程》（JGJ 120—2012）附录 C.0.1 条。

（1）开挖坑底时

从图中判定承压含水层为⑤、⑥层，⑤层顶面标高为 −29.500m。

承压水水头高度：$h_w = 29.500 - 8.500 = 21\text{m}$

$D = 29.500 - 18.050 = 11.45\text{m}$，则

$$\frac{D\gamma}{h_w\gamma_w} = \frac{(11.45 - 8) \times 18.6 + 8 \times 17.8}{21 \times 10} = 0.98 < 1.1，不满足规范要求，需要降水。$$

（2）开挖到第三道支撑时

$D = 29.500 - 13.500 = 16\text{m}$，则

$$\frac{D\gamma}{h_w\gamma_w} = \frac{(16 - 8) \times 18.6 + 8 \times 17.8}{21 \times 10} = 1.38 > 1.1，满足规范要求。$$

（3）处理措施

需设置减压降水井，并在第三道支撑施工完成后开启。

注：由于坑底有承压水，需要验算基坑开挖时承压水是否顶穿坑底。先验算开挖到坑底时的突涌稳定性，不满足要求，需要设置减压井，再验算开挖到第三层支承时的突涌稳定性。承压水存在的必要条件是承压含水层顶面和底面要有稳定的隔水层，图中④为隔水层，由此可以判定⑤、⑥层为承压含水层。另外，此题还需要注意标高和厚度的换算。

19.【答案】A

【解析】《膨胀土地区建筑技术规范》（GB 50112—2013）第 5.2.9 条、第 5.2.11 条、第 5.2.12 条、附录 H。

（1）当年 9 月至次年 2 月的月份蒸发力之和与全年蒸发力之比

$$\alpha = \frac{56.0 + 37.5 + 21.7 + 15.7 + 17.5 + 21.4}{17.5 + 21.4 + 43.6 + 59.7 + 91.0 + 94.3 + 107.7 + 102.1 + 56.0 + 37.5 + 21.7 + 15.7} = 0.254$$

（2）全年中干燥度大于 1.0 且月平均气温大于 0℃月份的蒸发力与降水量差值之和

$$\begin{aligned} c &= (17.5 - 5.1) + (21.4 - 11.3) + (43.6 - 21.8) + (59.7 - 51.3) + (91.0 - 88.3) + \\ &\quad (21.7 - 16.5) + (15.7 - 6.4) = 69.9 \end{aligned}$$

（3）土的湿度系数

$$\psi_w = 1.152 - 0.726\alpha - 0.00107c = 1.152 - 0.726 \times 0.254 - 0.00107 \times 69.9 = 0.9$$

（4）收缩变形计算

查表 5.2.12，$d_a = 3.0\text{m}$，变形计算深度为 1.0～3.0m。

取变形计算范围的中点计算 Δw_i，即地面下 2.0m，则

$$\Delta w_1 = w_1 - \psi_w w_p = 30\% - 0.9 \times 25\% = 7.5\%$$

$$\Delta w_i = \Delta w_1 - (z_i - 1)\frac{\Delta w_1 - 0.01}{z_{sn} - 1} = 0.075 - (2 - 1) \times \frac{0.075 - 0.01}{3 - 1} = 0.0425$$

$$s_s = \psi_s \sum_{i=1}^{n} \lambda_i \Delta w_i h_i = 0.8 \times 0.3 \times 0.0425 \times 2000 = 20.4\text{mm}$$

20.【答案】B

【解析】《铁路工程不良地质勘察规程》（TB 10027—2022）第 7.3.3 条条文说明、第 7.5.2 条条文说明。

（1）泥石流流速（第 7.3.3 条条文说明）

$$v_c = \sqrt{\frac{1}{2} \cdot \frac{(a_2 + a_1)\sigma g}{a_2 - a_1}} = \sqrt{\frac{1}{2} \times \frac{(19.6 + 9.2) \times 2 \times 10}{19.6 - 9.2}} = 5.26\text{m/s}$$

（2）泥石流密度

$$f = \frac{0.6}{0.4} = 1.5$$

$$\rho_m = \frac{(d_s f + 1)\rho_w}{f + 1} = \frac{(2.7 \times 1.5 + 1) \times 1 \times 10^3}{1.5 + 1} = 2.02 \times 10^3 \text{kg/m}^3$$

（3）一次泥石流冲出的固体物质总量

$$Q_m = F_m v_m = 32 \times 5.26 = 168.32\text{m}^3\text{/s}$$

$$W_m = 0.26 T Q_m = 0.26 \times 15 \times 60 \times 168.32 = 39386.88\text{m}^3$$

$$W_s = W_m \frac{\rho_m - \rho_w}{\rho_s - \rho_w} = 39386.88 \times \frac{2.02 - 1}{2.7 - 1} = 23632.13\text{m}^3$$

（4）最大淤积厚度（第 7.5.2 条条文说明）

$$H_1 = 0.017\left[\frac{V_H \gamma_c}{10 l^2 \ln(\gamma_c/10)}\right]^{1/3} = 0.017 \times \left[\frac{23632.13 \times 20.2}{10 \times 0.05^2 \times \ln(20.2/10)}\right]^{1/3} = 5.1\text{m}$$

注：本题按 2022 版规范进行改编，2022 版规范中泥石流流速计算公式有误。

21.【答案】C

【解析】《建筑边坡工程技术规范》（GB 50330—2013）附录 A.0.3 条。

（1）下滑力计算

$T_1 = G_1 \sin\theta_1 = 655 \times 1 \times \sin 20° = 224\text{kN/m}$

$T_2 = G_2 \sin\theta_2 = 1547 \times 1 \times \sin 20° = 529.1\text{kN/m}$

（2）抗滑力计算

$$R_1 = G_1 \cos\theta_1 \tan\varphi_1 + c_1 l_1 = 655 \times 1 \times \cos 20° \times \tan 15° + 18 \times \frac{12}{\cos 20°} = 394.8\text{kN/m}$$

$$R_2 = G_2 \cos\theta_2 \tan\varphi_2 + c_2 l_2 = 1547 \times 1 \times \cos 20° \times \tan 15° + 18 \times \frac{10}{\cos 20°} = 581.1\text{kN/m}$$

（3）剩余下滑力计算

$$\psi_1 = \cos(20° - 20°) - \frac{\sin(20° - 20°) \times \tan 15°}{1.35} = 1$$

$$P_i = P_{i-1}\psi_{i-1} + T_i - \frac{R_i}{F_s}$$

$$P_1 = T_1 - \frac{R_1}{F_s} = 224 - \frac{394.8}{1.35} = -68.4\text{kN/m}，取 P_1 = 0。$$

$$P_2 = P_1\psi_1 + T_2 - \frac{R_2}{F_s} = 0 + 529.1 - \frac{581.1}{1.35} = 98.7\text{kN/m}$$

注：当剩余下滑力小于 0 时，取 0。

22.【答案】C

【解析】《建筑地基基础设计规范》（GB 50021—2011）第 4.2.5 条。

$p_0 = p_k - p_c = 270 - 1 \times 17.5 = 252.5\text{kPa}$

$\frac{z}{b} = \frac{2}{1} = 2$，$\frac{l}{b} = \frac{1.6}{1} = 1.6$，$\alpha = 4 \times 0.11 = 0.44$

盐渍土底面处附加应力：$252.5 \times 0.44 = 111.1\text{kPa}$

基底下盐渍土中点处平均附加应力：$p_z = \frac{252.5 + 111.1}{2} = 181.8\text{kPa}$

中点处平均自重应力：$p_{cz} = \frac{17.5 \times 1 + 17.5 \times 3}{2} = 35\text{kPa}$

$181.8 + 35 = 216.8\text{kPa}$

对应溶陷系数：$\delta_{rx} = 0.046 + (216.8 - 200) \times \frac{0.054 - 0.046}{250 - 200} = 0.049$

$s_{rx} = \sum_{i=1}^{n} \delta_{rxi} h_i = 0.049 \times 2000 = 98\text{mm}$

注：此题关键在于求出实际压力，即基底下盐渍土层中点处的平均附加应力与平均自重应力之和，和湿陷性黄土计算湿陷系数时的实际压力是一样的。在计算平均附加应力时，也可采用平均附加应力系数。

23.【答案】A

【解析】《地基动力特性测试规范》（GB/T 50269—2015）第 7.1.7 条、第 7.1.8 条及条文说明。

由于存在高速层，OAB 路径为初至波，对应时间为 0.0216s，OB 路径对应时间为 0.0262s。连接 OB，则

$$t_1 = \frac{OB}{v_{s1}} = \frac{\sqrt{3^2 + 1.5^2}}{v_{s1}} = 0.0262\text{s}，解得：v_{s1} = 128\text{m/s}$$

$$t_2 = \frac{OA}{v_{s1}} + \frac{AB}{v_{s2}} = \frac{\frac{1.5}{\cos 29°}}{128} + \frac{3 - 1.5 \times \tan 29°}{v_{s2}} = 0.0216\text{s}，解得：v_{s2} = 264.4\text{m/s}$$

注：本题难点在于判断初至波是粉土层还是素填土层。在规范条文说明中用文字进行了描述，当靠近地表为低速层，下有高速层时，高速层会产生折射波，题目明确交代粉土波速大于素填土波速，则 OAB 路径为初至波。

24.【答案】B

【解析】《水电工程水工建筑物抗震设计规范》（NB 35047—2015）第 3.0.2 条、第 5.5.9 条、第 6.1.5 条。

水平向设计地震加速度代表值：$a_h = F_a \cdot a_{maxII} = 0.85 \times 0.20g = 0.17g$

$\alpha_m = 2.5$，$0.6 \times 48 = 28.8\text{m}$，$1 + \frac{2.5 - 1}{3} = 1.5$

$\alpha_i = 1.5 + (32 - 28.8) \times \frac{2.5 - 1.5}{48 - 28.8} = 1.67$

$E_h = \frac{a_h \xi G_{Ei} \alpha_i}{g} = \frac{0.17g \times 0.25 \times 5000 \times 1.67}{g} = 354.9\text{kN/m}$

25.【答案】C

【解析】《建筑地基基础设计规范》（GB 50007—2011）附录 M。

对未出现终止加载条件的锚杆，取最大试验荷载作为极限抗拔承载力。

对出现终止加载条件的锚杆，取终止加载的前一次荷载值作为极限抗拔承载力。计算结果见下表。

题 25 解表

锚头位移（mm）	T_1	T_2	T_3	T_4	T_5	T_6
极限抗拔承载力（kN）	900	700	900	900	900	800

平均值：$\dfrac{900 + 700 + 900 + 900 + 900 + 800}{6} = 850\text{kN}$

极差：$900 - 700 = 200 < 850 \times 0.3 = 255\text{kN}$

取极限抗拔承载力为 850kN，锚杆抗拔承载力特征值为 $850/2 = 425\text{kN}$。

注：规范附录 M 只规定了满足终止加载条件的极限抗拔承载力取值方法，对没出现终止加载条件的锚杆，结合基坑、边坡规范，在最大试验荷载下未达到破坏条件时，取最大试验荷载作为极限抗拔承载力。

2023 年案例分析试题答案及解析（上午卷）

试题答案

本试卷由 25 道题组成，全部为单项选择题，每道题均为必答题。每题 2 分，满分为 50 分。

1	B	2	B	3	D	4	C	5	D
6	B	7	C	8	D	9	A	10	D
11	B	12	D	13	B	14	A	15	C
16	C	17	B	18	C	19	B	20	C
21	C	22	C	23	D	24	C	25	D

解 题 过 程

1.【答案】B

【解析】根据土力学基本原理进行计算。

相邻等势线间的水头损失：$\Delta h = \dfrac{h}{n-1} = \dfrac{9-1}{9-1} = 1\text{m}$

以不透水层为基准面：

（1）a 点的压力水头：$h_a = (9 + 18 - 7 \times 1) - (18 - 3) = 5\text{m}$

孔隙水压力：$u_a = \gamma_w h_a = 10 \times 5 = 50\text{kPa}$

（2）b 点的压力水头：$h_b = (9 + 18 - 3 \times 1) - (18 - 9) = 15\text{m}$

孔隙水压力：$u_b = \gamma_w h_b = 10 \times 15 = 150\text{kPa}$

注：也可根据"渗流向下，孔隙水压力减小。渗流向上，孔隙水压力增加"的原则计算：

$u_a = \gamma_w h_a = 10 \times (1 + 3 + 1) = 50\text{kPa}$

$u_b = \gamma_w h_b = 10 \times (9 + 9 - 3) = 150\text{kPa}$

2.【答案】B

【解析】根据土力学基本原理进行计算。

（1）甲土样

$$I_p = w_L - w_p = 33.9 - 20.5 = 13.4$$

$$e = \frac{wG_s}{S_r} = \frac{0.258 \times 2.71}{0.92} = 0.76, \quad n = \frac{e}{1+e} = \frac{0.76}{1+0.76} = 0.432$$

$$\rho_d = \frac{G_s \rho_w}{1+e} = \frac{2.71 \times 1}{1+0.76} = 1.54\text{g/cm}^3$$

$$\rho = (1+w)\rho_d = (1+0.258) \times 1.54 = 1.94\text{g/cm}^3$$

（2）乙土样

$$I_p = w_L - w_p = 26.1 - 18.2 = 7.9$$

$$e = \frac{wG_s}{S_r} = \frac{0.187 \times 2.70}{0.99} = 0.51, \quad n = \frac{e}{1+e} = \frac{0.51}{1+0.51} = 0.338$$

$$\rho_d = \frac{G_s \rho_w}{1+e} = \frac{2.70 \times 1}{1+0.51} = 1.79\text{g/cm}^3$$

$$\rho = (1+w)\rho_d = (1+0.187) \times 1.79 = 2.12\text{g/cm}^3$$

（3）比较

塑性指数越大，黏粒含量越大，故黏粒含量：甲＞乙；孔隙率：甲＞乙。

密度越大，重度越大，故重度：甲＜乙；干密度：甲＜乙。

3.【答案】D

【解析】（1）根据《岩土工程勘察规范》（GB 50021—2001）（2009 年版）第 10.2.3 条，试井直径 3m＞0.8×3＝2.4m，故为浅层载荷试验。

（2）由题 3 图可知，0～120kPa 为近似线性段，取该压力范围内任意一组数据计算，取 $p = 120$kPa，$s = 6$mm，则

$$E_0 = I_0(1 - \mu^2)\frac{pd}{s} = 0.785 \times (1 - 0.30^2) \times \frac{120 \times 0.8}{6} = 11.43\text{MPa}$$

注：浅层平板载荷试验的试井宽度或直径不应小于承压板宽度或直径的 3 倍。深层平板载荷试验的试验深度大于 5m，试井直径应等于承压板直径；当试井直径大于承压板直径时，紧靠承压板周围外侧土的高度不应小于承压板直径（80cm）。本题关键在于判定是浅层载荷试验还是深层载荷试验。

4.【答案】C

【解析】《水运工程岩土勘察规范》（JTS 113—2013）第 9.8.2.1 条。

$$\rho_{d0} = \frac{\gamma/g}{1 + w} = \frac{18/10}{1 + 0.205} = 1.49\text{g/cm}^3$$

根据填筑前后土粒质量相等，$\rho_{d0}V_0 = \rho_{d1}V_1$

设计需求量：$V_0 = \frac{\rho_{d1}V_1}{\rho_{d0}} = \frac{1.72 \times 160}{1.49} = 184.7$ 万 m³

天然建筑材料初查储量不得少于设计需求量的 3 倍，则

$184.7 \times 3 = 554.1$ 万 m³

注：《水利水电工程地质勘察规范》（GB 50487—2008）第 5.14.3 条也有同样的规定。题目问的是最小值，可不考虑压实系数的因素。

5.【答案】D

【解析】《铁路桥涵地基和基础设计规范》（TB 10093—2017）第 5.2.2 条。

（1）基底压力

查表 4.1.2-4，持力层基本承载力 $\sigma_0 = 165$kPa，$k_1 = 0$，$k_2 = 1.5$，则

$$[\sigma] = \sigma_0 + k_1\gamma_1(b - 2) + k_2\gamma_2(h - 3) = 165 + 1.5 \times (20 - 10) \times (4 - 3) = 180\text{kPa}$$

$$\sigma_{\max} = \frac{N}{A} + \frac{M}{W} = \frac{900}{4 \times 2} + \frac{520}{4^2 \times 2/6} = 210\text{kPa} < \gamma_R[\sigma] = 1.2 \times 180 = 216\text{kPa}$$

基底压应力满足要求。

（2）偏心距

$$\sigma_{\min} = \frac{N}{A} - \frac{M}{W} = \frac{900}{4 \times 2} - \frac{520}{4^2 \times 2/6} = 15\text{kPa}$$

$$e_0 = \frac{M}{N} = \frac{520}{900} = 0.58\text{m}, \quad \frac{e_0}{\rho} = 1 - \frac{\sigma_{\min}}{N/A} = 1 - \frac{15}{900/8} = 0.87, \quad \rho = 0.67\text{m}$$

主力加附加力作用（不含长钢轨纵向力），$\sigma_0 = 165$kPa

$e < 0.8\rho = 0.8 \times 0.67 = 0.54$m，偏心距不满足要求。

注：偏心距也可以按以下公式计算：$\rho = \frac{W}{A} = \frac{b}{6} = \frac{4}{6} = 0.67$m。

6. 【答案】B

【解析】《建筑地基基础设计规范》（GB 50007—2011）第 5.3.5 条。

相关参数计算结果见解表。

分块	基底至第 i 层土底面距离 z_i（m）	l/b	z_i/b	$\overline{\alpha}_i$	$z_i\overline{\alpha}_i$	$z_i\overline{\alpha}_i - z_{i-1}\overline{\alpha}_{i-1}$	E_{si}
1	9	2	1	0.2340	2.106	2.106	4.8
2	9	2	1.5	0.2152	1.9368	1.9368	4.8
3	9	1.5	1.5	0.2108	1.8972	1.8972	4.8

$$s = \psi_s \sum_{i=1}^{n} \frac{p_0}{E_{si}}(z_i\overline{\alpha}_i - z_{i-1}\overline{\alpha}_{i-1}) = 0.91 \times \left[90 \times \left(\frac{2.106}{4.8} + \frac{1.8972}{4.8}\right) + 60 \times \frac{1.9368}{4.8}\right] = 90.34\text{mm}$$

注：把 L 形建筑分为 18m×9m、12m×6m、9m×6m 三块，A 为公共角点，按应力面积法计算沉降时，由于是计算的角点，$\overline{\alpha}_i$ 不用乘以 4。

7. 【答案】C

【解析】《建筑地基基础设计规范》（GB 50007—2011）第 5.2.2 条。

侧向荷载在基础底面引起的力矩：

$$M = \frac{1}{2} \times 2.5 \times 24 \times \left(\frac{2}{3} \times 24 + 3\right) = 570\text{kN} \cdot \text{m}$$

$$e = \frac{M}{F+G} = \frac{570}{20 \times \frac{3.14 \times d^2}{4} \times 3} = \frac{d}{8}$$

解得：$d = 4.6\text{m}$

8. 【答案】D

【解析】（1）《混凝土结构设计规范》（GB 50010—2010）。

查表 4.1.4-2，C40 混凝土，抗拉强度设计值：$f_t = 1.71\text{MPa}$

查表 4.2.3-1，HRB400 带肋钢筋，抗拉强度设计值：$f_y = 360\text{MPa}$

根据第 8.3.1 条，基本锚固长度：$l_{ab} = \alpha \frac{f_y}{f_t} d = 0.14 \times \frac{360}{1.71} \times 28 = 825.3\text{mm}$

锚固长度：$l_a = \zeta_a l_{ab} = 1.1 \times 825.3 = 908\text{mm}$

（2）《建筑地基基础设计规范》（GB 50007—2011）。

根据第 8.2.4 条，柱的插入深度：$h_1 = h = 500\text{mm}$

杯底厚度：$a_1 \geqslant 200\text{mm}$

根据图 8.2.4，基础高度：$500 + 200 + 50 = 750\text{mm}$

根据第 8.2.2 条，四级抗震，柱纵向受力钢筋的抗震锚固长度：$l_{aE} = l_a = 908\text{mm} > 750\text{mm}$

柱纵向受力钢筋的最小直锚段的长度不应小于 20d，加上保护层厚度 40mm，合计为：

$$h_1 = 20 \times 28 + 40 = 600\text{mm}$$

基础高度：$600 + 200 + 50 = 850\text{mm}$

9. 【答案】A

【解析】《铁路桥涵地基和基础设计规范》（TB 10093—2017）第 6.2.2 条。

（1）侧阻力

$$\bar{q}_{ci} = 4000 > 2000, \quad \bar{f}_{si}/\bar{q}_{ci} = \frac{50}{4000} = 0.0125 < 0.014$$

$$\beta_i = 5.067(\bar{f}_{si})^{-0.45} = 5.067 \times (50)^{-0.45} = 0.87$$

$$f_i = \beta_i \bar{f}_{si} = 0.87 \times 50 = 43.5 \text{kPa}$$

（2）端阻力

$$\bar{q}_{c2} = 7000 > 2000, \quad \bar{f}_{s2}/\bar{q}_{c2} = 60/7000 = 0.009 < 0.014$$

$$\bar{q}_c = \frac{4000 + 7000}{2} = 5500 \text{kPa}$$

$$\beta = 3.975(\bar{q}_c)^{-0.25} = 3.975 \times 5500^{-0.25} = 0.46$$

$$R = \beta \bar{q}_c = 0.46 \times 5500 = 2530 \text{kPa}$$

（3）受压容许承载力

打入桩，$a_1 = 1.0$，$a = 1.0$，$\lambda = 1.0$，则

$$[P] = \frac{1}{2}(U\sum a_i f_i l_i + \lambda AR a)$$

$$= \frac{1}{2} \times \left(3.14 \times 0.55 \times 1.0 \times 43.5 \times 26 + 1.0 \times 3.14 \times \frac{0.55^2}{4} \times 2530 \times 1.0\right)$$

$$= 1277 \text{kN}$$

10.【答案】D

【解析】《建筑桩基技术规范》（JGJ 94—2008）第5.4.1条。

桩距：$1.5 \text{m} < 6d = 6 \times 0.5 = 3.0 \text{m}$

$$G_k = 20 \times 3.14 \times \frac{5.3^2}{4} \times 2.5 = 1102.5 \text{kN}$$

$$A_0 = B_0 = 3 + 0.5 = 3.5 \text{m}, \quad t = 5.5 - 3 = 2.5 \text{m}$$

$E_{s1}/E_{s2} = 15/3 = 5$，$t = 2.5 \text{m} > 0.5 B_0 = 0.5 \times 3.5 = 1.75 \text{m}$，查表取 $\theta = 25°$，则

$$\sigma_Z = \frac{(F_k + G_k) - \frac{3}{2}(A_0 + B_0) \cdot \sum q_{sik} l_i}{(A_0 + 2t \cdot \tan\theta)(B_0 + 2t \cdot \tan\theta)}$$

$$= \frac{(7800 + 1102.5) - \frac{3}{2} \times 2 \times 3.5 \times (5.8 \times 40 + 6.2 \times 50 + 3 \times 60)}{(3.5 + 2 \times 2.5 \times \tan 25°)^2} = 38.9 \text{kPa}$$

11.【答案】B

【解析】《建筑桩基技术规范》（JGJ 94—2008）第5.7.2条。

配筋率小于0.65%，由桩身强度控制。

$$d_0 = 0.6 - 2 \times 0.05 = 0.5 \text{m}, \quad \alpha_E = \frac{20 \times 10^4}{3.15 \times 10^4} = 6.35$$

$$W_0 = \frac{\pi d}{32}[d^2 + 2(\alpha_E - 1)\rho_g d_0^2] = \frac{3.14 \times 0.6}{32} \times \left[0.6^2 + 2 \times (6.35 - 1) \times \frac{0.5}{100} \times 0.5^2\right]$$

$$= 0.022 \text{m}^3$$

$\alpha h = 0.45 \times 20 = 9 > 4$，取 $\alpha h = 4$，桩顶铰接；查规范表5.7.2，$\nu_M = 0.768$。

圆桩，$\gamma_m = 2$；$f_t = 1.57 \text{N/mm}^2 = 1570 \text{kN/m}^2$，则

$$R_{ha} = \frac{0.75\alpha\gamma_m f_t W_0}{\nu_M}(1.25 + 22\rho_g)\left(1 \pm \frac{\zeta_N \cdot N}{\gamma_m f_t A_n}\right)$$

$$= \frac{0.75 \times 0.45 \times 2.0 \times 1570 \times 0.022}{0.768} \times \left(1.25 + 22 \times \frac{0.5}{100}\right) \times 1 = 41.3 \text{kN}$$

永久荷载作用下：$R_{ha} = 0.8 \times 41.3 = 33kN$

注：永久荷载作用下单桩承载力特征值乘以调整系数 0.8，会导致选 C。根据《建筑结构荷载规范》（GB 50009—2012）第 4.0.1 条，结构自重、土压力、水压力均属于永久荷载。

12.【答案】D

【解析】《港口工程地基规范》（JTS 147-1—2010）第 7.3.2 条。

$$s_0 = 512.6mm$$
$$\alpha = 0.0127, \quad \beta = 0.001$$
$$s_\infty = s_0 + \frac{1}{\beta} = 512.6 + \frac{1}{0.001} = 1512.6mm$$
$$s_t = s_0 + \frac{t}{\alpha + \beta t} = 512.6 + \frac{168}{0.0127 + 0.001 \times 168} = 1442.3mm$$
$$U = \frac{1442.3}{1512.6} = 95.4\%$$

注：《港口工程地基规范》（JTS 147-1—2010）已经作废，被《水运工程地基设计规范》（JTS 147—2017）代替。

13.【答案】B

【解析】《建筑地基处理技术规范》（JGJ 79—2012）第 5.2.1 条。

（1）85d 平均固结度计算

相关参数见解表。

题 13 解表

深度（m）	2	4	6	8	10
超静孔隙水压力（kPa）	30	56	72	86	92

超静孔隙水压力面积：

$$\frac{1}{2} \times 30 \times 2 + \frac{1}{2} \times (30 + 56) \times 2 + \frac{1}{2} \times (56 + 72) \times 2 + \frac{1}{2} \times (72 + 86) \times 2 + \frac{1}{2} \times (86 + 92) \times 2$$
$$= 580kPa \cdot m$$

$$U_t = 1 - \frac{580}{(150 + 1 \times 20) \times 10} = 0.659$$
$$\overline{U} = 1 - \alpha \cdot e^{-\beta t} = 1 - 0.811 \times e^{-\beta \times 85} = 0.659, \quad \beta = 0.01d^{-1}$$
$$s = \frac{p_0}{E_s} h = \frac{170}{5} \times 10 = 340mm$$

（2）预压天数计算

剩余沉降 30mm 时的固结度：$U = \frac{340 - 30}{340} = 0.912$

$$\overline{U} = 1 - \alpha \cdot e^{-\beta t} = 1 - 0.811 \times e^{-0.01 \times t} = 0.912$$
$$t = 222d, \quad \Delta t = 222 - 85 = 137d$$

14.【答案】A

【解析】《建筑地基处理技术规范》（JGJ 79—2012）第 4.2.2 条。

（1）粉质黏土层 f_{ak}

$$p_z = \frac{1 \times 1 \times 330}{(1 + 2 \times 1 \times \tan 28°)^2} = 77.5kPa$$
$$p_{cz} = 16.5 \times 1 = 16.5kPa$$

$$p_z + p_{cz} = 77.5 + 16.5 = 94\text{kPa} < f_{az}$$

$$f_{az} = f_{ak} + 1.0 \times 16 \times (1 - 0.5) = 94\text{kPa}$$

$$f_{ak} = 86\text{kPa}$$

（2）基底压力

$$p_z = \frac{1.5 \times (p_k - 16 \times 1)}{1.5 + 2 \times 1 \times \tan 28°} = 0.59 p_k - 9.36$$

$$p_{cz} = 16 \times 1 + 16.5 \times 1 = 32.5\text{kPa}$$

$$f_{az} = 86 + 1.0 \times 16 \times (2 - 0.5) = 110\text{kPa}$$

$0.59 p_k - 9.36 + 32.5 < 110$，解得：$p_k < 147\text{kPa}$

15.【答案】C

【解析】 朗肯理论破裂角：$\theta = 45° + \dfrac{\varphi}{2} = 60°$

$$E_a = G \tan(\theta - \varphi) = G \tan(60° - 30°) = 0.58G$$

16.【答案】C

【解析】《建筑边坡工程技术规范》（GB 50330—2013）第 10.2.4 条。

$$G_n = G_t = G_1 \sin \beta_1 = 900 \times \sin 45° = 636.4\text{kN/m}$$

$$\sum N_{akt} = N_{ak} \cos(\beta_1 + \alpha) = \sum N_{ak} \times \cos(45° + 20°) = 0.423 \sum N_{ak}$$

$$\sum N_{akn} = N_{ak} \sin(\theta_1 + \alpha) = \sum N_{ak} \times \sin(45° + 20°) = 0.906 \sum N_{ak}$$

$$K_b(G_t - f G_n - cA) \leqslant \sum N_{akti} + f \sum N_{akni}$$

$$2.2 \times (636.4 - 0.36 \times 636.4 - 20 \times 16) \leqslant 0.423 \sum N_{ak} + 0.36 \times 0.906 \sum N_{ak}$$

$$\sum N_{ak} \geqslant 256.45\text{kN/m}$$

单根锚杆轴向拉力：$N_{ak} = \dfrac{256.45 \times 3}{2} = 384.7\text{kN}$

17.【答案】B

【解析】《土工合成材料应用技术规范》（GB/T 50290—2014）第 7.3.5 条、第 7.3.6 条。

（1）筋材所承受的竖直压力

$$z_i = 8 - 1.5 = 6\text{m}$$

$$\sigma_{vi} = \gamma z_i = 20 \times 6.5 = 130\text{kPa}$$

（2）筋材所承受的水平拉力

土压力系数：$K_i = K_a = \tan^2\left(45° - \dfrac{30°}{2}\right) = \dfrac{1}{3}$

$$T_i = \frac{[(\sigma_{vi} + \sum \Delta \sigma_{vi}) K_i + \Delta \sigma_{hi}] s_{vi}}{A_r} = \frac{130 \times \dfrac{1}{3} \times 0.5}{1} = 21.7\text{kN/m}$$

（3）筋材有效长度（破裂面以外筋材长度）

$$L_{ei} = \frac{F_s T_i}{2 \sigma_{vi} B f} = \frac{1.5 \times 21.7}{2 \times 130 \times 1 \times 0.28} = 0.45\text{m} < 1\text{m}，取 L_{ei} = 1.0\text{m}$$

（4）破裂面以内筋材长度

$$L_{0i} = \frac{1.5}{\tan\left(45° + \dfrac{30°}{2}\right)} = 0.87\text{m}$$

（5）筋材总长度

$$L_i = L_{0i} + L_{ei} + L_{wi} = 1 + 0.87 + 1.2 = 3.07\text{m}$$

18.【答案】C

【解析】《公路隧道设计规范 第一册 土建工程》（JTG 3370.1—2018）第 6.2.2 条、附录 D。

$$[S] = S + \frac{\frac{BQ_上 + BQ_下}{2} - BQ}{BQ_上 - BQ_下} = 4 + \frac{\frac{350 + 250}{2} - 270}{350 - 250} = 4.3$$

$$\omega = 1 + i(B - 5) = 1 + 0.1 \times (12 - 5) = 1.7$$

$$h = 0.45 \times 2^{S-1}\omega = 0.45 \times 2^{4.3-1} \times 1.7 = 7.53\text{m}$$

$$q = \gamma h = 22 \times 7.53 = 165.7\text{kPa}$$

19.【答案】B

【解析】《建筑基坑支护技术规程》（JGJ 120—2012）第 3.4.7 条。

主动土压力系数：$K_a = \tan^2\left(45° - \frac{30°}{2}\right) = \frac{1}{3}$

基底附加压力标准值：$p_0 = p_k - \gamma d = 120 - 3 \times 20 = 60\text{kPa}$

$$a = 4.5 - 0.5 - 1 = 3\text{m}$$

荷载引起的附加土压力上限：$d + \dfrac{a}{\tan\theta} = 3 + \dfrac{3}{\tan 45°} = 6\text{m}$

荷载引起的附加土压力下限：$d + \dfrac{3a + b}{\tan\theta} = 3 + \dfrac{3 \times 3 + 2}{\tan 45°} = 14\text{m}$

荷载引起的附加应力：$\Delta\sigma_k = \dfrac{p_0 b}{b + 2a} = \dfrac{60 \times 2}{2 + 2 \times 3} = 15\text{kPa}$

附加应力引起的土压力：$p_{qk} = \Delta\sigma_k K_a = 15 \times 1/3 = 5\text{kPa}$

$$E_q = 5 \times (14 - 6) = 40\text{kN/m}$$

$$M = 40 \times 1.2 \times \left(12 - \frac{6 + 14}{2}\right) = 96\text{kN·m}$$

20.【答案】C

【解析】《湿陷性黄土地区建筑标准》（GB 50025—2018）第 4.3.2 条、第 4.3.3 条。

基底压力不小于 300kPa 时，当上覆土饱和自重压力大于实际基底压力时，应取上覆土饱和自重压力，上覆土饱和自重压力应从地面算起，见解图。

$$e = \frac{G_s \rho_w(1 + w)}{\rho} - 1 = \frac{2.70 \times 1 \times (1 + 0.19)}{1.50} - 1 = 1.142$$

$$\rho_{sat} = \frac{\rho}{1 + w}\left(1 + \frac{S_r e}{G_s}\right) = \frac{1.50}{1 + 0.19} \times \left(1 + \frac{0.85 \times 1.142}{2.7}\right) = 1.71\text{g/cm}^3$$

$$p = \rho_{sat} gh = 1.71 \times 10 \times 21 = 359.1\text{kPa} > 300\text{kPa}$$

取试验压力为 359.1kPa。

21.【答案】C

【解析】（1）1 层沉降

8m 处有效应力增量：$\Delta p = (\gamma - \gamma')\Delta h_1 = (19 - 10) \times 6 = 54\text{kPa}$

10m 处有效应力增量：$\Delta p = 54\text{kPa}$

$$s_1 = \frac{\Delta p}{E_s} h = \frac{(0 + 54)/2}{8} \times 6 + \frac{54}{8} \times 2 = 33.75\text{mm}$$

（2）2 层沉降

20m 处有效应力增量：

题 21 解图

$$\Delta p = \Delta h_2 \gamma_w - (\gamma_{sat} - \gamma)\Delta h_1 = 8 \times 10 - (20 - 19) \times 6 = 74\text{kPa}$$

$$s_2 = \frac{\Delta p}{E_s}h = \frac{(54 + 74)/2}{5.5} \times 10 = 116.4\text{mm}$$

（3）3 层沉降

40m 处有效应力增量：$\Delta p = 74\text{kPa}$

$$s_3 = \frac{\Delta p}{E_s}h = \frac{74}{10} \times 20 = 148\text{mm}$$

（4）最终沉降量

$$s_1 + s_2 + s_3 = 33.75 + 116.4 + 148 = 298.15\text{mm}$$

注：天然重度和饱和重度不同时，计算降水引起的附加应力要考虑重度差异，总应力是减少的。

22.【答案】C

【解析】《工程岩体试验方法标准》（GB/T 50266—2013）第 2.7.10 条、《公路隧道设计规范　第一册土建工程》（JTG 3370.1—2018）第 14.8.2 条。

高径比 $130/50 = 2.6 > 2.5$，非标准件，则

$$R_b = \frac{8R'}{7 + 2D/H} = \frac{8 \times \frac{135 \times 10^3}{3.14 \times 25^2}}{7 + 2 \times \frac{50}{130}} = 70.8\text{MPa}$$

$$\frac{\sigma_{\theta max}}{R_b} = \frac{62.5}{70.8} = 0.88$$

查表 18.8.2-1，为Ⅲ级。

23.【答案】D

【解析】《建筑抗震设计标准》（GB/T 50011—2010）（2024 年版）第 4.1.4 条、第 4.1.6 条、第 5.1.4 条。

（1）覆盖层厚度

根据第 4.1.4 条，$190 \times 2.5 = 475\text{m/s} < 480\text{m/s}$。卵石层波速大于其上各层 2.5 倍且该层及其下各层波速大于 400m/s，故覆盖层厚度取卵石层顶面 16m。

（2）等效剪切波速

$$v_{se} = \frac{d_0}{\sum\limits_{i=1}^{n}(d_i/v_{si})} = \frac{16}{\frac{3}{110} + \frac{4.5}{130} + \frac{5.5}{140} + \frac{3}{190}} = 136.8\text{m/s}$$

查表 4.1.6，场地类别为Ⅲ类。

（3）场地特征周期

查表 5.1.4，场地特征周期为 0.65s。

24.【答案】C

【解析】《建筑抗震设计标准》（GB/T 50011—2010）（2024 年版）第 5.1.4 条、第 5.1.5 条。

（1）确定场地特征周期

查表 4.1.6，场地类别为Ⅱ类。

查表 5.1.4-2，罕遇地震 $T_g = 0.45 + 0.05 = 0.5\text{s}$。

（2）计算地震影响系数

地震影响系数最大值 $\alpha_{max} = 1.4$，$T = 2.35\text{s}$，位于曲线下降段，阻尼比 $\zeta = 0.35$，则

$$\gamma = 0.9 + \frac{0.05 - \zeta}{0.3 + 6\zeta} = 0.9 + \frac{0.05 - 0.35}{0.3 + 6 \times 0.35} = 0.775$$

$$\eta_2 = 1 + \frac{0.05 - \zeta}{0.08 + 1.6\zeta} = 1 + \frac{0.05 - 0.35}{0.08 + 1.6 \times 0.35} = 0.53 < 0.55, \text{ 取} \eta_2 = 0.55, \text{ 则}$$

$$\alpha = \left(\frac{T_g}{T}\right)^{\gamma} \eta_2 \alpha_{\max} = \left(\frac{0.5}{2.35}\right)^{0.775} \times 0.55 \times 1.4 = 0.23$$

25.【答案】D

【解析】《建筑基桩检测技术规范》（JGJ 106—2014）第 10.5.2 条及第 10.4.1 条条文说明。

（1）声测管及耦合水层声时修正

声测管外径 $d_1 = 50\text{mm}$，内径 $d_2 = 50 - 2 \times 2 = 46\text{mm}$

$$t' = \frac{d_1 - d_2}{v_t} + \frac{d_2 - d'}{v_w} = \frac{(50 - 46)/\cos 15°}{5480 \times 10^{-3}} + \frac{(46 - 26)/\cos 15°}{1470 \times 10^{-3}} = 14.85\mu s$$

（2）截面声时计算

$$t_{ci} = t_i - t_0 - t' = 0.225 \times 10^3 - 1.56 - 14.85 = 208.6\mu s$$

（3）截面声速计算

两声测管外壁净距离：$l_i' = \frac{1000 - 50}{\cos 15°} = 983.5\text{mm}$

$$v_i = \frac{l_i'}{t_{ci}} = \frac{983.5}{208.6} \times 10^3 = 4714.8\text{m/s}$$

注：这种算法假定声波沿不同介质直线传播。不考虑声测管斜距修正的结果是 4700m/s。对实际工程来说，声测管的斜距修正影响极小，不会影响桩的类别，规范对 t' 修正也是不考虑斜距的，命题组的选项设置有问题。

2023 年案例分析试题答案及解析（下午卷）

试 题 答 案

本试卷由 25 道题组成，全部为单项选择题，每道题均为必答题。每题 2 分，满分为 50 分。

1	C	2	B	3	A	4	D	5	B
6	C	7	C	8	D	9	C	10	B
11	C	12	A	13	C	14	B	15	A
16	B	17	B	18	D	19	B	20	B
21	A	22	D	23	B	24	C	25	D

解 题 过 程

1. 【答案】C

【解析】土层目前承受的上覆自重压力：
$$p_{cz} = 19 \times 3 + 9.5 \times 1 + 8.9 \times 2 + 8.8 \times 3 + 8.1 \times 6 + 8.7 \times 6 + 7.5 \times 3 + 8.4 \times 6$$
$$= 284.4 \text{kPa}$$

$$OCR = \frac{p_c}{p_{cz}} = \frac{350}{284.4} = 1.23，为超固结。$$

2. 【答案】B

【解析】《土工试验方法标准》（GB/T 50123—2019）第 7.3.7 条。

由题中表可知，$P_5 = 20\%$，则

$$G_s = \frac{1}{\dfrac{P_5}{G_{s1}} + \dfrac{1 - P_5}{G_{s2}}} = \frac{1}{\dfrac{0.2}{2.65} + \dfrac{1 - 0.2}{2.72}} = 2.71$$

$$e = \frac{G_s \rho_w (1 + w)}{\rho} - 1 = \frac{2.71 \times (1 + 0.15)}{1.95} - 1 = 0.598$$

$$\gamma_{sat} = \rho_{sat} g = \frac{G_s + e}{1 + e} \rho_w g = \frac{2.71 + 0.598}{1 + 0.598} \times 10 = 20.7 \text{kN/m}^3$$

注：《土工试验方法标准》（GB/T 50123—2019）删除了最大干密度和最优含水量的校正，故答题时不需要再对其进行校正。《工程地质手册》（第五版）第 152 页还有最大干密度和最优含水量的校正，因为手册引用的是 1999 年版的标准。

3. 【答案】A

【解析】沿 bc 做剖面图，如解图 1 所示。

砂岩厚度：$20.8 - 6.8 = 14\text{m}$

砂岩在 b 处的顶埋深：$6.8 + 50 \times \tan 20° = 25\text{m}$

标高：$323 - 25 = 207\text{m}$

在 205m 标高处，砂岩与 c 处的距离：$6.2 / \tan 20° = 17\text{m}$

砂岩储量：$V = 14 \times 50 \times 17 + \frac{1}{2} \times (2 + 14) \times 33 \times 50 = 25100 \text{m}^3$

注：解答此题需要有较强的空间想象能力，砂岩的储量是一个四棱台和一个四棱柱的体积之和，如解图 2 所示。

题 3 解图（1）　　　　　题 3 解图（2）

4.【答案】D

【解析】《水利水电工程地质勘察规范》（GB 50487—2008）（2022 年版）附录 N。

（1）基本因素评分

$R_c = 54MPa$，为硬质岩，$A = 10 + (54 - 30) \times \frac{20-10}{60-30} = 18$

$K_v = \left(\frac{3700}{5100}\right)^2 = 0.526$，完整性差，$B = 14 + (0.526 - 0.35) \times \frac{22-14}{0.55-0.35} = 21$

$W = 0.4mm$，起伏粗糙，延伸长度大于 10m，结构面状态评分 $C = 27 - 3 = 24$，则

$T' = A + B + C = 18 + 21 + 24 = 63 < 65$

（2）修正因素评分

$65 > T' = 63 > 45$，$Q = 10 \times 10 = 100L/min \cdot 10m$ 洞长。

地下水状态评分：$D = -6 + (100 - 25) \times \frac{-10+6}{100-25} = -9$。

$K_v = 0.526$，完整性差，不进行主要结构面产状评分，$E = 0$。

（3）围岩总评分及围岩级别

$T = A + B + C + D + E = 63 - 9 + 0 = 54$，查规范表 N.0.7，围岩类别为Ⅲ类。

$S = \frac{R_b \cdot K_v}{\sigma_m} = \frac{54 \times 0.526}{22} = 1.291 < 2$，降低一级，围岩类别为Ⅳ类。

注：题目明确要求按插值方法计算各项因素，在地下水评分插值时，应以水量作为插值标准，题目给的是每米洞长的水量，要换算为 10m 洞长水量。D 不插值，按下限值计算结果也是Ⅳ类。以往的真题，地下水评分都是取范围值，计算 T 的下限值，包括命题组以往的评分标准也是，这次出现插值计算是否是对以往问题的纠正，不得而知。

5.【答案】B

【解析】坑底 8m 处的自重应力：$18 \times 18.5 = 333kPa$

坑底处的附加应力：$p_0 = -p_{cz} = -18.5 \times 10 = -185kPa$

坑底 8m 处的附加应力：

$$\frac{z}{b} = \frac{8}{8} = 1, \quad \frac{l}{b} = \frac{16}{8} = 2, \quad \alpha_i = 0.2$$

$$4\alpha_i p_0 = -4 \times 0.2 \times 185 = -148kPa$$

$$p = 333 - 148 = 185kPa$$

6.【答案】C

【解析】《建筑地基基础设计规范》（GB 50007—2011）第 5.2.4 条。

（1）基础顶面轴心荷载计算

$I_p = 29.5 - 18 = 11.5$，为粉质黏土。

$$\rho = 1.47 \times (1 + 0.134) = 1.667 \text{g/cm}^3$$

$$I_L = \frac{13.4 - 18}{29.5 - 18} = -0.4 < 0.85, \quad e = \frac{2.7 \times 1.0}{1.47} - 1 = 0.837 < 0.85$$

取 $\eta_b = 0.3$，$\eta_d = 1.6$，则

$$p_k = \frac{F_k}{A} + \gamma_G d = \frac{F_k}{1.5} + 20 \times 2 = f_a = 210 + 1.6 \times 16.67 \times (2 - 0.5)$$

解得：$F_k = 315 \text{kN/m}$

（2）基础加宽

$$w = \frac{0.9 \times 0.84}{2.7} = 0.28, \quad \rho = 1.47 \times (1 + 0.28) = 1.88 \text{g/cm}^3$$

$$I_L = \frac{28 - 18}{29.5 - 18} = 0.87 > 0.85, \quad 取 \eta_b = 0, \quad \eta_d = 1.0, \quad 则$$

$$\frac{315}{b} + 20 \times 2 \leqslant 110 + 1.0 \times 18.8 \times (2 - 0.5)$$

解得：$b \geqslant 3.2 \text{m}$

7.【答案】C

【解析】《建筑地基基础设计规范》（GB 50007—2011）第 8.2.8 条。

受冲切承载力截面高度：$h = 550 \text{mm} < 800 \text{mm}$，取影响系数 $\beta_{hp} = 1.0$。

$u_m = 2 \times (0.15 + 0.15 + 2 \times 0.43) = 2.32 \text{m}$，则

总冲切力：$F_l \leqslant 0.7 \beta_{hp} f_t u_m h_0 = 0.7 \times 1.0 \times 1.57 \times 10^3 \times 2.32 \times 0.43 = 1096.36 \text{kN}$

冲切破坏锥体基底面积：$A_c = (0.15 + 2 \times 0.43)^2 - \frac{3.14 \times 0.15^2}{4} = 1.002 \text{m}^2$

拉力设计值：$1096.36 + 200 \times 1.002 = 1296.76 \text{kN}$

8.【答案】D

【解析】解法一：

《建筑地基基础设计规范》（GB 50007—2011）第 5.3.5 条。

（1）各土层的平均附加应力系数

①黏性土

$$\bar{\alpha}_i = \frac{1 \times \left(\frac{1 + 0.674}{2} + \frac{0.674 + 0.32}{2} + \frac{0.32 + 0.171}{2} \right)}{3} = 0.5265$$

②细砂

$$\bar{\alpha}_i = 1 \times \left(\frac{1 + 0.674}{2} + \frac{0.674 + 0.32}{2} + \frac{0.32 + 0.171}{2} + \frac{0.171 + 0.103}{2} + \frac{0.103 + 0.069}{2} \right) \times \frac{1}{5}$$
$$= 0.3605$$

（2）变形计算

相关参数计算结果见解表。

题 8 解表

基底至第 i 层土底面距离 z_i（m）	$\bar{\alpha}_i$	$z_i \bar{\alpha}_i$	$z_i \bar{\alpha}_i - z_{i-1} \bar{\alpha}_{i-1}$	E_{si}
0				
3.0	0.5265	1.5795	1.5795	6
5.0	0.3605	1.8025	0.223	15

$$\overline{E}_s = \frac{\sum A_i}{\sum \frac{A_i}{E_{si}}} = \frac{1.8025}{\frac{1.5795}{6} + \frac{0.223}{15}} = 6.48\text{MPa}$$

$$\psi = 1.5 - (6.48 - 5) \times \frac{1.5 - 1.0}{10 - 5} = 1.352$$

$$s = \psi_s \sum_{i=1}^{n} \frac{p_0}{E_{si}} (z_i \overline{\alpha}_i - z_{i-1} \overline{\alpha}_{i-1}) = 1.352 \times 200 \times \left(\frac{1.5795}{6} + \frac{0.223}{15}\right) = 75.2\text{mm}$$

解法二：

（1）各土层的附加应力面积

①黏性土：$A_i = 200 \times 1 \times \left(\frac{1 + 0.674}{2} + \frac{0.674 + 0.32}{2} + \frac{0.32 + 0.171}{2}\right) = 315.9\text{kN/m}$

②细砂：$A_i = 200 \times 1 \times \left(\frac{0.171 + 0.103}{2} + \frac{0.103 + 0.069}{2}\right) = 44.6\text{kN/m}$

（2）沉降计算经验系数

$$\overline{E}_s = \frac{\sum A_i}{\sum \frac{A_i}{E_{si}}} = \frac{315.9 + 44.6}{\frac{315.9}{6} + \frac{44.6}{15}} = 6.48\text{MPa}, \quad \psi = 1.5 - (6.48 - 5) \times \frac{1.5 - 1.0}{10 - 5} = 1.352$$

（3）变形计算

$$s = \psi_s \sum_{i=1}^{n} \frac{p_0}{E_{si}} (z_i \overline{\alpha}_i - z_{i-1} \overline{\alpha}_{i-1}) = 1.352 \times 200 \times \left(\frac{1.5795}{6} + \frac{0.223}{15}\right) = 75.2\text{mm}$$

选项 D 正确。

注：此题与 2019 年上午第 5 题非常类似。

9.【答案】C

【解析】《公路桥涵地基与基础设计规范》（JTG 3363—2019）第 7.3.2 条。

$$q = \frac{\sum q_{si} l_i}{\sum l_i} = \frac{35 \times 6 + 22 \times 10}{16} = 26.875\text{kPa}$$

$$R_f = u(h - 2.5)q = 3.14 \times 18 \times (16 - 2.5) \times 26.875 = 20506.2\text{kN}$$

$$G_k = \frac{\pi}{4} \times (18^2 - 15^2) \times 16 \times 26 = 32329.44\text{kN}$$

$$k_{st} = \frac{G_k}{R_f} = \frac{32329.44}{20506.2} = 1.58$$

10.【答案】B

【解析】《建筑桩基技术规范》（JGJ 94—2008）第 5.3.5 条、第 5.3.6 条。

（1）$d = 600\text{mm}$

$$Q_{uk} = u\sum q_{sik} l_i + q_{pk} A_p$$
$$= 3.14 \times 0.6 \times (55 \times 9.7 + 60 \times 5.3 + 70 \times 1.5) + 3.14 \times 0.3^2 \times 1300 = 2169\text{kN}$$

$$\frac{R_{a1}}{V} = \frac{0.5 \times 2169}{3.14 \times 0.3^2 \times 16.5} = 232.5\text{kN/m}^3$$

（2）$d = 1000\text{mm}$

黏土、粉土：$\psi_{si} = (0.8/d)^{1/5} = (0.8/1)^{1/5} = 0.956$

中砂：$\psi_p = \psi_{si} = (0.8/d)^{1/3} = (0.8/1)^{1/3} = 0.928$

$$Q_{uk} = u\sum q_{sik} l_i + q_{pk} A_p$$
$$= 3.14 \times 1 \times (55 \times 9.7 \times 0.956 + 60 \times 5.3 \times 0.956 + 70 \times 1.5 \times 0.928) +$$
$$3.14 \times 0.5^2 \times 1300 \times 0.928 = 3809\text{kN}$$

$$\frac{R_{a2}}{V} = \frac{0.5 \times 3809}{3.14 \times 0.5^2 \times 16.5} = 147\text{kN/m}^3$$

因此，232.5/147 = 1.58

11.【答案】C

【解析】《建筑地基处理技术规范》（JGJ 79—2012）第 7.1.5 条。

$$p_k = f_{spa} = f_{spk} + \eta_d \gamma_m (D - 0.5)$$

$$f_{spk} = 401 - 1.0 \times 18.4 \times (6 - 0.5) = 300 \text{kPa}$$

$$m = 0.907 \frac{d^2}{s^2} = 0.907 \times \frac{0.6^2}{1.2^2} = 0.227$$

$$f_{spk} = \lambda m \frac{R_a}{A_p} + \beta(1 - m) f_{sk} = 0.227 \times \frac{\lambda R_a}{A_p} + 1 \times (1 - 0.227) \times 150 = 300 \text{kPa}$$

桩顶应力：$\sigma_p = \frac{\lambda R_a}{A_p} = 810.8 \text{kPa}$

桩间土应力：$\sigma_s = \beta f_{sk} = 150 \text{kPa}$

桩土应力比：$n = \frac{\sigma_p}{\sigma_s} = \frac{810.8}{150} = 5.4$

深度修正后，不仅 R_a 提高，f_{sk} 也提高，题目假定桩土应力比不变，则

$$f_{spa} = \lambda m \frac{R_a'}{A_p} + \beta(1 - m) f_{sk}' = 0.227 \times 5.4 \times 1 \times f_{sk}' + 1 \times (1 - 0.227) f_{sk}' = 401 \text{kPa}$$

$$f_{sk}' = 200.6 \text{kPa}$$

$$f_{cu} \geqslant 4\sigma_p = 4n f_{sk}' = 4 \times 5.4 \times 200.6 = 4333 \text{kPa} = 4.3 \text{MPa}$$

注：理论上埋深越大的桩，承载力越大，有黏结强度增强体自身强度相对较低，其破坏绝大部分情况是桩体破坏，因此必须通过提高桩身材料强度的方法来实现埋深增大后承载力的提高，这也是规范公式（7.1.6-2）的来源。同时，由于埋深增大，按照复合地基基本原理，桩间土承载力也应提高。实际上深度修正前后的桩土应力比是发生变化的。此题难度较大，考场上做对不易。

12.【答案】A

【解析】《建筑地基处理技术规范》（JGJ 79—2012）第 7.1.5 条、第 7.4.3 条。

取边长 3.6m 的正三角形作为单元体。单元体内有 1.5 根挤密桩，3 根预钻孔挤夯扩挤密桩。

根据土颗粒质量不变原则：$\rho_{d1} V_1 = \rho_{d2} V_2$，即

$$\left(\frac{\sqrt{3}}{4} s^2 - \frac{3\pi}{4} d_2^2 \right) \times \rho_{d1} = \left(\frac{\sqrt{3}}{4} s^2 - \frac{3\pi}{4} D^2 - \frac{1.5\pi}{4} d_1^2 \right) \times \rho_{d2}$$

$$\left(\frac{\sqrt{3}}{4} \times 3.6^2 - \frac{3\pi}{4} \times 0.4^2 \right) \times 1.38 = \left(\frac{\sqrt{3}}{4} \times 3.6^2 - \frac{3\pi}{4} \times 0.5^2 - \frac{1.5\pi}{4} \times 0.4^2 \right) \times \rho_{d2}$$

$$\rho_{d2} = 1.494 \text{g/cm}^3$$

注：根据处理前后处理范围内的土颗粒质量不变原则计算，预钻孔是预先把钻孔内的土取出来，V_1 要扣掉这部分土体。

13.【答案】C

【解析】

$$e = \frac{G_s \rho_w (1 + w)}{\rho} - 1 = \frac{2.67 \times 1.0 \times (1 + 0.15)}{1.6} - 1 = 0.919$$

$$n = \frac{e}{1 + e} = \frac{0.919}{1 + 0.919} = 0.479$$

孔隙体积：$V_v = nV = 0.479 \times 5000 \times 6 = 14370 \text{m}^3$

浆液体积：$V = 14370 \times 0.25 = 3592.5 \text{m}^3$

水泥质量：$m_c = \dfrac{\rho_c V}{1 + W\rho_c/\rho_w} = \dfrac{3 \times 3592.5}{1 + 1.2 \times 3/1} = 2342.9t$

排放量：$2342.9 \times 750 = 1757175kg = 1757.2t$

14.【答案】B

【解析】《建筑边坡工程技术规范》（GB 50330—2013）第 9.2.3 条。

（1）各层水力比降及渗透力

根据渗流连续性原理，通过整个土层的渗流量与各土层的渗流量相同：

$q = kiA$，$k_1 i_1 = k_2 i_2$，即 $4 \times 10^{-4} \times i_1 = 3 \times 10^{-4} \times i_2$，$i_1 = 0.75 i_2$

通过土层的总水头损失等于各土层水头损失之和：

$\Delta h = i_1 \Delta l_1 + i_2 \Delta l_2$，即

$$3i_1 + 4i_2 = 3$$

解得：$i_1 = 0.36$，$i_2 = 0.48$

（2）土压力

主动土压力系数：$K_{a1} = \tan^2\left(45° - \dfrac{22°}{2}\right) = 0.455$，$z_0 = \dfrac{2c}{\gamma\sqrt{K_a}} = \dfrac{2 \times 10}{19 \times \sqrt{0.455}} = 1.56m$

3m 处：$e_a = 19 \times 3 \times 0.455 - 2 \times 10 \times \sqrt{0.455} = 12.4kPa$

6m 处：$e_a = [19 \times 3 + (20 - 10 + 10 \times 0.36) \times 3)] \times 0.455 - 2 \times 10 \times \sqrt{0.455} = 31kPa$

土压力合力：$E_a = \dfrac{1}{2} \times 12.4 \times (3 - 1.56) + \dfrac{1}{2} \times (12.4 + 31) \times 3 = 74kN/m$

（3）水压力

$$E_w = \dfrac{1}{2} \times 10 \times 3^2 - \dfrac{1}{2} \times 10 \times 0.36 \times 3^2 = 28.8kN/m$$

（4）总压力

$$E_a + E_w = 74 + 28.8 = 102.8kN/m$$

15.【答案】A

【解析】《建筑边坡工程技术规范》（GB 50330—2013）第 8.2.6 条。

锚杆截面积：$A = \dfrac{3.14 \times 0.022^2}{4} = 3.799 \times 10^{-4}m^2$

锚固体截面积：$A_c = \dfrac{3.14 \times 0.150^2}{4} = 1.767 \times 10^{-2}m^2$

锚固体组合弹性模量：

$$E_c = \dfrac{AE_s + (A_c - A)E_m}{A_c}$$
$$= \dfrac{3.799 \times 10^{-4} \times 2.0 \times 10^8 + (1.767 \times 10^{-2} - 3.799 \times 10^{-4}) \times 3 \times 10^7}{1.767 \times 10^{-2}}$$
$$= 3.37 \times 10^7 kN/m^2$$

土层锚杆水平刚度系数：

$$K_t = \dfrac{3AE_s E_c A_c}{3l_f E_c A_c + E_s A l_a}\cos^2\alpha$$
$$= \dfrac{3 \times 3.799 \times 10^{-4} \times 2.0 \times 10^8 \times 3.37 \times 10^7 \times 1.767 \times 10^{-2}}{3 \times 5 \times 3.37 \times 10^7 \times 1.767 \times 10^{-2} + 2.0 \times 10^8 \times 3.799 \times 10^{-4} \times 5} \times \cos^2 15°$$
$$= 13599.6kN/m$$

16.【答案】B

【解析】《公路路基设计规范》（JTG D30—2015）第 7.2.2 条。

（1）传递系数计算

$$\psi_i = \cos(\alpha_{i-1} - \alpha_i) - \sin(\alpha_{i-1} - \alpha_i)\tan\varphi_i$$

$$\psi_1 = \cos(19° - 10°) - \sin(19° - 10°) \times \tan 8° = 0.966$$

$$\psi_2 = \cos(10° - 18°) - \sin(10° - 18°) \times \tan 8° = 1.010$$

（2）剩余下滑力

$$T_i = F_s W_i \sin\alpha_i + \psi_i T_{i-1} - W_i \cos\alpha_i \tan\varphi_i - c_i L_i$$

$$T_1 = 1.15 \times 500 \times \sin 19° - 500 \times \cos 19° \times \tan 8° - 10 \times 8.03 = 40.5 \text{kN/m}$$

$$T_2 = 1.15 \times 900 \times \sin 10° + 0.966 \times 40.5 - 900 \times \cos 10° \times \tan 8° - 10 \times 10.15$$

$$= -7 \text{kN/m} < 0, \ \text{取} \ T_2 = 0$$

$$T_3 = 1.15 \times 700 \times \sin 18° - 700 \times \cos 18° \times \tan 8° - 10 \times 10.79 = 47.3 \text{kN/m}$$

17.【答案】B

【解析】《建筑基坑支护技术规程》（JGJ 120—2012）第 4.2.2 条。

$$E_{ak} = \frac{1}{2}\gamma H^2 K_a = \frac{1}{2} \times \gamma \times 15^2 \times K_a = 112.5\gamma K_a, \ \text{到锚杆的距离：} \ a_{a1} = \frac{2 \times 15}{3} - 5 = 5\text{m}$$

$$E_{pk} = \frac{1}{2}\gamma H^2 K_p = \frac{1}{2} \times \gamma \times 5^2 \times K_p = 12.5\gamma K_p, \ \text{到锚杆的距离：} \ a_{p1} = 5 + \frac{2 \times 5}{3} = 8.33\text{m}$$

$$K_a = \frac{1}{K_p}$$

$$K_e = \frac{E_{pk} a_{p1}}{E_{ak} a_{a1}} = \frac{12.5\gamma K_p^2 \times 8.33}{112.5\gamma \times 5} = 1$$

$$K_p = 2.324 = \tan^2(45° + \varphi/2)$$

解得：$\varphi = 23.5°$

18.【答案】D

【解析】《铁路隧道设计规范》（TB 10003—2016）附录 J.0.3 条、J.0.4 条。

水平压力宜按静止土压力计算。

（1）静止土压力

$$K_0 = 1 - \sin\varphi' = 1 - \sin 28° = 0.53$$

$$e_1 = \gamma h K_0 = (20 + 18 \times 3 + 8 \times 15) \times 0.53 = 102.82 \text{kPa}$$

$$e_2 = \gamma h K_0 = (20 + 18 \times 3 + 8 \times 15 + 8 \times 6.5/2) \times 0.53 = 116.6 \text{kPa}$$

$$e_3 = \gamma h K_0 = (20 + 18 \times 3 + 8 \times 15 + 8 \times 6.5) \times 0.53 = 130.38 \text{kPa}$$

（2）水压力

$$p_{w1} = \gamma_w h = 15 \times 10 = 150 \text{kPa}$$

$$p_{w2} = \gamma_w h = (15 + 6.5/2) \times 10 = 182.5 \text{kPa}$$

$$p_{w3} = \gamma_w h = (15 + 6.5 \times 10) = 215 \text{kPa}$$

（3）最大水平压应力

上部：$102.82 + 150 + 10 = 262.82\text{kPa}$

中部：$116.6 + 182.5 + 40 = 339.1\text{kPa}$

底部：$130.38 + 215 + 10 = 355.38\text{kPa}$

19.【答案】B

【解析】《岩土工程勘察规范》（GB 50021—2001）（2009 年版）第 5.2.8 条条文说明。

（1）下滑力计算

$$T_1 = G \sin \beta_1 = G \times \sin 39° = 0.629G$$

$$T_2 = G_2 \sin \beta_2 = 1250 \times \sin 30° = 625 \text{kN/m}$$

（2）抗滑力计算

$$R_1 = G \cos \beta_1 \tan \varphi_1 + c_1 l_1 = G \times \cos 39° \times \tan 40° = 0.652G$$

$$R_2 = G_2 \cos \beta_2 \tan \varphi_2 + c_2 l_2 = 1250 \times \cos 30° \times \tan 40° = 908.4$$

（3）稳定系数

$$\psi_1 = \cos(39° - 30°) - \sin(39° - 30°) \times \tan 40° = 0.856$$

$$F_\text{s} = \frac{R_1 \psi_1 + R_2}{T_1 \psi_1 + T_2} = \frac{0.652G \times 0.856 + 908.4}{0.629G \times 0.856 + 625} = 1.2，\text{解得：} G = 1800 \text{kN/m}$$

因此，$q = \dfrac{1800 - 1050}{10} = 75 \text{kPa}$

20.【答案】B

【解析】《建筑地基基础设计规范》（GB 50007—2011）第 5.1.7 条、附录 G。

（1）场地冻结深度

查附录表 G.0.1，粉土冻胀类别为冻胀。

查规范表 5.1.7-1～表 5.1.7-3，$\psi_\text{zs} = 1.2$，$\psi_\text{zw} = 0.9$，$\psi_\text{ze} = 0.95$

$z_\text{d} = z_0 \cdot \psi_\text{zs} \cdot \psi_\text{zw} \cdot \psi_\text{ze} = 2.0 \times 1.2 \times 0.9 \times 0.95 = 2.052 \text{m}$

（2）冻土地基基础埋深

基底下为弱冻胀土，查规范附录 G.0.2 条，$h_\text{max} = 1.35 \text{m}$，则

$$d_\text{min} = z_\text{d} - h_\text{max} = 2.052 - 1.35 = 0.7 \text{m}$$

21.【答案】A

【解析】《岩土工程勘察规范》（GB 50021—2001）（2009 年版）附录 C.0.1 条。

$$\rho_\text{m} = \frac{(d_\text{s} f + 1) \rho_\text{w}}{f + 1} = \frac{(2.6 \times 0.5 + 1) \times 1}{0.5 + 1} = 1.53 \text{g/m}^3$$

$$W_\text{m} = 0.26 T Q_\text{m} = 0.26 \times 60 \times 60 \times 200 = 1.87 \times 10^5 \text{m}^3$$

$$W_\text{s} = W_\text{m} \frac{\rho_\text{m} - \rho_\text{w}}{\rho_\text{s} - \rho_\text{w}} = 1.87 \times 10^5 \times \frac{1.53 - 1}{2.6 - 1} = 6.19 \times 10^4 \text{m}^3 > 5 \times 10^4 \text{m}^3$$

每年发生，为高频泥石流。

查表 C.0.3，属 I_1 类泥石流。

22.【答案】D

【解析】《膨胀土地区建筑技术规范》（GB 50112—2013）第 5.2.14 条。

地面有蒸发可能，1m 处含水量小于塑限含水量，判断为胀缩变形。

湿度系数 0.6，$d_\text{a} = 5.0 \text{m}$，胀缩变形计算深度为 1～5m。

（1）膨胀率

基底附加压力：$p_0 = 100 - 1 \times 18 = 82 \text{kPa}$

$z/b = 4/1 = 4$，$l/b = 1$，$\bar{\alpha} = 0.1114$

平均附加压力：$\bar{p}_0 = 82 \times 4 \times 0.1114 = 36.5 \text{kPa}$

基底处：$p_\text{c} = 18 \times 1 = 18 \text{kPa}$；5m 处：$p_\text{c} = 18 \times 5 = 90 \text{kPa}$

平均自重压力：$\overline{p}_c = （18 + 90）/2 = 54\text{kPa}$

平均自重压力与平均附加压力：$54 + 36.5 = 90.5\text{kPa}$

膨胀率：$\delta_{epi} \approx 2\%$

（2）收缩系数

$$\lambda_s = \frac{\Delta\delta_s}{\Delta w} = \frac{2.5 - 1.0}{20 - 17} = 0.5$$

（3）胀缩变形

$$\Delta w_1 = w_1 - \psi_w w_p = 0.19 - 0.6 \times 0.2 = 0.07$$

$$\Delta w_i = \Delta w_1 - (\Delta w_1 - 0.01)\frac{z_i - 1}{z_{sn} - 1} = 0.07 - (0.07 - 0.01) \times \frac{3 - 1}{5 - 1} = 0.04$$

$$s_{es} = \psi_{es}\sum_{i=1}^{n}(\delta_{epi} + \lambda_{si}\Delta w_i)h_i = 0.7 \times (0.02 + 0.5 \times 0.04) \times 4000 = 112\text{mm}$$

23.【答案】B

【解析】《建筑抗震设计标准》（GB/T 50011—2010）（2024 年版）第 4.3.3 条～第 4.3.5 条。

（1）初判（规范第 4.3.3 条）

①层粉质黏土，②层淤泥质土为不液化土。

$0.15g$，7 度区，②层粉土黏粒含量大于 10%，初判为不液化土。

⑤层中粗砂地质年代 Q_3，初判为不液化土。

④层砂土、7 度区，$d_0 = 7\text{m}$，$d_u = 3.5\text{m}$，$d_w = 3.5\text{m}$，$d_b = 2\text{m}$

$d_u > d_0 + d_b - 2$，即 $d_u = 3.5\text{m} > 7\text{m} + 2\text{m} - 2\text{m} = 7\text{m}$，不成立。

$d_w > d_0 + d_b - 3$，即 $d_w = 3.5\text{m} > 7\text{m} + 2\text{m} - 3\text{m} = 6\text{m}$，不成立。

$d_u + d_w > 1.5d_0 + 2b_b - 4.5$，$3.5\text{m} + 3.5\text{m} = 7\text{m} < 1.5 \times 7\text{m} + 2 \times 2\text{m} - 4.5\text{m} = 10\text{m}$，不成立。

故需要复判。

（2）复判（规范第 4.3.4 条）

$\beta = 0.95$，$N_0 = 10$

$$N_{cr} = N_0\beta[\ln(0.6d_s + 1.5) - 0.1d_w]\sqrt{3/\rho_c}$$

11m 处：$N_{cr} = 10 \times 0.95 \times [\ln(0.6 \times 11 + 1.5) - 0.1 \times 3.5] \times \sqrt{3/3} = 16.55 > 13$，液化。

13m 处：$N_{cr} = 10 \times 0.95 \times [\ln(0.6 \times 13 + 1.5) - 0.1 \times 3.5] \times \sqrt{3/3} = 17.86 > 15$，液化。

（3）液化指数计算（规范第 4.3.5 条）

影响权函数 W_i 计算见解表。

题 23 解表

贯入点深度（m）	代表土层厚度 d_i（m）	中点深度（m）	影响权函数 W_i
11	2	11	（20 − 11）× 2/3 = 6
13	3	15 − 3/2 = 13.5	（20 − 13.5）× 2/3 = 4.33

$$I_{lE} = \sum_{i=1}^{n}\left(1 - \frac{N_i}{N_{cri}}\right)d_i W_i = \left(1 - \frac{13}{16.55}\right) \times 2 \times 6 + \left(1 - \frac{15}{17.86}\right) \times 3 \times 4.33 = 4.65$$

为轻微液化场地。

注：初判时，有观点认为 d_u 取 6m，规范定义 d_u 为上覆非液化土层厚度，即无论何种条件都不会发生液化的土，饱和的粉土、砂土可能发生液化，所以才进行初判，从不利原则来考虑，也应取 3.5m。

24.【答案】C

【解析】《公路工程抗震规范》（JTG B02—2013）第 5.2.1 条～第 5.2.4 条。

（1）水平设计加速度反应谱最大值计算

桥梁抗震设防类别为 B 类，E_2 地震作用，$C_i = 1.7$。

场地类别Ⅲ类，加速度 $0.30g$，$C_s = 1.0$。

$$C_d = 1 + \frac{0.05 - \xi}{0.06 + 1.7\xi} = 1 + \frac{0.05 - 0.25}{0.06 + 1.7 \times 0.25} = 0.59 > 0.55，则$$

$$S_{max} = 2.25 C_i C_s C_d A_h = 2.25 \times 1.7 \times 1.0 \times 0.59 \times 0.30g = 0.68g$$

（2）水平设计加速度反应谱计算

调整后：$T_g = 0.55s$

$$T = 1.20s > T_g = 0.55s$$

$$S_h = S_{max} \frac{T_g}{T} = 0.68g \times \frac{0.55}{1.20} = 0.31g$$

（3）竖向设计加速度反应谱计算

场地类别Ⅲ类，非基岩场地，$T = 1.20s > 0.3s$，谱比函数 $R = 0.5$，则

$$S_v = S_h R = 0.31 \times 0.5 = 0.155g$$

25.【答案】D

【解析】《建筑基坑支护技术规程》（JGJ 120—2012）第 4.1.9 条、附录 A.2。

220kN 荷载下杆体破坏，取前一级荷载 200kN 作为极限抗拔承载力标准值。

二级基坑，$K_t \geqslant 1.6$，则

$$N_k \leqslant \frac{R_k}{K_t} = \frac{200}{1.6} = 125kN$$

$$Q_2 = 13.62 + (125 - 120) \times \frac{16.26 - 13.62}{140 - 120} = 14.28mm$$

$$k_R = \frac{Q_2 - Q_1}{s_2 - s_1} = \frac{125 - 100}{(14.28 - 10.85) \times 10^{-3}} = 7288.6kN/m$$

注：基本试验是锚杆正式施工前，为确定锚杆设计参数和施工工艺在现场进行的锚杆极限抗拔承载力试验，测定的是单根锚杆。题目是两桩一锚，锚杆布置在桩间土中，单根锚杆刚度就是试验测定的刚度，如问挡土结构计算宽度内的锚杆刚度，则选项 B 正确。

$$k_R = \frac{(Q_2 - Q_1)b_a}{(s_2 - s_1)s} = \frac{(125 - 100) \times 1.5}{(14.28 - 10.85) \times 10^{-3} \times 3} = 3644.3kN/m$$

2024 年案例分析试题答案及解析（上午卷）

试 题 答 案

本试卷由 25 道题组成，全部为单项选择题。考生可任选 25 道题作答。每题 2 分，满分为 50 分。若考生在答题卡或试卷上的作答超过 25 道题，则按题目序号从小到大的顺序对作答的前 25 道题计分及复评试卷，其他作答题目无效。

1	A	2	A	3	A	4	D	5	B
6	B	7	B	8	A	9	A	10	A
11	A	12	D	13	C	14	C	15	B
16	B	17	B	18	C	19	B	20	B
21	C	22	B	23	B	24	C	25	B

解 题 过 程

1.【答案】A

【解析】根据《高层建筑岩土工程勘察标准》（JGJ/T 72—2017）附录 A，

$$P_{ca5} = \gamma'_h h_5$$

式中，h_5 为第五层中点取样深度，为 $\frac{38+28}{2} = 33m$；γ'_h 为 33m 以上土的按厚度加权平均有效重度。

$$\gamma'_h = \frac{\begin{array}{c}18 \times 7 + (20-10) \times 2 + (17.5-10) \times (16-9) + (19-10) \times (20-16) + \\ (19.5-10) \times (28-20) + (20-10) \times (33-28)\end{array}}{7 + 2 + (16-9) + (20-16) + (28-20) + (33-28)}$$

$$= \frac{18 \times 7 + 10 \times 2 + 7.5 \times 7 + 9 \times 4 + 9.5 \times 8 + 10 \times 5}{7 + 2 + 7 + 4 + 8 + 5} = \frac{360.5}{33}$$

$$= 10.924 kN/m^3$$

$$P_{ca5} = 10.924 \times 33 = 360.5 kPa$$

卸荷压力 $p_d = \gamma'_d d$

式中，γ'_d 为基础埋置深度 25m 以上土层按厚度加权平均有效重度。

$$\gamma'_d = \frac{\begin{array}{c}18 \times 7 + (20-10) \times 2 + (17.5-10) \times (16-9) + (19-10) \times (20-16) + \\ (19.5-10) \times (25-20)\end{array}}{7 + 2 + (16-9) + (20-16) + (25-20)} = \frac{282}{25}$$

$$= 11.28 kN/m^3$$

$$p_d = 11.28 \times 25 = 282 kPa$$

2.【答案】A

【解析】根据《供水水文地质勘察规范》（GB 50027—2001）第 8.2.3 条，$S - \lg t$ 为直线段，含水层为潜水，考虑到 A、C 两点的横纵坐标均最易获得，故选 A、C 两点。

$$K = \frac{Q}{2\pi(h_2^2 - h_1^2)} \cdot \ln\frac{t_2}{t_1} = \frac{140m^3/h \times 24h}{2\pi(47-27)} \cdot \ln\frac{20}{3} = 50.73 m/d$$

注：《供水水文地质勘察规范》（GB 50027—2001）已作废，现行版本为《供水水文地质勘察标准》（GB/T 50027—2024）。

3.【答案】A

【解析】根据《工程地质手册》（第五版），

$$B_q = \frac{u_i - u_0}{q_t - \sigma_{v_0}}$$

$$u_i = u_2 = 450\text{kPa}$$

$$u_0 = \rho g h = 70\text{kPa}$$

$$\sigma_{v_0} = 19 \times 7 = 133\text{kPa}$$

$$q_t = q_2 + (1-\alpha)u_T = q_2 + \left(1 - \frac{F_a}{A}\right) \cdot u_T$$

$$= 0.9 \times 1000 + \left(1 - \frac{7}{\pi \times 3.57^2/4}\right) \times 450 = 0.9 \times 1000 + 0.3 \times 450$$

$$= 1035\text{kPa}$$

$$B_q = \frac{450 - 70}{1035 - 133} = 0.4213$$

$$B'_q = 0.2321 \times 1.035 + 0.06 = 0.3$$

$B'_q < B_q < 0.8$，故为黏土。

4.【答案】D

【解析】见解图。

①左侧承压段：$q_1 = 28 \times \frac{50-30}{L} \times 50$

②右侧流量：$q_2 = 28 \times \frac{50^2 - 40^2}{2 \times (300-L)}$

③连续性条件，$q_1 = q_2$

$$28 \times \frac{20}{L} \times 50 = 28 \times \frac{2500 - 1600}{2 \times (300-L)} \Longrightarrow L = 206.9\text{m}$$

题 4 解图

5.【答案】B

【解析】$p_c = 100\text{kPa}$，$p_a = 88\text{kPa}$，为超固结状态。

土体达到极限平衡状态时，竖向有效应力 $\sigma'_1 = 88\text{kPa}$。

$$\sigma'_3 = \sigma'_1 \tan^2\left(45° - \frac{\varphi}{2}\right) - 2c \cdot \tan\left(45° - \frac{\varphi}{2}\right)$$

$$= 88 \times \tan^2\left(45° - \frac{17}{2}\right) - 2 \times 10 \times \tan\left(45° - \frac{17}{2}\right)$$

$$= 48.1837 - 14.8$$

$$= 33.38\text{kPa}$$

6.【答案】B

【解析】见解图。

①
$$P_{0\max} = 80 - 17.1 \times 1 - (18.6 - 10) \times 1.5 + \frac{M}{W}$$

$$= 80 - 17.1 - 8.6 \times 1.5 + \frac{5000}{\frac{1}{6} \times 6 \times 10^2}$$

$$= 100\text{kPa}$$

$$P_{0\min} = 80 - 17.1 \times 1 - (18.6 - 10) \times 1.5 + \frac{M}{W}$$

$$= 80 - 17.1 - 8.6 \times 1.5 + \frac{5000}{\frac{1}{6} \times 6 \times 10^2}$$

$$= 0$$

题 6 解图

② $$z/b = \frac{15.5 + 1 - 2.5}{10} = 1.4, \quad l/b = \frac{3}{10} = 0.3$$

查表得：$$\overline{\alpha}_2 = \frac{0.0865 + 0.1187}{2} = 0.1026$$

③ $$P_0 = 80\text{kPa} < 0.75 f_{ak} = 0.75 \times 160 = 120\text{kPa}$$

据《建筑地基基础设计规范》（GB 50007—2011）表 5.3.5，

$$\psi_S = 1.0 + \frac{0.7 - 1.0}{7.0 - 4.0} \times (6 - 4) = 0.8$$

$$S = 0.8 \times 100 \times \frac{2 \times 0.1026}{6} \times 14 = 38.3\text{mm}$$

7. 【答案】B

【解析】见解图。

$$A_{上} = \pi \times 1.7^2 - \pi \times 1.5^2 = 2.01\text{m}^2$$

$$A_{中} = \pi \times 2^2 - \pi \times 1.5^2 = 5.05\text{m}^2$$

$$G_{上} = 25 \times 2.01 \times 30 = 1507.5$$

$$G_{中} = 25 \times 5.05 \times 30 = 4125$$

$$G_{下} = 25 \times 6 \times 6 \times 1.5 = 1350$$

$$a_1 = \left(30 + \frac{30}{2} + 1.5\right) \times 2\% = 0.93\text{m}$$

$$a_2 = \left(\frac{30}{2} + 1.5\right) \times 2\% = 0.33\text{m}$$

$$a_3 = 2\% \times \frac{1.5}{2} = 0.015\text{m}$$

题 7 解图

$$e = \frac{G_{上} \times a_1 + G_{中} \times a_2 + G_{下} \times a_3}{a_1 + a_2 + a_3} = \frac{1507.5 \times 0.93 + 4125 \times 0.33 + 1350 \times 0.015}{1507.5 + 4125 + 1350} = 0.4$$

8. 【答案】A

【解析】见解图。

$$\frac{\left(\frac{F_k}{2.5 \times 2.5} + 10 \times 1.5 - 19 \times 1.5\right) \times 2.5^2}{(2.5 + 2 \times 1 \times \tan 20°)^2} \leqslant 20$$

$$\Rightarrow F_k \leqslant 292.76\text{kN}$$

题 8 解图

或：

① $$P_z = \frac{P_0 \times 2.5^2}{(2.5 + 2 \times 1 \times \tan 20°)^2} \leqslant 20$$

$$\Rightarrow P_0 \leqslant 33.34\text{kPa}$$

② $$P_0 = \frac{F_k}{2.5^2} + 10 \times 1.5 - 19 \times 1.5 \leqslant 33.34\text{kPa} \Rightarrow F_k \leqslant 292.76\text{kN}$$

9. 【答案】A

【解析】①原设计的单桩极限承载力标准值：

$$4 \times 0.4 \times (q_{s1k} \times 19 \times 0.7 + q_{s2k} \times 5 \times 0.6) = 1450$$

$$4 \times 0.4 \times (q_{s1k} \times 19 \times 0.7 + q_{s2k} \times 3 \times 0.6) = 1300$$

$$\Rightarrow \begin{cases} q_{s1k} = 50.517\text{kPa} \\ q_{s2k} = 78.125\text{kPa} \end{cases}$$

②
$$4 \times 0.4 \times (19 \times q_{s1k} + 3 \times q_{s2k}) + q_{pk} \cdot 0.4^2 = 2520$$

$$\Rightarrow q_{pk} = 3995.52\text{kPa}$$

③承台埋深 6m，此处土层为液化土，土层液化影响折减系数 $\psi_l = 0$

$$Q_{uk} = Q_{sk} + Q_{pk}$$
$$= 4 \times 0.45 \times 78.125 \times 3 + 0.45 \times 0.45 \times 3995.52$$
$$= 1230.968\text{kN}$$
$$R_a = Q_{uk}/2 = 615\text{kN}$$

10.【答案】 A

【解析】 根据《建筑桩基技术规范》（JGJ 94—2008）第 5.75 条，对于圆形桩，$d = 1.2$m

$$b_0 = 0.9(d+1) = 0.9 \times 2.2 = 1.98$$

又
$$\alpha = \sqrt[5]{\frac{mb_0}{EI}}$$

$$x_0 a = \frac{R_{ha}v_x}{\alpha^3 \cdot EI}$$

$$6 \times 10^{-3} = \frac{600 \times 0.94}{\alpha^3 \cdot 1.2 \times 10^6} \Rightarrow \alpha = 0.4279$$

$$\sqrt[5]{\frac{m \cdot 1.98}{1.2 \times 10^6}} = 0.4279 \Rightarrow m = 8691\text{kN/m}^4 = 8.691\text{MN/m}^4$$

11.【答案】 A

【解析】 方法 1：

桩底作用于承台顶面的竖向力标准值为 4500kN，其作用点的位置距补桩后承台的形心距离为：

$$(900 + 1155 + 577) \times \frac{1}{3} = 2632 \times \frac{1}{3} = 877.33$$

见解图。

题 11 解图

采用偏心竖向力作用下的竖向力公式计算：

$$N_k = \frac{4500 + 260}{3} - \frac{4500 \times (877 - 577) \times 10^{-3} \times (2632 - 877) \times 10^{-3}}{2 \times 0.877^2 + 1.755^2}$$
$$= 1073.65\text{kN}$$

方法 2：考虑力矩平衡

$$N_k \times 2632 \times 10^{-3} = 4500 \times 577 \times 10^{-3} + 260 \times 877 \times 10^{-3}$$

$$N_k = 1073.15\text{kN}$$

12.【答案】 D

【解析】 根据《建筑地基处理技术规范》（JGJ 79—2012）第 5.4.1 条条文说明。

①
$$\beta = \frac{1}{t_2 - t_1}\ln\frac{S_2 - S_1}{S_3 - S_2} = \frac{1}{90}\ln\frac{1.196 - 1.300}{1.154 - 1.196} = 0.01007$$

②仅竖向固结，故 $\alpha = \frac{8}{\pi^2} = 0.811$

③

$$S_1 = S_f \cdot (1 - 0.811e^{-0.01007 \times 180}) = 0.8676 S_f$$

$$S_2 = S_f(1 - 0.811e^{-0.01007 \times 270}) = 0.9465 S_f$$

$$0.9465 S_f - 0.8676 S_f = 1.3 - 1.196$$

$$\Rightarrow S_f = 1.3178\text{m}$$

13.【答案】C

【解析】①计算桩间距：桩间土在挤密前后质量不变。见解图。

$$1.34 \times \left[\frac{\sqrt{3}}{4}S^2 - \frac{1}{2} \times \pi \times \left(\frac{0.4}{2}\right)^2 \right] = 0.93 \times 1.7 \times \left[\frac{\sqrt{3}}{4}S^2 - \frac{1}{2} \times \pi \times \left(\frac{0.55}{2}\right)^2 \right]$$

$$\Rightarrow S = 1.0\text{m}$$

②选取一个三角形计算单元，单元厚度：

$$V = \frac{\sqrt{3}}{4} \times 1^2 \times 1 = 0.433\text{m}^2$$

题13解图

原土和虚土与挤密后的土相等。

$$1.34 \times \frac{1}{2} \times \frac{\pi}{4} \times (0.4)^2 \times 1 + 1.10V_1 = \frac{1}{2} \times 1.70 \times 0.97 \times \frac{\pi}{4} \times (0.55)^2 \times 1$$

$$\Rightarrow V_1 = 0.1015$$

③考虑1m³的地基土：

$$V = 0.1015 \times \frac{1}{0.433} = 0.2345\text{m}^3$$

14.【答案】C

【解析】见解图。

第①层：
$$\overline{P}_{cz1} = 2 \times 15 + 4 \times 5 = 50\text{kPa}$$

$$e_{01} = 2.206$$

$$\overline{P}_{cz1} + \overline{P}_{z1} = 50 + 100 = 150\text{kPa}$$

$$e_{11} = \frac{2.02 + 1.795}{2} = 1.908$$

第②层：
$$\overline{P}_{cz1} = 80 + 6 \times 8.33 = 129.98\text{kPa}$$

$$e_{02} = 0.899 + (129.98 - 100) \times \left(\frac{0.799 - 0.899}{200 - 100}\right) = 0.869$$

$$\overline{P}_{cz2} + \overline{P}_{z2} = 129.98 + 100 = 229.98\text{kPa}$$

$$e_{12} = 0.799 + (229.98 - 200) \times \left(\frac{0.689 - 0.799}{300 - 200}\right) = 0.766$$

变形量 $S = \xi \sum_{i=1}^{n} \frac{e_{0i} - e_{1i}}{1 + e_{0i}} \cdot h_i = 1.2 \times \left(\frac{2.206 - 1.908}{1 + 2.206} \times 12 + \frac{0.869 - 0.766}{1 + 0.869} \times 12 \right) = 2.132\text{m}$

题14解图

15.【答案】B

【解析】见解图。①充满水时，边坡处于极限平衡状态。

$$F_s = \frac{R}{T} = \frac{(G\cos\theta - V\sin\theta - U)\tan\theta + cL}{G\sin\theta + V\cos\theta}$$

$$G = 24000, \quad V = \frac{1}{2} \times 12 \times 120 = 720, \quad U = \frac{1}{2} \times 50 \times 120 = 3000$$

$$(24000\cos 30° - 720\sin 30° - 3000)\tan 25° + cL$$

$$= 24000\sin 30° + 720\cos 30°$$

$$\Rightarrow c = 90\text{kPa}$$

题15解图

261

②充一半水时，$V = \frac{1}{2} \times 6 \times 60 = 180$，$U = \frac{1}{2} \times 50 \times 60 = 1500$

$$F'_s = \frac{(24000 \cos 30° - 180 \sin 30° - 1500) \tan 25° + 90 \times 50}{24000 \sin 30° + 180 \cos 30°} = 1.106$$

16.【答案】B

【解析】根据《铁路路基支挡结构设计规范》（TB 10025—2019）第 12.2.3 条及条文说明。

$$P_t = F/[\lambda \sin(\alpha + \beta) \tan \varphi + \cos(\alpha + \beta)]$$

①
$$A = \frac{8}{20} = 0.4$$
$$\beta = \frac{45}{0.4 + 1} + \frac{2 \times 0.4 + 1}{2 \times (0.4 + 1)} \times 16.5° - 22° = 20.75°$$
$$F = \frac{600 \times 4}{60} = 400\text{kN}$$

②
$$P_t = \frac{400}{0.5 \times \sin(22° + 20.75°) \times \tan 16.5° + \cos(22° + 20.75°)} = 479.1\text{kN}$$

③根据规范第 12.2.4 条：

$$A_s \geqslant \frac{k_0 P_t}{n f_{py}}$$

$$140 \geqslant \frac{1.5 \times 479.1 \times 10^3}{n \times 1320} \Rightarrow n \geqslant 3.89$$

17.【答案】B

【解析】根据《建筑边坡工程技术规范》（GB 50330—2013）第 5.3.2 条，永久边坡，一般工况，二级边坡。

$$F_s = 1.30$$

$$\theta_A = \frac{-20° + 0°}{2} = -10°, \quad \theta_B = \frac{0° + 20°}{2} = 10°, \quad \theta_C = \frac{20° + 55°}{2} = 37.5°$$

根据规范附录第 A.0.1 条

$$m_{\theta_1} = \cos \theta_1 + \frac{\tan \varphi_1 \sin \theta_1}{F_s} = \cos(-10°) + \frac{\tan 8° \cdot \sin(-10°)}{1.3} = 0.966$$

$$m_{\theta_2} = \cos 10° + \frac{\tan 8° \cdot \sin 10°}{1.3} = 1.004$$

$$m_3 = \cos 37.5° + \frac{\tan 8° \cdot \sin 37.5°}{1.3} = 0.819$$

$$l_A = l_B = \frac{20}{360} \times 2\pi \times 90 = 31.42\text{m}, \quad l_c = \frac{55 - 20}{360} \times 2\pi \times 90 = 5498\text{m}$$

代入公式（A.0.1-1），得到：

$$G_b = 4616.4\text{kN/m}$$

18.【答案】C

【解析】根据《建筑基坑支护技术规程》（JGJ 120—2012）第 4.2.1 条。见解图。

$$\frac{E_{pk} z_{p1}}{E_{ak} z_{a1}} \geqslant k_{em}, \quad k_{em} \geqslant 1.2$$

$$K_a = \tan^2\left(45° - \frac{30°}{2}\right) = \frac{1}{3}$$

$$k_p = \tan^2\left(45° + \frac{30°}{2}\right) = 3$$

$$E_a = \frac{1}{2} \times 18 \times 18.5^2 \times \frac{1}{3} = 1026.75$$

题 18 解图

$$Z_{a_1} = \frac{18.5}{3}$$

$$E_{pk} = \frac{1}{2} \times 8.5^2 \times 20 \times 3 + 2c \cdot \sqrt{3} \times 8.5 = 2167.5 + 29.44c$$

$$\frac{2167.5 \times \frac{1}{3} \times 8.5 + 29.44c \times \frac{1}{2} \times 8.5}{1026.75 \times \frac{18.5}{3}} \geqslant 1.2$$

$$c \geqslant 11.64\text{kPa}$$

19.【答案】B

【解析】见解图。按潜水非完整井计算，据规范《建筑基坑支护技术规程》（JGJ 120—2012）附录 E.0.2 条。

$$Q = \pi k \frac{H_0^2 - h_m^2}{\ln\left(1 + \frac{R}{r_0}\right) + \frac{h_m \cdot l}{l} \ln\left(1 + 0.2\frac{h_m}{r_0}\right)}$$

根据规范第 7.3.10 条，设计单井流量为：

$$q = 1.1 \frac{\theta}{n}$$

（1）$k = 6$

（2）$H_0 = 30 - 5 = 25\text{m}$

（3）$h = 30 - 10 - 1 = 19\text{m}$

（4）$h_m = \frac{H_0 + h}{2} = \frac{25 + 19}{2} = 22\text{m}$

（5）$r_0 = 30 + 1 + 10 \times 0.5 + 1 = 37\text{m}$

（6）$L = 20 - 10 - 4 + 37 \times 1/14 = 6.357\text{m}$

（7）$S_\omega = 5 + 1 + 37 \times 1/14 = 8.64\text{m} < 10\text{m}$

潜水含水层 $R = 2 \times 10 \times \sqrt{6 \times 25} = 244.95\text{m}$

题 19 解图

$$Q = \pi \times 6 \times \frac{25^2 - 19^2}{\ln\left(1 + \frac{244.95}{37}\right) + \frac{22 \times 6.357}{6.357} \times \ln\left(1 + 0.2 \times \frac{22}{37}\right)} = 2156\text{m}^3/\text{d}$$

$$n = 1.1 \frac{Q}{q} = 1.1 \times \frac{2156}{150} = 15.8$$

20.【答案】B

【解析】

$$e = \frac{d_s(1 + \omega)\rho_\omega}{\rho} - 1 = \frac{2.7 \times (1 + 0.18) \times 1.0}{1.55} - 1 = 1.055$$

根据《湿陷性黄土地区建筑标准》（GB 50025—2018）附录 D.0.2 条。

$$R = -68.45e + 10.98a - 7.16\gamma + 1.18\omega$$
$$= -68.45 \times 1.055 + 10.98 \times 0.8 - 7.16 \times 15.5 + 1.18 \times 18$$
$$= -153.17 > R_0 = -154.80$$

可判定为新近堆积黄土。

根据规范第 4.3.2 条，基底 10m 以下至非湿陷性黄土层顶面，应用其上覆土的饱和自重应力。

$$\rho_s = \rho_d \left(1 + \frac{S_r e}{d_s}\right) = \frac{1.55}{1 + 18\%}\left(1 + \frac{0.85 \times 1.055}{2.70}\right) = 1.75\text{g/cm}^3$$

试验压力为：$P = 14 \times 17.5 = 245\text{kPa}$

21.【答案】C

【解析】
$$l_{AC} = 8/\sin 23° = 20.47\text{m}$$
$$l_{CD} = 8/\tan 23° - l_{BD} = 8.85\text{m}$$

放坡至D点（见解图），可使安全系数最大。
$$G_{ACD} = \frac{1}{2} \times 8.85 \times 8 \times 20 = 708\text{kN}$$

道路荷载$G_b = 25 \times 8\text{m} = 200\text{kN}$

$$F = \frac{R}{T} = \frac{(G+G_b)\cos\theta\tan\varphi + cl_{AC}}{(G+G_b)\sin\theta} = \frac{\tan\varphi}{\tan\theta} + \frac{cL_{AC}}{(G+G_b)\sin\theta}$$
$$= \frac{\tan 8°}{\tan 23°} + \frac{10 \times 20.47}{(708+200)\sin 23°} = 0.908$$

题 21 解图

22.【答案】B

【解析】根据《岩土工程勘察规范》（GB 50021—2001）第 6.9.4 条条文说明，
$$P_{0.5} = \frac{110+120+75+55}{1500/(1+25\%)} = 30\%$$
$$w_f = \frac{w - w_A \cdot 0.01 P_{0.5}}{1 - 0.01 P_{0.5}} = \frac{25 - 5 \times 0.01 \times 30}{1 - 0.01 \times 30} = 33.57\%$$
$$I_L = \frac{w_f - w_p}{I_p} = \frac{w_f - w_p}{w_L - \omega_p} = \frac{33.57 - 26}{43 - 26} = 0.445$$

23.【答案】B

【解析】无法初判。

见解图，根据《公路工程抗震规范》（JTG B02—2013）表 4.3.3，液化判别标准贯入锤击数基准值，
$$N_0 = 10$$

$d_s = 7.5\text{m}$，$N_{cr} = 10 \times [0.9 + 0.1 \times (7.5 - 7)] \times \sqrt{3/5} = 7.36 > 6$，液化

$d_s = 10.5\text{m}$，$N_{cr} = 10 \times [0.9 + 0.1 \times (10.5 - 7)] \times \sqrt{3/5} = 9.68 < 13$，不液化

$d_s = 13.5\text{m}$，$N_{cr} = 10 \times [0.9 + 0.1 \times (13.5 - 7)] \times \sqrt{3/5} = 12 < 15$，不液化

$d_s = 17.5\text{m}$，$N_{cr} = 10 \times (24 - 0.1 \times 7) \times \sqrt{3/3} = 17 > 16$，液化

$d_s = 19.5$，$N_{cr} = 10 \times (24 - 0.1 \times 7) \times \sqrt{3/3} = 17 < 19$，不液化

24.5m 处为黏土。

7.5m 处，$d_i = 9 - 7 = 2\text{m}$，$d_m = 8\text{m}$

W_i按线性内插，$\frac{W_i}{10} = \frac{20-8}{20-5} \Rightarrow W_i = 8$

17.5m 处，$d_i = 18.5 - 15 = 3.5\text{m}$，$d_m = 16.75\text{m}$
$$\frac{W_i}{10} = \frac{20 - 16.75}{20 - 5} \Rightarrow W_i = 2.167$$

$$I_{lE} = \left(1 - \frac{6}{7.36}\right) \times 2 \times 8 + \left(1 - \frac{16}{17}\right) \times 3.5 \times 2.167 = 3.40$$

24.【答案】C

【解析】①根据《建筑抗震设计规范》（GB 50011—2001）第 5.1.4 和第 5.1.5 条，$\alpha_{max} = 0.32$，$T_g = 0.45s$。

$$T_g = 0.45s < T = 0.65s < 5T_g = 2.25s$$

阻尼比 $\zeta = 0.05$，$\gamma = 0.9$，$\eta_2 = 1.0$，

$$\alpha = \left(\frac{T_g}{T}\right)^r \eta_2 \alpha_{max} = 0.2298 \approx 0.23$$

②根据规范第 5.2.1 条，$F_{Ek} = \alpha_1 G_{eq} = 0.23 \times 0.85G$

根据规范第 5.3.1 条，$F_{Evk} = \alpha_{vmax} G_{eq} = 0.65 \times 0.32 \times 0.75G$

③比值：$\dfrac{F_{Ek}}{F_{Evk}} = \dfrac{0.23 \times 0.85G}{0.65 \times 0.32 \times 0.75G} = 1.253$

注：《建筑抗震设计规范》（GB 50011—2001）已作废，现行版本为《建筑抗震设计标准》（GB/T 50011—2010）（2024 年版）。

25.【答案】B

【解析】根据《建筑基桩检测技术规范》（JGJ 106—2014）第 4.4.2 条，SZ1、SZ2 为缓变型，SZ3 为陡降型。

对 SZ1，桩的竖向抗压极限承载力宜取最大加载值，即：$Q_1 = 10000kN$。

对 SZ2，$s = 0.05D = 0.05 \times 900 = 45mm$，并考虑桩身弹性压缩。

根据规范第 4.4.2 条条文说明：

$$S_1' = \frac{QL}{2EA} = \frac{10000 \times 42}{2 \times 3.65 \times 10^7 \times \frac{1}{4}\pi \times 0.9^2} = 0.00904m = 9.04mm$$

$$S_2' = \frac{9000 \times 42}{2 \times 3.65 \times 10^7 \times \frac{1}{4}\pi \times 0.9^2} = 0.00814m = 8.14mm$$

10000kN 时，$S = 59.85 - 9.04 = 50.81mm$

9000kN 时，$S = 49.52 - 8.14 = 41.38mm$

$$\Rightarrow Q_2 = 9000 + \frac{10000 - 9000}{50.81 - 41.38} \times (45 - 41.38) = 9383.88kN$$

对 SZ3：取明显陡降的起始点，$Q_3 = 9000kN$

均值：$Q = \frac{Q_1 + Q_2 + Q_3}{3} = 9461.29kN$

极差：$10000 - 9000 = 1000kN$

小于平均值的30%：$30\% \times 9461.29 = 2838.39kN$

可取算术平均值 9461.29kN 为单桩竖向抗压承载力。

2024 年案例分析试题答案及解析（下午卷）

试 题 答 案

本试卷由 25 道题组成，全部为单项选择题。考生可任选 25 道题作答。每题 2 分，满分为 50 分。若考生在答题卡或试卷上的作答超过 25 道题，则按题目序号从小到大的顺序对作答的前 25 道题计分及复评试卷，其他作答题目无效。

1	C	2	C	3	B	4	B	5	C
6	A	7	C	8	B	9	C	10	C
11	C	12	C	13	C	14	B	15	A
16	D	17	B	18	A	19	C	20	B
21	C	22	D	23	B	24	C	25	C

解 题 过 程

1.【答案】 C

【解析】 根据《工程岩体试验方法标准》（GB/T 50266—2013）第 2.7.10 条。

岩石饱和单轴抗压强度：

$$R_1' = \frac{P_1}{A_1} = \frac{611 \times 10^3}{\pi \times 36^2} = 150.07 \text{MPa}$$

$$R_2' = \frac{P_2}{A_2} = \frac{607 \times 10^3}{\pi \times 36^2} = 149.08 \text{MPa}$$

$$R_3' = \frac{P_3}{A_3} = \frac{627 \times 10^3}{\pi \times 36^2} = 154.0 \text{MPa}$$

根据规范第 2.7.3 条，试样的高径比：$\frac{120}{72} = 1.667 \notin [2.0, 2.5]$。

根据规范第 2.7.10 条条文说明，应进行抗压强度换算：

$$R_1 = \frac{8R_1'}{7 + \frac{2D}{H}} = 146.410 \text{MPa}$$

$$R_2 = 145.444 \text{MPa}, \quad R_3 = 150.244 \text{MPa}$$

计算均值：$R = \frac{R_1 + R_2 + R_3}{3} = 147.366 \text{MPa}$

根据规范第 5.2.9 条，

$$K_V = \left(\frac{5500}{7200}\right)^2 = 0.584$$

又 CAI = 4.9

根据《铁路工程地质勘察规范》（TB 10012—2019）第 4.3.7 条条文说明，查表可知围岩掘进机工作条件等级属 II_B。

2.【答案】 C

【解析】 根据《工程地质手册》（第五版）P1248。

$$k = \frac{Q}{FH}$$

$$Q = 16\text{L/min}, \quad F = 5.5\text{r}, \quad H = 4\text{m}, \quad d = 0.25\text{m}。$$

$$k = \frac{16 \times 10^3 \text{cm}^3/\text{min}}{5.5 \times \dfrac{0.25}{2} \times 100 \times 400} = 0.582\text{cm/min} = 8.378\text{m/d}$$

根据《城市轨道交通岩土工程勘察规范》（GB 50307—2012）表 10.3.5 可知，该土层属中等透水层。

3. 【答案】B

【解析】根据《工程岩体分级标准》（GB/T 50218—2014）第 B.0.2 条。

①见解图，沿测线方向各角度走向节理裂隙的平均间距为：

$10°$：$20/20 = 1\text{m/}$条 $20°$：$20/12 = 1.67\text{m/}$条

$30°$：$20/16 = 1.25\text{m/}$条 $40°$：$20/8 = 2.5\text{m/}$条

$50°$：$20/4 = 5\text{m/}$条 $310°$：$20/8 = 2.5\text{m/}$条

$320°$：$20/20 = 1\text{m/}$条 $330°$：$20/16 = 1.25\text{m/}$条

$340°$：$20/8 = 2.5\text{m/}$条 $350°$：$20/4 = 5\text{m/}$条

题 3 解图

②$J_v = \dfrac{1}{1 \times \sin 80°} + \dfrac{1}{1.67 \times \sin 70°} + \dfrac{1}{1.25 \times \sin 60°} + \dfrac{1}{2.5 \times \sin 80°} + \dfrac{1}{5 \times \sin 40°} + \dfrac{1}{2.5 \sin 40°} + \dfrac{1}{1 \times \sin 50°} + \dfrac{1}{1.25 \times \sin 60°} + \dfrac{1}{2.5 \times \sin 70°} + \dfrac{1}{5 \times \sin 80°} = 6.89$ 条/m³

③根据规范第 3.3.2 条与第 3.3.4 条可知，岩体较完整。

4. 【答案】B

【解析】见解图。①人防洞室的洞顶位于砂岩与砂质泥岩的界面。

②ZKD 位于 ZKA 和 ZKB 的正中间。

③砂岩层的厚度：ZKA 处为：$20.5 - 4.2 = 16.3\text{m}$；ZKB 处为：$6.2 - 3.3 = 2.9\text{m}$

④ZKD 处砂岩层厚为：$\dfrac{16.3 + 2.9}{2} = 9.6\text{m}$

素填土厚度为：$44 - 40.9 = 3.1\text{m}$

掉钻的可能深度为：$3.1 + 9.6 = 12.7\text{m}$

题 4 解图

5. 【答案】C

【解析】$F_k + G_k = 805 + 20 \times 1.5 \times \pi \times 1^2 = 899.25$kPa

摩擦力：$f = \mu N = 0.3 \times \dfrac{899.25}{\pi \times 1^2} = 85.87$kPa

计算摩擦力在基底面的作用：

$$\int_0^1 \int_0^{2\pi} 85.87 \cdot r \mathrm{d}\theta \cdot r \mathrm{d}r = 179.85 \mathrm{kN \cdot m}$$

说明：此题实质上类似于十字板剪切试验。计算当土体临界破坏时，扭力设备可以达到的最大扭矩。

6. 【答案】A

【解析】根据《碾压式土石坝设计规范》（NB/T 10872—2021）第9.1.12条，

$$n = \frac{e}{1+e} = \frac{0.7}{1+0.7} = 0.412$$

$$\gamma_{sat} = \frac{G_s + e}{1+e} \gamma_w = \frac{0.7 + 2.72}{1+0.7} \times 10 = 20.118 \mathrm{kN/m^3}$$

$$J_{a-x} = \frac{3.5}{4.5} = 0.778$$

$$\frac{(G_s - 1)(1-n)}{K} = \frac{(2.72 - 1) \times (1 - 0.412)}{1.5} = 0.674 < J_{a-x}$$

$$t = [1.5 \times 0.778 \times 4.5 \times 10 - (2.72 - 1) \times (1 - 0.412) \times 4.5 \times 10]/10.12$$
$$= 0.692 \mathrm{m}$$

7. 【答案】C

【解析】①层：$z_1 = 14 - 6 = 8$m，$z_1/b = 8/8 = 1$，$l/b = 16/8 = 2$，查表得：$\bar{\alpha}_1 = 0.2340$

②层：$z/b = 16/8 = 2$，$l/b = 2$，查表得：$\bar{\alpha}_2 = 0.1958$

$$A_1 = 4 \times 0.2340 \times 8 = 7.480$$
$$A_2 = 4 \times 0.1958 \times 16 - 7.4880 = 5.0432$$

$$\bar{E}_s = \frac{4 \times 0.1958 \times 16}{\dfrac{7.4880}{10} + \dfrac{5.0432}{15}} = \frac{12.5312}{\dfrac{7.4880}{10} + \dfrac{5.0432}{15}} = 11.55 \mathrm{MPa}$$

$$p_0 = 210 \mathrm{kPa} > f_{ak} = 180 \mathrm{kPa}$$

插值：$\psi_s = 1.0 + \dfrac{11.55 - 7}{15 - 7} \times (0.4 - 1.0) = 0.65875$

考虑刚性下卧层，$h/b = 16/16 = 1$，$\beta_{gz} = 1.17$

$$s = 1.17 \times 0.65875 \times 210 \times \frac{12.5312}{11.55} = 175.6 \mathrm{mm}$$

8. 【答案】B

【解析】根据《建筑地基基础设计规范》（GB 50007—2011）第8.2.14条，任意截面每延米宽度的弯矩为：

$$M_1 = \frac{1}{6} a_1^2 \left(2p_{max} + p - \frac{3G}{A} \right)$$

$m = b_1 = \dfrac{3 - 0.4}{2} = 1.3$m，基底压力均匀分布。

$$M_1 = \frac{1}{6} \times 1.3^2 \times \left(3 \times \frac{250}{3} - 3 \times 20 \times 1.5 \right) = 45.067 \mathrm{kN \cdot m/m}$$

基本组合由永久作用控制，由规范第3.0.6条第4款，设计值为：

$$M = 1.35 M_1 = 1.35 \times 45.067 = 60.84 \mathrm{kN \cdot m/m}$$

按规范第8.2.12条，

$$A_s = \frac{M}{0.9 f_y h_0} = \frac{60.84}{0.9 \times 300 \times 10^{-3} \times (0.5 - 0.05)} = 500.74 \text{mm}^2/\text{m}$$

按最小配筋率计算：

$$A_{smin} = 0.15\% b h_0 = 0.15\% \times 1000 \times (500 - 50) = 675 \text{mm}^2/\text{m}$$

取最大值即可，故选 B。

9.【答案】C

【解析】桩径 800m，$6d = 4.8$m。

桩间距 2.4m < $6d$，$t = 11 - 5 = 6$m。

根据《建筑桩基技术规范》（JGJ 79—2012）第 5.4.1 条，

$$\sigma_z = \frac{(F_k + G_k) - \frac{3}{2}(A_0 + B_0)\sum q_{sik} l_i}{(A_0 + 2t \cdot \tan\theta)(B_0 + 2t \cdot \tan\theta)}$$

$$= \frac{400 \times \frac{\pi}{4} \times 21^2 - \frac{3}{4} \times \pi \times (2.4 \times 0.8 + 0.8) \times (60 \times 15 + 100 \times 5)}{\left[\frac{\pi}{4}(2.4 \times 0.8 + 0.8) + 2 \times 6 \times \tan 13°\right]^2}$$

$$= 178.21 \text{kPa}$$

$$f_{az} \geqslant \sigma_z + r_z z = 178.21 + (20 - 10) \times 15 + (22 - 10) \times 11 = 460.21 \text{kPa}$$

说明：请查阅条文说明 5.4.1，注意以下几点：

①分子：$\frac{3}{2}(A_0 + B_0)\sum q_{ik} l_i$ 为传递至桩端平面的荷载，按扣除实体基础外表面总极限侧阻力的 3/4 而非 1/2 总极限侧阻力。$\frac{3}{2}(A_0 + B_0)$ 实际为 $\frac{3}{4} \times 2(A_0 + B_0)$ 的简化，其中 $2(A_0 + B_0)$ 为桩群外缘矩形底面的边长，此处由于是圆形布桩，故应为 $\frac{3}{4} \times \pi d_1$，$d_1$ 为桩群外缘的直径，即：$2.4 \times 0.8 + 0.8$。

②分母：为考虑了扩散角的软弱下卧层顶面处（硬持力层底面）的矩形面积，考虑到此题为圆形布桩，故应为 $\frac{\pi}{4} d_2^2$，d_2 为 $(24 \times 0.8 + 0.8) + 2t \cdot \tan\theta$。

10.【答案】C

【解析】根据规范《建筑桩基技术规范》（JGJ 79—2012）表 5.3.6-2，对于钻孔灌注桩，侧阻力尺寸效应系数：

①、②层：$\psi_{s_1} = \psi_{s_2} = (0.8/d)^{1/5} = (0.8/1.2)^{1/5} = 0.9221$

③层：$\psi_{s3} = (0.8/d)^{1/3} = 0.8736$。

端阻力尺寸效应系数：

$$\psi_p = (0.8/D)^{1/3} = (0.8/1.2)^{1/3} = 0.8736$$

根据规范第 5.3.10 条，桩端后注浆单桩极限承载力标准值：

$$Q_{uk} = Q_{sk} + Q_{gsk} + Q_{gpk}$$

$$= u\sum\psi_{si} q_{sjk} l_j + u\sum\psi_{si}\beta_{si} q_{sik} l_i + \beta_p\psi_p q_{pk} A_p$$

$$= \pi \times 1.2 \times (20 \times 12 \times 0.9221 + 30 \times 1 \times 0.9221 + 30 \times 7 \times 0.9221 \times 1.6 +$$

$$60 \times 5 \times 0.736 \times 2) + \frac{\pi}{4} \times 1.2^2 \times 3500 \times 0.8736 \times 2.5$$

$$= 12727 \text{kN}$$

说明：Q_{sk} 与 Q_{gsk} 分别非增强段和增强段的极限侧阻力标准值，对于泥浆护壁成孔灌注桩，竖向增强段为桩段以上 12m。本题中，从桩端向上算起，增强段为粉砂中 5m，黏土中 7m，需乘以增强系数 β_{si}，黏土上部 1m 处的桩侧阻力无须计入增强系数。

11.【答案】C

【解析】根据《土工合成材料应用技术规范》（GB/T 50290—2014）第7.6.4条，

$$\sigma_{v}' = f_{js}\gamma H + f_q q$$
$$= 1.3 \times (18.5 \times 6 + 19.5 \times 0.5) + 1.3 \times 20$$
$$= 182.975\text{kPa}$$

堤身高度 $H = 6\text{m}$，桩帽尺寸 $a = 1.0\text{m}$。

$$C_c = 1.50\frac{H}{a} - 0.07 = 1.50 \times \frac{6}{1} - 0.07 = 8.93$$

桩顶平均垂直应力：

$$p_c' = \sigma_v'(C_c a/H)^2 = 182.975 \times \left(\frac{8.93 \times 1}{6}\right)^2 = 405.31\text{kPa}$$

12.【答案】C

【解析】①根据《建筑地基处理技术规范》（JGJ 79—2012）第7.1.5条，对于正方形布桩：

$$m = \left(\frac{d}{d_e}\right)^2 = \left(\frac{d}{1.13s}\right)^2 = \left(\frac{0.5}{1.13 \times 0.9}\right)^2 = 0.2417$$

$$f_{spk} = [1 + m(n-1)]f_{sk} = [1 + 0.2417 \times (2.6 - 1)] \times 100 = 138.6739\text{kPa}$$

②根据《建筑桩基处理技术规范》（JGJ 79—2012）附录B.0.2条，单桩复合地基静载荷实验的承压板面积为一根桩承担的处理面积：

$$A_e = \frac{\pi}{4} \times (1.13 \times 0.9)^2 = 0.8123\text{m}^2$$

③根据《建筑桩基处理技术规范》（JGJ 79—2012）第B.0.6条，最大加载压力不应小于设计值要求承载力特征值的2倍，即：

$$2f_{spk}A_e = 2 \times 138.6739 \times 0.8123 = 225.30\text{kPa}$$

④根据《湿陷性黄土地区建筑标准》（GB 50025—2018）附录H.0.8条。

$$\xi = \frac{S_2 - S_1}{d} = \frac{14.5}{1.13 \times 900} = 0.014 < 0.017$$

判定复合地基不具湿陷性。

13.【答案】C

【解析】

$$C_v = \frac{k_v(1 + e_0)}{a\gamma_\omega} = \frac{3.17 \times 10^{-7} \times (1 + 1.2) \times 10^{-2}}{0.6 \times 10^{-3} \times 9.8} = 1.186 \times 10^{-6}\text{m}^2/\text{s}$$

饱和黏性土上下层分别为细砂和中砂，为双面排水，故 $H = \frac{11-1}{2} = 5\text{m}$。

$$U = 1 - \frac{8}{\pi^2}e^{-\frac{\pi^2 C_v}{4H^2}t} = 1 - \frac{8}{\pi^2}e^{-\frac{\pi^2 \times 1.186 \times 10^{-6}}{4 \times 5^2} \times 5 \times 30 \times 24 \times 3600} = 0.8222$$

$$E_s = \frac{1 + e_0}{a} = \frac{1 + 1.2}{0.6} = 3.667\text{MPa}$$

$$S_t = 1.0 \times \frac{100}{3.667} \times 10 \times 0.8222 = 224.22\text{mm}$$

14.【答案】B

【解析】根据《建筑边坡工程技术规范》（GB 50330—2013）第12.2.4条，

$$F_t = \frac{Gx_0 + E_{az}X_f}{E_{ax}z_f} \geq 1.6$$

$$K_a = \tan^2\left(45° - \frac{\varphi}{2}\right) = \tan^2\left(45° - \frac{30°}{2}\right) = \frac{1}{3}$$

$$e_1 = \frac{1}{3} \times 18 \times 2 = 12\text{kPa}$$

$$e_2 = \frac{1}{3} \times (18 \times 2 + 10 \times 4) + 10 \times 4 = 25.33 + 40 = 65.33\text{kPa}$$

$$E_{a_1} = \frac{1}{2} \times 12 \times 2 = 12\text{kN/m}, \quad a_1 = \frac{1}{3} \times 2 + 4 = 4.667$$

$$E_{a2} = 4 \times 12 = 48\text{kN/m}, \quad a_2 = \frac{1}{2} \times 4 = 2\text{m}$$

$$E_{a_3} = \frac{1}{2} \times 4 \times (65.33 - 12) = 106.66\text{kN/m},$$

$$a_3 = \frac{1}{3} \times 4 = 1.333\text{m}$$

题 14 解图

因墙背垂直光滑，故：

$$F_t = \frac{G \cdot x_0}{12 \times 4.667 + 48 \times 2 + 106.66 \times 1.333} \geqslant 1.6$$

$$\Rightarrow G \cdot x_0 \geqslant 470.741\text{kN} \cdot \text{m}$$

墙顶宽为 B，底宽为 $B + 6 \times \tan 15° = B + 1.608$，故有：

$$24 \times 6 \times B \times \left(B + 1.608 - \frac{B}{2}\right) + 24 \times 1.608 \times \frac{1}{2} \times 6 \times \frac{1}{3} \times 1.608 \geqslant 470.741$$

$$\Rightarrow B \geqslant 1.1\text{m}$$

15.【答案】A

【解析】根据《铁路路基支挡结构设计规范》（TB 10025—2019）第 15.2.2 条和第 15.2.4 条，

$$k_a = \tan^2\left(45° + \frac{26°}{2}\right) = 0.39$$

$$E_x = \frac{1}{2} K_a \gamma H^2 - 2\sqrt{K_a} cH + \frac{2c^2}{\gamma}$$

$$= \frac{1}{2} \times 0.39 \times 20 \times 5^2 - 2 \times \sqrt{0.39} \times 10 \times 5 + \frac{2 \times 10^2}{20}$$

$$= 45.05\text{kN/m}$$

$$E_m = LE_x = 13 \times 45.05 = 585.65\text{kN}$$

$$Q_0 = \frac{E_m}{n} = \frac{585.65}{2} = 292.825\text{kN}$$

$$N_m e = 13 \times 23.5 \times \left(1 \times 5 \times 0.5 - \frac{1}{2} \times 1 \times 5 \times \frac{1}{3}\right)$$

$$= 509.167\text{kN} \cdot \text{m}$$

$$M_0 = \frac{585.65 \times 0.95 - 509.167}{2} = 23.6\text{kN} \cdot \text{m}$$

说明：在本题中，$E_h h$ 与 $N_m e$ 的作用力方向相反，在套用公式的同时，注意受力分析，从而达到灵活运用的目的。

16.【答案】D

【解析】根据《铁路路基支挡结构设计规范》（TB 10025—2019）第 6.2.1 条，

$$E_x = \frac{W}{\tan(\theta + \varphi_0) + \tan(\delta - a)}$$

$$= \frac{317.2}{\tan(90° - 50° + 30°) + \tan(10° - 0°)} = 108.489\text{kN/m}$$

根据规范第 17.2.4 条及其条文说明，结构位移要求严格，

$$\gamma_{xz} = 1.4$$

$$\sigma_{\mathrm{H}} = \frac{1.33E_x}{H} \cdot \gamma_{xz} = \frac{1.33 \times 108.489}{6} \times 1.4 = 33.668\mathrm{kPa}$$

2.5m 处土压力：$\frac{1}{3} \times 2.5 \times 33.668 = 28.056\mathrm{kPa}$

则单根拉杆的轴向拉力为：

$$\left[\frac{(28.056 + 33.668) \times 0.5}{2} + 33.668 \times 0.5\right] \times 2 = 64.53\mathrm{kN}$$

17.【答案】B

【解析】①根据《公路隧道设计规范 第一册 土建工程》（JTG 3370.1—2018）第 3.6.2 条，

$$K_{\mathrm{v}} = \left(\frac{3200}{4000}\right)^2 = 0.64 < 0.04R_{\mathrm{c}} + 0.4 = 0.04 \times 45 + 0.4 = 2.2$$

$$90K_{\mathrm{v}} + 30 = 87.6 > R_{\mathrm{c}} = 45$$

故 $\mathrm{BQ} = 100 + 3R_{\mathrm{c}} + 250K_{\mathrm{v}} = 100 + 3 \times 45 + 250 \times 0.64 = 395$

查规范表 3.6.4，围岩为Ⅲ级。

②根据规范附录 P，

$0.375B = 0.375 \times 12 = 4.5\mathrm{m} <$ 隧道净距 8m。

$0.75B = 0.75 \times 12 = 9\mathrm{m} >$ 隧道净距 8m。

为中等影响。

初期支护要用喷射混凝土，增厚 2~5cm，二次衬砌不加强。

根据规范表 P.0.1，增厚前喷射混凝土厚度应为 8~12cm，增厚后为 10~17cm，二次衬砌为 30~35cm，故选 B。

18.【答案】A

【解析】①根据《建筑基坑支护技术规程》（JGJ 120—2012）第 4.8.8 条，锚杆张拉值 $= 1.4N_{\mathrm{k}} = 1.4 \times 400 = 560\mathrm{kN}$。

②根据规范第 B.4.2 条，验收试验加载至第四级时，分级荷载为轴向拉力标准值的 80%，即 80%×400=320kN。

③根据规范第 4.1.9 条，对于拉伸型锚杆，缺少试验资料时，锚杆的复合弹性模量计算如下：

根据《混凝土结构设计规范》（GB 50010—2010）（2015 年版）附录表 A.0.2，4φ$^\mathrm{s}$15.2钢绞线面积为：

$$A_{\mathrm{p}} = 4 \times 140 = 560\mathrm{mm}^2$$

$$A = \frac{1}{4}\pi \times 150^2 = 17671.46\mathrm{mm}^2$$

$$E_{\mathrm{c}} = \frac{E_s A_{\mathrm{p}} + E_{\mathrm{m}}(A - A_{\mathrm{p}})}{A} = \frac{200 \times 560 + 20 \times (17671.46 - 560)}{17671.46} = 25.70\mathrm{kN/mm}^2$$

③弹性支点刚度系数：

$$k_{\mathrm{R}} = \frac{3E_s E_{\mathrm{c}} A_{\mathrm{p}} A b_{\mathrm{a}}}{(3E_{\mathrm{c}} A l_{\mathrm{f}} + E_s A_{\mathrm{p}} l_{\mathrm{a}})s}$$

$$= \frac{3 \times 200 \times 25.70 \times 560 \times 17671.46}{3 \times 25.70 \times 17671.46 \times 6000 + 200 \times 560 \times 12000} \times \frac{b_{\mathrm{a}}}{s}$$

$$= 16.03\frac{b_{\mathrm{a}}}{s}$$

④由式（4.1.9-1）得：

$$\Delta s = \frac{\Delta Q}{k_R} \cdot \frac{b_a}{s} = \frac{\Delta c}{16.03 \cdot \frac{b_a}{s}} \cdot \frac{b_a}{s} = \frac{300}{16.03} = 19.96\text{mm}$$

19.【答案】C

【解析】根据《公路路基设计规范》（JTG D30—2015）第 3.6.10 条，对条块①：

$$E_1 = W_1 \sin \alpha_1 - \frac{1}{F_s}[c_1 l_1 + W_1 \cos \alpha_1 \tan \varphi_1] + 0$$

$$= (800 + 2.9 \times 10.5) \sin 16° - \frac{1}{1.3}[12 \times 11.1 + (800 + 2.9 \times 10.5) \cos 16° \tan 10°]$$

$$= 18.1659\text{kN/m}$$

对条块②：

$$\psi_1 = \cos (\alpha_1 - \alpha_2) - \frac{\tan \varphi_1}{F_s} \sin (\alpha_1 - \alpha_2)$$

$$= \cos (16° - 13°) - \frac{\tan 10°}{1.3} \sin (16° - 13°)$$

$$= 0.9915$$

$$E_2 = W_2 \sin \alpha_2 - \frac{1}{F_s}[c_2 l_2 + W_2 \cos \alpha_2 \tan \varphi_2] + E_1 \psi_1$$

$$= (1400 + 10.5 \times 9.1) \sin 13° - \frac{1}{1.3}[12 \times 10.2 + (1400 + 10.5 \times 9.1) \cos 13° \tan 10°] +$$

$$\quad 18.1659 \times 0.9915$$

$$= 62.6316\text{kN/m}$$

对条块③：

$$\psi_2 = \cos (\alpha_2 - \alpha_3) - \frac{\tan \varphi_2}{F_s} \sin (\alpha_2 - \alpha_3)$$

$$= \cos (13° - 19°) - \frac{\tan 10°}{1.3} \sin (13° - 19°)$$

$$= 1.0087$$

$$E_3 = W_3 \sin \alpha_3 - \frac{1}{F_s}[c_3 l_3 + W_3 \cos \alpha_3 \tan \varphi_3] + E_2 \psi_2$$

$$= 1300 \sin 19° - \frac{1}{1.3}[12 \times 8.7 + 1300 \cos 19° \tan 10°] + 62.6316 \times 1.0087$$

$$= 239.387\text{kN/m}$$

作用于单根桩的桩侧水平推力为：

$$239.387 \times 3 \times \cos 19° = 679\text{kN}$$

20.【答案】B

【解析】根据《岩土工程勘察规范》（GB 50021—2001）第 6.1.5 条、第 6.1.6 条及其条文说明，

$$b = \sqrt{0.50\text{m}^2} = 0.707\text{m} = 70.7\text{cm}$$

$$0.23b = 1.6263\text{cm}$$

对于初步勘察，从地面下 1.5m 起，附加湿陷量低于 1.6263cm 的不计入。

$$\Delta_s = \sum_{i=1}^{n} \beta \Delta F_{si} h_i = 0.014 \times (7.28 + 5.36 + 3.58) \times 150 = 34.062\text{cm}$$

湿陷性土层厚度为：6m − 1.5m = 4.5m。

根据规范表 6.1.6 知，湿陷等级为Ⅱ级。

21. **【答案】** C

【解析】 根据《土工试验方法标准》（GB/T 50123—2019）第 32.3.3 条。

$$w_f = \frac{m_{f0}(G_s - 1)}{(m_{tws} - m_{tw})G_s} - 1 = \frac{1100 \times (2.7 - 1)}{(3570 - 2950) \times 2.7} - 1 = 11.71\%$$

根据规范第 33.3.3 条。

$$V_f = \frac{m_{f0} + m_{tw} - m'_{tws}}{\rho_w} = \frac{1100 + 2950 - 3480}{1.0} = 570\text{cm}^3$$

根据规范第 33.2.4 条，冻土干密度为：

$$\rho_{fd} = \frac{\rho_f}{1 + 0.01w_f} = \frac{1.93}{1 + 0.1171} = 1.73\text{g/cm}^3$$

22. **【答案】** D

【解析】 根据《公路路基设计规范》（JTG D30—2015）第 7.16.5 条，倾斜岩层且线路走向与岩层走向垂直，路线上每点的宽度可按水平岩层计算。

$$B = D + 2d + 2(h\cot\alpha + H\cot\delta)$$
$$= 30 + 2 \times 10 + 2\left(10\cot 45° + \frac{30 + 35}{2}\cot 58°\right)$$
$$= 110.62\text{m}$$

采空区水平平面充填处理面积不应小于

$$90 \times 110.62 = 9955.8\text{m}^2$$

23. **【答案】** B

【解析】 见解图，根据《建筑抗震设计规范》（GB 50011—2001）第 4.1.4 条、第 4.1.5 条。

$$\alpha = \arctan\frac{3 + 0.15}{10} = 17.48°$$

$$S_1 = \frac{4}{\cos 17.48°} = 4.194\text{m}$$

$$S_2 = S_3 = \frac{3}{\cos 17.48°} = 3.145\text{m}$$

$$V_{S3} = \frac{3.145}{0.059 - \frac{4.194}{120} - \frac{3.145}{180}} = 478.13\text{m/s} > 450\text{m/s}$$

故覆盖层厚度为 7m。

$$v_{se} = \frac{7}{\frac{4}{120} + \frac{3}{180}} = 140\text{m/s}$$

题 23 解图

24. **【答案】** C

【解析】 ①根据《建筑抗震设计规范》（GB 50011—2001）第 1.0.1 条条文说明，50% 超越概率为 2%，为罕遇地震。

②抗震设防烈度 8 度，设计基本地震加速度 0.20g。

据规范第 5.1.4 条，$\alpha_{max} = 0.90$。

③场地覆盖层厚度 28m，上部为中软土，由规范第 4.1.3 条和第 4.1.6 条知，场地类别为 II 类。

④设计地震分组为一组，根据规范表 5.1.4-2 知，

$$T_g = 0.35 + 0.05 = 0.4\text{s} < T = 0.5\text{s} < 5T_g = 5 \times 0.4 = 2\text{s}$$

为曲线下降段，根据规范第 5.1.5 条，

$$\alpha = \left(\frac{T_g}{T}\right)^\gamma \eta_2 \alpha_{\max} = \left(\frac{0.4}{0.5}\right)^{0.9} \times 1.0 \times 0.9 = 0.7362$$

⑤建筑物使用年限 70 年，根据规范第 3.10.3 条及其条文说明，调整系数可取 1.15～1.2。

$$\alpha = 0.7362 \times (1.15 \sim 1.2) = 0.847 \sim 0.8834$$

25.【答案】C

【解析】根据《湿陷性黄土地区建筑标准》（GB 50025—2018）第 6.2.3 条，垫层压实质量可由压实系数 λ_c 控制。

①计算最大干密度：

$$\rho_{d_1} = \frac{\rho_1}{1 + w_1} = \frac{1.61}{1 + 0.17} = 1.376 \text{g/cm}^3$$

$$\rho_{d_2} = \frac{\rho_2}{1 + w_2} = \frac{1.75}{1 + 0.19} = 1.471 \text{g/cm}^3$$

$$\rho_{d_3} = \frac{\rho_3}{1 + w_3} = \frac{1.86}{1 + 0.21} = 1.537 \text{g/cm}^3$$

$$\rho_{d_{\max}} = 1.537 \text{g/cm}^3$$

②根据规范第 7.2.5 条，取样点应在每层表面下的 $\frac{2}{3}$ 的分层厚度处。

故取 C 点：

$$\rho_{dc} = \frac{1.74}{1 + 0.191} = 1.461 \text{g/cm}^3$$

③根据第 6.2.3 条，垫层厚度 3.5m > 3m，基底下 3m 以内 $\lambda_c \geqslant 0.97$，3m 以下 $\lambda_c \geqslant 0.95$。

第一层垫层取样位置大于 3m，故 λ_c 不应小于 0.95。

附录 评分标准

1. 考生在试卷上作答，不得使用铅笔，否则视为无效。

2. 在试卷上书写与题意无关的语言，或在试卷上做标记的，均按违纪试卷处理。

3. 每道题只有 0 分或 2 分，无其他分数。

4. 答案未填在（　　）中，不得分，但试题答案位置处填写答案后又涂抹，另填在括号外的答案有效。

5. 仅有答案无解答过程，无论答案对错均不得分。

6. 答案依据的引用条文号与标准答案完全一致（章、节、款、条），可没有文字描述，得分。

7. 没有引用条文号，但文字叙述与标准答案基本吻合的，得分。

8. 没有列出公式，直接代入数据计算，结果与标准答案一致的，得分。

9. 列出公式，没有代入数据，虽然结果与标准答案一致的，不得分。

10. 采用排除法解题，结果与标准答案一致的，得分。

11. 引用手册（包括复习指导书）内容的一定要有文字描述，并与标准答案内容一致，得分。仅写出手册（包括复习指导书）名称、页数不得分。

12. 需要论述说明有何优点或特点的试题，一定要有文字描述并与标准答案内容一致，得分。

13. 答案依据的引用条文号与标准答案不一致，同时又没有文字说明的提请专家查相关条文后确认是否得分。

14. 没有按标准答案给定的方法计算，但结果与标准答案一致的，需经专家确认是否得分。